分离科学与技术

主　编　陈立钢　廖丽霞
副主编　贾丽娜　方　涛　史瑞欣

科学出版社
北　京

内 容 简 介

本书较为全面地介绍了各种分离技术，包括萃取分离、色谱分离、沉淀分离、膜分离、电泳分离、蒸馏分离、浮选分离、重结晶分离和离心分离。其中萃取分离又包括溶剂萃取、双水相萃取、胶团萃取、浊点萃取、固相萃取、固相微萃取、液相微萃取和基质固相分散萃取、超声萃取、微波萃取、加速溶剂萃取、超临界流体萃取。色谱分离又包括柱色谱、薄层色谱、纸色谱、离子交换色谱、凝胶色谱、亲和色谱和高速逆流色谱。本书在经典的分离方法之上，增加了一些较为前沿的内容，如在固相萃取中介绍磁性固相萃取法，在微波萃取中介绍微波萃取与其他相关分析技术的在线联用等。

本书可作为化学、化工、生物、医药、材料、环境等专业高年级本科生和研究生的教材，也可作为从事上述专业研究工作的科技人员的参考书。

图书在版编目（CIP）数据

分离科学与技术／陈立钢，廖丽霞主编. —北京：科学出版社，2014.9
ISBN 978-7-03-041932-3

Ⅰ.①分… Ⅱ.①陈…②廖… Ⅲ. ①化学分析–分离法 Ⅳ.①O652.6

中国版本图书馆 CIP 数据核字(2014)第 219331 号

责任编辑：陈雅娴 / 责任校对：胡小洁
责任印制：赵 博 / 封面设计：迷底书装

科学出版社出版
北京东黄城根北街 16 号
邮政编码：100717
http://www.sciencep.com
固安县铭成印刷有限公司印刷
科学出版社发行 各地新华书店经销
*
2014 年 11 月第 一 版 开本：787×1092 1/16
2025 年 4 月第九次印刷 印张：22 1/2
字数：559 000
定价：69.00 元

前　　言

分离是研究物质分离、富集和纯化的一门学科。精细化工、生命科学、材料科学等学科的发展，使各种分离手段得到广泛应用，促使分离科学的基础理论日臻完善。随着技术水平的不断提高，分离科学逐渐发展成为一门相对独立的学科。目前许多高校开设了与分离有关的课程，为了满足科学研究的需要，有些学校还为研究生开设了相关选修课。目前，涉及分离技术的书籍很多，但大多数书籍的侧重面各有不同，所以包含的分离方法不是特别全面，大多数只介绍单一分离方法，如萃取分离法，或者只介绍萃取分离法中的一种，如固相萃取、固相微萃取、超声萃取等。因此，有必要编写一本内容全面，在介绍分离技术的过程中能够体现理论性和应用性并重，并能反映现代分离技术前沿的专业书籍作为有关人员的参考书。

本书共 10 章，第 1 章为绪论，后面 9 章为各种分离方法的介绍，包括萃取分离、色谱分离、沉淀分离、膜分离、电泳分离、蒸馏、浮选分离、重结晶分离和离心分离。其中萃取分离和色谱分离的扩展内容较多，如萃取分离又包括溶剂萃取、双水相萃取、胶团萃取、浊点萃取、固相萃取、固相微萃取、液相微萃取、基质固相分散萃取、超声萃取、微波萃取、加速溶剂萃取和超临界流体萃取 12 种方法。色谱分离又包括柱色谱、薄层色谱、纸色谱、离子交换色谱、凝胶色谱、亲和色谱和高速逆流色谱 7 种方法。在本书编写过程中，力图兼顾基本理论和实际应用两方面。在保证对一些常用分离技术进行比较充分、完整论述的前提下，尽可能多地介绍一些具有良好应用前景的新型分离技术及其应用。通过本书的阅读和学习，读者可以深入了解各种分离技术的原理、特点、方法以及应用。

本书是编者近年来在从事与分离科学相关的教学和科研工作的基础之上，参考了大量国内外相关书籍、文献编写而成的。本书由东北林业大学陈立钢（第 1 章，第 2 章的 2.5~2.8、2.10、2.11 和第 3 章的 3.5~3.7）、廖丽霞（第 2 章的 2.1~2.4，第 3 章的 3.8 和第 4 章）、贾丽娜（第 5 章、第 9 章和第 10 章）、方涛（第 2 章的 2.9、2.12，第 6 章和第 8 章）和史瑞欣（第 3 章的 3.1~3.4 和第 7 章）共同编写。全书由陈立钢统稿。此外，高磊、刘浩驰、游晓晓等学生为本书的插图绘制做了很多工作。吉林大学丁兰教授和哈尔滨工业大学高云智教授对本书进行了审核，在此表示感谢。

由于时间比较仓促，编者水平有限，书中难免存在疏漏，恳请读者批评指正。

编　者

2014 年 7 月

目　录

第1章　绪　　论

1.1　分离科学与技术简介

1.1.1　分离的定义

分离（separation）是利用混合物中各组分在物理性质或化学性质上的差异，通过适宜的物理手段或化学方法，使各组分分配至不同的空间区域或者在不同的时间依次分配至同一空间区域的过程[1]。通俗地讲，就是将某种或某类物质从复杂的混合物中分离出来，使之与其他物质分开，以相对纯的形式存在。实际上，分离只是一个相对的概念，人们不可能将一种物质从混合物中百分之百地分离出来。例如，电子工业中所使用的高纯硅，即使它的纯度达到了 99.9999%，其中仍然含有 0.0001%的其他物质。

1.1.2　分离的形式

分离的形式主要有两种：组分离和单一分离。

组分离有时又可称为族分离，它是将混合物中性质相近的一些组分分离出来。例如，在中药中往往是某一类物质起特定药效作用，可以将这类成分从药材中一起分离出来，使其有可能开发成先进的中药制剂。又如，石油炼制中的轻油和重油的分离也属于组分离。对于多数的单一分离，往往也是先采用比较简单快速的方法进行组分离，然后在同一组物质内进行单一分离。

单一分离是从混合物中将某种化合物以纯物质的形式分离出来。例如，化学标准品的制备、药物对映异构体的分离、工业上纯物质的制备。单一分离包括几种主要形式：多组分相互分离、特定组分分离和部分分离等。

单一分离中使混合物中所有组分逐次分离，全部成为纯组分，称为多组分相互分离。在实际分离中，往往要使用多种分离方法，经过反复的分离操作，才可能使一个混合物体系实现多组分相互分离。例如，对于一个复杂的天然提取物，可以先采用溶剂萃取的方法实现某类物质的组分离，然后再用制备色谱的方法使该组化合物逐次分离。

特定组分分离是将某一种特定的物质从混合物中选择性地分离出来，其余物质仍然混合在一起。一般来说，从一个复杂的混合物体系中选择性地将某一种物质分离出来往往是很难做到的，往往可能需要采用多种分离方法才能实现，也可能需要采用同一分离方法分多次才能达到要求的纯度。如首先将大部分或大量其他组分与特定组分分开，此时的目标组分中还含有多种特定组分之外的其他组分，还需采用各种分离纯化操作，才能最终得到相对纯的某种物质。

部分分离是指把混合物中几个主要组分分离到几个部分中，对每一个部分而言，是以某种物质为主，还含有少量其他组分。

1.1.3　分离的特点

分离具有以下几方面的特点：

（1）分离对象种类繁多。几乎所有合成的和天然的化学物质都可以通过适当的分离手段从混合物样品中分离出来。

（2）分离规模差别很大。分离规模可从以结构鉴定为目的的痕量级物质的分离制备到工业生产中吨级以上的大规模分离纯化。

（3）分离的目的各不相同。大多情况下是为了得到相对纯的物质以作他用，或者使目标组分纯度提高用于后续分析。

（4）分离技术多种多样。根据待分离物质的物理和化学性质、后续用途的要求、样品的特性，仅常用的分离技术就有数十种。根据需要的具体情况如样品的用途、设备成本，可以采用几种不同的分离技术，综合考虑后选择最佳分离方法。

（5）应用领域极为广泛。几乎所有的学科、所有的工农业生产领域都离不开分离技术。分离技术的进步往往推动其他学科的发展。

1.2　分离的重要性

随着现代科学技术的发展，分离对象更加复杂，从而对分离科学提出了更高的要求，同时现代工业的发展和人们生活水平的提高促使对物质分离纯度的要求不断提高，分离难度越来越大。21世纪的科学目标被许多国家定为人类科学，而分离科学的现代化便是实现这一目标的重要手段[2]。从以下几个方面我们可以认识到分离的重要性。

1. 分离是认识物质世界的必经之路

人们研究一种新物质（无论是从自然界发现还是在实验室中合成）的物理化学性质，认识它的作用，必须通过分离得到它的纯品，所研究的内容才被人们认可。这样分离就起到关键的作用，体现了分离的重要性。例如，元素周期表中的每一种元素的发现，无论是自然界中存在的还是人造的，都必须先分离制备出纯物质，然后进行结构鉴定、理化性质测试，才能最终为人们所承认。

2. 分离是生产实践中的重要手段

为了得到人们需要的高纯度物质，分离在实际生产中起关键作用。许多工业都应用分离过程，如化学、冶金、石油、食品、生化、医药、电子和原子能等。例如，原子能工业中同位素的分离，冶金中的浮选和机械分离，有机合成中产物和中间产物的分离，生物工程中抗生素的纯化和病毒的分离，超纯水的制备和稀有气体的分离等均离不开分离过程。生产上技术的革新和诸多的要求使常规分离方法（如蒸发、蒸馏、吸收、吸附、萃取、沉淀或结晶等）不断改进和发展，新的分离方法（如膜分离和色谱分离等）不断出现并应用于工业。

3. 分离是各种分析技术的前提

随着科学的不断发展，人们对复杂的样品分析越来越感兴趣，研究的内容更加细致、深入。被分析的对象往往处于一个复杂的多组分环境中，共存物质干扰目标物质的分析。样品的物理、化学状态不适合直接测定，目标物质在样品中分布不均匀或含量很低，没有合适的标准物质作参考，样品本身有剧毒或有强放射性等，基于这些原因，分析之前需要采用适当的分离技术对样品进行前处理。在分析化学中常规分离方法不断完善和发展，新的分离方法不断出现和应用。此外，随着人们对微量或痕量物质的分析需求增加，会经常遇到分析方法检测灵敏度达不到要求的情况，这时就需要对样品进行富集。富集能使各种分析方法的检测下限降低几个数量级，提高检测灵敏度。

4. 分离科学是治理环境污染的一种有效工具

现代化工业带来的“三废”造成环境污染，治理“三废”，变废为宝是与现代化建设同步发展的事业，分离科学是一种有效的治理工具。近年来利用现代科学分离手段治理“三废”已取得长足的发展。例如，各种吸附材料的制备已经用于多种工业废水处理中，并取得了良好的效果。

5. 分离科学是其他学科发展的基础

分离科学推动着化学基础的研究，以及环境、医学、药学、生物、材料、化工、食品和石油工程等的发展，是其他学科的基石。有时，分离科学的发展成为其他学科进步的机会。例如，没有现代色谱分离技术的发展，人们就难以从天然产物中分离出各种活性成分，并用于药物和食品。

6. 分离科学大大提高了人类生活品质

经过各种精细的分离工艺，人们得到很多纯度较高的物质，如纯净水、植物油、脱盐酱油、精盐、各种服用方便的药剂等，提高了人们的生活水平。

1.3 分离方法的分类

由于分离的对象非常广泛，直到现在还没有统一的分类方法。从表面看，分离的方法多种多样，但是它们具有相同的本质——至少把混合物分成含不同组分的两个部分。可以根据分离的过程、被分离物质的性质、分离过程所采用的装置、分离过程中的传质等进行分类，也可以根据被分离物质的对象以及分离时采用的手段等进行分类[3]。

1. 根据分离过程中物质的性质分类

物质的组分之间在物理、化学、生物学等性质的一方面或者多方面存在着差异，物质的分离常依据这些差异或至少一方面差异进行分离，依次有物理分离法、化学分离法和生物分离法。

1）物理分离法

根据被分离组分所具有的不同物理性质，采用适宜的物理手段进行分离，如组分之间的相对挥发度存在差异，采用蒸馏与分馏的物理手段。

2）化学分离法

化学分离法是以被分离物质各组分间存在不同的化学性质为依据，通过化学过程实现的分离方法，其目的是通过实验室达到规模生产。只有少数分离是靠明显的单一化学反应，如生成沉淀、产生气体来完成。从众多分离方法的共同规律中可知，分离或是在各种外力场作用下作定向质子传递，或是分子间各种力的影响，或是形成配位化合物所致。从分配角度所涉及分离因素的本质来看，分离仍然是属于化学领域的研究课题。

3）生物分离法

生物分离法是依据生物学亲和力、生物学吸附平衡以及生物学反应速率常数等进行分离、纯化生物产品的方法。从理论上，生物分离法基于被分离组分的物理、化学、生物等性质存在差异进行分离，从方法上其依然要采用沉淀分离法、膜分离法、电泳分离法、层析法等，因此习惯上有时也将其归属于化学分离法。

2. 根据分离过程中所采用的装置分类

利用机器可将两相混合物相互分离。分离时相间无物质传递，如过滤、沉降、离心分离、旋风分离、电除尘等都属于机械分离法。例如离心分离，其原料相态为液-固，分离剂为离心力，产物的相态为液态+固态，分离原理是密度不同的物质所受离心力不同，从而沉降速度不同，可用于密度不同的物质分离等。

3. 根据分离过程中被分离的物质在相中的传质分类

在均相或非均相混合物中都可进行传质分离。传质分离又可以分为平衡分离和速率分离两类。

传质分离中依据被分离的混合物中各组分在互不溶的两相中达到平衡时，分配组成不等的原理进行分离的过程称为平衡分离。借助分离媒介（如热能、溶剂和吸附剂），使均相混合物系统变成两相系统，如热和功，也可以是物质媒介，如溶剂和吸附，有时也可以同时使用，如萃取、离子交换等。

传质分离中依据被分离组分在均相中的传递速率差异而实现组分分离的过程称为速率分离。在某种推动力（浓度差、压力差、温度差、电势差等）的作用下，有时在选择性透过膜的配合下，利用各组分扩散速度的差异实现组分的分离，这类过程所处理的原料和产品通常属于同一相态，仅有组成上的差别。例如，利用溶液中分子、离子等粒子的迁移速率等不同进行分离，如渗析、泡沫分离、膜电解等。

4. 根据分离过程中的化学反应分类

使用化学反应可将混合物中反应物转化为目的产物。化学反应类型有许多，可逆与不可逆反应、均相与不均相反应、热化学反应、电化学反应、催化反应等，但不是所有的化学反应都可以用于分离。一般情况下可逆反应、不可逆反应和分解反应三大类可以考虑选作分离反应。

可逆反应：使用的原料相是可再生物，分离剂是再生剂，代表性技术有离子交换、反应萃取，如水的软化等。

不可逆反应：使用的原料相是一次性转化物，分离剂是沉淀剂、催化剂等，代表性技术有反应吸收、反应结晶等，如烟道气中 SO_2 吸收等。

分解反应：包括生物分解、电化学分解和光分解反应，原料相分别是生物体、电反应物、光反应物，分离剂分别是微生物、电、光或膜，代表性技术有生物降解、双极膜水解反应、废水厌氧生物处理等。

5. 根据被分离对象分类

根据被分离对象来分类，可分为无机物分离、有机物分离、天然产物和次生物分离等。

6. 根据采用的分离手段分类

通常人们习惯按采用的具体分离手段来进行分类，其方法主要有沉淀分离法、溶剂萃取、蒸馏法、离子交换法、色层分离法、泡沫分离法和膜分离法等。本书也是采用这种分类方法进行编写。

1.4　分离方法的评价指标

1.4.1　回收率

回收率是分离中最重要的一个评价指标，它反映的是被分离物在分离过程中损失量的多少，是分离方法准确性的表征。

若被分离物质为 A，其回收率的计算公式如下：

$$R_A = \frac{Q_A}{Q_A^0}$$

式中，Q_A为被分离物质 A 的量；Q_A^0为分离前样品中物质 A 的量；R_A为样品中组分 A 在分离后的回收率。通常用百分数表示回收率。

例如，已知样品中含 50mg 锌，分离后的含锌量为 45mg，则回收率为

$$R_{Zn}=\frac{45}{50}\times 100\% = 90\%$$

根据分离目的或经济价值可决定回收率的多少。通常情况下对回收率的要求是：常量组分，R_A＞99.9%；微量组分，R_A＞99%；痕量组分，R_A＞90%即可以认为定量分离。

测定回收率的方法很多，通常采用标准加入法。在样品中准确加入已知量的待分离目标组分的标准品，用待检验的分离方法分离该加标后的样品，计算出该分离方法对目标组分的回收率。如果样品本身含有目标分离组分，需同时测定其含量，并从加标样品的测定结果中扣除目标组分的原含量值。

1.4.2　分离系数

分离系数表示两种物质被分离的程度。它与这两种物质的回收率密切相关，回收率相差越大，分离效果越好。

假设 A 为目标分离组分，B 为共存组分，即把不需要的组分 B 分离出去，留下需要的组分 A，则分离系数定义为

$$S_{B/A} = \frac{R_B}{R_A}$$

定量分析中，一般 $R_A \approx 1$，所以

$$S_{B/A} \approx R_B$$

从被测组分 A 来说，要求 $S_{B/A}$ 或 R_B 越小越好。一般认为 $S_{B/A} < 10^{-3}$，分离比较完全；对于痕量分析，则要求 $S_{B/A} \approx 10^{-6}$。

在评价分离方法时，不仅要考虑分离系数 $S_{B/A}$ 的大小，还要考虑回收率的大小。例如，下列两种方法（表 1-1）：

表 1-1　分离系数和回收率的应用比较

方法一	方法二
R_A=99%，R_B=1%	R_A=10%，R_B=0.1%
$S_{B/A} = \frac{R_B}{R_A} = \frac{1}{99} \approx 0.01 = 10^{-2}$	$S_{B/A} = \frac{R_B}{R_A} = \frac{0.1}{10} = 0.01 = 10^{-2}$

两种方法的 $S_{B/A}$ 相同，都是 10^{-2}，但是很显然方法一比较好，其 R_A=99%，而方法二比较差，R_A=10%。

1.4.3 富集倍数

富集是通过分离将痕量组分在样品中的摩尔分数提高的过程。在富集操作过程中，分离出的痕量组分比例越高或主要组分比例越低，则富集后的样品中痕量组分的摩尔分数越大。

富集倍数：在进行痕量组分的富集时，富集后与富集前，欲富集的痕量组分与主要组分之间的质量或浓度的比例，用 R_i 表示

$$R_i = \frac{Q_A / Q_B}{Q_A^0 / Q_B^0} \quad 或 \quad R_i = \frac{c_A / c_B}{c_A^0 / c_B^0}$$

式中，A 为痕量组分；B 为主要组分。

富集的对象通常都是含量在百万分之几以下的微量和痕量组分，富集倍数的大小视样品中组分的最初含量和后续分析方法中所用检测技术灵敏度的高低而定。高灵敏度和高选择性的测定方法有时不仅无需富集，相反还要将样品进行适当的稀释。高效和高选择性的分离技术可以达到数万的富集倍数。实际分析工作中，通常情况下富集倍数达到数十倍或数百倍即可。

一种分离方法如何，不仅根据方法的回收率、分离系数、富集倍数等加以评价，在实际使用过程中，还需要考虑更多的问题，如设备成本、有无环境污染、使用成本和对分离物质是否有破坏等。

1.5 分离方法的选择

1.5.1 选择的一般原则

分离方法千差万别，依据分析的环境和条件选择分离方法进行一般混合物的分离。选用哪一种分离方法比较合理很难归纳出统一的模式，但随着分离技术的发展和不断完善，仍可在选用分离方法时参考一些基本的规律。

确定产品纯度和回收率是分离方法选择时首先考虑的问题，产品使用目的确定产品纯度，当时能实现的技术水平决定其回收率，然后比较混合物中目标产物与共存杂质之间在物理、化学和生物性质上的差异及其可利用性，最后确定工艺可行且最为经济的具体分离方法。

理论上，人们对分离的原则性要求是：分离因子应尽可能高；产品纯度尽可能高；所需分离剂或能量尽可能少；分离速度尽可能快；操作尽可能简单；设备尽可能便宜。在实际分离操作中则需根据具体情况，选择最合适的方法。

1.5.2 选择依据

分离方法选择的主要依据是混合物的宏观和微观性质的差异，这些宏观或微观性质的差异可反映出分子本身性质的不同。物质的性质对分离因子有重要的决定作用。利用目标产物与其他杂质之间的性质差异所进行的分离过程可以是单一因素单独作用的结果，也可以是多种因素共同作用的结果。

1. 待处理混合物的物性

混合物中目标产物与共存杂质的性质差异，如在物理、化学、电磁、光学和生物学等性

质方面存在一个或多个差异是分离过程得以进行的关键。①物理性质：相对分子质量、分子大小与形状、熔点、沸点、密度、蒸气压、渗透压、溶解度和临界点等；②力学性质：表面张力和摩擦因子等：③电磁性质：分子电荷、电导率、介电常数、电离电势、分子偶极矩及极化度、磁化率等；④传递特性：参数迁移率、离子迁移率、扩散速度和渗透系数等；⑤化学特性：分配系数、平衡常数、解离常数、反应速率等。例如，若溶液中各组分的相对挥发度较大，则可考虑用精馏法；若相对挥发度不大，而溶解度差别较大，则应考虑用极性溶剂萃取或吸收法；若极性大的组分浓度很小，则用极性吸附剂分离。

2. 目标产物的价值与处理规模

处理规模通常指处理物或目标产物量的大小，由此可将工程项目的规模分为大、中、小、微型四类，但没有明确的界限。目标产物的价值是选择分离的主要因素，并且与规模大小密切相关。对于海水淡化、合成氨生产、聚乙烯生产和聚丙烯生产等廉价产物来说，常采用低能耗和无需分离剂或廉价分离剂以及大规模生产过程，而对于医药中间体等高附加值产物则可采用中小规模生产。

3. 目标产物的特性

目标产物的特性是指热敏性、吸湿性、放射性、氧化性、光敏性、分解性和易碎性等一系列物理化学特性。这些物理化学特性常是导致目标产物变质、变色、损坏等的根本原因，因此目标产物的特性成为分离方法选择中的一个重要因素。

4. 分析中分离方法的选择

分离方法的选择通常与被分离的样品和各组分的宏观物理、化学性质相关。由于复杂组分样品中各组分性质可能相差甚远，因此必须选用不同类的分离方法实行综合分离，才能给出满意的结果。在确定分析方法时，应根据分析的要求，一切从实际出发，综合考虑，力求选用分析过程条件易于控制、成本低、速度快、操作熟练和结果准确的分离分析方法。

参 考 文 献

[1] 丁明玉. 现代分离方法与技术. 北京：化学工业出版社，2012.
[2] 罗川南. 分离科学基础. 北京：科学出版社，2012.
[3] 周宛平. 化学分离方法. 北京：北京大学出版社，2008.

第2章 萃取分离

2.1 溶剂萃取

2.1.1 概述

溶剂萃取（solvent extraction）是利用不同物质在互不相溶的两相（水相和有机相）间的分配系数的差异，使目标物质与基体物质相互分离的方法。因为两相都是液体，所以溶剂萃取也称液-液萃取。该方法既可用于有机物的分离，也可用于无机物的分离。多数有机物可以直接进行溶剂萃取，而对于水溶液中无机离子的萃取，通常要在水溶液（或有机溶剂）中加入能与被分离离子形成疏水性化合物的试剂（萃取剂）。通常情况下萃取是指将水相中的目标溶质转移到有机相中的过程，但并不排除有的情况下是样品溶解在有机溶剂中，以水相萃取有机相中的目标溶质或共存杂质[1]。

萃取分离法操作快速，分离效果好，且所用设备简单。它既可作为常量组分的分离方法，又可作为微量组分的分离和富集方法。例如，将萃取和光度法结合一起使用，可提高方法的灵敏度和选择性，该方法在冶金分析中应用甚广。它的缺点是用手工操作，劳动强度比较大，一般萃取溶剂具有易挥发、易燃及有毒等性质，要求在具有良好的通风环境下操作。

2.1.2 溶剂萃取的本质和原理

1. 萃取过程的本质

萃取反应是在互不相溶的水与有机溶剂中进行的。物质在水相中由于水分子的极性作用，大多数无机盐类解离为离子，并形成水合离子如 $Al(H_2O)_6^{3+}$、$Cu(H_2O)_4^{2+}$及 $Fe(H_2O)_2Cl_4^-$ 等，它们均具有亲水性。亲水性的物质易溶于水，难溶于有机溶剂。除无机盐类具有较强的亲水性外，还有一些相对分子质量不太大的如醇、醛、酮、羧酸、胺类等有机物，也能溶于水，也具有亲水性。常见的亲水基团有—OH、—SO_3H、—NH_2、—COOH 等，物质所含的亲水基团越多，亲水性越强，越易溶于水。

另外，许多有机化合物如油脂、苯、萘等具有疏水性，它们难溶于水，易溶于有机溶剂，疏水性的物质多数是一些没有极性或极性很小的物质。常见的疏水基团有烷基（如—CH_3、—C_2H_5）、卤代烷基和芳香基（如苯基、萘基）等。物质所含烷基的键越长，芳香基的环越多，疏水性越强，越易溶于有机溶剂。

由此可见，欲从水溶液中将某物质萃取入有机相，必须将该物质的亲水性转变为疏水性，才能将其溶解在有机相中而萃取出来。因此，需加入一种试剂，使被萃取的离子与该试剂结合生成不带电荷的疏水性分子，这种试剂称为萃取剂。

例如，在 pH 8~9 的氨性溶液中，镍以亲水的镍氨络离子形式存在。加入丁二酮肟后，形成了疏水的镍-丁二酮肟螯合物 $Ni(C_4H_7O_2N_2)_2$。当用 $CHCl_3$ 萃取时，$Ni(C_4H_7O_2N_2)_2$ 即进入 $CHCl_3$ 相。但在盐酸溶液中，镍不能与丁二酮肟形成螯合物，而是以 $Ni(H_2O)_4^{2+}$等形式存在。因此，不仅不能用 $CHCl_3$ 从酸性溶液中萃取镍-丁二酮肟，相反，可以用盐酸将镍从

$Ni(C_4H_7O_2N_2)_2$ 的 $CHCl_3$ 溶液中反萃取到水相中。

2. 萃取原理

在萃取过程中，当被萃取物在单位时间内从水相进入有机相的量与从有机相进入水相的量相等时，则在该条件下萃取体系处于动态平衡。如果萃取条件发生变化，则原来的萃取平衡被打破，达到新的动态平衡。

1）分配平衡常数

物质在水相与有机相中均有一定的溶解度，亲水性强的物质在水相中的溶解度大，在有机相中的溶解度小；相反，疏水性强的物质在有机相中的溶解度大，在水相中的溶解度小。在萃取分离中当达到萃取平衡时，被萃取物质分配在有机相与水相的浓度比称为分配系数。

设被萃取物质 A 存在于水溶液中，用一种与水互不相溶的有机溶剂萃取，当达到平衡时，溶质 A 分配在有机相中的活度 $a_{有}$ 与分配在水相中的活度 $a_{水}$ 的比值 K_D 在一定温度下为一常数

$$K_D = \frac{a_{有}}{a_{水}} \tag{2-1}$$

如果忽略离子强度的影响，则活度可用浓度代替，有

$$K_D = \frac{[A]_{有}}{[A]_{水}} \tag{2-2}$$

当体系温度一定，且溶质 A 在溶液中的浓度极低和溶质 A 在两相中的分子形态相同时，K_D 为一常数。表 2-1 是碘在水相和四氯化碳（CCl_4）相之间的分配平衡常数实验结果。从表中数据可以看出：在较低浓度范围内，K_D 基本为一常数，而当溶质浓度较高时，K_D 明显偏离常数，这是因为溶质浓度较高时，溶质间的相互作用使得溶质的活度明显小于其平衡浓度。

表 2-1　碘在水和四氯化碳之间的分配（25℃）

$[I_2]_{aq}$/(mol/L)	$[I_2]_{CCl_4}$/(mol/L)	K_D	$[I_2]_{aq}$/(mol/L)	$[I_2]_{CCl_4}$/(mol/L)	K_D
0.1148×10^{-2}	10.09×10^{-2}	87.89	0.0500×10^{-2}	4.26×10^{-2}	85.20
0.0762×10^{-2}	6.52×10^{-2}	85.54	0.032×10^{-2}	2.72×10^{-2}	85.00

2）分配比

当溶质在某一相或两相中发生解离、缔合、配位或离子聚集现象时，溶质在同一相中就可能存在多种形态，但其在某相中的总浓度是可以测定的。例如，OsO_4 在 CCl_4/H_2O 两相体系中分配时，OsO_4 在水中会发生两步水解，使水相中的 Os 以 OsO_4、$HOsO_5^-$和 OsO_5^{2-}三种形态存在；同时，OsO_4 在 CCl_4 中也会发生聚合，部分形成四聚体，即有机相中存在 OsO_4 和$(OsO_4)_4$ 两种形态[2]。因为同一物质的每种形态在两相中的分配系数不一定相同，所以通常用分配比来表示某溶质在两相间的分配状况，即用分配比表示某种物质在有机相中各形态的总浓度与其在水相中各形态的总浓度的比值 D。

$$D = \frac{\text{有机相中各形态的总浓度}C_{有}}{\text{水相中各形态的总浓度}C_{水}} = \frac{\sum_i [A_i]_{有}}{\sum_i [A_i]_{水}} \tag{2-3}$$

分配比 D 的大小除了与一些常数有关外，还与酸度、溶质存在形式及其浓度等因素有关。

3）萃取率

在萃取分离实验中，通常用萃取率（E）表示在一定条件下被萃取溶质进入有机相中的量，定义为萃取物质在有机相中的总量占它在两相中总量的百分数，简称萃取率，用以衡量萃取的效率。萃取率 E 和分配比 D 的关系可用式（2-4）表示：

$$E = \frac{\text{溶质在有机相中的量}}{\text{溶质在两相中的总量}} \times 100\% \tag{2-4}$$

即

$$E = \frac{C_{有}V_{有}}{C_{有}V_{有} + C_{水}V_{水}} \times 100\% = \frac{D}{D + \dfrac{V_{水}}{V_{有}}} \times 100\% \tag{2-5}$$

式中，$C_{水}$、$C_{有}$和 $V_{水}$、$V_{有}$分别为水相、有机相的浓度和体积；$V_{有}/V_{水}$又称相比（phase ratio），用 R 表示。可见，萃取率取决于分配比和相比。被萃取物质的分配比 D 越大，$V_{水}/V_{有}$越小，则萃取率越高。

根据实验测得的 D 值，可以计算出萃取率。D 值和相比 R 值越大，则萃取率越高。表 2-2 列出了不同相比时分配比对萃取率的影响。对于分配比 D 较小的物质，可通过增加相比（增加有机相的体积）来提高萃取率，但值得注意的是，增大有机溶剂的体积会使有机相中的溶质浓度降低，不利于后续的分离和测定。所以，通常采用多次萃取或连续萃取来提高总萃取率。对于分配比 D 较大的物质，即使采用等体积萃取一次也可达到很高的萃取率，如 D=50 时，等体积单次萃取率为 98%。

表 2-2　不同相比和分配比条件下的萃取率（单位：%）

分配比	相比			
	0.5	1	2	3
0.1	4.8	9.1	16.7	23.1
0.5	20	33.3	50.0	60.0
1	33.3	50.0	66.7	75.0
2	50	66.7	80.0	85.7
10	83.3	90.9	95.2	96.8
20	90.9	95.2	97.6	98.4
50	96.2	98.0	99.0	99.3

若等体积萃取，即相比为 1 时，式（2-5）为

$$E = \frac{D}{D+1} \tag{2-6}$$

对于分配比不是很高的萃取体系，通常要进行多次萃取。根据式（2-7）可推导出经 n 次萃取后，水相中残留溶质的平衡浓度 C_n

$$C_n = C_0\left(\frac{V_{水}/V_{有}}{V_{水}/V_{有} + D}\right)^n \tag{2-7}$$

当相比为 1 时，C_n 为

$$C_n = C_0\left(\frac{1}{1+D}\right)^n \tag{2-8}$$

式中，C_0为水相中溶质的初始浓度，即溶质的总浓度。

2.1.3 溶剂萃取的影响因素

1. 萃取剂的选择

螯合剂与金属离子生成的螯合物越稳定，萃取率就越高；螯合剂含疏水基团越多、亲水基团越少，萃取率就越高。为了提高萃取效率，有时采用协同萃取剂。

2. 溶液的酸度

离子缔合物反应一般都是在高酸度条件下进行，这样才能保证鎓盐等缔合物的形成。而螯合反应则与溶液的酸度密切相关，一般水相中离子浓度小则有利于螯合物的形成，萃取效率也就越高。但若酸度太小，金属离子可能水解或引起其他干扰反应。不同的金属螯合物都有一个最适宜的萃取酸度范围，严格控制酸度可提高萃取的选择性。例如，在中性溶液中铜铁试剂能与Al^{3+}、稀土离子和Fe^{3+}、Ti^{4+}等生成螯合物，但在10%的HCl介质中，Al^{3+}和稀土离子不与铜铁试剂螯合，而Fe^{3+}、Ti^{4+}等仍能螯合，且所形成的螯合物可被$CHCl_3$定量萃取，故控制溶液酸度是Fe^{3+}与稀土离子分离的关键。图2-1是用二硫腙-CCl_4萃取几种金属离子的萃取酸度曲线，其中E表示萃取率。

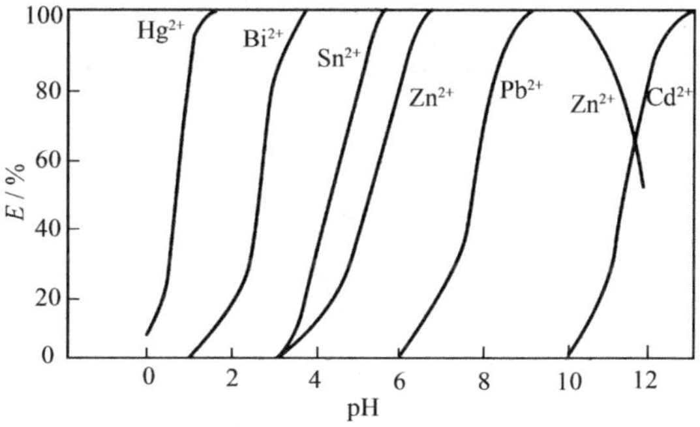

图2-1 二硫腙-CCl_4萃取几种金属离子的萃取酸度曲线

3. 萃取溶剂的选择

萃取溶剂可分为惰性溶剂和活性溶剂两大类。惰性溶剂与被萃取物质不发生化学反应，仅对被萃取物质起溶解作用，如$CHCl_3$、CCl_4等。活性溶剂具有与被萃取物质形成络合物、离子缔合物或溶剂化合物的能力，如乙醚、乙酸乙酯、正丁醇、磷酸三丁酯等都是含氧的活性溶剂。

对于金属螯合物的萃取，可根据螯合物的结构选用相似的惰性萃取溶剂。如果螯合物中含有较多的烷基，则选用卤代烷烃（如$CHCl_3$、CCl_4）作萃取溶剂；含较多的芳香基，则选用芳香烃（如苯、甲苯）作萃取溶剂。螯合物在溶剂中的溶解度越大，萃取效率越高。

对于离子缔合物的萃取，一般采用$CHCl_3$、苯、二氯乙烷等惰性溶剂，而对鎓盐型离子缔合物萃取通常采用含氧的活性溶剂，此时它既是萃取剂又是萃取溶剂。

此外，所选用的萃取溶剂要求挥发性小、无不良气味、与水的密度差别大、黏度较小，这样有利于萃取分层和环境保护。

总之，选择萃取剂应遵守下列原则：①分配系数尽可能大，若分配系数未知，则以“相似相溶”的原则为依据，选择与目的产物结构相近的溶剂；②选择分离因子大于1的溶剂；③料液和萃取剂的互溶度尽可能小；④溶剂毒性低，工业上常用的溶剂为乙酸乙酯、乙酸戊酯和丁醇等；⑤溶剂的化学稳定性要高，腐蚀性低，沸点不宜太高，挥发性小，价格便宜，来源方便，便于回收。

4. 干扰离子的消除

为消除共存离子的影响，提高萃取的选择性，通常采用控制试液的酸度，使用掩蔽剂（络合反应），利用氧化还原反应等方法，另外也可以采用加入掩蔽剂，选择性地萃取一种离子或连续萃取几种离子，使其与干扰离子分离。

2.1.4 溶剂萃取的类型

根据萃取过程中金属离子与萃取剂结合方式的不同，溶剂萃取可分为螯合物萃取、离子缔合物萃取和中性络合物萃取三类。

1. 螯合物萃取

螯合物萃取广泛用于金属阳离子的萃取。所使用的螯合剂为有机弱酸或弱碱。它们与金属离子形成的螯合物难溶于水，而易溶于有机溶剂。例如，Ni^{2+}与丁二酮肟，Hg^{2+}与二硫腙，Cu^{2+}与铜试剂等都是典型的螯合物萃取。用含螯合剂的有机溶剂萃取水相中的金属离子时，若不考虑螯合剂在有机相中的聚合作用，则存在如下平衡关系：

$$M^{n+}(水) + n\mathrm{HL}(有) \rightleftharpoons \mathrm{ML}_n(有) + nH^+(水) \tag{2-9}$$

应该指出，不是所有的螯合剂均能作为螯合萃取剂。例如，EDTA 是萃取分离中常用的掩蔽剂，但与金属阳离子反应时会形成带有电荷的亲水性络离子，很难被有机溶剂萃取。

2. 离子缔合物萃取

阳离子与阴离子借静电引力结合成不带电荷的化合物，称为离子缔合物。许多金属络阳离子、金属络阴离子以及某些无机酸根均能形成离子缔合物而被有机溶剂萃取。

1）金属络阳离子的离子缔合物

水合金属离子与络合剂作用，生成没有或很少配位水分子的大体积络阳离子，然后与某些阴离子缔合形成疏水性的离子缔合物。例如，Cu^+与 2,9-二甲基-1,10-二氮杂菲（新亚铜灵）络合，生成带正电荷的 Cu-新亚铜灵络阳离子，它能与 Cl^-阴离子形成有色离子缔合物，可用 $CHCl_3$ 萃取，在有机相中用光度法测定铜。反应如下：

$$[\text{Cu-新亚铜灵}]^+ + Cl^- = [\text{Cu-新亚铜灵}]^+ \cdot Cl^- \tag{2-10}$$

2）金属络阴离子的离子缔合物

金属离子与溶液中简单配位阴离子形成络阴离子，然后用大体积的有机阳离子和它们形成疏水性的离子缔合物。常用含有氨基的大分子有机染料如三苯甲烷类作为萃取剂，它们在酸性溶液中可以形成大阳离子，再与络阴离子形成离子缔合物。例如，Sb（Ⅴ）在 HCl 溶液中可形成络阴离子 $SbCl_6^-$，结晶紫阳离子可与之缔合，从而被甲苯萃取。

3）形成锌盐的缔合物

含氧的有机溶剂如醚类、醇类、酮类和酯类等，它们的氧原子具有孤对电子，因而能够与 H^+结合而形成锌离子。锌离子再与金属络阴离子结合形成离子缔合物，又称为锌盐，从而被有机溶剂萃取。例如，在盐酸介质中，Fe^{3+}与 Cl^-形成络阴离子 $FeCl_4^-$，乙醚与 H^+可结合成锌离子$(C_2H_5)_2OH^+ \cdot FeCl_4^-$，二者可结合为锌盐离子缔合物$(C_2H_5)_2OH^+ \cdot FeCl_4^-$。此锌盐可被乙醚萃取。这类萃取的特点是溶剂分子参与到被萃取的分子中，因此它既是溶剂又是萃取剂。锌离子和锌盐的形成均需在较高的酸度下实现，常用不含氧的强酸如盐酸等来控制酸度。实验表明，常用的含氧有机溶剂形成锌离子的能力按下列次序增强：R_2O（醚）＜ROH（醇）＜RCOOH（酸）＜RCOOR（酯）＜RCOR（酮）。锌盐萃取体系具有萃取能力较强、选择性较差的特点，通常用于大量基体物质的分离。影响其萃取效率的主要因素有以下几方面：

（1）被萃取的金属离子必须以阴离子形式存在。一般用 F^-、Cl^-、Br^-、I^-、SCN^-等作为络合剂，如 Fe（Ⅲ）、Ga（Ⅲ）、T1（Ⅲ）、Au（Ⅲ）等在盐酸介质中形成氯络阴离子，易被乙醚萃取。

（2）锌盐形成能力还取决于含氧萃取剂中氧键的性质。不同含氧萃取剂形成锌盐的能力有如下的顺序：醚＜醇＜酸＜酯＜酮＜醛，即含有羰基的含氧萃取剂（酯、酮、醛）萃取能力较大，而过多的碳氢或芳香基会使萃取能力减小。

（3）锌盐萃取一般要求较高的酸度，以保证最大限度地生成金属的络阴离子和大相对分子质量的有机阳离子。具体的酸度条件随萃取剂和金属离子而异。

4）形成胺盐的缔合物

胺类萃取剂可看作氨的烷基取代物。氨分子中的三个氢逐个被烷基取代，可生成伯胺、仲胺、叔胺及季铵盐。由于烷基的给电子诱导效应，氮原子的电负性增加。于是，氮原子上的电子对更容易与 H^+结合形成有机胺盐阳离子，该阳离子进一步与金属络阴离子结合成电中性的疏水性离子缔合物而被有机相所萃取。例如，$FeCl_4^-$、$CoCl_4^{2-}$、$TiBr_4^-$等络阴离子在一定条件下，能与胺盐阳离子如 R_3NH^+相结合，生成$[R_3NH^+ \cdot FeCl_4^-]$等疏水性的离子缔合物而被萃取。

金属胺盐被萃取进入有机相后，再加适量的水溶液振荡，使胺盐被水相中的其他阴离子所置换，于是金属离子被反萃取到水相。常用的反萃取液有水、氯化物或碳酸盐溶液等。

3. 中性络合物萃取

中性络合物萃取体系又称中性溶剂络合物萃取，其特点是：①被萃取物是以中性分子形式与萃取剂作用，如 $UO_2(NO_3)_2$；②萃取剂本身也是中性分子，如 TBP、RC═O、R_2O 等；③生成的萃合物是一种中性溶剂化络合物，如 $UO_2(NO_3)_2 \cdot 2TBP$ 或 $UO_2(NO_3)_2 \cdot (H_2O)_4 \cdot 2R_2O$，萃取剂的功能基直接与金属配位的称为一次溶剂化，通过与水分子形成氢键而溶剂化的称为二次溶剂化。其最重要的萃取剂是中性含磷化合物，萃取官能团为$\equiv P \rightarrow O$，如磷酸三丁酯（TBP），即$(C_4H_9O)_3P \rightarrow O$，三正辛基氧化磷(TOPO)，即$(C_8H_{17})_3P \rightarrow O$ 等。被萃取物是中性无机盐类，如 $UO_2(NO_3)_2$、$RE(NO_3)_3$ 等（RE 为稀土元素），两者结合生成中性络合物，然后被萃取。

除了中性磷型萃取剂外，很多中性含氧萃取剂（如醚、醇、酮等）在弱酸性溶液中也能以中性络合物萃取的形式萃取金属盐类。但这一结合并不牢固，萃取率较低。将含氧萃取剂与螯合剂和胺类萃取剂等混合使用，可以改善萃取性能，提高萃取效率[3]。

2.1.5 提高萃取率及选择性的方法

在一定条件下，不同的萃取体系对萃取条件的要求不一样，提高选择性的方法也不尽相同。下面以螯合物萃取和离子缔合物萃取为例，对提高萃取选择性的方法进行介绍。

1. 提高螯合物萃取率及选择性的方法

在一定条件下，螯合物萃取达到平衡时，其萃取反应方程和反应平衡常数如下：

$$M^{n+} + nHA(o) \rightleftharpoons MA_n(o) + nH^+ \tag{2-11}$$

$$K_{ex}=\frac{[MA_n]_o[H^+]^n}{[M^{n+}]_o[HA]_o^n} \tag{2-12}$$

式中，$[HA]_o$、$[MA_n]_o$ 分别为有机相中螯合剂、螯合物浓度；$[H^+]$、$[M^{n+}]$分别为水相中氢离子、金属离子浓度；K_{ex} 为萃取平衡常数，通常称为萃取常数。在一定条件下，萃取常数反映了金属离子在两相间的分配比。已知 K_{ex} 就可以计算出在一定 pH 及螯合剂浓度条件下的分配比。因此，萃取常数常被用来衡量萃取能力的大小。

式（2-11）描绘的是螯合物萃取的总平衡，其中包括以下四个中间平衡：螯合剂 HA 在两相之间的分配平衡；螯合剂 HA 在水相中的解离平衡；金属离子 M^{n+}与螯合剂离子 A^-在水相中的反应平衡；螯合物 MA_n 在两相间的分配平衡。

$$HA(w) \rightleftharpoons HA(o) \qquad K_d=\frac{[HA]_o}{[HA]_w} \tag{2-13}$$

$$HA \rightleftharpoons H^+ + A^- \qquad K_a=\frac{[H^+][A^-]}{[HA]} \tag{2-14}$$

$$M^{n+}+nA^- \rightleftharpoons MA_n \qquad \beta_n=\frac{[MA_n]}{[M^{n+}][A^-]^n} \tag{2-15}$$

$$MA_n(w) \rightleftharpoons MA_n(o) \qquad K_p=\frac{[MA_n]_o}{[MA_n]_w} \tag{2-16}$$

若金属离子不与螯合剂生成中间配合物，且水相中不存在能与金属离子反应的其他试剂，以及金属螯合物在水相中浓度$[MA_n]_w$很小时，该类萃取体系的分配比为

$$D=\frac{[MA_n]_o}{[M^{n+}]}=K_{ex}\frac{[HA]_o^n}{[H^+]^n}=K_p\beta_n\frac{K_a^n[HA]_o}{K_d^n[H^+]_n} \tag{2-17}$$

式中，K_p 为螯合物 MA_n 在两相中的分配常数；β_n 为金属螯合物的稳定常数；K_a 为螯合剂的解离常数；K_d 为螯合剂在两相中的分配常数；$[HA]_o$ 为螯合剂在有机相中浓度；$[H^+]$为水相中的酸度。

为了提高螯合物萃取的萃取率及选择性，主要可以采用以下几种方法。

1）改变酸度

根据萃取平衡方程，可以计算出不同价态金属离子的萃取率和分配比与 pH 的关系。对于不存在水解副反应的萃取体系，当 pH 增加一个单位，一价、二价、三价及四价金属离子的分配比将相应地增大 10、10^2、10^3 及 10^4 倍。对于容易形成羟基配合物和容易水解的金属离子，以及在高 pH 条件下形成稳定阴离子的金属，如 Mo（Ⅵ）、W（Ⅵ）、U（Ⅵ）、V（Ⅴ）等离子，萃取率随着 pH 升高反而降低，因此必须根据实际情况合理地选择和控制酸度。

2）提高螯合剂浓度

在一定酸度和溶剂条件下，金属离子的被萃取程度也与螯合剂浓度密切相关。[HA]越高，分配比 D 越大，并且萃取曲线向酸性范围移动。从理论上计算，[HA]增大 10 倍，pH 改变 1 个单位。例如，以β-亚硝基-α-萘酚萃取钴的研究表明，[HA]增大 10 倍，萃取钴最大 D 值的 pH 将由 3.0 下降至 2.5，这对于易水解金属离子的萃取是有利的。但是，螯合剂在有机溶剂中的溶解度有限，此外，螯合剂浓度过大也可能导致生成非萃取的较高配位络合物等副反应发生，因此不能使用过高浓度的螯合剂。

3）有机溶剂选择

有机溶剂的性质也影响螯合剂及螯合物的分配比。螯合剂在有机溶剂中的溶解度越高，其分配常数也越大。例如，某些β-二酮在有机溶剂中的溶解度按CCl_4<苯<$CHCl_3$顺序增大，其分配常数也按相同顺序增大，因而影响分配比D。但对大多数配位数和氧化数都已满足的中性螯合物而言，溶剂的影响并不太重要。一般可以使用$CHCl_3$、CCl_4、苯、醇、酮等低介电常数有机溶剂。对于配位数未饱和的螯合物萃取，有机溶剂的适用性按以下次序排列：醇类>酮类>混合醚>简单醚>烃类的卤化衍生物>烃类。

4）改变萃取温度

萃取一般在室温下进行，提高温度会使两相互溶度增大，两相区域缩小，螯合物稳定常数减小等，使分配比降低，不利于萃取，并且操作也不方便。但是，对于存在聚合和水合的分子，提高温度有利于脱水和解聚，可使萃取率提高。

5）选择掩蔽剂

当两种或多种金属离子与螯合剂均形成可萃取的螯合物时，可加入掩蔽剂使其中的一种或多种金属离子形成易溶于水的配合物而相互分离。这是提高溶剂萃取选择性的重要途径之一。

在一定的掩蔽剂存在下，通过改变萃取剂浓度及溶液 pH，可进一步提高萃取选择性。对于一些复杂的金属离子体系，单一掩蔽剂难以完全抑制干扰金属离子进入有机相时，还可采用多种掩蔽剂进行联合掩蔽。

常用的掩蔽剂有 EDTA、酒石酸盐、柠檬酸盐、草酸盐及焦磷酸盐等。例如，用二苯氨基脲-$CHCl_3$萃取汞时，可用焦磷酸盐掩蔽锌、铅、钴、镍、铁及铜等元素。用β-亚硝基-α-萘酚-$CHCl_3$萃取钴时，可用柠檬酸和硫脲联合掩蔽铁和铜等元素。

必须指出，在某些情况下，掩蔽剂会影响D或E值，甚至会改变定量萃取的 pH 范围。例如，8-羟基喹啉-$CHCl_3$萃取铜时，掩蔽剂氢氰酸、氨三乙酸、草酸或 EDTA 存在，均使萃取曲线向高 pH 方向移动。

6）利用协同萃取

在一些萃取体系中，利用两种或两种以上萃取剂混合同时萃取某一金属离子或其化合物的协同萃取（协萃）效应，可显著提高萃取的分配比（其分配比显著大于每一种萃取剂在相同浓度下单独萃取的分配比之和），该方法是提高萃取分离效果的有效方法之一，至今已有较多的研究和应用。表 2-3 给出了各种协同萃取体系。

表 2-3 主要的协同萃取体系

类别		实例
两种不同类型萃取剂组成的协同萃取体系	螯合与中性萃取剂	PuO_2^{2+}/H_2O-HNO_3/(TTA+TBP)-环己烷 Th^{4+}/H_2O-HNO_3/(PMBP+TBPO)-苯
	酸性磷与中性萃取剂	UO_2^{2+}/H_2O-H_2SO_4/(HDEHP+TBP)-煤油
	螯合与胺类萃取剂	Th^{4+}/HCl-LiCl/(TTA+TOA)-苯
	酸性磷与胺类萃取剂	UO_2^{2+}/H_2O-H_2SO_4/(HDEHP+R_3N)-煤油
	中性磷与胺类萃取剂	Am^{3+}/H_2O-HNO_3/(TOA+TOPO)-环己烷
两种相同类型萃取剂组成的协同萃取体系	螯合与螯合萃取剂	RE^{3+}/H_2O-HNO_3/(HAA+TTA)-苯
	中性磷与中性磷萃取剂	RE^{3+}/H_2O-HNO_3/(TOPO+TBPO)-煤油
三种不同类型萃取剂组成的协同萃取体系	酸性磷、中性磷与胺类萃取剂	UO_2^{2+}/H_2O-H_2SO_4/(HDEHP+TBP+R_3N)-煤油

大多数协同萃取体系是由同类型或不同类型的两种萃取剂组成的，一种称为萃取剂，另一种称为协萃剂。三元协萃体系并不多见，如 HDEHP-TBP-R_3N 的煤油溶液从 H_2SO_4 溶液中萃取 UO_2^{2+}。有些稀释剂也有协同效应，如硝酸四丁铵以 $CHCl_3$ 和苯的混合溶剂作稀释剂，从 HNO_3 溶液中萃取 Np^{4+}时，也有协同萃取效应。但研究和应用最多的是以螯合剂为萃取剂的二元协萃体系和以酸性磷为萃取剂的二元协萃体系[4]。

（1）协萃系数和协萃曲线图。

协同萃取效应的大小用协萃系数表示。设在相同水相条件下萃取 M^{n+}，用萃取剂 A 时 M^{n+}的分配比为 D_A，用萃取剂 B 时 M^{n+}的分配比为 D_B，用混合萃取剂 A+B 时，分配比为 $D_{协}$，则协萃系数 S 定义为

$$S=\frac{D_{协}}{D_A+D_B} \tag{2-18}$$

当 $S>1$ 时为协同效应；$S<1$ 时为反协同效应；$S=1$ 时，不存在协同效应，是简单的加合萃取。

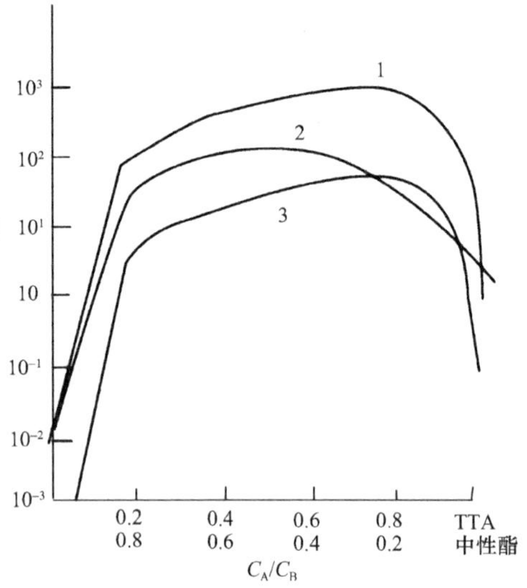

图 2-2　TTA-中性磷协萃体系的协萃曲线图

1. Pr-TOPO-苯（水相：0.01mol/L HCl）；2. Zn-磷酸三丁氧乙基酯-CCl_4（水相：pH=5）；3. U（Ⅵ）- TBP-环己烷（水相 0.01mol/L HCl）

协萃系数可由协萃曲线图求得。即将水相中被萃取金属离子的初始浓度固定不变，pH 固定不变，有机相中混合萃取剂A和B的总浓度 $C_{总}=C_A+C_B$不变，仅改变两种萃取剂的浓度比值 C_A/C_B，测出各比值所对应的金属离子分配比 D，以 D 对 C_A/C_B 作图即为协萃曲线图。图 2-2 即为 TTA-中性磷酸酯在不同稀释剂中组成的协萃体系，对 Pr^{3+}、Zn^{2+}、UO_2^{2+}进行萃取所得的协萃分配比 $D_{协}$（两端即为 D_A 和 D_B），此点计算出的协萃系数 S 即为该混合比值下协萃效应的大小。由图可得到该协萃体系具有最佳协萃效应时的两种萃取剂的浓度比值。

（2）协萃机理。

协萃效应的产生通常认为是由金属离子和两种或两种以上的萃取剂作用时，生成了一种同时含有萃取剂和协萃剂的络合物，这种络合物更稳定，更易溶于有机相，因而提高了分配比。许多研究学者认为协萃络合物的形成机理大致可分为以下几种：

（i）协萃剂取代萃取剂形成的络合物中的配位水分子，形成更亲有机相的络合物。例如，三辛胺和 TBP 从 HCl 或 HNO_3 溶液中萃取 Eu^{3+}的协萃反应，被认为是

$$(R_3NH)_2EuCl_5·2H_2O(有)+2TBP(有) \xlongequal{} (R_3NH)_2EuCl_5·2TBP(有)+2H_2O \tag{2-19}$$

（ii）萃取剂形成的金属络合物中含有自身的萃取剂分子，当加入配位能力强的协萃剂后，取代萃取剂分子而生成了更为稳定的协萃络合物，因而使分配比增大。例如，8-羟基喹啉（HO_x）-TOPO（三辛基氧化膦）-环己烷体系萃取 UO_2^{2+}的协萃反应为

$$UO_2(O_x)_2·HO_x+TOPO \xlongequal{} UO_2(O_x)_2·TOPO+HO_x \tag{2-20}$$

（iii）螯合萃取剂与金属生成的萃合物中，其配位数虽已达到饱和，但加入配位能力较强的协萃剂后，强的协萃剂将一个螯合环强行打开并取代其配位生成协萃络合物。例如，

PMBP 和 TBP 的苯溶液萃取 Th^{4+}即属于这类协萃作用，其过程为

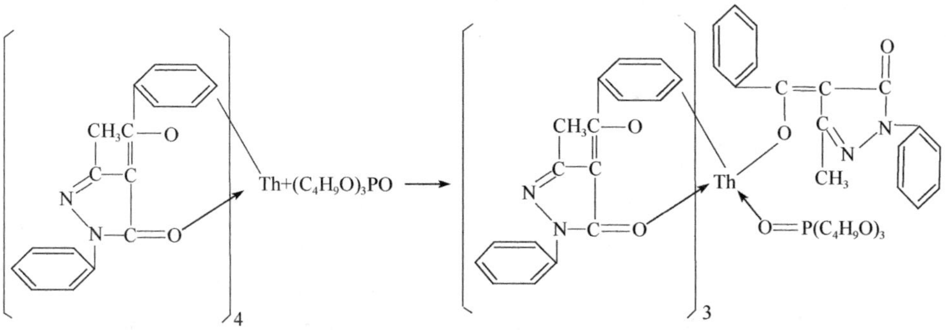

(2-21)

萃取络合物$Th(PMBP)_4$　　协萃络合物$Th(PMBP)_4 \cdot TBP$

（3）影响协同萃取的主要因素。

（i）协萃剂。不同分子结构的协萃剂对协同效应的影响非常显著。对中性磷酸酯而言，协同效应提高程度与磷酸酯碱性强度增加一致，即碱性越大，与金属离子的配位活性越强，其次序为：膦氧化物＞次膦酸酯＞膦酸酯＞磷酸酯。例如，对超钚元素的萃取，用 PMBP-TBPO-环己烷体系的分配比是用 PMBP-TBP-环己烷体系的 1000 倍。

（ii）水相酸度。协同萃取分配比通常随着水相酸度的增加而急剧下降。例如，固定 TTA 和 TBP 的浓度，改变水相 H^+浓度对 Y^{3+}和 Ce^{3+}进行萃取，其分配比和$[H^+]^3$成反比。又如，PMBP-DAMP（甲基膦酸二异戊酯）对 Th^{4+}的协同萃取，其分配比也随水相 H^+浓度的增加而下降，但并不与$[H^+]^4$成反比。

（iii）稀释剂。稀释剂的性质对协同萃取的程度的影响也较明显。稀释剂在水中的溶解度越小，极性越低，协同萃取的效果越好。在常用的几种稀释剂中，其顺序依次为：氯仿＜甲基异丁酮＜苯＜四氯化碳＜正己烷＜环己烷。这是由于 $CHCl_3$ 是极性溶剂，它与协萃剂如 TBP 等有氢键作用：$(RO)_3P{=}O\cdots HCCl_3$，因而降低了 TBP 形成协萃络合物的能力。

协同萃取的程度与协萃剂、稀释剂的性质有关，也受金属离子及萃取剂性质的影响。萃取剂越稳定，生成混配物倾向越不明显，协萃效应越小。

7）利用共萃取

共萃取是指某一元素（通常为微量元素）单独存在时不被萃取或萃取率很低，但有另一种元素（通常为常量元素）存在时，难以萃取的元素也能被萃取或萃取率显著增大的现象。

共萃取的机理比较复杂，大多数情况是由于形成混合配合物。共萃取现已成为预富集痕量元素的重要手段，特别是对于难萃取的碱金属和碱土金属，共萃取更是富集分离的新途径。

8）反萃取

反萃取是指用适当试剂把已萃取物从有机相中重新分离出来的过程。用于反萃取的试剂称为反萃取剂。反萃条件的选择一般要根据萃取机理决定。通常可以利用调节水相酸度、络合反萃、还原反萃或分步反萃等方法来实现。对于含氧萃取剂、中性磷类萃取剂、胺类萃取剂，降低酸度可使被萃取元素从有机相中反萃出来。对于酸性磷类萃取剂及螯合萃取剂则需要提高酸度。

9）改变元素价态

不同价态的金属离子与萃取剂的反应特性不尽相同。因此，利用预先氧化或还原的方法改变价态，也是提高萃取选择性的重要方法。

10）利用萃取速率的差异

萃取速率影响因素较多，同一体系中，不同金属离子的萃取速率也存在差异。同样，利用反萃速率的不同也可以进行元素的分离。

2. 提高离子缔合物萃取率及选择性的方法

离子缔合物萃取体系的萃取率及选择性也可采用不同的方法提高。其中不少的方法与螯合物萃取体系相似。例如，控制萃取酸度，优化萃取剂及其浓度，改变萃取溶液以及采用掩蔽等方法也同样可以获得好的萃取结果[5]。值得强调的是，利用盐析作用对提高离子缔合物萃取性能也是一种较为重要的方法。在离子缔合物萃取体系中，如果加入与被萃取化合物具有相同阴离子的盐或酸，往往可以显著地提高萃取率，这种作用称为盐析作用。加入的盐类称为盐析剂。实际应用的盐析剂常为易溶于水但不参加配合反应的无机盐，主要包括铵盐、锂盐、镁盐、铝盐及铁盐等。一般地，离子价态越高，半径越小，其盐析作用越强。

盐析作用能提高萃取率，分析原因主要有以下几点：①加入盐析剂使阴离子浓度增加，产生同离子效应，使萃取平衡朝发生萃取作用方向移动；②盐析剂是电解质，其离子水化作用可使溶液中水分子活度减小，降低了萃取物与水分子的结合能力，因而有利于萃取；③高浓度电解质存在，使水的介电常数大为降低，水的偶极矩作用减弱，有利于离子缔合物形成。

萃取选择盐析剂的一般原则是：①选用半径小、电荷高的阳离子盐。阳离子半径越小，价态越高，溶剂化作用越强。如下列阳离子的盐析作用按以下次序减弱：$Li^{+}>Na^{+}$，$Be^{2+}>Li^{+}$。②尽量使用高浓度盐析剂。浓度越高，萃取效果越好，但是不宜使用饱和浓度，否则容易析出结晶，影响操作。③盐析剂不应有副作用或干扰测定。④阴离子尽可能只有同离子效应。

不管何种萃取体系，增加萃取次数是提高萃取率的至关重要的首选方法。对于分配比不同的萃取体系，不同的萃取次数后留在水相中的被萃取物所占百分数见表 2-4。

表 2-4　分配比不同的体系在不同萃取次数后被萃取物留在水相中的百分数

分配比	萃取次数						
	0	1	2	3	…	9	10
D=1	100	50	25	12.5	…	0.195	0.098
D=10	100	9	0.8	0.07			
D=1000	100	0.1					

分配比（D）就是当萃取达到平衡时，被萃取物在两相中总浓度的比值

$$D=\frac{[M]_o}{[M]_w} \tag{2-22}$$

式中，$[M]_o$、$[M]_w$ 分别为该被萃取物在有机相、水相中的平衡浓度。

从表 2-4 中可以看出，在两相中溶解度相等（水相和有机相中的被萃取物各占 50%时）即 D=1 的萃取体系中，要萃取 10 次才能接近萃取完全，而 D=10 的萃取体系却仅需要 3 次。当然萃取次数越多，萃取效果就越好，但是也相应地增加了操作的工作量，所以应该根据萃取率的要求选择萃取次数。

2.1.6 溶剂萃取中乳化的形成和消除

在溶剂萃取中，当两相混合时有可能产生乳化，致使萃取的两相不能有效地分相，影响萃取操作的正常进行。因此，研究萃取过程中乳化产生的原因，并探求防止乳化现象的产生和破乳的方法是非常重要的。

1. 乳化现象及乳化剂的分类

1）乳化液现象和类型

乳化是生成稳定的乳状液的现象。P.贝歇尔定义："乳状液是一个多相体系，其中至少有一种液体以液珠的形式均匀地分散于一个和它不相混溶的液体之中，液珠的直径一般大于0.1μm。此种体系都有一个最低的稳定度，这个稳定度可因表面活性剂或固体粉末的存在而大大增加。"作者进而写道："讨论乳状液时必须能够区别体系中的两个相，以小液珠形式存在的那个相称为分散相或内相，另外一相称为连续相或外相；内、外两相也可以称为非连续相和非分散相。"乳化液是一种均匀、稳定、多相的分散体系[6]。

两种互相不混溶的液体形成乳化液时，其中一种液体既可作为分散相，也可作为分散介质。这取决于乳化液的条件和乳化剂的性质。乳化液通常分为两类：一类是水包油乳化液，通常以o/w表示，其中油是分散相或称内相或不连续相，水为分散介质或称外相或连续相。例如，牛乳是o/w型乳化液，其中黄油是分散相，水是分散介质。另一类是油包水乳化液，以w/o表示，其中水是分散相，油是分散介质。例如，常见的原油是w/o型乳化液。

一般情况下，亲水性粉末作乳化剂时，得到o/w型乳化液，亲油性粉末作乳化剂时，得到w/o型乳化液，如图2-3所示。

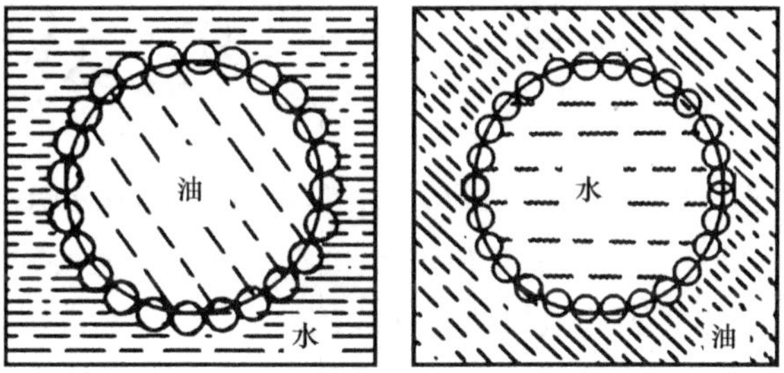

（a）o/w型乳化液　（b）w/o型乳化液

图2-3 粉末乳化剂作用示意图

对于一定的体系，一相体积占两相总体积的比例为0.16~0.74时，两种类型的乳化液都可以形成；若其比例小于0.16或大于0.74时，则只有一种乳化液类型存在。

2）乳化剂的类型

在正常萃取中，一般两相混合时形成的乳化液是不稳定的，在放置澄清阶段，乳化液中小液珠互相碰撞，自动聚结成大液珠，乳化液迅速分成油水两层。所以通常萃取中就有乳化的形成和破坏，只不过该过程是短暂的。但由于各种原因，有时形成稳定的乳化液，致使澄清阶段很长（甚至不能分相），造成两相夹带，降低分离效果，严重时甚至无法分离。通常会向其中加入一种能稳定乳化液的物质，称为乳化剂，如蛋白质、皂类、电解质、高分子化合物、固体粉末等，它们可以使两相界面张力降低，使界面膜增厚变硬，或使液珠带电荷，因而导致稳定乳化液的形成。一般在溶剂萃取中常用的乳化剂为表面活性剂（包括离子型、非离子型）和固体粉末两类。

2. 乳化液的形成原理

1）表面活性剂的乳化作用原理

表面活性物质之所以能稳定乳化液，一是由于活性物质吸附在两相界面上形成吸附层，吸附层中分子定向排列，使油水界面张力下降，减小了两相界面上的表面能，有利于乳化液的形成；二是乳化剂分子（在这里即表面活性物质）在分散相液滴周围形成具有良好机械强度而又能阻止液滴接触的保护膜，才能形成稳定化液[7]。必须强调指出，有时保护膜的形成比表面张力的降低还重要，例如，用 P-（二乙基己基膦酸）萃取铟，一定量的牛胶会引起严重乳化现象，已知牛胶为蛋白质，其表面活性不大，降低表面能有限，但因形成坚固而有弹性的吸附层保护膜，所以使乳化液稳定。

表面活性剂不仅使乳化液稳定，有时还可能决定乳化液类型。这是因为乳化液的类型和表面活性剂分子的几何形状有关。例如，月桂酸的一价金属皂（$C_{11}H_{23}COONa$）形成水包油型（o/w）乳化液，而月桂酸的多价金属皂[$(C_{11}H_{23}COO)_2Ca$]则形成油包水（w/o）型乳化液。这是由于钠皂亲水基（头）大，亲油基（尾）小，较大的一端指向连续相（外相），较小的一端指向分散相（内相），分子间的挤压力较小，排列较紧密，易形成较稳定的 o/w 型乳化液；而月桂酸的多价金属皂[$(C_{11}H_{23}COO)_2Ca$]则相反，因亲水基（头）小，亲油基（尾）大（有两条碳氢链），因而形成 w/o 型乳化液。图 2-4 为这两种类型乳化液的示意图。

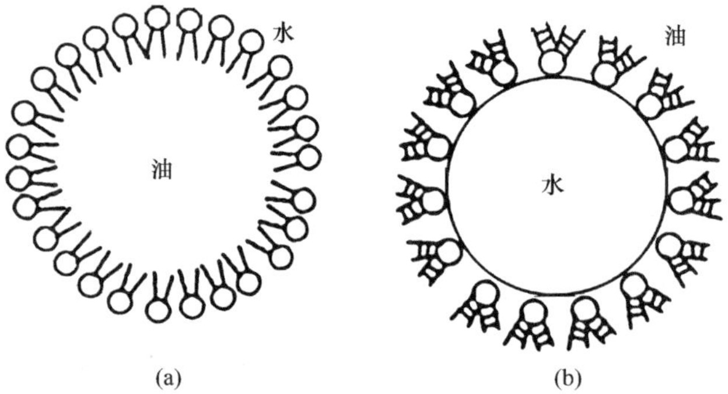

图 2-4　月桂酸形成 o/w（a）和 w/o（b）乳化液示意图

乳化剂决定 w/o 或 o/w 型乳化液的经验规则又称定向楔学说，但也有不少例外，这是因为形成乳化液的类型不仅与乳化剂分子的几何形状有关，而且与加入乳化剂的浓度及萃取体系的相比等因素有关。

2）固体微粒的乳化作用

许多固体微粒，如氧化物、氢氧化物、金属碱式盐、硅胶、硫化物、尘土矿渣、炭粒等均能引起乳化，这种乳化与润湿有关。

液体在固体表面上的黏附现象称为润湿，当一滴液体落在固体表面上时，可能形成不同的状态，如滚珠状、馒头状及扁平状等（图 2-5）。

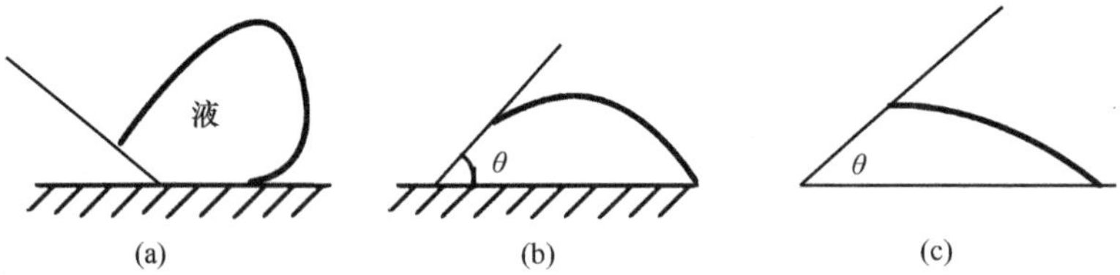

图 2-5　液滴在固体表面的状态：不润湿（a）；润湿（b）、（c）

润湿现象与表面张力有关，通常在固液界面上存在三种界面张力，如图 2-6 所示。图中 γ_{sg} 为固气界面张力；γ_{ls} 为固液界面张力；γ_{lg} 为液气界面张力；θ 为接触角。

图中 A 点上存在三个界面张力的相互作用，γ_{sg} 力图使液滴沿 NA 表面铺展，而 γ_{lg} 和 γ_{ls} 则力图使液滴收缩，三者达成平衡时，根据矢量关系得

$$\gamma_{sg}=\gamma_{ls}+\gamma_{lg}\cos\theta \tag{2-23}$$

需要说明的是，θ 为锐角时表示液体能润湿固体，若为钝角表示液体不能润湿固体，所以 θ 又表示液体润湿固体的程度。

$$\cos\theta=(\gamma_{sg}-\gamma_{ls})/\gamma_{lg} \tag{2-24}$$

由上式可知：

若$\gamma_{sg}-\gamma_{ls}=\gamma_{lg}$，则 $\cos\theta=1$，$\theta=0°$，表示完全润湿，如水-干净玻璃等；

若$\gamma_{sg}-\gamma_{ls}<\gamma_{lg}$及$\gamma_{sg}>\gamma_{ls}$，则$0<\cos\theta<1$，$\theta<90°$，表示有一定程度的润湿，如矿粉与水；

若$\gamma_{sg}<\gamma_{ls}$，则$\cos\theta<0$，$\theta>90°$，表示不润湿，如石蜡和水等。

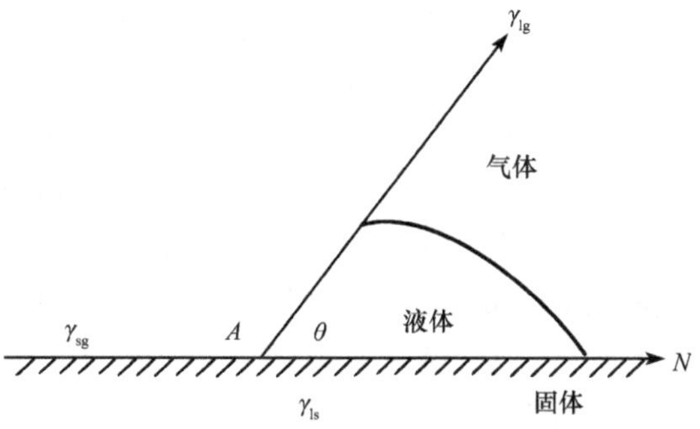

图 2-6 固液表面张力图

固体粉末是如何形成稳定的乳化液及形成何种类型的乳化液，则取决于各界面张力的大小。设γ_{ls}为固液界面张力，γ_{sw}为固水界面张力，γ_{wo}为水油界面张力，则有：

（1）当$\gamma_{ls}>\gamma_{sw}+\gamma_{wo}$时，固体微粒悬浮在水相内。

（2）当$\gamma_{sw}>\gamma_{ls}+\gamma_{wo}$时，微粒悬浮在油相中。

上述两种情况都说明固体微粒完全被一相润湿，而不被另一相润湿，因此均不会形成稳定的乳化液。

（3）当$\gamma_{wo}>\gamma_{sw}+\gamma_{ls}$或任一项表面张力都不大于两项之和时，固体微粒被两相部分润湿，且微粒聚集于两相界面间。

比较γ_{ls}和γ_{sw}两者的大小，可说明微粒被何相润湿。若$\gamma_{ls}>\gamma_{sw}$，则 $\cos\theta$为正值，$\theta<90°$，微粒被水润湿，显然，这时形成的保护膜凸向水相，这种保护膜使油滴在相互碰撞时不能聚集而分层，导致形成 o/w 型稳定乳化液。若$\gamma_{ls}<\gamma_{sw}$，则微粒易被油相润湿，并在界面间凸向油相，在水滴周围形成一层保护膜，使水滴在相互碰撞时不能聚集而分层，因而导致形成 w/o 型稳定乳化液。

此外，固体微粒引起的乳化液还和微粒状态有关。一般湿润的微粒比干的乳化作用大，胶状或高度分散的沉淀比粒状的乳化作用大。

3. 乳化的预防和消除

乳化的产生对萃取是不利的，防止乳化尚无通用方法，只有根据不同的乳化机理和原因，采用不同方法进行处理，才能消除乳化。乳化的预防和消除通常采用以下方法[8]。

1）有机相的处理

萃取剂和稀释剂常含有某些表面活性剂，有时有机相经多次循环使用后（如在无机物的分离和制备中），萃取剂和稀释剂都会发生降解，这些降解产物常具表面活性或与金属离子作用形成沉淀（或多聚络合物），引起乳化作用。例如，TBP 在无机酸作用下发生水解形成磷酸二丁酯（DBP）：

$$(C_4H_9O)_3P{=}O+H_2O \xrightarrow{H^+} (C_4H_9O)_2\overset{\displaystyle OH}{\overset{|}{P}}{=}O+C_4H_9OH \tag{2-25}$$

有时 TBP 在酸作用下，还产生去烷基化作用；

$$(C_4H_9O)_3P{=}O+HNO_3 = (C_4H_9O)_2\overset{\displaystyle OH}{\overset{|}{P}}{=}O+C_4H_9NO_2 \tag{2-26}$$

所用稀释剂煤油在 HNO_3 催化作用下，分解为硝基代烷等，主要是煤油烃中的叔氢原子

$R_1R_2R_3CH$ 易受其他基团进攻而发生反应：

$$HNO_3+HNO_2 = 2\cdot NO_2+H_2O \text{（}\cdot NO_2\text{ 为亚硝基游离基）} \quad (2\text{-}27)$$

$$R\cdot H+NO_2 = R\cdot +HNO_2 \text{（}R\cdot\text{为支链烷烃游离基）} \quad (2\text{-}28)$$

$$R\cdot +\cdot NO_2 = RNO_2 \quad (2\text{-}29)$$

其中降解产物主要可能为硝基代烷 RNO_2 和亚硝基代烷 RNO，其次还有硝酸酯（RONO）、羧酸（RCOOH）等，上述降解产物中 DBP 为阴离子表面活性剂，它们都是导致乳化的原因。因此，为了防止乳化，需除去可能的降解产物。常用的方法有水洗、酸洗、碱洗、减压分馏、水蒸气蒸馏等。

2）水相预处理

水相中常含有悬浮固体和可溶性硅胶等容易引起乳化的杂质。前者可用过滤办法除去，后者过滤也难除去，需采用破坏胶体的方法才能有效。例如，硅胶带有负电荷，若加入适量带有相反电荷的明胶或动物胶等，即可使硅胶凝聚过滤除去。这是因为明胶或动物胶由氨基酸组成，在酸性溶液中氨基 N 质子化而带正电荷，正负电荷的胶体互相凝聚沉降、过滤，即可防止这类乳化。

3）化学破乳法

加入某些化学试剂，除去或抑制某些导致乳化的有害物质的破乳法，称为化学破乳法。例如，在 TBP-HCl 萃取工艺中，为消除料液中金属杂质的影响，可加酒石酸钠、柠檬酸钠等络合剂；为了除硅，可加 F^-（生成 SiF_6^{2-}）；为了除 F^-，可加 H_3BO_3（生成 BF_4^-）；为了除 Fe^{3+}，可用铁屑还原，也可在 HCl 体系中加入少量乙醚，将铁萃入有机相。有些萃取体系因 pH 升高，生成氢氧化物沉淀而引起乳化，这时可适当加入酸溶液，但不可使酸量过多，否则会影响分离效果。

4）转相破乳法

萃取工艺中的乳化多数是因为形成了水包油型的乳状液，这种乳化稳定而不易分相。为了破坏这种乳状液，可加大相比，加大有机相进料量或回流量，使之转为油包水，从而起到破乳作用。

5）其他破乳法

离心分离法：利用外加离心机处理混合液或用离心萃取器分离，加速两相分离。

选择性过滤：利用某种过滤材料有被一相选择性润湿的能力，过滤一相而阻留另一相。

酸度控制法：萃取体系中常含有离子状态的金属杂质，当 pH 升高时，因形成多核羟络合物，甚至氢氧化物沉淀而引起乳化，因此，加酸防止氢氧化物的沉淀即可消除乳化。

温度的控制：温度过低，有机相黏度增大，不仅分相慢，还可能形成乳化，因此，适当提高萃取温度，不仅分相快，还可防止乳化。但温度不可太高，以免有机相挥发和分解，改变相比，以致污染环境。

2.2 双水相萃取

2.2.1 概述

液-液萃取是化学工业和分析化学中普遍采用的分离技术之一，在基因工程、生物、医药、食品等领域的分离、制备和样品前处理中也有广泛的应用[9]。然而，大部分生物制品的原液是低浓度和有生物活性的，需要在低温或室温条件下进行富集、分离，通常的有机溶剂萃取法在上述领域特别是在生物样品的处理过程中受到限制。这是因为蛋白质、核酸、各种细胞器和细胞在有机溶剂中易失活变性，而且大部分蛋白质分子有很强的亲水性，难溶于有机溶剂中[10, 11]。双水相萃取主要是针对生物活性物质的提取和分离发展起来的一种新型的液-液萃取分离技术，对生物物质、天然产物、抗生素等的提取、纯化表现出以下优势：

（1）含水量高（70%~90%），在接近生理环境的体系中进行萃取，不会引起生物活性物质失活或变性。

（2）可以直接从含有菌体的发酵液和培养液中提取所需的蛋白质，还能不经过破碎直接提取细胞内酶，省略了破碎或过滤等步骤。

（3）分相时间短，自然分相时间一般为 5~15min。

（4）界面张力小（10^{-7}~10^{-4}mN/m），有助于两相之间的质量传递，界面与试管壁形成的接触角几乎是直角。

（5）安全性能高。对于药品生产，双水相萃取质量和安全性好；不存在有机溶剂残留问题，高聚物一般为不挥发物质，因而操作环境对人体无害。

（6）操作方便。双水相萃取操作与溶剂萃取操作相似，所用萃取和分离设备相同，易于实现连续化操作，处理量较大，分离后的两相不需特殊处理，可直接进入下一级工序进一步分离纯化。

（7）易于工艺放大和连续操作，可与后续提纯工序直接连接，无需进行特殊处理。各种参数可以按比例放大，而产物收率并不降低，这一点对于新技术、新工艺从实验室走向工业化应用尤为有利。

（8）操作条件温和，整个操作过程在常温常压下进行。双水相体系的相间表面张力大大低于有机溶剂相与水相之间的表面张力，使两相分散的能耗低，分散程度高，传质面积大，传质速率快，即可在温和的萃取条件下，达到较高的萃取效率。

（9）亲和双水相萃取技术可以提高分配系数和萃取的选择性。

2.2.2 双水相萃取原理及体系相图

1. 双水相萃取分配机理

双水相体系是指某些有机物之间，或有机物与无机盐之间，在水中以适当的浓度溶解后形成互不相溶的两相或多相体系[1]。两种高聚物（高分子聚合物）溶液相互混合时，是分层还是混合成一相，取决于混合时熵的增加和分子间作用力两个因素。两种高聚物分子间如果有斥力存在，即某种分子希望在它周围的分子是同种分子而不是异种分子，则在达到平衡后可能分成两相，这种现象称为聚合物的不相容性。

人们所熟悉的液-液萃取体系的一相是水，另一相是与水互不相溶的有机溶剂。双水相萃取其被萃取物是在两个水相之间分配。早在 1896 年 Beijerinck 就发现，将明胶和琼脂或明胶和可溶性淀粉的水溶液混合时，即得到浑浊的溶液，随之浑浊溶液分成两相，上相中含明胶多，下相中含琼脂（或淀粉）多。后来发现的例子越来越多。例如，将质量分数为 2.2%的葡聚糖水溶液与 0.72%的甲基纤维素水溶液等体积混合并放置后，就会得到两个黏稠的液层：上层含 0.39%葡聚糖、0.65%甲基纤维素和 98.96%水，下层则含 1.58%葡聚糖、0.15%甲基纤维素和 98.27%水。虽然两相的主要成分都是水，但上相富含甲基纤维素，下相富含葡聚糖。与一般的水-有机溶剂体系相比，双水相体系中两相的性质（密度、折射率等）差别很小。由于两相折射率差异很小，有时甚至难以发现两相的相界面。双水相体系的两相间的界面张力也很小，只有 10^{-6}~10^{-4}N/m，比通常的溶剂萃取体系小两个数量级以上，所以双水相体系的液面与容器壁形成的接触角几乎为直角。

在双水相体系中，之所以两种聚合物能富集到不同的相，是因为两种聚合物的不相容性。聚合物的不相容性主要源于聚合物分子的空间位阻作用，二者相互无法渗透，不能形成单一水相，故具有强烈的相分离倾向。无论是天然的还是人工合成的亲水性高分子聚合物，当它们与第二种聚合物混合时，聚合物浓度低于某一定值时，只形成均一的单相体系，如果聚合物浓度超过该定值，就有可能产生相分离。聚合物的不相溶性是一个普遍现象，其溶剂也不一定都是水，也可以是有机溶剂。聚合物也不一定都是分别富集于两相中，有时可能富集于同一相中。例如，在一定的 pH 条件下，当带正电的明胶与带负电的阿拉伯树胶溶于水中，由于正、负电荷的相互吸引，其中一相中同时富含这两种聚合物。如果将多种不相容的聚合物混合在一起，则有可能得到多相体系，如硫酸葡聚糖、葡聚糖、羟丙基葡聚糖和聚乙二醇混合在一起时，可以形成四相体系。

研究得最多的双水相体系是高聚物-高聚物体系，其中又以聚乙二醇(PEG)-葡聚糖（dextran）体系居多，然而该体系中使用的高聚物价格比较昂贵，工业化时成本太高。因而，在双水相萃取技术的工业化中，一些廉价的高聚物得到了开发，如用变性淀粉、乙基羟乙基纤维素、糊精、麦芽糖糊精等有机物代替昂贵的葡聚糖；用羟基纤维素、聚乙烯醇、聚乙烯吡咯烷酮等代替 PEG。研究发现由这些廉价高聚物组成的双水相体系的相图与 PEG-葡聚糖双水相体系的相图非常相似，稳定性也比 PEG-盐双水相体系好，并且具有蛋白质溶解度大、黏度小等优点。

某些聚合物的溶液与无机盐溶液混合，当达到一定浓度时，也会分相。这就是聚合物-盐双水相体系。例如，PEG 与磷酸盐、硫酸铵或硫酸镁等，其成相的机理尚不是十分清楚，但一般认为是高价无机盐的盐析作用，使高聚物和无机盐分别富集于两相中。在双水相体系中，两相的水分都占 85%~95%，而且成相的高聚物和无机盐一般都是生物相容的，生物活性物质或细胞在这种环境中不仅不会失活，而且还会提高它们的稳定性。

随着双水相萃取技术的不断发展，又发现了一些新的双水相体系，如亲和双水相体系、表面活性剂双水相体系、普通有机物-无机盐双水相体系、离子液体-盐双水相体系。这些体系各有优势。表面活性剂双水相体系比高聚物双水相体系的含水率更高，因而条件更加温和。

亲和双水相萃取是将一种亲和配基以共价键结合方式与一种成相高聚物（如 PEG、葡聚糖）偶联，这种配基与目标产物（如蛋白质等）有很强的亲和力，从而大大提高了目标物质的萃取分配系数和萃取效率，如蛋白质等生物大分子的分配系数可增大 1~4 个数量级。常用于亲和双水相萃取体系的配基有基团型亲和配基、染料亲和配基和生物亲和配基三类。近几年来，亲和双水相萃取技术的发展很快，仅在 PEG 上就接入过 10 多种亲和配基。例如，Kamihira 等[12]将亲和配基 IgG（免疫球蛋白）偶联到高分子 EudragitSl00 上，这种带亲和配基的高聚物主要分布在上相，应用该亲和双水相萃取体系提纯重组蛋白 A，产物纯度提高了 26 倍，达到了 80%，萃取效率也达到了 80%。针对抗体凝集素等亲和配基不能在高盐浓度下操作、不能用于成本较低的 PEG-无机盐系统的缺点，有人提出了以金属螯合物为亲和配基的金属配基亲和双水相体系，它可以用于含盐双水相体系，而且比其他亲和双水相萃取体系更廉价，如采用 Cu^{2+}-IDA（亚氨基乙酸）-PEG 体系可以萃取亚铁血红素蛋白、血红素和含磷蛋白质。

离子液体-（无机）盐双水相萃取体系是近年才出现的。离子液体是指由阴离子和阳离子组成的，在室温时呈液态的盐类物质，通常由有机阳离子和无机阴离子组成。离子液体几乎不挥发，稳定温度范围宽，化学稳定性较高。通过改变组成离子液体的阴、阳离子，可调节其对无机物、水、有机物及聚合物的溶解性，并且其酸度可调至超酸。构成离子液体-盐双水相萃取体系常用的离子液体是咪唑类和吡啶类，如 1-丁基-3-甲基咪唑盐酸盐([Bmim]Cl)、*N*-正丁基吡啶四氟硼酸盐（[Bpy]BF_4）；常用的无机盐有磷酸盐、碳酸盐等。离子液体-盐双水相萃取体系主要用于生物大分子和天然产物的萃取分离。离子液体-盐双水相萃取体系的主要特点是：①操作条件温和，可在常温常压下进行；②不存在有机溶剂体系的挥发所引起的环境问题；③体系易于放大，各种参数按比例放大时产物回收率并不降低；④体系内传质和平衡速度快，回收率高达 90%以上；⑤体系的相间张力大大低于有机溶剂与水的相间张力，分离条件温和，能保持绝大部分生物分子的活性；⑥与传统高聚物双水相体系相比，乳化现象更少。

通常的双水相体系中不存在有机溶剂，适合生物活性物质的分离。其分离对象是复杂的，既包括可溶性物质（如蛋白质、核酸），也包括悬浮颗粒（如细胞或细胞器）。各种物质的大小、形状和性质不同，存在形式（解离状态、聚集状态）也不同，因此溶质在两相间的分配机理也很复杂。目前主要用界面张力作用和电势差作用来解释溶质的分配机理。界面张力作用认为微小粒子在液体中由于热运动而随机分布，界面张力的影响使它呈不均匀分布，并聚集在双水相体系中具有较低能量的一相中。电势差作用认为带电大分子（粒子）在两相中分配时，会在两相产生电势——唐南（Donnan）效应。唐南效应使得某些物质选择性地通过唐南膜，即某种（类）物质在某相富集。

双水相萃取分离的原理是基于生物分子在双水相体系中的选择性分配。当生物分子进入双水相体系后，在上下两相间进行选择性分配，这种分配关系与常规的溶剂萃取分配关系相比，表现出更大或更小的分配系数，如各种类型的细胞粒子、噬菌体的分配系数大于 100 或小于 0.01，其分配规律也服从能斯特分配定律。研究表明，在相体系固定时，被分离溶质在相当大的浓度范围内，其分配系数为常数，与溶质的浓度无关，只取决于被分离溶质本身的性质和特定的双水相体系的性质。在实际操作中，由于无法固定整个双水相体系，也很难定量地知道被分离原液中含有的其他物质，因此，整个体系变得相当复杂，目前尚没有定量的关联模型能预测整个体系的分配关系。最优的操作条件只能通过实验得到。

表 2-5~表 2-8 是几种常见的双水相萃取系统。

表 2-5　非离子型聚合物-非离子型聚合物

上相组分	下相组分
聚丙二醇	甲基聚丙二醇、聚乙二醇、聚乙烯醇、聚乙烯、吡咯烷酮、羟丙基葡萄糖
聚乙二醇	聚乙烯醇、聚乙烯吡咯烷酮、葡聚糖、聚蔗糖
乙基羟乙基纤维素	葡聚糖
甲基纤维素	葡聚糖、羟丙基葡萄糖

表 2-6　非离子型聚合物-无机盐

上相组分	下相组分
聚丙二醇	硫酸钾
聚乙二醇	硫酸镁、硫酸钾、硫酸铵、硫酸钠、酒石酸钾钠

表 2-7　高分子电解质-高分子电解质

上相组分	下相组分
硫酸葡聚糖钠盐	羧甲基纤维素钠盐
羧甲基葡聚糖钠盐	羧甲基纤维素钠盐

表 2-8　非离子型聚合物-低相对分子质量组分

上相组分	下相组分
葡聚糖	丙醇
聚丙烯乙二醇	磷酸钾、葡萄糖
甲氧基聚乙二醇	磷酸钾

双水相萃取技术的工艺流程主要由三部分构成：目的产物的萃取、PEG 的循环、无机盐的循环。

1）目的产物的萃取

原料匀浆液与 PEG 和无机盐在萃取器中混合，然后进入分离器分相。选择合适的双水相组成，一般使目标蛋白质分配到上相（PEG 相），而细胞碎片、核酸、多糖和杂蛋白等分配到下相（富盐相）。第二步萃取是将目标蛋白质转入富盐相，方法是在上相中加入盐，形成新的双水相体系，从而将蛋白质与 PEG 分离，以利于使用超滤或透析将 PEG 回收利用和将目的产物进一步加工处理。

2）PEG 的循环

在大规模双水相萃取过程中，成相材料的回收和循环使用，不仅可以减少废水处理的费用，还可以节约化学试剂，降低成本。PEG 的回收有两种方法：①加入盐使目标蛋白质转入富盐相来回收 PEG；②将 PEG 相通过离子交换树脂，用洗脱剂先洗去 PEG，再洗出蛋白质。

3）无机盐的循环

将含无机盐相冷却，结晶，然后用离心机分离收集。除此之外还有电渗析法、膜分离法回收盐类或除去 PEG 相的盐。

2. 双水相体系的相图

研究多相体系通常采用相图法。图 2-7 是两个聚合物溶液形成的双水相体系的相图。如果体系的总浓度在图中曲线以下的某点 N 处，体系只能是均一的单相。而当体系的总浓度在图中曲线以上的某点 M 处时，则体系为双相体系，分别用 T 和 B 表示上相（轻相）和下相（重相）的组成。直线 TMB 称为结线（或系线）。如果体系的总组成由 M 点变到 M'点处，体系仍然为双水相体系，两相组成分别为 T'和 B'。显然，T'和 B'在组成上的差异比 T 和 B 的差异要小。继续改变体系的组成，使所形成的两相的差别进一步缩小，最后可以到达 C 点，此时体系不再分相，C 点称为临界点，曲线 TCB 称为双结点曲线（或双结线）。

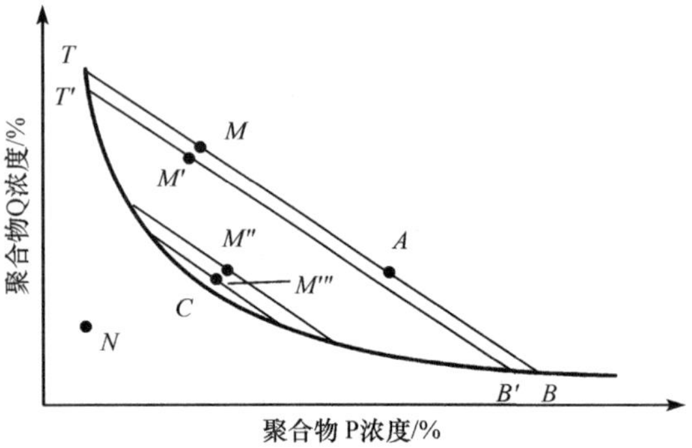

图 2-7　聚合物-聚合物双水相体系相图

M 点时两相 T 和 B 的量之间的关系服从杠杆定律，即 T 相和 B 相的质量之比等于系线上

线段 MB 与 MT 的长度之比。由于两相均为聚合物浓度不高的水溶液，两相的密度均与纯水的密度接近，所以两相体积之比也近似等于线段 MB 与 MT 的长度之比。温度的变化可以引起双结点曲线位置和形状的变化，也能引起临界点的位移。

双水相体系的系线和临界点均由试验测得。定量称取高聚物 P 的浓溶液若干克，盛于试管，向其中滴加高聚物 Q 的浓溶液，起初制得 P 和 Q 的单相混合溶液，继续滴加 Q 至混合溶液开始浑浊，并开始形成两相，此时记下混合溶液中 P 和 Q 的百分含量。接着加蒸馏水 1g，使混合溶液变澄清，两相消失。继续加高聚物 Q 的浓溶液，使混合溶液再次变成两相，再次记下 P 和 Q 的百分含量，如此反复操作，得到一系列 P 和 Q 在形成两相时的百分含量。由聚合物和无机盐水溶液形成的双水相体系，也可得到类似的相图。

2.2.3 影响双水相萃取体系的因素

1. 高聚物的相对分子质量和浓度

聚合物的相对分子质量越大，发生相分离而形成双水相所需的浓度越低。随着相对分子质量的增大，双结线向原点接近，并且两种高聚物的相对分子质量相差越大，结线越不对称。支链高聚物比直链高聚物易于形成双水相体系。在高聚物浓度保持不变的情况下，降低高聚物的相对分子质量，可溶性生物大分子（如蛋白质、核酸）或颗粒（如细胞）将更多地分配于该相。

双水相体系的组成越接近临界点，可溶性生物大分子的分配系数也越接近 1。在 PEG-dextran 体系中，成相高聚物浓度越高，两相体系距离临界点越远，分配系数越偏离 1。对于细胞等颗粒来说，在临界点附近细胞大多分配于一相中，而不吸附于界面。随着高聚物浓度的增加，细胞会越来越多地吸附于界面上。

2. 盐类

由于盐的正、负离子在两相间的分配系数不同，两相间形成电势差，从而影响带电生物大分子的分配。研究还发现，当盐类浓度增加到一定程度时，影响减弱。盐浓度为 1~5mol/L 时，由于盐析作用，蛋白质易分配于上相，分配系数几乎随盐浓度呈指数增加，且不同的蛋白质增大程度各异，利用此性质可使蛋白质相互分离。

双水相体系中，磷酸盐的作用非常特殊，它既可作为成盐相形成 PEG-盐双水相体系，又可作为缓冲剂调节体系的 pH。由于磷酸盐不同价态的酸根在双水相体系中有不同的分配系数，因而可以通过控制不同的磷酸盐比例和浓度来调节相间电势差，从而影响物质的分配。表 2-9 是聚合物体系（7%葡聚糖 T-500+4.4%PEG-6000）中盐的种类和浓度对蛋白质分配系数 K 的影响。

表 2-9 不同盐介质中蛋白质的分配系数 *K*

盐介质	分配系数 K			
	溶菌酶	核糖核酸酶	胃蛋白酶	血清白蛋白
0.01mol/L 磷酸钠，pH=7	0.5	0.6	6.5	0.7
0.01mol/L 磷酸钠+0.05mol/L 氟化钠，pH=7	1.3	0.75	2	0.2

3. pH

pH 对分配的影响主要源于两方面。第一，pH 会影响蛋白质分子中可解离基团的解离度，因而改变蛋白质所带电荷的性质和大小，这与蛋白质的等电点有关。第二，pH 会影响磷酸盐的解离度，从而改变 $H_2PO_4^-$和 HPO_4^{2-}的比例，进而影响电势差。pH 的微小变化会使蛋白质的分配系数改变 2~3 个数量级。加进不同的盐，pH 的影响也不同。

4. 温度

温度越高，发生双水相分离所需要的高聚物浓度越高。在临界点附近，温度对双水相体系的形成更为敏感。温度对物质的分配的影响首先是影响相图，在临界点附近尤为明显。但当远离临界点时，温度影响较小。由于高聚物对生物活性物质有稳定作用，在大规模生产中多采用常温操作，从而节省冷冻费用。采用较高的操作温度，体系黏度较低，有利于相分离。

5. 低相对分子质量化合物

低相对分子质量化合物的存在对双水相的形成有一定影响，如蔗糖和氯化钠，但是一般在比较高的浓度下才会对两相的形成起作用。

6. 双水相体系的性质

（1）黏度。双水相体系的黏度不仅影响相分离速度和流动特性，而且影响物质的传递和颗粒（特别是细胞、细胞碎片和生物大分子）在两相中的分配。双高聚物比高聚物和无机盐组成的体系的黏度高；支链高聚物溶液比直链高聚物溶液的黏度低；高聚物的相对分子质量越大或者浓度越高，体系的黏度也越高。

（2）两相密度差。双水相体系的含水量高达 90%左右，所以两相的密度接近于 $1g/cm^3$，因而两相的密度差非常小，为 $0.01\sim0.05g/cm^3$。仅仅依靠重力差，体系相分离的速度很慢，必须借助离心力场才能进行有效的相分离。

（3）表面张力。双水相体系是一种受粒子表面特性影响的分离方法。因此，双水相体系中两相之间的界面张力是一个非常重要的体系物性参数。它主要取决于体系的组成和两相间组成的差别。在相图上，其与结线长度呈线性关系。

（4）相间电势差。如果盐的阴离子和阳离子在双水相体系中有不同的分配系数，为保持每一相的电中性，必然会在两相间形成电势差，大小约为毫伏量级。为了控制相间电势，常向体系中加入不同比例的磷酸盐和氯化钠。

（5）相分离时间。双水相体系的相间密度差和界面张力通常很小，特别是在临界点附近，因此相分离的速度较慢，一般需要 1h。而在远离临界点时，黏度更高，因而相分离的速度也慢。相分离也与相比有关，通常相比越接近于 1，相分离越快。

影响双水相萃取的因素很多，这些因素之间还有相互作用，而且双水相萃取理论正处于深入研究阶段。因此，目前还不能定量关联分配系数与各因素之间的关系，需通过大量实验，寻找适宜的双水相萃取条件，最终达到提高产品收率和纯度的目的。

2.2.4　双水相萃取的应用

双水相萃取技术始于 20 世纪 60 年代，国内自 20 世纪 80 年代起也开展了双水相萃取技术研究。双水相萃取技术由于其条件温和且易操作，可调节因素较多，并且可融合传统溶剂萃取的成功经验，成为一种新颖的分离技术。近些年来，双水相萃取技术得到很大的发展，在蛋白质、抗生素、金属离子、天然产物等的分离纯化等方面均具有广泛的应用[13]。

双水相萃取体系具有很多独特的优点：设备简单，易于连续化操作，且可直接与后续纯化工艺连接；操作条件温和（常温常压）；几乎不使用有机溶剂，避免了生物活性物质的失活和产品中有机溶剂的残留；易于放大，各种实验参数按比例放大而萃取效率基本不变；传质和平衡过程速度快，回收率高，通常在 80%以上；能耗较小。

由于双水相萃取体系具有上述优点，该技术在生物化工中已广泛应用，下面以双水相萃取技术在生物工程、中草药有效成分分离、贵金属分离等方面的应用为例作简要介绍。

1. 在生物工程领域的应用

双水相萃取主要用于生物物质，如酶、核酸、生长激素、病毒等的分离纯化。蛋白质和酶都是有生物活性的物质，在分离提纯过程中如果选择的提取体系不好，往往会造成蛋白质和酶的变性失活。双水相萃取就是考虑到这种现状，基于液-液萃取理论并考虑保持生物活性所开发出来的一种新型液-液萃取分离技术。工业上已有几种双水相体系用于从发酵液中分离提取蛋白质和酶，绝大多数是用 PEG 作上相成相聚合物，葡聚糖、盐溶液和羟甲基淀粉中的一种作下相成相物质。早期常采用 PEG-葡聚糖双水相体系，该体系的溶液黏度过大、操作成本也较高。现在常用的是 PEG-无机盐体系，特别是使用磷酸盐的体系。例如，聚乙二醇（PEG）-磷酸盐双水相体系萃取酶的一般流程如图 2-8 所示。图 2-8 包括了三个双水相萃取分离步骤。第一步所选择的条件应使目标酶分配在富含 PEG 的上相中，部分核酸和多糖会随目标酶进入上相，而细胞碎片和杂蛋白进入富盐的下相。在分相后的上相中加入磷酸盐，再次形成双水相体系。核酸、多糖、杂蛋白等进入下相，目标酶再次进入富含 PEG 的上相。然后再向分相后的上相中加入磷酸盐，再一次形成双水相体系，在此步骤中，要控制条件使目标酶进入富盐的下相，与大量的 PEG 分离，可以采用离心、超滤、亲和柱色谱（或凝胶柱色谱）等技术。

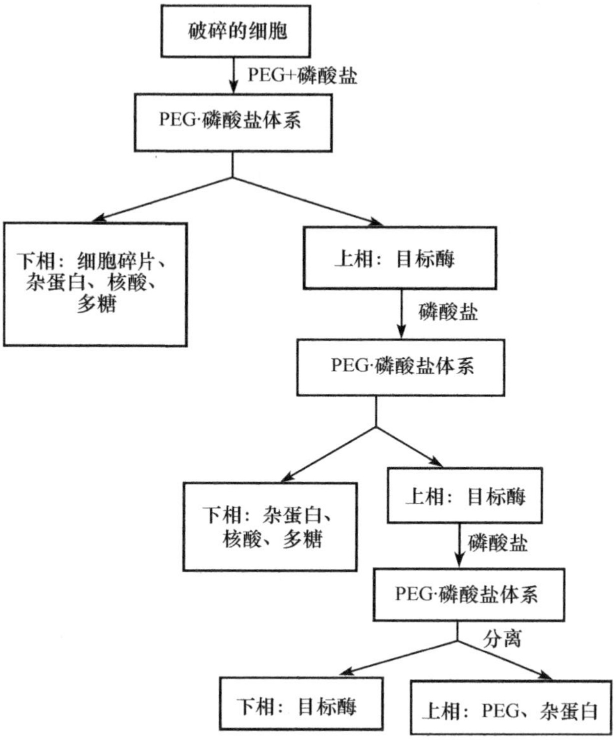

图 2-8　聚乙二醇(PEG)-磷酸盐双水相体系萃取酶的一般流程

表 2-10 给出了某些双水相萃取体系萃取酶的实例。从表中结果可以看出，PEG-无机盐双水相体系最常用；双水相体系可用于多种酶的提取分离；酶的分配系数大多在 3 以上，说明它们具有进入上相的趋势；多数情况下，一次萃取的收率在 90%以上。

表 2-10 双水相萃取体系从微生物的破碎细胞中提取分离酶的实例

酶	菌种	双水相体系	分配系数	收率（一次萃取）/%
延胡索酸酶	产氨短杆菌	PEG-无机盐	3.3	83
天冬氨酸酶	大肠杆菌	PEG-无机盐	5.7	96
青霉素酰基转移酶	大肠杆菌	PEG-无机盐	2.5	90
β-半乳糖苷酶	大肠杆菌	PEG-无机盐	62	87
亮氨酸脱氢酶	球形芽孢杆菌	PEG-粗葡聚糖	9.5	98
葡糖-6-磷酸脱氢酶	明串珠菌	PEG-无机盐	6.2	94
乙醇脱氢酶	面包酵母	PEG-无机盐	8.2	96
甲醛脱氢酶	博伊丁假丝酵母	PEG-粗葡聚糖	11	94
葡糖异构酶	链酶菌	PEG-无机盐	3.0	86
L-2-羟基-异己酸脱氢酸	干酪乳杆菌	PEG-无机盐	6.5	93

2. 在中草药有效成分分离中的应用

中药中含有大量的有机化合物且成分十分复杂，提高中草药有效成分提取及分离技术对我国中医、中药进入国际市场有很大的促进作用。

双水相萃取在中药有效成分的提取分离方面的应用尽管还不多，但已显示出良好的应用前景[14]。例如，采用 PEG6000-K_2HPO_4 双水相体系分离中草药中的黄芩苷和黄芩素，因为这两种物质都有明显的疏水性，它们都主要分配于富含 PEG 的上相，分配系数分别达到 30 和 35。它们的分配系数都随温度的升高而降低，但黄芩苷的降低幅度比黄芩素大。分离上相并除掉 PEG 即可得到黄芩苷和黄芩素产品。又如，以乙醇-K_2HPO_4 双水相体系萃取甘草有效成分的分配系数可达 12.8，收率高达 98.3%。温度诱导双水相萃取技术用于中草药提取的一个实例就是从药用植物中提取蜕皮甾族化合物。蜕皮激素和 20-羟基蜕皮激素是某些疾病的诊断指示剂，也是常用的杀虫剂。在 50%环氧乙烷和 50%环氧丙烷的无规共聚物（UCONSO-HB-5100）-羟丙基淀粉（PES）温度诱导双水相体系中，上述两种蜕皮激素进入富含 UCON 的上相，而细胞碎片、蛋白质和其他杂质则分配在下相。将上相移出并升温诱导则形成水和浓缩的 UCON 两相，此时，两种蜕皮激素大部分分配在几乎不含 UCON 的水相。

甘草是一种应用价值很高的中草药，其主要成分是具有甜味的皂苷——甘草皂苷[15]。基于与水互溶的有机溶剂和盐水相的双水相萃取体系具有价廉、低毒、较易挥发等特点，林强等[16]采用与水互溶的有机溶剂的新型双水相体系萃取研究从甘草中提取甘草酸盐，结果提取甘草酸盐的最佳溶剂为乙醇/磷酸氢二钾双水相体系，此体系的两相分配完全，分配系数达 12.8，收率为 98.3%。此双水相体系具有无须反萃取和避免使用黏稠水溶性高聚物等特点，易回收、易处理、操作简便。赵晓莉等[17]采用双水相体系精制柿叶黄酮，确定了最佳双水相体系为 25%PEG 600/25%$(NH_4)_2SO_4$，最优的萃取条件是：pH=11.0，$MgCl_2$ 的添加量为 3%，温度为 25℃，萃取率可达 96%。

白藜芦醇又称芪三酚，存在于许多植物中，是植物体内用于抵抗病原侵染的多酚物质。传统的从虎杖中粗提白藜芦醇的方法多用毒性较大的有机溶剂进行萃取，李梦青等[18]采用乙醇-硫酸铵-水双水相体系提纯白藜芦醇，使虎杖提取液中的各物质按极性不同在两相中得到分离。双水相萃取时，白藜芦醇的含量远高于有机溶剂萃取，达 34.29%。可见双水相技术可以完全代替有机溶剂提纯白藜芦醇，产品纯度高，且具有工艺简单、毒性小、成本低等优点。

中药黄芩是一种疗效显著的传统中药，黄芩苷是黄芩主要有效成分。赵爱丽等[19]通过采用非离子表面活性剂聚乙二醇-磷酸氢二钾-水双水相体系分离纯化黄芩苷，萃取率可以达到 98.6 %。此方法所形成的双水相体系操作简便，萃取率高，方法重复性好，可适用工业化生产。郭丽等[20]采用微胶囊与双水相联合萃取技术提取柑橘精油，通过调整 β-环糊精和硫酸钠的浓度比，可有效控制囊化萃取物中柑橘精油的质量，总收率高达 96%以上。将微胶囊技术和双水相萃取技术相结合用于提取柑橘精油，不仅能提高柑橘精油的提取率和纯度，而且能避免提取过程中的高温、氧化、聚合等情况的发生，有效地保护柑橘精油的天然组分。

李中华等[21]研究了葛根素在环氧乙烷-环氧丙烷共聚物（EOPO）/磷酸氢二钾（K_2HPO_4）体系中的分配行为。利用温度诱导双水相体系，结果表明当 EOPO 型号为 EOPO SDP30，诱导温度为 70℃，诱导时间为 60min，EOPO 质量分数为 28%，K_2HPO_4 质量分数为 24%时，葛根素最大总收率可达 42.26%。该方法解决了传统双水相萃取技术中聚合物回收的难题，可以使 EOPO 循环使用，且方法设备投资少、操作简单，为工业化提取葛根黄酮提供了一条新途径。Chethana 等[22]采用 PEG 6000/$(NH_4)_2SO_4$ 的双水相体系对甜菜红碱进行了提纯浓集。双水相萃取作为一种具有吸引力的技术在甜菜红碱的下游加工中第一次应用，主要是为了除去糖，使糖与甜菜红碱得到很好的分离。

由于天然植物中所含的化合物众多，特别是中草药有效成分的确定和提取技术发展缓慢，严重影响了我国中草药的发展与应用。双水相萃取技术不断发展，现已广泛地应用于天然产物的分离纯化，且效果明显。例如，从栀子花中应用双水相萃取技术提取栀子苷，该双水相体系由 PE62、磷酸氢二钾和乙醇构成，从 500g 栀子花中能得到 39g 纯度为 77%的栀子苷。双水相萃取也被应用到从甜菜中萃取甜菜红碱，双水相体系构成为 PEG 6000、$(NH_4)_2SO_4$、H_2O。

3. 在药物提取分离中的应用

Saravanan 等[23]采用聚乙二醇/聚丙烯酸双水相萃取体系萃取分离肌红蛋白和卵白蛋白，研究了聚合物的相对分子质量、pH、温度的影响。实验表明，蛋白质富集在上相的聚乙二醇相中，随着 PEG 相对分子质量的增加和温度的升高，分离的蛋白质量减少。当分离条件为 PEG 4000-聚丙烯酸、温度 20℃、pH=8.0 时，蛋白质得到了很好的分离，提取分离到的肌红蛋白和卵白蛋白质量分数分别为 95.2%和 87.4%。Madhusudhan 等[24]采用双水相萃取和沉淀结合的方法从酿酒酵母中分离纯化乙醇脱氢酶，设计了两个方案：方案一是采用硫酸铵沉淀法与双水相结合；方案二是采用聚乙二醇沉淀法与双水相结合。结果表明，方案二优于方案一。整个实验证明，双水相萃取与沉淀法相结合将发展成为一个更有效的提取纯化乙醇脱氢酶的方法。

邓凡政等[25]建立了由亲水性离子液体四氟硼酸-1-甲基-3-丁基咪唑和 KH_2PO_4 形成的双水相体系萃取分离牛血清白蛋白（BSA）的新方法，结果表明离子液体双水相体系对 BSA 有较高的萃取率。郑楠等[26]通过聚乙二醇/葡聚糖双水相体系也对牛血清白蛋白的分配特性进行了研究，得出较合适的双水相体系：PEG 9%（质量分数）和葡聚糖 9%（质量分数）的浓度组成。黄淑霞等[27]用 PEG/$(NH_4)_2SO_4$ 双水相体系提取、纯化糖化酶，并研究了影响体系分配系数、回收率和纯化因子的因素，从而确定了萃取糖化酶的最佳条件。在 PEG 的质量分数为 24%，$(NH_4)_2SO_4$ 的质量分数为 8%的条件下，即 PEG 和$(NH_4)_2SO_4$ 的浓度比为 3 时，分配系数最小达 0.002，回收率为 95.6%。

孟玲等[28]研究了聚乙二醇/硫酸铵双水相体系对植物酯酶的萃取纯化的可行性，选取了最佳分离纯化植物酯酶的条件，考察了影响萃取结果的各因素，当萃取体系中 PEG 1000 和 $(NH_4)_2SO_4$ 的质量分数分别为 27%和 13%，pH 为 7.5 时，酶液的分离纯化效果最好。龚丽芬等[29]以聚乙二醇/硫酸钠双水相体系分离提取琼脂糖和胃蛋白酶，并探讨了胃蛋白酶与琼脂糖在双水相中的回收情况及影响条件，结果琼脂糖的回收率高于 90%，胃蛋白酶的回收率约为 50%。

李丽敏[30]研究了单一氨基酸及混合氨基酸在乙醇/磷酸氢二钾双水相体系中分离行为，实验表明 pH 和氨基酸的支链结构对氨基酸在此双水相体系中分配系数影响较大。通过调节适当的 pH、K_2HPO_4 和 C_2H_5OH 的质量分数，可以从混合氨基酸中分离出苯丙氨酸和半胱氨酸。该有机溶剂/无机盐双水相体系简单、易得且成本低，可用于分离混合氨基酸，也可以用来预测一些表面结构中含有谷氨酸、半胱氨酸、苯丙氨酸、赖氨酸、精氨酸的蛋白质分子在双水相体系中的分离情况。

4. 在抗生素的提取和纯化中的应用

传统抗生素的提取纯化方法有以下 4 种：吸附法、溶剂萃取法、离子交换法以及沉淀法。双水相萃取技术与这 4 种方法相比，显示出高效化和节能化的优势。抗生素在提取过程中易变性失活，而双水相技术能保证其在温和的条件下得到分离纯化。

泰乐菌素是禽畜专用的大环内酯类抗生素，但是泰乐菌素发酵液呈黏稠的流体态，过滤很困难。张咏梅[31]研究了采用双水相法从未过滤的全发酵液中萃取泰乐菌素。结果表明，以 14%PEG 4000 和 20%Na_2HPO_4 构成的双水相萃取泰乐菌素的总收率是 52.4%，工艺省略了过滤，只需调节一次 pH，简化了提取过程，提高了泰乐菌素的活性。范小娜等[32]采用非离子表面活性剂 PEG-$(NH_4)_2SO_4$-H_2O 双水相体系对盐酸氯丙嗪（CPZ）分配行为进行了研究。研究药物在 PEG 800-$(NH_4)_2SO_4$-H_2O 及 PEG 2000-$(NH_4)_2SO_4$-H_2O 双水相体系中的分配行为，结果 CPZ 在两种体系中的一次萃取率分别为 92.8%、90.5%。此双水相体系无需使用振荡器，操作简便，萃取率高，方法重复性好，适用范围广。

刘庆芬等[33]建立了由亲水性离子液体 1-丁基-3-甲基咪唑四氟硼和磷酸二氢钠形成的双水相体系萃取青霉素 G 的新方法。结果表明，离子液体双水相可以有效萃取青霉素，上相中青霉素萃取率可达 93.7%。离子液体双水相体系的 pH 在 4~5，在该条件下萃取过程不发生乳化现象。Mokhtarani 等[34]通过聚乙二醇-硫酸钠-水双水相体系分离环丙沙星，实验中运用正交设计的方法考察了温度、盐的浓度、聚合物浓度和聚合物相对分子质量的影响，结果表明环丙沙星的分离情况受到盐浓度的很大影响，温度和聚合物浓度对其影响较小，聚合物相对分子质量大小对其没有任何影响。

5. 在贵金属分离中的应用

采用传统的溶剂萃取方法分离稀有金属或贵金属的历史非常悠久，体系也极其丰富，但缺点是溶剂污染环境、运行成本高和工艺复杂。双水相萃取体系不仅可以用于生物物质等有机物的提取分离，也可用于金属元素的分离。例如，用 PEG2000-硫酸铵-偶氮胂（Ⅲ）双水相体系可以将 Ti（Ⅳ）和 Zr（Ⅳ）分离。又如，用 PEG-硫酸钠双水相体系可以从碱性氰化液中萃取分离金。与传统的分离工艺相比，双水相体系对贵金属以及稀有金属的分离与检测具有环境友好、废弃物少、对人体无害、运行成本低以及工艺简单等优点。

双水相萃取技术作为一种新型的萃取分离技术有着很多的优点，但也存在着一定的局限性[35]。要将这一技术开发应用到大规模生产过程，还有许多理论和实践方面的技术问题有待解决。例如，双水相体系界面张力较小，虽有利于提高传质效率，但是较小的界面张力易导致乳化现象的产生，使相分离时间延长，分离效率降低；对双水相的研究结果只是建立在实验的基础上，大部分情况下不能外延，缺乏对过程规律的认识，目前没有建立一套较为完整的理论和方法解释并预测物质在双水相体系中的相行为和被分配物质在两相中的分配行为。更为重要的是，双水相萃取成相聚合物的价格比较昂贵，而且体系黏度大。在分离物质过程中得到应用的双水相系统有两类：聚合物-聚合物-水、聚合物-无机盐-水系统，这两类系统所用的聚合物无毒性，而且其多元醇、多元糖结构能使生物大分子稳定。但是前者所用的聚合物（如葡聚糖）价格较高、成本高，对生物活性物质变性作用低、界面吸附少，且体系黏度大，影响其工业规模应用的进展；后者成本低，黏度小，但是高浓度的盐废水不能直接排入生物氧化池，使其可行性受到环保限制，故有些对盐敏感的生物物质会在这类体系中失活。因此，开发廉价绿色新型的双水相萃取体系成为人们研究的重点。科学家研究了用粗葡聚糖或水解的葡聚糖，但没有取得很好的效果。而用变性淀粉、乙基羟乙基纤维素等代替昂贵的葡聚糖，用羟基纤维素等代替 PEG，可制成廉价的双水相体系。

值得提出的是，双水相萃取技术与其他技术的结合或联用也发展得很快。例如，与温度诱导相分离、磁场、超声波、气溶胶等常规实验技术结合，可以改善双水相体系中成相聚合物回收困难、相分离时间长、易乳化等问题；与亲和沉淀、高效柱色谱等分离技术联用，既提高了分离效率，又简化了分离流程；与电泳技术结合，既可以克服对流，又有利于被分离组分的移出。

由于双水相萃取技术已显示出众多其他分离技术不具备的优点，因此，大力加强有关双水相分配的基础理论研究，随着工业化的一些关键问题的解决，双水相萃取技术必将成为一种应用前景广阔的新型生物分离技术。

2.3 胶团萃取

2.3.1 概述

胶团或胶体是两亲（既亲水又亲油）物质在水或有机溶剂中自发形成的聚集体。表面活性剂是一类典型的两亲物质，在水或有机溶剂中达到一定浓度就会形成胶团。

胶团萃取是指被萃取的物质以胶团的形式被萃取。早期的例子如金属或其化合物可以生成疏水性胶体粒子而由水相进入有机相，形成溶胶、胶体溶液或悬浮体，从而实现分离，但其应用非常有限，被萃取物主要限于金、银、硫酸钡等，溶剂主要限于氯仿、四氯化碳和乙醚等。因此长期以来胶团萃取技术并不为人们所重视，发展缓慢。但近年来，随着生物、医药领域研究的进展，胶团萃取技术引起了人们的兴趣，并且获得了一些成功的应用。

Luisi 等[36]首先发现胰凝乳蛋白酶能溶解于含双亲物质的有机溶剂中，超速离心实验数据表明有机相中存在反胶团，而且各种光谱实验数据表明酶在这一溶解过程中没有发生变性。此后，Luisi 等[37]进一步考察了蛋白质溶液的 pH、蛋白质和双亲物质浓度对蛋白质萃取率的影响以及蛋白质在反胶团溶液中的光谱性质。目前，胶团萃取除广泛用于蛋白质的分离纯化外，也逐渐用于其他生物物质（如氨基酸、核酸、抗生素等）的分离。

2.3.2 胶团的形成

胶团可以分为正向微胶团和反向微胶团。当向水溶液中加入表面活性剂达到一定浓度时，会形成表面活性剂聚集体，即胶团。在这种胶团中，表面活性剂的极性头（亲水基）朝外（向水），而非极性尾朝内，这种胶团称为正向微胶团，如图 2-9（a）所示，简称正胶团。

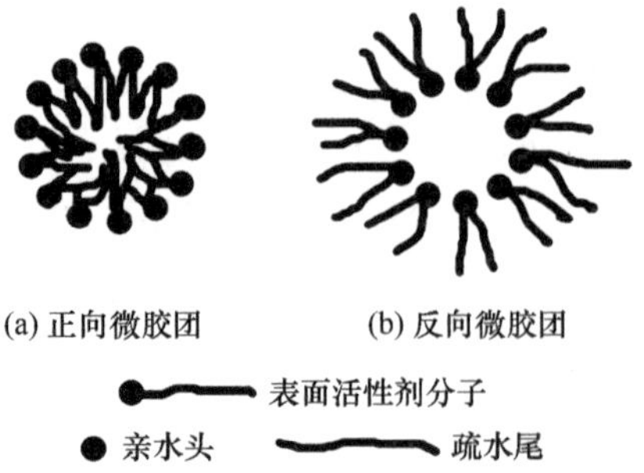

图 2-9 正向微胶团与反向微胶团

与此相反，当向非极性溶剂中加入表面活性剂达到一定浓度时，会形成憎水非极性尾朝外（向溶剂）而极性头朝内的胶团，这种胶团称为反向微胶团，如图 2-9（b）所示，简称反胶团。

胶团大小通常在纳米级别，表面活性剂在溶液中开始形成胶团的浓度称为临界胶束浓度（critical micelle concentration，CMC）。当表面活性剂浓度低于 CMC 时，它在溶液中主要以单体形式存在，即以分子或离子形式存在。表面活性剂形成胶团后，溶液的许多物理化学性质，如表面张力、摩尔电导率、渗透压、密度、增溶性能等，在一个很窄的浓度范围内呈现不连续变化[1]。

形成正胶团的表面活性物质主要有水溶性高分子化合物和双亲嵌段共聚物。水溶性高分子化合物有天然水溶性高分子（如淀粉类、海藻类、植物胶、动物胶、生物胶等）、合成水溶性高分子（如聚乙烯醇、聚丙烯酰胺、聚乙二醇、环氧树脂、酚醛树脂等）和半合成水溶性高分子（由天然水溶性高分子改性而成的，如改性纤维素和改性淀粉）。水溶性高分子在水中能溶解或溶胀而形成溶液或分散液，其亲水性来自分子中的亲水基团，如羧基、羟基、氨基、酰氨基、醚基等。这些亲水基团不仅使高分子具有亲水性，还带给高分子很多其他有用的性能，如螯合性、分散性、絮凝性、成膜性、增稠性等。双亲嵌段共聚物是由亲水的高分子链段和亲油的高分子链段组成的高分子表面活性剂。它们既有一般表面活性剂的特性，也具有高分子的特性，可以在水相和有机相中形成丰富的相结构。例如，由亲水性高分子聚氧乙烯（PEO）和亲油性高分子聚氧丙烯（PPO）组成的双亲嵌段共聚物 PEO-PPO-PEO 在水中形成聚合物正胶团。

形成反胶团的双亲物质多为典型的表面活性剂。表面活性剂的非极性部分是直链或支链的碳氢或碳氟链，它们与水的亲和力很弱，而与油的亲和力较强，称为憎水基或亲油基。表面活性剂的极性部分可以是正离子（阳离子表面活性剂）、负离子（阴离子表面活性剂）、极性的非离子基团（非离子表面活性剂）或同时含有正负离子（两性表面活性剂），它们通过离子-偶极或偶极-偶极作用与水分子发生强烈相互作用而水化，因此也称为亲水基。构成反胶团的表面活性剂最好具有空间体积较大的亲油基和体积较小的亲水基。常用的阴离子表面活性剂有顺-二-（2-乙基己基）丁二酸酯磺酸钠（AOT）、双油基磷酸（DOLPA）等，阳离子表面活性剂有溴化十六烷基三甲基铵（CTAB）、二辛基二甲基氯化铵（DODMAC）、甲基三辛基氯化铵（TOMAC）、三烷基甲基氯化铵（TAMAC）等铵盐，非离子表面活性剂应用较少，主要有脂肪醇聚氧乙烯醚（Brij 30）、聚氧乙烯失水山梨醇三油酸酯（Tween 85）等，两性表面活性剂有卵磷脂等。AOT 是研究得较早和应用得较好的反胶团表面活性剂，其结构如图 2-10 所示。

反胶团是表面活性剂分子在非极性有机溶剂中自发形成的纳米级分子聚集体。反胶团体系通常由表面活性剂（<10%）、助溶剂、水（0~10%）和有机溶剂（80%~90%）构成。反胶团的外壳是由表面活性剂分子的碳氢链向外、亲水基向里构成的。在反胶团内部，双亲分子极性头相互聚集形成了一个“极性核”，它包括了表面活性剂的极性头组成的内表面、平衡离子和水。此极性核又称“水池”（water p001），“水池”可以增溶水、蛋白质等极性分子。

增溶了大量水的反胶团也称为微乳液（microemulsion）。于是，极性的生物分子就可以“包裹”于反胶团内部，随反胶团一起溶于有机溶剂而不直接接触有机溶剂。图 2-11 是 AOT 反胶团的微观结构示意图。

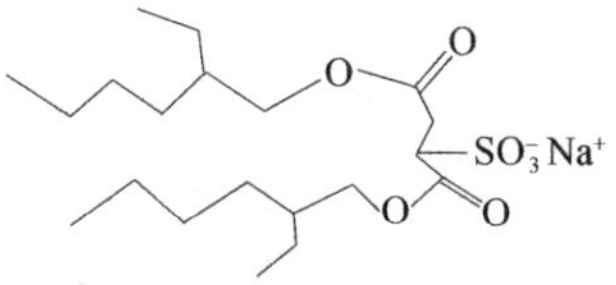

图 2-10　AOT 结构图

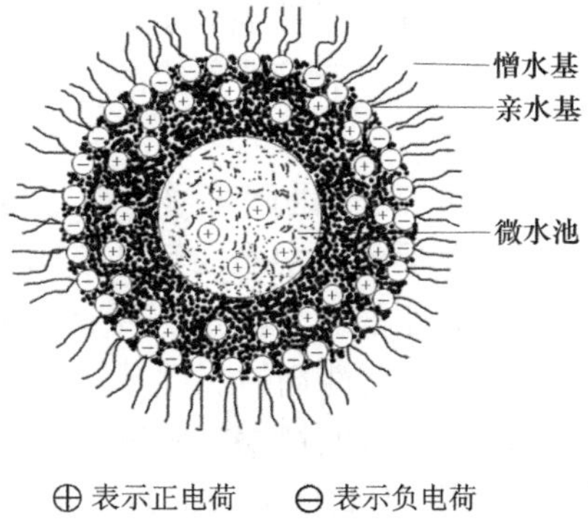

图 2-11　AOT 反胶团的微观结构示意图

胶团在一般情况下为对称的球形，随着表面活性剂浓度的增加或电解质的加入，球形胶团可能会转变成不对称的椭圆形或棒形，也可能会形成囊泡或双层胶团。表面活性剂在溶液中会形成不同的聚集体，如图 2-12 所示。

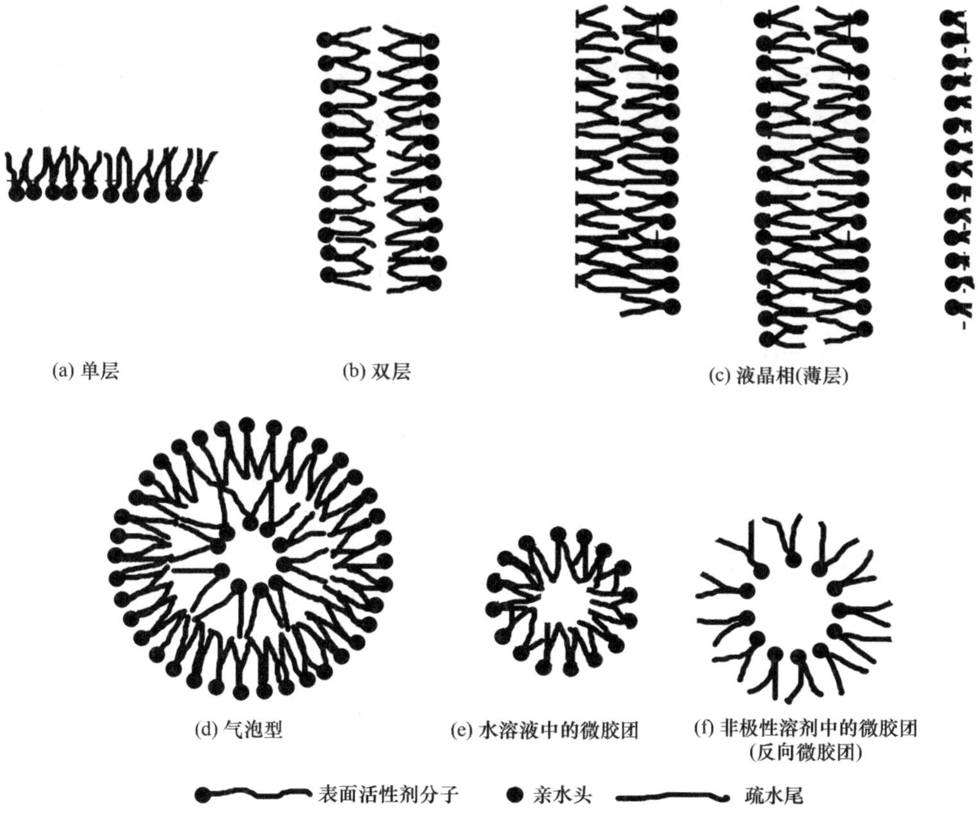

图 2-12　表面活性剂在溶液中的不同聚集体类型

反胶束的半径一般为 10~100nm，可由理论模型推算，计算公式如下[38]：

$$R_m = 3W_oM_{r,w}/\alpha_{a(L)}N_A\rho_w \quad (2\text{-}30)$$

式中，$M_{r,w}$为水的相对分子质量；ρ_w为水的密度；N_A为阿伏伽德罗常量；$\alpha_{a(L)}$为每个表面活性剂分子在反胶束表面的面积，它与表面活性剂、水相和有机溶剂的特性相关；W_o为每个反胶团中水分子与表面活性剂分子数的比值，假定表面活性剂全用于形成反胶团并忽略有机溶液中的游离水，则等于反胶束溶液中水与表面活性剂的物质的量浓度比值，$W_o \approx [H_2O]/$[表面活性剂]。

由于R_m与W_o成正比，因此可通过测定与水相平衡的反胶束相所增溶的数量来判定反胶束尺寸的大小和每个反胶束中表面活性剂的分子数。

常用于形成反胶团的有机溶剂主要有正辛烷、异辛烷、环己烷、苯和甲苯等。溶剂的极性越大，越容易与表面活性剂的极性基团结合，使水与表面活性剂极性基团结合的概率相对减小，从而使反胶团对水的增溶能力减小。而且，在极性较大的溶剂中，胶团的聚集数也会减少，也不利于胶团对水的增溶。AOT-异辛烷体系所形成的反胶团比较稳定，应用最广泛[39]。

最简单的反胶团体系是由一种表面活性剂形成的单一反胶团体系。除 AOT 等少数几种表面活性剂可以直接形成稳定的反胶团外，其余表面活性剂必须通过加入助溶剂来改善反胶团的溶解能力。脂肪醇（如丁醇、戊醇、己醇、辛醇、异丙醇等）是最常用的助溶剂。助溶剂的作用机理尚无定论，一种观点认为是助溶剂分子插入表面活性剂分子中间，降低了亲水基之间的静电排斥力，从而形成更有序的胶团结构。

两种或两种以上的表面活性剂构成的反胶团体系称为混合反胶团体系，由于两种表面活性剂的协同作用，混合反胶团体系在萃取率和选择性方面得到改善。例如，单一的 AOT 和 DOLPA 反胶团体系对α-胰凝乳蛋白酶的萃取率分别为 50%和 70%，而 AOT-DOLPA 混合反胶团体系对α-胰凝乳蛋白酶的萃取率为 90%。通常情况下，混合反胶团的粒径比单一反胶团大，萃取容量也相应要大一些。

2.3.3　胶团萃取的原理

正胶团萃取主要基于正胶团对目标有机物的增溶作用。增溶作用与溶液中胶团的形成有密切关系，在表面活性剂浓度达到 CMC 之前并无明显增溶作用，只有超过 CMC，有胶团形成后才有明显增溶作用，而且形成的胶团越多，增溶效果越好。表面活性剂增溶体系是热力学稳定的均相体系。对于不同的有机物，增溶作用发生在胶团的不同部位。例如，饱和脂肪烃、环烷烃等通常增溶在胶团内核中，就像溶于非极性碳氢化合物液体中一样；较长碳链的极性分子（如长链醇、胺等）通常增溶于胶团的定向表面活性剂分子之间，非极性碳氢链插入胶团内部，而极性头则进入表面活性剂极性基团间；极性小分子（如苯二甲酸二甲酯以及一些染料）增溶时主要吸着于胶团表面区域。

反胶团萃取体系是研究得较多的体系，与正胶团萃取体系相比，在生物物质的分离纯化中更有实用价值。尽管反胶团萃取技术已有 30 多年历史，但对其萃取分离蛋白质等物质的机理仍不很清楚，通常认为反胶团通过如图 2-13 所示的四种方式溶解蛋白质。图 2-13（a）为水壳模型；（b）为蛋白质中的亲脂部分直接与碳氢化合物相接触；（c）为蛋白质被吸附在微胶团的“壁”上；（d）为蛋白质被几个微胶团所溶解，微胶团的非极性尾与蛋白质的亲脂部分直接作用。这四种模型中，水壳模型一般为人们所接受。

在此种水壳模型中，表面活性剂的非极性基团在外与非极性的有机溶剂接触，而极性基团则排列在内形成一个极性核。此极性核具有溶解极性物质的能力，极性核溶解水后，就形

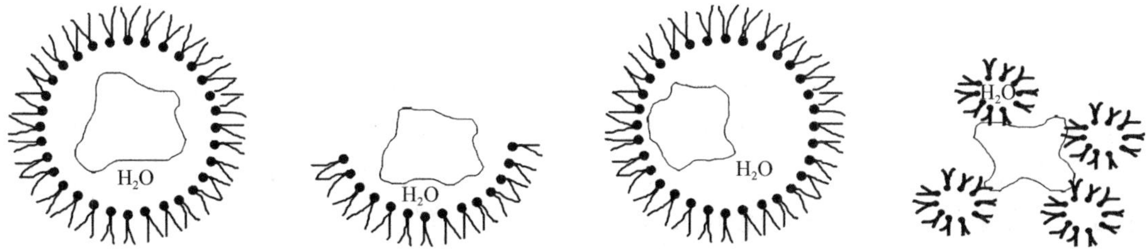

(a) 水壳模型　(b) 插入模型　(c) 吸附模型　(d) 溶解模型

图 2-13　蛋白质在反胶团中的溶解方式

成了“水池”。当含有此种反胶束的有机溶剂与蛋白质的水溶液接触后，蛋白质及其他亲水物质能够通过螯合作用进入此“水池”。由于周围水层和极性基团的保护，蛋白质的天然构型得到保持，其生物活性得以维持。

2.3.4　反胶团萃取的影响因素

1. 表面活性剂及溶剂的种类

在反胶束萃取中，首先要根据欲分离组分的特性，选择适宜的表面活性剂及有机溶剂。表面活性剂是由极性基团和非极性基团组成的两性分子，有阳离子、阴离子和非离子型表面活性剂。其中，最常用的是阴离子表面活性剂，如 AOT，其化学名为丁二酸乙基己基酯磺酸钠。这种表面活性剂的特点是具有双链，极性基团小，并且所形成的反胶束直径较大，有利于大分子物质进入反胶束中。在反胶束萃取系统中，表面活性剂通常与某些有机溶剂配合使用，见表 2-11。

表 2-11　反胶束萃取中常用的表面活性剂及其相应的有机溶剂

表面活性剂	有机溶剂
AOT	正烷烃（C_6~C_{10}）、异辛烷、环己烷、四氯化碳、苯
TOMAC	环己烷
Brij 30	辛烷
Triton X	己醇/环己烷
CTAB	乙醇/异辛烷、己醇/辛烷、三氯甲烷/辛烷
磷脂酰胆碱	苯、庚烷
磷脂酰乙醇胺	苯、庚烷

溶剂的性质尤其是极性，对反胶团的形成和大小都有很大的影响，常用的溶剂有烷烃类（正己烷、环己烷、正辛烷、异辛烷、正十二烷等）、四氯化碳、氯仿等。有时也添加助溶剂，如醇类（正丁醇等），来调节溶剂体系的极性，改变反胶团的大小，增加蛋白质的溶解度。

2. pH

在反胶束系统中，水相 pH 决定了蛋白质等两性电解质表面带电基团的解离状态，如果两性电解质的净电荷与表面活性剂头部基团的电性相反，它们之间就有静电吸引力存在。因此，对于阴离子表面活性剂，当水相 pH 低于蛋白质等两性电解质的等电点时，有利于蛋白质进入反胶束中；对于阳离子表面活性剂，则相反。图 2-14 表明了在 0.1mol/L KCl 溶液中，不同蛋白质溶解度受 pH 的影响。当溶液中存在多种不同的蛋白质时，如果它们的等电点各不相同，就可以通过调控 pH 的办法使它们分离。

3. 离子强度

在反胶束系统中，水相中离子强度的大小决定带电表面所赋予的静电屏蔽程度，在反胶束萃取中静电屏蔽程度会产生两个重要的效应。首先，它降低了带电分子和反胶束带电界面之间的静电相互作用；其次，它降低了表面活性剂头部基团之间的静电排斥力，导致在高离子强度下反胶束颗粒变小，从而使反胶束内部的水含量降低。所以，降低水相的离子强度，有利于极性物质进入反胶束中。

图 2-15 为离子强度对蛋白质溶解度影响的示意图。从图中可以看出，离子强度较低时，蛋白质几乎可以完全溶解，随着离子强度的升高，当达到一定程度时，溶解度急剧下降，存在一个离子强度临界值，且此临界值对于不同的蛋白质各不相同。因此，可以通过控制溶液的离子强度来实现不同蛋白质的分离。

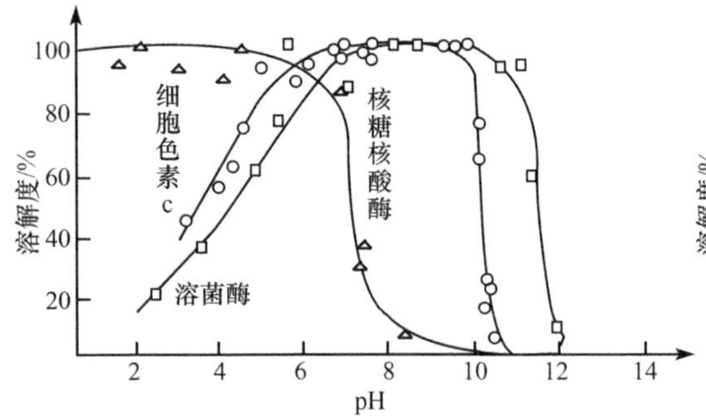

图 2-14　pH 对蛋白质溶解度的影响

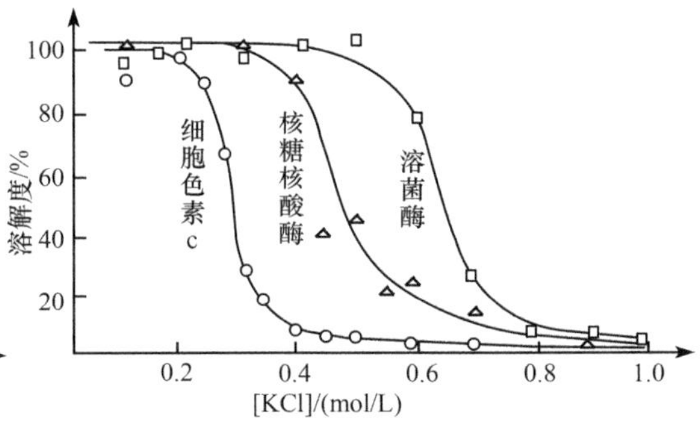

图 2-15　离子强度对蛋白质溶解度的影响

4. 温度

温度也对反胶束萃取有所影响。在反胶束系统中，随着温度的升高，表面活性剂与水的亲和力减小，会使反胶束颗粒直径缩小，从而降低反胶束内部的水含量。

2.3.5　反胶团的制备

反胶团制备方法主要包括以下几种。

1. 相转移法

一般把含有表面活性剂的有机相与含有蛋白质的水相接触，通过搅拌，蛋白质会缓慢地从水相转移到有机相中。

2. 注射法

该法为最常用方法。蛋白质溶液直接注入含有表面活性剂的有机相中，搅拌成光学澄清的溶液。该过程较快并可以较好地控制反胶团的平均直径和含水量。

3. 溶解法

溶解法是将含有反胶团的有机溶液与蛋白质固体粉末一起搅拌，使蛋白质进入反胶团中。该法所需时间较长，适用于非水溶性蛋白质的分离。含蛋白质的反胶团也是稳定的，这也说明反胶团“水池”中的水不同于普通水。

2.3.6　反胶团萃取的应用

1. 蛋白质及酶的分离

反胶团萃取可用于蛋白质溶液的浓缩，对于不同的蛋白质，也可利用其溶解度的差异，通过改变反胶团体系的一些参数，有选择性地分离[36]。在这方面，有人首先利用 AOT/异辛烷反胶团体系，通过调节水相 pH 和离子强度，成功地将γ-球蛋白、细胞色素 c 和溶菌酶逐一地从三者的混合液中分离开来。表 2-12 列出了这三种蛋白质的等电点。可以看出，这三种蛋白质的相对分子质量比较接近，但等电点有一定的差别。

表 2-12　几种酶和蛋白质的等电点（pI）

种类	胃蛋白酶	乳球蛋白	胰凝乳蛋白酶	血清蛋白	血红蛋白
等电点	1.00	5.20	9.50	4.90	6.30
种类	溶菌酶	γ-球蛋白	细胞色素 c	卵清蛋白	肌红蛋白
等电点	11.00	6.60	10.65	4.60	7.00

三种蛋白质的分离流程如图 2-16 所示。

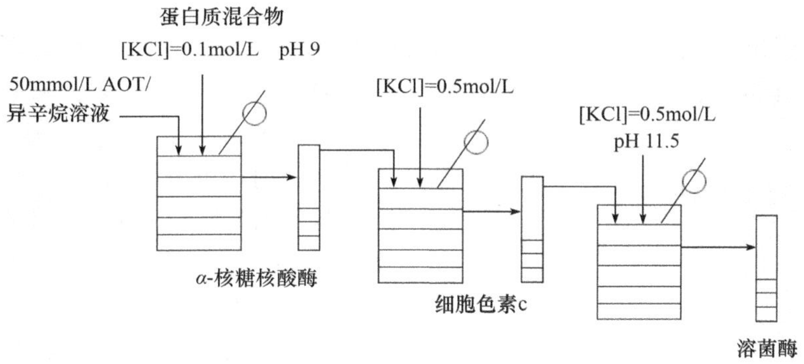

图 2-16　分离三种蛋白质的实验流程图

2. 氨基酸的分离

翁连进等[40]研究了以二（2-乙基己基）磷酸铵表面活性剂在磺化煤油中形成的反胶束对碱性氨基酸的萃取，分别测定了该反胶束萃取氯化铵的浓度为 1.5mol/L、2.5mol/L、3.5mol/L 和 4.5mol/L 的水溶液中的碱性氨基酸的分配系数，结果表明该反胶团具有优良的萃取性能，可从含有更高浓度无机盐氨基酸水溶液中萃取出氨基酸。反胶团萃取氨基酸的原理如图 2-17 所示[41]。

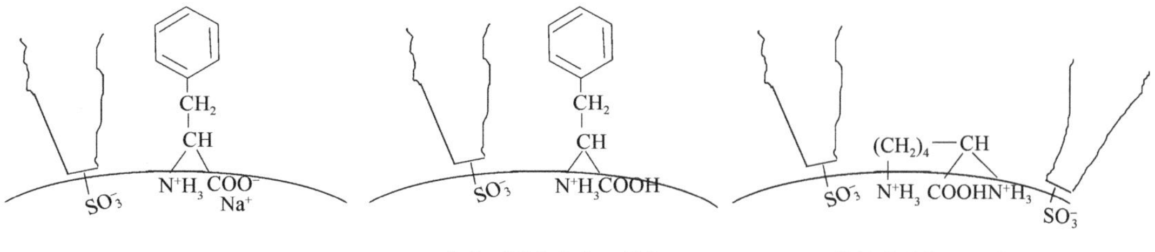

(a) 苯基丙氨酸形成$A^{\pm}$形式　　(b) 苯基丙氨酸形成A^{+}形式　　(c) 赖氨酸形成A^{2+}形式

图 2-17　氨基酸在反胶团表面与 AOT 形成联合化合物示意图

3. 抗生素的分离

国内外关于反胶束应用在抗生素提纯的报道很少，李夏兰等以 AOT/异辛烷反胶束系统提取乳糖酸红霉素为例，探讨了反胶束萃取抗生素的可能性。在室温 24℃、pH 5.0、NaCl 浓度为 0.2mol/L 的条件下，用异辛烷作萃取剂直接萃取红霉素时，萃取效率只有 5.12%左右，而加入 0.05mol/L AOT 后萃取效率显著增大到 94.9%，证明 AOT/异辛烷系统萃取时不仅仅是异辛烷作萃取剂。将反胶束萃取剂循环使用 3 次，其萃取效率都在 87%以上。萃取率都保持在较高水平，所以反胶束萃取剂能够循环使用[42]。

4. 用于蛋白质复性

反胶团是一种很有前景的蛋白质复性方法。反胶团应用于蛋白质复性，是通过控制体系的一些参数，使每个微团内恰好包含一个去折叠态的变性蛋白质分子。在降低变性蛋白质分子间作用力的同时，加适量复性缓冲溶液，可以提供复性时所需的氧化还原环境，并逐渐降低微团中变性剂的浓度。微团中蛋白质会缓慢恢复其天然构象，然后经过反萃取使天然态蛋白质重新溶于水溶液中。

5. 有机染料的分离

可以用反胶团萃取法彻底去除水相中的有机染料，以除去颜色。染料溶解在反胶团的水核之中，而反胶团存在于有机相中。将有机相从水相中分离出来，可以去除染料。有人成功地从水相中去除了甲基橙染料和亚甲基蓝染料[43]。利用在戊醇中的带正电的 HTAB 表面活性剂形成的反胶团可以去除甲基橙染料（带负电），利用在戊醇中的带负电的 SDBS 表面活性剂形成的反胶团可以从水中去除亚甲基蓝染料（带正电）。当没有表面活性剂存在，或者表面活性剂和待分离的染料带有同样的电荷时，只会有一小部分的染料转移到戊醇相中。利用反胶团萃取法对于有机染料进行分离的设备示意图如图 2-18 所示。

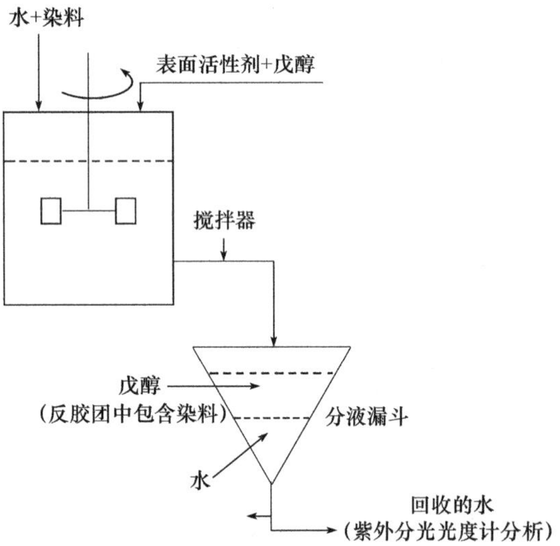

图 2-18 反胶团萃取除去水中染料的设备示意图

适度控制不同的参数（如染料浓度、表面活性剂浓度、盐浓度、pH 等），可以有效提高水中染料的去除率，参数变化对染料去除率的影响见表 2-13。

表 2-13 不同参数对染料去除率的影响

影响参数	参数变化对染料去除率的影响	备注
染料浓度	染料浓度减少有利于去除率的提高	高浓度染料可以用高浓度的表面活性剂来处理
表面活性剂浓度	表面活性剂浓度的提高有利于染料去除	
pH	碱性条件有利于甲基橙去除率的提高；酸性条件有利于亚甲基蓝去除率的提高	在一定的染料浓度和表面活性剂浓度下
盐浓度	增加 KCl 和 NaBr 浓度有利于甲基橙的去除，不利于亚甲基蓝的去除	

2.3.7 反胶团萃取的进展

许多研究工作已充分说明了反胶束萃取法分离、提取蛋白质的可行性和优越性，不管是自然细胞还是基因工程细胞中的产物都能被分离出来：不仅是发酵滤液（粗滤后）和浓缩物（超滤或真空蒸发后）可通过反胶束萃取进行处理，就是全发酵液也同样可进行加工；不仅是蛋白质和酶能被提取，核酸、氨基酸和多肽也可以顺利地溶于反胶束中。

近年来反胶束萃取研究已在国内外深入展开，从所得结果来看，反胶束萃取具有成本低、溶剂可反复使用、萃取率和反萃取率都很高等突出的优点[44]。此外，反胶束萃取还有可能解决外源蛋白质的降解，即蛋白质（胞内酶）在非细胞环境中迅速失活的问题，而且由于构成反胶束的表面活性剂往往具有溶解细胞的能力，因此可用于直接从整细胞中提取蛋白质和酶。可见，反胶束萃取技术为蛋白质的分离提取开辟了一条具有工业开发前景的新途径。

可以相信，随着研究的深入，反胶束萃取技术极有可能成为蛋白质等各种生物活性物质分离、提取的一种重要方法。

2.4 浊点萃取

2.4.1 概述

浊点萃取（cloud point extraction，CPE）是近年发展起来的一种分离技术。这种分离技术主要是利用表面活性剂水溶液的特殊相行为对溶质进行分离的。表面活性剂分子在水溶液中能够形成亲水基团向外、亲油基团向内的胶团。表面活性剂胶团溶液可以使微溶于水或不溶于水的有机物的溶解度大大增加，称为表面活性剂溶液的增溶。同时，某些表面活性剂水溶液在加热到一定温度（浊点温度）以上后变浑浊并出现分相。浊点萃取主要利用表面活性剂溶液的增溶（solubilization）和分相（phase separation）实现溶质的富集和分离。与传统的液-液萃取过程相比，浊点萃取无需使用大量的有机溶剂，易于操作，对环境的影响较小，能够保护被萃物质的原有特性，如生物大分子的活性，同时能够提供很高的富集率和提取率，是一种新型的环境友好的分离技术。

2.4.2 浊点萃取的原理

浊点萃取主要运用表面活性剂的两个重要功能，即增溶作用和浊点现象[45]。在一定的温度范围内，表面活性剂溶于水成为澄清的溶液，而当温度升高（或降低）到一定程度时，溶解度反而减小，水溶液出现浑浊、析出、分层。溶液由透明变为浑浊时的温度称为浊点。表面活性剂分子通常由疏水基和亲水基两部分组成，溶液中的疏水性物质与表面活性剂的疏水基团结合，经放置或者离心分离形成两相：一相是被萃取进入表面活性剂，形成量少且富含被萃取物的表面活性剂相；另一相是亲水性物质留在水相中，形成量大且表面活性剂含量为临界胶束浓度的水相。再经两相分离，就可将样品中的物质分离出来[46]。图 2-19 为浊点萃取过程示意图。

2.4.3 浊点萃取的影响因素

浊点萃取过程的实现是十分简单的。首先，向待处理溶液中直接加入选定的表面活性剂或表面活性剂的浓溶液，经过混合、增溶后，改变温度使表面活性剂溶液体系分相，再经过离心分离或重力沉降，完成待分离溶质的萃取和富集[47]。由于浊点萃取主要利用表面活性剂

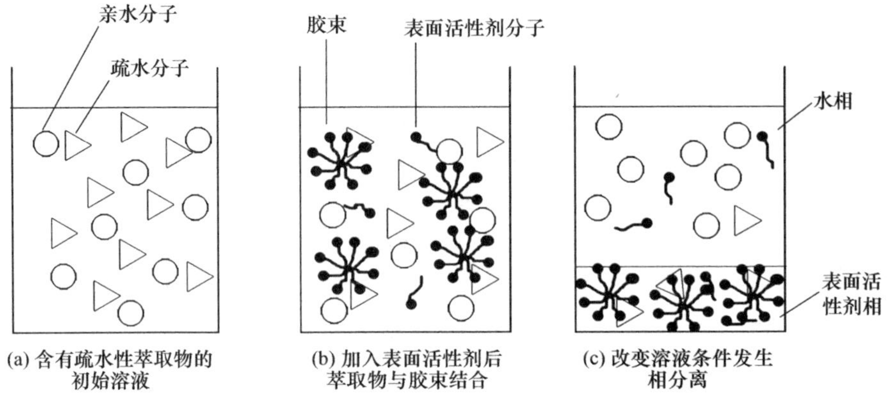

图 2-19　浊点萃取示意图

溶液的增溶特性和热致分相特性，因此，影响这两个特性的因素都能对浊点萃取产生影响，可以通过改变条件来实现浊点萃取过程的优化。

与一般萃取过程相类似，描述浊点萃取的参数主要有浊点温度（CP）、萃取率（E）、富集率（C_F）、平衡后主体水相和凝聚相的体积比θ及分配系数 D：

$$E=\frac{C_sV_s}{C_0V_0}\times 100\%=C_s/(C_s+C_{aq}V_{aq}/V_s) \tag{2-31}$$

$$C_F=C_s/C_0 \tag{2-32}$$

$$\theta=V_{aq}/V_s \tag{2-33}$$

$$D=C_s/C_{aq} \tag{2-34}$$

式中，C_s、V_s、C_0、V_0、C_{aq}、V_{aq} 分别为平衡后凝聚相的溶质浓度、凝聚相的体积、初始溶液溶质浓度、初始溶液体积、平衡后主体水相的溶质浓度、平衡后主体水相的体积。从上述公式可以看出，浊点萃取过程的萃取率和富集率均与平衡后主体水相与凝聚相的体积比及溶质浓度比密切相关。

研究结果表明[48]，平衡后主体水相与凝聚相的体积比随着非离子表面活性剂浓度减小而增大。同时，选择表面活性剂及其浓度还需要考虑该表面活性剂的浊点温度，过高的浊点温度会造成溶质的分解以及操作的复杂化。向非离子表面活性剂溶液中加入电解质可以改变浊点温度，并改变主体水相的密度而影响分相行为。主体水相与凝聚相分相的平衡温度的升高有利于提高萃取率和富集率，然而，对于热敏性溶质必须注意由温度升高带来的负面影响。影响浊点萃取的操作参数还有离心分离时间或重力沉降时间。离心分离时间的延长对回收率的影响不大，但在利用重力沉降分离时，沉降时间的延长可能减小凝聚相的体积，使富集率有明显的提高。另外，对于可以解离的溶质，改变溶液的 pH 也能够影响过程的萃取率[49]。影响萃取过程的因素概括如下。

1. 表面活性剂的影响

浊点萃取一般选择浊点温度较低的表面活性剂，最常用的表面活性剂是 PONPE[50, 51]和 Triton X[52-54]，因为它们的浊点温度低，方便实验室操作，适合相分离。如果选用的表面活性剂的浊点温度较高，在相分离过程中，表面活性剂随着温度降低又会溶解于水，从而导致萃取率的降低，同时过高的温度也会使螯合物的稳定性降低，不适合分析。但是这些表面活性剂在紫外区有较强的背景吸收，干扰一些化合物的 HPLC-UV 测定[55]。同时，它们的疏水部分含有烷基、苯基，容易引起环境问题[56]。表面活性剂自身及其形成胶团的结构，胶团与溶质分子之间的相互作用也对浊点萃取有很大的影响。Kamei等[57]的研究结果表明，亲水性蛋白质与普通小分子有机物在浊点萃取过程中的分配系数相差很大，表面活性剂胶团形成了一个网状结构，与主体水相的溶质进行质量交换，若网格大小小于蛋白质分子的大小，则会造成对亲水性蛋白质的浊点萃取效率很低的情况。在对病毒进行分离过程中，Kamei等又提出了夹带效应，即水相被部分夹带进入凝聚相，从而使萃取结果出现变化[58, 59]。

表 2-14 列出了浊点萃取中常用的一些表面活性剂的名称、结构、浊点温度以及它们的临界胶束参数[60-62]。

表 2-14　CPE 中常用表面活性剂的名称、结构和浊点温度

表面活性剂		临界胶束浓度/（mmol/L）	浊点温度/℃
聚氧乙烯脂肪醇	$C_{10}E_4$	0.81	19.7
	$C_{10}E_5$	0.84	41.6
	$C_{10}E_6$	0.95	60.3
	$C_{10}E_8$	1	84.5
	$C_{12}E_4$（Brij 30）	0.02～0.06	6
	$C_{12}E_5$	0.062	28.9
	$C_{12}E_6$	0.067	51
	$C_{12}E_8$	0.087	77.9
	$C_{12}E_{23}$（Brij 35）	0.06	＞100
	$C_{13}E_8$（Genapo lX2080）		42
	$C_{14}E_5$	0.01	20
	$C_{14}E_6$	0.01	42.3
	$C_{16}E_{10}$（Brij 56）	0.0006	64~69
对叔辛基苯基聚己二醇醚	Triton X2114	0.20~0.35	22~25
	Triton X2110	0.17~0.30	64~65
正烷基苯基聚己二醇醚	NPE7.5（PONPE-7.5）	0.085	＜0
	NPE10（PONPE-10）	0.085	56（1%表面活性剂水溶液），63
	NPE10-11（lgepal CO-710）		70~72
两性离子表面活性剂	C_9APSO_4	4.5	65
	$C_{10}APSO_4$		88
	C_8-lecithin		45

从表 2-14 中可以看出，浊点温度与表面活性剂分子的烷基链长和聚氧乙烯链长有密切关系。当烷基链长相同时，浊点温度随聚氧乙烯链长的增加而升高；相反，聚氧乙烯链长相同时，浊点温度随烷基链长的增加而降低。

Gu 等对于直脂肪链聚氧乙烯烷基醚类的表面活性剂进行研究，给出了浊点温度与表面活性剂结构之间的经验关系[63]：

$$C/℃=220\lg N_E-5.5N_C-55$$

式中，N_E和N_C分别为表面活性剂分子中的氧乙烯链和脂肪链中的碳原子个数。

Huibers 等研究了支链、环链以及含有苯环的聚氧乙烯烷基醚类表面活性剂，给出了浊点温度和表面活性剂结构之间的关系[64]。

表面活性剂的浓度是影响浊点萃取效果的一个重要参数。如果表面活性剂浓度太低，会使表面活性剂相较难形成或体积太小，从而导致操作难度增加，实验结果的准确度和重复性变差。但是当表面活性剂浓度过大时，富集相体积的增大会稀释待测物质，降低萃取效率。因此，优化表面活性剂浓度，可以得到最大的相体积比。

2. pH 和离子强度

在 CPE 中，体系的 pH 应控制在目标物的电中性状态。目标物在电中性状态时易与表面活性剂胶束结合且有较好的疏水性，电离后几乎不与表面活性剂胶束聚合物相互作用。当目标分析物为酸性或碱性时，体系的 pH 影响很大；当所用的表面活性剂为非离子型时，体系的 pH 影响不大；当为离子型表面活性剂时，体系的 pH 影响显著。溶液的离子强度对萃取率无明显影响[65]。

3. 平衡温度和平衡时间

平衡温度和平衡时间对浊点萃取效率有较大的影响。对于非离子表面活性剂，富集因子和萃取效率随着平衡温度的升高而增大。为了获得较高的萃取效率，平衡温度应比表面活性剂的浊点温度高 15~20℃。较长的萃取时间对增加表面活性剂相的稳定性有利，但萃取时间过长对萃取效率影响不大。因此，为了提高样品前处理效率，萃取时间一般控制在 20min 左右。

4. 添加剂

添加剂对浊点萃取效率的影响不大，但是加入添加剂可以改变表面活性剂的浊点温度，从而引发表面活性剂水溶液的相分离。在非离子型表面活性剂中加入盐析型电解质（氯化物、硫酸盐、碳酸盐、叠氮化合物等）和一些有机物（如与水混溶的有机脂肪醇、脂肪酸、苯酚、多元醇）及与水互溶的聚合物（如聚乙二醇、环糊精），可使胶束中氢键断裂脱水，导致表面活性剂分子沉淀，表面活性剂的浊点降低而引发相分离[66]。盐溶型的电解质（如硝酸盐、碘化物、硫氰酸盐等）、可溶于胶束的非极性有机物、蛋白质变性剂（尿素、硫脲衍生物等）、阴离子型表面活性剂和其他水溶助剂（如甲苯磺酸钠）的加入可以导致表面活性剂的浊点温度升高[67]。添加剂对两性离子表面活性剂的作用与非离子表面活性剂完全相反。

2.4.4 浊点萃取的应用

浊点萃取技术主要作为痕量物的预富集手段应用于样品前处理过程中。根据浊点萃取技术的特点及机理，其在生物样品分析、食品工业及其他样品分析以及环境样品中有机污染物的萃取等领域都有广泛的应用。

1. 在生物样品分析中的应用

浊点萃取是分离纯化蛋白质的有效手段。浊点萃取应用于生物学领域中最早由 Borioer 完成，采用非离子表面活性剂 Triton X-114 成功分离出乙酰胆碱酯酶、噬菌调理素、细菌视紫红质、细胞色素 C 氧化酶等内嵌膜蛋白[68, 69]，还实现了牛血清蛋白和牛血红蛋白的定量萃取[70]。

许多研究者采用浊点萃取方法研究了具有不同亲油性的蛋白质的分离。在浊点萃取分相后，亲油性蛋白质进入聚集相，而亲水性蛋白质仍留在主体水相。在使用的表面活性剂中，Triton X-114 应用得最为广泛[46]。

Bordier[71]采用非离子表面活性剂 Triton X-114 成功分离出乙酰胆碱酯酶、噬菌调理素、细菌视紫红质、细胞色素 c 氧化酶等内嵌膜蛋白，操作步骤简单，无需专门仪器。

值得注意的是，提高待分离溶质与表面活性剂之间的特殊相互作用，可以提高浊点萃取分离的选择性。这一方面的研究工作已经开展并取得了明显进展。采用亲和配基试剂或对表面活性剂进行亲和基改性，可以明显提高浊点萃取的选择性[72]。

作为生物样品前处理方法，浊点萃取法能与紫外-可见分光光度法、高效液相色谱法、毛细管电泳法等多种仪器分析方法结合，提高检测的灵敏度。浊点萃取法还可用作定量受体试验和临床肿瘤标记去除内毒素及中药成分提取分离分析等。

2. *在食品工业及其他样品分析中的应用*

浊点萃取在食品工业中主要用来萃取生物大分子[73]。随着食品工业的发展和该项研究技术的不断成熟，该方法在某些成分分析中得到了应用。对食品中是否含有污染物的分析方面，浊点萃取通常与紫外-可见分光光度法、高效液相色谱、原子吸收分光光度法等多种分析方法相结合。例如，黄焱等[74]利用表面活性剂和硫酸钠的混合溶液体系，对溶液中痕量利尿剂 Furosemide 进行了分离特性的研究，考察了各因素间的影响。王健[75]以 6%的表面活性剂 Tween 20 或 Triton X-100 为萃取剂，用浊点萃取-高效液相色谱检测的方法，对牛奶中的残留除草剂含量进行了测定。试验的 6 种农药测得的定量检测限均小于国家规定的农药残留限量。陈建波等[76]用浊点萃取-高效液相色谱法测定了草莓汁中的多种农药残留。李海涛等[77]利用食品中维生素 B_{12} 中心配位金属钴的性质，对样品进行消化，然后用浊点萃取预富集浓缩后，采用火焰原子吸收光谱法测定样液中的钴含量，从而间接地测定样品中维生素 B_{12} 的含量。

3. *在分析有机污染物中的应用*

浊点萃取技术应用于环境中各种挥发性碳化合物、多环芳烃和酚类化合物等污染物的富集、分离，测定灵敏度较高。宋冠群等[78]将浊点萃取-毛细管电泳应用于多环芳烃的分析中，解决了表面活性剂存在背景吸附和吸收的问题，考察了浊点萃取和毛细管电泳的分析条件，成功地应用于多芳烃等实际样品的测定中。目前浊点萃取在水溶液样品中多环芳烃的萃取中已经有多篇文献报道[79-88]。在这些文献中，大多使用的是非离子表面活性剂[80, 82-84, 86]，少数使用了阴离子表面活性剂如十二烷基硫酸钠[85, 87, 88]，促使相分离的手段绝大部分采用加热的方式[80, 82-84, 86]，少数采用酸诱导方法[85, 87, 88]。由于表面活性剂往往在紫外区具有一定的吸收，因此在这类研究中人们更乐于使用荧光检测器[80, 82-86]。采用在紫外区不产生吸收的表面活性剂[89]或采用适当的流动相[90]，使表面活性剂较早流出色谱柱，也可解决表面活性剂的干扰问题。采用硅胶凝胶渗透色谱对富含表面活性剂的萃取液进行净化处理也可消除表面活性剂的干扰[86]。目前浊点萃取-色谱分析和浊点萃取-毛细管电泳及电色谱分析在多环芳烃环境水样品的萃取中的潜力还未充分体现，值得进一步研究[91, 45]。

2.5 固相萃取

2.5.1 概述

固相萃取（solid phase extraction，SPE）是从 20 世纪 80 年代中期开始发展起来的一种样品前处理方法，可以成功地将液-固萃取和液相色谱柱技术相结合。在大多数情况下，与传统的液-液萃取法（liquid-liquid extraction，LLE）相比，SPE 通常作为液体试样制备的优先方案，具有以下的优势：

（1）有机溶剂消耗小。少量的洗脱剂（1~5mL）就可以将 SPE 富集后的待分析成分洗脱下来，故有机溶剂消耗远远低于传统的液-液萃取。

（2）富集倍数高。用 SPE 柱富集样品时，富集倍数远远高于传统的 LLE，而且待测组分浓度越低，方法优势越明显。例如，在环境水样的检测中，SPE 技术可以把几十至几百毫升样品中的待测组分富集到几毫升的洗脱液中，富集倍数达数十到数百倍。

（3）能有效地进行样品纯化和干扰组分的预分离。根据待测组分的特点，SPE 可以有选择性地富集待测组分，有针对性地选用柱材料，也可以让干扰组分保留而让待测组分不保留在小柱上，从而分离干扰组分。所以，除了富集之外，SPE 技术还是样品纯化和干扰组分预分离的有效手段。

（4）SPE 技术不易乳化，相分离相对较快，对环境污染较小，符合绿色化学的要求。

（5）便于样品的储存和运送。SPE 技术可以将样品中的待测组分富集保存在小柱上，从而避免了液体样品在运输储存过程中的损失，克服了大体积不易运输储存的缺点，尤为适用于远距离如环境监测中的现场采样。

此外，SPE 技术还具有操作简便、易实现自动化、速度快、便于批量样品处理等特点。

2.5.2 固相萃取的原理

固相萃取是一个包括固相和液相的物理萃取过程，在萃取过程中，样品基液对目标分析物的吸附力小于固相，当样品通过固相柱时，其他样品组分和样品基液可以顺利通过柱子，而目标分析物就被吸附在固体填料表面。同时，目标分析物可用适当的洗脱剂洗脱，在洗脱过程中，对目标分析物的作用力大于固相对洗脱液的作用力，因此富集组分被洗脱下来。SPE 的基本原理和 HPLC 相同，二者的根本区别在于目的不同。HPLC 是在短时间内将各种化合物分离，并保持良好的峰形，而 SPE 则不仅能在复杂的基液中分离需要的化合物，还能将其富集，以便进一步分析。为了增加 SPE 柱接触样品的表面积，其填料的颗粒往往是不规则的，且比 HPLC 柱的填料颗粒要大得多（一般在 40Å）。固相萃取是通过固体填料上的键合功能团与目标分析物之间的作用力将目标化合物与基液分离，为了达到样品净化富集的目的，许多作用力如非极性作用力、极性作用力和离子作用力等[92]都是固相萃取必须考虑的影响因素。

非极性作用力又称范德华力，是一种存在于吸附剂功能团的碳氢键和分析物的碳氢键之间的作用力，如图 2-20 所示。非极性结构存在较为普遍，其作用力常用于分析物的分离，大多数有机分子都具有非极性结构，最常见的非极性吸附剂是 C_{18}、C_8。一般非极性萃取比极性或离子交换萃取选择性差，非极性作用力常被用于萃取多种不同的化合物，其中，较为普遍的是带一定疏水性的化合物，而且基液的极性越大，非极性化合物与非极性吸附剂之间的吸附效果越好。

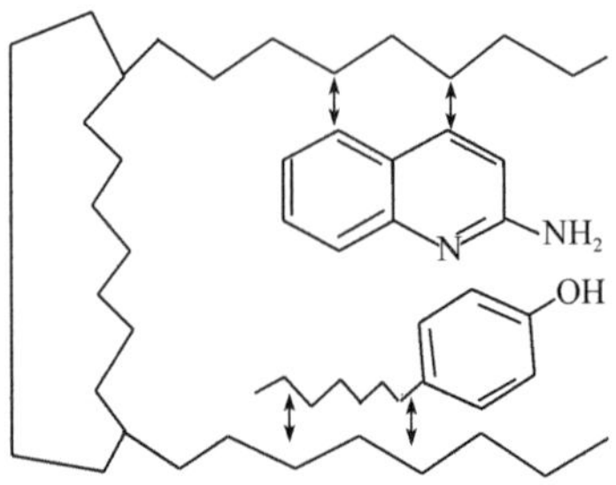

图 2-20 非极性作用力

极性作用力包括：氢键、偶极力、诱导偶极力、π-π 作用力等，如—OH、—NH_2、—SO_3、芳香环及含氧、氮、硫、磷等杂原子的基团。如图 2-21 所示。硅胶本身没有键合的—OH，故硅胶材料中存在极性作用力，且在非极性溶剂中最为明显。非极性环境有利于分析物和吸附剂之间的作用力，而环境中离子强度的增大则起着相反的作用。

具有相反电荷的分子功能团之间的作用力称为离子作用力。近些年来，带电荷的有机化合物受到广泛的关注，如图 2-22 所示。有机分子在一定的 pH 条件下可以呈离子状态，这种有机分子分为：①带可生成阳离子的功能团分子，如伯、仲、叔、丁胺类；②带可生成阴离子的功能团分子，如羰基、磺酸基、磷酸基等。离子作用力会受到环境的 pH 影响，为了有效地利用离子交换机理将分析物吸附在固定相上，必须满足以下两个条件：①环境中不能含有高浓度带有和分析物相同电荷的竞争化合物；②环境的 pH 必须使分析物和吸附剂带相反电荷。

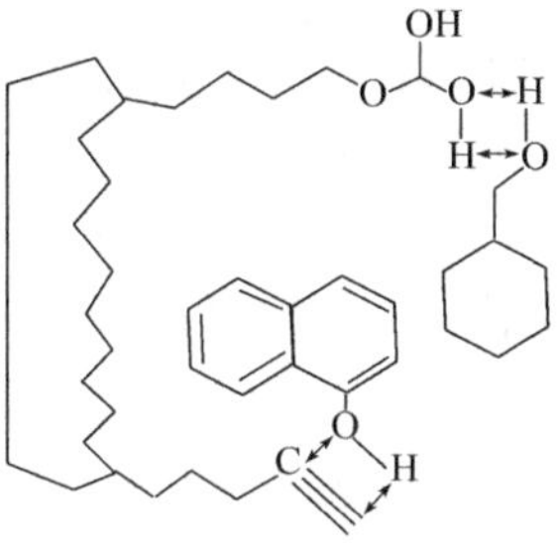

图 2-21 极性作用力

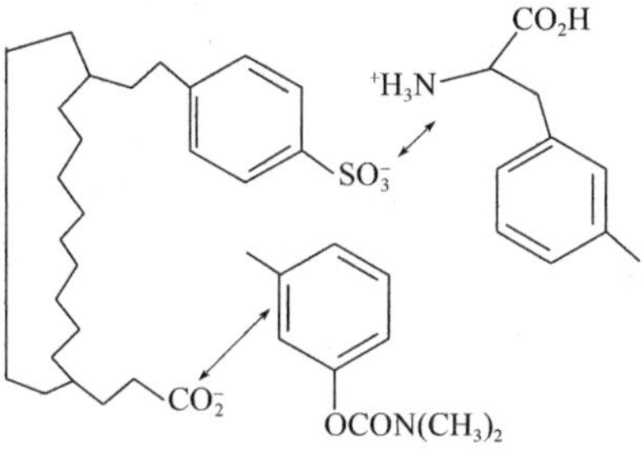

图 2-22 离子作用力

在测量环境 pH 时，不能忽略有机化合物的 pK_a 值对其的影响，pK_a 值的计算较为简单，即 50%该有机分子功能团在溶液中呈离子化时的 pH。由离子交换原理可知，对于弱酸性化合物要用阴离子交换剂将 99%的弱酸性化合物吸附，吸附体系的 pH 必须高于该化合物的 pK_a 两个单位。要使 99%该化合物脱附，体系的 pH 必须低于该化合物的 pK_a 两个单位。对于弱碱性化合物要用阳离子交换剂将 99%的弱碱性化合物吸附，体系的 pH 必须低于该化合物的 pK_a 两个单位，要使 99%该化合物脱附，体系的 pH 必须高于该化合物的 pK_a 两个单位。

2.5.3 固相萃取的装置

SPE 小柱是目前能够买到的最为普遍的 SPE 产品，其容积为 1~9mL，柱体通常为聚丙烯管，并将 0.2~3g 的填料填装在两片聚丙烯筛板之间。要使 SPE 小柱具有较高的纯度，一般采用医用聚丙烯作为柱体。因为若聚合物中存在其他添加剂或对聚丙烯有腐蚀性的溶剂（如四氢呋喃、丙酮等），聚丙烯或聚丙烯中的杂质可能被溶出而干扰测定。玻璃、聚四氟乙烯、不锈钢等为柱体材料的特殊柱可以降低空白，避免聚丙烯材料或聚丙烯中的杂质干扰。筛板的制作材料和 SPE 柱体材料相近，是 SPE 柱的重要组成部分，其主要有聚丙烯、玻璃、聚四氟乙烯、不锈钢等。在固相萃取过程中，根据不同的萃取对象和洗脱剂来选择使用不同的柱体材料，可以避免干扰，而且必须要做空白实验，这一点对于痕量分析尤为重要。

SPE 盘是 SPE 的另一种形式。从表观上看，它与膜过滤器类似。盘式萃取器分为两种，一种是含有填料的 PTFE 圆片，另一种是含有填料的玻璃纤维片，后者较为坚固，不需要额外的支撑。SPE 盘的厚度约 1mm，其总量的 60%~90%为填料。填料颗粒紧密地嵌在盘片内导致萃取过程中无沟流形成。SPE 柱和盘式萃取器的最大不同在于床厚度/直径（L/d）比。对于等质量的填料，盘式萃取的截面积约是柱式的 10 倍，所以允许液体试样以较高的流量通过。例如，1L 的地表水通过直径为 50mm 的 SPE 盘仅需 15~20min[2]，所以 SPE 盘可以用于富集水中痕量污染物。与此同时，SPE 盘与通常的液-液萃取相比较，减少了大量的时间和劳动强度，减少有机溶剂的使用量，降低了对人体和环境的影响。

2.5.4 固相萃取的一般步骤

SPE 操作包括四个步骤，分别为柱预处理、加样、除去干扰杂质、分析物的洗脱和收集。下面以反相 C18 SPE 柱的预处理为例介绍。

(1) 柱预处理。对于非极性相和离子交换 SPE 柱使用的柱预处理溶剂可以为易溶于水的甲醇，先将数毫升甲醇等溶剂通过萃取柱，当柱充分活化后再用水或缓冲溶液顶替滞留在柱中的甲醇。柱预处理有两个目的：一是使填料溶剂化，提高固相萃取的富集能力和重现性；二是除去填料中可能存在的杂质。需要注意的是，填料应先进行预处理，如果填料未经预处理或者未被溶剂润湿，会引起待测成分过早穿透，影响回收率。

（2）加样。小柱预处理后，试样溶液被加压并通过 SPE 柱。在该步骤中，分析物和杂质被保留在吸附剂上。当试样试剂强度过高时，会导致分析物的流失，故试样溶剂强度不宜过高。当以反相机理进行萃取时，以水或缓冲溶液作为溶剂，其中有机溶剂量不超过 10%（体积分数）最为适合。与此同时，可以采取减少试样体积、用弱溶剂稀释试样、增加 SPE 柱中的填料量和选择对分析物有较强保留的吸附剂等手段来减少加样过程中分析物的流失。萃取柱的尺寸（填料量）和类型决定了加到萃取柱上的试样量，在试样溶剂中，试样中分析物及基质组分的浓度等因素会影响试样组分的保留性质。穿透体积是 SPE 柱选定后在测定分析物穿透之前可以向 SPE 柱加入试样的最大体积。因此，测定穿透体积属于前沿色谱法。在实验过程中，对于不同基质的试样可以观察到分析物的不同穿透行为，是因为分析物和试样基质组分存在竞争吸附。在进行穿透实验时，选择分析物的浓度为实际试样中预期的最大浓度，为了避免清洗杂质时损失分析物，最终选定的试样体积则要小于上述测定值。

（3）除去干扰杂质。在柱上保留分析物的同时，用中等强度的溶剂将干扰组分洗脱下来。适当浓度有机溶剂的水或缓冲溶液可以作为反相萃取柱的清洗溶剂。通过调节清洗溶剂的强度和体积，可以尽可能多地除去被吸附的杂质。为了决定最佳清洗溶剂的浓度和体积，加试样于 SPE 柱上，用 5~10 倍 SPE 柱床体积的溶剂清洗，依次收集和分析流出液，得到清洗溶剂对分析物洗脱廓形。依次增加清洗溶剂的强度，根据不同强度下分析物的洗脱廓形，决定清洗溶剂合适的强度和体积。

（4）分析物的洗脱和收集。这一步骤有两个目的，一是将分析物完全洗脱并收集在最小体积的洗脱剂中，二是使比分析物更强的保留的杂质尽可能多地保留在 SPE 柱上。洗脱溶剂的强度也是重要的影响因素之一，当溶剂的强度较强时，能使分析物洗脱并富集到一个很小的体积，其自身的劣势在于较多的强保留杂质也同时被洗脱了下来。相反，当溶剂的强度较弱时，会导致富集的体积较大，但会含有较少的杂质。为了提高分析物的浓度或为以后的分析调整溶剂性质，普遍采用的方法是把收集到的分析物用氮气吹干，再溶于小体积适当的溶剂中。一般而言，通过条件实验来选择合适的洗脱剂强度和体积。例如，将样品加到 SPE 柱上后，分别通过改变洗脱剂的强度和洗脱液的体积来测定分析物的回收率，在保持有较高回收率的前提下确定最佳洗脱剂的组成和最佳洗脱体积。

SPE 分离的另一种情况是分析物通过柱而杂质被保留在柱上，如分析测定糖时，糖类化合物在反相柱上不保留，当样品提取液通过反相固相萃取柱时，样品中的杂质被保留在小柱上而分析物通过柱流出，试样可以被净化但不能使分析物富集。

从上述 SPE 的操作步骤可以看出，多种因素可以影响到 SPE 的重现性，其中最为重要的是实验条件对其重现性的影响。提高重现性的方法有很多种，其中最为常见的有以下三种方法：①加入样品量适当，不超出穿透量和穿透体积；②使用内标法，加入适当的内标作参比；③选择合适的淋洗液和洗脱液，确保分析物在操作过程中不流失等。由于自动化仪器的出现，操作相对复杂的 SPE 可以同时处理几个样品甚至几十个样品；自动加液全程实现了计算机操作。在寻找最佳实验条件时，也可借助公式或 HPLC 实验条件来节约时间。

在建立 SPE 方法之前，需要对于分析试样的性质及其他有关信息充分了解，影响 SPE 固定相和洗脱剂选择的主要因素有：①试样基质和分析物的性质，如结构、极性、溶解度和酸碱性质等；②试样溶剂的性质，清楚试样中存在哪些对选择的分析方法有干扰的物质；③试样中分析物的浓度或浓度范围；④试样分析方法的确定，以及该分析方法对试样的要求；⑤试样预处理所要达到的目的。根据对上述问题的回答，SPE 固定相可能有几种选择，应具体情况具体分析，找出每个实验的最佳选择。

2.5.5 固相萃取的吸附剂

近 30 年以来，随着液相色谱固定相的蓬勃发展，固相萃取吸附剂的种类日渐增多，其中商品化的固相萃取柱的种类也逐渐丰富起来。选择适当的 SPE 吸附剂是保证 SPE 方法回收率的前提。吸附剂最基本的两点要求：①在合适的溶剂洗脱时迅速定量地释放分析物；②固定相应迅速定量吸附分析物。也就是说整个吸附过程是可逆的。同时，固定相应满足以下三点：①固定相应为多孔、具有大表面积的固体颗粒；②有高的纯度，以避免有杂质，降低空白；③有高的化学稳定性，与样品溶液有好的界面接触。

通过对常见固定相性能的充分了解，可以在众多的固相萃取柱中选择出合适的产品，下面具体介绍一下常用的固相萃取吸附剂及作用机制。

1. 正相固相萃取吸附剂

正相固相萃取是指使用极性大的亲水性吸附剂从憎水性溶液样品中萃取极性较大的分析物的固相萃取。常用的正相萃取吸附剂包括硅胶[$(SiO_2)_x$]、活性氧化铝(Al_2O_3)、硅镁型吸附剂（$MgSiO_3$或 Florisil）及用极性有机基团如氨基、氰基、二醇基等修饰的键合硅胶。溶质与吸附剂的相互作用主要通过强极性作用力来控制，包括氢键、偶极力-偶极力、π-π 作用力以及诱导偶极力。在萃取过程中，亲水基质成分被极性固定相吸附，而目标分析物会流出萃取柱。这类吸附剂的主要用途是对分析前的样品进行清洗净化，特别是对复杂的固体及液体样品的有机萃取液的清洗净化。需要注意的是，有些吸附剂在使用前需要进行活化。例如，硅镁型吸附剂在使用前要在 650℃焙烧 2~4h 进行活化，然后对植物和动物组织样品的有机溶剂萃取液进行净化。根据不同工作需要，硅胶及活性氧化铝在使用过程中也要进行合适的活化处理。

2. 非极性聚合物吸附剂

长期以来，用于固相萃取的有机聚合物种类越来越多，但其基本材料大多为苯乙烯-二乙烯基苯共聚物。20 世纪 60 年代末 70 年代初，XAD 型苯乙烯-二乙烯基苯聚合物是最为普遍的 SPE 吸附剂，但这种聚合物型吸附剂的粒径较大，而且纯化清洗较为麻烦，使得商品的有机聚合物固相萃取柱或盘的早期发展相对于键合硅胶类来说较为滞后。在 90 年代后半期，多孔高交联的苯乙烯-二乙烯基苯共聚物（PS-DVB）吸附剂的出现推动了有机聚合物固

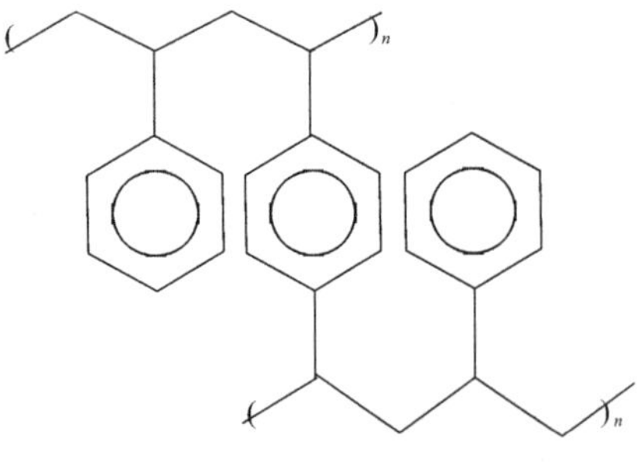
图 2-23　高交联聚合的 PS-DVB 聚合体

相萃取技术的飞速发展，这种填料是粒径 40μm 左右的球形颗粒，而且纯度高，更适用于 SPE，应用范围也更为广泛。

相比较键合硅胶吸附剂，有机聚合物吸附剂有以下三方面的优势：①疏水性能更强，表面积更大，如 PS-DVB（图 2-23），该吸附剂的结构为高密度的芳香环及高交联结构，在一般情况下，对有机分析物包括极性较大的有机分析物的吸附比键合硅胶更完全，因此回收率也更高；②有机聚合物型吸附剂不受 pH 的限制，即使在强酸强碱中也能保持极高的稳定性，因此可以用此类吸附剂同时进行多残留分析，包括酸、碱、中性化合物；③该类聚合物表面没有活性羟基，消除了由此引起的次级作用。有机聚合物吸附剂也有其不足之处，就是对分析物没有选择性。

3. 键合硅胶吸附剂

键合硅胶吸附剂是目前应用最为广泛的 SPE 固定相之一，它是第一类现代意义上的 SPE 吸附剂。吸附剂萃取分析物是通过硅胶表面上的硅醇基与极性、非极性及离子性的有机配体反应使这些基团键合于吸附剂表面。反相键合吸附剂的硅胶骨架上键合上了不同长短的烷烃，通过范德华力来吸附有机物。

单功能团有机硅烷（R_3SiX）与硅醇基作用和三功能团有机硅烷（$RSiX_3$）与硅醇基作用是制备键合硅胶固定相的两种模式。其中 R 为有机功能团，X 为活性基团，一般为 Cl^-、CH_3O— 或 C_2H_5O—。其中，在单功能团作用机制中，由于只有一个活性基团与硅醇基作用，会形成一个毛刷式结构，避免重新产生硅醇基。在三功能团作用机制中，会形成一个交叉网状结构，由于会有一个或两个 Si—X 功能团没有反应，所以有时会发生水解反应形成新的硅醇基，从而降低了吸附剂的疏水性。聚合结构的吸附剂与毛刷式结构的吸附剂相比，其优点在于对酸的稳定性稍强，这是因为这种机制是有机硅烷通过多个连接键合到硅胶骨架上的。其缺点在于吸附效率较低，这是因为分析物的传输速度稍慢。

有时键合硅胶表面会残留少量的硅醇基，这是反应条件、空间位阻等使得硅胶表面的部分硅醇基没有发生反应。由于残留的硅醇基会对极性较大的组分产生吸附，这种残留硅醇基引起的次级吸附往往对分析物的固相萃取产生不利的影响。在逐渐改进的过程中，封端技术的应用可以极大限度地降低残留的硅醇基，将刺激作用降至最小，从而获得极性更小的固定相。封端作用是使用更加活泼且较短的硅烷化试剂如三甲基硅烷等与固定相上残留的硅醇基发生反应，将其封闭或惰性化的技术。固定相经过封端处理后，对水溶液中的非极性及弱极性分子物的萃取更加完全，回收率也更高。另外，合理数量的硅醇基存在可以使疏水性的键合硅胶与极性较大的分析物之间的接触更加紧密，作用力额外增加了除了疏水性相互作用外的离子相互作用、偶极-偶极相互作用、氢键作用，因而可以通过键合硅胶来对极性较大的分析物进行萃取。为了获得对不同极性的分析物有一定选择性的键合硅胶固定相，人们通常通过控制硅胶表面硅醇基的多少来得到不同极性的键合硅胶，从而扩大了该类固定相的适用范围。

键合硅胶吸附剂的表面孔径大多为 5~50nm，粒径为 40~80μm，表面积一般为 50~500m^2/g。通过对固定相的粒径、表面积、极性、碳链长短、固定相的含碳量及固定相是否经过封端处理等方面的考察，可以从众多产品中选出合适的固定相。

在固相萃取过程中，极其关键的一步是从不同类型的固定相中选出合适极性的固定相。萃取极性小的分析物时，应该选择极性较小的固定相，反之亦然。键合硅胶固定相的极性主要取决于碳链的长短、种类、固定相的含碳量、硅烷化试剂是单功能团试剂还是三功能团试剂及固定相是否经过封端处理等。常用的键合硅胶固定相见表 2-15。

表 2-15 常用的键合硅胶固定相

固定相	简称	极性	应用
辛烷基	C_8	非极性	反相
十八烷基	C_{18}（ODS）	非极性	反相
乙基	C_2	弱极性	反相
环己基	CH	弱极性	反相
苯基	PH	弱极性	反相
氰丙基	CN	极性	正相
二醇基	Diol（2OH）	极性	正相
硅胶	Si（OH）	极性	正相
氨丙基	NH_2	极性（弱阴离子交换剂）	弱阴离子交换
羟甲基	CBA	极性（弱阳离子交换剂）	弱阳离子交换
丙基苯基磺酸	SCX	极性（强阴离子交换剂）	强阴离子交换
三甲基胺丙基	SAX	极性（强阳离子交换剂）	强阳离子交换

一般而言，碳链短，固定相含碳量小，固定相的极性大；碳链长，固定相含碳量大，固定相的极性小。在大多数情况下，含有氰基、二醇基、氨基、磺酸基、三甲基胺丙基的固定相具有较大的极性，可以作为正相萃取和离子交换固相萃取的吸附剂，其中的氰基、二醇基、氨基键合硅胶在极少数情况下也可作为反相吸附剂使用。

键合硅胶吸附剂在萃取过程中存在一定的不足，主要缺点是在强碱溶液中化学性质不稳定，其应用范围大多在 pH=2~8，在强碱溶液中，硅胶类固定相会溶解，另一方面，会发生硅胶与烷基碳链化学键的断裂。

4. 功能化修饰的有机高聚物型吸附剂

在有机聚合物型吸附剂的表面引入各种功能团可以达到修饰改造其吸附萃取性能的目的。引入的方法大多是通过傅氏反应来完成的，引入的基团有叔丁基、氰基、乙酰基、苯甲酰基、羟甲基、磺酸基、三甲基胺等。对于极性分析物，引入极性基团乙酰基、磺酸基、羟基、羟甲基后，极性化合物的保留因子将增大，从而获得较好的萃取效果。同理，在非极性分析物中加入非极性的叔丁基后，保留因子增大，可以获得较好的萃取效果。聚合物表面引入极性基团的亲水修饰是将适量的亲水性基团引入到疏水性的吸附剂基体上，但是进行这种修饰必须控制引入的极性基团的数量，既要保证极性基团的数量适中，不至于影响吸附剂主体的亲水性而降低其对分析物的吸附萃取，又要保证亲水性基团足够多从而使吸附剂能与分析物产生紧密接触。

亲水-亲脂平衡型固相萃取剂（hydorphillic-lipophilic polymers）的出现在一定程度上促进了有机聚合物固相萃取吸附剂的发展[93]。其特点可以分为两个方面：一是可以不经过预处理直接上样，因为其本身结构具有两亲平衡性，使其表面具有了永久的湿润性；二是使用范围广，其两亲平衡性可以使该类产品具有通用型萃取剂的效果，无论分析物是极性还是非极性化合物均适用。该类产品的代表是 Waters 公司的 Oasis HLB。它是一种大孔共聚物，由亲脂性的二乙烯基苯和亲水性的 *N*-乙烯基吡咯烷酮两种单体组成。该类产品可用于水溶液中的极性和非极性组分的萃取，对很多有机物的吸附容量很大，一般可以达到 C_{18} 键合硅胶的 5 倍。

5. 离子交换型吸附剂

离子交换固相萃取的作用机理较为简单，是以离子状态存在的分析物与带相反电荷的离子交换剂之间的静电作用。其主要的基体有两种，分别为硅胶和聚合物。强阳离子交换吸附剂的主要官能团是磺酸基（$—SO_3H$）；弱阳离子交换吸附剂的主要官能团是羧基（—COOH）；强阴离子交换吸附剂的主要官能团是季铵盐；弱阴离子交换吸附剂的主要官能团是伯胺和仲胺。表 2-16 列出了常用的离子交换型固相萃取吸附剂的类型。

表 2-16　常用的离子交换型固相萃取吸附剂的类型

类型	硅胶基体	聚合物基体
强阳离子交换剂	$Silica\text{-}(CH_2)_3\text{-}C_6H_4\text{-}SO_3H^+$ $Silica\text{-}(CH_2)_3\text{-}SO_3H^+$	$PS\text{-}DVB\text{-}SO_3H^+$
弱阳离子交换剂	$Silica\text{-}CH_2\text{-}CH_2\text{-}COOH$	PS-DVB-COOH Polyacrylate-COOH
强阴离子交换剂	$Silica\text{-}(CH_2)_3\text{-}N^+(CH_2)_3Cl^-$	$PS\text{-}DVB\text{-}CH_2N^+(CH_2)_2Cl^-$
弱阴离子交换剂	$Silica\text{-}(CH_2)_3NH_2$ $Silica\text{-}(CH_2)_3NH\text{-}CH_2CH_2NH_2$	$PS\text{-}DVB\text{-}(CH_2)_3\text{-}NH^+(CH_2)_2Cl^-$ $PS\text{-}vinylpyridine\text{-}NH_2$

一般在萃取过程中，调节样品溶液的 pH 可以使分析物以阴离子或阳离子的形态存在，然后上样过柱进行萃取。同时，调节洗脱液的 pH 仍是洗脱弱酸和弱碱型分析物的最好方法，即调节 pH 使分析物以中性分子的形式存在，就可达到洗脱的目的。对于任何酸度下都以离子状态存在的分析物，如大部分无机阴阳离子、季铵盐型有机阳离子、磺酸盐型有机阴离子等，其上样萃取和洗脱不能通过酸度来控制，此时必须通过选择合适的离子强度来加以控制。

相对于硅胶型吸附剂，有机聚合物型离子交换吸附剂的优点在于可以在整个酸度范围内使用。由于硅胶型离子交换吸附剂在强酸及强碱介质中不稳定，所以使用时的酸度最好控制在 pH=3~9。固相萃取中使用的有机聚合物型离子交换吸附剂具有对分析物的交换容量大、交换吸附速度快的特点，是一种经过高度交联的具有一定刚性结构的大孔树脂，既可用于水溶液中分析物的萃取，也适用于有机溶液中分析物的萃取。

6. 其他类型的吸附剂

1）限进性固相萃取剂

限进性固相萃取技术的关键在于固相吸附剂，而要制备出具有限进性的吸附材料主要应满足三个方面：合适的孔径、外表面的亲水性基团以及内表面可与分析物特异性结合的萃取官能团[94]。首先，基质的本身决定孔径的大小，通常比较合适的孔径为 6~8nm，这个大小可以排阻 15000Da 以上的蛋白质分子。其次，根据排阻蛋白的机制，外表面的亲水性基团可分为物理性和化学性屏障。物理性屏障主要指在基质外表面键合上不与蛋白质产生吸附的亲水性官能团，如具有高度亲水性和生物相容性的二醇基；化学性屏障则是通过在基质外表面修饰上如聚乙二醇或纤维素等亲水性线状聚合物，利用它形成的网状膜结构达到屏蔽蛋白的效果。然而相对于外表面进行亲水性修饰来说，限进性固相吸附剂最具挑战性的工作是将内表面转换成能够基于不同分离模式且对不同类型物质具有特异性保留作用的功能基团。而到目前为止，人们基于限进性原理已经尝试出不同类型限进性固相吸附剂的制备方法，使内表面为反相萃取模式的传统限进吸附剂已经不再是限进固相性萃取技术中主要采用的应用类型，而是使内表面类型逐渐多元化，如对酸性或碱性可离子化物质具有较强保留作用的离子交换型内表面等。

限进性固相吸附剂起源于20世纪80年代，Hagestam和Pinkerton[95]最早设计出了可以直接注射生物样品的一种传统类型的限进吸附剂，即内表面为反相模式的填料（internal surface reversed-phase，ISRP）。该填料是以孔径为8nm、带有甘油丙基的多孔硅胶作为基质，先在孔内孔外形成疏水性三肽基团，然后选用不能进入基质孔内的大分子羧肽酶将硅胶外表面的苯丙氨酸水解，从而使外表面只留下甘氨酸残基和甘油丙基，形成亲水层，而孔内仍然保持疏水性三肽基团。这种填料对生物基质中分子质量为50~60kDa的蛋白均具有较理想的屏蔽作用[96, 97]，可以耐受几百次的血清或血浆样品的直接注射。

由于实现保留作用的除了苯丙氨酸上苯环的π-π作用外，还有氨基酸残基提供的弱阳离子交换等双重混合作用模式，所以这种早期兴起的限进性吸附剂不是完全意义上的反相类型。20世纪90年代初，Boos等[98]设计出了真正意义上的内表面反相疏水模式的限进材料，即烷基-二醇基限进材料（alkyl-diol-silica，ADS），这种材料也是目前市场上应用最为广泛的商品化限进性固相萃取填料[99]。其制备特点是通过孔径约为6nm的环氧基键合硅胶先与C_4、C_8、C_{12}和C_{18}等脂肪酸在高温密闭条件下反应而连接上不同长度的疏水配体，然后通过不能进入孔径的脂肪酶分子水解掉外表面的烷基酯键而形成亲水性的二醇基，而内表面仍保留烷基疏水基团来实现反相分配萃取作用。

传统的内表面为疏水作用模式的限进材料有一定的局限性，它可以在生物样品中非极性较强的药物或代谢产物的分析和鉴定中发挥较强的作用，但对于极性较大的酸性或碱性药物而言，单一的疏水作用显然不能满足要求，这也极大地限制了此类限进材料的应用范畴。近年来，Merck公司便相继推出了内表面为阳离子（磺酸基）或阴离子（二乙胺乙基），外表面为二醇基的离子交换型（ion-exchange，IEX）限进材料。这种内表面为离子交换型的吸附剂主要是通过静电吸引作用对可离子化的亲水性药物产生较强的保留作用，有效地解决了传统内表面反相型吸附剂对亲水性或离子型化合物保留较弱的问题。目前，该类产品已成功应用于生物体液中碱性和酸性药物的直接分析和检测中。

半渗透型表面（semi-permeable surface，SPS）的限进材料是通过亲水性聚合物自身的线性交联形成致密网状结构，并可在基质外表面起到防止蛋白质进入和非特异性吸附的限进性分离介质。例如，制备内表面离子交换型限进吸附剂时在基质外表面包覆一层亲水性的甲基纤维素，以及制备内表面分子印迹限进材料时，在外层使亲水性单体GMA聚合再水解等。20世纪90年代初制备出了主要利用聚乙二醇或纤维素这样的亲水性链状聚合物合成的一种新型限进填料，它自身可以形成类似多孔半透膜网状结构，而这种网状结构的孔径可以看作基质材料本身的孔径大小，从而限制了大分子蛋白的进入。同时由于聚合物本身的高度亲水性，可以有效地防止蛋白在表面的吸附，而小分子能够自由地穿过网状膜结构，进入到基质内部，与固定相表面的基团发生相互作用而被保留。这种半渗透型限进材料的一个突出优点在于可以将内表面任意修饰成所需要的功能基团，包括如烷基、苯基、氰基或氨基等单一模式的或者将两三种官能团同时引入到基质表面，而外表面只需嫁接上如聚乙二醇等亲水性聚合物，并且聚合物层的厚度和官能团含量都是可控的，相比传统限进材料采用酶水解的限进修饰方法，这种制备思路对限进材料内表面基团的选择性要更高一些。此外，这种半渗透型限进材料的使用寿命和目前应用最为普遍的烷基-二醇基填料的使用寿命大致相当，其对血浆或血清样品也有较好的耐受能力[100, 101]，可以实际应用在人血清中咖啡因、苯巴比妥、卡马西平等小分子药物的分析和检测中[102-105]。

综上所述，限进性分离介质是一种可以直接分析生物样品的固相吸附剂，具有良好的生物相容性，凭借其自身的双功能化特点和优势，在药物代谢、生物多肽以及蛋白质分析等方面都有非常广泛的应用。与传统的固相萃取材料相比，限进性分离介质的优越性体现在以下两个方面，一是使用寿命较长，二是其在线联用的自动化操作模式大大提高了生物样品预处理效率。

2）分子印迹聚合物

分子识别对分子有特殊的选择性，在自然界的生物进化过程中常常起着决定性的作用。天然的分子识别，如抗原和抗体、酶和底物的分子识别反应都具有很强的特异性[106]。20 世纪 40 年代，著名的诺贝尔奖获得者 Pauling 首次提出，抗体在形成时其三维结构会尽可能地同抗原形成多重作用位点，抗原作为一种模板，就会“铸造”在抗体的结合部位。这一免疫学中的抗体形成学说为分子印迹理论的产生奠定了基础。然而，这项技术真正被人们所认识是在 1972 年，德国科学家 Wulff 研究小组[107]首次报道了人工合成的分子印迹聚合物。经过发展直到 1993 年，Mosbach 等[108]在 *Nature* 杂志上发表了有关茶碱分子印迹聚合物的文章。此后，分子印迹技术得到了广泛的认可和蓬勃的发展。目前，全世界包括中国、瑞典、日本、德国、美国、澳大利亚、法国在内的几十个国家，上百个学术机构和企事业团体在从事分子印迹相关领域的研究。

分子印迹技术（molecular imprinting technique，MIT）是制备对特定目标分子具有特异选择性的高分子化合物——分子印迹聚合物（molecular imprinted polymer，MIP）的技术[109, 110]。分子印迹聚合物是一种具有形状与底物分子相匹配的孔穴，而且有着特定排列的功能基团，可以与底物分子产生具有识别作用的人工合成的新型功能高分子。近 10 年来，随着高分子化学、超分子化学和生物化学等学科的发展，分子印迹技术包括印迹机理、印迹聚合物的制备、印迹技术的应用及其热力学、动力学等方面的理论研究取得了长足的进展。

分子印迹技术因其具有预定性、特异识别性以及实用性而受到广泛的关注。预定性是模板分子和功能单体在聚合形成这种自组装结构之前预定形成的，为了满足不同的需求，人们按照自己的目的制备出不同的聚合物。识别性是指按照模板分子的结构定做，由于它具有能识别该模板分子的特定识别空腔结构和识别位点，因而其特异性识别作用很强；实用性是指稳定性好，不受高温、酸碱的影响。同天然生物分子识别系统如酶和底物、抗原和抗体、受体和激素相比，分子印迹聚合物能够抵御比较恶劣的环境影响，长时间保留识别性能，而且储存条件温和。

分子印迹技术是一种获得空间和结合位点上与某一分子（模板分子）完全匹配的聚合物的制备技术，可以看作“人工模拟酶”。由 Pauling 抗体形成理论出发，当模板分子与聚合物单体接触时会尽可能地同单体形成多重作用点，再通过聚合把这些多重作用点固定或“冻结”下来，当模板分子除去后，聚合物中就形成了与模板分子在空间和结合位点上匹配的具有多重作用点的对模板分子具有选择性的空穴。

模板分子与功能单体可以通过相互作用力在合适的分散介质中形成可逆结合的复合物，

其之间的相互作用力包括共价键、氢键、离子键、范德华力、疏水作用以及空间位阻效应等；再加入交联剂，在光、热、电场等作用以及引发剂和致孔剂辅助下形成多孔三维立体功能材料，并且将模板分子有规律地包在其中；合成后用一定方法把模板分子去除，即可获得与模板分子互补且有特异识别功能的三维孔穴，该孔穴可特异性识别模板分子。

分子印迹聚合物的制备方法目前主要包括本体聚合法、乳液聚合法、悬浮聚合法、沉淀聚合法、原位聚合法及表面印迹法等[111]。

（1）本体聚合法。合成分子印迹聚合物最传统的方法是本体聚合法，该方法主要是将功能单体、模板分子、交联剂、引发剂按比例加到致孔剂中，通氮气除氧后真空密封，经光照或加热引发聚合，成为块状的聚合物，再进行研磨、过筛和洗脱，即制得印迹聚合物。此制备方法的优点在于操作较为简单，制备条件相对容易控制，缺点在于后处理比较复杂。另外，MIP 为块状物，需要经过研磨、过筛，在研磨过程中会破坏 MIP 规则的球形结构，从而降低目标分子的吸附性能。另外，若研磨得到的部分粒子过细，则需要沉降除去，造成 MIP 有一定的损失。因此，该方法有一定的限制，以昂贵的药品为模板分子，代价较高时，不应采用此方法。

（2）乳液聚合法。乳液聚合法是将印迹分子、功能单体、交联剂溶于有机溶剂中，然后将此混合液转入含有一定量的表面活性剂的水中，高速搅拌，达到乳化效果，再加入引发剂进行聚合，即得到球形聚合物。该方法的优势在于制备出的聚合物粒径较为均匀，一般范围在 50~500nm，其比表面积较大，吸附性能较好，因此一般用于制备贵重药品的印迹聚合物。较本体聚合法而言，乳液聚合法的生产能力较低。

（3）悬浮聚合法。悬浮聚合法是将印迹物、功能单体、交联剂和引发剂分散于溶剂中形成混合液，在搅拌条件下，转入含分散稳定剂的悬浮剂中，经过聚合反应得到疏水性的聚合物。该种聚合方法操作简便、周期较短。这种方法通常采用水或乙醇等高极性的分散相，聚合反应在水中进行，会削弱、破坏印迹分子和功能单体的结合，对以氢氧键为作用力的印迹聚合物的吸附性产生影响。Mayes 等[112]为了解决这个问题，率先提出采用全氟烃为分散介质，将特制的聚合物表面活性剂加入印迹混合液中，形成乳状溶液，得到粒度分布窄、形态规则的 MIP 微球。该种微球可以作为低柱压 HPLC 填料，具有快速扩散的优点，但也有其局限性，分散剂全氟烃不利于环保、价格偏高和表面活性剂的用量要求严格等制约了其实际应用。

（4）沉淀聚合法。沉淀聚合法是在聚合过程中，生成的聚合物不溶于单体和溶剂，而不断沉淀析出的聚合反应。沉淀聚合法可以在不需要加入任何稳定剂的情况下合成出聚合物微球[113]，所以可避免由稳定剂或表面活性剂对模板分子的非选择性吸附，从而合成得到表面洁净的微球。该方法一般能得到纳米尺寸的微球，可以用于毛细管电泳、免疫测试中[114, 115]。该方法的优越性在于不需要表面活化，且只需要对合成条件进行较少的优化，即可以得到高质量、高产量的微球。但这种方法也存在着不足，即结合位点是位于微球内部的网络中，会导致对模板分子的萃取率降低。Wang 等[116]改进了合成方法，以苯乙烯为单体，在乙腈和甲苯的混合溶液中得到单分散性和直径为 5μm 的茶碱分子印迹聚合物微球。

（5）原位聚合法。原位聚合是在色谱柱或毛细管等反应器内直接聚合制得连续型 MIP[117]。该方法的优点在于制备方法简便、没有烦琐的处理手续，且制得的 MIP 具有连续性、均一性，可以得到较好的分离效果。Matsui 等[118]首先在不锈钢管内制备出棒状的 MIP，尽管柱效和分辨率不高，但所得色谱柱对印迹分子有一定的选择性。Schweitz 等[119] 制备出了预定选择性毛细管电泳色谱柱，并将毛细管柱作为合成整体MIP的反应器，研究结果表明，2min内就可实现印迹分子外消旋体的基线分离。这种技术成功地分离了那格列奈[120]、辛可宁[121]等药物外消旋体。毛细管柱的原位聚合可通过低温紫外光引发或热引发制得。张静等[122]用此法合成了一系列 MIP 柱来分离印迹分子士的宁及其结构类似物，并用于富集和检测体液中的士的宁。此法制得色谱柱的方法简便，但其不足在于柱压降偏高，因而限制了这种方法的广泛使用。

（6）表面印迹法。通过在形状规则的粒子表面形成 MIP 薄层，可制备出高产率、窄分布的复合粒子，该过程无需磨碎和筛分，因此避免了材料的浪费[123]。传统 MIP 粒子制备过程中，粒子的形态结构以及结合位点的识别性能同时受到溶剂、功能单体等因素的影响；而且，欲得到所期望的形态结构，所需的条件往往与获得高识别性位点的条件不一致。出于这样的考虑，选择具有合适粒径、孔径及其分布的粒子为载体，制成复合粒子，载体决定其形态结构，由此可以撇开制备条件对形态的影响，而专注于在薄层中形成高质量的结合位点。更重要的是，通过这样的方法，使结合位点处于表面印迹薄层之中，可在较大程度上减少“包埋”现象，提高其可接近性，加速识别的动力学。Gao 等[124]用 3-氨丙基三乙氧基硅烷在甲苯溶液中将硅胶氨基化，再与功能单体丙烯酰胺反应引入双键，将修饰后的硅胶作为载体和功能单体，制得了 2, 4, 6-三硝基甲苯核-壳结构的表面印迹聚合物。Li 等[125]用活化的硅胶与 4-（氯甲基）苯基三甲氧基硅烷进行预处理，再与含有四氢呋喃的氯苯进行反应，加入茶碱分子、甲基丙烯酸、偶氮二异丁腈及苯二乙烯聚合 24h 后，洗涤，即得到印迹聚合物。

3）碳纳米管

众所周知，碳元素广泛存在于自然界中。早在 18 世纪，人们就已了解到石墨和金刚石都是单质碳。1991 年[126]人们发现了碳纳米管，并根据实验和理论推测其具有特异性能，应用前景不可估量。碳纳米管因其具有特殊的电性质、纳米尺度的空间、惊人的刚度、强度和弹力而成为近十年来凝聚态物理和材料科学研究的一大热点[127]。

（1）碳纳米管的结构。碳纳米管完全由表面碳原子组成，可定义为“将石墨六角网平面（石墨烯片）卷成无缝筒状时形成无缺陷的‘单层’管状物质或将其包裹在内，层层套叠而成的‘多层’管状物质”[128]。它们具有封闭的面状电子系。碳原子在圆筒表面呈螺旋状。

纳米管层中其平面六角晶胞为 0.246nm，最短的碳碳键长为 0.142nm，任意一个碳原子通过 sp^2 杂化与周围 3 个碳原子完全键合。单壁碳纳米管比较细，其直径大多在数纳米左右，但多数集中分布在 0.8~2nm 附近；多壁碳纳米管层间接近 ABAB 堆垛，层数为 2~50 层不等，层间距为（0.34±0.01）nm，与石墨层间距相当。直径多在 4nm 以上，有些粗的甚至达到数十纳米。碳纳米管的长度可达几微米，长的甚至达数毫米。

（2）碳纳米管的特性。碳原子可形成结构完善的金刚石和石墨，也可形成具有丰富结构缺陷的高吸附性、无定形的多孔碳，这归因于其具有良好的成键性能。与沸石分子筛等完全由孔结构（晶体结构形成的固体尺寸的孔）构筑的孔径体系相比，传统多孔碳的孔径体系主要由其丰富的结构缺陷形成，具有一定的随意性，因此其成孔过程和最终的孔隙结构难于控制。碳家族的新成员——碳纳米管的出现弥补了这一不足，使在碳结构中形成完全规整的孔隙结构成为可能。尤其是单壁碳纳米管，由单层圆柱形石墨层构成，其直径大小的分布范围小，缺陷少，具有较高的均匀一致性，更具有规整的一维纳米级孔隙。

由于碳纳米管的管壁中存在拓扑学缺陷，如键旋转缺陷或 Stone-Wales 成对的五元环/七元环等，因此碳纳米管的表面相比其他的石墨变体而言，本质上具有更大的反应活性。碳纳米管的端部有五边形的缺陷以及由缺陷引起的维度弯曲，其反应活性增加。此外，碳纳米管不同的螺旋性和直径决定了其电子结构，即金属性和半导体性，进而决定了其不同的化学反应活性。

构成单壁碳纳米管的碳原子是同时具有表面和裹面的物质，且都处在表面位置，故应具有较大的比表面积。理论计算表明，碳纳米管的比表面积可在 50~1315m^2/g[129]。多壁碳纳米管具有一维中空管结构的同时，还具有大量的堆积孔结构。多壁碳纳米管中空管结构在较小的中孔范围，可引发毛细凝聚过程，而多壁碳纳米管较大尺度的堆积孔将引发更为强烈的毛细凝聚。

除了孔隙结构外，表面结构也是决定多孔体系性能的重要指标。较大的比表面积和较高的比表面能使得碳纳米管具有一些特殊的物化性质。碳纳米管具有接近理想的一维中空管，显示一定的结构均匀性，也具有不同形态和微环境的多维表面，显示其结构不均匀性。不同类型表面的物理形态不同、化学微环境不同，因而具有不同的表面能量和不同的表面特性，即具有结构和能量的不均衡性。

对表面相化学结构的分析可以更好地了解碳纳米管的很多特殊性质。光电子能谱研究结果表明，不论单壁碳纳米管还是多壁碳纳米管，其表面都结合有一定的官能基团，而且碳纳米管由于制备方法各异、后处理过程不同，而具有不同的表面结构。一般单壁碳纳米管具有较高的化学惰性，其表面要纯净一些，而多壁碳纳米管表面要活泼得多，结合有大量的表面基团。

（3）碳纳米管的制备。制备碳纳米管较为成熟有效的四种制备方法分别为电弧法、化学气相沉积法、有机物气相催化热解法及激光蒸发法[130]，利用这些方法可以获得较大量的碳纳米管。近年来，制备单壁碳纳米管的技术还不成熟，要想获得所需结构的单壁碳纳米管仍比较困难，且产量较少。与之相对，多壁碳纳米管的制备则较为容易，产量较高，还可对产物的直径和定向性进行有效控制。

相对于单壁碳纳米管的制备而言，影响多壁碳纳米管合成的因素较少，过程易于控制。目前，电弧法和化学气相沉积法是较为成熟的制备多壁碳纳米管的方法，另外，其他制备方法如电解法、球磨法、低温固体热解法等在相关文献中也有所涉及。

电弧法是指在两电极间气体空间导电的条件下，在 3000~4000℃的高温下，通过调节惰性气体的种类、压力及电流的性质等制备条件，使碳源固体蒸发从而进行结构重排，从而获得大量碳纳米管的过程。其优点是工艺参数更容易控制，缺点是制备装置较为复杂。

化学气相沉积法则是在 500~1200℃温度范围内以易分解的有机物作为碳源，通过一些过渡金属元素的催化作用，使碳源化合物分解产生碳原子的过程。该种方法的优点是产量大、成本低、实验条件易于控制，被科学界认为是最有可能大量制备高质量多壁碳纳米管的制备方法。化学气相沉积法制备碳纳米管，按照催化剂加入、存在的方式又可主要分为基体法、流动催化法和喷淋法。

基体法的作用机理是以石墨或陶瓷作为基体，并将催化剂附着于基体之上，在高温条件下通入含碳气体并使之分解后，基体上附着催化剂的部分就会长出碳纳米管。此方法的优势在于可以制备出较纯的多壁碳纳米管，但是由于超细催化剂的制备非常困难，而且不易在基体上均匀附着，其缺点也较为突出，即多壁碳纳米管的产量较低，难以进行工业化生产。

流动催化法是一种直接加热催化剂，使之以气体的形式同烃类碳源气体一起进入反应室的制备方法。经过在不同温区的分解，催化剂原子逐渐形成浮游在反应空间中的纳米颗粒，接着分解后碳原子也在催化剂上析出，进而形成碳纳米管颗粒。由于催化剂颗粒可以广泛均匀地分布在反应空间中，在单位时间内碳纳米管的产量较大，并且可连续生产。

喷淋法就是在反应炉温度达到一定的生长温度时，将含有催化剂的液体碳源，利用泵直接喷洒到反应炉内进行反应。目前，在实际生产过程中，用喷淋法制备碳纳米管的技术还不成熟，主要是因为催化剂液体碳源中碳氢化合物的比例难以控制，以及喷洒过程中催化剂分布不均匀等造成生成碳纳米管比例较小，导致大量炭黑生成。但就长远发展而言，流动催化剂化学气相沉淀法制备多壁碳纳米管具有广阔的发展前景。

（4）碳纳米管表面的修饰方法。碳纳米管是由许多处于芳香不定域状态的碳原子组成的具有纳米结构的高分子。碳纳米管两端封闭，管与管之间存在范德华力相互吸引，由于缺乏活性基团而在溶剂中容易团聚成束，分散性差，这极大地限制了碳纳米管的应用。修饰后的碳纳米管保留了其原有的优越性能，还表现出所修饰基团的活性。由此可知，通过对碳纳米管表面功能改性可提高其溶解性和分散能力。

目前，对碳纳米管表面功能化改性的方法大致分为两类：化学改性和物理改性。其中，碳纳米管表面化学改性又可分为两类，分别为通过其表面的羧基进行化学改性和在表面基团键接改性。表面基团键接改性方法是直接在碳纳米管表面接枝官能团以增加在有机溶剂中的溶解性，其典型反应为碳纳米管表面氟化[131, 132]与二氯亚砜（$SOCl_2$）的反应。通过其表面的羧基进行化学改性的方法则需要对碳纳米管进行氧化处理，主要通过与硝酸、硫酸作用使碳纳米管表面生成羧基，再进行化学反应生成其他所需官能团，其典型反应为碳纳米管表面氟化与长链分子依次反应[133, 134]。对碳纳米管表面进行化学改性也有其不足之处，如碳纳米管易于氧化断裂的端口和缺陷位置接枝了其他基团，对碳纳米管的结构造成了不同程度的破坏并影响了其性能。

物理改性则是对碳纳米管进行物理处理。通过分子之间氢键、范德华力、疏水作用及静电吸引等弱相互作用，在碳纳米管和目标分子之间形成非共价键吸附力，碳纳米管表面吸附目标分子，获得改性的碳纳米管，易分散于溶液或复合材料[135]。相比化学改性，物理改性方法是通过目标分子与碳纳米管之间的物理作用对其进行改性，所以该方法对碳纳米管、目标分子的结构不会产生影响。

7. 固相萃取吸附剂的选择

选择固定相时，考虑的主要因素是分析物的性质和样品溶液的基体，即溶剂。图 2-24 给出了选取恰当吸附剂的指导原则。在使用时，需要思考以下几个问题：

（1）分析物是易溶于水溶液还是易溶于有机溶剂?

（2）如果分析物是水溶性的，那么它是离子状态还是非离子状态?

（3）如果分析物是离子状态，那么它是不依赖 pH 总是处于离子状态还是在一定的 pH 范围内才处于离子状态？进一步分析，该分析物是阴离子还是阳离子?

（4）如果分析物不是离子状态或离子化能被控制（通过调节 pH 或加入离子对试剂），那么它是属于非极性（疏水性）的、弱极性的还是极性（亲水性）的?

（5）如果分析物是脂溶性的，那么它是仅溶于非极性有机溶剂如正己烷，还是也溶于极性有机溶剂如甲醇?

（6）分析物是非极性（疏水性）的还是弱极性的?

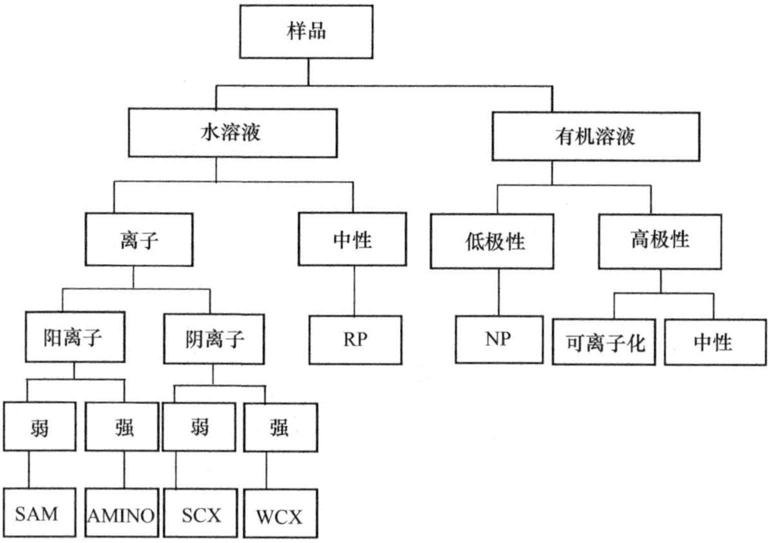

图 2-24　固相萃取吸附剂的选择

不同类型的固相萃取吸附剂可以根据与分析物的作用机制分类（表 2-17）。反相 SPE 萃取剂包括键合硅胶萃取剂（C_{18}、C_8、C_2、苯基、环己基）和 PS-DVB 的聚合大孔树脂萃取剂，可以通过范德华力与分析物作用，将非离子型的水溶性化合物保留在反向 SPE 萃取剂上，但在甲醇溶液中此类化合物不能被吸附。正相萃取剂如氰基、硅胶、氧化铝可以通过偶极-偶极作用力吸附分析物，二醇基、氨基则是通过氢键作用力使分析物保留于吸附剂上。溶于正己烷的极性分析物能很好地被正相 SPE 萃取剂保留。离子交换 SPE 萃取剂是通过静电作用保留分析物的。石墨炭黑 SPE 萃取剂则存在多种作用力包括范德华力、静电作用力等。

表 2-17　不同 SPE 吸附剂与分析物之间的相互作用力

主要作用力	吸附剂	能量/(kJ/mol)
范德华力	C_{18}、C_8、C_2、PS-DVB、石墨炭黑	4~40
偶极-偶极力	氰基、硅胶、氧化铝、Florisil	4~40
氢键	二醇基、氨基	20~40
静电	阴阳离子交换	800~2000

2.5.6　柱形固相萃取的应用方式

SPE 可以采用离线或在线方式进行。在离线操作的情况下，SPE 仅为以后的分析制备合适的试样，可以与分析分开进行。与 SPE 柱相配合的 SPE 装置非常简单，溶剂可以凭借重力作用通过萃取柱，但流量较小。增加溶剂的流量通常使用注射器加压、吸滤瓶抽气或泵输送等方式，多支管抽气装置能够同时处理多个萃取柱。当溶剂流速过高时，会使试样溶液和填料不能完全接触，所以对于 SPE 柱，流量应保持在每分钟数毫升。SPE 盘截面积大，允许溶剂以较大的流量通过。自动 SPE 仪由柱架、柱塞泵、储液槽、管线和试样处理器等组成，离线 SPE 操作可以由自动化仪器来完成。

在线 SPE 又称为线净化和富集技术，主要用于 HPLC 分析。通过阀切换将 SPE 处理试样与分析有机地连在一个系统中，图 2-25 为典型的在线固相萃取装置。

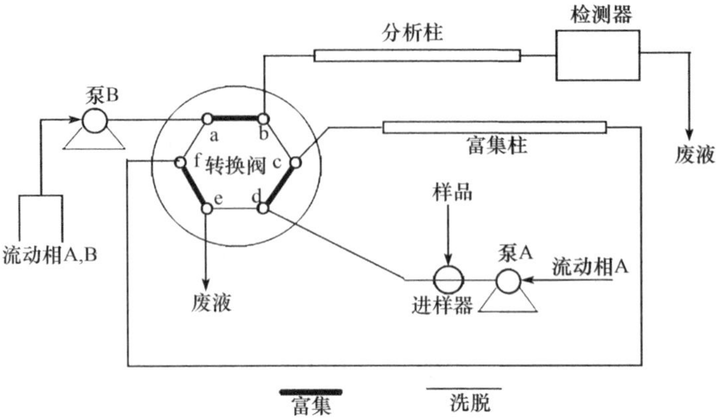

图 2-25 在线固相萃取-色谱联用体系

2.5.7 磁性固相萃取

20 世纪 70 年代后期，磁性分离技术被广泛应用于化学和生物工程领域。该技术是预先制备一种磁性载体作为运载工具给分离的目标分子赋予磁性，借助于磁性分离装置，对目标分子进行负载、运载和卸载等分离操作，从而实现目标分子分离的过程。磁性分离技术具有磁性分离简单方便和分离选择性高双重优势，从产生起就引起人们的广泛关注。

1. 磁性分离载体

理想的磁性分离载体应满足以下几个方面的条件[136]：

（1）具有尽可能高的比饱和磁化强度和低的剩余磁化强度。比饱和磁化强度越大，磁性分离的可操作性越强。剩余磁化强度的高低会影响使用过程中的磁性团聚程度，剩余磁化强度为零的超顺磁性载体颗粒可以完全消除磁性团聚。

（2）表面含有丰富的有机活性功能基团，生物相容性好，亲水性表面能够减少与目标分子的非特异性结合；粒度分布相对较窄，形状和密度均匀。载体粒度在可磁性分离的前提下应尽可能小，以使其具有大的比表面。

（3）具有较高的机械强度和化学稳定性，能够抵抗机械摩擦、酸碱腐蚀和微生物降解，无毒性泄漏和污染等。

（4）制备工艺简单，价格便宜。

2. 磁性分离载体的结构类型

磁性聚合物微球按照其结构特点可以大致分为以下四种类型：第一类，核壳式结构，无机磁性颗粒完全被聚合物包埋，形成典型的核壳结构，即内核是无机磁性颗粒，外壳是聚合物，如图 2-26（a）所示；第二类，反核壳式结构，即内核是聚合物，外壳是无机磁性颗粒，在这类复合微球中无机颗粒通过静电作用或络合等方式沉积在聚合物微球的表面从而形成

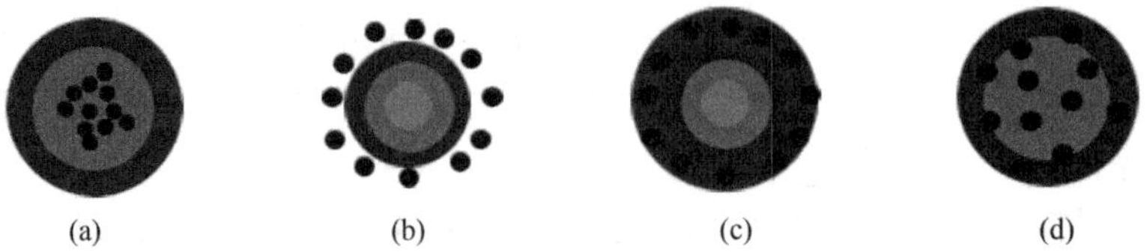

图 2-26 不同类型的磁性聚合物微球

无机磁性壳层，如图 2-26（b）所示；第三类，夹心式结构，即内外层均为聚合物，中间为无机磁性颗粒，这类复合微球往往是通过对第二类微球再包裹一层聚合物而制备的，如图 2-26（c）所示；第四类，弥散式结构，即无机磁性颗粒遍布在聚合物微球中，如图 2-26（d）所示。

3. 磁性纳米粒子的合成方法

金属铁、镍、钴或其合金或其氧化物等均可以作为磁性纳米颗粒，由于镍、钴等存在毒性，所以在生物、医药等领域的应用受到严格的限制，而铁的氧化物（Fe_3O_4，γ-Fe_2O_3）因其低毒（LD_{50} 约 2000mg/kg 体重，远远高于目前临床应用剂量）、易得等特点通常被用作磁性聚合物微球的磁性组分。以下是几种常用的制备磁性纳米颗粒的方法。

1）共沉淀法

溶液中合成 Fe_3O_4 纳米粒子主要有两种方法：一是在碱性条件下共沉淀 Fe^{2+}和 Fe^{3+}混合物，Fe^{2+}和 Fe^{3+}的物质的量比为 1∶2；二是在碱和氧化剂存在下，使 Fe^{2+}氧化得 Fe_3O_4。通过改变铁盐的类别可以改变磁性纳米粒子的大小、形状和成分。另外，可以采取调节 pH 和介质离子强度的方式来防止聚沉。

2）微乳液法

微乳液是两种不相混溶的液体通过表面活性剂分子作为界面膜，形成热力学稳定、各向同性的分散体系。微乳液分为油分散在水中（w/o）和水分散在油中（o/w）两种体系[137]，其中 w/o 体系被广泛用于纳米粒子的制备。微乳液合成的优点是可通过乳液微液滴的大小来控制，形成的纳米粒子大小均一、分散性好。

3）热分解法

通过非水解过程制备氧化铁磁性纳米粒子的方法中，最典型的方法是在热的表面活性剂中分解合适的铁化合物前体[138]。例如，将铁和 *N*-亚硝基-*β*-苯胲铵配合物的辛胺溶液注射到热的三辛胺中，可以得到包覆单层胺的 γ-Fe_2O_3。

4）生物合成法

通过生物途径也可以得到氧化铁磁性纳米粒子。例如，铁蛋白可以在制备氧化铁及其他纳米粒子时提供模板，是一种存储铁的蛋白质。天然铁蛋白可以形成一个外径为 12nm，而内径为 8nm 的壳，内部环绕一个 6nm 的 γ-FeOOH 纳米粒子核。移出天然 γ-FeOOH 纳米粒子核后形成的空壳，称为脱铁铁蛋白。将 Fe^{2+}水溶液逐滴加到脱铁铁蛋白溶液中，然后部分氧化，可得到包含在铁蛋白壳内的 Fe_3O_4 纳米粒子[139]。

4. 磁性纳米复合材料

近年来，磁性纳米复合物因其具有更好的物理、化学性质，以及广阔的应用潜力而受到越来越多的关注。表面修饰后的磁性纳米粒子可以有效地改变表面电荷、功能性质和反应活性，并能进一步增强粒子的稳定性和分散性。目前，人们正着眼于设计和构造各种具有特殊性质、功能化、稳定的磁性纳米复合材料[140]。

1）磁性-无机纳米复合材料

目前，人们已经拓宽了无机材料的应用范围，已探索出的多种合成磁性-无机纳米复合结构的方法可以分为两种途径：①在磁性纳米粒子的表面直接沉积已合成好的无机粒子；②利用磁性纳米粒子和反应物间的相互作用，将反应物吸附在其表面，继而引发表面反应。

SiO_2因具有良好的化学惰性、胶体稳定性和生物相容性等特点而常被用于包覆各种磁性的纳米粒子。Ohmori 和 Matijevic[141]等采用经典的 Stöber 方法包覆 Fe_2O_3 粒子，在乙醇相中，TEOS 的水解过程被很好地控制，此时，Fe_2O_3 粒子的表面就会形成均匀的 SiO_2 的包覆层。后来 Philipse 等[142]又利用这种方法包覆 Fe_3O_4 超顺磁性纳米粒子，随后其他一些小组改进了这种方法[143-145]。对于磁性粒子的包覆来说，控制磁性相互作用的能力是实验是否成功的重要因素，Donselaar 等[146]对此方面有着较为深入的研究。另外，这种方法还可以进一步扩展到其他磁性材料体系，如金属磁性纳米粒子体系。

近几年来，金纳米粒子引起了人们广泛的关注，其具有独特的光学、电学性质，可以在很多领域表现出潜在的应用价值。Mikhaylova 等[147]通过微乳液的方法成功合成了 Fe_3O_4/Au 的磁性复合物。随后，Wiiliālns 等[148]在 9nm 的 γ-Fe_2O_3 纳米粒子或部分氧化的 Fe_3O_4 纳米粒子表面，利用羟胺多次还原 Au^{3+}的方法，合成了 γ-Fe_2O_3/Au 及 Fe_3O_4/Au 的磁性纳米复合结构。大量的实验表明，Au 的沉积量会影响复合物的表面形貌及其光学性质，但复合物的磁性不会受到 Au 的影响。

2）磁性-高分子纳米复合材料

磁性-高分子纳米复合材料因具有良好的稳定性而日益受到人们的关注，其合成路径可以分为两类：表面聚合及表面吸附。高分子经过共聚或表面改性可使表面连接上各种官能团（如—COOH、—NH_2、—OH、—SO_3H 等），从而可以与其他材料（如生物分子等）结合，广泛应用于各种生物领域[149, 150]。

具有催化活性的磁性核可以通过应用电化学或水溶性的引发剂来影响单体聚合，这种方法被用于合成聚吡咯磁性纳米复合材料，即利用磁性金属氧化物表面的活性位点引发吡咯分子的聚合反应。具体过程如下：在乙醇和水的混合体系中，在 100℃加热条件下，将 Fe_2O_3 或 Fe_2O_3/SiO_2 磁性纳米粒子加入吡咯的聚合反应介质中，就可生成相应的磁性-高分子复合物。磁性粒子的种类、添加的高分子单体的种类和反应时间可以影响聚合物包覆层的厚度。乳液聚合法可以生成几十纳米到几微米大、均匀的复合材料。Xu 等[151]利用这种方法合成了单分散的氧化铁-聚苯乙烯纳米复合物，并成功地将其组装成磁性可控的光子学晶体。Caruso 等[152] 利用静电相互作用，以亚微米级的聚苯乙烯为模板，在其表面交替吸附聚阳离子和聚阴离子电解质层及 Fe_3O_4 纳米粒子，最终得到了具有多层结构的磁性纳米复合物。

5. 磁性固相萃取的应用

与传统的 SPE 技术相比，磁性固相萃取（MSPE）在三个方面可以体现其优越性：①MSPE 的萃取过程简单，这种技术不需要昂贵的设备，就能在短时间内分离大体积样品中的微量物质；②MSPE 过程中使用的化学物质较少，而且没有二次污染产生，萃取用的磁性材料也容易被合成或购买；③MSPE 不仅能萃取溶液中的目标分析物，还能萃取悬浮液中的目标分析物，且由于样品中的杂质一般都是非磁性物质，能有效地避免杂质的干扰。因此，MSPE 常在环境、食品、生物、医药等领域用于样品的分离和富集[153]。

1）药物残留的检测

众多周知，食物中的药物残留可直接影响食品的安全性，环境中的药物残留也可通过食物链的传递而富集，进而危害人体健康。建立快速、高效的检测分析体系可以有效地保证对环境和食品中残留药物进行快速而准确的检验。但由于环境和食品中的农药残留量一般都比较低，因此在进行检测分析前必须进行有效的分离和富集操作，才能达到痕量检测的目的。

早在 2002 年，Šafařík 等[154]利用 MSPE 技术将样品中的孔雀石绿和结晶紫富集，然后只通过分光光度计法就能检测水样品中低浓度的目标分析物，且再现性良好。Rodriguez 等[155]也制备了 Fe_3O_4/SiO_2 磁性吸附剂，利用 MSPE 技术富集牛奶样品中的四环素类药物残留，经 EDTA 淋洗、酸性甲醇洗脱后，进行流动注射分析（FIA），四环素的平均回收率高达 97.0%。

2）有机污染物的检测

环境水样中的有机污染物对人类和动植物的生存造成了严重的威胁，但是由于有机污染物在水体中残留浓度较低或污染水体中干扰成分复杂，往往无法直接进行检测，需要将目标分析物进行有效的分离、富集后，才能用于随后的仪器分析。因此，水样中微量污染物的预处理一直是影响检测准确性和检测效率的关键步骤。近年来，MSPE 技术受到越来越多的关注，分析研究者开始利用该技术来分离、富集水中的微量化合物，并取得了不错的效果。

3）重金属离子的检测

随着我国经济的高速发展，机械、煤炭、冶金等行业对环境造成的污染也越来越严重，其废金属离子进入环境后，会对动植物和生态环境造成严重的威胁。这些重金属离子很容易进入食物链传播，即使重金属离子浓度很低，它们也会通过生物富集作用不断累积，对有机体产生长期的毒性效应。因此，研究一种高效的方法来检测和除去环境和生物样品中的金属离子成为发展的必然趋势。传统的火焰法、分光光度计法、液相色谱等检测方法存在基质干扰、检测效率低等问题，不能满足样品中微量金属离子的检测。近年来，很多分析研究者利用 MSPE 技术合成了许多新型的吸附剂，可以用来检测重金属离子。Mashhadizadeh 等[156]用一种磁性纳米粒子作吸附剂来富集环境水样中的 Ag（Ⅰ）、Cd（Ⅱ）、Cu（Ⅱ）和 Zn（Ⅱ），4 种离子的回收率都高达 90%。通过实验也可以表明，利用 MSPE 技术，即使存在毫克数量级的干扰离子，也不影响目标分析物的检测限和回收率，这说明 MSPE 技术在分离、富集重金属离子时能有效排除杂质干扰，有着广阔的发展前景。

4）生物样品的检测

检测分析体液中药物成分的灵敏度和靶向性会随着分析仪器和检测方法的不断改进而越来越高。但是对于体液中的微量物质，普通的萃取方法难以满足人们的需要。MSPE 技术的运用可以很好地解决这一难题。例如，水杨酸在人体血液中以离子形式存在，被广泛用作止疼药和消炎药阿司匹林的有效成分，高浓度的水杨酸盐对人体有很强的毒性。Parham 等[157]报道了一个简单、快速的新方法来检测和分析血清样品中微量的水杨酸，实验得出这种磁性吸附剂吸附水杨酸的最大能力为 1.152mg/g，最高回收率达到了 98.9%。此外，MSPE 还可以用于提取基因组。转基因技术的飞速发展带动了经济的腾飞，转基因食品大量生产，转基因作物的数量和种植面积逐年增长，但转基因食品在给人类带来巨大福利的同时，也增加了人类对食品安全和生态环境问题的忧虑。因此，Shi 等[158]建立了一种快速检测转基因食品的方法，将 MSPE 应用于提取豆类食品中的基因组，并成功地鉴定出了杂交 DNA。

2.6 固相微萃取

2.6.1 概述

固相微萃取（solid phase microextraction，SPME）技术提出并发展于 20 世纪 90 年代初，是用于吸附并浓缩待测物中目标物质的样品制备方法[159]，它最先由加拿大 Waterloo 大学的 Pawliszyn 教授的研究小组于 1989 年首次进行开发研究，属于非溶剂型选择性萃取法。这种新的微萃取分离技术是在固相萃取（SPE）基础上发展起来的，因为其萃取相的体积远远小于样品体积，故定义为微萃取。它弥补了传统样品处理方法的很多不足之处，无须有机溶剂、方便简单、检测快、价格低，集采样、萃取、浓缩、进样于一体，既可以与气相或液相色谱仪联用，也可以手动和自动操作，使得样品处理技术及分析操作更加简单省时，成为目前所采用的样品前处理技术中应用最为广泛的方法之一。

经过发展，SPME 已经出现了包括纤维针式固相微萃取（fiber-SPME）[160]、管内固相微萃取（in-tube SPME）[161]和搅拌棒固相微萃取（SBSE）[162] 在内的多种形式。图 2-27 为三种微萃取形式萃取过程的示意图。

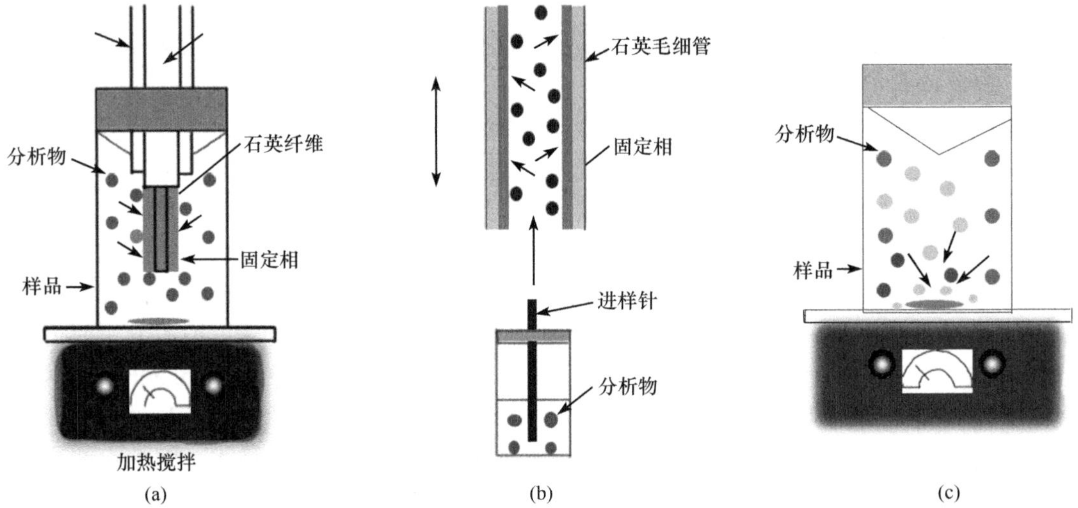

图 2-27　纤维针式固相微萃取（a）、管内固相微萃取（b）和搅拌棒固相微萃取（c）

2.6.2　固相微萃取的模式

1. 纤维针式固相微萃取

fiber-SPME 由加拿大学者 Pawliszy 提出，它的基体支持物为熔融石英光导纤维或其他材料，其表面上可涂覆不同性质的吸附材料，通过直接或顶空的方式，进行分离、富集进样和解析待测物。该装置是由手柄（holder）和萃取头或纤维头（fiber）两部分构成，萃取头或纤维头的一端涂渍萃取固定相，其结构如图 2-28 所示。该装置操作方便简单，与气相色谱联合使用时，可在色谱进样口中完成热解吸。

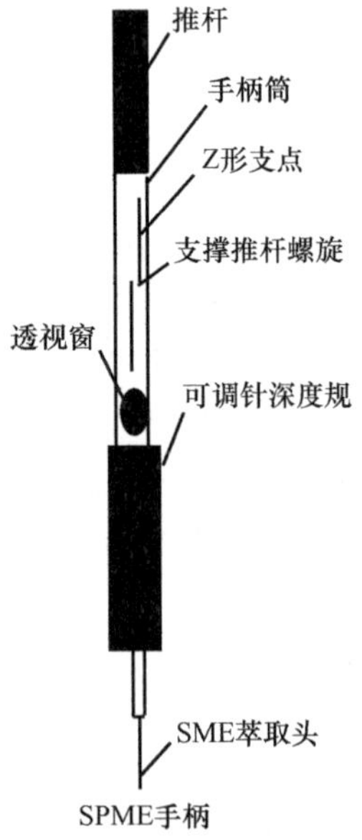

图 2-28　纤维针式固相微萃取结构示意图

fiber-SPME 萃取方式可分为[163]直接萃取法（direct-SPME）、顶空萃取法（headspace- SPME）和膜保护萃取法（membrane-protected SPME）三种。图 2-29 为这些萃取方式的示意图。

1）直接固相微萃取法

直接 SPME 法是将涂有萃取固定相的纤维头直接插入水相或暴露于气体样品中进行萃取的方法。该法适用于气态样品和较为洁净的液体样品。在实验室操作过程中，常用搅拌的方法加速分析组分从样品基质中扩散到萃取固定相的边缘。在样品充分搅拌的前提下，平衡所需时间由待分析物在涂层中的扩散速度决定。在实际过程中，因气体有较大的扩散系数，气态样品到达萃取平衡的时间较短。分析物在液相中扩散速度较慢，是因为在固定相涂层表面存在一层静止水膜，而分析物通过该水膜进入固定相的速度很慢。因此对于液体样品往往需要有效的混匀技术来实现样品中组分的快速扩散，如高的搅拌速率（磁力搅拌），甚至更剧烈的搅拌方式（如超声搅拌）来缩短萃取平衡时间。混匀技术一方面加速组分在大体积样品基质中的扩散速度，另一方面减小了萃取固定相外壁形成的一层液膜保护鞘而导致的“损耗区域效应”。直接固相微萃取法对探针使用寿命有较大影响，对涂层质量要求较高。

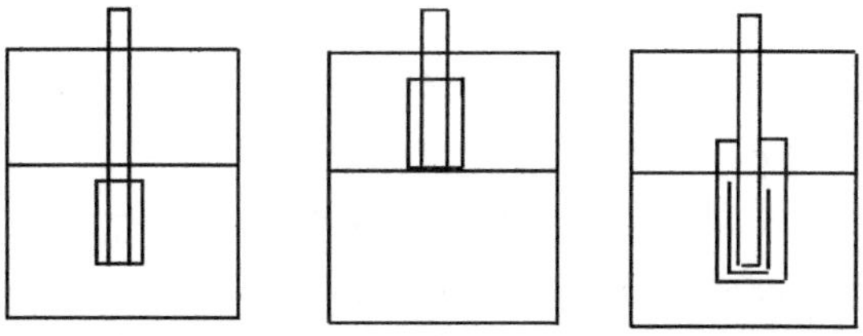

(a) 直接萃取法　(b) 顶空萃取法　(c) 膜保护萃取法

图 2-29　fiber-SPME 萃取方式

2）顶空固相微萃取法

顶空固相微萃取（HS-SPME）法是将 SPME 的萃取头置于分析物样品的上部空间进行萃取。这种萃取方法可以有效防止样品基质中的大分子和非挥发性物质污染和损坏萃取头涂层，如腐殖质、蛋白质等。该法适用于容易逸出进入液上空间的挥发性待分析物样品或存在于油脂类以及含高分子腐殖酸的废水待分析物样品。HS-SPME 萃取过程可以分为两个步骤：①被分析组分从液相中先扩散穿透到气相中；②被分析组分从气相转移到萃取固定相中。在 HS-SPME 法中包含三相（涂层、液上空间、基质），推动待分析物从基质进入纤维涂层的驱动力是待分析物在三相中的化学势，这种驱动力可通过不断搅拌含水样品产生连续的新表面来增强。通常情况下，化合物在气态下的扩散系数比其在液态下的扩散系数大 4 个数量级，因此对于挥发性物质来说其顶空浓度要大于其液相浓度。因此，对于液相中的挥发性物质，在相同的搅拌条件下，HS-SPME 的平衡时间远远小于直接 SPME 达到平衡的时间。HS-SPME 法更适合用调节样品酸碱性、盐效应以及衍生化等方法来增大顶空浓度，以达到增强涂层的选择性和灵敏度的目的。HS-SPME 法对涂层的损伤较小。

3）膜保护固相微萃取法

膜保护固相微萃取法是通过一个选择性的膜将样品与萃取头分离，实现间接萃取。膜的作用有两个：①保护萃取头，防止其被基质污染；②增加选择性。膜是由具有一定选择性的高分子材料制成的，可允许分析物通过，能够实现样品的粗分离。与 HS-SPME 法相比，膜保护固相微萃取法适合对难挥发性物质组分的萃取富集。由于待分析物在达到萃取头涂层之前必须扩散通过膜，因此该方法比直接 SPME 法要慢。采用较薄的膜和提高萃取温度可以缩短萃取时间。

2. 管内固相微萃取

in-tube SPME 是由 Eisert 和 Pawliszyn 于 1997 年提出的，其一般由石英毛细管的片段组成，在其内表面涂覆有一层萃取相，当气体或液体样品流经毛细管时，分析物即萃取到毛细管表面涂层上，然后经热解析或流动相解析进行检测。

in-tube SPME 方法除了 SPME 方法所具有的优点外，还具有以下优点：①分析成本极低，其萃取柱可以采用常规气相色谱毛细管柱，一段 10~100cm 的萃取柱售价低于 5 美元；②萃取平衡时间快，因为萃取柱的内涂层厚度（0.1~1.5μm）远小于萃取纤维头的外涂层厚度（10~100μm），而与样品的接触面积比 fiber-SPME 大；③脱附后无样品组分残留；④内涂层萃取柱与 fiber-SPME 的萃纤维头的外涂层相比，其萃取固定相膜薄、交联度高，在样品解吸时由于固定相流失所造成的系统“鬼峰”大大减小；⑤可以通过采用长的毛细管萃取柱以增加萃取固定相来增大萃取吸附倍数；⑥有大量的不同固定相商品毛细管柱可选择应用于不同分析对象。

目前，常用的 in-tube SPME 萃取柱内涂固定相有：SPB-1、SPB-5、PTE-5、Supelcowax、Omegawax 250 等，在实际应用中，可以根据样品中不同的目标组分选择不同的萃取柱。

in-tube SPME 方法有两种基本模式：

（1）静态（被动的）萃取，这种模式是指样品中的组分物质通过扩散转移到柱内的萃取固定相进行萃取吸附。采用静态 in-tube SPME 萃取时，萃取固定相被保护在一个套管内，并没有直接暴露于样品中。萃取时，样品只是靠目标组分的分子扩散实现萃取，而不流经管内的萃取固定相。

（2）动态（积极的）萃取，这种模式是指样品中的组分通过流经萃取柱（或管）内，在柱内的萃取固定相上实现动态萃取吸附。这种萃取模式的萃取效率除了取决于目标组分在两相中的萃取平衡常数之外，还与样品流经管内的速度、流过样品的体积等因素有很大关系。该方法由于达到萃取平衡的时间相对短（动态样品中的目标组分对流扩散速度快），因此被许多实验室采用。

3. 搅拌棒固相微萃取

SBSE 由比利时教授 Sandra 于 1999 年提出，其设计是在内封磁芯的玻璃管上套上聚二甲基硅氧烷橡胶管，用于样品的处理。将其放入样品中搅拌约 1h，使 PDMS 充分萃取分析物，然后取出棒，用蒸馏水洗净，放在热解吸管中解吸，最后采用 GC 或 GC-MS 进行分析。萃取过程中，吸附搅拌棒自身完成搅拌，避免了在 fiber-SPME 中发生的搅拌子的竞争吸附。SBSE 萃取固定相的体积一般为 55~250μL，比 fiber-SPME 萃取固定相体积大 50 倍以上，因此富集倍数高，主要应用于食品中农药残留的富集分析[164, 165]。

2.6.3 固相微萃取的定量依据

为使用 SPME 技术进行准确的定量，必须明确涂层中目标物的萃取量（n）与其在样品中初始浓度（C_0）之间的关系[166]。直接 SPME 中，根据平衡分配原理，一定条件下分析物在样品基质和涂层中的分配系数（K_{fs}）可以表示为

$$K_{fs} = C_f / C_s \tag{2-35}$$

式中，C_f 和 C_s 在 SPME 萃取平衡的条件下分别为目标物在 SPME 的涂层和试样介质中的物质的量浓度。涂层中分析物的萃取量为

$$n = \frac{K_{fs}V_f C_0 V_s}{K_{fs}V_t + V_s} \tag{2-36}$$

式中，n 为待测物在萃取纤维涂层中的量；C_0 为待测物在样品基质中的起始浓度；V_f 和 V_s 分别为涂层和样品的体积，当 $V_s \gg K_{fs}V_t$ 时，上式简化为

$$n = K_{fs}V_f C_0 \tag{2-37}$$

即在直接 SPME 中，萃取涂层中分析物的萃取量与其在样品中的起始浓度呈线性关系，这是直接 SPME 的定量依据。

在不同的条件下待测物在萃取涂层中的萃取量与其样品中初始浓度的关系以如下公式表示：

（1）对于极易挥发的分析物

$$n = \left(1 - e^{-at}\right) C_0 \qquad (2\text{-}38)$$

式中，t 为萃取时间；a 为常数，其与分析物在萃取涂层中扩散速度常数有关，而与分析物从样品挥发至顶空的蒸发速率无关。

（2）对于挥发性较低的分析物

$$n = btC_0 \qquad (2\text{-}39)$$

式中，b 为常数，与分析物蒸发速率常数及其在样品基质与顶空气相间分配系数都有关系。因此，在涂层类型、萃取时间、萃取温度等操作条件固定的前提下，无论是否达到萃取平衡，分析物在萃取涂层中的萃取量都与其初始浓度成正比，这是HS-SPME的定量基础。

2.6.4 固相微萃取的原理

SPME的萃取机理是SPME的重要研究领域之一，其理论的有效应用对于优化SPME的实验参数具有非常重要的意义。目前，用于萃取分析物的SPME的涂层主要有吸附型和吸收型[167]两种。其中以吸收机理为主的最常用的SPME涂层主要是单一的涂层，如高黏度的橡胶液体状的聚二甲基硅氧烷[poly（dimethyl）siloxane，PDMS]、固态晶体状的聚丙烯酸酯（polyacrylate，PA）等。而以吸附机理为主的涂层则主要是混合涂层，如聚二甲基硅氧烷/二乙烯基苯（PDMS/DVB）等。由于这些涂层具有多孔性质，因此主要以吸附机理为主。待测物在吸收型和吸附型的SPME涂层中从起始到稳定状态的整个过程的示意图如图2-30所示。从图中可以看出，无论何种类型的涂层，目标物分子均首先要与涂层表面接触。待测物在涂层中的扩散系数决定了这些目标物分子进入涂层内部或者只是停留于涂层的表面。由于有机分子在PDMS涂层里面的扩散系数与在有机溶剂中的扩散系数相近，故其扩散速度非常快，此时以吸收或分配机理为主。而目标物在PA涂层中的扩散系数则相对于在PDMS涂层里面要小一些，但仍然大到足够以分配机理为主。另外，有机分子在二乙烯基苯（DVB）与Carboxen等的复合涂层中的扩散系数非常小，所以几乎所有分子在整个SPME萃取的过程中只是分布在涂层的表面。虽然目标物扩散到涂层内部需要经过很长时间的萃取，但在解吸时会造成很大的涂层残留。所以在实际应用中只应用了这些涂层的吸附机理。

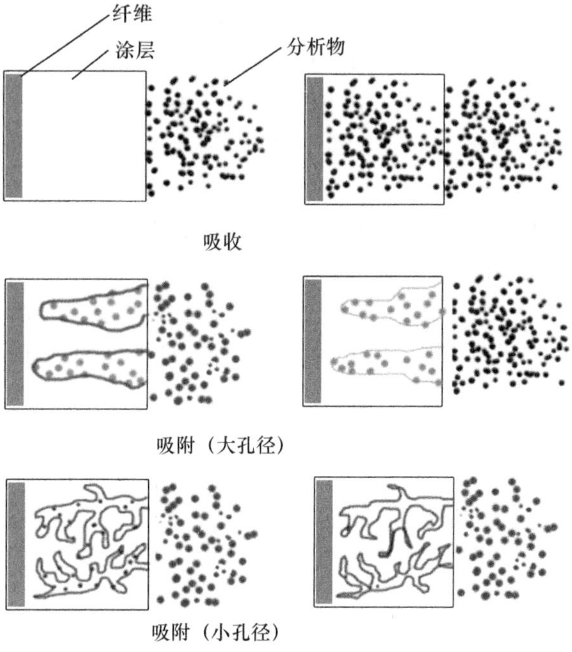

图2-30 吸收与吸附机理的比较（SPME涂层的剖面图）[167]
左边所示的是起始状态，右边所示的是平衡状态

这两种类型的SPME涂层从微观角度看有明显的区别。吸附是分析物分子直接键合到涂层表面，多孔SPME涂层从水相中萃取疏水性有机物的主要动力是弱分子间的相互作用力，而吸收则是分子溶进了涂层的主体内。由于吸附只

是在表面进行，所以当所有吸附位置都被占据之后，就不能再容纳更多的物质（除非被吸附的分子因为毛细管浓缩现象浓缩到孔中，如 Carboxen 涂层），因此吸附是竞争的过程。这就意味着目标物在 SPME 涂层上的吸附量与其在试样中的浓度之间不会有很宽的线性范围，而且吸附力弱的分子会被吸附力强的分子置换掉，所以此时 SPME 对目标物的萃取还与目标物的种类数有关。吸收则是根据相似相溶原理，两种性质相似的液体能够以任何比例互溶，因此吸收是非竞争过程。涂层所萃取的目标物的量与其在样品中的浓度之间的线性关系存在较宽的范围，而且 SPME 涂层上萃取的量与目标物的种类数无关，也就意味着即使增加目标物的种类，SPME 的萃取量也不会有所改变。

除了以上两种萃取机理的涂层以外，Chong 等[168]于 1997 年将键合上 PDMS 的溶胶-凝胶涂层用来萃取 PAHs、烷烃等化合物，均得到了比较满意的结果。还有基于离子交换机理的涂层，如 Pawliszyn 研究小组[169] 采用电镀的方法将聚吡咯（PPY）涂于金属细丝表面制成 SPME 萃取头。PPY 涂层无须衍生化，可直接从水相中萃取出无机阴离子。PPY 在萃取分析物之后和解吸之前这段时间内，由于分析物是一些不挥发的离子，故分析物不易流失，这是 PPY 优点的体现。它的萃取机理较为特别，既不是吸收也不是吸附，而是离子交换。

1. 分配机理

Vaes 等[170]研究了直接 SPME 萃取过程中非极性物质在 PDMS 涂层和极性物质在 PA 涂层中的分配机理，发现在萃取中非极性物质是被吸入 PDMS 涂层中，而不是被吸附在涂层表面，氢键则在 PA 涂层萃取极性物质时起着重要作用。Baltussen 等[171]也发现利用 PDMS 涂层从水相中萃取非极性物质的过程是以吸收机理为主而不是吸附，且分配平衡常数与该物质的辛醇-水分配系数成正比。但是由于待测物质的性质各不相同，且限制于微观研究手段，SPME 萃取的过程机理有待于进一步研究。例如，由于试样介质和聚合物之间的分配系数（K_{fs}）对于理解 SPME 的吸收或分配机理及定量测定萃取物质的量都是一个重要的参数，因此，为了更好地理解 SPME 方法中物质的分配行为，测定目标物在 SPME 涂层与试样介质之间的分配系数，并建立该系数与待测物相应的物理化学性质之间的相关性的工作仍需要进一步开展。

根据平衡分配的原理，要正确地测定 K_{fs} 值，其关键之处在于 SPME 平衡萃取完毕之后准确地测定其涂层上待测物的浓度，以及试样相（如水或气相）中待测物的残留浓度。

当试样介质为气相时，研究 K_{fs} 值最常用的方法是利用实验方法进行测定。例如，Treves 等[172]利用 SPME 测定了 β-、γ-及 δ-C_3-C_5 羟基烷基硝酸盐的辛醇-空气分配系数（octanol-air partition coefficient，K_{oA}），并研究了温度对该分配系数的影响。其研究结果表明，这些化合物在辛醇中的溶解度要高于其在水中的溶解度，并且这些物质在辛醇中的溶解度随着它们的疏水链增长以及羟基与硝基距离的增加而增加。他们根据所测得的 K_{oA} 值还计算出了这些物质在大气颗粒物与空气之间的分配系数，为研究这些物质以及其他类型的物质在大气环境中的归宿提供了一种行之有效的方法。此外，在很多情况下，除了利用一般的实验方法进行测定之外，还可以根据与待测物相关的物理化学数据或者是一些色谱参数对其涂层-空气之间的分配系数（K_{fg}）进行估测。例如，当 GC 柱的固定相涂层与 SPME 的涂层相同时，由于待测物在 GC 柱上的分配与 SPME 上的分配行为一致，故可以由待测物在 GC 柱上的保留时间来预测待测物的 K_{fg}[173]。另一个常用于测定 K_{fg} 的方法是线性升温保留指数（linear temperature programmed retention index，LTPRI）法，该方法只适合于气-液色谱程序升温所得到的保留时间。在该方法中，可以用正构烷烃相应的 LTPRI 数对它们的 K_{fg} 的对数进行表示。例如，对于 PDMS 涂层，$\lg K_{fg}=0.00415\times \text{LTPRI}-0.188$[174]，其中 LTPRI 数可由文献查到，因此该方法不通过实验就能得到很准确的 K_{fg} 值。而当不能从文献查到 LTPRI 数时，也可以根据 LTPRI 的定义从 GC 所得到的保留时间计算出 LTPRI 数：

$$\text{LTPRI}=100\times N+100\times\frac{t_{\text{R(A)}}-t_{\text{R}(N)}}{t_{\text{R}(N+1)}-t_{\text{R}(N)}} \tag{2-40}$$

式中，N 为 $t_{\text{R}(N)}$的碳原子数；$t_{\text{R(A)}}$为分析物的保留时间；$t_{\text{R}(N)}$为小于 $t_{\text{R(A)}}$的正构烷烃的保留时间；$t_{\text{R}(N+1)}$为大于 $t_{\text{R(A)}}$的正构烷烃的保留时间。

同样，待测物在 SPME 涂层与水相之间的分配系数（K_{fw}）一方面可以由实验测得，另一方面因为物质的辛醇-水分配系数（K_{ow}）常用于量度化学物质的疏水性，所以也可以利用待测物的 K_{fw} 与 K_{ow} 值之间的关系对 K_{fw} 值进行预测。目前常用的 K_{fw} 值实验测定方法有静态法和动态法两种。

静态法测定有机污染物的 K_{fw} 值已有不少文献报道[175-178]。静态法主要原理有单点校正及多点校正两种。单点校正常用如下公式计算 K_{fw} 值：

$$K_{\text{fw}}=\frac{N_{\text{f}}V_{\text{w}}}{V_{\text{f}}\left(C_{\text{w}}^{0}V_{\text{w}}-N_{\text{f}}\right)} \tag{2-41}$$

式中，N_f 为平衡条件下 SPME 聚合物涂层上的待测物的量；V_w 为水相体积；C_w^0 为水相中待测物的起始浓度。这个方法由于只考虑了 SPME 光纤与水相之间的两相平衡，而没有考虑目标物的挥发或系统表面的吸附引起的损失，故存在比较明显的缺点，如对于疏水性有机污染物，瓶壁或搅拌子对它们的吸附不能忽略不计，而且当 N_f 趋近于 $C_w^0 V_w$ 时会引起很大的测量误差。Zeng 等[178]在考虑瓶壁吸附的情况下，利用此公式测定了一系列 PCBs 的 K_{fw} 值。Mayer 等[179]设计了一种多点校正法测定一系列有机污染物的 K_{fw} 值，他们通过固定水相中待测物的浓度，改变 SPME 光纤体积得到不同的 V_f/V_w 值，分别利用 SPME 测定 SPME 萃取前后水相中待测物的浓度，其比值以 C_{relative} 表示。C_{relative} 与 V_f/V_w 的关系如方程式（2-42）所示，从而可得到相应的 K_{fw} 值。

$$C_{\text{relative}}=\frac{1}{1+10^{\lg K_{\text{fw}}}\left(V_{\text{f}}/V_{\text{w}}\right)} \tag{2-42}$$

但其不足之处在于，在测定处理前后水相中待测物的浓度时，他们仅取少量的水样，而依然用 SPME 进行测量。所以，在测定水样中待测物的浓度时仍然只考虑了两相的平衡，而没有考虑瓶壁或搅拌子表面对疏水性有机污染物的吸附损失或疏水性有机污染物的挥发损失。

Shurmer 等[180]设计了一流通系统测定一系列 PAHs 的 PDMS 聚合物-水分配系数（图 2-31）。这种方法的优点在于：一方面可以消除系统表面吸附以及有限试样体积对 K_{fw} 值带来的测量误差；另一方面还可以消除由于强疏水性物质的低水溶性而引起的部分沉淀造成的误差。这是因为该流通系统提供了无限大的试样体积，待测物在试样充分平衡之后在系统表面吸附达到饱和，用液-液萃取（liquid-liquid extraction，LLE）法测定水相中待测物的量就可以消除系统表面吸附对 K_{fw} 值准确度的影响。另外，Poerschmann 等[181]利用一发生柱先载附一定量的待测物，然后用连续的水流冲洗该柱的动态法，测定了一系列多氯联苯（PCBs）、

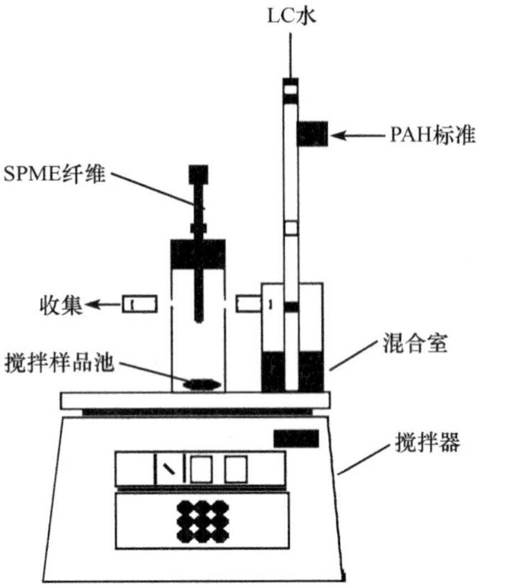

图 2-31　利用 SPME 采集 PAHs 的流动系统[180]

正构烷烃以及 PAHs 的 K_{fw} 值，并同时与静态法进行了比较。

通过对所有测定 K_{fw} 值的方法进行总结，发现疏水性不强的化合物在水中的溶解度高，故瓶壁等系统表面的吸附可以忽略不计，此时可以认为目标物只在 SPME 涂层与水相之间进行分配（顶空可以忽略不计的情况下）。对于疏水性较强的化合物，系统表面的吸附是不能够忽略的。因此如何测得 SPME 萃取平衡时水相中残留的真正溶解的待测物的浓度是测定疏水性有机污染物的 K_{fw} 的关键。而且无论是动态法还是静态法，要测得水相中真实的待测物的量，LLE 方法仍不失为一种好的方法。

关于 $\lg K_{ow}$ 和 $\lg K_{fw}$ 之间的相关性，Dean 等[182]用 85μm 的 PA 涂层纤维得到了六种酚的 K_{fw} 值，所得结果表明，当目标物的 $\lg K_{ow}$ 值小于 3.5 时，可以通过 SPME 测得的标值与对应的 $\lg K_{ow}$ 值之间的线性关系来估计 $\lg K_{ow}$ 值。Yang 等[183]认为如 PCBs 等大相对分子质量的有机物，从水向 PDMS 涂层的萃取过程主要是靠吸附而不是吸收，即 $\lg K_{fw}$ 与 $\lg K_{ow}$ 之间是非线性的。随后，人们对于这种非线性关系是否来源于实验误差进行了一系列激烈的争论与实验。Shurmer 等[180]发现当目标物 PAHs 的 $\lg K_{ow}$ 为 3.36~6.50 时，所测得的 $\lg K_{fw}$ 与 $\lg K_{ow}$ 呈良好的正相关性，即 $\lg K_{fw}$ 随着 $\lg K_{ow}$ 的增加而增加。Poerschmann 等[181]的研究表明，无论是 PCBs（$\lg K_{ow}$：4.53~8.04），还是 PAHs（$\lg K_{ow}$：3.3~5.78）或正构烷烃（$\lg K_{ow}$：5.18~8.10），$\lg K_{fw}$ 与 $\lg K_{ow}$ 在他们研究的 $\lg K_{ow}$ 的范围内均具有良好的正相关性，因此他们认为在 PDMS 涂层上疏水性有机污染物是以分配或吸收机理为主的。由于实验设计的不完善，以往的数据呈现非线性关系，如器壁对强疏水性有机物的强烈吸附、所用试样体积太小，从而高估了水相中待测物的浓度等。最近，Górecki 等[167]认为，对半挥发性有机化合物的水与聚合物涂层之间的分配系数的测定，受到了长的平衡时间、微生物降解、瓶壁的吸附以及标准溶液中有机溶剂的存在等的影响，故所测得的 K_{fw} 值由于方法不同而相差很大。但是，寻求最佳的 K_{fw} 值测定方法，以及探求 $\lg K_{fw}$ 与 $\lg K_{ow}$ 间真正的相关性依然是一大研究热点。

2. 分配的动力学过程

为了更好地理解分配的动力学萃取过程，Louch 等[184]研究发现，当溶液搅拌非常完全时，萃取时间只取决于待测物在涂层中的扩散系数，而在静态溶液中，萃取时间是由待测物在水相中的扩散系数决定的。根据一系列数学以及条件假设[185]，平衡分配所需的时间（time to equilibrium，t_{ep}）由以下几个公式决定。首先，当 SPME 直接萃取时，考虑到实验误差，这里假设 SPME 萃取的目标物的量是其真正平衡萃取量的 95%时，即为达到平衡。在搅拌非常彻底时

$$t_{eq} = t_{95\%} = \frac{(b-a)^2}{2D_f} \tag{2-43}$$

式中，b 和 a 分别为涂层的外层和内层半径；D_f 为待测物在涂层中的扩散系数。而这种完全搅拌在实际实验中是不可能实现的，故在利用 SPME 进行直接萃取时，在涂层附近会存在一定厚度（δ）的静态层，搅拌的程度比较明显地决定了该静态层的厚度，搅拌越完全，δ 值越小。反之亦然。那么此时有

$$t_{eq} = t_{95\%} = 3 \times \frac{\delta K_{fs}(b-\mathrm{a})}{D_s} \tag{2-44}$$

同样，（$b-a$）为涂层厚度；D_s 为目标物在待测试样中的扩散系数；K_{fs} 为待测物在聚合物涂层与试样之间的分配系数。很明显，此情况下 t_{ep} 一定要长于完全搅拌时的 t_{ep}，因此对于 δ 值的大小可有下式存在：

$$\delta > \frac{(b-\mathrm{a})D_s}{6K_{fs}D_f} \tag{2-45}$$

综上所述，待测物在试样中的扩散系数以及搅拌程度随着 K_{fw} 值及涂层厚度的增加而降低，而待测物的平衡时间会延长。但在完全搅拌时，最小平衡时间只是与光纤的涂层厚度及待测物在涂层中的扩散系数有关，且 t_{ep} 以及 SPME 的相对萃取效率与试样中待测物的浓度无关。

而在顶空 SPME 时，在完全搅拌的情况下，其 t_{ep} 与直接萃取的 t_{ep}（完全搅拌时）一样，只是由涂层厚度与待测物在涂层中的扩散系数决定的。而在实际试样中，其 t_{ep} 却受到了涂层、顶空以及试样相厚度（L_f、L_h 及 L_s）、搅拌子的搅速（N）、搅拌子的半径（R）、D_s、待测物在顶空中的扩散系数（D_h）、待测物的亨利常数（K_h）和 K_{fs} 等更多因素的限制。此时，t_{ep} 的决定公式可表示为

$$t_{eq} = t_{95\%} = 1.8\left[\frac{L_h}{K_h\left(D_h + 2\times10^{-5}NR^2\right)} + \frac{L_s}{1.6\left(D_s + 0.03NR^2\right)}\right]K_{fs}L_f \tag{2-46}$$

2.6.5 固相微萃取的影响因素

根据以上所讨论的 SPME 萃取理论，分析物在涂层与样品基质间的分配系数是关键因素，故在 SPME 技术的实际应用中针对影响分配系数的因素，如萃取涂层选择、萃取温度、萃取时间、样品体积、pH、离子强度、搅拌和基体效应等进行优化。

1. 涂层的影响

在实际分析过程中，为了获得良好的选择性，挑选合适的涂层进行萃取是十分关键的。一般要用不同类型的吸附质涂层对不同种类待分析物进行萃取，选择的基本原则是相似相溶原理，也就是说，用极性涂层萃取极性化合物，用非极性涂层萃取非极性化合物。例如，聚二甲基硅氧烷是一种非极性涂层，能有效地从水中萃取 BTEX（甲苯、乙苯和对二甲苯异构体）、挥发性有机物和多环芳烃等弱极性化合物，但不能有效萃取如苯酚及其衍生物这类极性化合物。对于后者，适合使用聚丙烯酸酯涂层。对于胺类、醛酮类、酯类等强极性化合物，则可以选择 CW/DVB 涂层等极性更强的涂层进行萃取。对于气态小分子，则可考虑采用具有较大表面积的 Carboxen-PDMS 和 CW-TPR 涂层对空气中的硫化物以及挥发性有机化合物进行萃取。

在选择萃取涂层时还应考虑选择合适厚度的萃取头。石英纤维表面的涂层厚度对于分析

物的吸附量和平衡时间都有影响。在理想的动态萃取体系中，当膜厚减少一半时，平衡时间可以缩短至 1/4[186]。厚的涂层适于萃取挥发性的化合物，而薄一些的涂层萃取大分子或半挥发性的化合物更显优势。涂层越厚，吸附量越大，有利于提高方法的灵敏度，但是厚的涂层达到平衡需要时间长，分析速度慢。

2. 萃取温度

温度对萃取有几方面的影响：一方面，扩散系数和亨利常数随着温度的升高而增大；另一方面，随着温度的升高，分析物在萃取相上的分配系数却有所降低。亨利常数的增大可以提高分析物在样品顶空的浓度，扩散系数的增大可以加快分析物的传质速度，降低萃取达到平衡的时间，而平衡时被萃取的分析物的量却随着萃取相分配系数的降低而减少，从而使萃取效率有所降低。纵观上述因素，对于顶空萃取，使样品基体温度较高，而萃取相的温度较低是较为理想的状态，这样不仅保证了前两个参数的增大，而且不致使分析物在萃取相的分配系数降低。因此在使用 SPME 方法时应该寻找最佳萃取温度。

3. 萃取时间

SPME 技术是基于分配平衡的过程，在平衡时间达到对目标分析物最大的萃取量。对样品进行搅拌加快了分析物的扩散，可减少达到平衡所需时间。在实际应用中，由于较低分配常数的化合物需要较长时间才能达到平衡，此时可以考虑选择较短的非平衡状态下的时间进行萃取。为了使数据具有良好的重现性，操作过程中要严格控制保持一定的搅拌速率和萃取时间。

4. 样品体积

通常样品的体积比萃取头涂层的体积大许多，分析物的萃取量与分析物在涂层和液相之间的分配系数 K 有直接关系，具有大 K 值的化合物受到样品体积变化的影响要比 K 值小的化合物更大，尤其对于 K 值大的化合物需要采取更大的样品体积。在 HS-SPME 中，分析物在三相间分配，顶空部分的体积应该足够小以增加顶空部分中的分析物浓度。如果顶空体积太大，则顶空浓度减小，灵敏度会相应降低[187]。

5. 样品 pH

对于吸附型的萃取涂层（PDMS 或 PA），一般只有非离子形式的分析物可以被萃取。而萃取分析物的存在形式受样品基体的 pH 影响，所以 pH 是萃取条件优化中的一个重要参数，可以用缓冲溶液来控制样品的 pH。当萃取涂层萃取样品中分子形式的化合物时，样品溶液中解离的化合物重新结合成分子，因此更多的分析物可以被萃取。对吸附型萃取涂层来说，对于相同的溶液，缓冲溶液控制 pH 比不用缓冲溶液控制 pH 的萃取效率更高[188]。而其他萃取涂层，有些是通过静电作用参与萃取，有些是氢键作用，有些则几种作用兼有。这些吸附机理同样受分析物的存在形式的影响，所以样品 pH 应根据实验结果和理论分析来进行选择。

6. 离子强度

通常会加入盐来改善传统萃取方法的萃取回收率。同样在 SPME 方法中，加入强电解质无机盐 NaCl 或 Na_2SO_4，可使样品溶液中水溶液的离子强度增加，水分子与盐离子发生水合作用使分析物在水中的溶解度下降，驱使较多的分析物进入萃取相[189]。但有时一些极性分析物会与盐离子产生静电相互作用，使得萃取涂层对分析物的萃取量减少，所以盐浓度影响着分析物到萃取相的分配系数。当在样品溶液中加入少量电解质时，盐离子和水分子的相互作用占主导地位，分析物到萃取相的分配系数增加。随着盐浓度的进一步增加，盐分子开始和分析物作用，分配系数降低。所以有时可以观察到随着盐的加入，刚开始时萃取效率增大，达到最大值后，盐浓度继续增加却导致萃取效率的降低[190, 191]。对那些分配系数低的化合物，能通过加入合适浓度的强电解质既改善萃取效率，又不产生盐负效应。

7. 搅拌

搅拌效率是影响分析速度的重要因素。不管是直接固相微萃取法还是顶空固相微萃取法，搅拌都促进了分析物的扩散和缩短了平衡时间，尤其是对于相对分子质量较大、挥发性较弱、极性较大的有机物的分析，搅拌对其分析灵敏度也有影响。在理想搅拌状态下，通过直接固相微萃取分析液体样品时，分析物在涂层中的扩散速率决定其平衡时间。在不搅拌和搅拌不足的情况下，萃取头涂层和液相间存在一层薄的静止水层，导致分析物在静止水层中的扩散速度很慢。通过提高液相的搅拌速率，可以减小涂层表面静止水层的厚度，提高分析物从液相到萃取头涂层的迁移速率，从而缩短萃取的平衡时间。在顶空固相微萃取法中，分析物的扩散速度在气相比在液相提高四个数量级，通过搅拌，加快了分析物从液相向气相扩散的速度，可加快达到平衡。在 HS-SPME 方法中，液相扩散仍是最慢的一步，故仍需要搅拌，增大顶空区分析物的浓度，从而提高分析灵敏度。

较常用的两种搅拌技术分别是磁子搅拌和超声搅拌。磁子搅拌装置比较便宜，但它不能充分混合样品，而且定量分析时必须注意保持磁子转速恒定。Paschke 等比较了超声搅拌和磁子搅拌，超声搅拌效果比磁子搅拌要好，磁子搅拌的萃取效率只能达到超声搅拌的 80%[192]。但在超声搅拌的过程中，由于存在样品被加热的问题，故对分析结果的重现性有一定影响。近期研究人员还发展了纤维震动和流动单元等技术，它特别适用于自动 SPME 系统[193]。

8. 基体效应

一些研究人员考察了基体效应对分析物的萃取效率的影响[194]。存在于真实水样品中的有机物质，如腐殖酸和褐菌素能与溶解的其他有机物质和分析物相互作用，导致萃取量减少[195]。在萃取含水的自然泥浆沉积物时，存在的有机物和无机物等多种组分会导致明显的竞争吸附。

2.6.6 固相微萃取的涂层技术

微萃取纤维表面的涂层是 SPME 技术的核心部分，涂层的性能直接决定了 SPME 纤维的性能和萃取效果[196]。

1. 商品化 SPME 涂层及制备方法

目前大部分的商品化涂层都由 Supelco 公司研制和生产。其萃取头为熔融石英纤维，涂层一般可以分为 3 种：非极性、中等极性和极性。已商品化的涂层有聚二甲基硅氧烷（PDMS）、聚丙烯酸酯（PA）、聚二甲基硅氧烷/二乙烯基苯（PDMS/DVB）、聚二甲基硅氧烷/碳吸附剂（PDMS/CAR）、二乙烯基苯/碳吸附剂（DVB/CAR）、碳化蜡/二乙烯基苯（CW/DV）和碳化蜡/模板树脂（CW/TPR）等。其缺点为商品涂层种类有限、选择性较差、推荐使用的温度普遍偏低（200~280℃）及使用寿命较短（一般 100 次）且价格昂贵等。这些缺点大大限制了它的应用范围。商品化 SPME 萃取头都是由熔融石英纤维材料制备的[197]，纤维通过光纤塔拉制，可拉制上万米。在塔内，一根熔融石英棒被熔化并被拉成直径（110±5）μm 的细丝，拉好后的纤维在室温下进行冷却，穿过一个装有固定相溶液的有孔容器，聚合物在纤维穿过溶液时涂渍在纤维上。接着通过热处理或者暴露于紫外灯下，将纤维卷成短线圈。组装 SPME 萃取装置时，只需截取所需的长度即可。

2. 物理涂渍法

物理涂渍法是将涂层溶液直接涂渍在基质材料上并固化制得涂层的一种方法，涂层材料与基底之间并不存在键合作用。一般情况下，涂层与基质材料之间没有强的相互作用力，而只是通过物理作用堆积在一起，故所制备的涂层在高温和有机溶剂中缺乏稳定性[198]。当涂层材料是聚合物时，虽然涂层与基底之间不存在化学键的作用，但是通过共聚作用，聚合物涂层成为一个紧密的整体，使得该涂层具有较好的稳定性。Wang 等[199]将多壁纳米碳管的二甲基甲酰胺溶液涂渍在石英纤维上，待二甲基甲酰胺挥发完全后制得多壁纳米碳管涂层，该涂层对多溴联苯醚具有良好的萃取效率。Panavaite 等[200] 将硅有机树脂胶涂渍在不锈钢丝基质上，由于该树脂胶涂层为高聚物，涂层显示出较好的热稳定性，并能有效萃取苯系物等非极性和弱极性的物质。Guan 等[201]以熔融石英纤维作为载体，在石英纤维上涂渍聚醚砜酮 [poly（phthalazine ether sulfone ketone），PPESK]的 *N*-甲基吡咯烷酮溶液，制得了 PPESK 涂层。由于 PPESK 含有极性基团和多个苯环，所以该涂层通过 π-π 作用和极性作用，能对硝基芳香化合物有高效的萃取效果。物理涂渍法具有制备简单的优点，但由于这类涂层的热稳定性和耐溶剂性较差，所以该方法一般适合只有本身具有萃取特性的高聚物涂层的制备，因此目前使用该方法制备新型 SPME 涂层较少。

3. 电沉积法

电沉积法将涂层材料通过电化学的方法固定在金属基质材料上制得 SPME 涂层。该方法具有以下优点：①用金属丝代替石英纤维，增加了涂层基质材料的柔韧性，克服了石英纤维易断裂的弱点；②通过控制沉积电位、扫描速率和扫描重复次数，可以达到精确控制涂层厚度的目的；③制备简单，无需昂贵的大型仪器和原料[202]，而且制备所得的涂层均匀。Budziak 等[203] 通过阴极电沉积的方法，以 NiTi 合金为基底，以 $ZrOCl_2·8H_2O$ 溶液为电解液，制备得到了 ZrO_2 涂层。该涂层不仅能够有效萃取水溶液中的卤代苯酚，而且热稳定性好，使用寿命长（可重复使用超过 500 次）。他们用该涂层[204]萃取气相样品中的醇、苯系物和三卤甲烷，其萃取效率比商品化的 PDMS 要高。Li 等[205]以苯胺稀硫酸溶液为电解液，采用循环伏安法在不锈钢丝上电沉积聚苯胺，制得聚苯胺涂层。该涂层呈均匀的多孔结构，通过 π-π 作用能有效地萃取邻苯二甲酸酯。Bagheri 等[206]则采用更宽的电沉积扫描电位范围，在铂丝上制备具有更好热稳定性的聚苯胺涂层。Li 等[207]以不锈钢丝为基底，制备聚噻吩涂层。聚噻吩涂层呈颗粒状，且存在大量空穴结构。该涂层不仅对有机磷具有良好的萃取能力，在水溶液中的检测限可达 pg/L，而且该涂层具有良好的热稳定性和耐溶剂性。电沉积法一般只能用于制备能导电的涂层，由于既能导电又有萃取功能的涂层材料有限，目前用电沉积法制备的涂层依然较少。

4. 直接法

一些物质本身就是良好的萃取材料（如活性炭）或只需简单加工便可用于萃取，并不需要载体。这些 SPME 萃取头一般具有制备简单、稳定性好和使用寿命长等优点。萃取头也可作为工作电极。Chai 等[208]以活性炭纤维为萃取材料，并在 SPME 萃取头上施加电位，利用电吸附辅助萃取苯胺。电吸附辅助的萃取体系比直接的活性炭萃取具有更好的线性范围、更低的检测限和更短的萃取时间。Cao 等[209]将钛丝在 80℃用 30% H_2O_2 氧化 24h 得到具有纳米结构的钛纳米涂层。该涂层具有均一的纳米空穴结构，对滴滴涕及其分解物具有良好的萃取效果。直接法使用的涂层材料，除了要求其本身具有萃取能力，还要求物理化学性质稳定，这类材料相对有限，因此通过此方法制备的新型 SPME 涂层很少。

5. 黏合剂法

有些固体颗粒具有良好的萃取能力，但它们与涂层基质材料之间没有有效的作用力，需要使用黏合剂将它们固定在涂层基质材料上。Zhang 等[210]将经氧化处理过的多壁碳纳米管用环氧树脂固定在石英纤维上，制得氧化多壁碳纳米管涂层。经过浓硫酸和浓硝酸混合液氧化后的碳纳米管，其表面生成羧基官能团，使得该涂层的极性增强，能有效地萃取酚类化合物。又因为碳纳米管具有良好的化学稳定性，所以该涂层具有较长的使用寿命。田锐等[211]以十八烷基三氯硅烷作为交联剂，合成 C_{18}-MCM-41 介孔分子筛，将 C_{18}-MCM-41 粉末用环氧树脂固定在不锈钢丝上，制得 C_{18}-MCM-41 涂层，并用该涂层萃取多环芳烃（萘、蒽、菲）。由于有些黏合剂本身具有一些特殊的理化性质，所以用这类黏合剂制备的涂层具有新颖的萃取功能。Pawliszyn 等[212] 在聚丙烯酰胺的二甲基甲酰胺（DMF）溶液中加入微米级的 C_{18}、RP-amide 和 HS-F5（液相色谱常用固定相）颗粒，再将该溶液黏合在不锈钢丝上，制得固定相颗粒均匀分布在不锈钢丝表面且被一层聚丙烯酰胺完全覆盖的涂层。由于聚丙烯酰胺具有良好的生物适应性，所以在用该涂层萃取生物样品时能够避免蛋白质的干扰，有效地克服了用 SPME 涂层直接萃取生物样品时，由于蛋白质和其他高分子容易吸附在涂层表面而产生扩散壁垒，从而导致萃取效率降低的缺点。黏合剂法具有制备简单的特点，但是这类 SPME 涂层的稳定性与黏合剂有很大的关系，而有些黏合剂在高温时会发生分解，导致谱图中出现鬼峰，并有可能导致涂层脱落。因此发展物理化学性质稳定且具有特殊性能的黏合剂是黏合剂法制备具有新颖萃取性能的涂层的一个重要发展方向。

6. 溶胶-凝胶（sol-gel）法

19 世纪中叶，sol-gel 法的研究逐渐发展起来，其主要应用于无机陶瓷和玻璃材料的制备。sol-gel 技术在近几十年来进展迅速，除了因科技与社会的发展而发展了各种各样的均一超细材料外，在制备技术上也不断取得了新的突破，开发了大量的能够保持溶胶下粒子的超细均一性，直至固态成材的新技术。例如，在超细纳米催化剂的制备方面，用 sol-gel 技术与超临界干燥技术相结合制备出一种新材料，这种新材料是具有大的比表面积和低密度的气凝胶[213, 214]。胶体是一种分散相粒径很小（1~1000nm）的分散体系，分散相粒子的重力几乎可以忽略，它们之间的相互作用主要是范德华力、表面静电力等短程作用力。溶胶是具有液体流动特性的胶体体系，而凝胶则是具有固体特性的胶体体系，被分散的物质形成连续的网状结构，其结构空隙中充有液体或气体。

在 sol-gel 过程中，无机物和金属有机物都可以作为制备溶胶的前驱物。传统的 sol-gel 法通常以金属醇盐制备前驱物。醇盐的水解和缩聚反应是均相溶液转变为溶胶的根本原因，所以制备高质量溶胶的前提条件就是要控制醇盐水解和缩聚。利用溶胶凝胶制备材料有两种方法：聚合物凝胶法和粒子凝胶法。聚合物凝胶法是通过控制金属醇盐的水解速度和水解程度，使金属醇盐部分水解，相互缩合形成有机-无机聚合分子溶胶，这种溶胶是通过聚合分子间的继续缩合向凝胶进行转变，最后以化学键形成氧化物网络结构来实现的。粒子凝胶法则是用过量水使金属盐或金属醇盐快速水解，形成胶状氢氧化物或水合氧化物沉淀，加酸或碱溶液解胶，形成稳定的粒子溶胶，这种溶胶到凝胶的转化过程是通过胶粒聚集在一起形成网络而实现的，胶粒间的相互作用是静电力、氢键和范德华力，它的孔结构主要取决于溶胶一次粒子的结构及胶凝中的粒子堆积方式，相对易于控制。

sol-gel 法作为制备材料的一种低温方法，与传统的制备方法比较有以下的优点：

（1）在低温和温和的化学条件下形成均匀、稳定、分散性好的凝胶。

（2）能与许多无机试剂及有机试剂相容，便于固定掺杂其他试剂。

（3）其具有良好的化学、光学、热学及机械稳定性，适合在严酷条件下使用。

（4）掺杂或未掺杂的溶胶凝胶可加工成各种形状，或制成块状或涂于硅、玻璃及光纤上形成膜，也可根据特殊用途制成纤维或粉末材料。

作为一种材料制备的技术方法，sol-gel 技术也有其自身的缺点：

（1）大量的过程变量，如 pH、反应物浓度比、温度、有机物杂质等会影响凝胶或晶粒的孔径和比表面积，使其理化特性受到影响，从而影响合成材料的功能性。

（2）sol-gel 法制备的超细粉末中往往存在着团聚现象，此种现象可分为硬团聚和软团聚两种，消除团聚是制备目标产品的重要技术，一般可采用有机物洗涤、共沸点蒸馏、喷射干燥、液体干燥、表面活性剂等方法进行处理。

目前 sol-gel 技术在合成无机纳米材料及合成无机-有机杂化聚合物方面都已有广泛的应用。合成无机-有机杂化高分子材料有两种方法，一种方法是利用 sol-gel 过程得到的无机网络的多孔性，将该多孔性材料浸渍于单体中，使其吸附单体，然后聚合。另一种方法是将聚合物直接引入 sol-gel 过程中。

sol-gel 技术自身的灵活性及其在材料制备方面所具有的优点，使得这一技术渗透到各个领域。目前已有报道将 sol-gel 技术用于毛细管电泳柱、毛细管电色谱[215]以及高效液相色谱填充柱的制备[216]。1997 年，sol-gel 技术被应用于色谱固定相的制备，获得了耐高温的特性，使得色谱固定相的涂渍和去活一步完成，同时避免了静态涂渍制柱方法花费时间长、操作复杂等缺点[217]。

近年来通过 sol-gel 法制备的萃取相涂层的种类越来越多，应用的范围不断扩大，这些涂层材料各具特色，在某些方面比商用涂层更有优势。因为采用 sol-gel 法制备的萃取相涂层的多孔表面，使得萃取相的表面积得到提高，进而加大了萃取相与样品之间的接触面积，从而减小了萃取达到平衡所需的时间，而且还具有耐溶剂、耐高温的特性。另外这种涂渍方法成本低，涂层表面能得到分子水平上的同一性，但目前仅处于实验阶段。总之，在 SPME 技术中，制备高效、高灵敏、高选择性和热稳定性好的涂层材料一直是该项技术发展的关键。

2.6.7 固相微萃取与后续装置的联用

1. SPME 与气相色谱（GC）联用

SPME 方便了与气相色谱的联用，GC 的汽化室可用于分析物从纤维上的解吸[218]。当温度上升时，分析物对纤维的亲和力下降从而被释放出来，汽化室较小的体积能够保证解吸下来的分析物由载气迅速转入色谱柱。对于大多数化合物而言，解吸通常在 2min 内完成。GC

的热解吸受到若干参数的影响，如汽化室的温度和载气的流速等，它们决定了SPME的解吸时间。一般情况下，汽化室温度的设定在可保持纤维涂层稳定的最大温度，最高解析温度有助于减少滞留影响。应用最普遍的一种方法是SPME与GC的联用，这是因为SPME与GC的联用不仅所需附加设备最少，操作最为简单方便，而且方法的灵敏度可以得到大大提高。目前，相应于SPME-GC联用的检测器多为质谱（MS）和氢火焰检测器（FID）。除此之外，还有其他一些检测器也被应用于与SPME-GC联用检测。Moens等用SPME方法快速检测有机汞、有机锡、有机铅[219]，并用气相色谱-等离子体质谱（GC-ICP-MS）进行检测。Arthur等通过改装自动进样器实现了SPME-GC全程自动化[220]，它能较好地控制萃取过程的温度和搅拌，提供了比手动SPME装置重现性更好的结果。

2. SPME与高效液相色谱（HPLC）联用

在SPME-HPLC联用中，除了解吸过程与SPME-GC有较大差别外，二者的萃取过程类似。在SPME-GC联用中，当萃取完成后，萃取头直接插入GC进样口进行热解吸及后续的分析，无需附加的接口。在SPME-HPLC联用中，采用热解析无法完成非挥发性物质的解吸，还要采用一定的解吸溶剂对被分析物进行解吸并导入色谱柱，因此需要特定的接口在满足HPLC对于进样的要求，避免因进样体积过大而产生明显的柱外效应的同时，又能保持SPME分析速度快、操作简便、溶剂消耗极少的优点[221]。

1）手动式SPME-HPLC联用接口

Chen等[222]首先设计出手动式SPME-HPLC联用接口，它由一个解吸室与一个六通进样阀组成。操作时，首先将萃取头浸入试样溶液进行萃取直至平衡；然后于六通进样阀处在载样（LOAD）位置时，将萃取头在常压环境下进入解吸室解吸，解吸溶液可为流动相，或从六通阀其他入口导入的专门解吸溶液；而后转动六通阀至进样（INJECT）位置，经HPLC泵导入流动相，进入解吸室对待测物进行解吸，解吸液随着流动相进入色谱柱内进行分离分析。Chen等以稠环芳烃为对象对此接口进行了考察，证明其能提供足够小的进样体积以完成后继色谱检测，其色谱行为与HPLC直接进样的结果无差异。

2）管内SPME-HPLC方式联用接口

SPME的分析速度快、效率高的特点在手动式SPME-HPLC的萃取过程中由于是手工操作，并未得到完全体现，而且手动式SPME-HPLC的萃取过程不能实现自动化，因而它难以成为一种常规分析方法。此外，对于强极性化合物的分析而言，由于能够承受较苛刻的色谱洗脱条件（如强极性的流动相甲醇、乙腈等）的商品柱种类有限[223]，涂层材料可允许的厚度及长度有限[224]，以及解吸过程易导致涂层的损坏等均限制了这种方法的应用范围。因此，Eisert等[223]又提出了自动化的管内SPME-HPLC方法。

管内SPME-HPLC是SPME-HPLC的自动化形式，它使得实现与HPLC的联用而进行在线的样品直接分离与定量分析更加方便。管内SPME-HPLC方式就是将萃取相涂覆于毛细管的内壁上作为萃取头而取代了外表面涂覆萃取相的石英纤维。此处的毛细管不仅可以采用供GC使用的毛细管，也可以使用微径液相色谱柱。其接口装置如图2-32所示，毛细管一端经固定及控制其插入深度的装置与试样瓶相接，而另一端则与六通阀相连。

在萃取时，将毛细管一端插入试样溶液中，在六通阀处于INJECT位置时经自动进样系统控制注射器对试样溶液进行反复提升与排出至预定的次数，使待测物在样品溶液与毛细管涂层两相间达到萃取平衡。然后将试样溶液更换为洗脱溶剂，在六通阀处于LOAD位置时

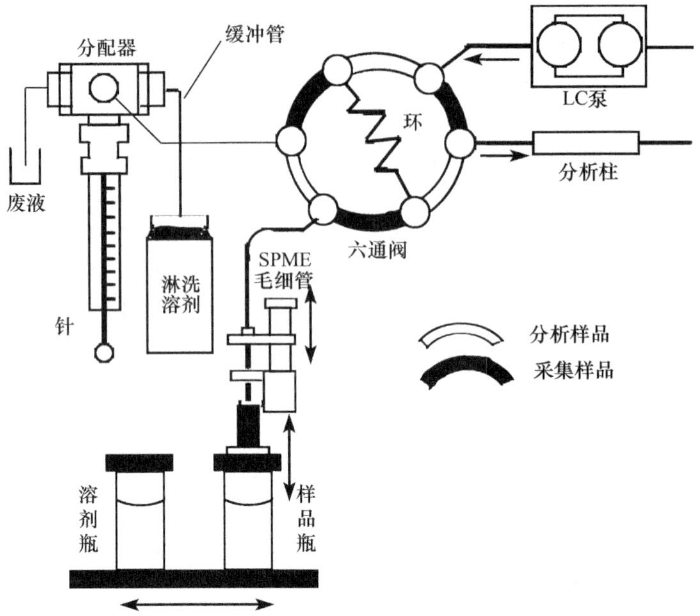

图 2-32　管内 SPME-HPLC 联用方式

将待测物经注射器抽提解吸溶剂解吸进入进样环，然后再次将六通阀转至 INJECT 位置，将流动相导入色谱柱内进行检测。in-tube-SPME-HPLC 方式由于采用自动进样装置完成萃取及解吸操作，所以其解吸过程可定量进行，防止了超载的发生。而采用这种试样溶液在毛细管中反复提升与排出的动态萃取过程，可使萃取平衡较快达到。此外，通过采用增加涂覆毛细管长度的方法也可以提高萃取效率。

由于存在动态萃取过程，管内 SPME-HPLC 法在缩短了达到萃取平衡时间的同时，提高了整个方法的精确度与重现性[225]。另一方面，手动 SPME-HPLC 方式中待测物直接经流动相解吸而进样，由于萃取涂层厚度等因素影响待测物从萃取头进入流动相的传质过程，谱峰往往会拓宽[226]；而管内 SPME-HPLC 方式中，待测物经流动相解吸或经另一阀门定量引入解吸溶剂，然后将解吸后的样品经进样环进入柱内，避免了谱峰拓宽现象的发生。但在对复杂体系进行分析时，手动 SPME-HPLC 方式则具有较大的灵活性。

3）采用短柱预富集的 SPME-HPLC 接口

上述的两种接口方式，使用同一个驱动泵驱动解吸溶剂进行解吸以及驱动流动相将解吸液传输到色谱柱。但在解吸过程及色谱检测过程中，由于解吸溶剂与流动相的流速、组成不尽相同，故需要在操作过程中予以更换；色谱柱的寿命往往因为频繁改变流动相的流速而缩短，流动相比例的更换又会导致色谱图的基线不稳而需重新平衡色谱柱；此外，若解吸溶剂用量较大使进样体积过大又将引起严重的柱外效应，降低分析的灵敏度，因此 Wu 等[227]采用一种改进的 SPME-HPLC 接口来克服以上不足。这种整个解吸及进样系统是由一根3cm 的 C_8 短柱、一个十通阀及双泵（解吸泵、分析泵）构成。即在萃取头完成萃取过程后，先以解吸泵导入解吸液进行解吸，再将含有待测物的解吸液导入 C_8 短柱中进行预富集，最后换用分析泵将待测物导入分析柱进行分析。采用这种接口可使进样体积减小，尤其对于难以解吸而需较大体积解吸溶剂的物质而言，其色谱峰拓宽效应得到了较好的抑制，因此检测的灵敏度得以提高。双泵的使用方便了实验中流动相的更换，缩短了分析时间。

3. SPME 与毛细管电泳（CE）联用

毛细管电泳作为一种微量分离技术，具有分离速度快、高效和样品用量少等优点，使其成为生命科学中有效的分离手段。SPME 与 CE 联用的优点是可以检测复杂体系中的高沸点物质。Nguyen 等[228]于 1997 年将一端毛细管与 CE 相连，并将固相微萃取纤维插入毛细管，利用流动相洗脱被吸组分，带入 CE 毛细管柱中进行分析，继而首先完成了 SPME-CE 的在线联用。Whang 等[229]设计了一个能实现零体积联用的接口。将 1μm 厚的聚丙烯酸酯涂覆在外径约 40μm 的石英纤维上，并使石英纤维与内径 75μm 的毛细管柱直接相连，对酚类等污染物进行分析，其中对五氯酚的浓度检测限为 2μg/L，比用传统的未经样品预处理的 CE-UV 检测低两个数量级。由此可见，SPME 技术对于稀溶液中 CE 分析物的富集是非常有利的。

2.7　液相微萃取

2.7.1　概述

液液萃取（liquid-liquid extraction，LLE）和固相微萃取经长时期的发展创新形成了一种新型的萃取方法，即液相微萃取（liquid phase micro extraction，LPME）技术。现代仪器要求分析速度快、灵敏度高，而传统的 LLE 技术具有操作步骤烦琐、处理时间长、难于实现自动机械化，以及 LLE 过程中使用大量有机溶剂且易产生乳化现象的缺点，无法适应现代仪器分析的要求。SPME 技术由于具有装置的萃取滤头成本高、使用寿命短等缺点，重复使用时还存在交叉污染问题，且 SPME 与气相色谱（GC）联用优势较为明显，而在与高效液相色谱（HPLC）联用时需要安装一个专门解吸的装置，所以其推广在一定程度上也受到了限制。

为了解决上述的一系列问题，Fernández 等在 1996 年通过液相微萃取技术，实现了对样品中脂肪胺的在线检测[230]。Jeannot 和 Cantwell 在 Fernández 等之后又提出溶剂微萃取，并且建立了一种将有机溶剂微滴悬挂于微进样器针端基础之上的 LPME 技术[231-233]。Hou 等又将 LPME 按传质方式不同分为静态和动态两种，并提出了直接浸入式动态 LPME[234]。Pedersen-Bjergaard 等在 1999 年首次将中空纤维用于液相微萃取，并采用了 U 形中空纤维装置及液-液-液三相静态微萃取模式[235]。Theis 等建立了顶空溶剂微萃取的装置[236]。Zhu 等对水样中的硝基苯乙醚采用中空纤维悬挂装置进行了富集，富集倍数可达 380 倍[237]。Shen 等为了从组成复杂、较脏的样品基质中萃取挥发性物质，利用微进样器内壁形成的有机溶剂膜作为顶空 LPME 的萃取界面的方法[238]。Hou 等首次采用三相动态液相微萃取，以中空纤维内壁为萃取界面，在水溶液中萃取了芳香胺[239]。Myung 等为了解决低重复性和低精密度的问题，采用自动 LPME 装置代替手工操作[240]。Chamsaz 等第一次用 LPME 技术结合光谱方法测定了无机化合物砷。对于易挥发的萃取剂，可利用混合溶剂的方法提高蒸气压来降低其挥发[241]。Wen 首次提出了两步液-液-液微萃取模型（two-step liquid-liquid-liquid micro-extraction)，先用 10 根中空纤维（53.5cm）完成第一次 LPME，再用 10 根 HF 空腔内的接受相调节 pH 后作为第二次 LPME 的给出相，第二次 LPME 采用一根 1.4cm 的 HF 来完成[242]。Jiang 等报道了一种操作更为简便的动态微萃取的方法，利用密封在一段聚丙烯中空纤维内的有机萃取剂，提出了一种新的微萃取方法——溶剂棒微萃取（solvent bar microextraction），并将此方法和微滴液相微萃取、静态中空纤维微萃取和 SPME 三种方法的优缺点进行了对比[243]。通过不断地发展、改进与完善，LPME 技术已成为分离分析领域一种非常重要的样品前处理技术。

2.7.2 液相微萃取的模式

1. 单滴液相微萃取

单滴液相微萃取（single-drop microextraction，SDME）是液相微萃取的一种，SDME 技术是将一滴萃取溶剂悬挂在常规的 GC 微量进样针针头的尖端，然后浸入给出相溶液或者悬挂于样品上方的空间，使待测物从水相转移至有机相（萃取溶剂），经一定时间将有机液滴抽回进样针中并转移至 GC 系统进行分析（图 2-33）。SDME 是小型化的传统的液液萃取方法，在单滴有机溶剂中萃取待测物，很大程度上减小了溶剂相和水相的比例[244]。

2. 顶空液相微萃取

顶空液相微萃取法（headspace liquid-phase microextraction，HS-LPME）如图 2-34 所示，是一种在样品的上部空间悬挂有机溶剂而进行萃取的方法。容易进入样品顶部空间的挥发性或半挥发性有机化合物的待测物适合用此种方法分析。在顶空液相微萃取中包含三相（有机溶剂、样品溶液上方空间、样品），由于待测物在三相中受到化学势推动，从而从样品进入有机液滴中，然而通过不断搅拌样品溶液，新表面的连续产生可以增强这种驱动力。对于水中的挥发性有机物，较直接液相微萃取法来说顶空液相微萃取法之所以具有更快捷的优势，是因为在样品溶液上方空间挥发性化合物的传质速度非常快，而这是由于在气相中，待测物具有较大的扩散系数，且挥发性化合物从水中到样品溶液上方空间再到有机溶剂比从水中直接进入有机溶剂的传质速度快得多。使用直接液相微萃取法萃取样品时，在有机液滴外围不可避免地形成一层稳定的阻碍待测物向有机溶剂液滴扩散迁移的扩散层[246]，而顶空萃取法克服了这一局限。对于扩散系数较大的挥发性物质，由于在气相中分析物的扩散系数是其在凝聚相的 10^4 倍[236]，因此，利用顶空液相微萃取除了大大缩短了达到平衡所需的时间，也可以消除样品基质的干扰[247]。

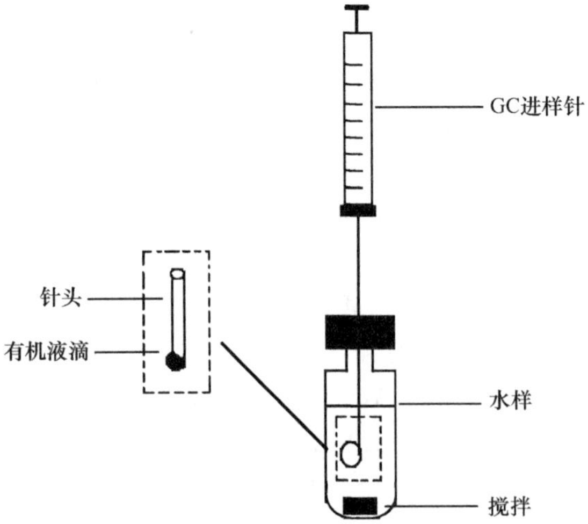

图 2-33 单滴液相微萃取装置示意图[245]

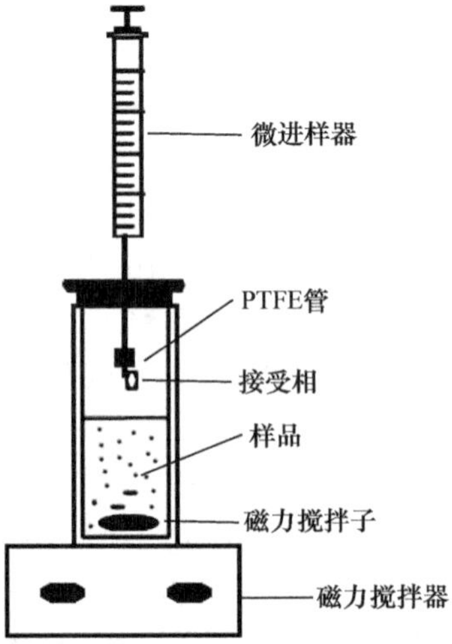

图 2-34 HS-LPME 萃取装置图

3. 液-液-液三相微萃取

在液-液两相微萃取中，由于萃取剂对物质的高溶解性，通过扩散作用，样品溶液中的目标物质被萃取到有机溶剂接受相中；在三相微萃取中，样品溶液中的目标物质，先富集到有机溶剂中，然后再被萃取到水相接受相中，萃取后再取接受相进样测定，此为液-液两相微萃取和液-液-液三相微萃取的主要区别。液-液两相微萃取的原理常用的是相似相溶原理，与常规的液-液萃取的原理相同，适用于在有机相中有较高溶解度的样品萃取。受体溶液若用于反相高效液相色谱（RP-HPLC）和 CE 分析，则需将受体溶液中的溶剂蒸发后溶于水溶液中，但可以直接用于色谱分析。液-液-液三相微萃取又称为液相微萃取/后萃取（BE-LPME）[248, 249]，它的萃取装置如图 2-35 所示。这种模式一般仅限于能离子化的酸碱性样品，通过调节接受相和给出相的酸碱性，利用质子化-去质子化作用，待测物质在给出相中先以分子的形式被萃取到有机溶剂中，再以离子形式反萃取到接受相中。对于酸性待测物，为了降低分析物在样品中的溶解度，样品水溶液的 pH 必须要低，而受体溶液的 pH 要高，有利于增大分析物在受体溶液中的溶解度；而对于碱性分析物则正好相反。萃取后的受体溶液可直接用于 RP-HPLC 或 CE 分析。

4. 中空纤维液相微萃取

1）静态中空纤维微萃取

与传统的微量进样器针尖来负载有机萃取剂的方法相比，静态中空纤维微萃取技术以一根内径 600μm、壁厚 200μm、孔径 0.2μm 的聚丙烯中空纤维（hollow fiber）代替了微量进样器针尖。由于中空纤维壁孔具有固定作用，因此有机溶剂不仅可以直接与给出相接触，而且还增大了有机溶剂与给出相的接触面积，更有利于物质的传递和扩散。同时，中空纤维的微孔壁具有吸附作用，可以很好地将有机溶剂固定在空腔内，能经受较快的搅拌速率，且更易通过加速搅拌来缩短萃取时间、增大富集倍数，还不易被其他物质污染。若中空纤维腔内的溶液同为有机溶剂，则构成一种两相 LPME 模式；若中空纤维管内为水溶液，则形成三相 LPME 萃取模式。其中，与 GC、GC-MS 等联用的模式中两相模式较多，三相模式常与 LC、LC-MS、CE、CZE 等技术联用。图 2-36 为静态的三相中空纤维的微萃取模式。

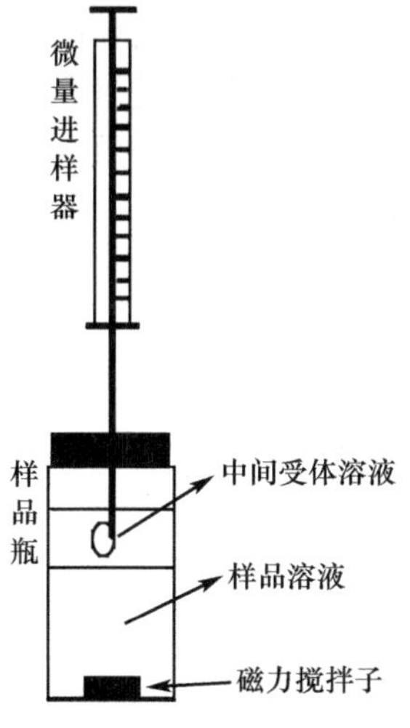

图 2-35　液-液-液三相微萃取装置图

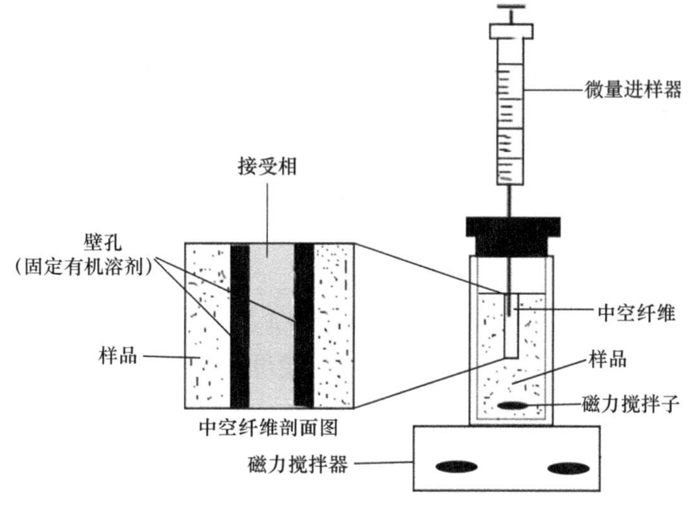

图 2-36　基于中空纤维浸入式液相微萃取示意图

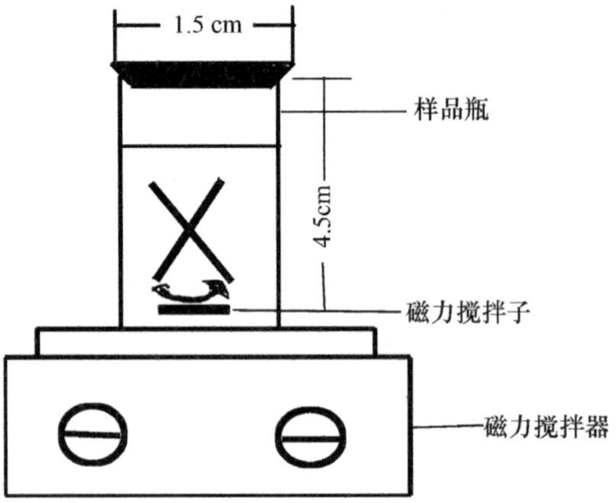

图 2-37　溶剂棒微萃取示意图

2）动态中空纤维微萃取

前面所述的一些萃取模型是一种静态萃取模型，其磁力搅拌子虽然能不断地搅拌给出相，但搅拌不了有机微滴或者中空纤维和空腔内的液体，因此，从动力学因素考虑不利于相间传质的扩散和传递，在萃取过程中中空纤维壁孔内富集的待测物进入空腔内会比较慢。而动态中空纤维微萃取（又称溶剂棒微萃取）则通过在给出相中直接放入固定有萃取剂和接受相的中空纤维，无需微量的进样器固定，克服了上述弊端。由于在搅拌过程中均能搅动接受相、萃取剂和给出相，增加物质传质速率，因此，动态中空纤维微萃取不但使萃取时间得到了缩短，又使富集倍数得到了提高，图 2-37 为溶剂棒微萃取的示意图。

中空纤维微萃取的萃取过程如下[250]：给体（样品）中的分析物首先被萃取到有机溶剂中，接着又被萃取到受体里。一般来说，若分析物在有机溶剂中的富集效率不是很高，则比较适用于这种方式，且需要通过再次萃取来进一步提高富集倍数。例如，在萃取酚类化合物时，调节给体（样品）的 pH 可使酚类以中性形式存在，此时减少了酚类在给体中的溶解度，且在搅拌时能很容易地将酚类化合物萃取到有机溶剂中，再通过调节受体 pH 到强碱性，可以把酚类从有机溶剂中进一步浓缩到富集能力更强的受体（强碱性溶液）里。类似的方法也适用于对芳香胺的萃取，只是在受体中加入了 18-冠-6，它可以与芳香胺发生络合作用，实现更佳的富集效果。LPME 发展过程中为了适用于不同的需要，还出现了其他的一些萃取模型，但由于上述模型具有简单、通用的特点，在 LPME 样品前处理技术中应用较为普遍。

5. 分散液相微萃取

2006 年，一种新的微萃取技术——分散液相微萃取（dispersive liquid-liquid microextraction，DLLME）由伊朗学者 Rezaee 等[251]发展起来。DLLME 是在液相微萃取基础上的改进和发展，是液-液微萃取的一种，相当于微量化的液-液萃取。DLLME 是基于目标待测物在样品溶液和小体积的萃取剂之间平衡分配的过程，分散液相微萃取适用于亲脂性高或中等的待测物，而不适用于亲水性较高的中性待测物；对于非中性的待测物，为了使待测物以非离子化状态存在，从而提高分配效率，可以通过调节样品溶液的 pH 来实现。分散液相微萃取技术的具体操作步骤为：在带塞的离心管中加入一定体积的样品溶液（水相）；在离心试管中注入利用注射器或移液枪快速抽取含有萃取剂的分散剂，轻轻振荡，从而形成一个水/分散剂/萃取剂的乳浊液体系；形成乳浊液之后，萃取剂在水相中均匀地分散着，与待测物有较大的接触面积，可以使待测物迅速由水相转移到有机相且达到两相平衡，萃取时间短是微萃取的一个突出优点。最后通过离心作用使分散在水相中的萃取剂沉积到试管底部，用微量进样针吸取一定量的萃取剂后直接进样测定[252]。

6. 悬浮固化液相微萃取

悬浮固化液相微萃取（solidification of floating organic drop liquid phase microextraction，SFO-LPME）技术被 Yamini 等[253]首次提出，该技术使用的萃取剂密度小于水，熔点接近室

温（10～30℃），萃取完成后萃取剂悬浮于溶液表面经冰浴冷却后固化，若要对其进样进行分析必须将其取出在室温下熔化。该方法所选择的萃取剂多数为无毒的有机溶剂，萃取剂固化后取出，与 DLLME 操作相比更为方便，适用于较复杂基质样品的萃取。SFO-LPME 是一种环境友好型的样品前处理新技术，集采样、萃取、浓缩于一体，具有操作简单、成本低廉、富集因子高等优点，在痕量分析领域具有较为广阔的应用前景。但由于该技术所需萃取剂为熔点接近于室温的有机溶剂，沸点一般较高，因此在气相色谱分析中保留时间会较长，若溶剂选择不当，溶剂峰会严重干扰保留时间相近的组分的出峰。另外，在与液相色谱联用时经常发生萃取剂与流动相匹配困难等问题。悬浮固化液相微萃取装置如图 2-38 所示。

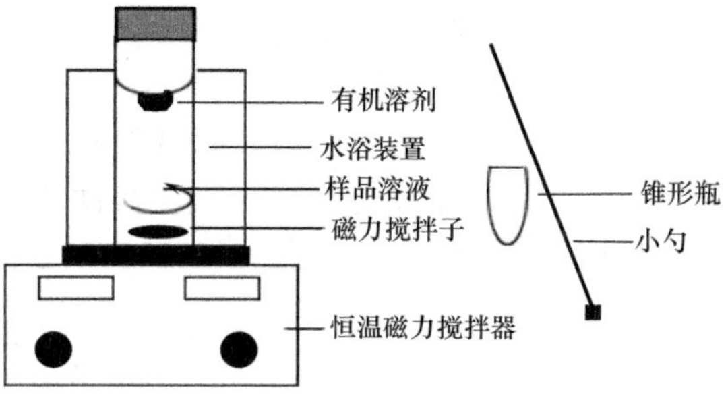

图 2-38　悬浮固化液相微萃取装置图

7. 超声乳化液相微萃取

2008 年，Garcia-Jares 等[254]首次建立了一种液相微萃取模式——超声辅助乳化液相微萃取（ultrasound-assisted emulsification microextraction，USAEME），这种萃取模式结合了超声辅助液-液萃取和分散液相微萃取的优点。该方法是通过超声作用使微量水不溶性萃取剂在样品水溶液中乳化，则有机萃取相和水相形成均匀的乳浊液，大大提高了两相的接触面积。超声波在超声过程中产生的空化效应、热效应、机械搅拌、强化扩散、乳化作用等一系列效应，使两相间的传质作用在萃取过程中得到了加快，也使得样品中的待测物被很快萃取到萃取剂的小液滴中，再经离心分层，微量的有机萃取相将待测物富集起来，用微量进样器取出萃取溶剂可直接进样进行分析。该方法将微萃取技术与超声作用巧妙结合，使萃取效率得到了大大提高，而且具有操作简单，使用有机溶剂少，富集倍率高，易与 GC、HPLC、CE 联用等优点。

2.7.3　液相微萃取的原理

1. 萃取平衡理论

1）平衡态直接液相微萃取

对于平衡态直接液相微萃取（direct-LPME）体系，分析物在样品水溶液和有机微滴两相间分配，当系统达到平衡时，有机微滴中所萃取的分析物的量由下式给出[255, 256]

$$n_{\mathrm{eq,org}} = \frac{K_{\mathrm{org/d}} V_{\mathrm{org}} V_{\mathrm{aq}}}{K_{\mathrm{org/d}} V_{\mathrm{org}} + V_{\mathrm{aq}}} C_0 \tag{2-47}$$

式中，$K_{\mathrm{org/d}}$ 为分析物在有机相和水相间的分配系数，$K_{\mathrm{org/d}}=C_{\mathrm{eq,\,org}}/C_{\mathrm{eq,\,aq}}$，$C_0$、$C_{\mathrm{eq,\,aq}}$ 分别为分析物在水相中的初始浓度、平衡浓度；V_{aq}、V_{org} 分别为样品溶液、有机微滴的体积。

当 $V_{\mathrm{aq}} \gg K_{\mathrm{org/d}} V_{\mathrm{org}}$ 时

$$n_{\mathrm{eq,org}} = K_{\mathrm{org/d}} V_{\mathrm{org}} C_0 \tag{2-48}$$

从式（2-47）可以得到分析物在有机相中的回收率（R）：

$$R = \frac{n_{\mathrm{eq,org}}}{C_0 V_{\mathrm{aq}}} = \frac{K_{\mathrm{org/d}} V_{\mathrm{org}}}{K_{\mathrm{org/d}} V_{\mathrm{org}} + V_{\mathrm{aq}}} \tag{2-49}$$

同样也可以得到分析物的富集因子（E）：

$$E=\frac{C_{org}}{C_0}=\frac{V_{aq}}{V_{org}}R=\frac{K_{org/d}V_{aq}}{K_{org/d}V_{org}+V_{aq}} \tag{2-50}$$

从式（2-47）和式（2-48）可以得出，萃取量 $n_{eq,\ org}$ 与样品溶液中分析物的初始浓度存在线性关系，这是LPME方法的定量基础。

2）平衡态顶空液相微萃取

平衡态顶空液相微萃取（HS-LPME）是三相萃取体系，包括溶液相、顶空相和微滴萃取剂相，还有两个界面：溶液/气相界面和气相/萃取剂相界面。在该体系中，当分析物质通过扩散达到平衡时，可得到[257]

$$n_{eq,org}=\frac{K_{h/aq}K_{org/h}V_{org}V_{aq}}{K_{h/aq}K_{org/h}V_{org}+K_{h/aq}V_h+V_{aq}} \tag{2-51}$$

式中，$K_{h/aq}$ 为分析物在顶空气相与水相间的分配系数，$K_{h/aq}=C_{eq,\ h}/C_{eq,\ aq}$；$K_{org/h}$ 为分析物在萃取剂相和顶空相间的分配系数，$K_{org/h}=C_{eq,\ org}/C_{eq,\ h}$；$C_{eq,\ aq}$、$C_{eq,\ h}$、$C_{eq,\ org}$ 分别为分析物在样品溶液、顶空相、微滴萃取剂相的平衡浓度；V_h 为样品溶液上方顶空部分的体积。

令 $K= C_{eq,\ org} / C_{eq,\ aq} =K_{h/aq}/K_{org/h}$，$K$ 为分析物在样品溶液和微滴萃取剂相间的分配系数，则

$$n_{eq,org}=\frac{KV_{org}V_{aq}}{KV_{org}+K_{h/aq}V_h+V_{aq}}C_0 \tag{2-52}$$

式（2-52）和式（2-47）相似，仅多出 $K_{h/aq}V_h$ 一项，同样这两式都描述了平衡时萃取量与初始浓度的关系。同时式（2-48）和式（2-52）均证明分析物通过扩散达到平衡时，萃取量正比于溶液中分析物的初始浓度。

同样的道理可以得到分析物的回收率（R）和富集因子（E）：

$$R=\frac{KV_{org}}{KV_{org}+K_{h/aq}V_h+V_{aq}} \tag{2-53}$$

$$E=\frac{KV_{aq}}{KV_{org}+K_{h/aq}V_h+V_{aq}} \tag{2-54}$$

3）平衡态液-液-液三相液相微萃取

对于液-液-液三相液相微萃取（LLL-LPME），分析物在三相间的扩散［A（donor phase）-A（organic phase）-A（acceptor phase）］达到平衡时，受体中分析物的萃取量可以由下式给出[258, 259]：

$$n_{eq,acceptor}=\frac{K_{acceptor/aq}V_{acceptor}V_{aq}}{K_{acceptor/aq}V_{acceptor}+K_{org/aq}V_{org}+V_{aq}}C_0 \tag{2-55}$$

式中，$K_{acceptor/aq}$ 为分析物在受体与给体之间的分配系数；$K_{org/aq}$ 为分析物在有机溶剂相与给体之间的分配系数；$V_{acceptor}$ 为受体的体积。

同样，可以得到分析物的回收率（R）和富集因子（E）：

$$R=\frac{K_{acceptor/aq}V_{acceptor}}{K_{acceptor/aq}V_{acceptor}+K_{org/aq}V_{org}+V_{aq}} \tag{2-56}$$

$$E=\frac{K_{acceptor/aq}V_{aq}}{K_{acceptor/aq}V_{acceptor}+K_{org/aq}V_{org}+V_{aq}} \tag{2-57}$$

从以上给出的关系式，可以得到一个关于 LPME 达到平衡时，受体中分析物的萃取量（n_{eq}）、回收率（R）和富集因子（E）的普适式：

$$n_{eq,acceptor} = \frac{K_{acceptor/aq}V_{acceptor}V_{aq}}{K_{acceptor/aq}V_{acceptor} + (n_p - 2)K'V_x + V_{aq}}C_0 \tag{2-58}$$

$$R = \frac{K_{acceptor/aq}V_{acceptor}}{K_{acceptor/aq}V_{acceptor} + \left(n_p - 2\right)K'V_x + V_{aq}} \tag{2-59}$$

$$E = \frac{K_{acceptor/aq}V_{aq}}{K_{acceptor/aq}V_{acceptor} + \left(n_p - 2\right)K'V_x + V_{aq}} \tag{2-60}$$

式（2-58）、式（2-59）中，$K_{acceptor/aq}$为分析物在水样和受体之间的分配系数；$V_{acceptor}$为受体的体积；n_p为相数，对 direct-LPME，n_p=2，对 HS-LPME，n_p=3，对 LLL-LPME，n_p=3；K'为分析物在水相和它相邻相之间的分配系数，对 direct-LPME，没有这一项，对 HS-LPME，$K'=K_{h/aq}$，对 LLL-LPME，$K'=K_{org/aq}$；V_x为与样品水溶液相邻相的体积，对 direct-LPME，没有这一项，对 HS-LPME，为顶空相，对 LLL-LPME，为有机相。值得注意的是，以上得出的三个普适式不适用于动态的 LPME。

4）平衡态动态液相微萃取

平衡态动态液相微萃取（dynamic-LPME，Dy-LPME）的萃取平衡理论可以参阅文献[258]。对于插入式 dynamic-LPME（图 2-39）[259]来说，由于相对上面几种操作模式较为复杂一些，因此，在完成一个萃取循环时，假定分析物在有机膜（organic film，OF）与样品塞（aqueous sample plug）之间的质量转移非常快，萃取平衡很快就能建立，并且 OF 非常薄，分析物在 OF 中的浓度可以用下式表示：

$$C_{org,1} = \frac{2\delta KC_0}{\left(R + 2\delta\right)V_{org}}V_{asp} \tag{2-61}$$

式中，K 为分析物在 OF 与样品塞之间的分配系数；δ 为 OF 的厚度；V_{asp}为样品塞的体积；R 代表的含义如图 2-39 所示。

假定每次萃取循环结束以后，开始下一次萃取循环时，OF 中含有的分析物的量可以忽略不计，这是由于V_{of}非常小，也就是说以后每次萃取循环中的 OF 和第一次萃取循环的 OF 一样，不含有分析物。因此可以得出，第二次萃取过程结束以后，OF 中分析物的浓度 $C_{of,2}$和第一次萃取过程结束以后 OF 中分析物的浓度 $C_{of,1}$是一样的。依此类推，当萃取次数不是非常大时，经过 n 次萃取循环以后，有机相中的分析物浓度可以用如下的关系式表示：

$$C_{org,n} = \frac{C_{eq,org}V_{of}}{V_{org}}n = \frac{nKRV_{of}}{V_{org}\left(R + 2K\delta\right)}C_0 \tag{2-62}$$

式中，n 为萃取循环的次数；V_{of}为 OF 的体积；

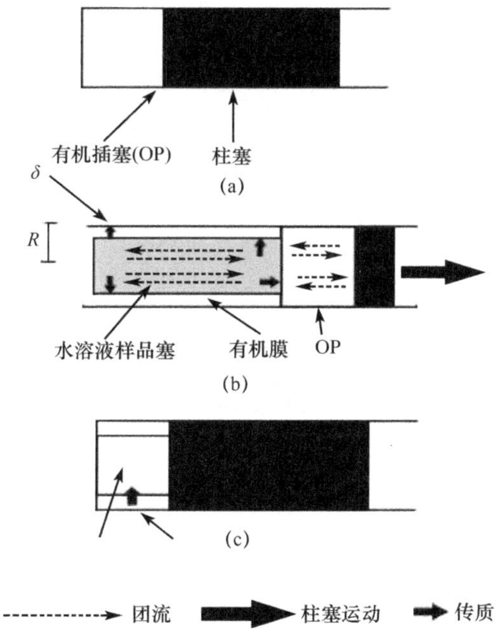

图 2-39 dynamic-LPME 的萃取过程示意图[259]

V_{org} 为萃取剂的体积。从式（2-62）可以看出，当萃取次数 n 不是非常大时，n 次萃取完成以后，萃取剂相中分析物的浓度和萃取次数 n 呈线性关系，换句话说，每次萃取过程结束以后 OF 中分析物的浓度可以认为几乎是一样的。准确地说，随着萃取次数的不断增加，C_{of} 呈现非常缓慢的下降趋势，因为每次萃取过程结束以后，OF 没有完全更新。

2. 动力学理论

液-液萃取是利用物质在互不相溶的两相中分配比不同而达到分离的目的，通常情况下，物质是从水相被萃取到有机相。它的速率方程为

$$\frac{\mathrm{d}C_{org}}{\mathrm{d}t}=\frac{A_i}{V_{org}}\beta\left(KC_{aq}-C_{org}\right) \tag{2-63}$$

式中，C_{org} 和 C_{aq} 分别为时间 t 时分析物在有机相和水相中的浓度；K 为分析物在两相间的分配系数；A_i 为界面面积；β 为总的传质系数，cm/s。

假定分析物在液-液界面之间进行快速的质量转移，则总的传质系数可以表示为

$$\frac{1}{\beta}=\frac{1}{\beta_{org}}+\frac{K}{\beta_{aq}} \tag{2-64}$$

式中，β_{org} 和 β_{aq} 分别为分析物在有机相和水相中的传质系数。两相界面间的通量则可以表示为

$$\frac{1}{A}\cdot\frac{\mathrm{d}n}{\mathrm{d}t}=\beta_{aq}\left(C_{aq}-C_{aq,i}\right)=\beta_{org}\left(C_{org,i}-C_{org}\right) \tag{2-65}$$

式中，i 指两相界面处。假定在两相界面处分析物总是能够达到分配平衡，即

$$C_{org,i}/C_{aq,i}=K \tag{2-66}$$

根据质量平衡理论，可以得到萃取结束以后分析物在水相中的浓度为

$$C_{aq}=\frac{C_0V_{aq}-C_{org}V_{org}}{V_{aq}} \tag{2-67}$$

将式（2-67）代入式（2-68）并积分，得到分析物的浓度随时间变化的关系式：

$$C_{org}=C_{eq,org}\left(1-\mathrm{e}^{-kt}\right) \tag{2-68}$$

式中，k 为表观速率常数，s^{-1}

$$k=\frac{A_i}{V_{org}}\beta\left(K\frac{V_{org}}{V_{aq}}+1\right) \tag{2-69}$$

2.7.4 液相微萃取的影响因素

1. 有机溶剂种类与液滴大小

对于分析物灵敏度的提高，选择合适的有机溶剂则起着至关重要的作用，其选择的基本原则是相似相溶原理，即溶剂的性质必须与分析物的性质相匹配，才能保证溶剂对分析物有较强的萃取富集能力。另外在考虑富集因子的同时，还需要考虑以下几方面：

（1）单滴溶剂微萃取所选择的溶剂必须在样品溶液中的溶解度非常小，或一定不能与样品溶液相混溶。

（2）在后续仪器进行分析的过程中，溶剂必须符合后续仪器对样品分析的要求，而且必

须易与分析物分离，不能对样品的后续处理进行干扰。

（3）由于具有较高的沸点和较低的蒸气压的有机溶剂在萃取过程中可以减少挥发，所以比较适合作为单滴溶剂微萃取所需要的溶剂。液滴大小也会严重地影响分析的灵敏度。一般液滴体积越大，分析物的萃取量就越大，有利于提高方法的灵敏度，但由于分析物进入液滴是扩散过程，液滴体积越大，则不利于体系达到平衡，平衡时间增长。

（4）虽然液相微萃取是一种对环境友好的样品萃取方法，其所用的溶剂量很小，但毕竟使用的有机溶剂会对实验环境产生一定的影响，因此选择时应尽量选取毒性小的有机溶剂。

2. 搅拌速率

在萃取过程中对样品进行搅拌，可以尽快达到分配平衡，缩短萃取时间。影响分析速度的重要因素之一就是搅拌速率，基于对流扩散的膜理论，在稳态时，样品溶液中分析物的传质系数等于分析物的扩散系数和样品溶液与有机溶剂间的扩散层厚度的比值，在不搅拌和搅拌不足的情况下，分析物的扩散速度较低，达到萃取平衡的萃取时间较长。而有效的搅拌会减少样品溶液与有机相之间的扩散层厚度，增加分析物的扩散系数，提高分析物向有机溶剂扩散的速率。因此，搅拌能使达到萃取平衡的时间大大缩短，使萃取效率得到提高。在两相或三相 HF-LPME 中，由于有中空纤维膜的保护，有机溶剂或接受相可允许较高的搅拌速率，但是，过高的搅拌速率易产生气泡，有可能破坏萃取液滴的稳定性，使重现性变差，还可能增大有机溶剂在样品溶液中的溶解损失。因此，实验应根据实际情况选择合适的搅拌速率。

3. 盐效应

由于样品基体对分析物在有机溶剂和样品之间的分配系数具有一定的影响，分配系数会随样品基体的变化而发生变化，将一些无机盐类（如 NaCl、Na_2SO_4 等）加入样品中，可以使溶液的离子强度增加。由于对不同化合物的萃取效率不同，有的会使样品在水相的溶解度降低，从而使样品的萃取效率增加，分析灵敏度提高；有的则会使样品在水样中的溶解度增加，会使样品的萃取得到抑制，使萃取的灵敏度降低。

4. pH

水溶液的 pH 可以使碱性和酸性物质在水溶液中的存在形式得到改变，从而使物质在水溶液中的化学势得到改变，样品在两相中的分配平衡常数受到影响。所以，对 pH 进行合适的控制，可以使样品的分配平衡常数及灵敏度得到提高。对于两相萃取系统，由于在低 pH 时，弱酸性物质主要是以分子的形态存在，会降低在水溶液中的溶解度，从而提高测定的灵敏度，所以对于弱酸性物质，尽量在低 pH 萃取。而对于弱碱性物质则尽量在比较高的 pH 萃取，此时弱碱性样品主要以分子的形态存在，降低了在水中的溶解度，从而提高了测定的灵敏度。

对于三相萃取系统，pH 的调节对于给体相和受体相非常重要。选择合适的 pH 可以非常大地改变样品在三相中的分配平衡，提高样品的富集因子。当样品是弱酸性的化合物时，尽量调节样品给体相水溶液 pH 为酸性，此时样品分子的存在形式主要是分子，样品在给体相水溶液的溶解度降低，而且确保了样品进入有机相中的比例。受体相 pH 应尽量为碱性，样品在受体相中主要以离子的形态存在，样品在受体相中的溶解度及样品由有机相进入受体相中的比例都会得到提高。而对碱性样品化合物则刚好相反。

5. 温度

一般温度对液相微萃取有两方面的影响：若温度升高，分析物向有机相的扩散系数增大，扩散速度随之增大，同时对流过程加强，有利于缩短达到平衡的时间。但是，升高温度的同时会减小分析物的分配系数，导致其在溶剂滴中的萃取量减少。另外，在选择实验温度时，还需要将萃取有机溶剂的沸点考虑进去，否则有机溶剂就会挥发掉，所以实验时应同时考虑萃取时间和萃取效果，寻找最佳的工作温度。

6. 萃取时间

液相微萃取过程是一个基于分析物在样品与有机溶剂之间分配平衡的过程，所以要等到一定的萃取时间，分析物在平衡时的萃取量将达到最大。对于分配系数较大的分析物，需要达到平衡的时间一般比较长。为了使分析时间缩短，分析可以选择在萃取平衡之前进行，在这种情况下，为使重现性较好，萃取时间和其他条件必须得到严格控制。另外，有机液滴大小也会受萃取时间的影响，虽然在水中有机相溶解度会较小，但随着萃取时间的增加，体积本来就不大的有机液滴就会出现较为明显的损失，常通过在萃取溶剂中加入内标来校正这种变化。

7. 中空纤维膜

在中空纤维膜液-液微萃取或中空纤维膜液-液-液微萃取中，只有不溶于水和有机萃取剂的中空纤维膜的材质才符合对膜的选择要求。迄今为止，所有发表的文献中报道的中空纤维膜均为聚丙烯材质，大部分中空纤维膜中空内径为600μm，中空纤维的壁厚度为100μm，具有这样较大的中空内径的膜既可以方便于将受体液用注射器取出，又具有一定的机械强度。中空纤维膜的膜孔径为0.2~0.64μm，既可以透过小分子，又利于利用中空纤维膜预微滤样品溶液，另外这样的孔径也可以保证萃取的时间效率比较高。

8. 其他因素

在动态 LPME 中，影响萃取效率的主要因素有注射泵活塞抽动的速率或微量进样器推杆的抽动速率和重复取样的次数。在抽动活塞的瞬间，会形成一个液膜，所形成的液膜可对分析物进行快速萃取，抽动过程中短暂的停留时间（萃取时间）不充足也将会导致萃取效果不理想。活塞抽动速率应适中，如果活塞抽动速率过小，表面张力作用会导致萃取溶剂不能形成稳定的溶剂液膜，从而不能顺利进行萃取过程；如果活塞抽动速率过大，则导致形成的液膜通常较厚且不均匀。取样的重复次数多，会提高方法的灵敏度。然而，重复取样次数过多，也会使有机溶剂严重挥发，从而导致分析方法的精密度变差。因此，适合的取样次数应根据实际情况选择。

2.8　基质固相分散萃取

2.8.1　概述

1989 年，基质固相分散（matrix solid-phase dispersion，MSPD）萃取这一概念首次被提出，该方法是将样品与涂渍有 C_{18} 等的各种聚合物担体固相萃取材料一起研磨，得到半干状态的混合物后，将其作为填料装柱，然后用不同的溶液淋洗柱子，将各种待测物洗脱下来的方法，主要应用于处理动物组织样品[260]。其作用机理是利用脂溶性材料 C_{18} 充当分散剂，将细胞膜破坏并将组织分散。

与传统方法使用沙子作吸附剂类似，在硅胶固相萃取材料表面键合有机相，在样品与固体材料搅拌的过程中，利用剪切力作用将组织分散。键合的有机相犹如溶剂或洗涤剂一样，将样品组分溶解和分散在支持物表面，使得萃取样品的表面积大大增加，样品按各自极性分布在有机相中，如非极性组分分散在非极性有机相中，此过程受动力变化影响。小的极性分子（水）既可以与硅胶粒子上的硅烷醇结合，也可以与基质组分形成氢键；大的弱极性分子则分散在多相物质表面。通过显微扫描电镜可以观察基质分离分散的效果，实验证明 MSPD 方法对样品基质分离分散效果明显。

MSPD 通过浓缩传统的样品前处理中所需的样品匀化、组织细胞裂解、提取、净化等过程，从而避免了样品均化、沉淀、离心、转溶、乳化、浓缩等造成的被测物的损失。MSPD 除了可以应用在动物组织外，还可以应用于植物样品的分析。在农药的多残留分析过程中，MSPD 特别适合于进行一类化合物或单个化合物的分离，其中内源物或外源物均可。MSPD 还可以用于现场的监测，在提高分析速度的同时，也可以用于自动化的分析。

2.8.2 基质固相分散萃取的过程

MSPD 所需装置非常简单，将黏性、半固体或固体样品与固体吸附材料在研钵中充分搅拌，可以达到完全分离分散的目的。硅胶的吸水性会使样品表面不会留有太多水分，将混合样品转移到层析柱或注射器后，进行层析洗脱，可以分离目标分析物或其他样品成分。在大范围的食品基质和不同类型分析物中，这个方法被广泛地应用[261]。

MSPD 通常使用 C_8 或 C_{18} 材料，将小样品容量（大约 0.5g）与 2g 固相吸附剂（支持物与样品的比例为 4∶1）一同放入研钵中研磨，其中需要注意的是，研钵与研棒应该用玻璃的，瓷的或其他多孔渗水材料会使被分析物或样品损失。据报道，一些动物组织与固体支持物混合时，要用大约 1h 的时间使将样品成分分散在键合相中，然而有时应考虑被分析物和样品的稳定性，搅拌时的力与样品分散程度因被分析物的不同而不同。

牛奶或血等黏稠样品首先应放在试管中搅拌，用平勺或其他类似物将样品与支持物混合。固体样品匀浆均质后也可采用类似方法处理。一旦 MSPD 混合过程完成后，混合物装入由注射器或其他类似装置改装而成的柱中，柱底放一筛板或脱脂棉，可以避免样品损失。在样品上方放另一筛板或脱脂棉，用注射器活塞将样品压紧。层析过程中经典的理论仍适合于 MSPD，但需要注意以下两个方面：避免过分挤压柱中的材料；装柱时要防止起泡和缝隙的产生。

装好柱子后，用溶剂冲洗研钵和研棒，之后转入柱子，最后用一系列洗脱剂冲洗柱子。据报道，由于大多 MSPD 洗脱剂靠重力流动，所以一些情况下可以使用真空减压装置或利用橡皮球在柱顶加压的方式来控制流速。一些 MSPD 过程应用多柱进行进一步分离及净化。将其他填料（弗罗里或硅胶）放在同一柱的底部作为 MSPD 吸附材料或另外装柱串联使用。MSPD 就其本质而言是色谱的一种形式，符合色谱的一般原则。但 MSPD 与其他色谱形式如 SPE 不同，它的独特之处在于将样品中的成分分离分散在固体表面键合的有机相中，随后作为填料装柱，目标分析物被溶剂洗脱。不像 SPE 或其他层析形式，样品彻底分散在柱中，变成整个层析系统的一部分，本质上 MSPD 利用样品充分的分离分散过程，创造了独一无二的层析技术。

2.8.3 基质固相分散萃取的影响因素

1. 固体支持物的性质

在所有的报道中，MSPD 都采用硅胶键合固相支持物，其中有机相发挥了作用。当样品与吸附剂一同装柱时，应采用较为干燥的样品，否则装柱和洗脱都很困难。固体支持物的粒径对 MSPD 效果有显著影响，然而其孔径相对影响不大。通常会使用 40μm 粒径的固相支持物，使用 3~20μm 粒径会导致流量太小或不流动。也有报道称使用 40~100μm 粒径的混合材料可以使 MSPD 效果更好。

2. 键合相的性质

大多 MSPD 使用 C_8 和 C_{18} 等反相材料来分离亲脂性实体。有些报道则使用正相材料主要分离极性分析物。毫无疑问，键合相的种类和性质在 MSPD 中有着举足轻重的作用。由于亲脂性键合相可导致形成类似细胞膜双分子层集合的新相，并赋予 MSPD 独特的层析性质，所以它在样品的分离和分散过程中发挥实质作用。与 SPE 相同，固体支持材料必须预洗除去潜在的干扰物质，在与样品混合之前应用溶剂条件化以活化固相材料。

3. 样品基质的影响

因为 MSPD 中样品基质成为层析相的一部分，被分析物的测定结果和回收率会随着基质的不同而不同。油脂成分、总蛋白质及其分布状态会影响 MSPD 的洗脱。基质成分是流动的，而固体支持物的键合相是不动的。依靠洗脱溶剂和基质与固相成分之间的动力交互作用进行洗脱。由于被分析物和共萃取物的相对极性不同，可以通过溶剂淋洗的方式将这些潜在干扰因素除去。这样，化合物的洗脱顺序会受基质与固相的相互作用以及流动相的影响。

4. 洗脱剂的性质和添加顺序

与 SPE 一样，洗脱剂与固体支持物键合相的相对极性决定着柱中的保留与洗脱。在 MSPD 中，样品基质成分的保留和洗脱是需要考虑的影响因素。一些目标分析物在极性条件下与基质成分洗脱，由于它们在固相和洗脱剂中的分布难以预测，所以这种极性条件难以把握。然而，尽可能多地转移样品中的目标分析物是决定洗脱方案次序和设计的基础。这通常需借助共柱萃取或其他净化技术的应用才能实现。但是在一些应用中，如果洗脱液足够干净，那么在有些条件下也可直接进行分析。

2.9 超声萃取

2.9.1 概述

超声萃取本身有两个含义：超声技术的应用和物质中所含成分的萃取，即利用超声波产生的空化等特殊作用，用于物质化学成分萃取工艺中，将所含成分以快速、高效率地萃取出来的一项新的萃取技术[262]。

此法是将中药材置于超声萃取器的换能系统的超声场中，加入一定溶剂，超声萃取一定时间，使药材中所含成分在超声作用下很快地溶解于溶剂之中，再经过滤、分离，可得到所需要的有用成分。其操作简单、无需加热，萃取时间短、产率高。但由于超声萃取在萃取过程中使溶剂升温不高，所以要注意，对于萃取药材中含有的易被酶化的成分，在萃取时必须先使药材中的酶失活，再进行超声萃取，才能将其成分萃取出来。因而，对于中药材中的成分萃取要使用超声萃取，必须注意所提成分的性质，以其成分性质决定能否使用超声萃取来替代传统萃取法。

超声萃取中药和天然药物的简易方法和机理说明：在容器中加入萃取溶媒（水、乙醇或其他有机溶剂等），将中药材根据需要粉碎或切成颗粒状，放入萃取溶媒中；容器的外壁黏接换能器振子或将振子密封于不锈钢盒中投入容器中；开启超声波发生器，振子向萃取溶媒中发出超声波，超声波在萃取溶媒中产生的“空化效应”和机械作用一方面可有效地破碎药材的细胞壁，使有效成分呈游离状态并溶入萃取溶媒中，另一方面可加速萃取溶媒的分子运动，使得萃取溶媒和药材中的有效成分快速接触，相互混合。

超声萃取是在传统萃取法对物质中成分萃取的基础上，替代传统萃取法而在萃取方面发展起来的一种新的萃取方法。新方法在实际中应用的效果必须要有对比，要有参照的萃取法，有对比才能显出新萃取方法的优势，所以在本章中先谈谈提取与萃取的不同。

提取在化学研究中，是用适宜的溶剂和适当的方法，将所需要的成分尽可能地完全地从某种物质中溶浸出来，避免或减少无用成分和其他杂质的提出，以达到取其精华、去其糟粕的一个过程，即提取是在固、液两相间物质的溶解过程。这种溶解就是把所需要的物质（萃取物成分）从一个固相中溶解到液相（萃取剂）中，以达到转移的目的，所以提取是检测制备样品过程中的重要前期工序。因此如果提取方法设计合理、操作正确，不但能将所需成分提出来，而且也为后道工序的分离精制的操作提供了先决条件。分离就是把提取液中所含成分一一分开，而且得到所需的提取物（成分）的全过程。再将所得的单体提取物加以精制、纯化，以得到所需的纯成分。出此看来，提取和分离是两个紧密相连的过程，在实际应用中是不可分开的。提取工作处理得好坏会影响分离精制工作，提取液能否分开取决于提取工作，故提取是为进一步分离精制提供原料。

萃取是利用不同物质在选定溶液中溶解度的不同，以分离被处理溶液中的组分的方法，即将含有某些物质成分的水溶液与不相混溶的有机溶液充分接触后，通过物理或化学作用，使水溶液中的某种物质成分选择性地转移到有机溶液中的过程。所以萃取是在基本上互不相溶的两液相间质的传递过程。这种质的传递就是把所需要的物质（萃取物成分）从一个液相（含萃取物）中选择性地转移置换到另一个液相（萃取剂）中，以达到分离目的，所以萃取是一种分离的方法。

超声萃取以其萃取温度低、萃取率高、萃取时间短的独特优势被应用于中药材和各种动、植物有效含量的萃取，是替代传统剪切工艺方法实现高效、节能、环保式萃取的现代高新技术手段[263]。

2.9.2 超声萃取的原理

超声波指频率高于 20kHz、人的听觉阈以外的声波。超声提取技术的基本原理主要是利用超声波的空化作用加速植物有效成分的浸出提取，另外超声波的次级效应，如机械振动、乳化、扩散、击碎、化学效应等也能加速欲提取成分的扩散释放并充分与溶剂混合，利于提取。与常规提取法相比，具有提取时间短、产率高、无须加热等优点。

超声波辅助萃取（UAE）的基本原理主要是通过压电换能器产生快速机械振动波——超

声波，并利用超声波辐射压强产生的强烈空化效应、机械振动、扰动效应、高的加速度、乳化、扩散、击碎和搅拌作用等多级热效应，减少目标萃取物与样品基体之间的作用力，增大物质分子运动频率与速度，增加溶剂穿透力，从而加速目标成分进入溶剂，促进萃取的进行[264]。

1. 空化效应

通常情况下，介质内都或多或少地溶解了一些微气泡，这些气泡在超声波的作用下产生振动，当声压达到一定值时，气泡由于定向扩散而增大，形成共振腔，然后突然闭合，这就是超声波的空化效应。这种增大的气泡在闭合时会在其周围产生高达几千大气压的压力，形成微激波，它可造成植物细胞壁及整个生物体破裂，而且整个破裂过程在瞬间完成，有利于有效成分的溶出。

2. 机械作用

超声波甚至是低强度的超声波作用都可使介质的质点交替压缩伸张，产生线形或非线形交变振动，引起相互作用的伯努利力、黏滞力等，从而增强介质的质点运动，加速质量传递作用。例如，高于 20kHz 声波频率的超声波在连续介质（如水）中传播时，根据惠更斯原理，在其传播的波阵面上将引起介质质点（包括目标成分的质点）的运动，使介质质点运动获得巨大的加速度和动能。由于介质质点将超声波能量作用于目标成分质点上而使之获得巨大的加速度和动能，目标成分能迅速逸出基体而游离于水中。

超声波在介质中的传播可以使介质质点在其传播空间内产生振动，从而强化介质的扩散、传质，这就是超声波的机械效应。超声波在传播过程中产生一种辐射压强，沿声波方向传播，对物料有很强的破坏作用，可使细胞组织变形，植物蛋白质变性；同时，它还可给予介质和悬浮体以不同的加速度，且介质分子的运动速度远大于悬浮体分子的运动速度，从而在二者之间产生摩擦，这种摩擦力可使生物分子解聚，使细胞壁上的有效成分更快地溶解于溶剂之中。

3. 热作用

超声波在媒质内传播过程中，其振动能量不断地被媒质吸收转变为热能而使其自身温度升高，声能被吸收可引起媒质中的整体加热、边界外的局部加热和空化形成激波时波前处的局部加热。而加热能增强物质在溶剂中的溶解能力。

和其他物理波一样，超声波在介质中的传播过程也是一个能量的传播和扩散过程，即超声波在介质的传播过程中，其声能可以不断被介质的质点吸收，介质将所吸收能量的全部或大部分转变成热能，从而导致介质本身和药材组织温度的升高，增大了药物有效成分的溶解度，加快了有效成分的溶解速度。由于这种吸收声能引起的药物组织内部温度的升高是瞬时的，因此可以使被提取的成分的结构和生物活性保持不变。此外，超声波还可以产生许多次级效应，如乳化、扩散、击碎、化学效应等，这些作用也促进了植物体中有效成分的溶解，促使药物有效成分进入介质，并与介质充分混合，加快了萃取过程的进行，并提高了药物有效成分的提取率。

综上所述，中药材中的药效物质在超声波场作用下不但作为介质质点获得自身的巨大加速度和动能，而且通过“空化效应”获得强大的外力冲击，所以具有高的效率，并充分分离出目标物质。

2.9.3 超声萃取的特点

（1）超声萃取时不需加热，避免了中药常规煎煮法、回流法长时间加热对有效成分的不良影响，适用于对热敏物质的提取，同时由于其不需加热，因而也节省了能源。超声萃取中药材的最佳温度为 40~60℃，对遇热不稳定、易水解或氧化的药材中有效成分具有保护作用，同时大大节省能耗[265]。

（2）超声萃取提高了药物有效成分的提取率，节省了原料药材，有利于中药资源的充分利用，提高经济效益。超声波独具的物理特性能促使植物细胞组织破壁或变形，使中药有效成分萃取更充分，萃取率比传统工艺显著提高达 50%~500%。

（3）溶剂用量少，节约溶剂。萃取药液杂质少，有效成分易于分离、纯化，提取物有效成分含量高，有利于进一步精制。

（4）超声萃取是一个物理过程，在整个浸提过程中无化学反应发生，不影响大多数药物有效成分的生理活性。超声萃取中药材不受成分极性、相对分子质量大小的限制，适用于绝大多数种类中药材和各类成分的萃取[266]。

（5）萃取时间短，超声波强化中药萃取通常在 24~40min 即可获得最佳萃取率，萃取时间较传统方法大大缩短 2/3 以上，药材原材料处理量大。

（6）萃取工艺运行成本低，综合经济效益显著；操作简单易行，设备维护、保养方便。

近年来，超声萃取技术广泛应用于中药有效成分的提取。目前已有该技术用于生物碱类、蒽醌类、多糖类、苷类、有机酸类等中药有效成分提取的研究报道。

2.9.4 超声萃取的影响因素

1. 时间对萃取效果的影响

超声萃取通常比常规提取的时间短，样品性质不同，超声萃取时间各不相同。超声萃取的时间一般在 10~100min 即可得到较好的提取效果，如绞股蓝中绞股蓝总皂苷的提取。而药材不同，提取率随超声时间的变化也有所不同。

2. 超声频率对提取效果的影响

超声频率是影响有效成分提取率的主要因素之一。超声频率不同，提取效果也不同，应针对具体药材品种通过实验进行筛选。由于介质受超声波作用所产生的气泡的尺寸不是单一的，存在一个分布范围，因此提取时超声频率应有一个变化范围[267]。

3. 温度对提取效果的影响

超声萃取时一般不需加热，但其本身有较强的热作用，因此在提取过程中对温度进行控制，也具有一定意义。不同样品，不同溶剂，有其各自的最佳提取温度，需要进行实验筛选。

4. 药材组织结构对提取效果的影响

药材本身的质地、细胞壁的结构及所含成分的性质等对提取率都有影响，只能针对不同的药材进行具体的筛选。对于同一药材，其含水量和颗粒的细度对提取率可能也会有一定的影响。

5. 超声波的凝聚机制对提取效果的影响

超声波的凝聚机制是超声波具有使悬浮于气体或液体中的微粒聚集成较大的颗粒而沉

淀的作用。在静置沉淀阶段进行超声处理，可提高提取率和缩短提取时间[266]。

2.9.5 超声萃取的装置及仪器设备

1. 萃取装置

超声萃取器是将超声用于萃取装置中，促进物质成分进入溶剂中的容器和系统，是实现化学成分互相转移的场所。

一般超声萃取器由功率发生器和超声换能器两大部分组成[268]。对于压电换能器来说，由功率发生器提供电能，通过共振激发换能器中的压电晶片振动，使其产生向外辐射的超声波。

目前用于植物药材的成分含量测定（药检部门所用的）及食品、环保等检测方面的小型实验超声萃取器多以换能系统组成，其形式大致可以归纳为槽式、探头式（插入式）、浸没式和液哨式四种不同类型。还可根据应用中的实际情况，将换能器组成不同的形式，来适合工艺要求的超声萃取设备。

1）槽式超声萃取器

超声清洗器是目前应用最广的槽式功率超声设备，在超声萃取专用设备未设计出来之前，萃取工作者都是使用现已普及的超声清洗器进行初步实验的。

超声清洗器由超声发生器和换能系统组成。换能系统由一个不锈钢槽和若干固定在槽底部的超声换能器组成。超声换能器多采用图 2-40 所示的喇叭形换能器。

超声波通过换能器导入萃取器中，为了使锥形瓶中萃取液出现空化，图 2-40 所示的装有提取物料的容器底部与不锈钢槽底部的距离以及萃取液在容器中的高度都需仔细调整。由于萃取液与萃取器之间声阻抗相差很大，声波反射极为严重。如果以玻璃做萃取瓶，萃取液是水，其反射率高达 70%。

2）探头式直接超声萃取器

图 2-41 为探头式直接超声萃取器装置示意图。探头是一种变幅杆，即一类使振幅放大的器件，因而使能量集中。变幅杆与换能器紧密相连，然后插入萃取系统中，在探头端面的声能密度很高，通常大于 100W/cm^2，根据需要还可以做得更大。功率一般连续可调。探头式萃取器的优点是：①探头直接插入萃取液，声能利用率高；②通过变幅杆的集中，声能密度大大提高。

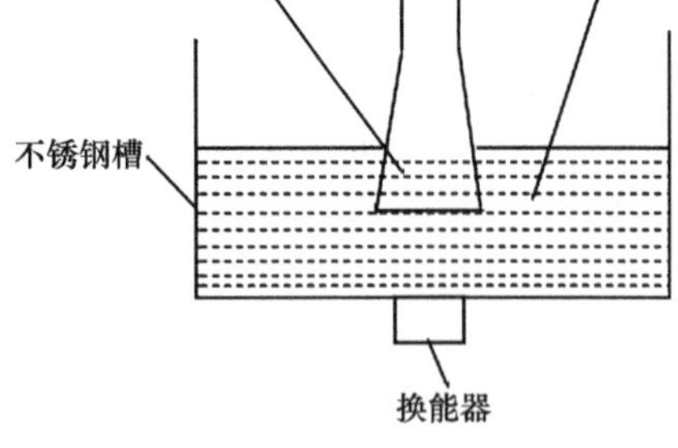

图 2-40 超声槽式萃取器

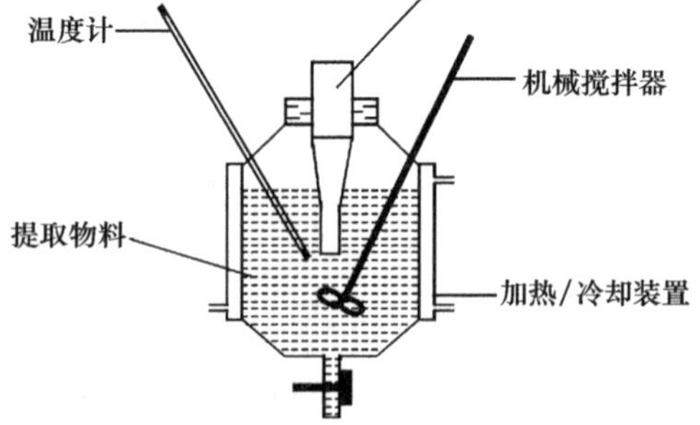

图 2-41 探头式直接超声提取装置

3）大型工业化超声萃取装置

罗马尼亚的一个研究小组制造了第一个工业超声反应器并申请了专利。图 2-42 为可能出现的大型工业化超声萃取装置。

由超声发生换能器输入换能器的电功率与换能器的辐射面积之比，称为超声清洗器的电功率密度，单位为 W/cm^2。超声清洗器的工作频率一般在超声清洗器的型号命名上有所反映。根据其功率密度及所用换能器的数目，可大致估计出其功率。

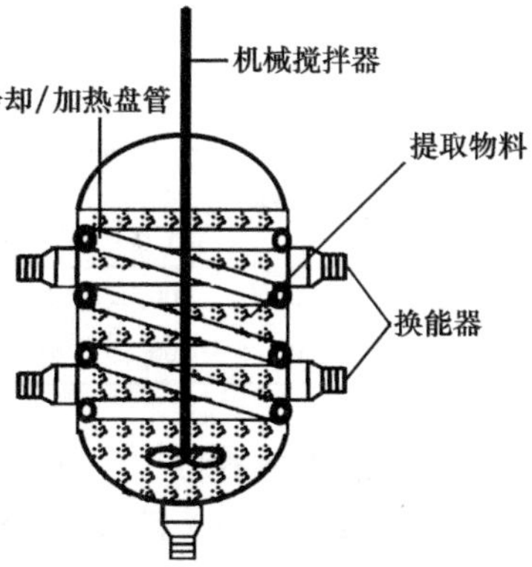

图 2-42 超声提取装置

2. 仪器设备

超声萃取设备的关键部位是超声波发生器，通常有三种类型，即机械式系统、磁致伸缩振荡器和电致伸缩振荡器。机械式超声波发生装置发生的超声频率一般较低，常为 20~30kHz，磁致伸缩振荡器发生的超声频率为 20~100kHz，电致伸缩振荡器发生的超声频率很高，通常在 100kHz 以上甚至达到 GHz 量级[269]。

目前，单一的超声萃取装置多见于中、小规模的提取，赵兵等设计了循环气升式超声浸提设备，该设备利用气体作为液-固混合物提升循环的动力，同时气体又增加了溶液中的溶解气体，使超声波更有效地发挥了作用。北京宏祥隆生物技术开发有限公司开发的“隆达”系列超声循环提取机容积在 2.5~500L 不等，既能满足实验室需要，又能适用于中等规模和大规模生产，解决了超声提取的工程放大问题，其技术参数见表 2-18。循环超声提取装置的特点在于：①效率高：提取时间仅为常规提取时间的几分之一；②能耗低，单位物料处理量能耗较常规方法降低 50%以上；③提取温度低，适于热敏性成分；④自动化程度高，操作简便，可进行间歇提取或多级连续提取，可实现全封闭提取；⑤性能价格比高，相同容量的装置价格为超临界萃取的 1/10 左右，生产成本低。

表 2-18 “隆达”系列循环超声提取机技术参数

型号	HF-2.5	HF-5	HF-10	HF-20	HF-50	HF-100	HF-200	HF-500
有效容积/L	2.5	5	10	20	50	100	200	500
搅拌电机功率/W	100	100	200	200	300	400	500	600
超声功率/W	100~900	100~900	200~1200	300~1500	400~1800	200~1800	400~2400	600~3600
最大加热功率/W	200	300	250×2	250×3	250×5	300×5	400×5	500×5
搅拌速率/(r/min)	0~2500	0~2500	0~2500	0~2500	0~2000	0~2000	0~2000	0~2000
控制温度/℃	室温~60	室温~60	室温~60	室温~50	室温~50	室温~50	室温~50	室温~50
适用介质	挥发性或非挥发性							
处理能力/(kg/h)	0.8~1.6	1.2~3.0	2.2~6.0	4.5~12.0	8.5~22.0	16.0~40.0	30.0~75.0	76.0~190.0
用途	实验室	实验室	实验室或中试	实验室或中试	中试或生产	中试或生产	生产	生产

上海松山科技有限公司开发的全效超微提取成套设备将超声波和微波联合应用，设计的年处理能力为 375t、750t、1500t 和 3000t 的大型设备，可根据需要任意组合，并且实现了整个生产过程的自动控制，投资费用较常规生产线减少 50%。

2.9.6 超声萃取的应用

1. 超声法提取中药苷类成分

1）黄芩苷的提取

取黄芩粉（80 目），加水，分别用煎煮法和超声萃取法（超声频率 20kHz）提取 2 次。

提取液合并后，分离纯化得黄芩苷。分析黄芩苷含量。结果见表 2-19。

表 2-19 煎煮法和超声萃取法提取黄芩甘的比较

提取方法	黄芩量/g	加水量/mL		提取时间/min		粗黄芩苷量/g	粗品含量/%	纯黄芩苷量/g	提取率/%
		第 1 次	第 2 次	第 1 次	第 2 次				
煎煮法	50	300	200	90	90	1.0987	84.56	0.9291	1.8582
超声萃取法	50	300	200	20	20	1.8445	94.45	1.7422	3.4844

2）天麻素的提取

取天麻粗粉（50 目），加入 70%乙醇至 30mL，分别用浸渍法和超声萃取法（超声频率 20kHz）提取，过滤，测定天麻素含量。结果见表 2-20。

表 2-20 浸渍法和超声萃取法提取天麻素的比较

提取方法	天麻量/g	浸渍时间/min	提取时间/min	含量/(mg/mL)	提取率/%
浸渍法	2	48	0	0.0209	0.6266
超声萃取法	2	12	30	0.0438	1.3143

结果说明：超声萃取法对有效成分的提取率比常规方法高，并且大大缩短了提取时间。

3）穿山龙中薯蓣皂苷的提取

穿山龙为薯蓣科植物穿龙薯蓣（*Dioscorea nipponica* Mak.）的根茎，其主要药效成分为薯蓣皂苷（dioscin）。取穿山龙 2g，分别用浸渍法和超声萃取法提取，过滤，测定薯蓣皂苷含量，结果见表 2-21。当超声萃取 30min 时，能达到最大提取率，超声萃取工艺可比浸渍提取工艺节约原材料 27%。

表 2-21 不同超声频率下薯蓣皂苷的浸出率

提取方法	穿山龙量/g	浸渍时间/min	提取时间/min	含量/(mg/mL)	提取率/%
浸渍法	2	48	0	0.0209	0.6266
超声萃取法	2	12	30	0.0438	1.3143

2. 青蒿素的提取

青蒿素遇热易分解，一般在 50%以下用石油醚冷浸或搅拌提取 24~48h，提取率一般在 60%左右。在 2.5L 循环超声提取装置中，分别研究了流体循环流动基本特性，超声时间、超声强度、固液比、提取温度、搅拌速率（循环速度）对青蒿素提取率和石油醚损耗的影响。实验条件下，青蒿素提取率达到 90%以上，提取时间缩短至 20min，石油醚回收率达 90%，提取效率较常规方法显著提高。

2.10 微 波 萃 取

2.10.1 概述

微波是指波长介于红外线和特高频之间的射频电磁波。微波的波长范围在 1m~1mm，所对应的频率范围是 300MHz~300GHz。微波频率比一般的无线电波频率高，通常也称为超高频电磁波。微波作为一种电磁波也具有波粒二象性。在技术领域协定适用的四个频率分别为

915MHz、2450MHz、5800MHz 和 22125MHz[270]，这是为了防止民用微波能对于微波雷达和通信的干扰。大多数家用微波设备应用的频率是 2450MHz，这是最常用的频率。

微波技术最早是在第二次世界大战雷达技术中发展起来的。雷达定位技术就是利用微波方向性强的特点测量飞机、战舰的方位，雷达技术在微波技术的发展中占有十分重要的地位。后来，微波技术被广泛用于通信、导航、遥控遥测等领域。在通信应用中，最大的市场是电话和电视系统、无线数据传输系统、卫星通信和卫星广播系统等。1947 年美国的雷声公司研制成世界上第一台微波炉。微波炉是利用食物在微波场中吸收微波能量而使自身加热的烹饪器具。随着微波技术在加热方面的应用越来越多，现在它已经被广泛应用于化学反应、化学分析、催化剂改性、高分子加工、干燥及医学（治癌、灭菌）等方面[271]。

在微波加热系统中，常用的材料基本上可以分为微波反射材料、微波穿透材料和微波吸收材料三类[272]。

（1）微波反射材料。微波反射材料能够反射微波，如同从镜面上反射一样，它们大多数为金属物质，如银、铜和铝等。因此，在微波系统中，微波反射材料用导体以特定的形式来传播微波能量。而在微波加热装置中常用的波导管是矩形或圆形的金属管，一般是由黄铜等金属制成的。

（2）微波穿透材料。微波具有很好的穿透性，微波比其他用于辐射加热的电磁波，如红外线、远红外线等波长更长。微波和微波穿透材料相互间的作用，如同光线和玻璃的关系一样。玻璃能使光的一部分反射，但大部分被透过，吸收则很少。在微波系统中，根据不同情况，微波对玻璃、陶瓷、云母、聚四氟乙烯、聚丙烯之类的物质都能起到良好的穿透作用。

（3）微波吸收材料。微波吸收材料是一种能吸收微波、电磁能而反射与散射较小的材料。吸收微波的基本原理是通过某种物理作用机制将微波能转化为其他运动形式的能量，并通过该运动的耗散作用而转化为热能。在微波加热领域里，被加热的物质通常是不同程度地吸收微波能量的介质。这类物质常称为有耗介质。特别是含有水和脂肪的物质，在不同程度上吸收微波能量，并可转变为热量。此外，磁性化合物也是一种特殊的微波吸收材料，也易于用微波能来处理。

微波加热是微波的重要用途之一。微波加热是一种内加热[273]。微波能直接穿透容器，使容器中的溶剂与样品吸收微波而直接升温，以达到加热的效果。微波可以使样品与溶剂在很短的时间内升温到很高的温度，它比常规加热一般要快 10~100 倍。微波加热的特点有加热速度快、加热均匀、无温度梯度、无滞后效应等。然而传统的加热方式是基于热传导作用的外加热，即外热源加热容器，热量传递给溶剂，通过分子热运动和对流作用，进一步传递给样品。两种加热方式如图 2-43 所示。

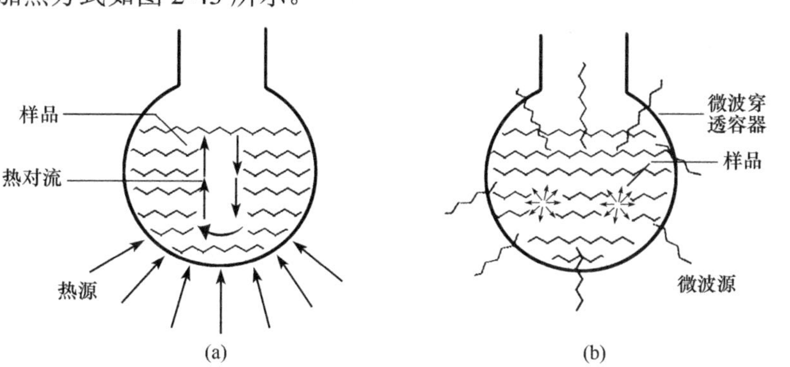

图 2-43 传统的外加热（a）和微波加热（b）模式

近些年来，微波技术在许多行业中得到了迅速推广，微波具有一系列的优点，具有很大的发展潜力。但是也应当指出，微波在造福人类的同时，也同样造成了一定的危害，所以要使微波技术得到大的发展，必需全面了解微波的特点，其中重要的一项就是辐射及其防护问题。如果装置设计不合理，或者生产中没有考虑必要的防护措施，使工作人员长期受到大量微波的辐射，就会影响到工作人员的身体健康。联合国人类环境会议把微波辐射列入了必须控制的造成公害的主要污染物之一。不过，通过微波的特性可以知道，微波辐射是完全可以抑制的，只要在工作中高度重视微波安全问题并注意防护即可。

微波辅助萃取（microwave assisted extraction，MAE）又称微波萃取，是指利用微波能加速目标化合物脱离固体样品进入萃取溶剂中的溶出过程。目标化合物在样品和溶剂之间进行再分配，在微波的作用下，最终被萃取到溶剂中。1975 年，Abu-Samra 等首先使用家用微波炉从生物样品中萃取金属元素[274]。此后，微波消解法被广泛应用到环境、生物、土壤、煤及金属样品中并不断发展，在一定范围内，逐渐取代了常规的电炉加热消解技术。从那时起，微波技术也开始在分析化学中的其他方面得到应用，如样品的干燥、湿度测定等[275]。1986 年，Ganzler 等首次使用 MAE 技术从食物和土壤中萃取有机物（脂肪和杀虫剂）[276]。他们用与索氏萃取相同的溶剂用量，使用家用的微波炉进行萃取，回收率与常规法相似。此方法只需要在几分钟即可萃取出目标产物，而传统萃取方式需要几个小时。20 世纪 90 年代，Pare 等将微波萃取用于从生物材料中萃取目标化合物，并将这种小规模的微波萃取技术扩展到工业应用中[277]。

2.10.2 微波萃取的原理

萃取又称溶剂萃取，就是将目标化合物从样品基质中转移至萃取溶剂中的过程。MAE 就是应用微波来加速萃取过程。微波与物质的作用包括两方面：电磁辐射能被物质吸收和以热的形式散发。尽管微波频率与分子旋转运动相当，但在凝聚状态下，不存在自由分子的旋转，这种现象与气相中的情况恰好相反。物质吸收的能量立刻导致其在分子和均匀加热介质间的重新分配。因此，微波加热是一种“体加热”。

偶极子旋转和离子传导两种机理决定了微波穿过溶液时，能量的传递由溶剂偶极子在交替振荡电场中的再取向以及溶质离子的迁移来完成。因此产生的热运动加剧了溶剂结构的无序化，这是由于场的取向作用。每种因素的影响程度取决于反应过程和反应物的特性。值得注意的是，早在 1933 年 Bernal 和 Fowler[278]就提出了“结构温度”的概念，根据这一概念可知，离子（形成某种电场的带电物质）对溶剂的影响与温度的升高或降低有关。此观点有助于了解微波加热条件下化学反应的特殊性。与传统加热相比，微波加热可在相同甚至更低的温度下获得同样的结果。

一般介质在微波场中的加热有以下两种机理，即偶极子转动和离子传导[270]。

1. 偶极子转动作用

微波辐射是由振动的、互相垂直的电场和磁场组成，与所有的电磁辐射一样。微波辐射下的吸收介质，是依靠振动的电场波被加热的。介质中具有正负电性不平衡的物质，即具有永久或诱导偶极子的物质，如水、酸和醇等极性分子，在交变电场的作用下，随外加电磁场的交替改变而改变其取向排列（图 2-44）。在高频率的微波场（如 2450MHz）作用下，偶极子做同样频率的取向变化（每秒高达 24.5 亿次的取向排列变化），从而使极性分子产生高速旋转。其结果是：在克服物质固有的、杂乱无章的分子热运动，克服溶液由于黏稠性而产生的阻滞力等的过程中，产生类似于摩擦的作用。通过剧烈的摩擦和碰撞，吸收的微波能转化为热能。

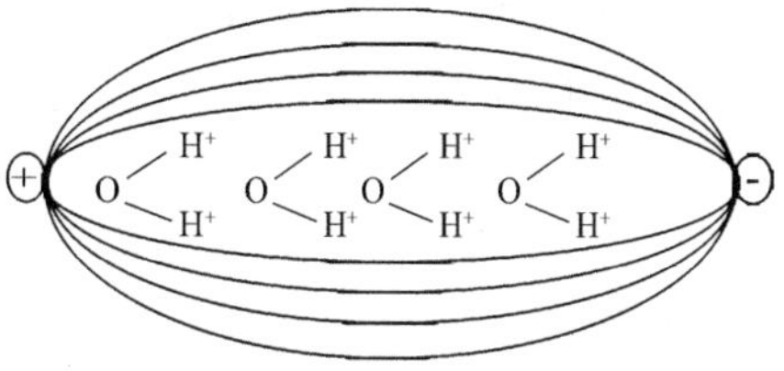

(a) 磁场中的水分子的定向排列

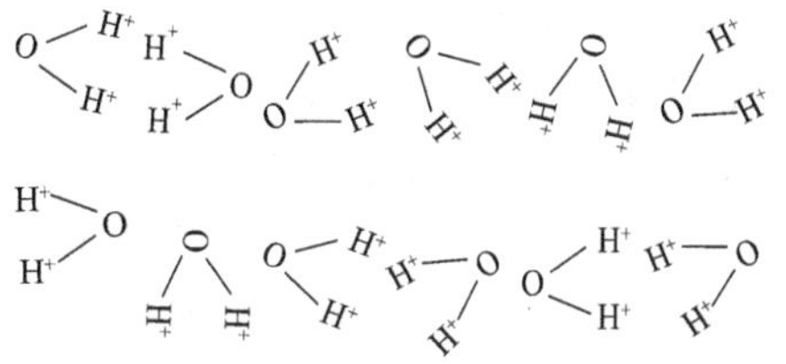

(b) 水分子的无序热运动

图 2-44 电场对水分子的影响

2. 离子传导作用

溶液中的物质解离成的阴、阳离子，在微波场作用下，离子产生不断变换方向的迁移运动。由于离子传导作用，这些离子与周围的分子产生摩擦和碰撞，微波能转化为热能。在微波加热实际应用中，这两种机理的微波能耗散同时存在，其贡献大小取决于介质的分子结构、介电常数大小、浓度及弛豫时间等[279]。不同物质的介电常数不同，其吸收微波能的程度也是有差异的。利用这种差异可选择性地加热目标化合物，通过选择不同溶剂和调节微波加热的参数，有利于目标组分从基体中萃取和分离。

物质吸收微波能的程度可用介质耗散角正切值（tgδ）描述。tgδ 是样品的损失因子（ε''）与样品的介电常数（ε'）的比值，即 tg$\delta=\varepsilon''/\varepsilon'$，介电常数是样品阻止微波能通过能力的量度，损失因子是样品耗散微波能量能力的量度。文献[280]列出了一些物质的损失因子和介电常数。当微波能进入样品时，样品的 tgδ 决定了样品吸收能量的速率。吸收微波能的物质，其 tgδ 是一个确定值。因为微波能通过样品时很快被样品吸收和耗散，样品的 tgδ 越大，给定频率的微波能穿透越小。

2.10.3 微波萃取的特点

将微波技术应用于萃取具有以下特点。

1. 体加热，加热速度快

微波加热的最大特点为：热是在被加热物体的内部产生，而不像常规加热那样从外部输入。微波加热的热源分布在物体之内，这样物体内外同时热，大大缩短了加热所需的时间。微波能转化为热能时存在即时性。根据德拜理论，极性分子在极化弛豫过程中的弛豫时间 τ，与外加交变电磁场极性改变的圆频率 ω 有关，而在微波频段中有 $\tau\omega\approx1$。用工业微波加热设备常用的两种微波工作频率 915MHz 和 2450MHz 计算，得到 τ 为 10^{-10}~10^{-9}s 数量级。因此，微波能在物料内转化为热能的过程具有即时性，宏观上表现为加热速度快。实践证明，采用微波加热以后，加热的时间可以缩短到只有原来常规加热时的十分之一、几十分之一甚至几百分之一。

2. 穿透力强且加热均匀

物料对电磁波的吸收特性是指电磁波能够穿透到物料内部，其穿透的距离在理论上与电磁波的波长同数量级。因此，微波能透入物料内部深层，被物料吸收从而转换成热能，形成物料独特的受热方式——物料整体被加热。

这里需要指出的是，微波能可直接进入样品内部而不需要借助于某些介质的传导，但进入内部的深度并非是无限的。这是因为电磁波从样品表面进入样品后，其能量不断被吸收并转化为热能，场强和功率逐渐衰减，这种电磁波穿透到介质内部的能力可用穿透深度描述。穿透深度又分为场强穿透深度 D、功率穿透深度 D_P 和半功率穿透深度 $D_{1/2}$。它们与实验参数的关系可用以下公式来表示[281]：

$$D=\lambda_0/(\pi\varepsilon_1^{1/2}\cdot \mathrm{tg}\delta) \tag{2-70}$$

$$D_P=\lambda_0/(2\pi\varepsilon_1^{1/2}\cdot \mathrm{tg}\delta) \tag{2-71}$$

$$D_{1/2}=\lambda_0/(8.686\pi\varepsilon_1^{1/2}\cdot \mathrm{tg}\delta) \tag{2-72}$$

式中，λ_0 为电磁波的波长；ε_1 为吸收介质的相对介电常数；D 为场强穿透深度，表示场强减弱到表面处的 1/e（36.8%）时所对应的距离；D_P 为功率穿透深度，表示功率减弱到表面处的 1/e（36.8%）时所对应的距离；$D_{1/2}$ 为半功率穿透深度，表示功率减弱到表面处 1/2 时所对应的距离。

3. 选择性加热

微波加热理论与实践均表明，在单位体积物料内消耗的微波功率与该处的电场强度的二次方和微波频率及物料介电常数成正比。微波对这种物料呈现出选择加热的特性，如果整个物料所组成的各个部分的介电性质不同，介电常数及介质损耗小的物料，对于微波入射可以说是“透明”的，物料吸收入射微波的能量极少。例如，在微波加热器内，由于被加热的物料与微波加热器金属箱体对微波的吸收呈极大的反差，微波能量绝大部分分散在被加热的物料上，而物料周围的空气或者加热设备的金属部件耗能极小，因此节能的特点是微波加热器工作时其箱体部分不受热。溶剂的介电常数和电导率影响样品的微波能吸收和分布。溶质和溶剂的极性越大，微波辅助萃取的效率就越高。而非极性溶剂不吸收微波，微波对其没有加热作用。因此可以通过选择适当的溶剂来提高萃取的效率和选择性。

4. 伴随着生物效应

微波加热过程中除热效应外，还伴随着生物效应（非热效应）。在利用微波辅助萃取技术从植物等生物基体中萃取待分析成分时即利用了这种非热效应[282]。在萃取过程中，微波加热导致植物细胞内的极性物质尤其是水分子吸收微波能，从而产生大量的热量，使细胞内温度迅速上升，水分子在短时间内大量汽化，导致植物细胞内部的压力迅速上升，最后冲破细胞膜和细胞壁形成孔洞。进一步加热导致细胞内部和细胞壁水分的减少，从而使细胞收缩，表面出现裂纹。孔洞和裂纹的存在使细胞内物质容易被释放出来，而细胞外溶剂容易进入细胞内溶解并释放出细胞内的物质，从而有效提高萃取效率。

2.10.4 微波萃取的影响因素

1. 萃取溶剂种类

影响 MAE 效率的重要因素之一是萃取溶剂的类型。适用于 MAE 的溶剂必须满足以下三点：①溶剂的极性不能够太低，否则不能充分吸收微波能；②溶剂对目标萃取物要有较强的溶解性；③溶剂的使用有利于后续操作。微波萃取效率与萃取溶剂的 pH 有一定的关联，针对不同样品，萃取溶液会有一个最佳的酸碱度[283]。微波萃取溶剂选择所遵循的原则与传统溶剂萃取法相似，但与传统萃取法不同的是，用非极性溶剂时一定要加入一定比例的极性溶剂，因为非极性物质（如环己烷等）不吸收微波能。目前常用的MAE溶剂有水、甲醇、乙醇、乙腈、丙酮、二氯甲烷等溶剂以及己烷-丙酮、水-甲苯等混合溶剂体系[284-288]。

2. 萃取溶剂用量

为充分萃取目标组分，萃取溶剂用量可在较大范围内变动。萃取过程中的一个重要因素是固液比[289, 290]，其主要表现在影响固相和液相之间的浓度差，即传质推动力。在传统萃取过程中，一般随固液比的增加，萃取率也会增加，但是在微波辅助萃取过程中，有时萃取率却随固液比例的增加反而降低。固液比的提高必然会在较大程度上提高传质推动力，但由于萃取剂体积太大，萃取时罐内压力过大，会超出其承受能力，造成溶液溅失。然而，在某些情况下，当萃取剂用量过少、没有完全将样品浸泡时，可观察到电弧现象发生[291]。

3. 萃取温度

萃取温度对萃取产率的影响同样十分重要，萃取温度的提高可以提高样品内部的扩散能力和待测组分从样品中解吸的能力。然而，萃取温度过高会使待测组分降解或使更多的杂质溶解于溶剂，从而降低待测物萃取产率或分离效果[292]。在高压密闭MAE中可以通过控制密闭容器中的压力来实现对温度的控制，而内部压力可达到十几大气压，由于溶剂沸点比常压下的溶剂沸点高，微波萃取可达到常压下同样的溶剂达不到的萃取温度。另外，随着温度的升高，溶剂的表面张力和黏性都会有所降低，从而使溶剂的渗透力和对样品的溶解力增加，来提高萃取产率，而又不至于分解待测萃取物。所以，选择恰当的萃取温度，能使待测组分保持原有的形态（不降解），而且能得到最佳的萃取产率。

4. 萃取时间

微波辅助萃取时间与溶剂体积、微波功率、被萃取样品量有关。不同的物质最佳萃取时间不同，一般情况下，萃取时间为几分钟到几十分钟。时间过短，对待测物的萃取往往不彻底；时间过长，可能使待测物在长时间的微波辐照下发生降解或基体中的更多杂质被萃取出来进入溶剂中，产生更多的干扰[293]。

5. 微波功率

微波辐射功率可在一定程度上对微波萃取的效率有一定的影响，当样品量较少时，选择较小的微波辐照功率即可满足萃取的要求，在节约能源的同时还避免了过热导致的产物降解。尤其在高压密闭MAE体系中，微波辐射功率过高极易引起体系过热，从而导致控压或控温不准，甚至还会发生危险[294]。

6. 样品本身

在微波辅助萃取的过程中，有时样品本身的水分会对萃取效率有一定影响。水的介电常数较大，它可以有效地吸收微波能并将其转化为热能，所以植物样品中含水量的多少对萃取产率有很大影响。另外，因为水能有效地吸收微波能，所以含水量的多少对萃取时间也有很大影响，而干的试样需要较长的辐照时间。文献[295]指出生物样品的含水量对萃取率影响很大，正因为动植物试样组织中含有水分，才能有效吸收微波能。若实验样品干燥（不含水分），可以采取润湿的方法使其具有足够的水分[296]。

另外，样品的粒度大小对萃取产率也有一定影响，一般情况下，萃取平衡是受分子内扩散控制的，而萃取速率往往受溶质在颗粒内部的扩散控制。粒度越小，萃取产率越高，这与萃取过程的理论分析是一致的。但样品颗粒太细，就容易黏结在一起，在没有强力搅拌的情况下就会影响萃取产率[297]。

2.10.5 微波萃取的类型和装置

1. 微波辅助萃取装置简介

家用微波炉是早期使用的MAE装置。这类微波装置属于开环线性控制运行模式，微波辐射只能按设定的功率、时间进行，无实时温度和压力的监测和显示，更谈不上功率控制反馈过程。操作人员一般通过反应结果对方法进行评价。这类仪器存在的主要问题是安全系数较低和场强不均匀等。然而，由于其价格特别便宜，目前在一些实验室中仍然使用改装后的家用微波炉。

1985年，美国CEM公司生产了第一台用于处理样品的商品化的微波炉（MDS-81D型），这标志着专业化的微波制样设备开始引入市场。此微波设备在刚推出时还主要用于消解方面。1989年，压力反馈控制技术专用微波制样系统被引入实验室。1992年，温度反馈控制技术也被引入进来。控制微波样品前处理、深入研究微波处理样品的机理及建立有关微波制样标准方法进入了一个崭新的阶段，其标志是温度和压力的实时监测。随后，CEM 公司又推出了升级改进的MDS-2000型和MDS-2100型微波制样系统，采用光纤测控温度，液压传感器测控压力。此时，这些仪器不再是一台简单的微波炉，而是与感受信号的各种传感器、数据采集处理系统、计算机软硬件等一起构成的一体化设备。这一时期推出的许多专用微波制样设备大都属于这一类型，如意大利Mileston公司Ethos系列微波制样系统、美国Questron公司的Q-WAVE-1000微波制样系统、奥地利Parr GmbH公司的PMD密闭微波制样系统和法国Prolabo公司的M-301敞口型微波制样系统等。

国产微波制样设备起始于20世纪80年代末，现在也逐渐发展起来，如北京盈安美诚科学仪器有限公司的WR系列微波样品处理系统（WR-3A型、WR-3C型、WR-3E型及WT-3E型）、上海新仪微波化学科技有限公司的 MDS-2002A 型微机控压密闭微波制样系统等。总体来说，国内生产的微波制样系统较受用户欢迎，价格相对便宜。

1998年6月，德国一位年仅32岁的化学博士因操作高压微波炉不当而被炸伤致死。这尽管是一次极偶然的事件，但也使人们反思，提出了是否一定要对样品进行高压前处理的疑问。全自动聚焦微波制样系统在加强高压仪器的安全设计和安全标准管理的呼声中应运而生。世界上主要有两家公司研究专业全自动聚焦微波制样系统，即美国 CEM 公司和法国Prolabo公司。由于其处理能力灵活多样，因此目前市场需求较大。

这里还需要说明的是，传统的微波制样技术是脉冲式加热，通过微波发射的开关来控制。研究表明，脉冲微波在开关的瞬间会产生高阈值电磁脉冲，极易破坏所萃取的有机分子的形态而影响萃取结果的一致性和可靠性。第二代控制技术是自动功率变频控制和非脉冲技术，特征是功率自动变化，输出为非脉冲微波。特点是在连续微波发射条件下，无须关闭微波发射，根据温压反馈的信号，自动线性改变微波功率输出，从而调整反应状态。该技术不仅提高了反应速率，增加了安全系数，而且萃取回收率和稳定性也得到改善。

这些专用的微波制样设备一般都具有磁控管、波导管、炉腔、萃取容器，有些设备还具有压力和温度的监视部件、负载转盘以及波形搅拌器等。下面对这些部件做一简单介绍。

1）磁控管

磁控管就是在微波设备中使用的二极真空管，微波是由一种能产生大功率超高频微波振荡的二极真空管产生的。若按工作状态分类，这种磁控管属连续波磁控管。磁控管是微波设备的关键元件，是微波设备的中枢元件。

2）波导管

波导管是微波的传输通道，由能反射微波的材料（如金属材料）制成，磁控管将产生的微波能通过波导管进入微波加热器（微波腔），磁控管产生的微波由完全匹配的波导管传输到炉腔中。在传输过程中，一般应满足：高效传输，即能以最低的损耗和最小的反射，将微波源功率传输至终端微波腔和负载；因终端反应和负载阻抗有可能大范围地变化而引起的反射波对微波源工作稳定性的影响应减至最小。

3）炉腔

炉腔是微波传播终点的加热器。炉腔壁由金属材料构成。在常用微波炉中，微波进入腔体后在壁与壁之间多次反射，微波的轨迹轮廓分明，波模清晰。在体积相同的腔体中，所激发波模的方向和波模数能达到微波均匀加热的目的。在普通微波炉中，炉壁的一侧是炉门，炉门上设有网状金属板，网孔的大小是专门设计的，使微波不能穿透泄漏，但可以通过网孔观察到炉腔内的情况。

4）萃取容器

制作微波萃取容器的材料必须是低耗散微波辐射的材料。熔融石英是制作萃取容器很好的材料，因为其可以透过微波，但是石英价格较为昂贵。而聚四氟乙烯（PTFE）透过微波的效果也很好，可以用在 MAE 中，放置样品。然而 PTFE 只有在 250℃以下时才有比较好的机械强度，因此其使用温度一般不能超过 250℃。PTFE 和石英的另一个优点是质地纯净，特别适合于制备痕量物质的样品。

5）压力和温度的监控部件

高压密闭 MAE 装置的优点是能够实时监测萃取罐内部的温度和压力。当萃取过程中温度或压力超过事先设定萃取罐内允许的最高温度和压力限度时，则将测得的温度或压力参数反馈到控制系统，并切断所施加的微波功率，就可以十分安全地完成整个萃取过程。

6）波形搅拌器和负载转盘

从微波萃取炉腔特点分类，目前被广泛使用的微波炉，属于多模箱式反应器，由于箱式反应器内是多模驻波场分布，理论上不可能做到使腔内各点电场幅值保持不变，只能尽可能增加腔内模式数，使幅值相差减小，相对较均匀。另外，被处理材料本身的物理特性也不是完全均匀的，要保证在处理过程中均匀反应也十分困难。在实际应用中，一般有如下两种措施来提高均匀性：①波形搅拌器，即在箱体顶部适当位置，安置一个由 3~6 个不同反射面组成的旋转翼片，用马达或气流带动，以每分钟数转的速度旋转。它将周期性地扰动微波的反射，从而改变腔内场或模式数的分布，使被加热介质周期性地碰到大小不同的场的作用而相对改善作用的均匀性。②微波炉内安装负载盘，其由不吸收微波的玻璃或塑料制成，一般在转盘腔体内底部，用马达驱动，一般在 6~15s 内做 360°转动。被加热介质或容器置于转盘上，介质在腔体中的位置将被周期性改变，使之与每个位置相应的场模式都能产生相互作用，从而提高样品处理的均匀性。

在已有的报道中，MAE 有不同的分类方法。根据萃取容器的不同，可将 MAE 分为：①密闭微波辅助萃取（closed-vessel microwave-assisted extraction），也称高压微波辅助萃取

（high-pressure microwave-assisted extraction）；②敞口微波辅助萃取（open-vessel microwave-assisted extraction），也称常压微波辅助萃取（atmospheric-pressure microwave-assisted extraction）；③真空微波辅助萃取（vacuum microwave-assisted extraction）；④动态微波辅助萃取（dynamic microwave-assisted extraction）[298]。

下面对这四种 MAE 方式的萃取模式、使用装置以及应用加以讨论。

2. 密闭微波辅助萃取

密闭微波辅助萃取又称高压微波辅助萃取（PMAE），其结构如图 2-45 所示。通常情况下，可根据要求调节该体系的压力和温度，实现温-压可控萃取。由于多数萃取罐使用的材料为聚四氟乙烯，萃取体系不可超过规定的最高压力使用，以防止萃取罐爆裂。多数商品化仪器的炉腔内最多可容纳 12 个萃取罐（CEM、Questron Tech.、上海申科等），也有的仪器最多可容纳 50 个萃取罐（milestone）。在 PMAE 中，微波辐射方式大多使用发散式，使炉腔内各个位置都有不同程度的微波辐射。并且由于只有一个萃取罐可以连接控温和控压装置，因此必须保证所有萃取罐内的物料完全相同，确保所有萃取罐内的压力和温度保持一致。在萃取过程中，随着体系压力的升高，溶剂沸点也升高，有利于待萃取组分更好地溶解到溶剂中，提高萃取率。

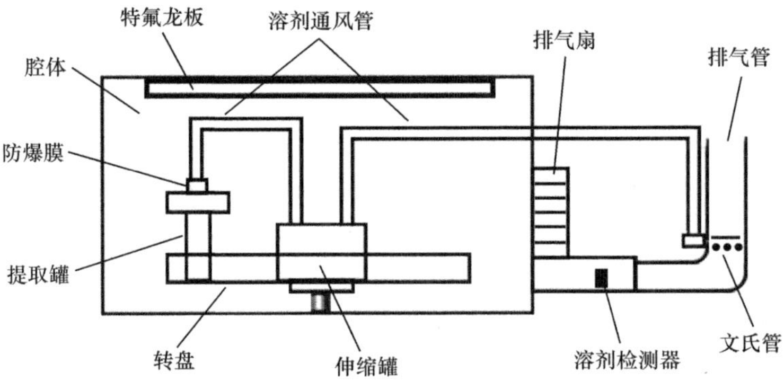

图 2-45　密闭微波辅助萃取装置

国外商品化的密闭式微波辅助萃取设备主要有美国 CEM 公司的 MARS 系列、MDS 系列、MES-1000[299]。国产的主要有北京盈安美诚公司的 WR 系列和北京雷明公司的 MSP-100D。

密闭式微波辅助萃取设备已广泛应用于环境分析、食品分析以及中草药分析等领域[300-302]。

3. 敞口微波辅助萃取

敞口微波辅助萃取是一种常压下的 MAE 方法，萃取罐或萃取系统在萃取过程中始终保持与大气相通，使萃取体系的压力恒定，因此萃取过程只能通过调节体系温度或功率进行控制。在敞口式 MAE 法中，两种微波作用方式（发散式和聚焦式）均可应用于此方法中。

1）装有回流装置的改造型家用微波炉

使用装有回流装置的改造型家用微波炉，微波作用方式为发散式，与常规电炉加热萃取方法基本相同，一次萃取的样品量可以比较大。当样品质量达到几百克时，为克服微波在 2450MHz 辐射穿透不足的问题，需要增加电磁或机械搅拌。其装置如图 2-46 所示。中国科学院过程工程研究所的刘会洲教授等在这方面做了大量工作[303-306]。

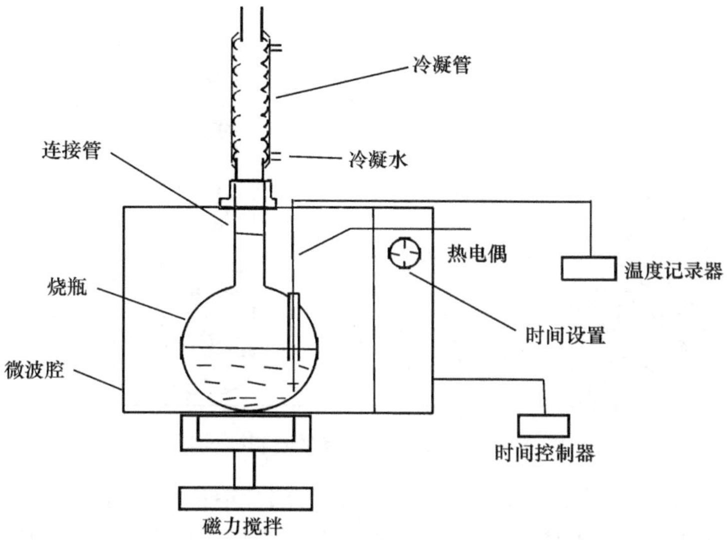

图 2-46　装有回流装置的改造型家用微波炉

无溶剂微波辅助萃取法（solvent free microwave extraction，SFME）也属于一种敞口微波辅助萃取技术。最早是 2003 年由 Lucchesi 等提出的一种从天然产物中萃取挥发性组分的新方法[307]。其原理是在不加入任何溶剂的情况下，利用样品自身包含的水分吸收微波能量并转化为热能，当温度升高，细胞壁破裂时挥发油被蒸出，再用冷凝装置冷却回收。2005 年汪子明等对微波辅助无溶剂萃取法做了进一步改进，将羰基铁粉作为微波吸收介质加入样品中，萃取了干燥中草药薄荷和陈皮中的挥发油组分[308]。其装置如图 2-47 所示。

2）商品化的聚焦微波制样设备

商品化的聚焦微波制样设备是另外一种应用在敞口 MAE 中的微波设备。目前，国外的仪器主要有美国 CEM 公司的 STAR 系列以及意大利 Milestone 公司的 Ethos MOD 系列。国内有上海新仪公司的 MAS 系列、上海屹尧公司的 WF-4000C 和南京三乐公司的 WCD 系列等。STAR 全自动聚焦微波开放式制样系统是这类设备中应用最多的一种。其装置如图 2-48 所示。该系统通过非金属结晶体单向波导，分别在各小腔槽进行微波聚焦，直接瞄准样品进行高效辐射，温度可达 500 ℃，而且通过自动快门可独立控制各反应腔所需的功率[309-313]。

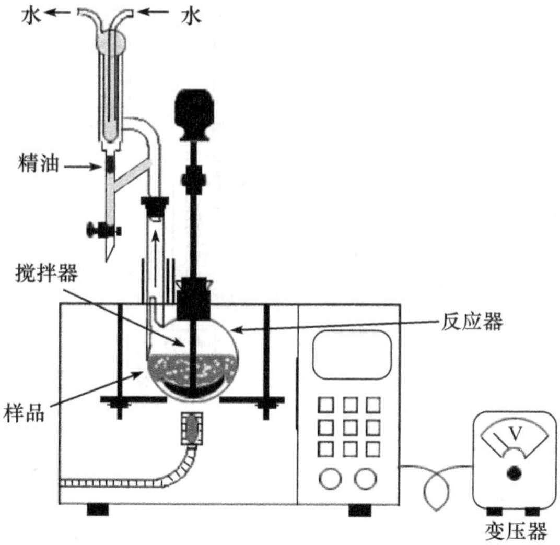

图 2-47　微波辅助无溶剂萃取装置

敞口式聚焦微波辅助萃取装置与索氏萃取器结合可实现聚焦微波辅助索氏萃取（focused microwave-assisted Soxhlet extraction，FMASE）[314]。从 1998 年以来，已发展了 3 种不同的 FMASE 装置。其中西班牙的 Luque de Castr 教授等在 FMASE 方面的研究较为广泛[315-317]。

第 1 种 FMASE 装置是由法国的 Prolabo 公司提出的，如图 2-49 所示，通过辐射区底部的小孔，用一根虹吸管连接索氏萃取器部分与蒸馏瓶。此装置减少了因为聚焦微波辐射而

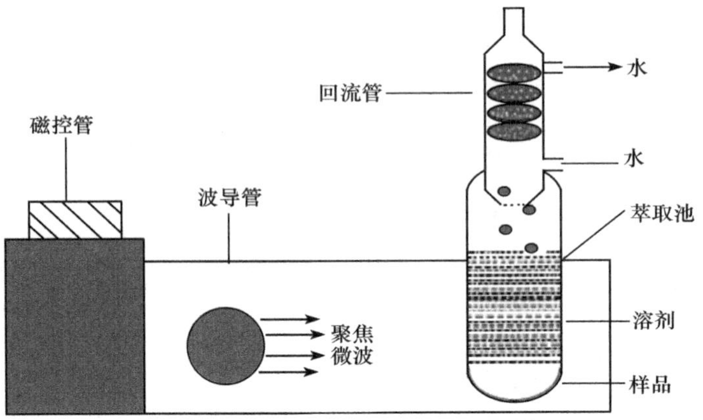

图 2-48　商品化的聚焦微波制样设备

引起的目标物分解，缩短了索氏萃取的时间，同时大部分溶剂可重复使用，节省了溶剂用量。溶剂蒸馏使用电加热方式，不依赖于萃取剂的极性，避免了商业化 FMAE 仪器的缺点。但是由于该装置中的玻璃仪器长度有限，所以不能使用水或高沸点溶剂，只能用低沸点的有机溶剂。

第 2 种装置是由墨西哥的 SEV 公司提出的称为 MICII 的 FMASE 仪器（图 2-50）。它对第 1 种装置的蒸馏部分进行了简化，在索氏萃取器的上面连接冷凝管，用阀代替虹吸管，控制溶剂的输送和萃取液的转移，其最大优点是可以用水或高沸点溶剂作萃取剂。但由于萃取液的流出由阀门控制，因此萃取液不能自动转移。

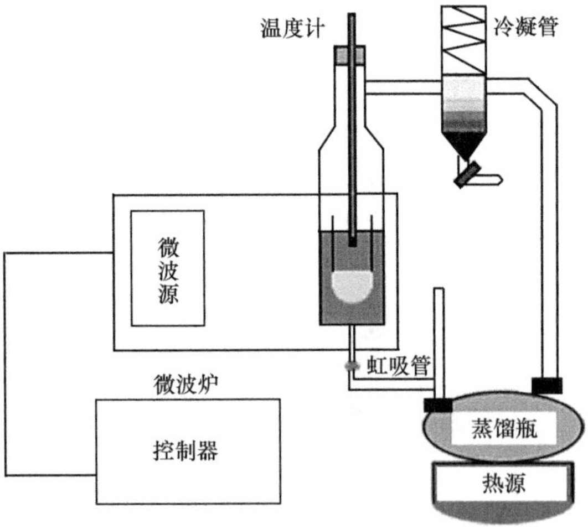

图 2-49　第一代微波辅助索氏萃取装置

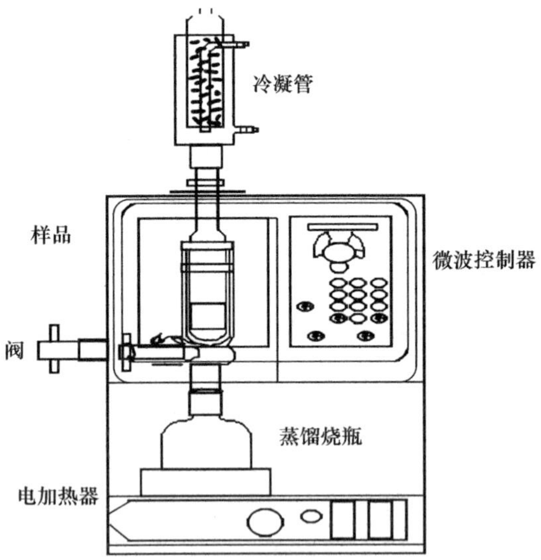

图 2-50　第二代微波辅助索氏萃取装置

第 3 种是 SEV 公司设计并制造的全自动聚焦微波辅助索氏萃取仪 MICV。该仪器同时操作两个萃取单元，每个萃取单元的构造类似于 Prolabo 公司提出的第 1 种装置，但在虹吸管上安有光学传感器。在溶剂达到预定的温度或压力后，光学传感器控制磁控管工作，萃取后虹吸管底部的电磁阀打开，萃取液流出，实现了两个样品的自动萃取。光学传感器在虹吸管上的高度控制萃取剂的体积，传感器越高，每个循环使用的萃取剂越多。同时电磁阀停留在放空位置的时间和萃取剂的体积有关，即与光学传感器的位置有关。

4. 真空微波辅助萃取

中山大学的李攻科教授等建立了一种在真空条件下进行的 MAE——真空微波辅助萃取（VMAE），其装置如图 2-51 所示。此装置已成功应用于测定植物中的多酚类化合物[318]以及抗氧化物[319]。可以在较低的温度下进行萃取，由于真空状态下溶剂的沸点比常压下低，有利于防止热不稳定化合物的降解，同时由于萃取系统中氧气的减少可以避免一些化合物的氧化。溶剂在较低的温度下保持回流状态，可以促进样品和溶剂的充分混合接触，有利于从样品中萃取出目标物。因此，VMAE 不但具有 MAE 快速高效的特点，而且其真空少氧的环境更适合热敏性化合物的萃取。

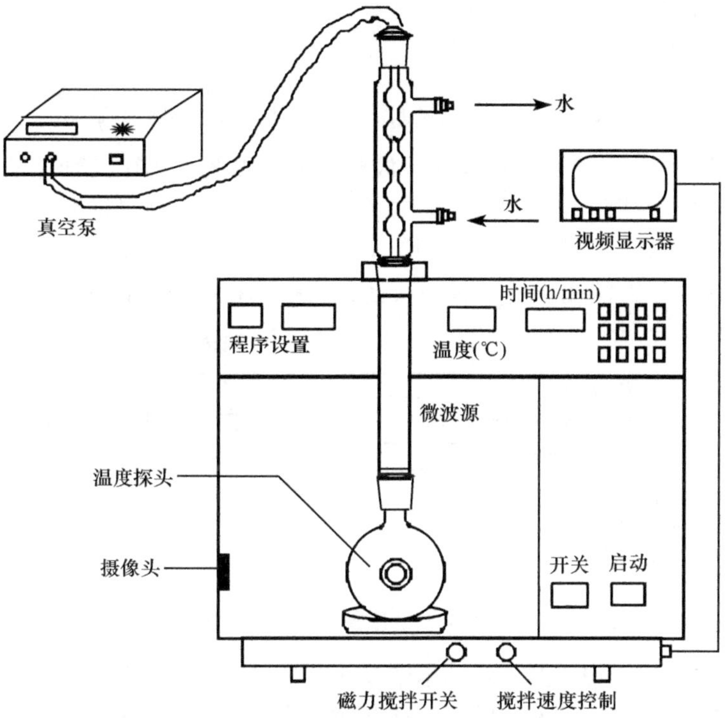

图 2-51 真空微波辅助萃取装置

5. 动态微波辅助萃取

萃取溶剂为连续流动型的微波辅助萃取法称为动态微波辅助萃取法（DMAE）。动态微波辅助萃取法又可以分为两种方式：一种是萃取溶剂流动，而样品固定不动；另一种是萃取溶剂流动，而样品也随之流动，后者又称为悬浮进样法。到目前为止，前一种方式应用较为广泛，因为得到的萃取液较为清洁，有利于后续处理。下面对这两种方式分别加以介绍。

1）样品固定型动态微波辅助萃取

这种方法又可以分为两种方式，一种是新鲜的溶剂连续通过样品，从萃取池中流出的萃取液由接收器接收，另一种是萃取过程在循环的体系中完成，萃取液从萃取池出来以后，又返回到溶剂瓶。李敏晶等[320]在家用微波炉的基础之上建立了一种动态微波辅助萃取体系，并且应用于萃取槐花中的黄酮类成分，装置图如图 2-52 所示。与索氏萃取法相比，本方法有速度快、萃取产率高等优点。后来胡秀丽等[321]又应用此装置萃取了中药大黄中的蒽醌类化合物。

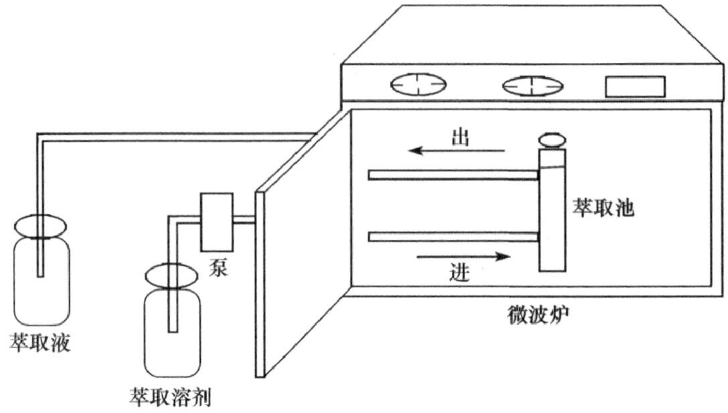

图 2-52　基于家用微波炉的动态微波辅助萃取系统

2003 年，丁兰等[322]提出了一种以 3/4 波长微波谐振腔作为微波辅助萃取装置的新型微波萃取法，用于萃取中药刺五加中的总黄酮（图 2-53）。实验结果证明，该方法的优点有萃取时间短、萃取产率高、溶剂用量少等。同时，微波谐振腔的体积小，萃取溶剂通过蠕动泵流经被萃取物，因此该方法提供了一种与其他分析技术在线联用的可能。

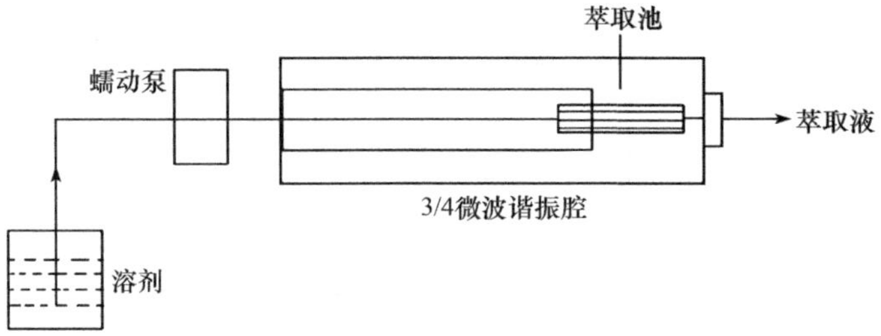

图 2-53　基于 3/4 微波谐振腔的动态微波辅助萃取系统

孟庆华等[323]建立了一种新型循环动态微波萃取装置（图 2-54）并应用于萃取银杏叶中的总黄酮。本装置的工作原理是将蠕动泵、微波辅助萃取与 PROG-110 可编程微控制器联用，使整个萃取过程自动化完成，确保萃取过程高度可控和重现。此装置结构简单，造价低廉，操作方便。李卫等[324]将微波萃取与动态循环阶段连续逆流萃取有效结合起来，建立了微波动态循环阶段连续逆流萃取技术，并应用于萃取藤茶中的二氢杨梅素。本方法不仅可以克服微波静

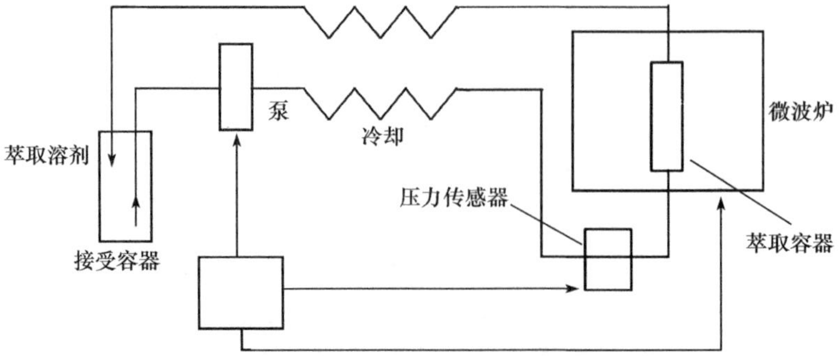

图 2-54　可循环的动态微波辅助萃取系统

态间歇萃取时原料与溶剂中有效成分在接近平衡时浓度差小的不足，还能有效提高萃取效率。

2）样品流动型动态微波辅助萃取

这种方式同上一种方式一样，也可以分为敞口和循环两种萃取体系。1999年，Cresswell和Haswell[325]建立了一种悬浮进样-动态微波辅助萃取体系（图2-55），并应用于萃取沉积物中的多环芳烃化合物。首先沉积物样品与水混合成悬浮物，然后通过取样环取样1.0mL，通过高压泵，将萃取溶剂泵出，通过取样环，将取样环中的样品悬浮液载带到微波炉中的PTFE盘管中进行萃取、过滤、收集萃取液，进行后续分析。

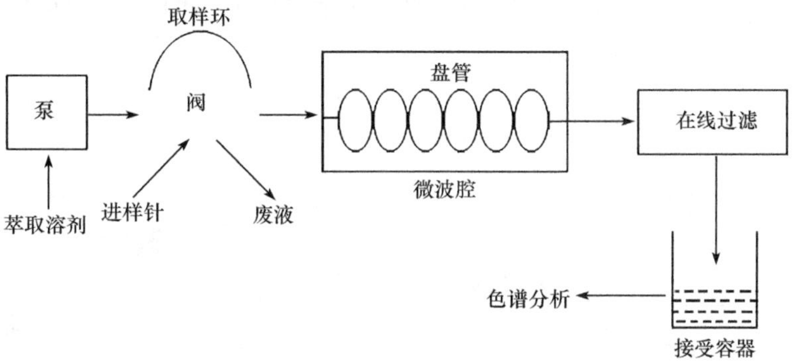

图2-55 小体积悬浮进样-动态微波辅助萃取体系

2006年，Gao等[326]建立了一种大体积悬浮进样-动态循环微波辅助萃取体系（图2-56），用于萃取水母雪莲中的黄酮类化合物，60min就可以达到4.97%的萃取产率。然而，所用到的萃取溶剂为2.0L，流速可达50mL/s，因此只适用于工业生产，不适用于分析实验室的样品前处理。

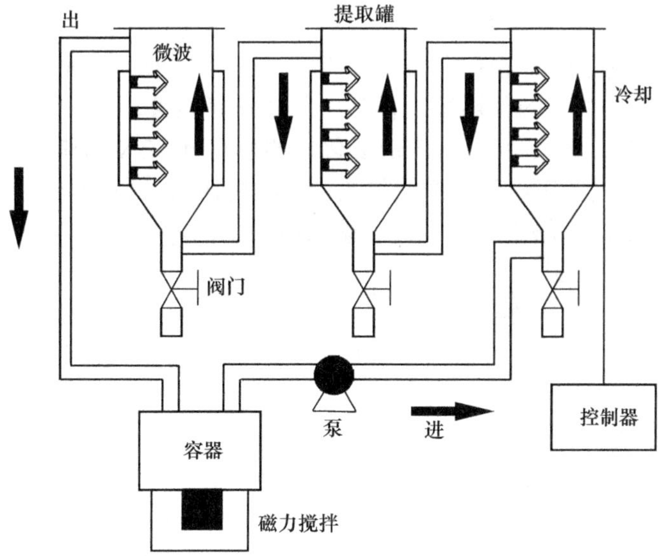

图2-56 大体积悬浮进样-动态循环微波辅助萃取体系

2.10.6 微波萃取与相关分析技术的在线联用

微波辅助萃取可以和其他样品前处理技术以及分析技术实现在线联用，进行在线分析，如液-液萃取、固相萃取、衍生技术以及分离检测技术，如荧光光谱、紫外光谱、气相色谱、液相色谱，从而较大地提高了分析效率，减少了分析误差、劳动强度、溶剂消耗和样品损失。

1. 微波辅助萃取-液液萃取在线联用

Serrano 和 Gallego[327]采用家用微波炉为萃取装置，与液液萃取实现在线联用（图 2-57），测定土壤和沉积物中的脂肪烃类化合物。样品在 425W 的微波照射下进行萃取后，2.0mL 萃取液（有机相）经在线冷却过滤后与水相混合，经膜分离装置分离掉废液，得到的净化后的萃取液进行后续 GC-MS 分析。本方法消耗少量的有机溶剂（3.0mL 正己烷），在比较短的萃取时间（5.0min）内就可以得到较高的回收率（80%~90%），并且对 MAE 萃取液在线净化，提高了样品的纯度和分析效率。

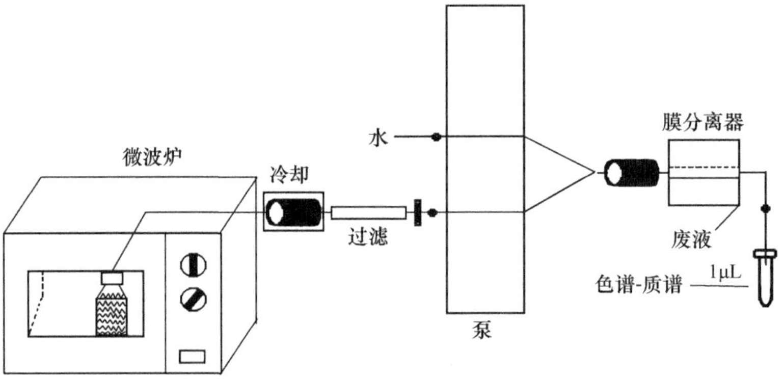

图 2-57　微波辅助萃取-液液萃取在线联用系统

2. 微波辅助萃取-固相萃取在线联用

陈立钢等采用 TM_{010} 微波谐振腔作为微波耦合装置，并将其与净化步骤（强阳离子交换树脂净化）实现在线联用，用于测定动物饲料中的三聚氰胺[328]。实验过程如图 2-58 所示，将萃取溶剂（90%甲醇水溶液，pH=3）通入萃取池中。当萃取池中充满萃取溶剂时，开启微波源，功率为 34W。在微波的作用下，样品中的三聚氰胺被萃取出来，萃取液经冷却后被直接通入预先已用 4.0mL 90% 甲醇水溶液活化好的填充有 SCX 树脂的净化柱中，待测物保留，废液排出。当萃取完全后，停止微波加热。转动切换阀向另一位置，树脂用 4.0mL 90%甲醇水溶液淋洗。最后，吸附于树脂上的三聚氰胺由 3.0mL 5%的氨化甲醇溶液洗脱。

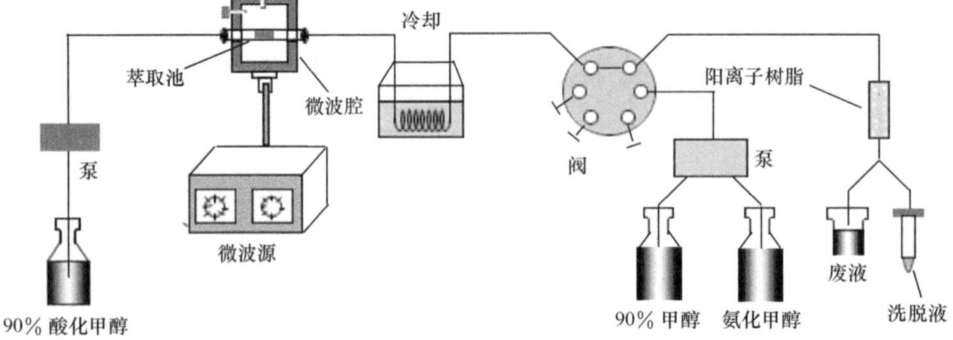

图 2-58　微波辅助萃取-固相萃取在线联用系统

3. 微波辅助萃取-液液萃取-固相萃取在线联用

这种联用体系是在液液萃取体系[327]的基础上演变而来的。微波萃取-液液萃取得到的净化后的萃取液又在线经过了 XAD-2 小柱进行富集，最终通过少量的洗脱液洗脱下来，等待后续分析（图 2-59）。Crespín 等采用此体系对农业土壤中的酚类化合物进行了在线萃取、净化和富集，并且对不同的土壤基质对萃取回收率的影响进行了深入的研究[329]。

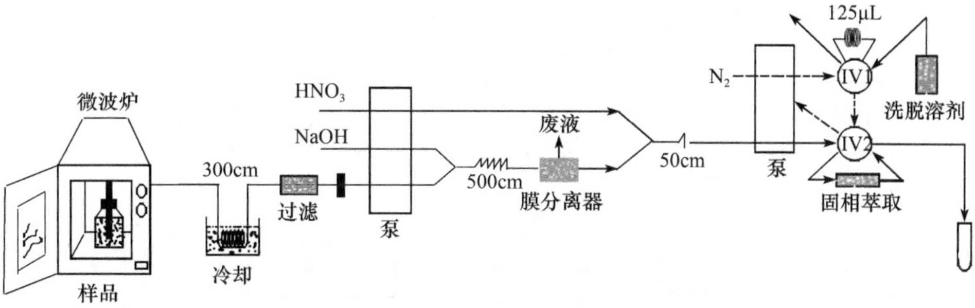

图 2-59 微波辅助萃取-液液萃取-固相萃取在线联用系统

4. 微波辅助萃取-荧光监测在线联用

Ericsson 等[330]采用动态微波辅助萃取法萃取了土壤样品中的多环芳烃，通过比较动态萃取的结果和索氏萃取的结果，证明动态微波辅助萃取法能更好地加速萃取过程，并提高萃取回收率。具体操作步骤是在萃取罐中加入 1g 土壤样品，然后将甲醇以 2mL/min 的流速连续泵入萃取罐，开启微波电源进行微波辅助萃取，萃取完成后，萃取液流入到荧光检测器进行实时在线监测（图 2-60）。这样就使得整个萃取过程变得可视化，有利于研究微波萃取的机理。

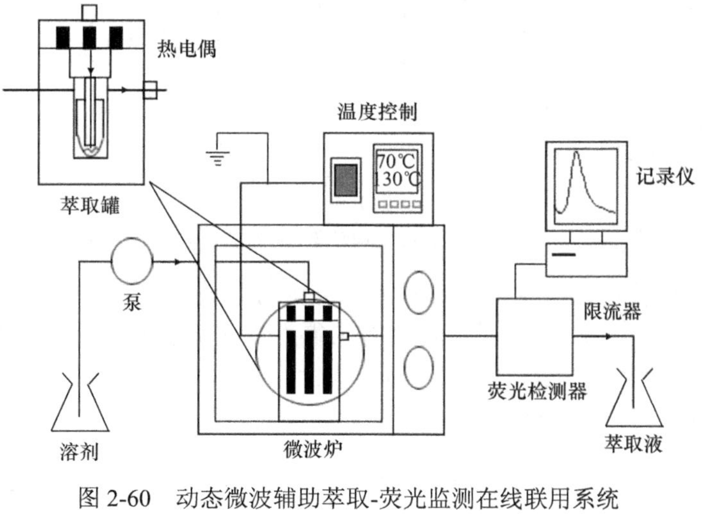

图 2-60 动态微波辅助萃取-荧光监测在线联用系统

García-Ayuso 等[331]采用聚焦微波辅助索氏萃取法对土壤样品中的多环芳烃进行萃取，通过荧光检测器对经 500μL 取样环取样后的萃取液进行在线监测（图 2-61）。通过与索氏萃取法的结果相比较表明，无论在萃取时间还是溶剂消耗量方面，该方法都有显著的降低，而且实现了萃取动力学的在线监控。

5. 微波辅助萃取-固相萃取-荧光监测在线联用

此装置（图 2-62）是在文献[330]的基础之上发展而来的。动态微波辅助萃取与固相萃取

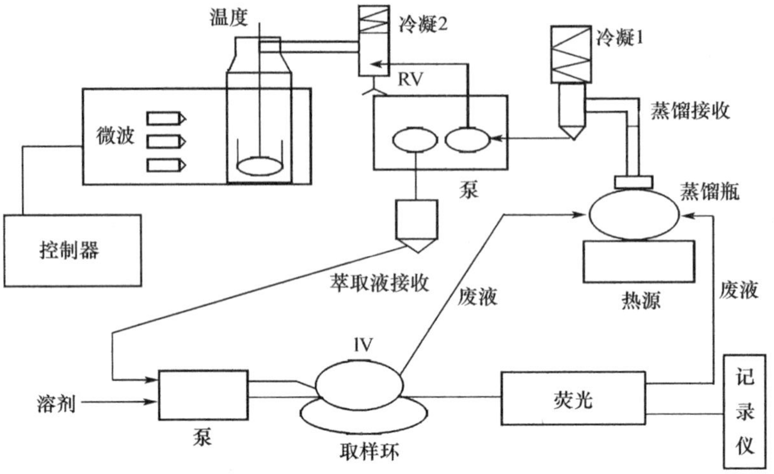

图 2-61　微波索氏萃取-荧光监测在线联用系统

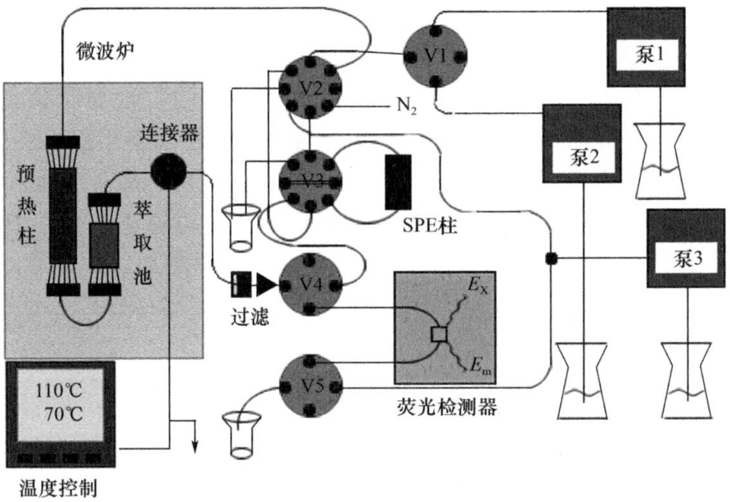

图 2-62　微波辅助萃取-固相萃取-荧光监测在线联用系统

实现在线联用，通过柱切换技术，荧光检测器可以对微波萃取得到的萃取液和由固相萃取得到的洗脱液实现在线监测。这样就可以较容易得到最佳萃取和洗脱效果所用到的萃取溶剂和洗脱剂的体积。这套装置能够快速准确地萃取、富集土壤和沉积物中的多环芳烃[332]。此方法的重现性良好，得到的 RSD 为 3%~15%。

6. 微波辅助萃取-衍生技术-荧光监测在线联用

Morales-Muñoz 等[333]建立了一种微波辅助萃取与衍生技术以及荧光监测技术在线联用的装置（图 2-63），用于测定土壤中的喹喏酮类抗生素。在一个循环的体系中完成微波萃取过程，萃取剂为纯水。得到的萃取液经衍生剂衍生后，被荧光检测器监测。优化后得到的最佳微波功率为 120W，萃取时间为 24min，萃取剂体积为 7.5mL，流速为 1.2mL/min，回收率为 95.2%~98.0%。

7. 微波辅助萃取-衍生技术-紫外监测在线联用

陈立钢等将动态微波辅助萃取与衍生技术及紫外光谱检测技术实现在线联用，并应用于

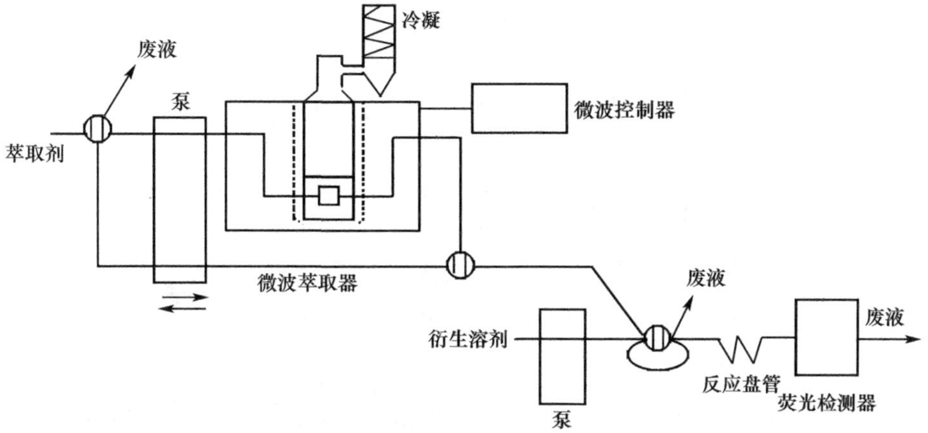

图 2-63 微波辅助萃取-衍生技术-荧光监测在线联用系统

测定侧柏叶中的总黄酮[334]。实验过程如图 2-64 所示。准确称取 10mg 侧柏叶样品放在聚四氟乙烯的萃取池中，样品的两端为棉花塞，萃取池置于谐振腔中。将 5mL 80%甲醇水溶液放于萃取剂储存瓶中。蠕动泵把储存瓶中的萃取剂泵出，流经萃取池，当萃取剂刚好将萃取池充满时，开启微波功率源。萃取剂循环使用，经过萃取池之后，又返回到储存瓶。经过一定的循环次数以后，转换阀，蠕动泵把萃取液泵到取样环中，与此同时，建立检测器的基线。然后转换进样阀，衍生剂（1.5%三氯化铝甲醇溶液）把取样环中的萃取液载带到反应盘管中。黄酮类化合物在反应盘管中被衍生剂衍生后被检测器检测，得到的谱图如图 2-65 所示。

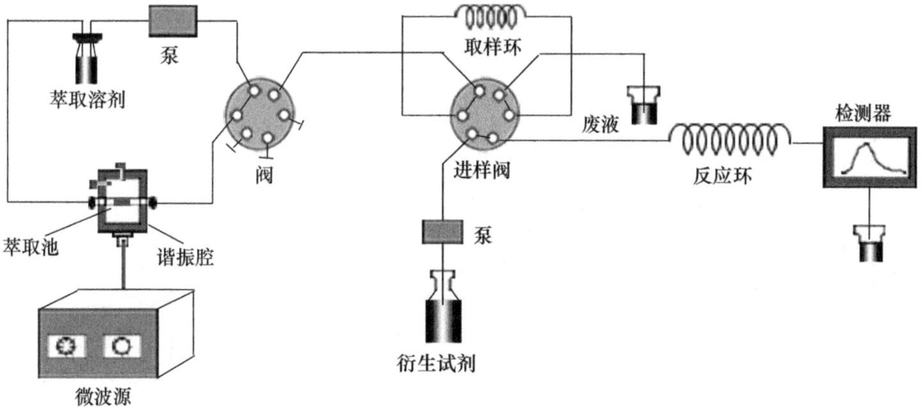

图 2-64 微波辅助萃取-衍生技术-紫外监测在线联用系统

8. 微波辅助萃取-固相萃取-衍生技术-UV 监测在线联用

此装置通过参考文献[333]发展形成而来，当微波萃取结束后，先通过一个装有 SAE 树脂的固相萃取小柱进行富集，从小柱上洗脱下来的洗脱液再进行后面的衍生以及 UV 检测（图 2-66）。Morales-Muñoz 等用这套装置测定了沉积物和土壤中的 Cr（Ⅵ）[335]。和 EPA 标准方法所用的时间（1.0h）相比，此方法在大大缩

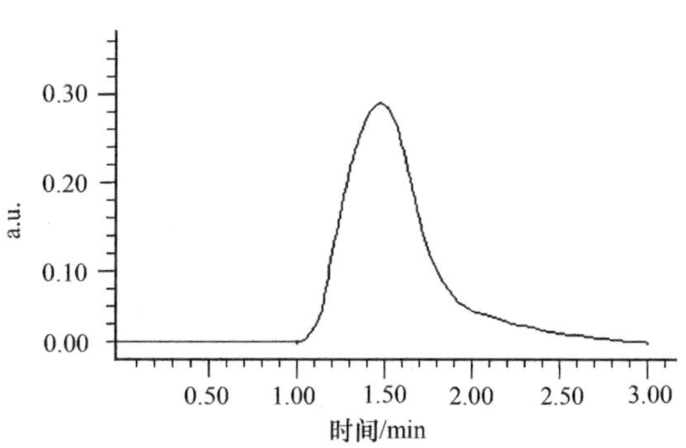

图 2-65 在线紫外检测得到的谱图

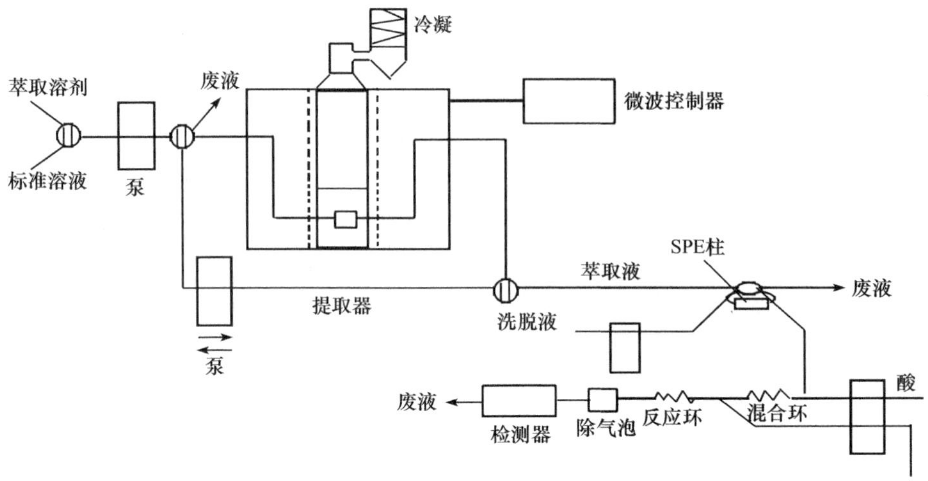

图 2-66　微波辅助萃取-固相萃取-衍生技术-UV 监测在线联用系统

短萃取时间（10~14min）的基础上实现了对 Cr（Ⅵ）衍生产物的在线测定，从而提高了分析效率。

Morales-Muñoz 等还建立了一种类似的分析体系，如图 2-67 所示。这套装置通过聚焦微波辅助索氏萃取法来完成萃取，并且此装置可将沉积物中的直链烷基苯磺酸盐进行测定[336]。相对于传统的索氏萃取（萃取时间 24h，回收率 70%~80%）而言，该方法在比较短的时间内（2.0h）得到了较高的回收率（大于 90%）。

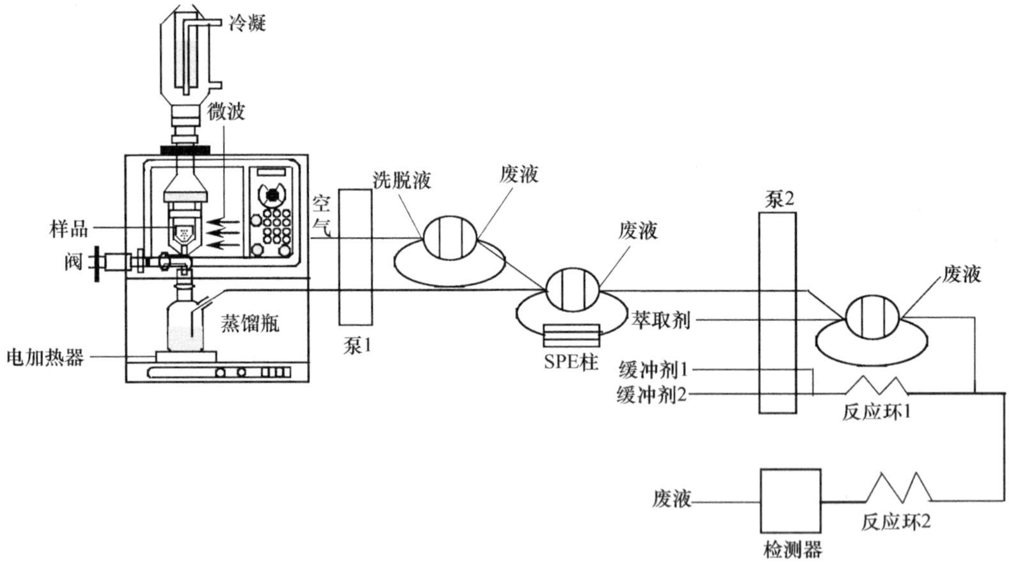

图 2-67　微波索氏萃取-固相萃取-衍生技术-UV 监测在线联用系统

9. 微波辅助萃取-液相色谱在线联用

陈立钢等通过流动注射的方法将动态微波辅助萃取与高效液相色谱实现了在线联用，并且应用于测定穿心莲中穿心莲内酯和脱水穿心莲内酯[337]。试验过程如图 2-68 所示。蠕动泵把储存瓶中的萃取剂泵出，流经萃取池，当萃取池刚好充满溶剂时，开动微波功率源。经过萃取池之后，萃取剂循环利用，又返回到储存瓶。经过一定的循环次数以后，切换阀，萃

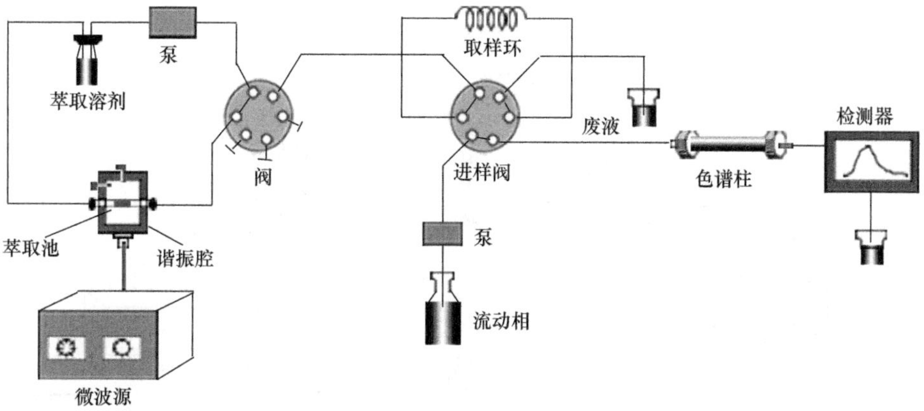

图 2-68　微波辅助萃取-液相色谱在线联用系统

取液随着蠕动泵的转动泵到取样环中，同时，流动相进入色谱柱和检测器中从而建立色谱基线。然后变换进样阀，此时取样环中的萃取液就随着流动相进入了色谱柱，然后用 UV 检测器检测。

10. 微波辅助萃取-固相萃取-气相色谱在线联用

图 2-69 表示的是动态微波辅助萃取在线结合固相萃取以及气相色谱的装置。利用本装置对空气中的有机磷酸酯进行了测定[338]。先用玻璃纤维滤纸采集空气样品，然后将其放入微波炉中进行萃取操作。MAE 的萃取溶剂选用甲醇，在进入固相萃取之前，需用纯水在线稀释才能被富集到反相吸附剂上。聚合物上吸附的被测物经过氮气的吹干，用甲基叔丁基醚将其洗脱下来，再用气相色谱对其进行检测，萃取时间为 10min，比离线索氏萃取（15h）和超声萃取（40min）的分析速度提高了许多。测得检出限为 61~186.2pg/m^3。

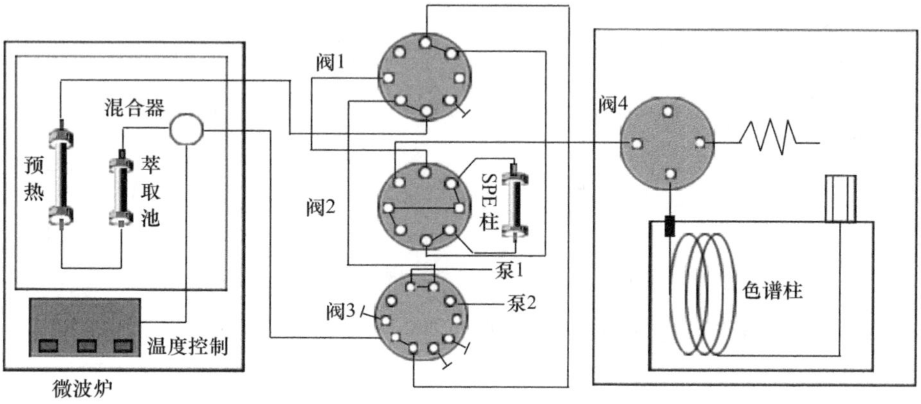

图 2-69　微波辅助萃取-固相萃取-气相色谱在线联用系统

11. 微波辅助萃取-固相萃取-液相色谱在线联用

经过查阅文献可知，与固相萃取以及液相色谱在线联用的微波辅助萃取装置有两种。例如 Criado 等[339]建立的体系中，萃取装置采用的是家用微波炉（图 2-70）。在 425W 的微波照射下土壤样品经 3mL 乙腈萃取 10min。萃取结束后得到萃取液，再将萃取液在线酸化，使其吸附到固相萃取的吸附剂上。最后将被洗脱到液相色谱中的萃取液进行分离检测，得到的多环芳烃的检出限为 30ng/g，精密度（RSD）为 3%。

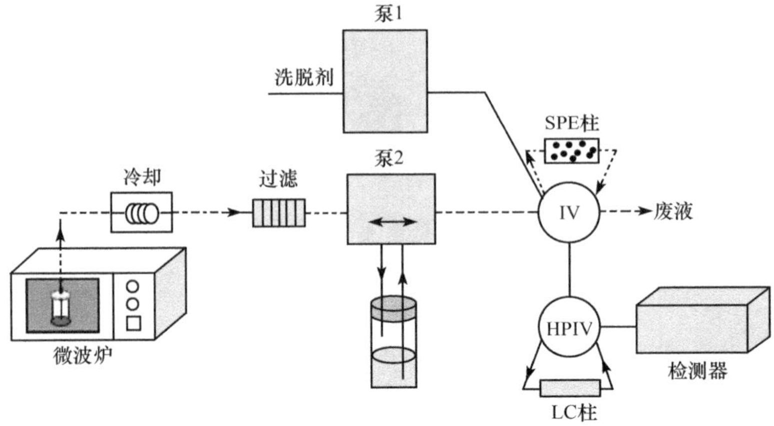

图 2-70　微波辅助萃取-固相萃取-液相色谱在线联用系统

在 Luque-García 等[340]建立的体系中，采用的是聚焦微波辅助索氏萃取法（图 2-71）。萃取结束以后，通过蠕动泵的作用从蒸馏瓶中泵的部分萃取液，经过调节 pH 后，进入固相萃取柱中富集目标化合物。然后用 0.5mL 甲醇将目标化合物从固相萃取柱中的吸附剂上洗脱下来，注入取样环中，随着流动相被载带到色谱柱中分离，最后用 DAD 检测器对其进行检测。

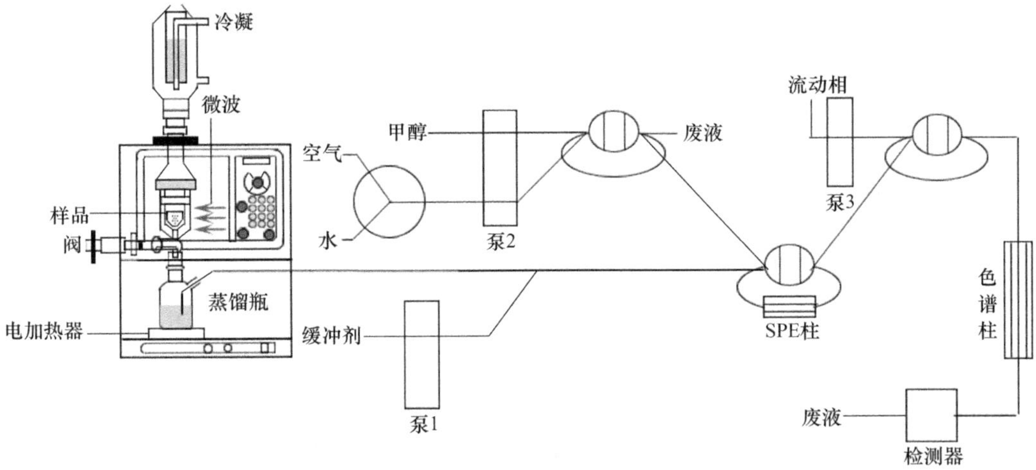

图 2-71　微波索氏萃取-固相萃取-液相色谱在线联用系统

陈立钢等利用流动注射的方法，将动态微波辅助萃取与固相萃取以及高效液相色谱实现在线联用，并且应用于测定粮食中的有机氯农药残留[341]。实验过程如图 2-72 所示。将储存瓶中的萃取剂泵出，流入萃取池，当萃取剂恰好将萃取池充满时，打开微波功率源。萃取剂在经过萃取池之后，又返回到储存瓶中，实现萃取剂循环利用。在达到一定的循环次数以后，转换阀，使萃取液经过蠕动泵泵到 1.0mL 取样环中。然后用纯水稀释取样环中的萃取液，将其注入 SPE 柱。最后利用流动相将吸附在 SPE 柱上的有机氯农药洗脱出来，引入色谱柱中分离，再利用 UV 检测器对其进行检测。

12. 微波辅助萃取-衍生技术-固相萃取-液相色谱在线联用

陈立钢等建立了一种测定水产品中甲醛的在线分析方法。此方法基于将动态微波辅助萃

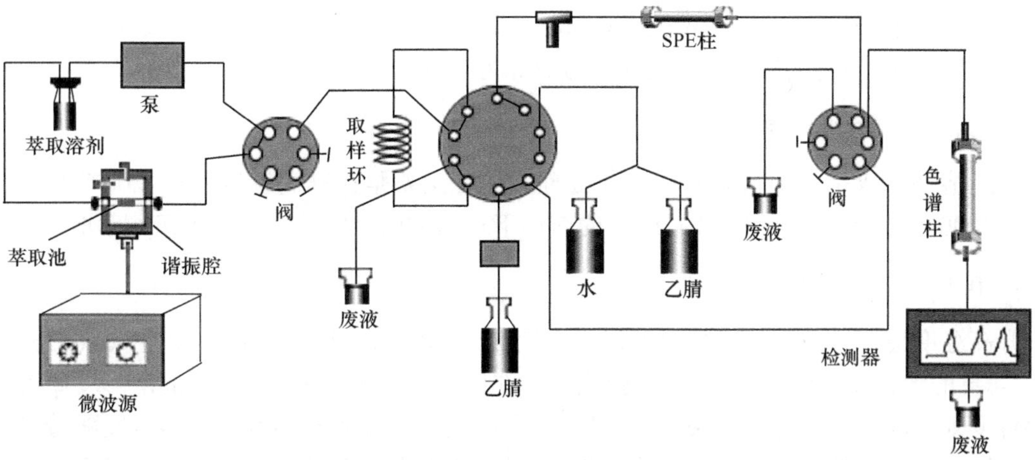

图 2-72 动态微波萃取-固相萃取-液相色谱在线联用系统

取与 2, 4-二硝基苯肼（DNPH）衍生，通过吸附剂（RAM）进行限制性净化，再用 HPLC 进行分离并用 UV 检测器进行检测[342]。试验过程如图 2-73 所示。萃取溶剂（水）通过萃取池。当萃取剂刚好充满萃取池时，将微波源打开。在微波的照射下水产品中的甲醛被水萃取出来，流入到衍生小瓶，使其被 DNPH 衍生。当萃取完成以后，衍生反应继续延迟 5min，从而达到保证反应完全的目的。随后经过冷水浴冷却后的甲醛的衍生产物被载带到取样环中。然后用 5%乙腈水溶液将取样环中的甲醛衍生产物引入到 RAM 小柱中。此过程中，RAM 上将会保留甲醛的衍生产物，而蛋白质等其他大分子化合物将不被保留。最后流动相洗脱出吸附到 RAM 柱上的甲醛衍生产物，再将其引入到色谱柱中进行分离并检测。

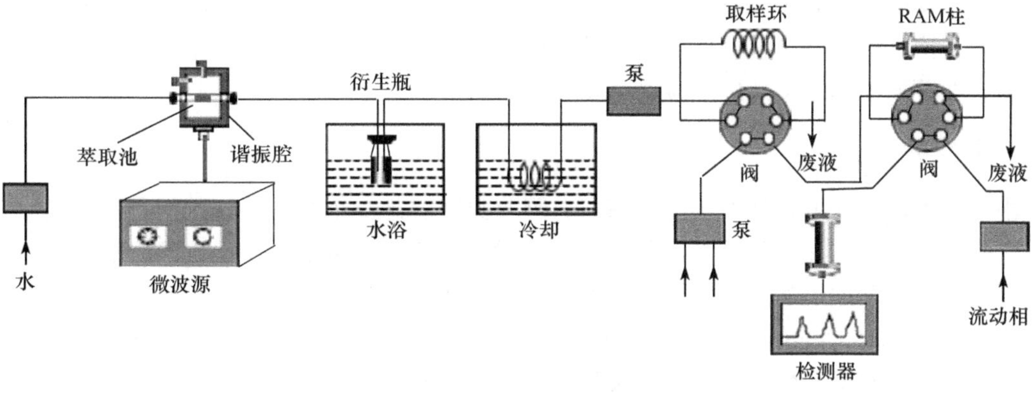

图 2-73 微波辅助萃取-衍生技术-固相萃取-液相色谱在线联用系统

2.11 加速溶剂萃取

2.11.1 概述

加速溶剂萃取是利用具有特殊物理化学性质的溶剂，在一定的温度和压强下，对半固体和固体物质进行萃取。该方法具有溶剂使用量少，萃取速度快，重复性好等特点。1995 年 Richter 等提出了加压溶剂萃取（pressurized liquid extraction，PLE）的概念[343]，也称为加速溶剂萃取（accelerated solvent extraction，ASE）、加压流体萃取（pressurized fluid extraction，

PFE）或增强的溶剂萃取（enhanced solvent extraction）[344]。戴安公为了把这项技术商品化对其进行了不断的开发[345]，其产品的注册商标为 ASE。

2.11.2 加速溶剂萃取的原理

加速溶剂萃取是一种新颖的样品前处理方法，主要是在升高温度（50~200℃）和压力（1000~3000psi，1psi=6.89476×10^3 Pa）的前提下对固体或半固体样品进行溶剂萃取。

1. 在升高温度下萃取

升高温度会使待测物在溶剂中溶解的容量增加。Pitzer[346]报道，随着温度从 50℃升高至 150℃，蒽的溶解度也比升温之前提高到了约 15 倍；随温度的升高，烃类的溶解度如正二十烷溶解度则可以增加数百倍。Sekine 等[347]也曾报道过水在有机溶剂中的溶解度随着温度的升高而增加。在低温低压下，溶剂易从“水封微孔”中被排斥出来，然而当温度升高时，随着水的溶解度增加，会有利于这些微孔的可利用性。在升高温度的前提下，氢键、范德华力、溶质分子和样品基体活性位置的偶极吸引力所引起的溶质与基体之间的强的相互作用力被极大地减弱，从而使溶质分子的解析动力学过程加速，使解析过程所需的活化能减小。降低溶剂的黏度，则会导致溶剂进入样品基体的阻滞减小，溶剂进入样品基体的扩散增加。有报道称如果温度从 25℃升至 150℃，其扩散系数增加 2~10 倍，溶剂和样品基体之间的表面张力则会降低，样品基体则能更好地被溶剂浸润，这样则有利于溶剂与萃取物的接触[348]。

2. 在加压下萃取

一般液体的沸点随压力的提高而升高。例如，在常压下丙酮的沸点为 56.3℃，而在 5 个大气压下，其沸点则高于 100℃。欲在升高的温度下仍保持溶剂在液态，则需增加压力，因为压力增大溶剂变为液体，液体对溶质的溶解能力远大于气体对溶质的溶解能力。因此，加压有利于在萃取池和收集瓶中迅速加入溶剂。

3. 热降解

由于加速溶剂萃取需要在高温下进行，因此热降解是一个令人关注的问题。虽然加速溶剂萃取是在高压下加热，但是高温的时间一般较短，少于 10min，因此热降解不很明显。为了了解加速溶剂萃取过程中对易降解组分的降解程度，曾以 DDT 和艾氏剂为例进行研究。在过热状态下 DDT 将裂解为 DDD 和 DDE。艾氏剂裂解为异狄氏剂醛（endrin aldehyde）和异狄氏剂酮（endrin ketone）。实验结果表明，在 150℃下，对加入萃取池内的 DDT 和艾氏剂标准进行萃取（这些组分的正常萃取温度为 100℃），用气相色谱对萃取物进行分析，DDT 的三次平均回收率为 103%，相对标准偏差为 3.9%。而用气相色谱对艾氏剂进行分析，三次平均回收率为 101%，相对标准偏差为 2.4%。在测定 DDT 时未发现有 DDE 或 DDD 存在，在对艾氏剂进行测定时也没有发现异狄氏剂醛或异狄氏剂酮的存在。同时，测定了压力为 16.5MPa，温度为 60℃，氯甲烷作为溶剂时，极易挥发的 BTEX 化合物（苯、甲苯、乙苯、二甲苯）用预加入法时的回收率[349]。结果表明，四次萃取的平均回收率为 99.5%~100%，相对标准偏差为 1.2%~3.7%。在同样的实验条件下，戊烷的（沸点 36℃）回收率则为 90.1%，相对标准偏差为 1.8%。从以上实验结果可以看出，若样品中有易挥发的组分则可用加速溶剂萃取法来萃取。

2.11.3　加速溶剂萃取的特点

与传统的萃取法及超临界流体萃取法、自动索氏萃取法、微波萃取法相比，ASE 具有萃取时间短、萃取效率高、溶剂用量少等显著优点[350]。

1. 缩短萃取时间

在现代残留检测中，分析技术的发展使实验的速度大大地提高了，分析结果在短时间即可获得。但仍然要花费很多时间在作为样品前处理的萃取上：传统的索氏萃取需 4~48h，自动索氏萃取为 1~4h。加速溶剂萃取则大大地缩短了样品前处理的时间，仅需 12~20min，使残留检测的效率得到了很大的提高。

2. 减少溶剂用量

就消耗溶剂的量而言，传统的索氏萃取为 200~500mL，自动索氏萃取为 50~100mL，超临界流体萃取为 150~200mL，即使是微波萃取也要消耗 25~50mL。与上述方法相比，ASE 则在很大程度上减少了溶剂用量，仅需 10~30mL，使溶剂的消耗量降低了 90%以上，不仅使残留检测的成本减少了，而且由于减少了溶剂的量进而使样品前处理中提纯和浓缩的速度得到加快，从而使分析时间进一步缩短。

3. 提高萃取效率

由于 ASE 是通过提高温度和增加压力的方法来进行萃取的，不但减少基质对溶质（被提取物）的影响，增加溶质在溶剂中的溶解能力，而且使溶质被较完全地提取出来，进而使残留检测中的萃取效率和样品的回收率得到了提高。ASE 现已被美国环境保护局（EPA）作为标准方法（SW-846 3545A）用于检测环境样品中杀虫剂、除草剂以及多氯联苯（PCB）、二噁英等污染物。

2.11.4　加速溶剂萃取的装置

无论是实验室自制的装置还是商用加压溶剂萃取装置，从已发表的文献可知，加压溶剂萃取的基本装置如图 2-74 所示。

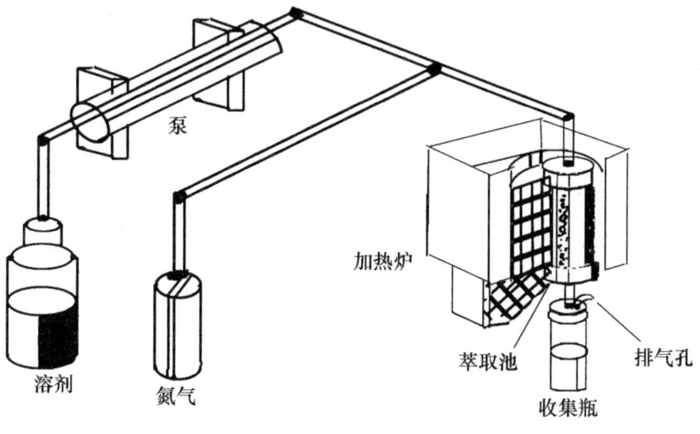

图 2-74　加速溶剂萃取基本流程示意图

加速溶剂萃取仪的特点如下。

1. 全自动提供溶剂

加速溶剂萃取仪使用溶剂控制器，最多可以同时进行 4 种溶剂的混合。同时溶剂控制器包含有 4 个密封的溶剂瓶，可以避免萃取时溶剂不必要的挥发。如在萃取有机氯杀虫剂时通过对加速溶剂萃取仪的使用，可设定程序将正己烷与丙酮预先混合，以使溶剂的挥发减少。这些溶剂被存放在一个定型设计的盒体内，有一个废液收集器可以直接接收其溢出的溶剂，这些独特设计使实验室溶剂计量和溶剂混合的工作量得到了减少，不仅使萃取的效率提高了，而且实验的安全性也得到了提高。

2. 全自动萃取过程控制

加速溶剂萃取仪的溶剂控制器可以独立控制每个样品池的温度和压力，从而使残留检测的精度得到提高，实验结果的重复性得到保证，且有利于残留检测工作的开展。

3. 系统地进行检测方法的开发

对不同的样品基质进行残留检测，就要使用不同的萃取方法。对于加速溶剂萃取仪的溶剂控制器，其萃取的温度、压力、时间、次数以及各种溶剂的比例都能自动控制，这有利于方法的开发，使萃取效果变得较好。

2.11.5　加速溶剂萃取的萃取模式和步骤

加速溶剂萃取是以有机溶剂作为萃取剂，在高于溶剂沸点时的温度和压力的情况下对固体颗粒物进行萃取。在使用加压溶剂萃取时，将固体样品密封在一个样品容器中并加入萃取剂，在升高温度（50~200℃）和压力（500~3000psi）的条件下进行 5~10min 的静态萃取。然后，萃取液在压缩气体的作用下被从萃取池中吹到收集瓶中。目前，萃取池中的固态或半固态样品的萃取都可以使用加压溶剂萃取的方法进行。在使用加速溶剂萃取时，被测物的热稳定性是要考虑的主要因素，有时所使用的萃取条件也会受基体性质的影响[351]。

加速溶剂萃取一般是以静态和动态的模式进行。文献中所报道的加压溶剂萃取一般都是先以静态的方式进行，然后用有机溶剂对萃取池进行短暂的动态冲洗[352-354]。在这种方法中，在装有样品的萃取池中泵入溶剂，在设定的压力和温度下，保持一定的时间，然后将萃取剂转移到收集瓶中，接着用溶剂在设定的流速下对装有样品的萃取池和连接管进行萃取。动态加压溶剂萃取通常用于超临界流体萃取中[355]或一些自制的萃取装置中[356]。这项技术是在室温下将加压溶剂预热到给定的温度，然后用泵在恒定的流速（通常 0.33~2.5mL/min）下，使溶剂连续通过萃取池进行动态萃取。根据菲克扩散定律，使样品与新鲜溶剂接触，能够提高溶质扩散的速率，即动态萃取的效果要好于静态萃取的效果。然而，实验结果似乎并不支持这个结论，有关内容可以参见文献[357-359]。

通常，加速溶剂萃取都是在静态的模式下进行，它主要有以下几个步骤：①将样品加入萃取池；②将有机萃取剂加入样品池中；③将萃取池中的温度和压力升高到预定的值（预萃取步骤）；④对萃取池中的样品进行一定时间的萃取（静态萃取步骤）；⑤把萃取液收集到样品收集瓶中，并使用新鲜的溶剂冲洗萃取池；⑥用合适的气体把残留的溶剂吹扫到样品收集瓶中。

样品加入萃取池在萃取池中加入样中以前，通常需要对样品进行预处理。因为萃取效率受到水的影响[360]，所以对土壤等样品要先进行干燥[361]以除去水分。有人建议像索氏萃取和超临界流体萃取那样[362]，往样品中加入无水硫酸钠来干燥样品中的水分，但是这种方法的干燥效果还没有在加压溶剂萃取的应用中得到证实。为了缩短扩散路径和增加接触面积，有利于被萃取物质从固体内部传递到固体表面上，在加压溶剂萃取进行之前，除了要对样品进行干燥外，还要对样品进行过筛和研磨[363]处理，把样品磨细。通常在萃取的出口放一个多孔金属过滤片，是为了防止样品可能对溶剂出口管路造成的堵塞。通常要往萃取池中加入一些惰性物质，如硅藻土[364]、无水硫酸钠[365]、玻璃毛[366]、沙子[366]等，是为了减小萃取池的死体积。一般惰性物质是和样品混合在一起放入萃取池中的。对于半固体或非均质样品，静态加压溶剂萃取的效率也会受到萃取管中充填样品的步骤的影响。对于半固体样品，在将样品往萃取池中充填前，萃取的结果会受到样品在惰性固体支撑物上的分布的影响，在充填过程中要防止样品和支撑物的分离[367]。对于非均质样品，通常要研磨成 63~150μm 的颗粒物[368]，这样可以使样品的均质性得到提高，并使基体内的扩散路径得到缩短，萃取的接触表面积得到提高。对于聚酯和塑料类基质，由于在加入溶剂后会自身膨胀[369]，所以一定要留有空间以避免影响萃取效果。

2.12 超临界流体萃取

2.12.1 概述

对于天然生物物质的提取，传统的方法有水蒸气蒸馏、有机溶剂提取。但由于存在温度过高、能耗大和有机溶剂安全及污染等问题，相比而言，最近 30 年兴起的超临界流体萃取技术显示出自己独特的优势。超临界流体（supercritical fluid，SCF 或 SF）指处于超过物质本身的临界温度和临界压力状态时的流体。超临界流体萃取是利用超临界流体具有特异的溶解能力而发展出来的生物物质分离新方法，现已广泛应用于食品、香料、医药、化工和环境等多种领域之中。

超临界流体萃取方法尤其适合热稳定性较差、易氧化分解、化学性质不稳定的物质分离，能够使萃取物的有效成分保留下来，不被损坏。超临界流体萃取技术在高压、密闭、惰性环境中，能最大限度地提取物质的有效成分。超临界流体萃取技术工艺简单，萃取效率高，且无污染。

当温度超过临界点时，物质处于既不是气体也不是固体的超临界状态，气液两相性质非常相近，以致无法分别，成为非凝缩性的高密度流体即超临界流体。超临界流体兼有气体和液体的双重特性[370]，密度比气体大数百倍，与液体相当；溶解能力较强，接近液体；黏度小，接近气体而比液体小两个数量级，扩散性和渗透性强；有很强的压缩性，压力和温度的微小变化都可以引起密度较大的变化，密度随着温度的降低（不能低于临界温度）或压力的升高而增大。在过去 20 多年里，超临界流体被证实是化工过程中环境友好的介质。

2.12.2 超临界流体萃取的原理

超临界流体萃取（supercritical fluid extraction，SFE）简称超临界萃取，是一种将超临界流体作为萃取剂，把一种成分（萃取物）从另一种成分（基质）中分离出来的技术。二氧化碳（CO_2）是最常用的超临界流体。

任何一种纯物质都存在气-液-固三相平衡共存的三相点，如图 2-75 所示。由图可知：液体的饱和蒸气压随温度的升高而增大，但试验证明，每种液体都存在一个特殊的温度，在该

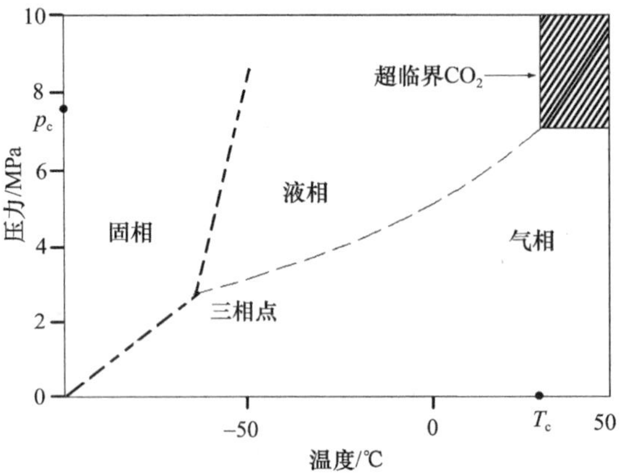

图 2-75　纯物质的压力-温度相图

温度以上，无论压力有多大，都不可能使气体液化。这个温度称为临界温度 T_c，对应的饱和蒸气压称为临界压力 p_c。当一种流体，其温度和压力均超过相应的临界点值时，称该状态下的流体为超临界流体如图 2-75 的阴影部分所示。超临界流体萃取则是以超临界状态下的流体为溶剂，利用其高渗透和高溶解能力来提取分离混合物的过程。

早在 1879 年 Hannay 和 Hogarth 在做超临界乙醇溶解碘化钾的实验时，就发现了超临界流体的独特溶解现象。但直到 1955 年，Todd 和 Elgin 首次提出将超临界流体对类似于固体的不挥发性物质的溶解特性利用到分离过程中的可行性，超临界流体萃取技术的研究才进入实用开发阶段。20 世纪 60 年代后，以联邦德国为中心的研究工作迅速展开。70 年代以来，这种新的单元分离技术引起了人们极大的兴趣。特别是近十几年来，国际上德、美、英、日和瑞士等国对 SFE 技术在食品、医药、生物、精细化工和环境保护等领域的应用研究取得了长足的发展，已从实验室走向工业化规模阶段。

我国在超临界流体萃取技术方面的研究起步比较晚，20 世纪 80 年代初该技术才被引进，在医药、食品、石油化工等领域有较快的发展，尤其在生物资源活性有效成分的提取研究方面应用比较广泛，但在设备的研究等方面相对落后。我国于 1993 年自行研制出第一台超临界流体萃取机，与国外的设备相比，自动化程度不高，而且控制精度不够。但总体上我国在超临界流体萃取技术方面的研究取得了很大的成就。

超临界流体萃取分离过程的原理是超临界流体对脂肪酸、植物碱、醚类、酮类、甘油酯等具有特殊溶解作用，利用超临界流体的溶解能力与其密度的关系，即利用压力和温度对超临界流体溶解能力的影响而进行。在超临界状态下，将超临界流体与待分离的物质接触，使其有选择性地把极性大小、沸点高低和相对分子质量大小的成分依次萃取出来。当然，对应各压力范围所得到的萃取物不可能是单一的，但可以控制条件得到最佳比例的混合成分，然后借助减压、升温的方法使超临界流体变成普通气体，被萃取物质则完全或基本析出，从而达到分离提纯的目的，所以超临界流体萃取过程是由萃取和分离组合而成的。

当物质的温度、压力均处于临界温度与临界压力之上时，即为超临界流体。常用作超临界流体的物质有二氧化碳（CO_2）、四氟乙烷（HFC-134a）、水、甲醇、氮气、氧化二氮和三氟甲烷等。CO_2 具有无毒、不燃、化学及辐照稳定性好等优点，适合核工业应用[371]。超临界流体萃取就是利用超临界流体或含夹带剂的超临界流体作为萃取剂，从液体或固体中萃取特定组分以达到分离目标产物的一种新型分离技术。

CO_2 是非极性分子，对极性的金属离子溶解能力很差，为了萃取金属离子需要使用易溶于超临界 CO_2（SC-CO_2）的络合剂，与金属离子形成可溶于 SC-CO_2 的金属络合物，从而实现对金属离子的萃取，该方法称为超临界流体络合萃取。Laintz 等采用氟化二乙基二硫代氨基甲酸盐（FDDC）络合剂，首次实现了对金属离子 Cu^{2+}的萃取，为金属离子的超临界流体萃取开辟了道路。另一种萃取金属离子的方法是使用超临界 CO_2 微乳液，即在超临界体系下加入表面活性剂和少量水，形成具有水核的超临界 CO_2 微乳液，金属离子可溶解在水核中，实现萃取。

超临界流体的密度是温度和压力的函数，如图 2-76 所示，其溶解能力在一定压力范围内与密度成比例，在临界点附近，温度和压力的微小变化可导致溶质溶解度发生几个数量级的突变。因而可以通过控制温度和压力来改变溶解度。在超临界状态下，利用超临界流体作为萃取剂，与待分离物质接触，密度增加则超临界流体溶解能力增强，密度降低则溶解能力减弱甚至丧失。通过降低温度或升高压力，增大超临界流体密度，调节其溶解度，使之选择性地萃取其中的某一组分，然后升高温度或减小压力，降低超临界流体的密度，对所萃取的物质进行分离，使超临界流体循环利用。

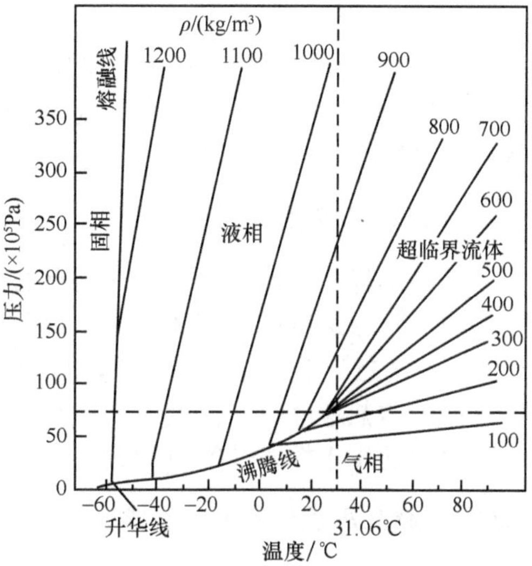

图 2-76 超临界流体的密度随温度和压力的变化关系

2.12.3 超临界流体萃取的特点

1. 与一般的萃取分离相比

超临界流体萃取技术与一般的萃取分离相比具有如下特点：

（1）萃取条件温和，萃取率高，产品质量好。在一些天然物质的萃取中，超临界流体萃取技术比传统的萃取方法更能有效地保留易挥发的成分，保持其原有的品质。采用超临界流体萃取技术萃取分离，通常是在较低温度下进行，特别适用于热敏性物质的分离，而用一般的蒸馏方法分离含热敏性组分的原料，容易引起热敏性组分的分解、聚合。虽然可以用真空蒸馏，但降压对温度的降低有限，分离热敏性物料仍受限制。

（2）超临界流体萃取技术可同时完成蒸馏和萃取两个过程，萃取过程由两个因素（被分离物质之间挥发度的差异和分子间亲和力的大小不同）同时作用而产生相际分离效果，可分离较难分离的有机混合物，对同系物的分离精制更具优势。例如，酒花的萃取，可控制在不同的柱高，排放出不同挥发度的产物。

（3）具有良好的选择性。SCF 的萃取能力取决于流体密度，而密度容易通过调节温度和压力来控制。

（4）传质速度快。SCF 具有优良的传递性能和较强的渗透力，便于快速萃取和分离。SCF 的密度接近于液体，黏度又近似于气体且远小于液体，其扩散系数比液体大 100 倍左右，与液体相比，SCF 的传质性能更优异。因此它的萃取比液液萃取达到相平衡的时间短，萃取率高，同时还可提高产品的质量。

（5）节省能源。SCF 萃取往往没有相变过程，只涉及显热部分，且得到有效利用，若采用液液萃取，溶质和溶剂的分离与浓缩往往采用蒸馏和蒸发的方式，要消耗大量能量。而通常的蒸馏操作必须给蒸馏塔提供大量的热能，所提供的热能大部分被冷凝器中的介质带走，会消耗大量的热能。相比之下，超临界流体萃取节能效果相当显著。

（6）SCF 萃取剂回收利用简便，可通过等温减压或等压升温的办法分离萃取剂，重新压缩后循环使用。CO_2 价格便宜，纯度高，容易取得，且在生产过程中循环使用，可降低成本。

（7）超临界 CO_2 溶剂是一种不活泼的无毒气体，萃取过程不发生化学反应，且属于不燃性气体，无味、无臭、无毒，故安全性好。在食品、医药和日用化工品等领域，不仅要求分离的产品纯度高，而且要求不含有毒有害物质，用有机溶剂萃取法往往不能满足这一要求，采用超临界流体萃取技术可以防止有毒有害物质进入产品。

（8）超临界流体萃取技术要求压力高，相应对设备的要求也高。压力和温度都可以成为调节萃取过程的参数。通过改变温度或压力达到萃取目的。压力固定，改变温度可将物质分离；反之温度固定，降低压力可使萃取物分离，因此工艺简单易掌握，而且萃取速度快[372]。

2. 从超临界流体性质比较

从超临界流体性质比较，其具有的特点如下：

（1）萃取速度高于液体萃取，特别适用于固态物质的分离提取。

（2）在接近常温的条件下操作，能耗低于一般精馏法，适用于热敏性物质和易氧化物质的分离。

（3）传热速率快，温度易于控制。

（4）适用于挥发性物质的分离。

2.12.4 超临界流体萃取的影响因素

影响超临界流体萃取效果的因素主要包括以下方面：物料的预处理方式、萃取压力、萃取温度、CO_2流量、萃取时间、夹带剂和分离压力及分离温度。

预处理过程中影响萃取效果的主要因素是物料含水量及粒度，二者对萃取的过程影响很大，严重时会使得萃取过程无法进行。

超临界流体的溶解能力与压力有明显的相关性，而且不同萃取物受压力影响的范围不同。实际中要考虑设备投资、安全和生产成本等因素，综合考虑产品资源和整体操作参数。

温度对萃取过程的影响比较复杂，在恒定压力下，萃取率的高低取决于此温度下是密度的影响还是溶质的挥发性增大对溶解度的影响占优势。应该注意的是，对于热敏性的物质，需控制比较合适的萃取温度。

溶剂流量过低，萃取率不高；但是流量过大会导致萃取剂耗量增多，从而增加成本。所以，在实际处理过程中，必须综合考虑，通过实验来确定合适的萃取剂流量。

在确定萃取时间时，应综合考虑设备能耗和萃取率的关系，选择能使系统能耗经济的最佳时间和方式。

夹带剂从热力学和动力学两个方面影响被萃取组分的萃取率。但夹带剂的使用会因萃取物中夹带剂的分离及残渣中夹带剂的回收而增加设备及能耗。故是否选用夹带剂及添加的种类、数量等问题，都应视具体萃取对象慎重决定。

此外，分离条件的选择也很重要，合理调整分离釜的工艺参数是使不同物质分离的关键。

1. 压力

超临界流体的密度随压力的增加而增大，溶解能力也相应增加。但是压力控制在临界点附近时最为经济。根据萃取压力的变化，可将超临界流体萃取分为三类：①高压区的全萃取：高压时，超临界流体的溶解能力强，可最大限度地溶解所有成分；②低压临界区的萃取：仅能提取易溶解的成分或除去有害成分；③中压区的选择萃取：在高低压之间，可根据物料萃取的要求，选择适宜的压力进行有效萃取。当压力增加到一定程度后，溶解增加缓慢，这是由于高压下超临界相密度随压力变化缓慢。另外，压力对萃取效果的影响还与溶质的性质有关。

2. 温度

和压力一样，温度控制在临界点附近时最为经济。但是温度对萃取效果的影响较为复杂，可以从两个方面来考虑：一方面，在一定压力下升高温度，萃取剂 CO_2 的分子间距增大，分子间作用力减小，密度降低，导致其溶解能力减弱；另一方面，在一定压力下升高温度，被萃取物的挥发性增强，分子的热运动加快，分子间缔合的机会增加，从而使溶解能力增大。因此，温度对超临界萃取率的影响应综合这两个方面来考虑。升高温度，分子的热运动加快，分子间缔合的机会增加，从而使溶解度的增加起了一定的主导作用。所以，超临界流体的溶解能力随温度的升高先下降而后增加。在实际生产中，超临界 CO_2 萃取的温度控制在大于临界温度，但不宜太高，一般 35~85℃是最佳操作温度。

3. 流体密度

超临界流体的密度决定其溶解能力，密度越大，溶解能力越强。可通过调节温度和压力来控制密度。

4. 萃取剂流量

超临界流体的流量是一个需要通过实验优化的重要参数。在超临界流体萃取过程中，萃取剂流量一定时，萃取时间越长，收率越高。萃取刚开始时，由于溶剂与溶质未达到良好接触，收率较低。随着萃取时间的加长，传质达到某种程度，则萃取速率增大，直到达到最大之后，由于待分离组分的减少，传质动力降低而使萃取速率降低。萃取剂的流量主要影响萃取时间。一般情况下，收率一定时，流量越大，溶剂、溶质间的传热阻力越小，则萃取速率越大，所需要的萃取时间越短，但萃取回收负荷越大。从经济上考虑应选择适宜的萃取剂流量和萃取时间[373]。

超临界流体的流量有两方面的影响。一方面，增加超临界流体的流量，其流速也相应增大，流体与物料的接触时间减小，如果流量过大，溶解到流体中的溶质浓度还很小，流体就已经离开了物料。对于溶质在超临界流体中溶解度较小或溶质从基体中扩散出来的速度很慢的体系，不宜采用过大的流量。另一方面，随着超临界流体流量的增大，传质推动力增大，传质系数增加，有利于溶质的萃取。对于溶质在超临界流体中溶解度大、原料中溶质含量高的物料（如从种子和果实中提取油脂），适当加大超临界流体的流量有利于提高生产效率。

5. 物料性质

物料的粒度影响萃取效果，一般情况下，粒度越小，扩散时间越短，有利于超临界流体向物料内部迁移，增加了传质效果，但物料粉碎过细会增加表面流动阻力，反而不利于萃取。对于多孔的疏松物料，粒度对萃取率影响较小。菌体脂肪存在于细胞内，萃取脂肪时，应考虑使细胞破壁。水分也是影响萃取效率的重要因素。物料中含水量较高时，其水分主要以单分子水膜形式在亲水性大分子界面形成连续系统，从而增加超临界相流动的阻力，当继续增加水分时，多余的水分子主要以游离态存在，对萃取不产生明显的影响。而当含水量较低时，水分子主要以非连续的单分子层形式存在。可见，破坏传质界面的连续水膜，使溶质与溶剂之间进行有效的接触，形成连续的主体传质体系，就可减小水分的影响。超临界流体的极性是影响萃取速率的又一因素。在弱极性的溶剂中，强极性物质的溶解度远小于非极性物质，而萃取性随极性增加而降低。超临界 CO_2 是一种非极性溶剂，因此它非常适用于弱极性物质的萃取。通过使用不同的携带剂来改变 CO_2 的极性，使萃取范围扩大，可萃取极性较强的物质。

6. 提携剂

单一的超临界流体萃取剂在使用时，根据相似相溶原理，非极性物质的超临界流体对非极性物质的萃取效果较好，如果待分离物质为极性物质，会导致对该成分的溶解度低，选择性不高，溶解度对温度、压力不敏感等缺陷。为提高萃取率和选择性，常需要添加少量具有一定极性且能与超临界流体互溶的携带剂，来增加超临界流体的极性。

非极性的超临界 CO_2 对极性物质的萃取能力明显不够，如果在 CO_2 流体中加入极性溶剂（如甲醇），则可使超临界 CO_2 对极性物质的萃取能力大大增强。这种加入的极性溶剂就称为提携剂（entrainer）或改性剂（modifier）。例如，氢醌在超临界 CO_2 流体中的溶解度极低，加入少量的磷酸三丁酯后，就可使氢醌的溶解度增加两个数量级以上。提携剂一般选择挥发性介于超临界流体物质和被萃取溶质之间的溶剂，以液体的形式，少量（质量分数 1%~5%）加入到超临界流体中。常用的提携剂有甲醇、乙醇、丙酮、乙腈、乙酸乙酯等。经验证明，在非极性超临界流体中加入极性提携剂有利于极性溶质的萃取，而对非极性溶质的作用不大；相反，如果加入与溶质的相对分子质量相近的非极性提携剂，则对极性和非极性溶质都有增加溶解度的作用。提携剂的作用机理尚不清楚，有人认为提携剂分子与溶质分子之间存在氢键相互作用。

7. 原料颗粒的粒度

采用 SFE 的绝大多数物料都是固体，原料粒度的影响比较明显。一般而言，在一定范围内，颗粒越细，越有利于超临界流体渗入物料内部，也有利于溶质进入超临界流体。对于中药材样品，则更是如此，因为植物纤维太厚，流体很难渗透到基体内部。但颗粒太细，会导致气路堵塞，甚至无法进行萃取操作。另外，颗粒太细还会造成原料结块，出现沟流，不仅会使原料局部受热不均匀，而且在沟流处流体的线速度会显著增大，产生很大的摩擦热，严重时会使一些生物活性物质受到破坏。

8. 提取时间

对于萃取时间的考察，人们往往只注重萃取完全所需的时间。事实上，许多研究表明，增加萃取强度，在尽可能短的时间内完成萃取，更有利于整个萃取效率的提高。这可能与组分之间存在的溶解互助效应有关，即先萃取出来的组分可能起到提携剂的作用，从而加快其他组分的萃取。因此，设法优化条件，让多组分同时萃取出来，比不同组分分步萃取出来将更加容易。例如，在油脂类物质的提取中，如果加入乙酸乙酯作提携剂，让更多的成分同时萃取出来，可以加快萃取速度。其实，天然产物各组分之间的溶解互助效应是普遍存在的，这在普通溶剂萃取中经常可以观察到。例如，用水提取中药有效成分的过程中，水溶性的组分容易萃取出来，萃取出来的这些水溶性有机物会起到溶剂的作用，促进非极性的脂溶性物质的萃取。

2.12.5 超临界流体萃取的装置

超临界流体萃取装置可以分为两种类型：一是研究分析型，主要应用于少量物质的分析，或为生产提供数据；二是制备生产型，主要是应用于批量或大量生产。超临界萃取装置从功能上大体可分为八部分：萃取剂供应系统、低温系统、高压系统、萃取系统、分离系统、改性剂供应系统、循环系统和计算机控制系统，具体包括二氧化碳注入泵、萃取器、分离器、压缩机、二氧化碳储罐、冷水机等设备。由于萃取过程在高压下进行，所以对设备以及整个管路系统的耐压性能要求较高，生产过程实现微机自动监控，可以大大提高系统的安全可靠性，并降低运行成本。

实验室的超临界流体萃取设备的基本结构如图 2-77 所示。钢瓶中的萃取剂气体通过压缩机，加压至所需压力后送入储气罐，由储气罐经压力调节阀进入预热器，加热到工作温度的萃取剂即处于超临界状态，超临界萃取剂进入装有样品的萃取器，被萃取出来的目标物质随超临界流体到达收集装置，在这里，超临界流体回到常温常压状态，从萃取物中挥发分离，留下被萃取产品。

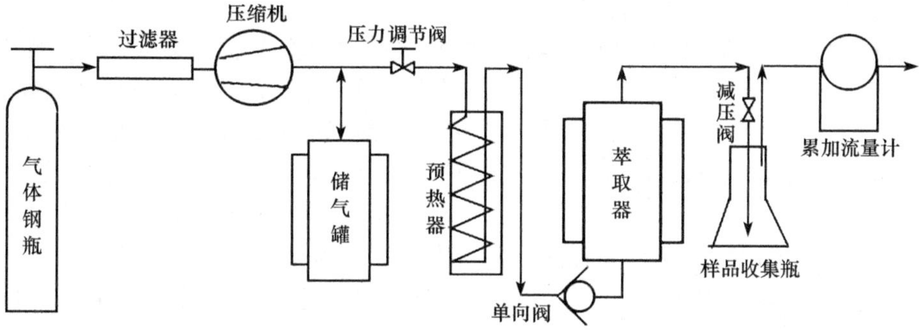

图 2-77　实验室超临界流体萃取装置结构示意图

工业上使用的超临界流体萃取装置都是循环式的，因原料、分离目标和技术路线的不同而有许多萃取工艺流程和技术类型，但基本的流程都是类似的。其主要设备包括萃取釜和分离釜两部分，再配以适当的加压和加热部件。SFE 分离过程需要使用高压设备，加之超临界流体的某些特殊性质，对 SFE 设备有一些特殊要求[373]。

在工业生产中，对于固体原料的萃取过程，通常有等温法、等压法和吸附法三种工艺流程。图 2-78 是这三种基本工艺流程的示意图。等温萃取操作的特点是萃取釜和分离釜处于等温状态，萃取釜压力高于分离釜。利用高压下超临界流体对被萃取溶质的溶解度大大高于低压下的溶解度这一特性，将萃取釜中被超临界流体选择性溶解的目标组分在分离釜中析出成为产品。降压操作采用减压阀，降压后的超临界流体一般处于临界压力之下，再通过压缩机或高压泵将降压后的超临界流体升压至萃取釜压力，循环使用。等压萃取操作的特点是萃取釜和分离釜处于相同压力状态，利用不同温度下超临界流体溶解能力的差异实现分离，在

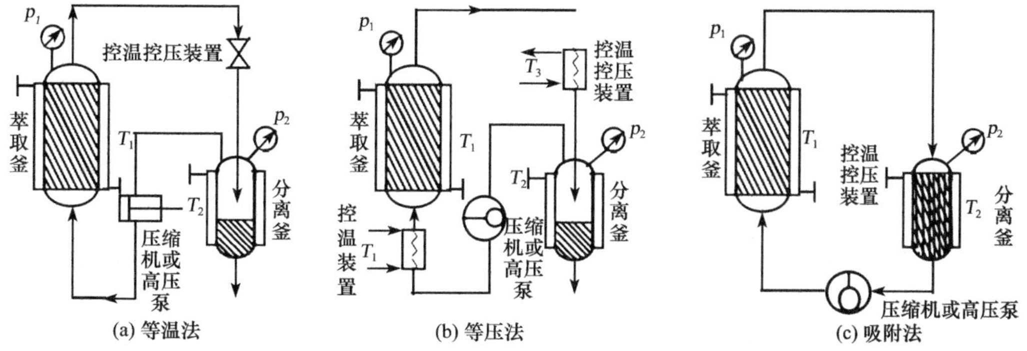

图 2-78　超临界流体萃取的三种基本工艺流程

较高的温度下萃取，将分离釜温度控制在较低的温度，使目标组分在分离釜中析出成为产品。吸附萃取操作的特点是在分离釜中填充适当的吸附剂，在相同温度和压力条件下，使萃取出来的物质中的目标物质选择性地吸附在吸附剂上而分离出来。

在以上三种基本的超临界萃取流程中，吸附法理论上不需要压缩能耗和热交换能耗，应该是最节能的流程。但实际上，绝大多数天然产物的分离过程很难通过吸附剂来收集产品，所以吸附法通常只适合于能选择性地吸附分离目标组分的体系，如样品中少量杂质的去除，咖啡豆中去除咖啡因就是采用吸附法的成功实例。由于温度对超临界流体溶解能力的影响远小于压力的影响，因此，改变温度的等压法流程虽然可以节省压缩能耗，但实际分离效果受到很多限制，使用价值不是很高。所以通常的超临界流体萃取流程是改变压力的等温流程，或者是等温法和等压法的混合过程[1]。

固体物料的 SFE 只能采用间歇式操作，即萃取过程中萃取釜需要不断重复装料-充气，升压-运转-降压，放气-卸料-再装料的操作。所以，装置的处理量少，萃取过程中能耗和超临界流体消耗大，致使生产成本较高。对于一些液相混合物的超临界流体萃取分离则可采用如图 2-79 所示的逆流萃取塔。液体原料经泵连续进入分离塔中间的进料口，超临界流体（如 CO_2）经加压、调节温度后连续从分离塔底部进入。分离塔由多段组成，塔内填充高效填料，为了提高回流效果，从塔底到塔顶，各段温度依次升高。高压超临界流体与被分离原料在塔内逆流接触，被溶解组分随超临界流体上升，由于塔温升高形成内回流，提高了回流液的效率。萃取了目标溶质的超临界流体从塔顶流出，经降压解析出萃取物，萃取残液从塔底排出。

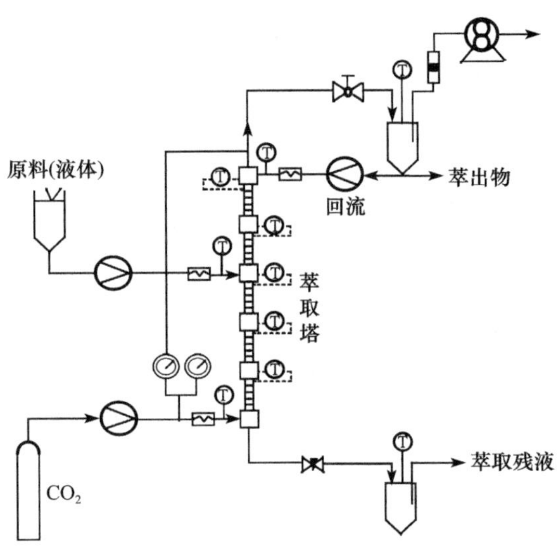

图 2-79　流体物料连续逆流萃取塔

2.12.6　超临界流体萃取的应用

超临界流体萃取技术是一门正在蓬勃发展的新技术，特别是在中草药、天然香料和天然色素等精细产品领域有着独特的优势，随着超临界流体技术的日益完善，在这些领域的大规模应用必将实现。

工业上常采用 CO_2 作为超临界流体萃取剂，是因为 CO_2 具有以下特点[374]：①化学稳定性好，无毒、无色、无味，不污染提取物和环境，不存在残留溶剂问题；②有较温和的临界条件，临界温度接近常温，临界压力较低，容易达到临界点，所以操作温度比较低，接近常温，而且 CO_2 是惰性气体，对热敏性物质无降解变质作用；③是一种非极性溶剂，对非极性化合物有较高的亲和力，能从天然物质中选择性地分离回收有效成分或去除某种成分；④比较便宜，能从环境中获得，用过后能再回到环境，技术工艺简单，效率高，能耗低，不易燃易爆，使用安全。这些优点使 CO_2 能替代许多有毒、有害、易挥发、易燃的有机溶剂用于超临界流体萃取，因而得到人们的重视。

随着对超临界流体萃取技术研究的不断深入，其应用范围越加广阔。目前超临界流体萃取技术在以下方面受到广泛的应用。

1. 在食品工业中的应用

超临界流体萃取技术由于具有所得萃取液溶剂残留少、低毒、无污染、无致癌性等优点，特别适合用于食品工业。

用超临界流体萃取技术提取食用油与传统的乙烷萃取相比，产品中不含有机溶剂，质量明显提高，同时还可用于食用油除臭，将呈臭味的低级脂肪酸含量由 0.3%~0.4%降低至0.015%~0.02%。目前已经可以用超临界 CO_2 从葵花籽、红花籽、花生、小麦胚芽、棕榈、可可豆中提取油脂，且提出的油脂中含中性脂质，磷含量低，着色度低，无臭味。这种方法比传统的压榨法回收率高，而且不存在溶剂法的溶剂分离问题。专家认为这种方法可以使油脂提取工艺发生革命性的改进。

咖啡中含有咖啡因，咖啡因是含氮杂环化合物，多饮对人体有害，因此必须从咖啡中除去。工业上传统的方法是用二氯乙烷来提取，但二氯乙烷不仅提取咖啡因，也提取掉了咖啡中的芳香物质，而且残存的二氯乙烷不易除净，影响咖啡质量。采用超临界流体萃取技术从咖啡豆中脱咖啡因，可使产品中咖啡因含量从原来的 1%左右降低至 0.02%，并且 CO_2 良好的选择性可以保留咖啡中的芳香物质。

美国 ADL 公司最近开发了一种用超临界流体萃取技术提取乙醇的方法，还开发了从油腻的快餐食品中除去过多的油脂，而不失其原有色香味及保有其外观和内部组织结构的技术，且已申请专利。

目前在咖啡豆或茶叶中去除咖啡因，啤酒花有效成分萃取，动植物油脂的萃取、分离和精制，天然香料植物或果蔬中提取天然香精和色素及风味物质等方面的研究和应用，超临界流体萃取都取得了长足发展，表 2-22 列出超临界流体萃取在食品工业的一些应用概况。

表 2-22 超临界流体萃取在食品工业的一些应用概况

样品		萃取物	临界温度/℃	临界压力/MPa
咖啡豆或茶叶脱咖啡因	咖啡豆	咖啡因	90	16.0~22.0
	茶叶	咖啡因	40	40
啤酒花有效成分萃取	啤酒花	草酮、香精油	40	20
	啤酒花	α-酸、β-酸	15~60	10~25
动植物油脂的萃取、分离、精制	亚麻籽	亚麻籽油	45	30
	核桃	核桃油	40	32
	棉花籽	棉花籽油	70~80	55
	玫瑰籽	脂肪酸	40~80	30~45
	鱼内脏、骨	EPA、DHA	40~60	10~30
天然香精和色素等物质提取	菊花	香精	45	30
	花椒	香辛料	46	20
	余甘子	精油	35	20
	辣椒	红辣素	60	30

2. 在医药工业中的应用

中草药的化学组成十分复杂，而有效成分的含量较低。传统的提取工艺为水提或醇提等，这些方法工艺复杂，能耗、物耗都较大并且很多成分易受高温破坏或分解。用超临界 CO_2 流体萃取，可在低温条件下通过控制操作压力等手段调节有效成分的溶解度，成分保留全、效率高、无污染。近几十年来，国内在超临界 CO_2 流体用于中草药提取方面的研究成果逐年增多。中草药的有效成分如萜类、生物碱类、苯丙素酚类、酮类及蒽衍生物、糖类等，其相对分子质量和极性各有差异，在超临界 CO_2 中溶解性也有不同。对这些目标产物采用超临界 CO_2 流体萃取，只要通过不同的操作工艺，加入适量的携带剂就可以明显改善对萃取成分的选择性和溶解性。采用超临界流体萃取技术从动植物原料中提取生物碱、生物酚、精油等药用成分，不仅产率高、质量好，而且无溶剂残留。在抗生素药品生产中，传统方法常使用丙酮、甲醇等有机溶剂，但要将溶剂完全除去，又不使其变质非常困难，采用超临界流体萃取法可完全符合要求。

另外，用超临界流体萃取法从银杏叶中提取的银杏黄酮，从鱼的内脏、骨头等中提取的多烯不饱和脂肪酸（DHA、EPA），从沙棘籽中提取的沙棘油，从蛋黄中提取的卵磷脂等对心脑血管疾病具有独特的疗效。采用该方法从多种植物中萃取的抗癌物质，特别是从红豆杉树皮和枝叶中获得的紫杉醇能防治癌症，还可以从月见草、蛇麻子、桑白皮、甘草根、紫草中提取有效成分治疗各种疾病。

从动植物中提取有效药物成分仍是目前 SFE 在医药工业中应用较多的一个方面。目前已对多种中草药有效成分的提取工艺及质量进行了研究，如红景天、灵芝等。近年来，利用超临界流体技术进行药物的干燥、造粒和制作缓释药丸已成为人们关注的一个新热点。

采用 SFE 技术，可避免中药加水煎熬的传统服用方法，还可避免对热敏性有效成分受热破坏，从而提高疗效。马熙中等用 SCF 装置分析了中药肉苁蓉的化学成分，并与常规中药研究方法相比，发现 SFE 法可更有效地提取复杂中药中的挥发性成分。

另外，超临界萃取技术还可以用于抗生素的提取，医药制品的精制、去除杂质，维生素和酶的回收等方面。

3. 在香料工业中的应用

食用天然香料是食品工业上不可缺少的原料，它对改善食品质量、提高产品品质起着重要作用。植物中挥发性芳香成分多数不稳定，受热易变质或挥发，需要较低的操作温度。而超临界流体萃取技术最大的特点就是操作温度低，产品质纯，提取率高，是传统的水蒸气蒸馏和有机溶剂萃取的理想替代方法。

啤酒花是啤酒酿造中不可缺少的添加物，为啤酒提供独特的香气、清爽度和苦味。传统的啤酒花浸膏不含或仅含少量的香精油，破坏了啤酒的风味，残存的有机溶剂对人体有害。用超临界 CO_2 流体萃取啤酒花，根据啤酒花在液体 CO_2 中的溶解度随着温度强烈地变化的原理，通过控制 CO_2 的压力，可使啤酒花萃取率达到最大。CO_2 在 40℃左右蒸发，用活性炭去污并增压后重新用于萃取，每个循环中 CO_2 损耗不到 1%。产品的质量和产率都得以保证，且成本低。

用超临界流体萃取技术生产香料，可从玫瑰花、除虫菊花等香花类中提取精油，从杏仁、八角、茴香、薄荷等食用香料中提取精油。美国、英国和德国都研制生产了 100~500L 不等的天然香料提取装置。我国在用超临界流体萃取技术提取香料的研究中做了大量的工作，如从生姜中萃取姜油，提取树兰花浸膏、八角茴香油，从胡椒、肉豆蔻、丁香、芥子、香兰子、迷迭香、玫瑰中提取香料等。

4. 在化学工业中的应用

在美国，超临界流体萃取技术还被用来制备液体燃料。以甲苯为萃取剂，在 p_c=100atm，T_c=400~440℃条件下进行萃取，在 SCF 溶剂分子的扩散作用下，促进煤有机质发生深度的热分解，能使三分之一的有机质转化为液体产物。此外，从煤炭中还可以萃取硫等化工产品。

美国最近研制成功用超临界 CO_2 既作反应剂又作萃取剂的新型乙酸制造工艺。俄罗斯、德国还把超临界流体萃取法用于油料脱沥青技术。在从煤炭中萃取石蜡、杂酚、煤焦油等成分，从木材加工废料中回收酚类产品等方面，超临界流体萃取技术显示了很好的应用前景。

石油化工的 SFE 应用是化工生产中开发最早的行业，除主要用于渣油去除沥青外，在废油回收利用及多次采油等方面也得到了一定的发展[375]。

许延等对克拉玛依渣油悬浮床加氢尾油进行超临界流体萃取分离与评价，结果表明：超临界流体萃取可以去除尾油中全部沥青质及甲苯不溶物，质量分数 99.5%以上的金属和 70.4%以上的残炭富集到萃取残渣中，馏出油符合催化裂化或加氢裂化进料要求，并具有优良的裂化性能。

5. 环保方面的应用

在环保方面，SFE 技术用于处理含有机物的废水和固体污染物，改进现行的废水处理过程，还可用于废水与污染物分离并将污染物氧化为小分子的场合。在环境污染监测上，SFE 技术也可发挥其高效、准确的特性。

高连存等对炼钢厂炼焦车间土壤进行了 SFE 研究，比较了温度和压力对超临界流体萃取 PAH（苯丙氨酸羟化酵素）类化合物的影响，并且用 GC-MS 法分析结果与索式提取法做了对比，结果其回收率远远高于索式提取法。Zhu 等[376]对超临界流体萃取海洋沉积物和土壤样本中的多环芳烃污染物进行了研究，多环芳烃回收率达到 90%以上。

目前已经有关于超临界流体萃取技术应用于核废料的处理，从水溶液中提取金属离子的报道。环保方面，超临界流体萃取技术被用于处理含有机物的废水和固体污染物，改进现行的废水处理过程。在环境污染监测上，超临界流体萃取技术也可发挥其高效准确的特性。利用超临界流体萃取技术可制成超临界色谱仪，提高分析速度和准确度。

6. 皮革工业中的应用

CO_2 超临界流体在制革工业中的应用与研究始于 20 世纪 90 年代，1995 年在德国召开的第 23 届国际皮革工程师及化学家年会上，Carles 报道了二氧化碳超临界流体对浸酸绵羊皮和白湿皮的脱脂试验。目前超临界流体已广泛应用于皮革染色、脱灰、脱脂、铬鞣等方面，极大地推动了皮革清洁化生产的发展[377]。

冯豫川等研究对比了二氧化碳超临界流体（SCF-CO_2）条件下及常规条件下铬鞣所得坯革的性能，得到超临界流体条件下的坯革，其性能均优于常规条件下所得的坯革，其坯革面积得率比常规不浸酸铬鞣提高了 4.09%；铬在坯革中的分布均匀度几乎提高了 3 倍，孔率提高了 1.5 倍；其厚度和面积分别比常规铬鞣增大了 7.16%和 2.15%，机械性能如抗张强度、撕裂强度等均达到或超过常规铬鞣。

据报道，已经出现了关于超临界流体与分析仪器联用分析皮革中的组分，超临界流体萃取高效去除皮革废水中的铬等方面的研究报道。

7. 在其他领域中的应用

随着 SFE 研究的不断深入以及应用领域的不断拓展，新型超临界流体技术如超临界流体色谱、超临界流体化学反应、超临界流体干燥、超临界流体沉析等技术的研究，都取得了较大进展，显示了超临界流体萃取技术良好的应用前景。

参考文献

[1] 丁明玉. 现代分离方法与技术. 2 版. 北京：化学工业出版社，2012.
[2] 大连轻工业学院，华南理工大学，郑州轻工业学院，等. 食品分析. 大连：中国轻工业出版社，2007.
[3] 王玉. 药品检验. 北京：中国医药科技出版社，2011.
[4] 向铁根. 钼冶金. 长沙：中南大学出版社，2002.
[5] 周春山. 化学分离富集方法及应用. 长沙：中南工业大学出版社，1996.
[6] 朱屯，李洲. 溶剂萃取. 北京：化学工业出版社，2008.
[7] 胡之德，关祖京. 分析化学中的溶剂萃取. 北京：科学出版社，1994.
[8] 王星堂，虞顺众. 基础稀土化学. 乌鲁木齐：新疆大学出版社，1989.
[9] 卢楠. 河北工业科技，2006，23：179.
[10] 国大亮，朱晓薇. 天津药学，2006，18：25.
[11] 赵余庆. 中药及天然产物提取制备关键技术. 北京：中国医药科技出版社，2012.
[12] Kamihira M，Kaul R，Mattiasson B. Biotechno Bioeng，1992，40：1381.
[13] 谭志坚，李芬芳，邢健敏. 化工技术与开发，2010，39：29-34.
[14] 张雪荣. 药物分离与纯化技术. 北京：化学工业出版社，2011.
[15] 宋航. 制药分离工程. 上海：华东理工大学出版社，2011.
[16] 林强，霍清. 中草药，2002，8：702.
[17] 赵晓莉，岳红，张颖，等. 林产化学与工业，2006，26：83.
[18] 李梦青，耿艳辉，刘桂明，等. 天然产物研究与开发，2006，18：647.
[19] 赵爱丽，陈晓青，蒋新宇. 中成药，2008，30：498.
[20] 郭丽，朱林，杜先锋. 农业工程学报，2007，23：229.
[21] 李中华，张雷，林艳，等. 中国药房，2007，18：1137.
[22] Chethana S，Nayak C A，J Food Eng，2007，81：679.
[23] Saravanan S，Rao J R，Nair B U，et al. Process Biochem，2008，43：905.
[24] Madhusudhan M C，Raghavarao K S M S. Biochem Eng J，2008，38（3）：414.
[25] 邓凡政，郭东方. 分析化学，2006，36：1451.
[26] 郑楠，朱建航，刘杰. 氨基酸和生物资源，2006，28：56.
[27] 黄淑霞，吴晓莉，尹卓容. 酿酒科技，2003，2：24.
[28] 孟玲，杨丹，朱建星. 沈阳化工学院学报，2006，20：254.
[29] 龚丽芬，龚文贤. 化学与生物工程，2006，23：36.
[30] 李丽敏. 中国现代应用药学杂志，2009，26：627.
[31] 张咏梅. 崔宏伟山东轻工业学院学报，2003，17：38.
[32] 范小娜，程庚金，丁冶春，等. 赣南医学院学报，2005，25：432.
[33] 刘庆芬，余江，刘会洲，等. 科学通报，2005，50：756.
[34] Mokhtarani B，Karimzadeh R，Amini M H，et al. Biochem Eng J，2008，38：241.
[35] 谭天伟，沈忠耀. 微生物学通报，1996，23：368.
[36] Luisi P L，Henninger F，Joppich M，et al. Biochem Biophys Res Commun，1977，74：1384.
[37] Luisi P L，Bonner F J，Pellegrini A. et al. Helv Chim Acta，1979，62：740.
[38] 罗川南，李慧芝. 分离科学基础. 北京：科学出版社，2012.

[39] 郭勇. 现代生化技术. 2版. 北京：科学出版社，2005.
[40] 翁连进，王士斌. 昆明理工大学学报，2000，25：129.
[41] Fu X，Li J L，Ma Y，et al. Colloid Surface A，2001，179：1.
[42] 李夏兰，翁连进，陈培钦. 药物生物技术，2003，10：29.
[43] Pandit P，Basu S. J Colloid Interf Sci，2002，245：208.
[44] 冯颖. 化学检验工（初级）. 北京：化学工业出版社，2008.
[45] 戴猷元，王运东，王玉军，等. 膜萃取技术基础. 北京：化学工业出版社，2008.
[46] 傅强. 现代药物分离与分析技术. 西安：西安交通大学出版社，2011.
[47] 刘晓婷. 硕士论文. 长春：吉林大学，2010.
[48] Tani H，Kamidate T，Watanabe H. Anal Sci，1998，14875：888.
[49] Zhou Z，Chu B. J Colloid Interface Sci，1988，126：171.
[50] Stege P W，Sombra L L，Messina G A，et al. Anal Bioanal Chem，2009，394：567.
[51] Wang C C，Luconi M O，Masi A N，et al. Talanta，2007，72：1779.
[52] Liang R，Wang Z L，Xu J，et al. Sep Purif Technol，2009，66：248.
[53] Kiathevest K，Goto M，Sasaki M，et al. Sep Purif Technol，2009，66：111.
[54] Zhou J H，Chen J D，Cheng Y H，et al. Talanta，2009，79：189.
[55] Paleologos E K，Giokas D L，Karayannis M I. Trend Anal Chem，2005，24：426.
[56] Sirimanne S R，Barr J R，Ma L，et al. Anal Chem，1996，68：1556.
[57] Liu C L，Kamei D T，King J A，et al. J Chromatogr A，1998，711：127.
[58] Kamei D T，Liu C，King J A，et al. Biotechnol Bioeng，2002，78：190.
[59] Kamei D T，Liu C，King J A，et al. Biotechnol Bioeng，2002，78：203.
[60] 马岳，阎哲，黄骏雄. 化学进展，2001，13：25.
[61] Carabias R M，Rodriguez E G，Moreno B C，et al. J Chromatogr A，2000，902：251.
[62] 赵国玺，肖进新. 日用化学工业，1997，2：1.
[63] Gu T，Sjblom J. Colloids Surf，1992，64：39.
[64] Huibers P D T，Shah D O，Katvitzky A R. J Colloid Interface Sci，1997，193：132.
[65] Frankewlch R P，Hinze W L. Anal Chem，1994，66：944.
[66] Fricke B. Anal Bioanal Chem，1993，212：154.
[67] Goel S K. J Colloid Interf Sci，1999，212：604.
[68] Borider T M. J Biol Chem，1981，256：1604.
[69] 高守红，范国荣，吴玉田，等. 中国医药工业杂志，2005，36：428.
[70] 金谷，李吉峰，杨健，等. 2004，32：791-793.
[71] Bordier C. J Biol Chem，1981，256：1604.
[72] Quina F H，Hinze W L. Ind Eng Chem Res，1999，38：4150.
[73] 周锦兰，俞开潮. 食品科学，2003，24：164.
[74] 黄焱，秦炜，霍小平，等. 清华大学学报（自然科学版），2005，45：1240.
[75] 王健. 硕士论文. 南京：南京农业大学，2007.
[76] 陈建波，刘伟，崔艳梅，等. 分析化学，2008，36：401.
[77] 李海涛，于村，俞莎，等. 中国卫生检验杂志，2005，5：821.
[78] 宋冠群，林金明. 第二届全国环境化学学术报告会论文集，2004：39.
[79] Mizukami Y，Kohata K，Yamaguchi Y，et al. J Agric Food Chem，2006，54：7370.
[80] Zhang Y，Dong Y，Ren Y P，et al. J ChromatogrA，2006，1116：209.
[81] Hoenicke K，Gatermann R，Harder W，et al. Anal Chim Acta，2004，520：207.
[82] Lagalante A F，Felter A. J Agric Food Chem，2004，52：3744.
[83] Pitter A，Perisset A，Oberrson J M. J Chromatogr A，2004，1035：123.
[84] Crol B T，Simkins M. Analyst，1972，97：281.
[85] Rosen J，Nyman A，Helens K E. J Chromatogr A，2007，1172：19.

[86] Chevoleau S，Jacques C，Canlet C，et al. J Chromatogr A，2007，1167：125.
[87] Chu S C，Metcalfe C D. Anal Chem，2007，79：5093.
[88] Zhang Y，Jiao J J，Cai Z X，et al. J Chromatogr A，2007，1142：194.
[89] Eerola S，Holebekkers K，Halikainen A，et al. Mol Nutr Food Res，2007，51：239.
[90] Park S，Kim B，So H Y，et al. Bulkorean Chem Soc，2007，28：734-744.
[91] 蔡亚岐，牟世芬，江桂斌，等. 色谱在环境分析中的应用. 北京：化学工业出版社，2009.
[92] Nilsson U J. J Chromatogr A，2000，885：305-319.
[93] Fontanals N，Maree R M，Borrull F. Trend Anal Chem，2005，24：394.
[94] 王羽. 博士论文. 天津：天津大学，2011.
[95] Hagestam I H，Pinkerton T C. Anal Chem，1985，57：1757.
[96] Cook S E，Pinkerton T C. J Chromatogr，1986，368：233.
[97] Nakagawa T，Shibukawa A，Shimono N，et al. J Chromatogr，1987，420：297.
[98] Boos K S，Rudolphi A，Vielhauer S，et al. Fresenius J Anal Chem，1995，352：684.
[99] Rudolphi A，Vielhauer S，Boos K S，et al. J. Pharm Biomed Anal，1995，13：615.
[100] Yu Z，Westerlund D，Boos K S. J Chromatogr B，1997，704：53.
[101] Yu Z，Westerlund D. J Chromatogr A，1996，725：137.
[102] Peng S X，Strojnowski M J，Bornes D M. J Pharm Biomed Anal，1999，19：343.
[103] Capka V，Xu Y. J Chromatogr B，2001，762：181.
[104] Haque A，Stewart J T. J Pharm Biomed Anal，1997，16：287.
[105] Furuta I，Kitahashi T，Kuroda T，et al. Clin Chim Acta，2000，301：31.
[106] Pauling L. J Am Chem Soc，1940，62：2643.
[107] Wulff G，Gross T，Schönfeld D. Angew Chem Int Edit，1997，36：1962.
[108] Vlatakis G，Andersson L I，Müller R，et al. Nature，1993，361：645.
[109] 赖家平，何锡文，郭洪声，等. 分析化学，2001，29：836.
[110] 胡树国，李礼，何锡文. 化学进展，2005，17：531.
[111] 门海芬. 硕士论文. 赣州：江西理工大学，2012.
[112] Mayes A G，Mosbach K. Anal Chem，1996，68：3769.
[113] Naka Y，Kaetsu I，Yamamoto Y，et al. J Polym Sci Pol Chem，1991，29：1197.
[114] Ye L，Cormack P A G，Mosbach K. Anal Commun，1999，36：35.
[115] Ye L，Weiss R，Mosbach K. Macromolecules，2000，33：8239.
[116] Wang J F，Cormack P A G，Sherrington D C，et al. Angew Chem Int Edit，2003，42：5336.
[117] 陈长宝，周杰，吴春辉. 化学研究与应用，2006，18：896.
[118] Matsui J，Kato T. Anal Chem，1993，65：2223.
[119] Schweitz L，Anderson L I，Nilsson S. Anal Chem，1997，69：1179.
[120] 尹俊发，杨更高，张轶华. 化学学报，2004，62：1922.
[121] 黄晓冬，邹汉法，毛希琴. 色谱，2002，20：436.
[122] 张静，贺浪冲，傅强. 分析化学，2005，33：113.
[123] 周杰，王善伟，郭洪声. 分析化学，2000，28：296.
[124] Gao D，Zhang Z，Wu M，et al. J Am Chem Soc，2007，129：859.
[125] Li Y，Zhou W，Yang H，et al. Talanta，2009，79：141.
[126] Iijima S. Nature，1991，354：56.
[127] 贾秀红. 碳素技术，2004，23：25.
[128] Endo M，Takeuchi K，Kobori K，et al. Carbon，1995，33：873.
[129] Peigney A，Laurent C H，Flahaut E，et al. Carbon，2001，39：507.
[130] Bethune D S，Klang C H，Devries M S，et al. Nature，1993，363：605.
[131] Dang Z M，Wang L，Zhang L P. J Nanomater，2006，83583：1.
[132] Song X Y，Shi Y P，Chen J. Food Chem，2013，139：246.

[133] Kim W，Nair N，Lee C Y，et al. J Phys Chem C，2008，112：7326.
[134] Cui L J，Wang Y B，Xiu W J. Mater Design，2013，49：279.
[135] 王芳，欧俊. 大众科技，2012，14：70.
[136] 官月平，姜波，朱星华，等. 化工学报，2000，51：315.
[137] Pillai V，Shah D. J Magn Magn Mater，1995，163：243.
[138] Woo K，Hong J，Chio S，et al. Chem Mater，2004，16：2814.
[139] Mann S，Archibald D，Didymus J，et al. Science，1993，261：1286.
[140] 洪霞. 博士论文. 长春：吉林大学，2004.
[141] Ohmori M，Matijevic E. J Colloid Interf Sci，1992，150：594.
[142] Philipse A，Nechifor A，Pathmajnanoharan C. Langmuir，1994，10：4451.
[143] Liu Q，Xu Z，Fineh J，et al. Chem Mater，1998，10：3936.
[144] Correa-Duarte M，Giersig M，Kotov N，et al. Langmuir，1998，14：6430.
[145] Lu Y，Yin Y，Mayers B，et al. Nano Lett，2002，2：183.
[146] Donselaar L，PhiliPse A. J Colloid Interf Sci，1999，212：14.
[147] Mikhaylova M，Kim D，Bobrysheva N，et al. Langmuir，2004，20：2472.
[148] Lyon J，Fleming D，Stone M，et al. Nano Lett，2004，4：719.
[149] Hofman-Caris C. New J Chem，1994，18：1087.
[150] Pinheiro M，Rosenberg H. J Polym Sci Pol Phys，1980，18：217.
[151] Xu X L，Friedman G，Humfeld K D，et al. Chem Mater，2002，14：1249.
[152] Caruso F，Spasova M，Susha A，et al. Chem Mater，2001，13：109.
[153] 吴科盛，许恒毅，郭亮，等. 食品科学，2011，32：317.
[154] Šafařík I，Safarikova M. Water Res，2002，36：196.
[155] Rodriguez J A，Espinosa J，Aguilar-Arteagak K，et al. Microchim Acta，2010，171：407.
[156] Mashhadizadeh M H，Karami Z. J Hazard Mater，2011，190：1023.
[157] Parham H，Pahbar N. J Pharm Biomed Anal，2009，50：58.
[158] Shi R，Wang Y，Hu Y，et al. J Chromatogr A，2009，1216：6382.
[159] 刘晓燕. 博士论文. 兰州：兰州大学，2009.
[160] Arthur C L，Pawliszyn J. Anal Chem，1990，62：2145.
[161] Melo L P，Queiroz R H C，Queiroz M E C. J Chromatogr B，2011，879：2454.
[162] Baltussen E，Sandra P，David F，et al. J Microcolumn Sep，1999，11：737.
[163] 邓琳. 硕士论文. 武汉：武汉大学，2004.
[164] Bicchi C，Iori C，Rubiolo P，et al. J Agric Food Chem，2002，50：449.
[165] Bicchi C，Cordero C，Iori C，et al. J Agric Food Chem，2003，51：27.
[166] 杨泽玉. 博士论文. 广州：中国科学院广州地球化学研究所，2007.
[167] Górecki T，Khaled A，Pawliszyn J. Analyst，1998，123：2819.
[168] Chong S L，Wang D，Hayes J D，et al. Anal Chem，1997，69：3889.
[169] Wu J，Yu X，Lord H，et al. Analyst，2000，125：391.
[170] Vaes W H J，Ramos E U，Verhaar H J M，et al. Anal Chem，1996，68：4463.
[171] Baltussen E，Sandra P，David F，et al. Anal Chem，1999，71：5213.
[172] Treves K，Shragina L，Rudich Y. Atmos Environ，2001，35：5843.
[173] Zhang Z，Pawliszyn J. J phys Chem，1996，100：17648.
[174] Martos P A，Saraullo A，Pawliszyn J. Anal Chem，1997，69：402.
[175] Doong R A，Chang S M. Anal Chem，2000，72：3647.
[176] Mayer P，Vaes W H J，Wijnker F，et al. Environ Sci Technol，2000，34：5277.
[177] Paschke A，Popp P. J Chromatogr A，2003，999：35.
[178] Zeng E Y，Tsukada D，Noblet J A，et al. J Chromatogr A，2005，1066：165.
[179] Mayer P，Vaes W H J，Hermens J L M. Anal Chem，2000，72：459.

[180] Shurmer B，Pawliszyn J. Anal Chem，2000，72：3660.
[181] Poerschmann J，Córecki T，Kopinke F D. Environ Sci Technol，2000，34：3824.
[182] Dean J R，Tomlinson W R，Malovskaya V，et al. Anal Chem，1996，68：130.
[183] Yang Y，Hawthorne S B，Miller D J，et al. Anal Chem，1998，70：1866.
[184] Louch D，Motlagh S，Pawliszyn J. Anal Chem，1992，64：1187.
[185] Pawliszyn J. Solid Phase Microextraction Theory and Practice. New York：Wiley-VCH，1997.
[186] 王栩如，王小如，Lee E. 高等学校化学学报，1999，20：699.
[187] Pan L，Admas M，Pawliszyn J. Anal Chem，1995，67：4396.
[188] Lord H，Pawliszyn J. J Chromatogr A，2000，902：17.
[189] Boyd-Boland A，Pawliszyn J. J Chromatogr A，1995，704：163.
[190] Hall B J，Brodbelt J S. J Chromatogr A，1997，777：275.
[191] Boyd-Boland A A，Chai M，Luo Y Z，et al. Environ Sci Technol，1994，281：596.
[192] Pasehke A，Popp P，Schuurmann G. J Anal Chem，1999，363：426.
[193] Eisert R，Levsen K. J Chromatogr A，1996，737：59.
[194] Pgae B D，Lacroix G. J Chromatogr A，1997，757：173.
[195] Cam D，Ggani S，Meldolesi L，et al. J Chromatogr Sci，2000，38：55.
[196] 陈金美，曾景斌，陈文峰，等. 化学进展，2009，21：1922.
[197] 黄悯嘉，游静. 色谱，2001，19：314.
[198] 高会云，何娟，刘德仓，等. 分析仪器，2007，2：1.
[199] Wang J X，Jiang D Q，Yan X P，et al. J Chromatogr A，2006，1137：8.
[200] Panavaite D，Padarauskas A，Vickackaite V.　Anal Chim Acta，2006，571：45.
[201] Guan W，Xu F，Guan Y F. J Chromatogr A，2007，1147：59.
[202] Zhitomirsky I，Petric A. Mater Lett，2000，46：1.
[203] Budziak D，Martendal E，Carasek E. Anal Chim Acta，2007，598：254.
[204] Budziak D，Martendal E，Carasek E. J Chromatogr A，2007，1164：18.
[205] Li X，Zhong M，Sun C，et al. J Chromatogr A，2006，1135：101.
[206] Bagheri H，Babanezhad E，Es-Haghi A. J Chromatogr A，2007，1152：168.
[207] Li X，Li C，Sun C，et al. J Chromatogr A，2008，1198：7.
[208] Chai X L，He Y，Jia J P. J Chromatogr A，2007，1165：26.
[209] Cao D D，Jiang G B，Liu J F. Anal Chim Acta，2008，611：56.
[210] Liu X Y，Ji Y S，Zhang H X，et al. J Chromatogr A，2007，1165：10.
[211] 田锐，侯经国. 分析科学学报，2008，24：63.
[212] Musteata M L，Musteata F M，Pawliszyn J. Anal Chem，2007，79：6903.
[213] Gesser H D，Goswamii P C. Chem Rev，1989，89：765.
[214] Hench L L，West J K. Chem Rev，1990，90：33.
[215] Rodriguez S A，Colon L A. Anal Chim Acta，1999，397：207.
[216] Crego A L，Diez-Masa J C，Dabrio M V，et al. Anal Chem，1993，65：1615.
[217] Wang D X，Chong S L，Malik A. Anal Chem，1997，69：4566.
[218] 杨通在，罗顺忠. 环境研究与监测，2006，19：1.
[219] Moens L，Smaele T D，DamsR，et al. Anal Chem，1997，69：1604.
[220] Arthur C L，Killam LM，Buchholz K D，et al. Anal Chem，1992，64：1960.
[221] 范毅，冯钰琦，达世禄. 色谱，2001，19：497.
[222] Chen J，Pawliszyn J B. Anal Chem，1995，67：2530.
[223] Eisert R，Pawliszyn J. Anal Chem，1997，69：3140.
[224] Wu J C，Yu X M，Lord H，et al. Analyst，2000，125：391.
[225] Kataoka H，Narimatsu S，Lord H L，et al. Anal Chem，1999，71：4237.
[226] Lord H，Pawliszyn J. J Chromatogr A，2000，885：153.

[227] Wu L M，Almirall J R，Furton K G. J High Resol Chromatogr，1999，22：279.
[228] Nguyen A L，Luong J H T. Anal Chem，1997，69：1726.
[229] Whang C W，Pawlyiszyn J. Anal Commun，1998，35：353.
[230] Fernández J M L，Valcárcel A R M. Anal Chem，1996，356：49.
[231] Jeannot M A，Cantwell F F. Anal Chem，1996，68：2236.
[232] Jeannot M A，Cantwell F F. Anal Chem，1997，69：235.
[233] Jeannot M A，Cantwell F F. Anal Chem，1997，69：2935.
[234] Hou L, Lee H K. J Chromatogr A，2002，976：377.
[235] Pedersen-Bjergaard S，Rasmussen K E. Anal Chem，1999，71：2650.
[236] Theis A L，Waldack A J，Hansen S M，et al. Anal Chem，2001，73：5651.
[237] Zhu L Y，Zhu L，Lee H K. J Chromatogr A，2001，924：407.
[238] Shen G，Lee H K. Anal Chem，2003，75：98.
[239] Hou L，Lee H K. Anal Chem，2003，75：2784.
[240] Myung S W，Yoon S H，Kim M. Analyst，2003，128：1443.
[241] Chamsaz M，Arbab-Zavar M H，Nazari S. Anal At Spectrom，2003，18：1279.
[242] Wen X，Tu C，Lee H K. Anal Chem，2004，76：228.
[243] Jiang X M，Lee H K. Anal Chem，2004，76：5591.
[244] 徐冬辉，王晓飞，冯雪松，等. 河北医药，2007，29：1258.
[245] 李玫瑰，李元星，毛丽秋. 色谱，2007，25：35.
[246] Zhao L M，Lee H K. J Chromatogr A，2001，919：381.
[247] Ling D, Xie H, He Y, et al. J Chromatogr A，2010，1217：7807.
[248] 张成功，赵倩，陈波，等. 色谱，2007，25：641.
[249] Zhao L，Lee H K. J Chromatogr A，2001，931：95.
[250] Ma M，Cantwell F F. Anal Chem，1998，70：3912.
[251] Rezaee M，Assadi Y，Ahmadi F，et al. J Chromatogr A，2006，1116：1.
[252] 臧晓欢，王志，张美月，等. 分析化学，2009，37：161.
[253] Farahani H，Yamini Y，Shariati S，et al. Anal Chim Acta，2008，626：166.
[254] Regueiro J，Llompart M，Garcia-Jares C，et al. J Chromatogr A，2008，1190：27.
[255] Ho T S，Bjergaard S P，Rasmussen K E. Analyst，127：608.
[256] Ho T S，Bjergaard S P. J Chromatogr A，2002，963：3.
[257] Zhang J，Lee H K. Anal Chem，2005，77：1998.
[258] Mohammadi A，Alizadeh N. J Chromatogr A，2006，1107：19.
[259] He Y，Lee H K. Anal Chem，1997，69：4634.
[260] Barker S A，Long A R，Short C R. J Chromatogr，1989，475：353.
[261] 乌日娜，李建科. 食品科学，2005，26：266.
[262] 冯年平，郁威. 中药提取分离技术原理与应用. 北京：中国医药科技出版社，2005.
[263] 刘书志，陈利群. 制药工程设备. 北京：化学工业出版社，2008.
[264] Jayasena C N，Gadhvi K A，Gohel B. Clin Chem，2009，55：972.
[265] 贾敬香，潘铁英，杜一平，等. 环境污染与防治，2008，3：25.
[266] 张文娟，陈琳，陈劲文，等. 印染，2010，15：36.
[267] 胡爱军，郑捷. 食品超声技术. 北京：化学工业出版社，2013.
[268] Dai X H，Xu R F，Wang W H，et al. J Instum Anal，2007，26：55.
[269] 彭松，林辉. 有机化学实验. 北京：中国中医药出版社，2006.
[270] 但德忠. 分析测试中的现代微波制样技术. 成都：四川大学出版社，2003.
[271] 孟庆鼐. 微波技术. 合肥：合肥工业大学出版社，2005.
[272] 邵明望，张文敏. 微波化学与工程. 合肥：安徽大学出版社，1999.
[273] Kingston H M，Jassie L B. 分析化学中的微波制样技术——原理及应用. 郭振库，卜玉兰，刘正阳，

译. 北京：气象出版社，1992.
[274] Abu-Samra A，Steven M J，Koirtyohann S R. Anal Chem，1975，47：1475.
[275] Jin Q，Liang F，Zhang H，et al. Trend Anal Chem，1999，18：479.
[276] Ganzler K，Salgó A，Valkó K. J Chromatogr A，1986，371：299.
[277] Paré J R J，Bélanger J M R，Stafford S S. Trend Anal Chem，1994，13：176.
[278] Bernal J D，Fowler R H. J Chem Phys，1933，1：515.
[279] Gilman L B，Engelhart W G. Spectroscopy，1989，4：14.
[280] Zlotorzynski A. Crit Rev Anal Chem，1995，25：43.
[281] 钱鸿森. 微波加热技术及应用. 哈尔滨：黑龙江科学技术出版社，1985.
[282] 郑成，李卫，杨铃. 世界科技研究与发展，2006，28：52.
[283] Stout S J，Dacunha A R，Allardice D G. Anal Chem，1996，68：653.
[284] Papadakis E N，Papadopoulou-Mourkidou E. J Chromatogr A，2002，962：9.
[285] Costley C T，Dean J R，Newton I，et al. Anal Commun，1997，34：89.
[286] Silgoner I，Krska R，Lombas E，et al. Fresen J Anal Chem，1998，362：120.
[287] Itoh N，Numata M，Yarita T. Anal Chim Acta，2008，615：47.
[288] Lopez-Avila V，Young R，Benedicto J，et al. Anal Chem，1995，67：2096.
[289] Chee K K，Wong M K，Lee H K. J Chromatogr A，1996，723：259.
[290] Llompart M P，Lorenzo R A，Cela R，et al. J Chromatogr A，1997，774：243.
[291] Barnabas I J，Dean J R，Fowlis I A，et al. Analyst，1995，120：1897.
[292] Lopez-Avilia V，Benedicto J. Trend Analy Chem，1996，15：334.
[293] Donard O F X，Lalere B，Martin F，et al. Anal Chem，1995，67：4250.
[294] Young C J. J Agr Food Chem，1995，43：2904.
[295] Ganzler K，Szinai I，Salgo A. J Chromatogr A，1990，520：257.
[296] Onuska F E，Terry K A. Chomatographia，1993，36：191-194.
[297] 范华均，肖小华，李攻科. 高等学校化学学报，2007，28：1049.
[298] 陈立钢. 博士论文. 长春：吉林大学，2010.
[299] 汪军霞，李攻科. 化学通报，2006，69：1.
[300] You J Y，Zhang H R，Zhang H Q，et al. J Chromatogr B，2007，856：278.
[301] Wittmann G，Huybrechts T，Langenhove H V，et al. J Chromatogr A，2003，993：71.
[302] Xiong G，Liang J，Zou S，et al. Anal Chim Acta，1998，371：97.
[303] Gao M，Huang W，Chowdhury M R，et al. Anal Chim Acta，2007，591：161.
[304] Zhou H Y，Liu C Z. J Chromatogr A，2006，1129：135.
[305] Zhou H Y，Liu C Z. J Chromatogr B，2006，835：119.
[306] Pan X，Liu H，Jia G，et al. Biochem Eng J，2000，5：173.
[307] Lucchesi M E，Chemat F，Smadja J. J Chromatogr A，2004，1043：323.
[308] Wang Z M，Ding L，Li T C，et al. J Chromatogr A，2006，1102：11.
[309] Longares-Patrón A，Cañizares-Macías M P. Talanta，2006，69：882.
[310] Shu Y Y，Tey S Y，Wu D K S. Anal Chim Acta，2003，495：99.
[311] Pino V，Ayala J H，González V，et al. Anal Chim Acta，2007，582：10.
[312] Li H，Chen B，Zhang Z，et al. Talanta，2004，63：659.
[313] Bieri S，Ilias Y，Bicchi C，et al. J Chromatogr A，2006，1112：127.
[314] Luque-García J L，Luque de Castro M D. Talanta，2004，64：571-577.
[315] Luque-García J L，Luque de Castro M.D. J Chromatogr A，2003，998：21-29.
[316] Priego-Lopez E，Velasco J，Dobarganes M C，et al. Food Chem，2003，83：143.
[317] Luque-García J L，Velasco J，Dobarganes M C，et al. Food Chem，2002，76：241.
[318] Wang J X，Xiao X H，Li G K. J Chromatogr A，2008，1198：45.
[319] Xiao X H，Wang J X，Wang G，et al. J Chromatogr A，2009，1216：8867.

[320] 李敏晶，游景艳，刘忠英，等. 高等学校化学学报，2004，25：850.
[321] 胡秀丽，刘忠英，张寒琦，等. 分子科学学报，2005，21：54.
[322] 丁兰，李毅，李敏晶，等. 高等学校化学学，2003，24：1403.
[323] 孟庆华，郑维法，刘永锁，等. 分析试验室，2004，23：79.
[324] 李卫，郑成，宁正祥. 化工学报，2006，57：376.
[325] Cresswell S L，Haswell S J. Analyst，1999，124：1361.
[326] Gao M，Song B Z，Liu C Z. Biochem Eng J，2006，32：79.
[327] Serrano A，Gallego M. J Chromatogr A，2006，1104：323.
[328] Chen L，Zeng Q，Du X，et al. Anal Bioanal Chem，2009，395：1533.
[329] Crespín M A，Gallego M，Valcárcel M. J Chromatogr A，2000，897：279.
[330] Ericsson M，Colmsjö A. J Chromatogr A，2000，877：141.
[331] García-Ayuso L E，Luque-García J L，Luque de Castro M D. Anal Chem，2000，72：3627.
[332] Ericsson M，Colmsjö A. J Chromatogr A，2002，964：11.
[333] Morales-Muñoz S，Luque-García J L，Luque de Castro M D. J Chromatogr A，2004，1059：25.
[334] Chen L，Ding L，Yu A，et al. Anal Chim Acta，2007，596：164.
[335] Morales-Muñoz S，Luque-García J L，Luque de Castro M D. Anal Chim Acta，2004，515：343.
[336] Morales-Muñoz S，Luque-García J L，Luque de Castro M D. J Chromatogr A，2004，1026：41.
[337] Chen L，Jin H，Ding L，et al. J Chromatogr A，2007，1140：71.
[338] Ericsson M，Colmsjö A. Anal Chem，2003，75：1713.
[339] Criado A，Cárdenas S，Gallego M，et al. J Chromatogr A，2004，1050：111.
[340] Luque-García J L，Luque de Castro M D. Anal Chem，2001，73：5903.
[341] Chen L，Ding L，Jin H，et al. Anal Chim Acta，2007，589：239.
[342] Chen L，Jin H，Xu H，et al. J Agr Food Chem，2009，57：3989.
[343] Richter B E，Ezzel J L，Felix D，et al. Anal Lab，1995，27：24.
[344] Zhou L Y, Ashraf M, Taylor L T. J Chromatogr A，1999，858：209.
[345] Bjrklund E，Nilson T. Trend Anal Chem，2000，19：434.
[346] Pitzer K S. Thermodynamics. New York：Mc Graw-Hill，1961.
[347] Sekine T，Hasegawa Y. Solvent Extraction Chemistry. New York：Marcel Dekker，1977.
[348] 牟世芬，刘勇建. 现代科学仪器，2001，3：18.
[349] Richter B E，Brian A. Anal Chem，1996，68：1033.
[350] 屈健. 中国兽药杂志，2005，39：46.
[351] 周延生. 硕士论文. 大连：中国科学院大连化学物理研究所，2004.
[352] Rubel A，Bierl R. Fresenius J Anal Chem，1999，364：648.
[353] Ding W H，Fann J C H. J Chromatogr A，2000，866：79.
[354] Ramos L，Vreuls J J，Brinkman U A T. J Chromatogr A，2000，891：275.
[355] Choi J, Lamshöft M, Zühlke S, et al. J Chromatogr A，2012，1260：111.
[356] Zdrahal Z，Karasek P，Lojkova L，et al. J Chromatogr A，2000，893：201.
[357] Popp P，Keil P，Mder M，et al. J Chromatogr A，1997，774：203.
[358] Yu H, Tao Y, Chen D, et al. J Chromatogr B，2012，885：150.
[359] Windal I，Miller D J，Pauw E D，et al. Anal Chem，2000，72：3916.
[360] Heemken O P，Theobald N，Wenclawiak B W. Anal Chem，1997，69：2171.
[361] Bautz H，Polzer J，Stieglitz L. J Chromatogr A，1998，815：231.
[362] Schantz M M，Nichols J J，Wise S A. Anal Chem，1997，69：4210.
[363] Saim N，Dean J R，Abdullah M P，et al. Anal Chem，1998，70：420.
[364] Conte E，Milani R，Morali G，et al. J Chromatogr A，1997，765：121.
[365] Zuloaga O，Etxebarria N，Fernaèndez L A，et al. Trend Anal Chem，1998，17：642.
[366] Bautz H，Polzer J，Stieglitz L. J Chromatogr A，1998，815：231.

[367] Vandenburg H J，Clifford A A，Bartle K D，et al. Anal Chem，1998，70：1943.
[368] Prschmann J，Plugge J. Fresenius J Anal Chem，1999，364：643.
[369] Lou X，Janssen H G，Cramers C A. Anal Chem，1997，69：1598.
[370] 朱礼洋，文明芬，段五华，等. 化学进展，2011，7：1308.
[371] Liu X G. J Nucle Radiochem，2009，31：36.
[372] 朱自强，蔡美强. 固体物料的超临界流体萃取. 北京：中国医药科技出版社，2014：1.
[373] Kanekar A S，Pathak P N，Mohapatra P K，et al. J Radioanal Nucl Chem，2010，283：789.
[374] Uhlir J，Marecek M J. Fluorine Chemistry，2009，130：89.
[375] 段旭琴，胡永平. 选矿概论. 北京：化学工业出版社，2011：1.
[376] Zhu L Y，Duan W H，Xu J M，et al. Ind Eng Chem Res，2010，49：11195.
[377] 陈耀彬，卿宁，罗儒显. 中国皮革，2010，9：43.

第3章 色谱分离

3.1 概　述

3.1.1 色谱分离的发展过程

分离技术发展至今已有大约110年的历史，是分离科学中一项重要的应用技术。它是在1903年至1906年期间，由俄国植物学家Tswett首先系统提出的。Tswett将叶绿素的石油醚溶液通过$CaCO_3$管柱，用石油醚淋洗，由于$CaCO_3$对叶绿素中各种色素的吸附能力不同，色素被逐渐分离，在管柱中出现了不同颜色的谱带或称色谱图（chromatogram）。当时这种方法并没有引起人们的足够重视，直到1931年将该方法应用到分离复杂的有机混合物时，人们才发现了它的广泛用途。

随着科学技术的发展，如今的色谱分析法经常用于分离无色的物质，已没有颜色这个特殊的含义，但色谱法或色谱层析法这个名字仍然被保留并沿用下来。1930~1940年，出现了柱分离色谱和纸色谱（paper chromatography，PC）。在此基础上，到了20世纪50年代，产生了薄层色谱（thin layer chromatography，TLC）和气相色谱（gas chromatography，GC）。值得一提的是，两位在色谱发展史中占有重要地位的英国科学家Martin和Synge在研究液液分配色谱的基础上，于1952年发表了第一篇气相色谱的论文，提出了可分离和分析复杂多组分混合物的GC方法，为气相色谱法奠定了基础。1979年GC发展成为毛细管气相色谱法（capillary gas chromatography，CGC），CGC在很大程度上逐渐取代了传统的填充柱气相色谱。20世纪60年代末在经典的液相色谱的基础上又发展起一种现代色谱分离方法——高效液相色谱法（high performance liquid chromatography，HPLC），这种分离技术对于挥发性小或无挥发性、热稳定性差、极性强的物质都能进行很好的分离和分析，这使它的应用极为广泛，包括生物化学、生物医学、药物分析、石油化工、合成化学、环境监测、食品卫生等许多领域。在1964年，由Moore首先研制成功，并在60年代快速发展起来的凝胶渗透色谱技术，不仅可以用于小分子物质的分离和鉴定，而且可以用于分离化学性质接近但分子体积不同的高分子同系物。此后，70年代又出现了超临界流体色谱（supercritical fluid chromatography，SFC）等色谱技术。1975年Small及其合作者在美国*Analytical Chemistry*上发表了一篇关于离子色谱（ion chromatography）的论文，同年商品仪器问世，这种仪器在分离和分析离子尤其是阴离子方面有着不可比拟的优势。随着生物技术的兴起，90年代毛细管电泳色谱（capillary electromatography，CEC）的发展，将经典色谱与毛细管电泳技术相结合，是目前分离柱效最好的分离技术之一。

3.1.2 色谱分离的原理

在色谱分析中，当流动相携带样品通过固定相时，样品与固定相之间相互作用，使样品在流动相和固定相之间进行分配。样品中与固定相作用力越大的组分向前移动速度慢，与固定相作用越小的组分向前移动速度快。经过一定距离后，由于反复多次分配，以柱色谱为例，分配次数为10^3~10^6次，原本性质（沸点、极性等）差异很小的组分可以得到很好的分离[1]。

在一定的温度和压力下，当体系达到平衡时，组分在两相中的活度之比为一常数，这个常数被称为分配系数（K）：

$$K = \frac{\text{组分在固定相中的活度}(a_s)}{\text{组分在流动相中的活度}(a_m)} \tag{3-1}$$

分配系数与组分和固定相的热力学性质相关，在柱色谱中，随柱温而变化，与两相的体积无关。当色谱体系和分离对象给定以后，K 值只与柱温有关。在液相色谱中分配系数还取决于流动相的性质。

分配比是指在一定温度和压力下，组分在两相间达到分配平衡时，分配在固定相和流动相中的总量之比：

$$k = \frac{c_s V_s}{c_m V_m} = K\frac{V_s}{V_m} \tag{3-2}$$

式中，V_s、V_m 分别为固定相与流动相的体积。

V_s 在不同类型的色谱中含义不同，分配色谱中表示固定液体积，吸附色谱中表示吸附剂的表面积，离子交换色谱中表示离子交换剂的交换容量，它是指真正参与组分在两相间分配的那一部分有效体积。V_m 包括两部分：一部分是固定相颗粒间的流动相，是流动的；另一部分是多孔固定相颗粒内部孔隙中的流动相，是静止的。分配比是衡量分离体系对组分保留能力的重要参数，分配比不仅取决于组分和两相的性质，还与两相的体积有关。分配比越大，停留在固定相中的分子数越多，组分移动越慢。

3.1.3 色谱分离方法的分类

1. 按两相状态分类

气相为流动相的色谱称为气相色谱。根据固定相是固体吸附剂还是固定液又可以分为气固色谱（gas solid chromatography，GSC）和气液色谱（gas liquid chromatography，GLC）。液体为流动相的色谱称为液相色谱（LC）。同理，可以分为液固色谱（liquid solid chromatography，LSC）和液液色谱（liquid liquid chromatography，LLC），以超临界流体为流动相的色谱称为超临界色谱。

2. 按分离机理分类

利用组分在吸附剂（固定相）上的吸附能力强弱不同而得以分离的方法，称为吸附色谱法。利用组分在固定液（固定相）中溶解性不同而达到分离的方法，称为分配色谱法。利用组分在离子交换剂（固定相）上的亲和力大小不同而达到分离的方法，称为离子交换色谱法。利用分子尺寸大小不同在多孔固定相中的选择性渗透而达到分离的方法，称为凝胶色谱法或尺寸排阻色谱法。

3. 按固定相的外形分类

固定相装于柱内的色谱法称为柱色谱法。固定相涂于平板状载体上的色谱法称为平面色谱法，如薄层色谱和纸色谱。

3.2 柱 色 谱

3.2.1 柱色谱的原理

柱色谱根据分离机制的不同可以分为吸附柱色谱和分配柱色谱两种，下面以吸附柱色谱为例，对柱色谱的分离过程进行介绍。

吸附柱色谱常用的吸附剂有氧化铝、硅胶等，首先需要将吸附剂填装到色谱柱中，具体的装柱方法见3.2.4。将已溶解好的样品溶液加入到填装好的色谱柱顶端，样品中各组分均被吸附剂（固定相）吸附，其作用力为范德华力。各组分极性不同，在吸附剂上的吸附能力也不同，对于极性吸附剂来说，样品中极性大的组分对其吸附能力强，而极性小的组分吸附能力相对弱一些。用洗脱剂（流动相）进行淋洗，由于样品中各组分在洗脱剂中的溶解度不一样，因此各组分被解吸的能力也不同。根据相似相溶的原理，极性物质易溶于极性洗脱剂中，非极性物质易溶于非极性洗脱剂中。在分离时，一般先用非极性的洗脱剂进行淋洗。当加入洗脱剂后，非极性组分由于在固定相中吸附能力弱，而在非极性的流动相中溶解度大，将首先被解吸出来，被解吸出来的非极性组分随着流动相向下移动，与新的吸附剂接触再次被固定相吸附。随着洗脱剂向下流动，被吸附的非极性组分再次与新的洗脱剂接触，并被解吸出来再次随着流动相向下流动。而极性组分由于与固定相吸附能力强，并且在洗脱剂中溶解度小，所以不易被解吸出来，因此随洗脱剂移动的速度比非极性组分要慢得多甚至根本不移动。这样经过一定次数的吸附和解吸后，各组分在色谱柱中就形成了不同的色带，各个色带随着洗脱剂逐渐下移，最终随着洗脱剂从色谱柱底端依次流出，每一段色带代表一个组分，分别收集不同的色带，再将组分与洗脱剂分离，就可以获得单一的纯净物了。图3-1为柱色谱分离过程的示意图。

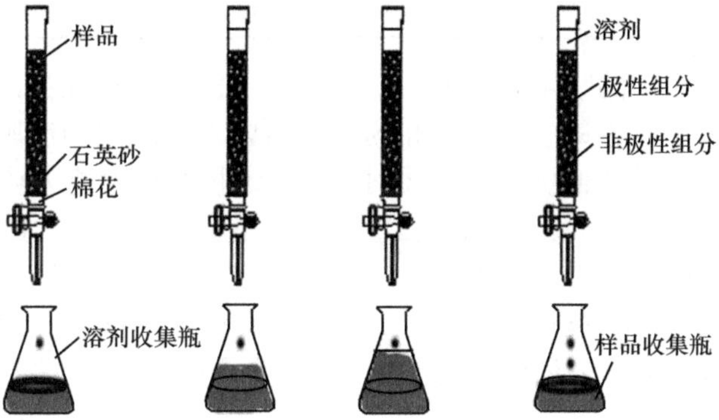

图3-1 柱色谱分离过程示意图

3.2.2 柱色谱的固定相

在色谱法中使用的固定相可以是固体物质，如吸附剂、凝胶、离子交换剂等，也可以是液体物质，如固定在硅胶或纤维素上的溶液。固定相能与待分离的组分进行可逆的吸附、溶解、交换等作用，它决定了物质的分离过程，也决定了流动相的基本性质。例如在分离离子型化合物时，最好选择离子交换剂作为固定相，流动相是无机或有机酸、碱的水溶液，或以水为主的缓冲溶液。如果选择其他分离过程（如离子对色谱）分离离子型化合物，则流动相也随之改变。因此，选择合适的固定相对保证色谱法的分离效果起到十分关键的作用。

吸附剂一般是多孔性的微粒状物质，柱色谱所使用的吸附剂常用的有硅胶、氧化铝、氧化镁、碳酸钙和活性炭等，实验室一般使用氧化铝和硅胶。吸附剂按照极性的不同可分为极性和非极性两类，氧化铝、氧化镁等氧化物和碳酸钙为极性吸附剂；活性炭和硅胶属于非极性吸附剂。极性吸附剂在吸附过程中，离子与偶极、偶极与偶极间的相互作用起主导作用；非极性吸附剂主要是色散力作用的结果。氧化铝是高活性和强吸附的极性物质，通常市售的氧化铝分为中性、酸性和碱性三种。中性氧化铝的 pH 为 7.5，其应用较为广泛，适用于分离醛、酮、酯、醌及某些苷等中性物质；酸性氧化铝的 pH 为 4，适用于分离酸性化合物，如酸性色素、某些氨基酸及对酸稳定的中性物质；碱性氧化铝的 pH 为 10，适用于分离碱性有机物，如生物碱、醇及其他的中性和碱性物质。市售的硅胶略带酸性，一般用于分离极性有机化合物。

在分离过程中，样品中的各组分将被吸附在吸附剂的表面，因此吸附剂颗粒大小及颗粒的均匀程度对分离效果都具有重要的影响。比表面积越大，组分在流动相和固定相之间达到平衡的速度就越快，色带越窄，吸附剂的分离效果越好。对于氧化铝和硅胶中较好等级的吸附剂，每克比表面积一般可达到几百平方米。但如果吸附剂的粒径太小，则样品将随洗脱剂流动太慢，所用的分离时间就会过长，通常使用的吸附剂粒度为 100~200 目。

吸附剂的吸附活性与含水量密切相关，活性强弱用活度级 Ⅰ~Ⅴ级表示，其中活度Ⅰ级吸附能力最强，Ⅴ级最弱。吸附剂的含水量越高，活性越低，吸附能力越弱。吸附剂的含水量与活性等级间的对应关系见表 3-1。一般常用Ⅱ和Ⅲ级吸附剂，Ⅰ级吸附性太强，而且容易吸水，Ⅴ级吸附性太弱。

表 3-1　吸附剂含水量与吸附剂活度级关系

活度级	Ⅰ	Ⅱ	Ⅲ	Ⅳ	Ⅴ
氧化铝含水量/%	0	3	6	10	15
硅胶含水量/%	0	5	15	25	38

有机化合物在固定相上的吸附强度既取决于吸附剂的极性和性质，又取决于有机物分子中的官能团的性质。在正相色谱中，固定相为极性吸附剂，所用的洗脱剂一般为有机溶剂，当有机物分子中含有羧基或其他极性官能团时，对固定相的吸附能力较强，需使用极性更高的有机溶剂作为流动相才能洗脱柱上的高极性组分。在反相色谱中，固定相是由表面覆盖有非极性、疏水薄膜的玻璃珠组成，一般使用水和有机溶剂的混合物作为洗脱剂。因此，非极性有机分子将很强地吸附在非极性固定相上，而极性有机分子留在流动相中，洗脱顺序与正相色谱相反。反相色谱可用于正相色谱无法分开的混合物的分离。固定相对有机分子中官能团的吸附能力如图 3-2 所示。

极性固定相上吸附能力增大 ←

RCO_2H　ROH　RNH_2　R_1COR_2　$R_1CO_2R_2$　R_1OR_2　$R_1R_2C{=}CR_3R_4$　$R{-}H$

→ 非极性固定相上吸附能力增大

图 3-2　固定相对有机分子中官能团的吸附能力

3.2.3　柱色谱的流动相

色谱法中的流动相一般又被称为洗脱剂或是淋洗剂，薄层色谱中又被称为展开剂，它也是影响色谱分离的重要因素之一。流动相的洗脱作用实质上是流动相分子与被分离的溶质分子竞争占据吸附剂表面活性中心的过程。强极性的流动相分子占据吸附中心的能力强，洗脱作用就强，非极性的流动相分子占据吸附中心的能力弱，洗脱作用就弱。为了使试样中吸附能力稍有差异的各种组分实现分离，应根据试样的性质、吸附剂的活性等因素来选择合适的流动相。

洗脱剂的选择原则是：对所分离成分有良好的溶解性；可使待分离组分间分开；待分离组分的 R_f 值应为 0.2~0.8；不与待分离组分或吸附剂发生化学反应；沸点适中，黏度较小。在选择洗脱剂时，可以首先根据文献资料中的介绍进行尝试，然后通过不断改变洗脱剂的比例，直到找到一个分离效果好的洗脱剂。在色谱分离中，洗脱剂的选择一般是通过薄层色谱实验来确定的，要求被分离物质的最佳 R_f 值应在 0.2~0.5，被分离的 2 个点之间 ΔR_f 值应尽可能大，最小不低于 0.1，否则将会难以分离。

在选择洗脱剂时，可以参考不同溶剂的介电常数，介电常数反映了溶剂的极性强弱，介电常数越大，溶剂极性越强，洗脱能力越强。当洗脱剂的极性较弱时，可以使试样中弱极性的组分被洗脱下来，并在色谱柱中移动较快，从而与极性较强的组分实现分离；强极性和中等极性的洗脱剂适用于强极性和中等极性组分的分离。但这仅适用于极性吸附剂，如硅胶、氧化铝。对非极性吸附剂，如活性炭，则正好与上述顺序相反，在水或亲水性溶剂中所形成的吸附作用比在脂溶性溶剂中强。

常用的强极性溶剂洗脱能力：甲醇＞乙醇＞异丙醇；中等极性溶剂洗脱能力：乙腈＞乙酸乙酯＞氯仿＞二氯甲烷＞乙醚＞甲苯；非极性溶剂有环己烷、石油醚、己烷、戊烷等。

当单纯一种洗脱剂达不到所要求的分离效果时，往往使用混合溶剂，洗脱剂的选择性要靠不断变换洗脱剂的组成来达到最佳效果。通常混合溶剂主要是由一种高极性溶剂和一种低极性溶剂组成：极性较小的溶剂在混合溶剂中所占的比例较大，主要起到溶解物质和基本分离的作用，称为底剂；极性较大的溶剂在混合溶剂中比例较小，对被分离物质具有较强的洗脱能力，可以增大 R_f 值，但不能提高分辨率，称为极性调节剂。除了这两种溶剂外，还经常在混合溶剂中加入少量酸、碱，可以抑制因某些酸、碱性物质或其盐类的解离而产生的拖尾现象，称为拖尾抑制剂。洗脱剂中有时还加入丙酮等中等极性溶剂，可以促进不相混合的溶剂混溶，并可降低洗脱剂的黏度，加快洗脱速度。具体操作方法为：采用高极性与低极性的体积比为 1/3 的混合溶剂，如果有分开的迹象，再调整比例或者加入第三种溶剂；如果没有分开迹象即斑点较“拖”，则需要更换溶剂。

常用的混合溶剂有乙酸乙酯-己烷（常用浓度 0~30%）、乙醚-戊烷（浓度为 0~40%）、乙醇-己烷或戊烷（对强极性化合物，常用浓度为 5%~30%比较合适）、二氯甲烷-乙酸乙酯（常用浓度 5%~30%）。其他溶剂组合有石油醚-乙酸乙酯、石油醚-丙酮、石油醚-乙醚、石油醚-二氯甲烷、乙酸乙酯-甲醇、氯仿-乙酸乙酯等。

在分离过程中，为了获得最佳的分离效果，尤其是针对极性相差较大的混合物，应采用洗脱能力递增的洗脱剂进行洗脱，即先用一种非极性溶剂洗脱，把相对非极性的化合物从柱中除去，然后渐渐增大溶剂极性以促进极性较大的化合物从柱中流出或洗脱，各类化合物被洗脱的大致顺序如图 3-3 所示。

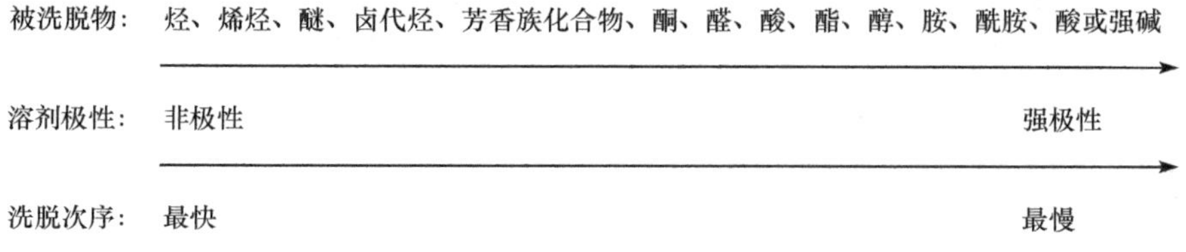

图 3-3　常见有机化合物洗脱顺序

3.2.4　柱色谱的操作技术

1. 色谱柱的选择

常用的玻璃色谱柱是一根带有下旋塞或无下旋塞的玻璃管，常用的玻璃色谱柱如图 3-4 所示。操作时吸附剂的质量应是待分离物质质量的 25~30 倍，一般色谱柱的高度与直径的比值为 1∶10~1∶40。表 3-2 为不同长径比的色谱柱需添加的吸附剂的量及能够处理的样品质量，实验者可根据实际情况进行选择。

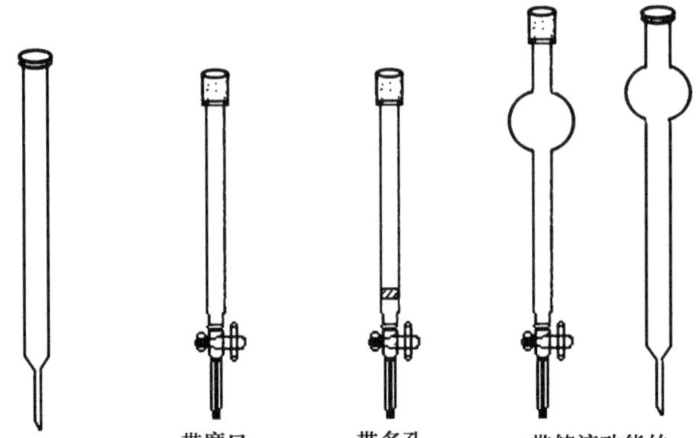

图 3-4　常用的玻璃色谱柱

表 3-2　色谱柱长径比与样品和吸附剂质量关系

样品质量/g	吸附剂质量/g	色谱柱直径/cm	色谱柱高度/cm
0.01	0.3	3.5	30
0.10	3.0	7.5	60
1.00	30.0	16.0	130
10.00	300.0	35.0	280

2. 色谱柱的制备

柱色谱是在圆柱管中先填充不溶性基质，形成一个固定相。将样品加到柱子上，用特殊溶剂洗脱，溶剂组成流动相。在样品从柱子上洗脱下来的过程中，根据样品混合物中各组分在固定相和流动相中分配系数不同，经多次反复分配将组分分离。

通常的柱色谱分离技术有常压柱色谱、干柱色谱、减压柱色谱和快速柱色谱四种。最普通的就是常压柱色谱，它是洗脱剂依靠重力将样品混合物中各组分依次洗脱下来，也是最早被利用的柱色谱分离技术之一。

干柱色谱分离技术是一种改进的色谱技术，采用干装成柱的方法填充吸附剂，最大的特点是展距短，不将色谱带洗脱出柱，因此省去了常规洗脱液分段收集和处理的时间，也使流动相的用量大幅度减少。展距短使干柱色谱可以接受低流速的流动相，低流速和短展距减小了色谱柱内的不均一性和色谱动力学对分辨率不利的影响，干柱色谱的分离时间为 15~ 30min。干柱色谱的分离效果等同于薄层色谱，实际上是制备薄层的一种改进，即由薄层改成柱状[2]。含有甾体、生物碱、类脂、酸类、胺类的混合物以及各种各样的杂环化合物在干柱上的分离都已获得成功[3-5]。

减压柱色谱（vacuum liquid chromatography，VLC）是近几年来国内外实验室迅速发展起来的新技术[6]，它是在溶剂洗脱时，加完洗脱剂后，在柱后利用减压的方法，将洗脱剂全部抽出，每一次将全部洗脱剂抽干后，再更换溶剂，进行下一个组分的收集。与其他柱色谱相比，该方法具有分离操作时间短、分离效果好、装置简单易行等优点，适用于频繁的梯度淋洗，但由于操作条件为减压条件，所以如果使用低沸点溶剂，需控制好真空度，避免溶剂大量挥发。目前减压柱色谱已成功地用于有机制备以及天然产物如萜类、类脂、双萜及多种生物样品的分离，克服了经典的柱色谱费时、费力，需要大量的固定相和洗脱液的缺点。

快速柱色谱（flash column chromatography，FCC）是一种快速而且容易分离复杂混合物的方法[7, 8]，用压缩空气将溶剂推过柱子（也被称为加压柱），利用外加的压力使洗脱剂在柱内的流速加快，故称其为快速柱色谱。这种色谱法特别适用于分离容易分解的样品，可以克服普通柱色谱分离存在的分离时间长、易拖尾、样品长时间滞留在吸附剂中易使化合物分解等缺陷，具有快速省时、分离效率高、简单易行等优点，所以近年来获得越来越广泛的应用。

下面将上述四种柱色谱分离技术中色谱柱的制备方法分别进行介绍：

1）常压柱色谱

常压色谱柱通常采用玻璃柱。柱子在使用前应预先干燥，柱子底部铺一层玻璃棉或者脱脂棉，然后放一层（0.5~1.0cm）石英砂。色谱柱尺寸的选择应根据被分离样品的量和吸附剂的性质，柱子长了，相应的塔板数就高，分离效果好；柱子粗了，上样后样品的原点就小，样品层比较薄，这样相对地降低了分离的难度。为了能使样品实现良好的分离效果，应正确地选定柱的尺寸和吸附剂的量，实验者可根据实际情况参考表3-2进行选择。

装柱时，首先用夹子将色谱柱垂直地夹住，再在色谱柱中注入一部分溶剂，通常所用的溶剂是己烷类的非极性溶剂。然后用一根长玻璃棒将一团塞子状松松的玻璃棉（或脱脂棉）推入柱底，加以捣实，直至所有在棉塞中的空气都呈气泡被逼出。注意不要将玻璃棉捣得过于密实，否则会使柱子完全堵塞。向柱内倾倒洁净的石英砂使其在玻璃棉的顶部形成一薄层，轻轻敲击柱子，使石英砂呈水平，任何黏附在柱壁上的石英砂都需用少量溶剂洗下，这些石英砂形成支撑吸附剂柱的底基，并将阻止吸附剂在洗涤时从活塞中穿出。

柱子在填充吸附剂时应填装匀实，不能装得不整齐、出现空气泡或存在隙缝等。这是因为当混合物中各组分沿着柱子下行时，柱子中每一组分所形成的谱带的前沿应是水平的，如果两条谱带紧邻在一起而又无水平的谱带前沿，那么要收集每一条谱带而把另一条谱带排除在外是不可能的，因为第二条谱带的最前面的边缘在第一条谱带洗脱完毕前就开始洗脱出来了。在填装吸附剂时，如果吸附剂在柱内顶部的面不呈水平，将会造成非水平的谱带；如果柱子未完全垂直，同样会造成非水平的谱带。另外，还会发生一种现象，就是谱带前沿的一部分从谱带的主体部分中向前伸出，此时发生的现象称为沟流。在装柱时吸附剂表面如有任何不平整性或有气泡，都会形成沟流或空气隙缝，于是正在柱前推进的前沿的一部分就利用这种沟流越过其他部分而超前了，如果出现这种现象，应重新装柱。

填装色谱柱的方法有湿法装柱和干法装柱两种：

（1）湿法装柱。将吸附剂氧化铝或硅胶用洗脱剂中极性最低的洗脱剂调成糊状，并在色谱柱内提前加入约3/4柱高的洗脱剂，将调成糊状的吸附剂一边敲打柱身一边倒入色谱柱中，打开下面的旋塞，使溶剂慢慢流出。随着柱内吸附剂的高度不断增加，洗脱剂的流速变慢，全部吸附剂都装完后，用接收的洗脱剂将柱内壁上残留的吸附剂淋洗下来，装柱过程中应注意使吸附剂填充均匀，不能有气泡存在，否则需要重新装柱。柱子填充完后，在吸附剂上端再覆盖一层厚度为2~3mm的石英砂，覆盖石英砂的目的一是使从顶端加入的样品能够均匀地流入吸附剂表面；二是当加入洗脱剂时，可以防止吸附剂表面被冲起，影响分离。若无石英砂，也可以用玻璃棉代替。

（2）干法装柱。在色谱柱的上端利用长颈漏斗将吸附剂装入柱中，吸附剂沉降时，轻轻敲打色谱柱的柱身，或上下振动色谱柱，使吸附剂填充均匀，再在吸附剂上端覆盖一层石英砂，吸附剂填装好以后，用洗脱剂淋洗平衡一次，也可以先加入3/4洗脱剂，再倒入干的吸附剂。与传统的柱色谱相比，干法装柱可以提高样品的分离度，分离速度更快，并且可以将薄层色谱的结果近似定量地应用于干法装柱的色谱分析中。利用干法装柱时，控制吸附剂的

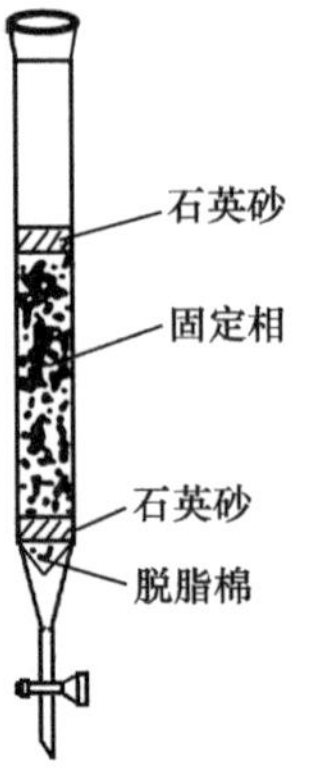

图 3-5　填装好的色谱柱

湿度非常重要，要求硅胶中含水量为 15%，氧化铝中含水量为 3%~6%。填装好的色谱柱如图 3-5 所示。

2）干柱色谱

干色谱柱的形式有玻璃柱、塑料柱（聚乙烯或尼龙柱）等。填柱时，在柱的底部置一打孔的塞及适宜的支持物（玻璃棉或脱脂棉均可），以防止柱内气泡的形成。用减活的吸附剂干法填充柱，吸附剂缓慢、均匀地倒入柱内，同时轻敲柱体直至填充完毕。

3）减压柱色谱

在减压条件下把干燥的吸附剂（常用硅胶）利用漏斗装入柱中，直至吸附剂顶端距离色谱柱上缘约 10cm。为了使柱内的吸附剂填装紧密，可以使用木质的试管夹轻敲柱外壁或用玻璃塞从吸附剂顶端向下挤压，使吸附剂变得紧密，直至最后变得坚硬，吸附剂的高度一般不超过 5cm。吸附剂填装完后，在常压下加入低极性溶剂，并保持液面覆盖柱子直至溶剂使整个柱子润湿，然后减压使溶剂均匀流过吸附剂。停止抽气，用干净的玻璃塞将润湿的柱子均匀压实，如有空隙，则需要重装。将柱内的溶剂抽干后，再加入低极性溶剂重复两次，然后在吸附剂的顶部加入石英砂作为保护层，砂层需要填充得比较平整，即可备用。

4）快速柱色谱

与常压柱色谱一样，快速柱色谱在柱子底部铺一层脱脂棉或玻璃棉，再铺一层石英砂，准备好后，开始向柱内填充吸附剂，一般使用硅胶作吸附剂。采用湿法装柱，为了便于操作，硅胶可以用量筒量取，100mL 硅胶约为 50g。将体积比为 1∶1.5 的硅胶与溶剂混合均匀，用漏斗将浆状物加入到装有部分溶剂的柱子内，将柱子内壁上的硅胶冲洗干净，打开活塞，使溶剂慢慢滴下。这时开始用压缩空气给色谱柱加压，柱内的吸附剂高度会压缩到原来的一半左右。在加压条件下，用橡皮塞轻轻敲打柱身，使硅胶颗粒填装得更加紧密，填装好之后，在吸附剂顶端也用 2cm 左右的砂层进行覆盖。收集从柱子中流出的所有洗脱液，在没有加入样品之前，收集的洗脱液可以重复使用，注意不要让溶剂的液面低于填充层，在溶剂还没有到达顶部砂层之前，可以用压缩空气加速溶液层的下降。

3. 色谱柱上样

对于常压柱色谱，当被分离的混合物样品为液体时，可以用滴管或漏斗沿柱子内壁将样品直接加入到柱子顶端；当待分离的样品为固体时，一般是选择一种适宜的溶剂将其溶解后加入到柱子顶端，溶剂应选择极性较小的溶剂或直接使用第一种洗脱剂，以便被分离的成分可以被吸附，溶剂量不能太多，以接近饱和为宜。如果待分离的样品在极性较小的溶剂中溶解性较差，可以采用固体上样法，先利用极性较大的溶剂将样品溶解，然后再加入硅胶，硅胶用量为样品质量的 1~5 倍，用旋转蒸发仪浓缩该溶液，使样品在旋转蒸发仪中通过快速翻转均匀地涂布在硅胶表面上，旋干后，将这部分硅胶加到柱内吸附剂上方，再加 2cm 厚的石英砂作为保护砂层。在旋蒸时，注意要加防爆球，并且要在防爆球口塞入一些脱脂棉，防止蒸发仪内的液体发生暴沸。

在使用干柱色谱进行分离时，与一般柱色谱的上样方法相同，当样品极少时，也可将固体样品粉末直接均匀地加在柱顶，或用尽可能少的展开剂将样品溶解后，直接加到柱上，再覆盖少量石英砂，当样品溶液完全浸入柱内即可开始展开。当展开剂到达柱底部时，展开结束。

当使用减压柱色谱时，注意加样时不应在减压条件下进行，上样方法与常压柱色谱类似，当采用固体上样法时，将吸附样品的硅胶加到柱子上端后，在其表面需覆盖一张与漏斗内径相同的滤纸，然后加入第一种展开剂，待溶剂透过柱床后，开始减压操作，收集第一种组分。

快速柱色谱的上样方法与常压柱色谱的相似，在上样时注意也是在常压条件下进行。

4. 洗脱

洗脱条件的选择，对于柱色谱的分离效果也具有重要的影响。当选定洗脱剂后，洗脱的方式主要有三种，分别为简单洗脱、分步洗脱和梯度洗脱。

1）简单洗脱

简单洗脱是指柱子始终用同一种溶剂洗脱，直到色谱分离结束。这种洗脱方法适用于被分离物质的吸附差异不大，各区带洗脱时间间隔不长的情况，而且要求所选择的洗脱剂能使待分离的各组分分离系数较大。

2）分步洗脱

分步洗脱是按照洗脱能力递增的顺序，利用几种洗脱液进行逐级洗脱。主要是对混合物组成简单、各组分性质差异较大或需要快速分离时适用，每次用一种洗脱液将其中一种组分快速洗脱下来。

3）梯度洗脱

当混合物组成复杂、性质差异较小时，一般采用梯度洗脱。采用这种洗脱方式，洗脱剂的洗脱能力是逐渐连续增加的。梯度可以指浓度、极性、离子强度或pH等，最常用的是极性梯度。通过逐渐增大洗脱剂的极性，使吸附在色谱柱上的各个成分被逐个洗脱。但需要注意的是，在增大极性的过程中，避免极性增大过快，如直接将一种洗脱剂换成另一种洗脱剂。通常应将新溶剂以小比例慢慢混入到正在使用的前一溶剂中，直到新溶剂的含量达到所需要的水平。如果梯度变化太大，可能会导致柱内的吸附剂出现“隙缝”。“隙缝”的发生是由于吸附剂与溶剂混合时，溶剂将吸附剂溶剂化，在这一过程中形成一种弱键而放出热量。溶剂化作用所放出的热量可使局部的少量溶剂蒸发，蒸气的产生所形成的气泡将柱内填充料挤开，即形成“隙缝”。

洗脱剂在柱内的流速对于分离效果也有影响，一般样品随洗脱剂在柱内停留的时间越长，其在固定相和流动相之间的平衡越广泛，可以使较为相似的化合物最终得到分离。但如果流速过慢，则样品在溶剂中的扩散速率可能大于其沿柱下行的速率，在这种情况下，谱带将会变宽，影响分离效果。通常每分钟流出5~10滴，若洗脱剂下移速度太慢，可适当加压或用水泵减压。

在洗脱过程中，洗脱剂应连续平稳地加入，不应中断。样品量较少时，可以用滴管加入，样品量较多时，可以使用带有储液器的色谱柱或用滴液漏斗作为储存洗脱剂的容器，放在色谱柱上面，如图3-6所示，在分离过程中，洗脱剂的液面不能低于填充层顶端。

图3-6 使用滴液漏斗滴加洗脱剂

5. 样品中各组分的收集

样品中各组分都带有颜色时，可根据不同的色带用锥形瓶或试管分别进行收集，然后再将洗脱剂蒸除从而获得纯组分。但大多数有机化合物都是无色的，可采用等分收集的方法，具体操作步骤为：先将收集瓶编好号，根据使用的吸附剂的量和样品分离情况来进行收集，一般用50g吸附剂，每份洗脱剂的收集体积约为50mL。如果洗脱剂的极性增加或样品中组分的结构相近时，每份收集量应适当减小。将每份收集液浓缩后，以留在烧瓶中的物质的量为纵坐标，收集瓶的编号为横坐标绘制曲线图，确定样品中的组分数。还可以在吸附剂中加入荧光指示剂利用紫外灯照射来确定，或用薄层色谱跟踪柱子的分离过程，将收集的每一份洗脱液按编号在薄层色谱板上点样，并用相同洗脱液展开，将R_f值相同者合并，浓缩，最后再进一步纯化。

干柱色谱法在展开时，由于氯仿、二氯甲烷及乙酸对尼龙柱有溶解或腐蚀性，所以当用这些溶剂作展开剂时，不能选择尼龙柱，而应选择玻璃或石英柱。展开结束后，若采用尼龙柱或玻璃柱，可按色带将柱子切成段，然后将各段吸附剂放在索氏提取器中，用溶剂提取。若使用的是石英柱，可以通过在柱的一端加压，将各区带慢慢挤出或将柱子倒转过来，用橡皮槌轻敲柱体，使柱内的吸附剂慢慢滑出。

在分离无色混合物时，收集样品除采用等分收集法外，还可以采用荧光法，用紫外灯照射展开后的色谱柱，利用一些有机化合物在紫外光的照射下发出的荧光对各组分进行定位，如果待分离的各组分在紫外灯的辐照下不显示荧光，也可以使用含有荧光剂的吸附剂进行操作，如硅胶GF254，在紫外灯的照射下，各组分的分离带将显示为暗斑，从而实现定位，便于分离。

3.3 薄层色谱

3.3.1 薄层色谱的原理

薄层色谱法是在纸色谱和柱色谱的基础上发展起来的，属于色谱法中平面色谱的一种，是对有机化合物实现快速分离、定性及定量分析的一种重要的色谱技术。薄层色谱依据分离原理的不同，可分为吸附薄层色谱、分配薄层色谱、离子交换薄层色谱和凝胶薄层色谱。其中吸附薄层色谱在实验室使用最为广泛，其原理与柱色谱相似。在薄层层析过程中，由于毛细作用，展开剂是不断供给的，所以处于原点上的溶质不断地被解吸，解吸出来的溶质随着展开剂向前移动，当遇到新的吸附剂时，又有部分溶剂和溶质被吸附，从而建立起新的平衡。这一平衡过程是暂时的，随即又被不断移动上来的展开剂所破坏，使部分溶质从吸附剂中解吸出来，并随展开剂继续向前移动，形成了吸附-解吸-再吸附-再解吸这样一个交替进行、不断上升的过程。因此可以说薄层层析的过程就是不断产生平衡，又不断破坏平衡的过程。溶质在经历了无数次这样的过程后，由于不同溶质对吸附剂有不同的作用力，因而随展开剂上升移动的速度不一样，它们之间移动的距离有所不同，从而将样品中的各组分分开。

薄层色谱与其他色谱法相比，其优点主要表现在以下几个方面：①灵敏度高，薄层色谱法能够分离的物质质量最少能够达到0.01μg，比纸色谱灵敏100倍；②展开速度快，一般为15~20min；③分离效率高，将塔板理论用于薄层色谱中，每秒钟的有效塔板数比柱色谱高10~100倍；④显色方法多；⑤制备薄层载量大，可以达到50mg；⑥应用面广。

3.3.2 薄层色谱的固定相

薄层色谱法是将被分离物质点在涂布于玻璃、铝箔或塑料片等载体的固定相薄层上进行分离的一种色谱方法，为保证分离效果，应首先根据被分离化合物的性质选择合适的固定相。分离亲脂性化合物一般可选择硅胶、氧化铝、乙酰化纤维素及聚酰胺等作固定相，分离亲水性化合物可选择纤维素、离子交换纤维、硅藻土等作固定相，在薄层色谱法中常用的固定相及其分离机制与主要应用范围见表3-3。

表3-3 薄层色谱法常用固定相

固定相	分离机制	主要应用范围
氧化铝	吸附色谱法	生物碱、甾类、萜类、脂肪及芳香族化合物
硅胶60	正相色谱法	广泛应用于各类化合物
CHIR（手性）板	配体交换色谱法	对映体
未改性纤维素	分配色谱法	氨基酸、羧酸及碳氢化合物
乙酰化纤维素	根据乙酰基含量决定从正相至反相色谱法	蒽醌类、抗氧化剂、多环芳香化合物、硝基酚类
离子交换纤维素	阴离子交换	氨基酸、肽、酶、核苷酸、核苷
硅藻土	处理后作反相色谱法	黄曲霉素、除草剂、四环素等
聚酰胺	分配色谱法	黄酮类、酚类

1. 硅胶

硅胶为多孔、无定形、粉末状固体。普通硅胶因表面带有硅醇基（Si—OH）而呈弱酸性（pH 4.5），色谱过程中，利用硅醇基与极性或不饱和化合物间形成氢键而表现出吸附性能。因此，有效的硅醇基越多，其吸附能力越强。硅胶吸附水分后形成水合硅醇基，导致吸附能力降低，含水量越高，活性越低。可在150℃对硅胶除水进行活化，经活化后的硅胶，每平方纳米上有4~6个硅醇基。如果温度超过500℃，硅胶将脱水形成硅醚（Si—O—Si），导致活性大大降低。活性硅胶适于分离酸性或中性化合物，分离原理是基于吸附作用；非活性硅胶含有一定量水分，在分离时是基于分配作用。

为了提高分离的选择性，可以利用化学方法对硅胶进行改性，按键合的官能团可将改性硅胶分为极性键合相硅胶和非极性键合相硅胶，利用极性键合相硅胶将获得正相色谱，利用非极性键合相硅胶将获得反相色谱。

硅胶的分离效率与其粒度、孔径及表面积等几何因素有关，硅胶粒径越小，粒度越均匀，分离效率越高。高效薄层色谱法就是采用更小的颗粒尺寸，更窄的粒径分布范围，使制成的薄层在展开速度、点样数、定量精度、检出灵敏度及分离效率等方面比普通薄层都提高很多。普通薄层与高效薄层两种色谱法的比较见表3-4。如果颗粒的尺寸为1~2μm，薄层厚

表3-4 普通薄层与高效薄层比较

特性	普通薄层	高效薄层	特性	普通薄层	高效薄层
薄层尺寸	20cm×20cm	10cm×10cm	展距/cm	10~15	3~6
吸附剂	硅胶	硅胶	分离时间/min	30~200	3~20
平均粒度/μm	20	5	板高/μm	≈30	＜12
颗粒分布/μm	10~50	窄	有效板数	＜600	≈5000
薄层厚度/μm	100~250	200	分离数	10	10~20
点样/μL	1~5	0.1~0.2	点样数	10	18或36
原点直径/mm	3~6	1~1.5	检测限：吸光/ng	1~5	0.1~0.5
展开后斑点直径/mm	6~15	2~5	荧光/pg	50~100	5~10

度为 10~15μm，这种薄层色谱被称为薄膜色谱法，其展距和展开时间将更短，灵敏度更高。

商品硅胶常用一些字母符号表示其性质。例如，硅胶 G 表示以石膏作黏合剂的硅胶；硅胶 H 表示不含黏合剂的硅胶；硅胶 F 表示含有荧光物质；硅胶 P 表示制备用硅胶；硅胶 HF_{254} 表示不含黏合剂，含荧光指示剂，激发波长为 254nm 等。

2. 氧化铝

氧化铝是由氢氧化铝在高温下（400~500℃）煅烧而成的，最适合层析的是 χ-Al_2O_3 和 γ-Al_2O_3。市售的氧化铝可分为中性、酸性和碱性三种：中性氧化铝应用较广泛，适用于酸性或对碱敏感的化合物的分离，如醛、酮、酯、内酯及某些苷的分离；酸性氧化铝适用于酸性化合物的分离，如酸性色素、某些氨基酸以及对酸稳定的中性物质的分离；碱性氧化铝适用于分离中性或碱性化合物，如生物碱类、胺类、脂溶性维生素等。一般氧化铝的用量为样品量的 5~20 倍。

氧化铝的活性与含水量密切相关，活性强弱用活度级Ⅰ~Ⅴ级表示，活度Ⅰ级吸附能力最强，Ⅴ级最弱，硅胶薄层的活化程度测定与氧化铝薄层类似，其活度与含水量的关系见表 3-1。因为每批生产的氧化铝其表面积和表面孔穴结构并不一致，活性也不相同，要想分离结果重现性好，必须使所用吸附剂的活性一致。吸附剂的活度测定方法是将偶氮苯、对甲基偶氮苯、苏丹黄、苏丹红、对氨基偶氮苯的四氯化碳溶液，点于氧化铝铺层板上，以四氯化碳为展开剂，展开后测定各斑点的 R_f 值，根据 R_f 值可以确定氧化铝活度级。

使用氧化铝铺薄层时，一般不加黏合剂，这种层析板称为“干板”，也可以加煅石膏作黏合剂，称为氧化铝 G，加水调成糊状，在玻璃板上涂布，再活化后使用，称为“硬板”。

3. 纤维素

纤维素粉的性质与滤纸相似，与纸色谱相比，用纤维素制成的薄层色谱斑点更集中，分离度更大，分离速度也更快。在薄层色谱法中使用的纤维素有天然纤维素、高纯度纤维素和微晶纤维素，这三种纤维素在分离特性上有一定差别，因此应在使用时根据实际效果选择适宜的品种。此外，在薄层色谱中还有用于反相分配色谱法的乙酰化纤维素和具有离子交换性能的离子交换纤维素。

4. 其他固定相

薄层色谱法使用的固定相除上述三种外，还有聚酰胺、葡聚糖凝胶和硅藻土等。

3.3.3　薄层色谱的黏合剂

为了使薄层能够牢固地附着于载体上而不脱落，可在吸附剂中加入黏合剂，但黏合剂不应改变薄层分离的选择性，因此理想的黏合剂应同时满足黏结力强、亲水性好并具有化学惰性。常用的黏合剂有以下几种：

（1）煅石膏。煅石膏的制备方法是将石膏（$CaSO_4 \cdot 2H_2O$）在 120~140℃下烘烤 2~4h，再过 200 目筛，备用。煅石膏耐腐性强，但机械强度差，并且不利于无机物的分离。

（2）淀粉。将 5%的淀粉水溶液加热至 85℃，使其糊化，作黏合剂使用。其优点是机械强度高，但对有腐蚀性的显色剂不耐受。

（3）羧甲基纤维素钠（CMC-Na）。使用方法是先将羧甲基纤维素钠调成稀糊状，再加足量水搅拌均匀，煮沸使其尽量溶解，静置使未溶解的羧甲基纤维素钠彻底沉淀，取上清液备用。使用时代替水与吸附剂混合，均匀涂布薄层。优点是机械强度高，但耐腐蚀性差。

上述三种黏合剂为实验室自制薄层板时使用，市售预制板使用的黏合剂有聚乙烯醇、聚丙烯醇和聚丙烯酰胺。对一些特殊物质分离时，有时还需要加入一些添加剂，如荧光指示剂、pH 调节剂、络合剂等。

3.3.4 薄层色谱法的技术参数

1）比移值

样品中的各组分在薄层上展开后，可以用比移值 R_f 来表示各组分在薄层上的位置。R_f 值定义为溶质移动距离与流动相移动距离之比，如图 3-7 所示，是薄层色谱法的基本定性参数。

$$R_f = \frac{b}{a} = \frac{\text{原点中心至斑点中心的距离}}{\text{原点中心至溶剂前沿的距离}} \tag{3-3}$$

由上式可知，当 R_f 值为 0 时，表示组分在原点处，未被展开；当 R_f 值为 1 时，表示组分随展开剂移动至展开前沿，未被固定相吸附。因此 R_f 值的范围应在 0~1。

2）分离度

分离度 R 用以表示薄层色谱上两个相邻斑点间的分离程度，定义为以两个斑点中心距离之差与其平均斑点宽度之比，即

$$R = \frac{d}{\left(\frac{W_1 - W_2}{2}\right)} \tag{3-4}$$

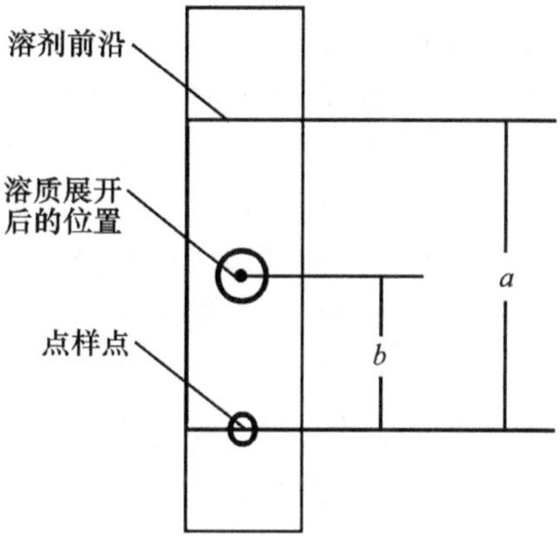

图 3-7 薄层色谱展开示意图

式中，d 为相邻两斑点中心的距离差值；W_1、W_2 分别为相邻两斑点的宽度。由式（3-4）可知，相邻两斑点间的距离越大，斑点越集中，分离度就越大，表明分离效果越好，当 $R>1.5$ 时，相邻两斑点可达到基线分离。

3）分离数

分离数 SN 定义为 R_f 在 0~1 之间能完全分离的斑点数，即

$$\mathrm{SN} = \frac{a}{w_{1/2_0} + w_{1/2_1}} - 1 \tag{3-5}$$

式中，a 为 R_f=1 及 R_f=0 两种组分的斑点中心的距离，也可以近似为原点至展开剂前沿的距离；$w_{1/2_0}$ 为 R_f=0 时组分的 1/2 斑点宽度；$w_{1/2_1}$ 为 R_f=1 时组分的 1/2 斑点宽度。斑点越集中，在相同展距中能分离的斑点数越多，则 SN 值越大，说明薄层板的容量越大，因此 SN 值是衡量薄层色谱分离能力的主要技术参数之一。

3.3.5 薄层色谱的操作技术

1. 薄层的制备方法

薄层色谱法常用的载板为玻璃板，此外还有塑料板和金属铝箔，要求所用的载板表面光滑、平整、清洁。玻璃板规格一般为 10cm×10cm、10cm×20cm、20cm×20cm、5cm×25cm，厚度为 2mm，一般分析用玻璃板较小，而制备用玻璃板较大。铺层前应将玻璃板用洗液和

碱液洗净至不挂水珠，晾干，放置在干燥洁净处备用。载板在使用时不应沾有油污或水渍，否则采用湿法铺层时吸附剂不能均匀分布和黏着在玻璃板上，导致干燥后易起壳、开裂并剥落。

手工制板的铺层方法可分为干法和湿法两种，制备的薄层分别为不含黏合剂的软板及含黏合剂的硬板。干法铺板是用玻璃棒在两端套上适当厚度的橡皮管或塑料管，套管的厚度即为薄层的厚度，一般为 0.3~0.5mm，铺层时先将吸附剂直接倒在玻璃板的一端，捏住玻璃棒的两端，用力滚动玻璃棒，缓缓向前移动，两手用力均匀，移动速度一致，把吸附剂均匀地铺在玻璃板上。干法铺层经常用氧化铝作吸附剂。干法铺层的优点是简单快速，随用随铺，制成的薄层板展开速度快；缺点是样品展开后不能保存，并且喷显色剂时容易把薄层吹散，由于薄层上吸附剂颗粒间的空隙较大，分离的斑点较为扩散，分离效果较差。

湿法铺板首先需要调制固定相的匀浆，按照表 3-5 列出的固定相与水的比例，在烧杯中用玻璃棒顺一个方向搅拌，调成具有适当黏稠度、均匀的糊状浆液。浆液过稠或过稀都不适合，如果浆液过稠，铺板时薄层容易被拖动或出现层纹；过稀，则表面会比较粗糙，影响分离效果。在调制浆液时，为了避免因搅动而可能带入气泡，可在浆液中加入少许乙醇或丙酮起到消泡的作用。铺板的方法主要有浸渍法、倾倒法和涂布法。浸渍法是将两块玻璃板背靠背贴紧，浸入调制好的匀浆中，取出后分开，涂层朝上，平放在桌面上晾干备用。倾倒法是在一个水平放置的较大的玻璃板上放置要铺的玻璃板，将调制好的匀浆倾倒在上面，用玻璃棒涂成均匀薄层，再振动下面的大玻璃板，使薄层平整均匀，放置在水平桌面上晾干。涂布法是利用涂布器铺板，将调制好的匀浆倒入手动或自动的涂布器中，均匀向前推进，涂布时速度不能太慢，避免固定相凝固造成涂布困难。薄层铺好后，应采用阴干的方式，如果干燥速度过快，可能会导致薄层板出现裂痕，还要注意防尘，避免薄层被灰尘污染。

表 3-5　薄层色谱铺板处理方法

薄层类型	固定相（g）与水用量（mL）之比	活化
硅胶 G	1∶2 或 1∶3	80℃ 或 105℃ 0.5~1h 或阴干
硅胶 CMC-Na	1∶3（0.5%~1.0%CMC-Na 水溶液）	80℃ 20~30min 或阴干
硅胶 G CMC-Na	1∶2（0.2%CMC-Na 水溶液）	80℃ 20~30min 或阴干
氧化铝 G	1∶2 或 1∶2.5	110℃ 30min
氧化铝-硅胶 G（1∶2，质量比）	1∶2.5 或 1∶3	80℃ 30min
硅胶-淀粉	1∶2	105℃ 30min
硅藻土 G	1∶2	110℃ 30min
纤维素	1∶5	

薄层的厚度应适宜，太厚展开时容易造成拖尾，太薄可能导致样品不能分开，一般定性定量用薄层厚度为 0.2~0.3mm，制备薄层的厚度为 0.5~2mm。薄层铺好后，在室温下放置 10~30min，使薄层凝聚固定。手工制的硅胶或氧化铝薄层板有时需活化，活化方法是将自然干燥好的薄层板放入烘箱中加热，硅胶板一般先在 60~70℃初步干燥，然后逐步升温至 105~110℃干燥 0.5~1h，活化后的薄层板在烘箱内自然冷却至室温，取出后保存在干燥器内备用，采用这种活化方法可使薄层的活度达到常规要求的Ⅱ~Ⅲ级。氧化铝板在 150~160℃烘焙 4h，活度为Ⅲ~Ⅳ级；在 200~220℃下烘焙 4h，活度可以达到Ⅱ级。硅胶薄层的活度可采用 Stahl 法标定，氧化铝薄层活度可采用 Hermanek 法标定。活化好的薄层板注意避免吸

收水分，长期未使用的薄层板在使用前应重新活化。对于某些薄层色谱，薄层铺好后阴干即可使用，不需再加热活化，而有些需要将薄层保存在一定湿度下，才能获得较好的分离效果，因此在分离前，应通过初步的试验确定薄层的制备及活化方法，才能获得理想的分离效果。

除手工制板外，还可以选择市场上出售的各种预制板。国外出售的预制板规格很多，如不同吸附剂、不同载板、不同厚度、不同尺寸及是否带有荧光指示剂等，国内也有商品预制板出售，包括普通板及高效板，但品种及规格较少。预制板不仅使用方便，而且由于薄层质量高，所以分离效果及定量重现性都比手工制板的薄层好，但是对于一些具有特殊性能要求的薄层，还需要手工制板，比如《中华人民共和国药典》中规定采用的均为手工制板。除常规的薄层制备方法外，在薄层色谱中还有烧结薄层板及棒状薄层。

2. 点样

在点样前，应首先检查薄层板，将准备好的薄层板放置在日光或紫外灯下，观察薄层板是否有损伤和杂质。进行色谱分离时，样品应制备成一定浓度的溶液。用于溶解试样的溶剂应选择易挥发、极性与展开剂相近的溶剂，因为低挥发性的溶剂可能引起点样点扩散，而如果溶剂极性与展开剂极性相差太大，应在点样后先使溶剂挥发再进行展开，否则残留的溶剂将影响展开剂的极性，进而影响分离效果。样品溶液的浓度以 1%~5%为宜。点样前，先在薄层板上距薄层板一端 1cm 用铅笔画一条横线，作为点样时的起始线，展距一般为 10~15cm，可在薄层板另一端 0.5~1cm 处再画一条横线，作为展开终线，画线时要注意不能破坏薄层表面。

如进行定性检测，可以使用玻璃毛细管点样，应选择内径小于 1mm 的管口平整、干净、干燥的毛细管吸取样品溶液，再将毛细管轻轻接触薄层板的起点线并随即移开，注意不要划破薄层板上的吸附层，否则会影响吸附层的毛细作用，导致溶剂流动不规律。毛细管移开应迅速，太慢会使管内的液体全部流出，释放到薄层板上。在点样时，样品的用量对薄层色谱分离的效果有很大的影响，所需的样品量由显色剂的灵敏度、吸附剂的种类及薄层厚度等因素决定。如果样品量过少，可能使显色后的斑点不清楚，使观察困难，但样品量过多，又会造成斑点太大或拖尾现象出现，使分离失败。采用点状点样时，样品斑点的直径一般不应超过 2mm，如果样品溶液浓度较低，一次点样量太少，可以重复点样，但应在前一次点样的溶剂挥发后再点，并且每次点样都应点在同一圆心上。在一块薄层板上，两个试样点之间的距离应在 1~1.5cm。如进行定量测定，则应使用定量毛细管或微量注射器点样，如果采用把斑点刮下用溶剂溶解被测物定量测定的方法，点样量应多些，每次点样量为 10~100μL，可采用带状点样，但样品带应尽可能窄，保证分离效果；用薄层色谱扫描仪扫描定量时，点样量要求较少，为 0.1μL 至数微升。制备色谱的样品溶液浓度为 5%~10%，以样品能够均匀分布在吸附剂表面而不析出沉淀为宜，一般 1mm 厚的硅胶板或氧化铝板最多上样量为 $5mg/cm^2$，一块 1mm 厚的 20cm×20cm 硅胶或氧化铝薄层板可以分离出 10~100mg 的样品，如果吸附剂的厚度增加，则上样量也随之加大，但不能“超载”，否则会出现拖尾或重叠现象，使分离失败。

由于手工点样的质量受到操作者的经验和技能等因素的限制，现在人们发展了多种点样辅助装置，以及各种半自动和微机控制的自动点样仪，如瑞士 CAMAG 公司生产的系列点样设备，使用这些设备点样，最好与商品预制板配合使用，从而提高结果的准确性和重现性。

3. 展开

1）展开剂的选择

展开剂也称为溶剂系统、流动相或洗脱剂，选择适当的展开剂是利用薄层色谱获得良好分离的关键。理想的分离是得到 R_f 值在 0.2~0.8、清晰集中、达到最佳分离度的一组斑点。在选择展开剂时，可以参考不同溶剂的介电常数，见表 3-6。介电常数反映了溶剂的极性程度，介电常数越大，极性越强，洗脱能力越强。展开剂的种类很多，不仅可以使用单一溶剂，还可以将几种溶剂按照一定比例配成混合溶剂作展开剂。溶剂强度是指单一溶剂或混合溶剂洗脱某种溶质的能力，它是建立色谱条件时必须了解的关键因素，色谱法中洗脱能力强的溶剂称为强溶剂。

表 3-6 常见溶剂的介电常数

溶剂	介电常数	溶剂	介电常数
n-己烷	1.89*	氯仿	4.81
石油醚	2.0	乙酸丁酯	5.01*
环己烷	2.02	乙酸己酯	6.02
四氯化碳	2.23	吡啶	12.3
苯	2.27	丙酮	20.7
甲苯	2.38	乙醇	24.3
甲醇	32.6	水	78.5

＊20℃，其他 25℃。

吸附薄层色谱的分离机制是利用被分离样品中各组分在吸附薄层上吸附、解吸附能力不同而得到分离，极性大的溶剂洗脱能力强，因此主要根据极性的不同来选择展开剂。在吸附薄层上一般先从单一的低极性溶剂试验，再按照溶剂洗脱顺序依次更换极性较大的溶剂进行试验，当使用单一溶剂分离效果不理想时，用两种以上的溶剂通过改变组成和比例进行选择。吸附薄层色谱使用的多元展开剂按照组分的作用可分为底剂、极性调节剂、拖尾抑制剂等，此部分内容详见 3.2 节。

分配薄层色谱是利用被分离样品中各组分在互不混溶（或部分混溶）的两种溶剂间分配系数不同而使其分离的方法。两种互不混溶的溶剂之一为流动相，另一种是吸收在载体中的溶剂，这种溶剂是键合在载体中，在层析过程中不流动，为固定相。在分配薄层色谱法中，展开剂应先用固定相饱和，否则在展开过程中展开剂流过固定相时会将固定相带走一部分或全部，导致分离失败。饱和的方法是在操作温度下，将展开剂与少量固定相在分液漏斗中充分振摇，静置分层后，分去固定相，留下流动相备用。对于正相分配薄层色谱，溶剂极性与溶剂强度的关系与吸附色谱相同，溶剂极性大，洗脱能力强，极性小，洗脱能力弱；对于反相分配薄层色谱，溶剂的极性与洗脱能力是相反的，极性大的溶剂，洗脱能力弱，因此在选择时应注意色谱的种类。

图 3-8 是按照展开剂、固定相及被分离物质三者间的相互影响设计的三角图形，可以作为初步选择展开剂时的一种依据，将三角形的一个顶点指向某一点时，其他两个因素会随之增加或减少，从而帮助选择展开剂的极性或固定相的活度。例如，在利用吸附薄层色谱分离极性化合物时，应选用活度级别大，即吸附活度小的薄层板及极性大的强洗脱剂，才能达到理想的分离效果，否则 R_f 值太小；反之，利用吸附薄层色谱分离非极性化合物时，要采用活度级别小，即吸附活度大的薄层板及非极性的弱洗脱溶剂展开；中等极性的化合物的分离

则应采用中间条件进行，以得到的大多数斑点的 R_f 值在 0.2~0.8 为宜。除三角形法外，选择展开剂时还可以采用点滴实验法[9]和微型薄层法[10]。

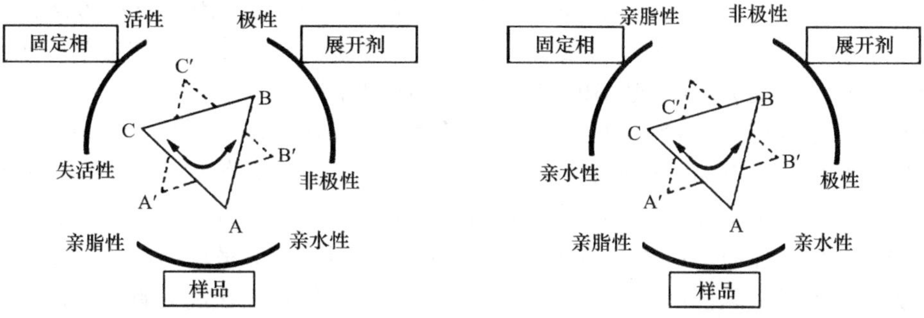

(a) 吸附层析　　(b) 分配层析

图 3-8　色谱分离条件的选择

2）薄层色谱的展开

薄层色谱展开室如图 3-9 所示。常用的展开方法有上行法、下行法、近水平法。对于干板，为避免薄层脱落，常采用近水平法，使薄层板与水平方向夹角为 10°~20°。对于硬板，最常采用的是上行法。

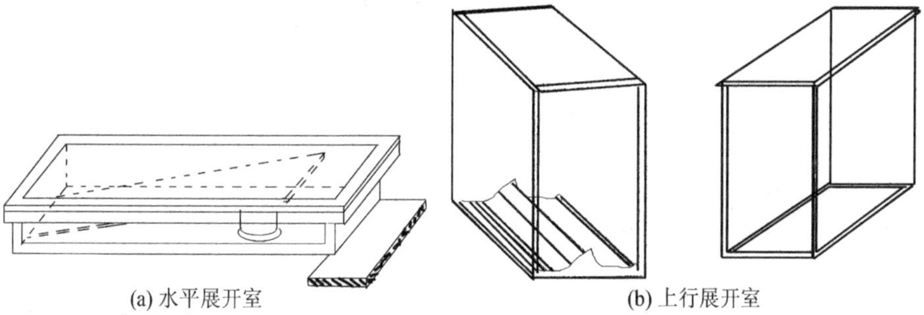

(a) 水平展开室　　(b) 上行展开室

图 3-9　薄层色谱展开室

展开时先将展开剂放入层析缸中，高度为 0.5~1cm，放入薄层板之前应先将层析缸的盖子盖好，静置一段时间，使层析缸内展开剂上方被其蒸气饱和。然后将点好样的薄层放入层析缸中，使薄层下端浸没在展开剂中约 0.5cm，注意样品不能被浸泡在展开剂中，盖好层析缸的盖子，注意不要漏气，否则在展开剂沿薄层展开的过程中，缸内展开剂不断挥发，展开剂的组成不断变化，会影响分离效果。展开剂在毛细作用下沿薄层不断上升，如果展开剂选择合适，样品也将随之展开，当展开剂在薄层上展开的前沿上升到预定高度（一般为 10~15cm）或者已经观察到各组分的色斑明显分离开时，取出薄层板，并立刻用铅笔将展开前沿标出，避免展开剂挥发后展开前沿不易观察。对于吸附薄层色谱，展开速度较快，一般需要 10~60min，而分配薄层色谱展开较慢，一般需要 1~2h。薄层板取出后，可以通过加热或常温下使展开剂挥发完全，再对分离后的组分进行定位。若组分为有色物质，展开后会呈现出明显的色斑，易于观察与定位。对于无色物质，常用的定位方法有光学检测法、蒸气检出法和试剂显色法。

光学检测法包括可见光法、紫外光法和荧光法三种。多数化合物在可见光下不能显色，但部分化合物在紫外光的照射下能够显示出不同颜色的斑点，从而对分开的组分进行定位。还有一些化合物在紫外光的照射下能够发出荧光，作为光亮的斑点出现在薄层板上，使被分开的化合物变得可见。对于无紫外吸收也无荧光的化合物，可将样品点在含有无机荧光剂的薄层板上，展开后挥发掉溶剂，置于紫外灯下观察，被分离的化合物在有色、荧光的背景下，显现为暗的斑点。例如，GF_{254}与HF_{254}板在黄绿荧光背景下出现黑斑，这种方法称为荧光猝灭法。光学检测法不仅方便，而且不会改变化合物的性质，因此是首选的检测方法，但对光敏感的化合物需注意避光，尽量缩短用紫外灯照射的时间。

蒸气检出法是利用一些物质的蒸气与样品作用，产生不同颜色或荧光的斑点，从而对分开的化合物进行定位。例如，碘熏显色法是实验室常用的一种蒸气检出方法，价廉易得，显色迅速、灵敏。具体操作方法为：将展开后的薄层板先挥发掉溶剂，然后放入盛有碘结晶的密闭容器中，多数化合物除饱和烃和卤代烃外，吸附碘蒸气后均呈现出不同程度的黄褐色色斑。将薄层板从容器中取出后，立即标出斑点位置，多数化合物在离开碘蒸气后，色斑会逐渐消退，因为该显色反应为可逆反应，所以不影响产物性质。但如果不褪色，则只适用于定性，不适用于制备色谱。

显色法是利用显色剂使化合物显色，从而定位，即将显色剂喷洒、浸渍于薄层板上，直接观察或加热显色后观察斑点位置。显色剂根据应用对象分为两类，一类是检查一般有机化合物的通用试剂，另一类为特殊化合物或特殊官能团设计的专属性显色剂。表 3-7 列出一些实验室常用的显色剂。

表 3-7　实验室常用薄层板显色剂

显色剂	适用对象	配制方法
水合茚三酮	氨基酸	1.5g 茚三酮、100mL 正丁醇、3.0mL 乙酸
2, 4-二硝基苯肼	醛和酮	12g 二硝基苯肼、60mL 浓硫酸、80mL 水、200mL 乙醇
香草醛	广谱	15g 香草醛、250mL 乙醇、2.5mL 浓硫酸混合液
高锰酸钾	含还原性基团化合物（如羟基、氨基、醛）	1.5g $KMnO_4$、10g K_2CO_3、1.25mL10% NaOH 加入 200mL 水
溴甲酚绿	羧酸	在 100mL 乙醇中，加入 0.04g 溴甲酚绿，缓慢滴加 0.1mol/L 的 NaOH 水溶液，刚好出现蓝色即止
茴香醛	广谱	135mL 乙醇、5mL 浓硫酸、1.5mL 冰醋酸、3.7mL 茴香醛混合
磷钼酸	广谱	10g 磷钼酸、100mL 乙醇
硝酸银-过氧化氢	卤代烃类	0.1g 硝酸银溶于 1mL 水，加 100mL 2-苯氧基乙醇，丙酮稀释至 200mL，再加一滴 30%过氧化氢
浓硫酸	广谱	10%H_2SO_4或硫酸-乙醇（1∶1*）溶液
硫酸铈	生物碱	10%硫酸铈加入 15%硫酸的水溶液
氯化铁	苯酚类化合物	1%$FeCl_3$加入 50%乙醇水溶液
氨水	苯酚类	用浓氨水熏蒸
浓盐酸	芳香酸或胺类	用浓盐酸熏蒸
桑色素	广谱，有荧光活性	0.1%桑色素加入甲醇
荧光素-溴	不饱和烃	①0.1g 荧光素溶于 100mL 乙醇；②5%溴的四氯化碳溶液。使用时先喷①，然后置于含溶液②的容器中
四氯邻苯二甲酸酐	芳香烃	2%四氯邻苯二甲酸酐的丙酮与氯代苯（10∶1）溶液
甲醛-硫酸	多环芳烃	0.2mL 37%甲醛溶于 10mL 浓硫酸
硝酸-乙醇	脂肪族胺类	50 滴 65%硝酸溶于 100mL 乙醇中
硫氰酸钴	生物碱、胺类	3g 硫氰酸铵与 1g 氯化钴溶于 20mL 水中
葡萄糖-磷酸	芳香胺类	葡萄糖 2g 溶于 10mL 85%磷酸与 40mL 水中，再加乙醇与正丁醇各 30mL
氯化钯	含 S 或 Se 类化合物	0.5%氯化钯水溶液加入几滴浓硫酸

* 本书中以下凡未指明者均为体积比。

4. 定性

对定位后的斑点进行定性鉴别的方法主要有以下三种：

1）利用斑点的 R_f 值

在一定条件下，化合物的 R_f 值应该是个常数，但由于在具体操作过程中，不同的操作技术及环境因素对化合物的 R_f 值影响较大，使薄层色谱法的 R_f 值重现性很差，因此从文献资料上查到的数据仅能作为参考。但根据文献提供的 R_f 值，能够掌握一系列化合物在薄层上的相对位置关系及它们之间的分离难易程度，这些对于化合物的分离和定性鉴别都具有重要的参考价值。要利用斑点的 R_f 值对化合物进行定性鉴别，一般需要使用对照品与样品在完全相同的条件下进行展开，并且需要经过两种以上不同组成的展开剂展开后获得的 R_f 值均与对照品一致，才能确定该斑点与对照品为同一物质。

2）利用斑点的显色特性

通过观察斑点在自然光下的颜色，或在紫外光下显现的颜色或荧光，或使用专属性显色剂使斑点显色的情况与对照品比较，可以对化合物进行定性。

3）对斑点原位光谱扫描及与其他分析技术联用

根据斑点的性质，在薄层扫描仪上使用不同光源进行斑点的原位扫描，得到斑点的扫描图谱并与对照品的图谱进行比较，观察光谱图形及最大吸收波长，进行定性鉴别。也可以利用薄层色谱与其他色谱法、光谱法及电化学法等联用技术进行定性鉴别。

5. 定量

对定位后的斑点进行定量测定的方法主要有以下三种：

1）目视比较半定量法

将样品液与一系列由标准物质配制的不同浓度的标准溶液一起点样，展开显色后，比较样品与各标准品形成的斑点的面积大小和颜色的深浅，从而对样品浓度进行估计。该方法简便易行，但主观误差大，仅可作为一种半定量的近似方法。

2）间接定量法（洗脱测定法）

这种方法是将被测组分的斑点连同吸附剂一起取下，用溶剂将被测组分洗脱下来，再进行定量测定。但由于被测组分的量少，一般采用可见-紫外分光光度法或荧光分光光度法测定，对于无色或无紫外吸收的组分，可在洗脱后显色再进行测定。

3）直接定量法（原位薄层扫描法）

原位薄层扫描法是在薄层上用薄层色谱扫描仪对被分离的物质直接进行定量分析的一种方法。目前各国生产的薄层色谱扫描仪规格不同，性能也有所差异，但其工作原理都是基本相同的，即用一束长宽均可调节的一定波长、一定强度的光照射到薄层斑点上，进行整个斑点的扫描，通过测量通过斑点或被斑点反射的光束强度的变化达到定量的目的。

3.3.6 常规薄层色谱的应用

实验室最常用的是吸附薄层色谱，其应用主要有以下几个方面：

（1）利用薄层色谱为柱色谱选择吸附剂和淋洗剂，探索最佳分离条件。在实验室中，经常使用常规薄层色谱作为柱色谱的先导，在薄层上摸索到比较满意的分离条件后，即可将此条件应用于柱色谱。

（2）利用常规薄层色谱监控反应过程。在反应过程中定时取样，将原料和反应混合物点在同一块薄层板上，展开后观察样点的相对浓度变化，判断反应是否发生及进行的程度。

（3）常规薄层色谱可用于判断其他分离纯化过程的效果。在柱色谱、结晶、萃取等分离纯化过程中，将分离或纯化所得的样品利用薄层色谱展开，检测其他分离与纯化方法是否达到预期效果。

3.3.7 其他薄层色谱技术

1. 旋转薄层色谱

旋转薄层色谱又称离心薄层色谱（centrifugal thin-layer chromatography，CTLC），是在薄层、离心纸色谱及柱色谱等基础上发展起来的一种离心型连续洗脱的环形薄层色谱分离技术。由于该方法所使用的仪器结构简单、操作方便、分离效果好等，已广泛应用于合成和天然产物的制备与分离。

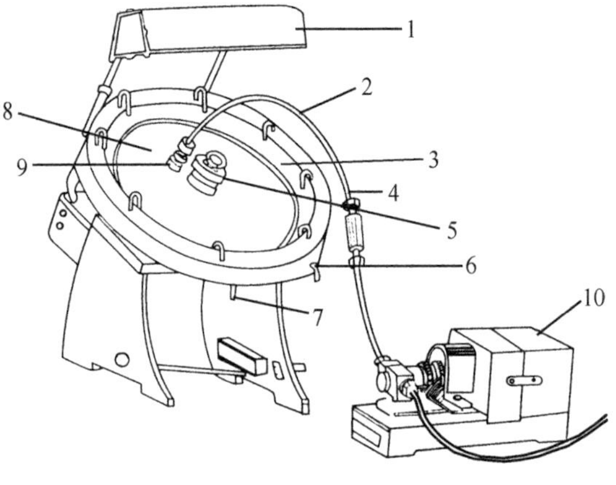

图 3-10 LBC-1 型旋转薄层色谱仪示意图

1. 紫外灯；2. 注射系统；3. 石英玻璃罩；4. 导管；5. 转动轴；6. 氮气入口；7. 出口管；8. 转子；9. 入口；10. 输液泵

旋转薄层的分离原理是运用离心力促使流动相加速流动，进行吸附色谱和分配色谱的分离，在涂有吸附剂薄层的转子的旋转过程中，在离心力的作用下，使溶剂在洗脱过程中将样品在吸附层被分离，形成同心谱带，使试样中各组分之间原有的 R_f 值差异加大，从而提高了分离效果，加快了分离速度，依次将不同组分的化合物从转子边缘分离出来[11]。LBC-1 型旋转薄层色谱仪如图 3-10 所示。

旋转薄层色谱的操作方式有离线分析、离线半制备及在线制备三种形式，如图 3-11 所示。旋转薄层常用硅胶为吸附剂，加入一定量的煅石膏或羧甲基纤维素钠为黏合剂制成厚度为 1~4mm 的薄层，也可以通过在硅胶内加入硝酸银或酸、碱等制成络合薄层或 pH 薄层，制备好的薄层需经活化后备用。这种薄层的上样量可从数毫克至数克，点样及洗脱均靠泵来输送，点样量应根据薄层厚度而定，一般每毫米厚度上样量为 0.5~2mL。薄层上使用的展开剂在旋转薄层中也基本适用。分离后各组分的定位，对于有色物质检出比较方便，而在分离有紫外吸收的化合物时，需要用紫外灯辐照，此时应注意在薄层上用石英玻璃罩，所用溶剂应无紫外吸收，为防止酸、碱对泵的腐蚀，一般采用中性的单一或多元展开剂。

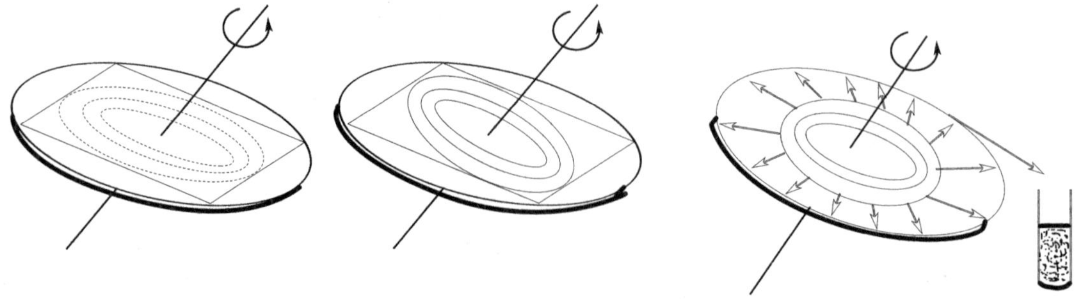

(a) 离线分析　　(b) 离线半制备　　(c) 在线制备

图 3-11 离心薄层的三种分离形式

旋转薄层板的制备方法为：把转子（薄层板）固定在转轴上，把所需的吸附剂、黏合剂加水混合后，搅拌均匀，倾注在转子表面，不时振动转子，使薄层紧密、匀实。铺好后，自然干燥24h，再放入烘箱中在70~90℃活化2~3h。当使用刮板刮制吸附层时，应使刮板以轻微压力由浅入深，连续转动，直至刮到所需厚度，再清除转子边缘和中心部分的吸附剂，修整后的转子应具有光滑平整的表面，制作好后，放置在干燥器中密闭储藏，备用。

如图3-12所示，在分离操作中，先将欲分离的样品由双向微量注射泵通过注入系统注入涂有吸附剂的转子靠近中心的部位，涂有吸附剂薄层的玻璃盘转子被固定在离心主机的法兰盘上，用紧固螺钉旋紧，将样品和溶剂依次送入，在溶剂的洗脱过程中，在离心力的作用下，样品在吸附层上被分离形成同心谱带，依次被洗脱剂洗脱至转子边缘，被分离而流出外围，被分离的样品经流出管收集。

与经典的制备薄层色谱相比，旋转薄层色谱具有以下优点：分离过程短，速度快，短时间内即可分离收集到纯品；所用吸附剂和洗脱剂量少，分离性能好，分离效果高，重现性好，分离制备范围大，可从毫克级到克级；薄层板可重复使用；仪器简单、操作方便、占用空间小，性能稳定，不需要高压技术，特别适用于微量样品或对热不稳定化合物的分离和纯化。

2. 加压薄层色谱

多数薄层展开技术是利用毛细管作用使展开剂通过薄层上的吸附剂进行组分的分离，因此其分离时间不可控制，而且在分离过程中，随着展开距离的增加，溶剂前沿的移动速度将逐渐减慢，展开剂气相对分离组分的影响也将越来越大，这使被分离组分的扩散越来越严重。针对这种情况，发展了加压薄层色谱（overpressure-layer chromatography，OPLC）技术，利用外压作用，使展开剂强制性流动。

加压薄层色谱是利用加压泵将展开剂直接注入薄层板中，并通过加压泵对展开剂的流速进行控制，因此，虽然加压薄层色谱是薄层色谱的一个分支，但其展开方式更接近于高效液相色谱法，加压展开过程是在封闭的体系内和控制流量的条件下完成的，排除了移动相蒸气对板层的影响，其设备如图3-13所示。

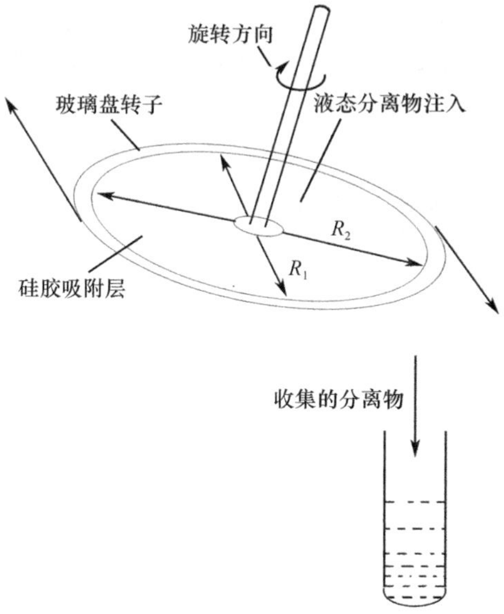

图3-12 旋转薄层色谱操作示意图

图3-13 加压薄层色谱仪

在加压薄层色谱技术中，薄层板夹是加压薄层色谱仪的关键部分，板夹主要由两层组成，上层为聚四氟乙烯薄膜，下层为一块钢板，薄层板按照吸附剂面向上的方向被置于聚四氟乙烯薄膜与钢板之间。在聚四氟乙烯薄膜两边各有一个小孔，溶剂通过这两个小孔进出薄层板。在孔的两侧与薄层板接触的一面刻有凹槽，利用凹槽溶剂可以快速达到薄层板的边缘，从而保证薄层板中间和边缘几乎同时开始展开。在薄层板的边缘有一圈约 2mm 宽的吸附剂被刮掉，加上一层密封条，防止加压展开时展开剂从薄层板边缘溢出，板夹下层的钢板主要起支撑作用，薄层板夹的结构及工作原理如图 3-14 所示。工作时用一个泵在板夹上加压，压力最大可达 5MPa，同时用另一个泵将展开剂泵入薄层板，完成分离过程。加压薄层色谱中常用的薄层板有 5cm×20cm、10cm×20cm 以及 20cm×20cm 三种规格，不同大小的薄层板应使用不同的板夹。

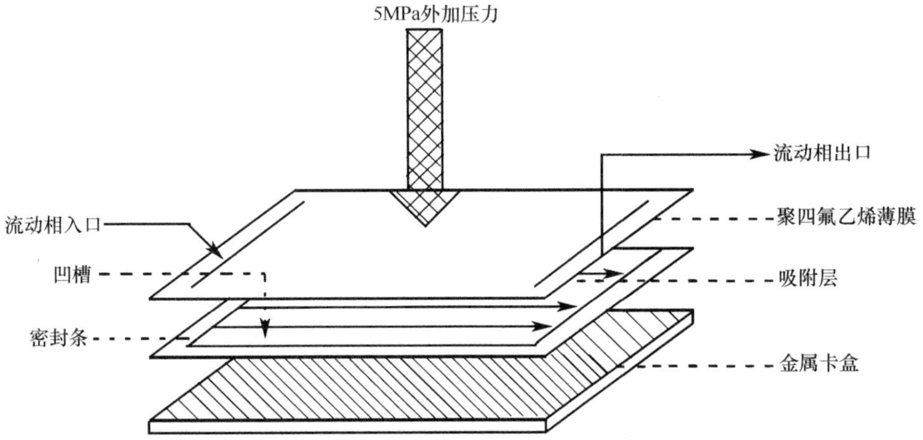

图 3-14　加压薄层色谱仪中薄层板夹的工作原理

具体操作方法：加样后，将色谱板用薄层板夹固定好后放入色谱缸中，注意应使溶剂出入口接在出入通道上，否则流动相分布不均匀。加压前，将溶剂阀关闭，使溶剂压力达到一定值后，打开阀门，让溶剂在通道上分布，流动相均匀流过薄层全程，从输出通道流出，经过检测器进行收集。加压薄层色谱由于采用泵输送溶剂，可进行类似高效液相色谱的在线分析，具有多种工作方式可供选择[12]，包括离线点样-分离-离线扫描，离线点样-分离-在线检测，在线进样-分离-离线扫描，在线进样-分离-在线检测。针对不同的要求，可选择不同的分析方式，这是加压薄层色谱的一个突出的特点。

与其他的薄层色谱技术进行比较，加压薄层色谱法具有以下优点：①移动相在加压条件下运动，使其线速比高效液相色谱快 5 倍，展开时间缩短，抑制了待分离组分的扩散现象，使斑点面积小，检验灵敏度提高；②移动相选择较容易且用量少；③由于加压薄层色谱法是通过泵连续输送展开剂，因此在分离过程中即使展开剂溢出薄层板，分离仍可继续进行，可提高比移值较小组分的分离度；④吸附剂粒度范围较宽，并且可在长距离上实现高效分离；⑤具有可控制的标准化展开条件，能排除溶剂蒸气相的影响，移动相流量可以根据待分离混合物的性质进行优化；⑥分析结果便于保存，并且色谱图可见。

3.4　纸　色　谱

3.4.1　纸色谱的原理

纸色谱法属于分配色谱，利用滤纸为载体。滤纸的化学组成为纤维素，纤维素是一种惰性物质，分子中有很多羟基，具有较强的亲水性，能够吸附约20%的水分，所以当使用滤纸作为分配色谱的载体时，利用的正是滤纸纤维对水具有较大的亲和力而对有机溶剂亲和力较差的特性。当展开剂在滤纸上渗透时，展开剂中6%左右的水分能够与纤维素分子上的羟基利用氢键作用结合形成复合物，作为液液分配色谱中的固定相，流动相为被水饱和的有机相（展开剂）。在滤纸的一端点上样品后，当展开剂沿滤纸流经点样原点时，部分样品溶解在作为固定相的水中，展开剂在滤纸上受毛细作用渗透、扩展，随着展开剂的流动，样品在固定相和流动相之间反复进行分配，由于各组分在固定相（水相）和流动相（有机相）间的分配系数不同，各组分随展开剂移动速度也各不相同，在流动相中具有较大溶解度的物质随展开剂移动速度较快，而在固定相中具有较大溶解度的物质随展开剂移动速度较慢，从而实现混合物的分离。

由于纸色谱法是以强极性物质水为固定相，当固定相的极性大于流动相的极性时，属于正相色谱，反之为反相色谱，所以纸色谱一般为正相分配色谱。如果用低极性的溶剂如石蜡油、硅油等处理滤纸后作为固定相使用，再以极性大的溶剂为流动相，这种纸色谱为反相分配色谱。

3.4.2 纸色谱的操作技术

1. 滤纸的选择

虽然在纸色谱法中滤纸仅作为载体用于支持固定相，但纸的性质对分离效果有很大的影响。纸色谱法中所使用的滤纸应质地均一，平整无折痕，边缘整齐，从而保证分离效果。要求滤纸质地均一，是因为如果滤纸的薄厚不均，会造成滤纸不同部位因厚度差异而导致的含水量不同，使流动相在滤纸上的展开速度不同，造成在同一张滤纸上 R_f 值不恒定。如果滤纸的边缘粗糙，会造成样品在展开过程中向横向“偏离”现象发生。滤纸的纤维组织应松紧合适，具体要求需从展开剂的性质和待分离物质的结构特点来考虑。对于 R_f 值差别较大的混合物的分离，常使用快速滤纸，由于滤纸结构较疏松，纸内的微孔多，纤维素的分布相对较少，单位体积的滤纸结合水的量相对较少，但能够保持较多的展开剂，因此在这种滤纸上物质的移动速率较快，但分辨率低；对于 R_f 值差别较小的混合物的分离，常使用慢速滤纸，分辨率高，避免样品斑点重复现象，但展开速度较慢；中速滤纸具有中等的分辨率，是最常用的一种滤纸。滤纸的质地应纯净，杂质含量少，必要时需进行纯化处理。此外，还应注意展开过程中滤纸纤维的方向，应使纤维走向与展开方向垂直。

2. 展开剂的选择

纸色谱法常以纤维素吸附的水为固定相，因此适用于水溶性物质如氨基酸、糖类等有机物的分离，流动相多用以水饱和的正丁醇、正戊醇、酚类等，同时加入适量弱酸或弱碱如乙酸、吡啶、氨水等调节 pH，防止被分离组分的分解。有时需加入一定比例的甲醇或乙醇，增加水在流动相中的溶解度，增大展开剂的极性。在配制展开剂时，应按照比例将水和有机溶剂加到分液漏斗中，充分振摇 2~3min，使两相混合均匀，并且在恒温下放置至两相完全分层，有机相应完全澄清，不再有细小的水滴，取有机相作为展开剂。当展开剂中有机溶剂挥发性较强时，为避免长时间放置导致溶剂系统组成变化，应现用现制。而对于一些溶剂系统，在混合后如果有化学变化，如丁醇-乙酸-水在混合后会发生酯化反应，则应在混合后放置一段时间，使反应达到平衡再使用。

在以水为固定相时，有时需增加滤纸上的水量，如针对某些化合物亲水性过强的情况。增加水量的方法一般是将滤纸放在蒸馏水中浸透，取出后在两侧用粗滤纸将多余的水吸掉，再悬挂在空气中使水分缓慢挥发至所需的量，然后再在滤纸上点样。还可以采用将一定量的水与丙酮混合，再将滤纸浸透，取出后将多余的水分压干，放置在空气中，使丙酮挥发掉，通过控制丙酮与水的比例，控制滤纸的含水量。

对于难溶于水的极性化合物，应使用非水的极性溶剂如甲酰胺、二甲酰胺、丙二醇等为固定相，滤纸需先用固定相处理，方法与上述在滤纸上加水方法相同，此时应选择不与固定相混溶的非极性溶剂作为流动相，如氯仿、苯、环己烷、四氯化碳等。对于非极性物质的分离，应选择非极性溶剂如石蜡油、硅油、正十一烷等作为固定相，而以水、甲醇、乙醇为流动相进行分离。当一种溶剂不能满足要求时，与薄层色谱类似，可以选择两种或两种以上的溶剂混合使用，以达到理想的分离效果。

3. 试样的预处理

在纸色谱法中，试样如为液体，可直接点样；试样为固体，则需配成浓度为 1%左右的稀溶液，溶剂一般选择与展开剂极性相似且易挥发的有机溶剂，如乙醇、丙酮、氯仿等。水作固定相时，尽量避免使用水作溶剂，否则容易造成斑点扩散，并且水不易挥发。样品溶液中如含有干扰色谱分离的杂质，如无机盐类物质或离子化杂质，则应在点样前对样品进行除杂处理，否则由于离子是亲水性物质，会改变固定相与流动相间的平衡，可能造成拖尾现象发生，并影响 R_f 值的准确性。

4. 点样

准备好滤纸和样品后，开始点样。点样时，可以使用管口平整的玻璃毛细管、微量注射器、微量滴管及微量移液管等，试样量一般为几微克到几十微克，原点直径以 2~3mm 为宜，两试样点间距离在 2.5cm 以上，点样时管尖不要接触纸面，而是使露出管尖的半滴液体触及滤纸，避免在滤纸上留下划痕。如果试样较稀，可以重复点样，但应在每次点样后待溶剂挥发再重复点样，避免原点扩散。点样后，为了加速溶剂的挥发，可以使用红外灯照射或用吹风机吹干，才能开始展开。当使用制备纸色谱时，由于点样量较大，为了避免斑点出现拖尾现象，可以采用带状点样的方式。

5. 展开

纸色谱法的分离过程应在一个密闭不漏气、先用展开剂蒸气饱和的展开室中进行。可在展开前，在加有展开剂的展开室中放入滤纸衬里，使展开剂沿衬里上升并挥发，使展开室内在短时间能够被展开剂蒸气所饱和。根据展开方法选择合适的展开室，展开方法分为单向法、双向法、辐射法和同向二次分层法等。

单向法根据展开剂展开方向又可分为上行法和下行法，所使用的滤纸均为长条状，展开容器可以用圆形或长方形的色谱缸、大号试管及广口瓶等，如图 3-15 所示。滤纸的尺寸一般长为 28~30cm，宽为 2.0~2.5cm。点样前，先在滤纸一端用铅笔画一条水平线，用以准备点样，如采用上行法，这条横线距离滤纸底端为 2~3cm，采用下行法为 7~8cm，在原点另一端，根据展开距离大小，再画一条水平线，表示溶剂展开到此处为止。上行法是将展开剂置于缸底，将滤纸条固定在色谱缸的缸盖或试管、广口瓶的塞子上，使滤纸条的下端浸到展开剂中，一般浸入到展开剂液面下 1cm 左右，但注意不能使原点浸没在展开剂中。在滤纸纤维毛细作用下，展开剂在滤纸表面带动样品点一起上行，并逐渐在滤纸表面实现分离，展开距离一般为 15~20cm。上行法是纸色谱中应用最广的一种方法，它对于设备的要求简单，操作方便，缺点是展开速度慢，分离效率不高，因此对于 R_f 值低或分离时间较长的试样不适用。

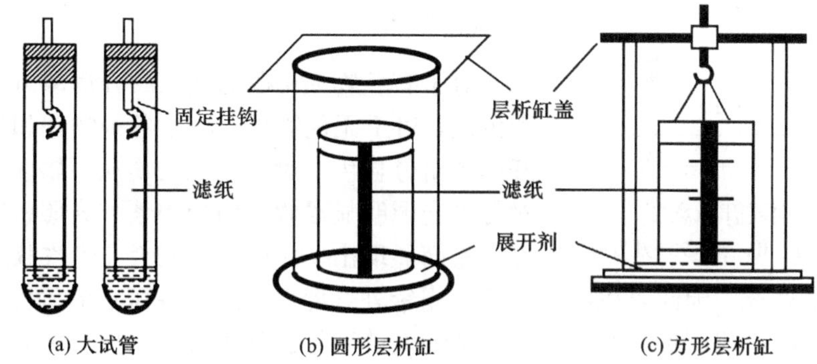

图 3-15 纸色谱上行展开室

下行法装置如图 3-16 所示，是在展开室上方放置一个盛有展开剂的玻璃槽，当点有样品的滤纸条被展开剂蒸气饱和后，将滤纸条上端浸入玻璃槽内的展开剂中，滤纸条悬挂在玻璃槽上，展开剂自上而下沿纸展开，同时样品也向下展开，既有毛细作用，又有重力作用，直至溶剂前沿达到预设的展开距离为止。下行法的优点是展开较快，对于 R_f 值较小或分离较困难的组分，下行法的分离效果优于上行法。在利用下行法分离混合物时，如果某一成分的 R_f 值特别大，而且它比其他成分移动速度快，可以使该组分通过滤纸直接滴入接收瓶中，达到分离目的。

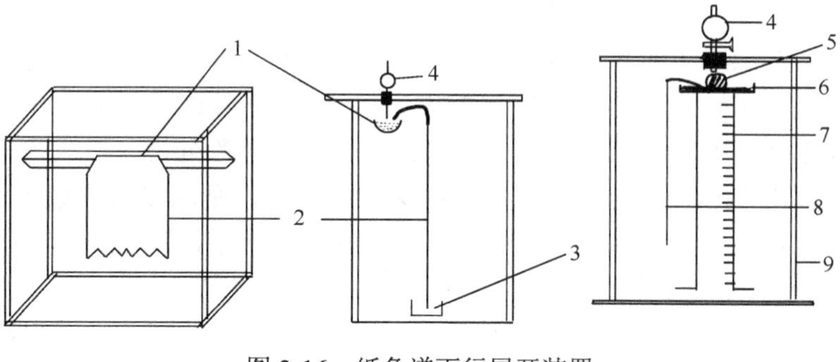

图 3-16 纸色谱下行展开装置

1，6. 展开剂槽；2，8. 滤纸；3. 回收展开剂槽；4. 分液漏斗；5. 玻璃压件；7. 作支架用量筒；9. 标本缸

双向法是针对成分较复杂的样品，当采用单向色谱分离后，一个斑点中可能含有两种或更多组分时，可以采用双向色谱法。双向法是采用正方形滤纸，如图 3-17 所示，将样品点在滤纸的一角，距离两边均为 2~3cm，先按照上行法（或下行法）用第一种展开剂使样品沿一个方向第一次展开后，将滤纸取出并使第一种展开剂完全挥发，此时混合物已在靠近滤纸一边形成了一连串的斑点，但有些斑点中可能含有一种以上的物质，将滤纸转动 90°，使用第二种展开剂再进行一次色谱分离，这时第一次分离所得到的斑点将又作为起点进行第二次展开，通过这种方法，等于将混合物中的各组分进行了二次单向色谱分离，从而获得理想的

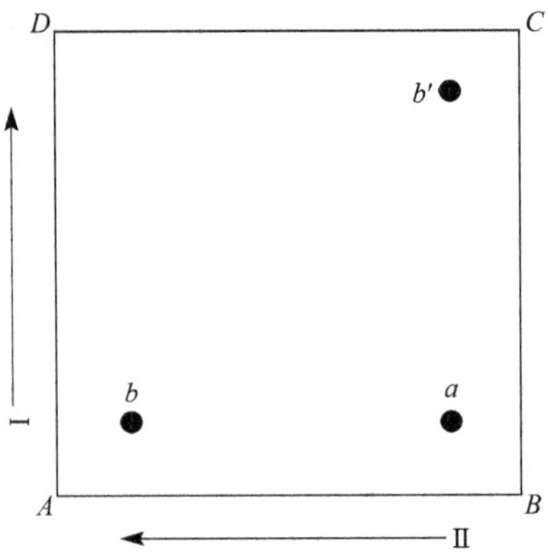

图 3-17　双向展开示意图
Ⅰ. 第一次展开方向；Ⅱ. 第二次展开方向

分离效果。因此，双向法获得的是两个 R_f 值。

辐射法是采用圆形滤纸，从滤纸边缘向圆心剪出宽 2cm 的滤纸条，在圆心周围点样，展开时使窄条浸入展开剂中，展开剂由窄条展开至圆心处，并从圆心向外扩散，得到的是环形的色谱带，分离效果较好。

6. 显色

对于有色物质，在滤纸上展开后即可直接观察到各个色斑。对于无色物质，应用各种物理和化学方法使展开后各组分显色。对于无色的物质，如许多有机物虽然对可见光无明显吸收，但当用紫外光照射时，会产生紫外吸收而显现出一定颜色，或者在吸收紫外光后能够发射出不同颜色的荧光，因此可以在展开后利用紫外灯照射，记录各斑点的颜色、位置以及强弱，如生物碱可以采用这种方法检出，这是纸色谱显色的常用方法。另一种显色方法是使用显色剂，采用喷雾或直接将滤纸浸渍到显色剂内进行显色，显色剂的选择与化合物的结构有关，因此除了比移值外，利用显色反应也可以对未知物的结构作定性鉴别。例如，茚三酮溶液适于蛋白质、氨基酸及肽的显色；硝酸银氨溶液适于糖类的显色；pH 指示剂适于有机酸、碱的显色等。纸色谱法也可用于分离各种常见的无机离子，由于该方法对试样量的要求较少，尤其适用于各种贵金属及稀有元素的分离及分析，如对金、铂、钯、铑等贵金属离子的分离，用乙醚-丁醇-浓盐酸（1∶2∶2.5）混合溶剂作展开剂，展开后喷 $SnCl_2$ 溶液显色，金、铂、钯立即出现色斑，铑需稍微加热即显色；用二硫腙的 0.05%四氯化碳溶液作显色剂，可以使银、铅、锡（Ⅱ）和镉等显红色，汞、钛显玫瑰红色，铜显褐色。

7. 比移值的测定

展开结束后，将滤纸从展开剂中取出，应立即标好展开剂在滤纸上移动的前沿位置，在滤纸晾干过程中，展开剂会继续在滤纸上渗透一段距离，注意这段距离在计算比移值时不应计算在内。滤纸在空气中自然晾干后，分离开的各组分经显色处理，形成各斑点，用铅笔将斑点轮廓画出，找出中心位置，如果斑点颜色深浅不均匀，则应以浓度最高的位置为中心，测量斑点中心到试样原点的距离，再与展开剂展开前沿至原点距离之间作比，即得R_f值。与薄层色谱类似，影响 R_f 值的因素很多，如化合物的结构、纸的质量、温度、展开剂等，若滤纸、温度、展开剂等实验条件相同，则 R_f 值是化合物的特性常数。因此如对组分进行定性鉴别，一般采取在相同实验条件下用标准品做对比实验，即把未知混合物试样和已知的标准试样点在同一张滤纸上进行展开。

3.5　离子交换色谱

3.5.1　概述

离子交换色谱法是利用溶液中各种带电粒子与离子交换剂之间结合力的差异进行物质分离的操作方法[13]。该法分离效率高，操作简单，树脂可以反复使用。

带电粒子与离子交换剂间的作用力是静电力。它们的结合是可逆的，离子交换现象可用下面的方程式表示：

$$R^-X^+ + Y^+ \xrightleftharpoons{\text{交换过程}} R^-Y^+ + X^+ \tag{3-6}$$

式中，R^-表示阳离子交换剂的功能基团和载体；X^+表示平衡离子；Y^+表示交换离子。离子交换过程属于一种动态平衡过程，即在一定的条件下能够结合，条件改变后又可以被释放出来。离子交换反应同样符合质量作用定律。当反应体系的离子浓度发生变化时，反应平衡即向左或向右移动。如向平衡体系中加入多量的 X^+，反应倾向于生成 $R^- X^+$，而释放出 Y^+的方向。

3.5.2 离子交换剂

离子交换法必须使用离子交换剂。广义离子交换剂是指具有离子交换能力的所有物质，包括液体交换剂。离子交换剂由惰性的不溶载体、功能基团和平衡离子组成。平衡离子带正电荷的称为阳离子交换树脂，平衡离子带负电荷的称为阴离子交换树脂。常用的离子交换剂可以分为以下两类：

（1）无机离子交换剂：由天然的（黏土、沸石类矿物）和合成的（合成沸石、分子筛、水合金属氧化物、多价金属酸性盐类、杂多酸盐等）化合物构成。

（2）有机离子交换剂：人工合成的带有离子交换功能团的高分子聚合物。其中应用最为广泛的是离子交换树脂。

1. 离子交换树脂的分类

离子交换树脂由三部分构成：①惰性的不溶性高分子固定骨架，又称载体；②与载体以共价键联结的不能够移动的活性基团，又称功能基团；③与功能基团以离子键联结的可移动的活性离子，又称平衡离子（或反离子）。例如聚苯乙烯磺酸型钠树脂，其骨架是聚苯乙烯高分子材料，活性基团是磺酸基，平衡离子为钠离子。

根据离子交换树脂的交换基团可以进行分类，大致分为阳离子交换树脂、阴离子交换树脂、螯合型离子交换树脂和其他类离子交换树脂等几大类[14]。

1）阳离子交换树脂

阳离子交换树脂按其酸性强弱可以分为以下三类：

（1）强酸型阳离子交换树脂：主要是磺酸型树脂，功能基团为磺酸根（$—SO_3H$）及甲基磺酸（$—CH_2SO_3H$）。此类树脂一般为淡黄色球状颗粒，化学稳定性好，耐磨性好，在酸性、碱性和中性介质中都可使用，交换反应速率快，无机、有机阳离子均可交换。

（2）中酸型阳离子交换树脂：主要是磷酸型树脂，功能基团是磷酸基（$—PO_3H_2$）。

（3）弱酸型阳离子交换树脂：主要是羧酸型树脂和酚型树脂，功能基团分别为羧基（—COOH）和羟基（—OH）。此类树脂的交换能力受酸度的影响较大。

2）阴离子交换树脂

阴离子交换树脂也可根据功能基团的种类不同分为以下三类：

（1）强碱型阴离子交换树脂：强碱型阴离子交换树脂的功能基团多为季铵盐$—N^+{\equiv}R_3$，交换能力受 pH 环境的影响较小。有两种强碱型阴离子交换树脂：一种含三甲基铵，称为强碱Ⅰ型，另一种含二甲基-β-羟基-乙胺基团，称为强碱Ⅱ型。Ⅰ型的碱性比Ⅱ型强，但再生较困难，Ⅱ型树脂的稳定性较差。此类树脂对强酸根和弱酸根都能交换，对酸碱氧化剂及某些有机溶剂都比较稳定，在酸性、碱性溶液中都能使用，交换容量不受溶液中 pH 影响。

（2）弱碱型阴离子交换树脂：弱碱型阴离子交换树脂的活性基团是伯、仲、叔胺基，即—NH_2、—NHR、—NR_2，以及吡啶基等。弱碱型阴离子交换树脂的交换能力同样受自身解离程度的影响，在碱性环境中交换能力低，仅适用于中性及酸性环境。

（3）中强碱型阴离子交换树脂：中强碱型阴离子交换树脂兼有以上两类活性基团，两者的比例决定其碱性强弱。

3）螯合型离子交换树脂

螯合型离子交换树脂按其含有的官能团区分，大致可以分成亚胺二乙酸型、偶氮、偶氮胂、8-羟基喹啉类树脂、水杨酸树脂、葡萄糖型树脂等。

4）其他离子交换树脂

（1）吸附树脂：是一类有很大的表面积，吸附能力强，但离子交换能力很小的树脂，主要用于脱色和除去蛋白质等，也称为脱色树脂。

（2）电子交换树脂：这类树脂所交换的不是离子而是电子。交换反应是一个氧化还原反应，也称氧化还原树脂，可用于氧化剂或还原剂再生。

（3）热再生离子交换树脂：实质上是具有特殊结构的弱碱、弱酸型离子交换树脂的复合物。它在室温下可从溶液中交换吸附一定量的盐，用 90℃的水又可使盐吸收。但因受各种因素制约，交换容量和交换速度偏低，使用受限。

（4）两性树脂：既含有酸性基团，又含有碱性基团的树脂被称为两性树脂。它的酸、碱基团可相互作用形成内酯盐，因此其交换机制较一般树脂复杂。国内有两性树脂 HD-1 号，它对金霉素具有良好的选择吸附性能。蛇笼树脂也是一种两性树脂，它适宜于从有机物质（如甘油）水溶液中吸附盐类，再生时用水洗即可。

2. 离子交换树脂的命名

根据 1958 年化学工业部拟定的离子交换树脂命名法草案，各类树脂命名编号如下：强酸类 1~100 号，弱酸类 101~200 号，强碱类 201~300 号，弱碱类 301~400 号，中强酸 401~500 号。

命名法还规定各种树脂除注明类别（如强酸、弱碱等）和编号外，还须标明载体的交联度。交联度是合成载体骨架时交联剂用量的质量分数，与树脂的性能有密切关系。在书写交联度时将百分号除去，写在树脂编号后并用乘号“×”隔开，如强酸 1×7 其交联度为 7%。

比较详细的商标名称常这样书写：×××型××性×离子交换树脂（编号×交联度）。此外，产品说明书还标明其载体、平衡离子、交换容量、密度、粒度、含水量等。国外离子交换树脂命名因出产国、生产公司而异，多冠以公司名，接着是树脂类别和编号，在编号前注明大孔树脂（MR）、均孔树脂（IR）等缩写字母。在使用树脂之前最好查阅产品说明书，以了解其结构（如骨架、活性基团、平衡离子）、性能和使用等多方面资料。

3. 离子交换树脂的载体

离子交换树脂的载体（骨架结构）是活性功能团的支持介质，对树脂性能有一定的影响。常见的主要有两类树脂载体，苯乙烯型和丙烯酸型。

1）苯乙烯型离子交换树脂

苯乙烯型离子交换树脂的骨架由苯乙烯与二乙烯苯经过氧苯甲酰催化聚合而成。这是最重要的一类离子交换树脂。苯乙烯与二乙烯苯的共聚物作为骨架，再引入所需要的酸性基团或碱性基团。例如，聚苯乙烯磺酸型阳离子交换树脂是由苯乙烯（单体）与二乙烯苯（交联剂）共聚后再磺化引入磺酸基而成的。其中苯乙烯是主要成分，形成线形直链并带有可解离的磺酸基，而二乙烯苯则负责把直链交联起来形成网状结构，所得的产物具有类似海绵的结构。合成后的载体，如用氯磺酸或发烟硫酸引入磺酸基可制成强酸型阳离子交换树脂。载体也可由氯甲醚进行氯甲基化后再引入季铵基团或伯、仲、叔胺基，成为碱性阴离子交换树脂。氯甲基化时的副反应使得碱性阴离子交换树脂的交联度常高于阳离子交换树脂。其中，交联度就是指树脂的交联程度，通常用加入树脂中交联剂（如二乙烯苯）的质量分数表示

$$交联度 = \frac{交联剂质量}{反应混合物质量} \times 100\% \tag{3-7}$$

树脂的交联度一般为4%~14%。

例如，国产强酸型树脂0×12，表示是强酸型树脂，编号0，交联度12%。

2）丙烯酸型阳离子交换树脂

将丙烯酸甲酯与二乙烯苯以过氧化苯甲酰作为引发剂，在水相悬浮聚合，共聚物再经水解即可得到该树脂。

属于这类树脂的有弱酸110树脂。但如降低交联度，则由于膨胀度大，树脂机械强度就较差，且会使容积交换容量较低。为弥补这一不足，可以采用两次聚合的方法，即将一次聚合物与单体混合物（含引发剂）搅拌混合，使聚合物吸饱单体，然后加热进行第二次聚合。两次聚合的聚合物比一次聚合的结构紧密。化学交联度虽然没有改变，但链相互牵制也能限制链的移动，其作用也一样。

属于这一类型的还有弱酸 101×4（724）树脂，它是由甲基丙烯酸、甲基丙烯酸甲酯和二乙烯苯三元共聚而得。

丙烯酸酯-二乙烯苯共聚物以多乙烯多胺胺解还可制得弱碱型树脂。由此得到的弱碱型树脂还可与甲酸和甲醛发生甲基化反应，以增强其碱性。

3.5.3 离子交换平衡

1. 道南理论

树脂在水中溶胀后，树脂表面和外界溶液之间的界面可以看成是一个半透膜，膜的一边是树脂相，膜的另一边是液相。树脂网状上的固定离子不能透过膜，而平衡离子则可以通过膜进行扩散。树脂中的固定离子的存在，使能通过膜的可交换离子在膜的两边处于不均匀的平衡状态。

例如，聚苯乙烯型磺酸基Na型阳离子交换树脂，树脂的骨架为聚苯乙烯聚合的长碳链由二乙烯苯交联起来的网状结构，活性基团是磺酸基阳离子—SO_3 Na，固定离子是—SO_3^-，平衡离子是Na^+。

$$[Na^+]_内[Cl^-]_内 = [Na^+]_外 \ [Cl^-]_外 \tag{3-8}$$

$$[Na^+]_外 = [Cl^-]_外$$

$$[Na^+]_内 = [Cl^-]_内 + [R^-]_内 \tag{3-9}$$

式（3-9）代入式（3-8）得

$$[Cl^-]_外^2 = [Cl^-]_内^2 + [Cl^-]_内[R^-]_内 \tag{3-10}$$

$$[Cl^-]_外 \gg [Cl^-]_内 \qquad [Na^+]_内 \gg [Na^+]_外$$

2. 选择系数

某氢型阳离子交换树脂与溶液中阳离子发生交换反应，即

$$n\text{R—H} + \text{M}^{n+} \rightleftharpoons \text{R}_n\text{—M} + n\text{H}^+$$

交换达到平衡时：

$$K_{n\text{H}}^{\text{M}} = \frac{[\text{M}]_\text{r}[\text{H}]_\text{s}^n}{[\text{M}]_\text{s}[\text{H}]_\text{r}^n} \tag{3-11}$$

式中，$[\text{M}]_\text{r}$、$[\text{H}]_\text{r}$ 为平衡时 M^{n+}、H^+在树脂相中的浓度；$[\text{M}]_\text{s}$、$[\text{H}]_\text{s}$ 为平衡时 M^{n+}、H^+在水溶液中的浓度。

在一定条件下，平衡常数 K 值的大小表示树脂对 M^{n+}的吸附能力的强弱，即树脂对离子亲和力的大小。

$K_{n\text{H}}^{\text{M}} > 1$：表示树脂对 M^{n+}的亲和力大于树脂对 H^+的亲和力，即 M^{n+}比较牢固地结合在树脂上。

$K_{n\text{H}}^{\text{M}} < 1$：表示树脂对 M^{n+}的亲和力小于树脂对 H^+的亲和力，即 H^+比较牢固地结合在树脂上。

$K_{n\text{H}}^{\text{M}} = 1$：树脂对 M^{n+}和 H^+的亲和力相同。

若溶液中各种离子的浓度相同，则亲和力大的离子先被交换上去，亲和力小的后被交换上去。若选用适宜的洗提液洗脱，则后被交换上去的离子先洗脱下来，从而使各种离子彼此分离。

$K_{n\text{H}}^{\text{M}}$ 表示金属离子 M^{n+}对离子交换树脂的选择系数，表示同一种离子交换树脂对不同离子的吸附选择性，不同类型树脂的 K 值不同。$K_{n\text{H}}^{\text{M}}$ 也可用来表示两种离子对树脂亲和力的差别。

例 3-1　已知某阳离子交换树脂的选择系数：$K_{\text{Li}}^{\text{Cs}} = 3.25$，$K_{\text{Li}}^{\text{Na}} = 1.98$，求 $K_{\text{Na}}^{\text{Cs}}$。

解　$\text{R—Li} + \text{Cs}^+ \rightleftharpoons \text{R—Cs} + \text{Li}^+$　　$K_{\text{Li}}^{\text{Cs}} = \dfrac{[\text{Cs}]_\text{r}\cdot[\text{Li}]_\text{s}}{[\text{Cs}]_\text{s}\cdot[\text{Li}]_\text{r}}$

$\text{R—Li} + \text{Na}^+ \rightleftharpoons \text{R—Na} + \text{Li}^+$　　$K_{\text{Li}}^{\text{Na}} = \dfrac{[\text{Na}]_\text{r}\cdot[\text{Li}]_\text{s}}{[\text{Na}]_\text{s}\cdot[\text{Li}]_\text{r}}$

$$\text{R—Na} + \text{Cs}^+ \rightleftharpoons \text{R—Cs} + \text{Na}^+$$

$$K_{\text{Na}}^{\text{Cs}} = \frac{[\text{Cs}]_\text{r}\cdot[\text{Na}]_\text{s}}{[\text{Cs}]_\text{s}\cdot[\text{Na}]_\text{r}} = \frac{\dfrac{[\text{Cs}]_\text{r}}{[\text{Cs}]_\text{s}}\cdot\dfrac{[\text{Li}]_\text{s}}{[\text{Li}]_\text{r}}}{\dfrac{[\text{Na}]_\text{r}}{[\text{Na}]_\text{s}}\cdot\dfrac{[\text{Li}]_\text{s}}{[\text{Li}]_\text{r}}}$$

$$= \frac{K_{\text{Li}}^{\text{Cs}}}{K_{\text{Li}}^{\text{Na}}} = \frac{3.25}{1.98} = 1.64$$

3. 分配系数

某离子 M^{n+}和树脂进行交换反应达到平衡后，M^{n+}在树脂相浓度和液相中浓度之比为

$$D_M = \frac{[M]_r}{\Sigma[M]_s} \tag{3-12}$$

式中，$[M]_r$ 为平衡时树脂相中 M^{n+} 的浓度；$\sum[M]_s$ 为平衡时水溶液中 M^{n+} 的总浓度。

对于一价 M^+，交换反应

$$R—H + M^+ \rightleftharpoons R—M + H^+$$

$$K_H^M = \frac{[M^+]_r[H^+]_s}{[M^+]_s[H^+]_r} \tag{3-13}$$

若溶液中无其他副反应

$$D_{M^+} = \frac{[M^+]_r}{[M^+]_s} = K_H^M \frac{[H^+]_r}{[H^+]_s} \tag{3-14}$$

若 M^+ 是痕量离子，$[H^+]^r$ 为常数

$$D_{M^+} = \frac{K}{[H^+]_s} \tag{3-15}$$

$$\lg D_{M^+} = \lg K - \lg[H^+]_s \tag{3-16}$$

例 3-2 2g H 型树脂与 100mL 0.1mol/L HCl 并含有 0.001mol/L Ca^{2+} 的溶液一起振荡，求平衡时钙遗留于溶液中的百分数。（已知：$K_{2H}^{Ca} = 3.2$，树脂交换容量为 5mmol/g）

解 交换反应

$$2R—H + Ca^{2+} \rightleftharpoons R_2—Ca + 2H^+$$

Ca^{2+} 进入树脂相最大量：0.001 × 100=0.1mmol。平衡时：

$$[H]_r^{min} = \frac{5\times 2 - 0.1\times 2}{2} = 4.9\text{mmol/g}$$

$$[H]_s^{max} = \frac{0.1\times 100 + 0.2}{100} = 0.102\text{mmol/mL}$$

$$K_{2H}^{Ca} = \frac{[Ca^{2+}]_r \cdot [H^+]_s^2}{[Ca^{2+}]_s \cdot [H^+]_r^2}$$

$$D = \frac{[Ca^{2+}]_r}{[Ca^{2+}]_s} = K_{2H}^{Ca} \cdot \frac{[H^+]_r^2}{[H^+]_s^2}$$

$$= 3.2 \times \frac{4.9^2}{0.102^2} = 7400$$

$$\frac{\Sigma Ca(r)}{\Sigma Ca(s)} = \frac{[Ca^{2+}]_r \times \text{树脂质量(g)}}{[Ca^{2+}]_s \times \text{溶液体积(mL)}} = 7400 \times \frac{2}{100} = 148$$

溶液中遗留钙的百分数：

$$\frac{\Sigma Ca(s)}{\Sigma Ca(r) + \Sigma Ca(s)} = \frac{1}{148+1} = 0.67\%$$

被树脂吸附钙的百分数：

$$\frac{148}{148+1}=99.33\%$$

4. 分离因数

离子交换树脂对两种离子的分离能力常以两种离子的分配系数 D_A、D_B 之比，即分离因子表示：

$$S_{A/B}=\frac{D_A}{D_B}=\frac{[A]_r[B]_s}{[A]_s[B]_r}=K_B^A \tag{3-17}$$

$S_{A/B}\approx 1$，表示树脂对两种离子的吸附能力相同，两者难以分离。$S_{A/B}$ 偏离 1，则表示树脂对两种离子的吸附能力有差别，偏离越大，则两者越易分离。在离子交换分离体系中，可用 $S_{A/B}$ 衡量两元素分离的可能性。

3.5.4 离子交换动力学

当 A、B 两种离子在树脂上进行交换时，可写作如下形式：

$$R^-B^+ + A^+ \rightleftharpoons R^-A^+ + B^+$$

离子交换过程可分解为以下 5 个步骤：

（1）A^+ 从溶液中扩散到树脂表面。因要通过水膜，所以称为膜扩散。膜扩散的速度取决于膜两边离子 A^+ 的浓度差和膜厚度。膜厚度与搅拌速率有关。图 3-18 中虚线表示固定于树脂表面的水膜。

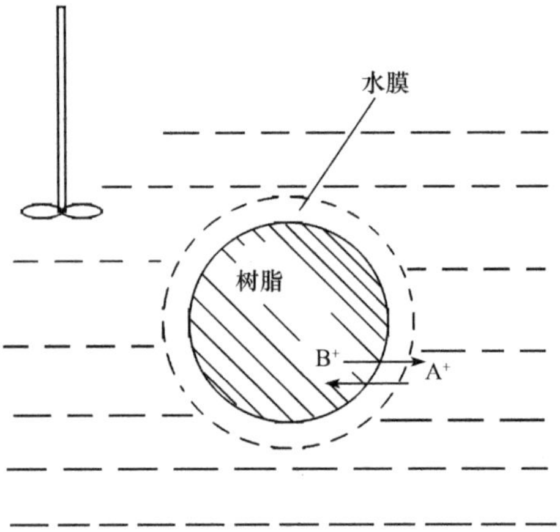

图 3-18　离子交换过程

（2）A^+ 从树脂颗粒表面扩散到交换中心，称为粒子扩散。其速度取决于颗粒孔径、颗粒半径、树脂交换容量、离子 A^+ 的半径与电荷、平衡离子的性质（电荷、半径等）。

（3）离子 A^+ 与平衡离子（也称固定离子）B^+ 交换，相当于树脂发生复分解反应，速度极快。

（4）B^+ 从交换中心扩散到粒子表面。

（5）B^+ 穿过水膜再扩散到溶液中。

（4）和（5）为（1）和（2）的逆过程。当树脂颗粒大，溶液离子浓度小，树脂对离子吸附弱，搅拌快时，交换速度主要受粒子扩散限制。相反，在树脂颗粒小，溶液离子浓度大，树脂对离子吸附强，搅拌慢时，膜扩散限制大。但对蛋白质等大分子而言，则应多考虑粒子扩散（内部扩散），其原因是载体骨架位阻的影响。而且交换反应伴随大分子外部形状的变化，牵涉的能量变化也大，所以交换速度远远小于小离子。

离子交换速度的影响因素很多，综合起来主要有以下几个方面：

（1）树脂粒度。交换离子向内扩散的速度与离子半径的平方成反比，平衡离子向外扩散的速度与半径成反比，树脂粒度大交换速度慢。

（2）搅拌速度。搅拌速度能影响膜扩散速率，与交换速度成正比，搅拌速度增大到一定程度后影响减小。

（3）树脂交联度。交联度大则树脂孔径小，粒子运动阻力大，交换速度低。

（4）离子半径和离子价。离子水合半径增大，交换速度下降。离子每增加一个电荷，交换速度下降一个数量级。大分子在树脂中的扩散速度特别慢。

（5）温度。交换体系温度高时由于离子扩散加快，交换速度也加快，但必须考虑到生化物质对温度的稳定性。

（6）离子浓度。交换体系如是稀溶液，交换速度随离子浓度的上升而加快。当达到一定浓度后，交换速度不再随浓度上升。交换速度（V）与浓度成正比的范围在 0.01mol/L 以下，如图 3-19 所示。

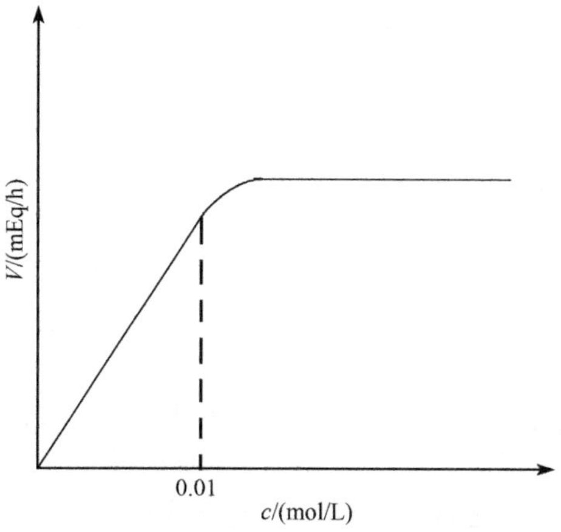

图 3-19 离子浓度对交换速度的影响

1mEq=1mmol×原子价

为了方便研究离子在固定床中交换的规律，以图 3-20 表示一个翻转 90°的离子交换柱。观察交换带 $A_1 \longrightarrow A_2$ 中发生的变化：交换离子 A_1 由于不断被树脂吸附，其浓度从起始浓度 c_0 开始逐渐降低到 0，而平衡离子 A_2 由于逐渐被释放，则浓度由 0 上升到 c_0。

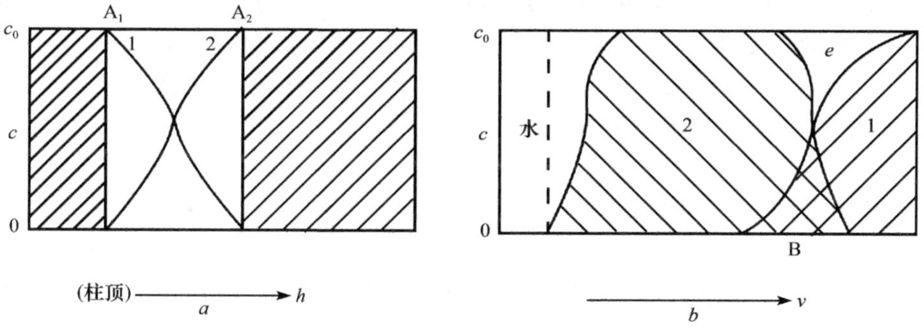

图 3-20 离子交换层析

c. 浓度；c_0. 原始浓度；v. 流出液体积；A_1~A_2. 交换带；B. A_1 离子的漏出点；e. A_1 离子的流出曲线；h. 柱的高度

在实际工作中都希望这种同时含有 A_1、A_2 两种离子的交换带尽可能窄一些，以求较高的分辨率。交换带的宽窄由多种因素决定。不难理解，交换常数 $K>1$ 时交换带要比 $K<1$ 时窄，也就是说 K 值越小交换带会越宽。当然不仅是 A_1、A_2 两种离子对树脂的吸附力能影响交换带宽度。若 A_1 离子浓度过大，交换带也会比浓度小时宽。

3.5.5 离子交换树脂的性能

离子交换树脂有如下基本要求：有较大的交换容量；良好的交换选择性；化学性质稳定；交换速度快；物理性能好；粒度均匀。

离子交换树脂的主要性能指标如下：

1）含水量

离子交换树脂的含水量和膨胀度与离子交换树脂的交联度有比较直接的关系，所以含水量的测定也是树脂交联度的间接测定。树脂含水量实质上是颗粒内部网格上存在的溶胀水，其测定方法较多，常用的有干燥法和离心法。干燥法可以通过测量树脂在 105℃下烘干前后的质量差加以求得，而离心法是将树脂在 400*g* 离心力作用下离心 30min 以甩去溶胀水求得。

2）膨胀度

取一定量风干树脂放入量筒，加入缓冲液振摇 24h，测量前后体积变化即可求得树脂在该接枝中的膨胀系数 $K_{膨胀}$。

3）湿真密度

取处理成所需形式的湿树脂，在布氏漏斗中抽干。迅速称取 2~5g 抽干树脂，放入比重瓶中，加水至刻度线称量。湿真密度按下式计算：

$$\gamma=w_2/w_3$$

式中，γ 为密度；w_2 为树脂质量，g；w_3 为被排挤的水质量，g，$w_3=w_1-w_4$，w_1 为满水的比重瓶（无树脂）加上样品的质量，g，w_4 为盛有水及树脂的比重瓶的质量，g。

还有一种湿视密度表示法，它是树脂质量与目视体积（沉于容器底部的外观体积）之比。

4）交换容量

交换容量是树脂最重要的特征参数，单位是 mEq/g 树脂（毫克当量/克树脂）。还有一种体积交换容量，即 mEq/mL 湿树脂。阳离子交换树脂（氢型）的测定方法是：向一定数量的树脂中加入 NaOH 溶液，一天或数天后测定 NaOH 的剩余量，从消耗的碱量即可求出它的交换容量。

对阴离子交换树脂，羟型树脂不太稳定，市售多为氯型。测定方法是：取一定量的树脂装柱，用过量的 Na_2SO_4 溶液进行离子交换洗脱，测定流出液中氯离子总量，即可求得树脂的交换容量。不过这样测定的仅是无机小离子的交换容量，称为总交换容量。对生物大离子的实际交换容量要比总交换容量小得多。

5）始漏量

树脂在洗脱过程中，当流出液中开始出现待交换离子时的容量，称交换过程达到始漏点。到达始漏点为止，交换柱的交换容量称为始漏量。待交换离子本身对离子交换树脂的亲和力越大，始漏量越大。树脂颗粒越大，始漏量越小。直径越小，始漏量越大。流速越快，始漏量越小。温度越高，始漏量越大。

6）滴定曲线

和无机酸、碱一样，离子交换树脂也有滴定曲线。其测定方法如下：分别在几个大试管中各放入 1g 树脂（氢型或羟型），其中一个试管放 50mL 0.1mol/mL NaCl 溶液，其他试管中加入不同量的 0.1mol/L 的 NaOH 或 50mL 0.1mol/L 的 HCl，再稀释至 50mL，静置 1 昼夜（强酸或强碱树脂）或 7 昼夜（弱酸或弱碱树脂），令其充分达到平衡，测定平衡时的 pH。以每千克干树脂所加的 NaOH 或 HCl 毫克当量数为横坐标，以平衡 pH 为纵坐标，就得到滴定曲线。各类离子交换树脂的滴定曲线如图 3-21 所示。

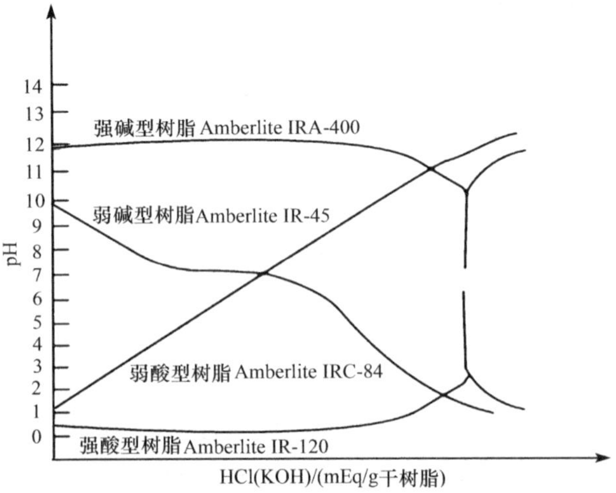

图 3-21　各类离子交换树脂的滴定曲线

对于强酸型或强碱型树脂，滴定曲线有一段是水平的，到某一点即突然升高或降低，有如强酸或强碱滴定时的等当点，这表示树脂的功能团已饱和；对于弱碱或弱酸型树脂，则无水平部分，曲线逐渐变化。

3.5.6 离子交换的选择性

影响离子交换的选择性的因素很多，如离子水合半径、离子化合价、离子浓度、溶液环境的酸碱度、有机溶剂，还有树脂的交联度、活性基团的分布和性质、载体骨架等。

1. 离子化合价与水合半径的影响

溶液中某一离子能否与树脂上的平衡离子进行交换主要取决于这两种离子与树脂的相对亲和力和相对浓度。一般电荷效应越强的离子与树脂的亲和力越大，而决定电荷效应的主要因素是价电数和离子半径。对同价阳离子来说，往往原子序数增大，水合离子半径减小，如 $Li^+ > Na^+ > K^+ > Rb^+ > Cs^+$。

一价阳离子亲和力的次序是：$H^+ \approx Li^+ < Na^+ < K^+ \approx NH_4^+ < Rb^+ < Cs^+ < Ag^+ < Ti^+$。

二价阳离子亲和力的次序是：$Mg^{2+} \approx Zn^{2+} < Cu^{2+} \approx Co^{2+} < Ca^{2+} \approx Sr^{2+} < Pb^{2+} < Ba^{2+} < Ra^{2+}$。

阴离子的亲和力也有一定规律。对强碱型树脂各阴离子的亲和力次序如下：$Ac^- < F^- < OH^- < HCOO^- < Cl^- < SCN^- < Br^- < CrO_4^{2-} < NO_3^- < I^- < C_2O_4^{2-} < SO_4^{2-} <$ 柠檬酸根。

对弱碱型树脂各负离子的亲和力次序是：$F^- < Cl^- < Br^- = I^- = Ac^- < MoO_4^{2-} < HPO_4^{2-} < AsO_3^{2-} < NO_3^- <$ 酒石酸根 $<$ 柠檬酸根 $< CrO_4^{2-} < SO_4^{2-} < OH^-$。

其中氢氧根的亲和力最强。而对弱酸型树脂来说，氢离子也有极强的亲和力。可见对于弱酸或弱碱型树脂，亲和力还受活性基团性质的影响。

2. 离子化合价与离子浓度的影响

在讨论这个问题时，为叙述方便，设离子交换平衡后溶液中两种离子的浓度比是一个定值 P，即

$$c_1/c_2=P \tag{3-18}$$

$$c_1=c_2P \tag{3-19}$$

将上式代入尼柯尔斯基方程式：

$$\frac{m_1^{\frac{1}{Z_1}}}{m_2^{\frac{1}{Z_2}}}=K\frac{(c_2P)^{\frac{1}{Z_1}}}{c_2^{\frac{1}{Z_2}}}=KP_1^{\frac{1}{Z}}\frac{c_2^{\frac{1}{Z_1}}}{c_2^{\frac{1}{Z_2}}}=KP_1^{\frac{1}{Z_1}}c_2^{\frac{Z_2-Z_1}{Z_1Z_2}} \tag{3-20}$$

根据式（3-20），在交换离子（A_1）价电数大于平衡离子（A_2）价电数，即 $Z_1>Z_2$ 时，若溶液较稀（c_2 较小），m_1 的值将增大，有利于交换（当然，溶液过稀、体积过大会给操作带来不便）。所以在稀溶液中，树脂吸附高价离子的倾向很大。

3. 交换环境的影响

1）溶液的 pH

溶液的酸碱度直接决定树脂交换基团及交换离子的解离强度，不但影响树脂的交换容量，对交换的选择性影响也很大。对于强酸、强碱性树脂，溶液 pH 主要决定交换离子的解离度、带何种电荷以及电荷量，从而可知它是否被树脂吸附或吸附能力的强弱。对于弱酸、弱碱性树脂，溶液的 pH 还是影响树脂解离程度和吸附能力的重要因素。但过强的交换能力

有时会影响到交换的选择性，同时增加洗脱的困难。

2）溶液的离子强度

高的离子浓度必与目的物离子进行竞争，减少有效交换容量。另一方面，离子的存在会增加蛋白质分子以及树脂活性基团的水合作用，降低吸附选择性和交换速度。所以一般在保证目的蛋白质的溶解度和溶液缓冲能力的前提下，尽可能采用低离子强度。

3）有机溶剂

交换溶液中如存在有机溶剂，往往会减弱树脂对有机离子的吸附能力，而倾向于吸附无机离子。其原因可能是有机溶剂降低了有机离子的解离程度。

4. 树脂结构的影响

1）树脂载体交联度

树脂交联度增加，其膨胀度下降，颗粒的弹性增加，各种离子交换的能级差加大，交换选择性增加。总的来说，在交换过程中，树脂体积缩小是放能的，树脂体积膨胀是吸能的。

若增大树脂的交联度，有机大分子便不能进入树脂内部，但无机离子不受阻碍（或者认为两者在树脂内扩散速度不等），利用这一原理将大分子和无机离子分开的方法，称为分子筛方法。

2）辅助力

离子交换树脂与被吸附离子间的作用力除静电力外，还存在着一种辅助力。这种辅助力存在于交换离子是有机离子的情况下，主要是氢键和范德华力。在这种辅助力足够大时，库仑力就处于次要地位了。例如，对芳香族化合物的吸附力而言，含萘环的树脂大于含苯环的，含苯环的树脂大于脂链树脂。

3）其他结合力

某些树脂对金属离子有特殊的亲和力，如羧酸型树脂对二价金属离子 Ca^{2+}、Cu^{2+}、Ni^{2+} 等有较强的吸附能力。

5. 偶极离子排斥作用

许多生化物质都是两性物质，其中有些是偶极离子。因为即使它们的净电荷为零，正电中心和负电中心并不重叠，形成偶极。偶极离子在离子交换过程中的行为是很特殊的。现以氨基酸的离子交换为例。其交换反应可用式（3-21）或式（3-22）表示：

$$RSO_3^-\,Na^+ + H_3^+NRCOO^- \rightleftharpoons RSO_3^-\,H_3^+NRCOO^- + Na^+ \qquad (3\text{-}21)$$

$$RSO_3^-\,H^+ + H_3^+NRCOO^- \rightleftharpoons RSO_3^-\,H_3^+NRCOOH \qquad (3\text{-}22)$$

式（3-21）中由于使用了钠型树脂，被吸附氨基酸的羧基所带的负电荷与树脂磺酸基的负电荷产生排斥力，这就是偶极离子的排斥作用，因此树脂对氨基酸的吸附量大大降低。

式（3-22）中使用的是氢型树脂，由于氨基酸羧基的解离度低，被取代的氢离子为羧基所固定，使被吸附的氨基酸不能形成偶极，故与树脂的磺酸基没有排斥力。

这种偶极离子的排斥力随氨基酸 R 基碳链的加长而减弱。例如，在丙酮中进行上述离子交换，由于树脂上吸附的氨基酸羧基的解离被抑制，氢型树脂与钠型树脂对氨基酸的交换量接近。另一个实验是适当增加溶液中离子强度，可使这种偶极排斥力减弱，从而增加了氨基酸的吸附量，但继续增加盐浓度时，氨基酸的吸附量开始下降（图 3-22）。

3.5.7 离子交换操作方法

1. 树脂的选择

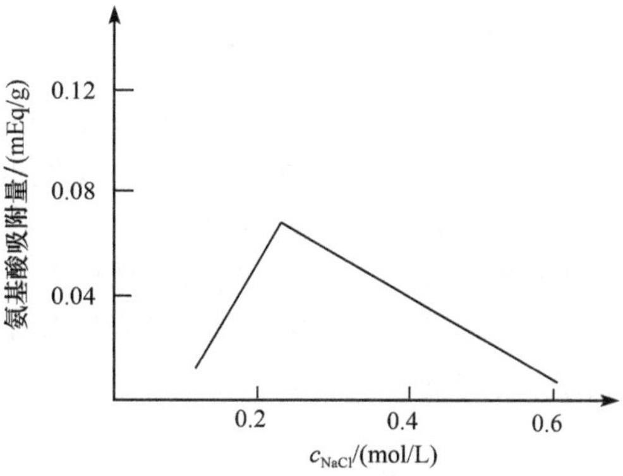

图 3-22 钠型树脂吸附量与盐浓度的关系

选择离子交换树脂的主要依据是被分离物质的性质和分离目的，包括被分离物质和主要杂质的解离特征、相对分子质量、浓度、稳定性、所出介质的性质以及分离的具体条件和要求。然后从性质各异的多种树脂中选择出最适宜的品种进行分离操作，其中最重要的一条是根据分离要求和分离环境保证分离目的物与主要杂质对树脂的吸附力有足够的差异。当目的物具有较强的碱性或酸性时，宜选用弱酸型或弱碱型的树脂。这样有利于提高选择性，并便于洗脱。如目的物是弱酸性或弱碱性的小分子物质，往往选用强碱型或强酸型树脂。如氨基酸的分离多用强酸树脂，以保证有足够的结合力，便于分步洗脱。对于大多数蛋白质、酶和其他生物大分子的分离多采用弱碱或弱酸型树脂，以减少生物大分子的变性，有利于洗脱，并提高选择性。就树脂而言，要求有适宜的孔径。孔径太小，交换速度慢，有效交换量下降（尤其是对生物大分子），若孔径太大也会导致选择性下降。

2. 树脂的预处理

市售树脂在预处理前要先去杂，过筛。粒度过大时可稍加粉碎。对于粉碎后或粒度不均匀的树脂应先进行筛选和浮选处理，以保证树脂粒度适宜。经过筛、去杂后的树脂往往还需要经过水洗去杂（如木屑、泥沙），再用酒精或其他溶剂浸泡以去除残存的少量有机杂质。

树脂经上述多种物理处理后便可进入化学处理了。具体方法是用 8~10 倍量的 1mol/L 氢氧化钠溶液搅拌浸泡 4h。反复以水洗至近中性后再用 8~10 倍体积的 1mol/L 盐酸浸泡。最后用水洗至中性备用。其中最后一步用酸处理使之变为氢型树脂的操作也可称为转型。对强酸型阳离子交换树脂来说，应用状态还可以是钠型。若把上面的酸-碱-酸处理，改为碱-酸-碱处理便可得到钠型树脂。对阴离子交换树脂，最后用氢氧化钠溶液处理便呈羟型，若用盐酸溶液处理则为氯型树脂。对于分离蛋白质、酶等物质，往往要求在一定的 pH 范围及离子强度下进行操作。因此，转型完毕的树脂还需用相应的缓冲液平衡数小时后备用。

3. 离子交换分离方式

离子交换分离方式一般可以分为静态法和动态法两种。

1）静态法

静态法又称平衡法，其操作步骤是将离子交换树脂置于含有欲分离元素的溶液中，经不断搅拌或连续振荡，经过一定时间后，使之达到交换平衡，将离子交换树脂滤出后使两相分开，并用少量溶液洗涤，这样可使某些元素达到部分分离或几乎完全分离。静态法多用于分配系数的测量。

2）动态法

动态法又称柱滤法，可以将交换柱作为过滤器，试样溶液流经交换柱中的树脂层时，从上到下一层层地发生交换。用这种离子交换分离法分离不同电荷的离子是十分方便的。一般要求欲分离的两元素的分配系数有一定差别，分离因子足够大，才能进行分离。对于两种以上元素的分离，可用连续洗提、分步洗提和梯度洗提等方式进行分离。

4. 树脂洗脱方式

离子交换完成后将树脂所吸附的物质释放出来重新转入溶液的过程称为洗脱。洗脱方式也分为静态和动态两种。一般动态交换也称作动态洗脱，静态交换也称作静态洗脱。洗脱液有酸、碱、盐等。酸碱洗脱液旨在改变吸附物的电荷或改变树脂活性基团的解离状态，以消除静电结合力，迫使目的物被释放出来。盐类洗脱液是通过高浓度的带同种电荷的离子与目的物竞争树脂上的活性基团，使吸附物游离。实际工作中，静态洗脱可多次反复进行，旨在提高目的物收率。

5. 树脂的再生

再生就是让使用过的树脂获得使用性能的处理过程。离子交换树脂一般都能重复使用。对使用后的树脂首先要去杂，即用大量水冲洗，以去除树脂表面和孔隙内部物理吸附的各种杂质，然后再用酸、碱处理除去与功能基团结合的杂质，使其恢复原有的静电吸附能力。转型即树脂去杂后，为了发挥其交换性能，按照使用要求人为地赋予平衡离子的过程。对于弱酸或弱碱型树脂需用碱（NaOH）或酸（HCl）转型。对于强酸或强碱型树脂除使用碱、酸外，还可以用相应的盐溶液转型。在处理和再生过程中应注意碱性树脂不如酸性树脂稳定。

毒化是树脂失去交换性能后不能用一般的再生手段重获交换能力的现象，如大分子有机物或沉淀物严重堵塞孔隙，活性基团脱落，生成不可逆化合物等。重金属离子对树脂的毒化属第三种类型。已毒化的树脂用常规方法处理后，再用酸、碱加热（40~50℃）浸泡，以求溶出难溶杂质。也有用有机溶剂加热浸泡处理的。毒化原因不同采用的处理措施也应不同。如果是生物污染的，可用酶处理。但不是所有被毒化的树脂都能重新获得交换能力。

3.5.8　新型离子交换剂

1. 大孔树脂

大孔树脂是相对凝胶型树脂而言。凝胶树脂一般是在载体凝胶骨架上引入活性基团而成。凝胶型树脂又称微孔型树脂，孔径小于 3nm，孔隙率和比表面积也低。

大孔型离子交换树脂又称大网格离子交换树脂。制造该类树脂时先在聚合物原料中加进一些不参加反应的填充剂（致孔剂）。聚合物形成后再将其除去，这样在树脂颗粒内部形成了相当大的孔隙。常用的致孔剂为高级醇类有机物，成形后用有机溶剂溶出。凝胶型与大孔型离子交换树脂的性能比较见表 3-8。

2. 离子交换纤维素

离子交换纤维素为开放的长链骨架，大分子物质能自由地在其中扩散和交换，亲水性强，表面积大，易吸附大离子；交换基团稀疏，对大分子实际交换容量大；吸附力弱，交换和洗脱条件缓和，不易引起变性；分辨力强，能分离复杂的生物大分子混合物。

离子交换纤维素的制备及应用过程如下：

1）离子交换纤维素的制备

羧甲基纤维素（CMC）的制备如下：

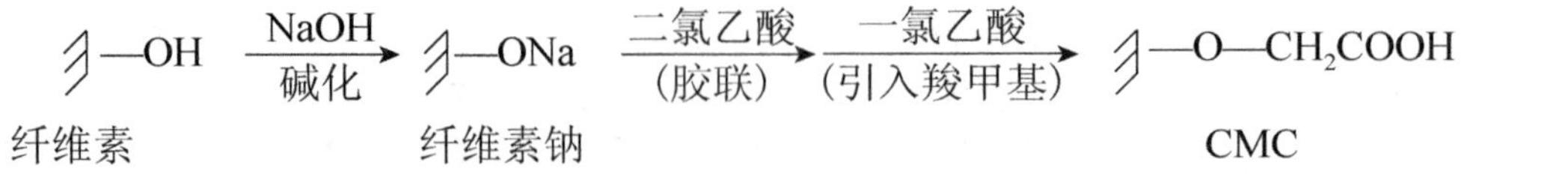

表 3-8 凝胶型与大孔型离子交换树脂的性能比较

分类		强酸型阳离子交换树脂		弱酸型阳离子交换树脂	强碱型阴离子交换树脂（Ⅰ）		强碱型阴离子交换树脂（Ⅱ）		弱碱型阴离子交换树脂		
		凝胶型	大网孔型		凝胶型	大网孔型	凝胶型	大网孔型	凝胶型	大网孔型	酚醛型
交换基		—SO_3M	—SO_3M	—COOM	—$N(CH_3)_3$		—NXC_2H_4OH	—NXC_2H_4OH	—$N(R_2)$—NHR—NH_2	—$N(CH_3)_2$	多胺
型号		Na	Na	H	Cl	Cl	Cl	Cl	OH	OH	OH
密度/(g/L)		850	800	750	705	670	705	690	670	670	560
含水率/%		44~48	46~51	43~50	42~48	56~62	38~44	42~44	40~45	40~45	40~50
有效半径/mm		0.45~0.6	0.45~0.6	0.45~0.6	0.45~0.6	0.45~0.6	0.45~0.6	0.45~0.6	0.45~0.6	0.45~0.6	0.45~0.6
交换容量	/(mEq/mL)	1.9	1.75	3.5	1.4	0.7	1.35	0.9	1.9	1.4	3.0
	/(mEq/g)	4.4	4.3	10.3	3.7	2.6	3.3	2.4	5.2	4.8	10
温度/℃		120	120	120	60 80 OH Cl	60 80 OH Cl	40 80 OH Cl	40 80 OH Cl	100 OH	100 OH	40 OH
pH		0~14	0~14	4~14	0~14	0~14	0~14	0~14	0~9	0~9	0~7
膨胀度/%		5	5	65	20	5	10	5	15	45	20
比表面积/(m^2/g)		<0.1	43		<0.1	63		45	无	25	
气孔率/(mL/mL)		0.018	0.32		0.004	0.51		0.40	无	0.48	
平均半径/mm			28.8			64.5		50	<3	139	

二乙胺基乙基纤维素（DEAE-C）的制备如下：

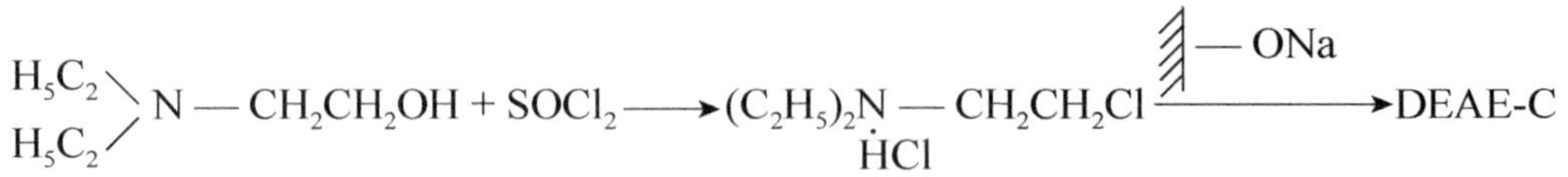

2）离子交换纤维素的选择

与离子交换树脂的选择相似，一般在介质中带正电的物质用阳离子交换剂，带负电的物质用阴离子交换剂。物质的带电性质可用电泳法确定。对于已知等电点的两性物质，可根据其等电点及介质的 pH 确定其带电状态，同时考虑该物质的稳定性和溶解度，选择合适的 pH 范围。

3）离子交换纤维素的交换作用

离子交换纤维素与离子交换树脂相似，既可静态交换，也可动态交换，但因为离子交换纤维素比较轻、细，操作时需仔细一些。

4）离子交换纤维素的解吸

对离子交换纤维素进行吸附后的洗脱一般比从离子交换树脂上的洗脱缓和。无论是升高环境的 pH 还是降低 pH 或是增加离子强度都能将被吸附物质洗脱下来。

5）离子交换纤维素的处理和再生

离子交换纤维素的处理和再生与离子交换树脂相似，只是浸泡用的酸碱浓度要适当降低，处理时间也从 4h 缩短为 0.3~1h。离子交换纤维素在使用前必须用大量水浸泡、漂洗，使之充分溶胀，然后用数十倍的（如 50 倍）0.5mol/L 盐酸和 0.5mol/L 氢氧化钠溶液反复浸泡处理，每次换液皆须用水洗至接近中性。第二步处理时按交换的需要决定平衡离子。最后以交换用缓冲液平衡备用。对阴离子交换纤维素来说，即使在 pH 3 的环境中长期浸泡也是不利的。此外，在用碱处理时，阳离子交换纤维素膨胀很大，以致影响过滤或流速。克服的办法是在 0.5mol/L 的氢氧化钠中加入 0.5mol/L 的氯化钠，防止过度膨胀。

3.5.9 离子交换法应用实例

去离子水制备是利用氢型阳离子交换树脂和羟型阴离子交换树脂的组合以除去水中所有的离子，其反应式如下：

$$RSO_3H+MeX \rightleftharpoons RSO_3Me+HX \tag{3-23}$$

$$R'OH+HX \longrightarrow R'X+H_2O \tag{3-24}$$

式中，Me 代表金属离子；X 代表阴离子。

阳离子交换树脂一般用强酸型树脂（氢型弱酸型树脂在水中不起交换作用），阴离子交换树脂可以用强碱或弱碱型树脂。弱碱型树脂再生剂用量少，交换容量也高于强碱型树脂，但弱碱型树脂不能除去弱酸性阴离子，如硅酸、碳酸等。在实际应用时，可根据原水质量和供水要求等具体情况，采取不同的组合，如一般用强酸-弱碱或强酸-强碱树脂。当对水质要求高时，经过一次组合脱盐还达不到要求，可采用两次组合，如强酸-弱碱-强酸-强碱混合床。

当原水中重碳酸盐或碳酸盐含量高时，可在强酸塔或弱碱塔后面加一个除气塔，以除去 CO_2，这样可减轻强碱塔的负荷。

混合床是将阳、阴两种树脂混合而成，脱盐效果很好。但再生操作不便，故适宜装在强酸-强碱树脂组合的后面，以除去残留的少量盐，提高水质。

当水流过阳离子交换树脂时，发生的交换反应是可逆反应，如式（3-23）所示，故不能将全部M^+除去，这些阳离子就通过阳离子交换树脂漏出。但在混合床中所发生的反应用式（3-23）和式（3-24）合并起来表示。

$$RSO_3H + R'OH + MeX \longrightarrow RSO_3Me + R'X + H_2O \tag{3-25}$$

最后生成的反应产物是水，故反应完全，如无数对阳、阴离子交换树脂串联一样，所制得的无盐水比电阻可达$1.8\times10^7\Omega/cm$，而普通阳、阴离子交换树脂组合（称为复床）所制得的无盐水比电阻最高约为$1\times10^6\Omega/cm$。

混合床的操作较复杂，其操作方法如图3-23所示。另外，无盐水也可用离子交换膜制造。

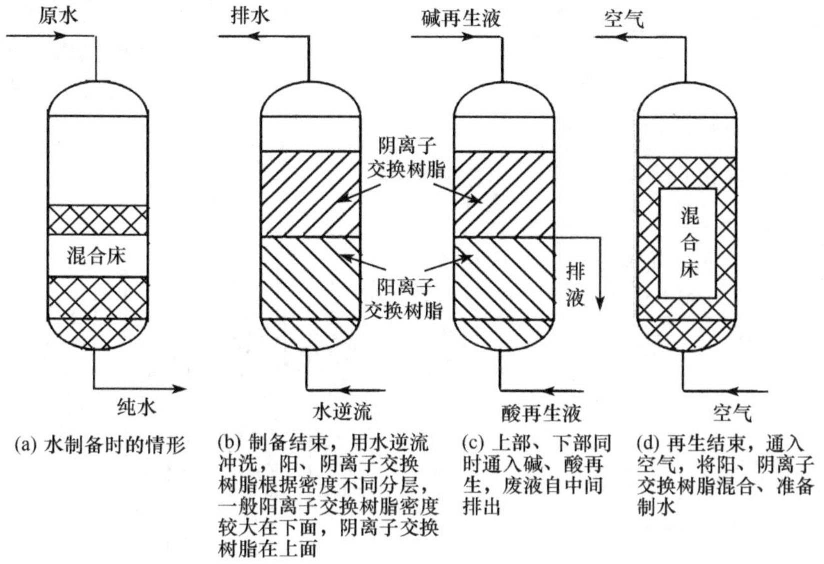

图3-23 混合床的操作

1. 有机物污染问题

通常以离子交换法处理水时，只考虑无机离子的交换，没有考虑有机杂质的影响。如果以地下水作为水源，则有机杂质的影响很小，但如果以地面水作为水源时，则有机杂质的影响不能忽略。有机物质一般为酸性，故对阴离子交换树脂污染较严重。污染分两种：一种为机械性阻塞树脂颗粒，经逆流一般可恢复；另一种为化学性不可逆吸附，如吸附单宁酸、腐殖酸后，会促使树脂失效。阴离子交换树脂因有机物污染后，一般颜色变深，用漂白粉处理，可使颜色变白，但交换能力不能完全恢复，而且会损坏树脂。另一方法是用含10%氯化钠和1%氢氧化钠的溶液处理，以去除树脂上的色素。

2. 再生方式

在固定床制备去离子水时，一般采用顺流运行，即原水自上而下流过树脂层。再生时可以采用顺流再生，即再生液自上向下流动。也可采用逆流再生，即再生液自下而上流动。随着再生剂的通入，再生程度（再生树脂占整个树脂量的百分数）也不断提高。顺流再生时，交换塔下部树脂层再生程度最好，故水质较好。顺流再生操作方式如图3-24所示。图3-24（a）中，当再生剂自下而上流动时，同时有水自上向下流动，两种溶液自塔上部的集液装置中排出。图3-24（b）中，再生剂同时自塔的上部和下部通入，从塔中部的集液装置排出。

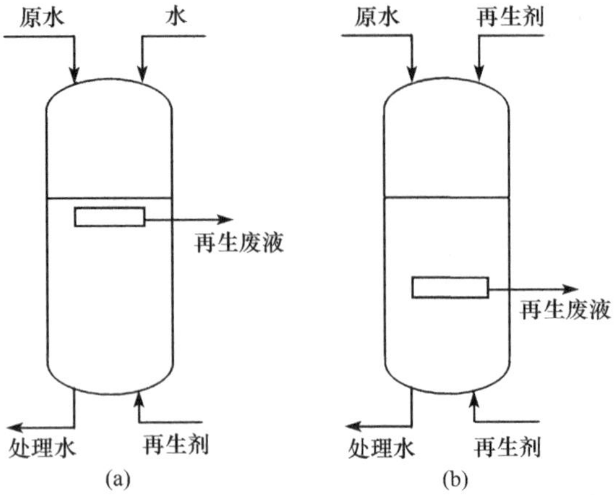

图 3-24　逆流再生操作方式

也有采用从塔的上部通入 0.3~ 0.5kg/cm^2 空气来压住树脂，出水的水质较好，再生剂耗量为顺流再生的 0.5~0.7。

3.6　凝胶色谱

3.6.1　概述

凝胶色谱又称排除色谱或排阻色谱，属于液相色谱的一种形式。与液液分配色谱或液固吸附色谱不同的是，凝胶色谱是根据不同大小和形状的样品组分在一定孔径范围的固定相上保留行为的差异来进行分离的，这一分离可以简单地用立体排除机理加以说明，如图 3-25 所示。

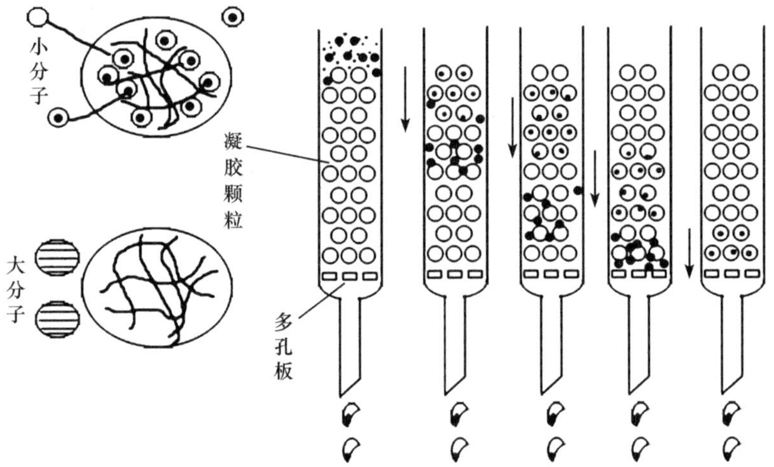

图 3-25　凝胶色谱法分离的原理

体积过大的组分不能进入固定相的孔中，被固定相颗粒完全排斥，经洗脱直接流过柱子，首先被检测器所检测；体积小的组分可以进入固定相小孔中（完全渗透），被固定相所保留，通过色谱柱的速率就会放慢；中等体积的组分则属于选择性渗透，它们可以进入固定相的某些孔中，其通过色谱柱的速率取决于它们的相对大小。

根据流动相类型的不同，凝胶色谱可以分为两类：①凝胶渗透色谱（GPC），以有机溶剂作流动相，适合油溶性样品的分离；②凝胶过滤色谱（GFC），以水作为流动相，适合水溶性样品的分离。

凝胶色谱的应用早期主要在高聚物的生产及研究领域中。例如，高聚物材料生产过程中，聚合条件对产物性质的影响和控制；聚合物加工及使用过程中，应用研究相对分子质量及相对分子质量分布与加工、使用性能的关系，助剂在加工和使用过程中的作用及老化机理的研究等。但当前的凝胶色谱技术，无论分离高分子化合物或小分子化合物都有其独特的用途，因此其应用领域已从高分子化学转向了生物化学、有机化学和无机化学等领域。

例如，葡聚糖 Sephadex G-25 凝胶是可以同时具备吸附色谱、分配色谱和分子筛功能的独特色谱介质，溶剂系统没有限制，包括水相缓冲液、丙酮、乙酸乙酯、氯仿、二氯甲烷、四氢呋喃、甲苯和各种混合溶剂，大量文献证明它非常适合于天然产物纯化，特别是中草药有效成分如苷类、生物碱、黄酮、蒽醌、内酯、帖类、甾类、多酚的分离。

3.6.2 凝胶色谱的分离原理

凝胶色谱的分离过程是在装有多孔物质（交联聚苯乙烯、多孔玻璃、多孔硅胶、交联葡聚糖等）填料的柱中进行的[13]。柱的总体积为 V_A，包括填料的骨架体积 V_g、填料的孔体积 V_i 以及填料颗粒之间的体积（粒间体积）V_0。

$$V_A=V_i+V_0+V_g \tag{3-26}$$

$$V'_{(\text{柱内体积})}=V_i+V_0 \tag{3-27}$$

填料的孔体积 V_i 中的溶剂为固定相，而在粒间体积 V_0 中的溶剂成为流动相。一个填料的颗粒含有许多不同大小的孔。这些孔对于溶剂分子来说是很大的，它们可以自由地扩散出入。根据溶质分子大小往孔中扩散，大个的溶质分子只能占有比较少的孔，而小个的溶质分子则除能占有大孔外还可以占有另外一些较小的孔。因此随着溶质分子尺寸的减小，可以占有的孔体积迅速增加。当具有一定相对分子质量分布的高聚物溶液从柱中通过时，较小的分子在柱中停留时间比大分子停留时间要长，于是样品各组分即按分子大小顺序而分开，最先淋出的是最大的分子。

其定量关系是

$$V_e=V_0+V_{i,\ ace} \tag{3-28}$$

式中，V_e 为淋出体积；V_0 为粒间体积；$V_{i,\ ace}$ 为对某种大小的溶质分子来说可以渗透进去的那部分孔体积。$V_{i,\ ace}$ 是总的孔体积的一部分，是溶质相对分子质量的函数，它和 V_i 之比等于分配系数 K。

$$K=\frac{V_{i,ace}}{V_i} \tag{3-29}$$

式（3-29）可以作为分配系数 K 的定义式。

从式（3-28）和式（3-29）得到

$$V_e=V_0+KV_i \tag{3-30}$$

$$K=\frac{V_e-V_0}{V_i}=\frac{V_e-V_0}{V'-V_0} \tag{3-31}$$

3.6.3 凝胶的种类与性质

1. 葡聚糖凝胶

葡聚糖凝胶又称交联葡聚糖凝胶，是最早的分子筛，也是目前凝胶色谱中最为常用的材料。商品名为 Sephadex G 类。

1）结构

交联葡聚糖的基本骨架是葡聚糖（dextran），它是由 α-1, 6-糖苷链相连着多个 D-葡萄糖残基组成的线型分子（少数分支为 1, 3-糖苷键，占 5%左右）。再经 3-氯-1, 2-环氧丙烷为交联剂以醚键交联而成具三维网状结构的高分子化合物。其交联度是通过交联剂的加量及反应条件来控制的。交联度的大小对葡聚糖凝胶的性能及分离效果有最直接的影响。

2）规格型号

具有上述分子结构的葡聚糖凝胶商品称为 Sephadex G 类。字母 G 后的编号为其吸液量[每克干胶溶胀时吸水体积（mL）的十倍]，如 Sephadex G-25 每克干胶吸水量为 2.5mL。G-75 以上的凝胶因吸水量大，膨胀后形态柔软易变，统称为软胶。G-75 以下的称为硬胶。

凝胶除了在水中吸液溶胀外，还可以在乙醇、甲酰胺、二甲亚砜等溶剂中溶胀和使用。凝胶的吸液量和溶胀时间随吸水量、溶剂品种和溶胀温度而异。吸水量小的凝胶，溶胀达到饱和时间短，如 Sephadex G-25 只需溶胀 3h，而吸水量大的 Sephadex G-100 需在常温下溶胀 3 天才能饱和。

凝胶吸液量的多少间接地反映了凝胶孔径的大小、渗入限和排阻限的大小，如 Sephadex G-50 的分离限为 1500~30000，而 Sephadex G-150 为 5000~400000（对蛋白质而言）。一般蛋白质分子为紧缩的椭圆结构。多糖分子则因为高度亲水，在分子内部固定了大量水，其体积比相同相对分子质量的蛋白质分子大。商品葡聚糖凝胶除注明与吸液量、分离范围有关的编号外，还应标明其粒度范围，如干胶直径为 100~300μm 的为粗粒，40~120μm 的为中粒，20~80μm 的为细粒。凝胶粒度的不同会给分离效果带来一定的影响，可根据使用要求加以选用。

3）性质

葡聚糖凝胶能被强酸、强碱和氧化剂破坏，但对稀酸、稀碱和盐溶液稳定。例如，能耐受 1mol/L 盐酸在 100℃以下处理 2h，而不发生分解；在 0.25mol/L 氢氧化钠溶液中 60℃加热不被破坏。此外，它还能经受高压灭菌（1kg/cm^2，30min）。但这已经接近葡聚糖凝胶稳定性的极限。葡聚糖凝胶的稳定性随交联度降低而下降。其对许多有机溶剂，如醇类、砜类、甲酰胺等稳定，可以在这些介质中使用。

葡聚糖凝胶含有少量羧基，故对阳离子有轻微的吸附作用（对阴离子排斥）。克服这种吸附作用的办法是增大分离介质的离子强度，如离子强度大于 0.02mol/L 时，这种吸附就微不足道了。芳香族化合物和杂环化合物在葡聚糖凝胶上有时表现出滞留现象，也就使分配系数 K_d 大于 1。这可能是因为凝胶也有环状结构，氢键或范德华力在起作用。由于这些非特异吸附作用的存在，第一次使用的新凝胶柱会吸附少量的蛋白质，使回收率下降，对分离也很不利。克服的办法是先用一些廉价、较惰性的蛋白质，如牛血清白蛋白，加以饱和吸附，然后充分洗涤至无蛋白流出，再进行分离操作。

4）保存

葡聚糖凝胶可以重复使用，如不加以妥善保存，势必造成浪费和一定的经济损失。保存的方法有干法、湿法和半缩法三种。

（1）干法。一般是用浓度逐渐升高的乙醇分步处理洗净的凝胶（如 20%、40%、60%、80%等），使其脱水收缩，再抽滤除去醇，用 60~80℃暖风吹干。这样得到的干胶颗粒可以在室温下保存，但处理不好时凝胶孔径可能略有改变。

（2）湿法。用过的凝胶洗净后悬浮于蒸馏水或缓冲液中，加入一定剂量的防腐剂，置于普通冰箱中短期保存（6 个月以内）。常用的防腐剂有 0.02％的叠氮化钠、0.02%的三氯叔丁醇、20%乙醇，还有洗必泰、硫柳汞、乙酸苯汞等。

（3）半缩法。这是以上两法的过渡。用 60%~70%的乙醇使凝胶部分脱水收缩，然后封口，置4℃冰箱保存。

2. 修饰葡聚糖凝胶

1）亲脂性葡聚糖凝胶

为了扩大葡聚糖凝胶在有机溶剂中的应用范围，在其骨架结构上引入一些有机基团，如甲基、羟丙基，使呈亲脂性，同时保留亲水性。例如，Sephadex G-25 引入羟丙基即成 Sephadex LH-20 凝胶，可以在三氯甲烷、四氢呋喃、二氧六环中使用。它的吸水量下降为 2g 水/g 干胶。对其他溶剂的吸液量因溶剂种类而异。其分离范围和非特异吸附的性质也有改变。

2）Superdex 系凝胶

Superdex 系凝胶由高交联度多孔琼脂糖与葡聚糖共价结合而成。它具有良好的理化稳定性，可在 pH 3~12 范围内使用。8mol/L 脲或去污剂对该类凝胶无影响。

3）Sephacryl 系凝胶

Sephacryl 系凝胶是由丙烯烷基葡聚糖经甲叉双丙烯酰胺共价交联而成。理化稳定性好，为硬性凝胶，可耐高压灭菌（pH 7.0）。它可在 pH 2~11 范围内使用，还可耐受去污剂、盐酸胍（6mol/L）等洗脱液处理。Sephacryl 凝胶可分离蛋白质、核酸、多糖等。

3. 聚丙烯酰胺凝胶

聚丙烯酰胺凝胶是一种全化学合成的人工凝胶，其商品名为生物凝胶-P（Bio-Gel P）。该凝胶由丙烯酰胺（单体）以亚甲基双丙烯酰胺（双体）为交联剂，经四甲基乙二胺催化，通过自由基引发（光引发、化学引发等）聚合而成，再经干燥成形处理即制成颗粒干粉商品，在溶剂中吸液溶胀后便成一定粒度的凝胶。

生物凝胶的孔径可以通过调整交联度，即聚合时双体的加入比例（一般 1%~25%），以及凝胶总浓度（一般 5%~25%）加以控制。凝胶总浓度或交联度增加，孔径则减小。与葡聚糖凝胶相比，生物凝胶的化学稳定性好，凝胶成分不易脱落，可以在很宽的 pH 范围内使用（一般为 pH 2~11，过酸时酰胺键易水解）。机械强度也好，可在中压下使用并具有很好的流畅度。因凝胶骨架上没有带电基团，故无非特异吸附现象。生物胶还有一个特点是不为微生物所利用，使用和保存都很方便。

商品生物凝胶的编号大致上反映出它的分离界限，如 Bio-Gel P-100，将编号乘以 1000 为 100000，这正是它的排阻限。粒度大小：P-2~P-10 各型号的粒度直径都有 4 种规格，粗（150~300μm）、中（75~150μm）、细（40~75μm）、极细（＜40μm）；P-30~P-300 各型号的粒度直径均只有粗、中、极细三种规格。

4. 琼脂糖类凝胶

1）琼脂糖凝胶

琼脂糖凝胶来源于一种海藻多糖琼脂。用氯化十六烷基吡啶或聚乙烯醇等将琼脂中带负电基团（碘酸基和羧基）的琼脂胶除去所得的中性多糖成分即为琼脂糖。其结构是由 β-D-半乳糖与 3, 6-脱水-L-半乳糖以 α-1, 3-和 β-1, 4-糖苷键相间连接而成的链状分子。

琼脂糖凝胶的商品名有几种（因生产厂家而异），如 Sepharose（瑞典）、Sagavac（英国）、Bio-Gel A（美国）、Gelarose（丹麦）、Super Ago-Gel（美国），我国上海产品所附英文名是仿瑞典 Pharmacia 公司的，为 Sepharose B 系列。国内琼脂糖凝胶产品主要有 3 个规格，琼脂糖凝胶（Sepharose）2B、4B、6B 分别表示琼脂糖浓度为 2%、4%、6%。英国产品 Sagavac

的编号也表示琼脂糖的百分浓度。而美国 Bio-Rod 公司产品 Bio-Gel A 的编号则表示排阻限额百万分之一，如 Bio-Gel A-1.5 的排阻限为 1.5×10^6。

琼脂糖凝胶骨架各线型分子间没有共价键的交联，其结合力仅为氢键，键能比较弱。它不像葡聚糖那样，凝胶孔径由交联度决定，而是依赖于琼脂糖的浓度。琼脂糖凝胶的化学稳定性差，一般只能在 pH 4~9 范围内正常使用。凝胶颗粒的强度也很低，如遇脱水、干燥、冷冻、有机溶剂处理或加热至 40℃以上即失去原有性能。市售商品是含 0.02%叠氮化钠、1×10^{-3}mol/L EDTA 的凝胶颗粒悬液。由于琼脂糖凝胶与硼酸形成配位化合物，其结构改变，孔径发生变化，所以应避免在硼酸缓冲液中做分子筛色谱操作，长期使用可有少量糖溶出。

琼脂糖凝胶颗粒的强度很低，操作时必须十分小心。另外，由于凝胶颗粒弹性小，柱高引起的压力能导致变形，造成流速降低甚至堵塞，所以装柱和色谱操作时应设法对柱压加以调整。由于琼脂糖凝胶没有带电基团，所以对蛋白质的非特异性吸附力明显低于葡聚糖凝胶。在介质离子强度大于 0.01mol/L 时已不存在明显吸附。琼脂糖凝胶的一个很大的特征是分离的相对分子质量范围非常大，大大地超过生物凝胶和葡聚糖凝胶。分离范围随着凝胶浓度上升而下降，颗粒强度却随浓度上升而升高。

2）架桥琼脂糖凝胶

架桥琼脂糖凝胶为琼脂线性分子经 1, 3-二溴丙醇交联的产品，所以也称交联琼脂糖凝胶。它的凝胶孔径均匀，机械强度明显加大。这类凝胶与琼脂糖凝胶相比，对热和化学物质的稳定性大大增加。在 pH 3~14 范围内稳定，在碱性介质中尤为稳定。在氧化剂的作用下，部分多糖链水解。交联琼脂糖凝胶能用于有机溶剂，但从一个溶剂（A）转换到另一个溶剂（B）中时，必须逐步更换，首先 70%A/30%B，然后 30%A/70%B，最后达到纯 B。如果 A 和 B 不互溶，必须通过一个能互溶的中间介质来转换。

3）超胶

超胶是琼脂糖与聚丙烯酰胺的混合凝胶。它比 Sepharose 凝胶的化学稳定性好，强度也高，可在 pH 3~10 范围内使用，但对热的稳定性没有改变。商品名称后面的编号结尾两位数，各表示混合胶中聚丙烯酰胺与琼脂糖的百分浓度。超胶的分离相对分子质量范围介于琼脂糖凝胶与生物胶之间。

4）Superose 系凝胶

Superose 系凝胶是由珠状琼脂糖经两次交联制得的可用于 HPLC 的高速的凝胶过滤介质。它先与含双环氧基及多环氧基的混合长链交联，然后再用短链双功能剂交联，大大提高了理化稳定性。该类凝胶有 6%和 12%两个规格。

5. 多孔玻璃微球

工业用玻璃由于原料配方不同，常见的有钠玻璃、硼玻璃和铅玻璃等。铅玻璃在 700~800℃高温下加热发生硼酸盐与硅酸盐之间的相分离，冷却后溶去硼酸盐便形成了多孔硅酸盐玻璃，进一步用化学方法和物理方法加工成孔径 100~2500Å 的一定粒度的玻璃小球，即多孔玻璃微球。为了便于操作，还可将若干小球黏合成较大的球形颗粒。多孔玻璃微球的优点是化学稳定性高、强度大，能在高压下操作，并获得好的流速，故实验的重复性很好。缺点是因有大量的硅羟基存在，对糖类、蛋白质等物质有吸附作用。常用聚乙烯二醇加以钝化后使用。多孔玻璃微球商品 Bio-Glas 后面的编号表示其孔径（Å），如 Bio-Glas 500，其孔径为 500Å。编号越大，分离相对分子质量也越大。

6. 疏水性凝胶

常见的疏水性凝胶有两大类：聚甲基丙烯酸酯（polymethacrylate）凝胶和聚苯乙烯凝胶（Styragel 和 Bio-Beads S）。Styragel 商品型号有 11 种，分离相对分子质量范围为 1600~4×10^7。该凝胶以二乙苯为介质的悬浮液形式供应。生物珠（Bio-Beads S）则以干胶应市，只有三种规格，分离相对分子质量小于 2700，只适于分离相对分子质量较小的物质。这两类凝胶专用于分离不溶于水的有机物质，只能在有机溶剂中操作，凝胶体积不随溶剂而改变。

3.6.4 凝胶的选择和处理

1. 凝胶的选择

选择适宜的凝胶是取得良好分离效果的根本保证。选取何种凝胶及其型号、粒度，一方面要考虑凝胶的性质，包括凝胶分离的相对分子质量范围、理化稳定性、强度、非特异吸附性质等；另一方面还要注意到分离目的和样品的性质。

对生物样品来说，经常遇到的是两种分离形式：一种是只将相对分子质量极为悬殊的两类物质分开，如蛋白质与盐类，称为类分离或组分离；另一种则是将相对分子质量相差不很大的大分子物质加以分离，如分离血清球蛋白与白蛋白，称为分级分离。后者对实验条件和操作要求都比较高。下面以最常用的葡聚糖凝胶类为例，分别加以讨论。

1）类分离

类分离的目的是分开样品中相对分子质量悬殊的“较大分子组”和“较小分子组”两类物质，并不要求分离相对分子质量相近的组分。选择凝胶时，应使样品中大分子组的相对分子质量大于其排阻限，而小分子组的相对分子质量小于渗入限，也就是说大分子的分配系数 K_d=0，小分子的 K_d=1。这样能取得较好的分离效果，如从蛋白质溶液中除去无机盐。蛋白质的相对分子质量都大于 5000，而无机盐的相对分子质量一般在几十到几百之间。所以常选用 Sephadex G-25 凝胶作为分离固定相，因为它的分离相对分子质量范围是 1000~5000。被分离的两组物质的相对分子质量正好落在分离范围的两侧。大分子组为全排阻，而小分子组为全渗入，其 K_d 值的差可达最大值 1。

2）分级分离

分级分离的目的是分开相对分子质量不是很悬殊的大分子物质。选择凝胶型号时必须使各物质的 K_d 值尽可能相差大一些。首先不能使它们的相对分子质量都分布在凝胶分离范围的一侧，也就是 K_d 不要都接近 0 或 1，而是使组分的相对分子质量尽可能分布在凝胶分离范围的两侧或接近两侧的位置。如果样品中含有 3 个组分，最好一个接近全排阻，另一个接近全渗入，第三个为部分渗入，且相对分子质量大于渗入限的 3 倍，并小于排阻限的 1/3。因为相对分子质量如果与渗入限比较靠近，该组分分子在凝胶颗粒中运动所受的约束很小，不易与低分子组分分开。如果相对分子质量与排阻限比较靠近，则不易与高分子组分分开。例如，用 Sephadex G-200 分离血清蛋白质的效果要比 Sephadex G-150 好。但也有人选用 G-150，是因为 G-200 强度太低不便操作。

2. 凝胶粒度的选择

凝胶粒度的大小对分离效果有直接的影响。细粒凝胶柱流速低，但洗脱峰窄，分辨率高，多用于精致分离或分析等。粗粒凝胶柱流速高，但洗脱峰平坦，分辨率低，多用于粗制分离、脱盐等。此外，凝胶颗粒必须均匀。大小不均的凝胶颗粒必将影响分离效果。将干胶过筛或湿胶浮选都是使凝胶颗粒趋于粒度均一化的手段。

对于悬浮颗粒凝胶商品，不需溶胀，但要去除原悬浮介质（如防腐剂等），再将凝胶颗粒悬浮于分离用介质中充分平衡后备用。悬浮介质可用布氏漏斗抽干去除，也可用反复倾倒法。后者还可除掉极细颗粒，利于颗粒均一化。

总之，凝胶粒径越小，理论塔板高度越小。因此利用小颗粒凝胶是提高色谱柱效的最佳途径。此时不仅柱效增大、分离度提高，还可以增加分离速度。

3. 凝胶的预处理

商品葡聚糖凝胶和聚丙烯酰胺凝胶均为干燥颗粒，使用前必须水化溶胀。商品琼脂糖凝胶呈悬浮胶体可直接使用，玻璃珠无需溶胀。凝胶溶胀有两种方法：室温溶胀和沸水溶胀。各种葡聚糖凝胶在两种溶胀方法中所需的时间不同。必须浸泡足够的时间以便凝胶充分溶胀。两种方法中，沸水溶胀不但节省时间，还可以杀灭凝胶中污染的细菌并排除气体。凝胶溶胀后，需用蒸馏水洗涤几次，每次应将沉淀缓慢的细小颗粒随水倾去，以免在装柱后产生阻塞现象，降低流速，洗涤后将凝胶浸泡在洗脱液中待用。

3.6.5 凝胶色谱柱的设计和制备

1. 色谱柱的选择

凝胶色谱用的色谱柱，其体积和高径比与色谱分离效果的关系相当密切。色谱柱的长度与直径的比值一般为样品溶液体积的 5 倍或略多一些，柱比为 5∶1 到 10∶1 即可。这样流速快，节省时间，样品稀释程度也小。对于分级分离，则要求柱床体积大于样品体积 25 倍以上，甚至多达 100 倍。柱比也在 25~100。用大柱、长柱时的分辨率明显比小柱、短柱高，可以使相对分子质量相差不大的组分得以分离。但这样的柱阻力大，流速慢，费时长，样品稀释也相当严重，有时达 10 倍以上。

此外，色谱柱下端缩口底部的支持物要满足两个要求：不易阻塞、死腔小。一般在柱的下端缩口底部放一团玻璃棉，或者放一块垂熔玻璃板，在玻璃板上铺一层滤纸以防阻塞，在玻璃板下填充小玻璃珠，以克服死腔过大。洗脱组分在死腔混合或稀释，影响分离效果。必要时色谱柱可以外加套管，通入适当温度的液体进行循环，以保持需要的柱温。

柱子大小和凝胶用量的确定：称取 1g 所需型号的葡聚糖干胶，放在 5mL 的量筒中，用室温溶胀的方法充分溶胀，观察溶胀后凝胶的体积。然后在层析柱中加水到所需的柱床高度，将水倒出，量取体积。根据 1g 干胶溶胀后的体积和所需柱床体积，即可推算出干胶的需要量。

2. 凝胶柱的装填

凝胶色谱与其他许多色谱方法不同，溶质分子与固定相之间没有特异力的作用，样品组分的分离完全依赖于它们各自的流速（流径体积）差异。因此所有影响样品在色谱系统中正常流动的因素都是有害的，而正确的装柱是清除以上不良影响的关键和前提。

根据样品状况和分离要求选定色谱柱后按常规要求进行清洗。正式装柱前必须检查柱底的凝胶支持物是否符合要求。常用的支持物有棉花、玻璃纤维、玻璃珠、垂熔玻璃等。要求它们不漏不堵，不吸附样品，且能保持一定的流速。如支持物是垂熔玻璃，最好在管底衬以尼龙纤维布或快速滤纸，以保证其不会在分离过程中部分堵塞而降低流速。另外，从支持物开始直到收集器，需注意避免造成流出液混合与稀释的“死体积”（或称死腔）以保持已经取得的高分辨率。

此外，对较细的色谱柱要注意防止装柱时管壁效应的干扰，即凝胶颗粒下沉时在垂直方向上形成对流，而不是均匀下沉。这样会造成凝胶沉降面倾斜，密度不均。克服办法是在连续搅拌下小心装柱。但此法对过细的柱不适合，常采用玻璃表面处理的方法。具体做法是将1%的二甲基二氯硅烷的苯溶液倒满空色谱管，5min 后倒出，于室温下待苯挥发后玻璃表面形成薄膜，便可投入使用。

开始装柱时，为了避免胶粒直接冲击支持物，空柱中应留约 1/5 的水或溶剂。所用凝胶必须是用相应溶剂系统充分溶胀的。为了防止柱中出现气泡，凝胶悬液温度必须与室温平衡并用水泵减压排气。开始进胶后应当打开柱端阀门并保持一定流速。太快的流速往往造成凝胶板结，对分离不利。进胶过程必须连续、均匀，不要中断，并在不断搅拌下使胶粒均匀沉降，使不发生凝胶分层和胶面倾斜。为此，色谱柱要始终保持垂直。凝胶悬液浓度也需控制，过稀或过浓都会产生不利影响。过浓时难以均匀装柱；过稀时因体积太大，装柱费时太长，不易做到连续装柱，以致出现柱床分层。

刚从冰箱中取出的凝胶液不能马上用来灌柱，应平衡至室温后再用，否则装好的凝胶柱会产生大量的气泡影响层析。

3. 凝胶床的检查和维护

先观察装好的凝胶柱有无凝胶分层、沟流和气泡等现象。如表观无问题，就用相当于 2 倍以上柱床体积的洗脱液按正常操作流速过柱，以稳定柱床。加液前最好在胶面上加盖网状支持物或快速滤纸片，防止加液冲动、破坏床面平整。为了进一步检查凝胶柱的质量，通常用一种大分子的有色物质溶液过柱，观察柱床有无沟流，色带是否平整。常见的检查物质为蓝色葡聚糖，其相对分子质量为 2×10^6。使用时配制成 0.2%~0.3%的溶液，加入量为 0.5~1.0mL/cm^2。用此蓝色葡聚糖还能测量层柱的外水体积。蓝色葡聚糖在 260nm 及 610nm 处各有一个吸收峰，用来测定非常方便。

凝胶柱可因使用时间过长，一时流速过大，或柱高太大而造成凝胶变形，流速逐渐下降，甚至无法继续进行分离操作。凝胶色谱柱由于进出口之间液位压力差形成的对凝胶颗粒的压力称为操作压。操作中可采用图 3-26 所示的简单装置来降低操作压。

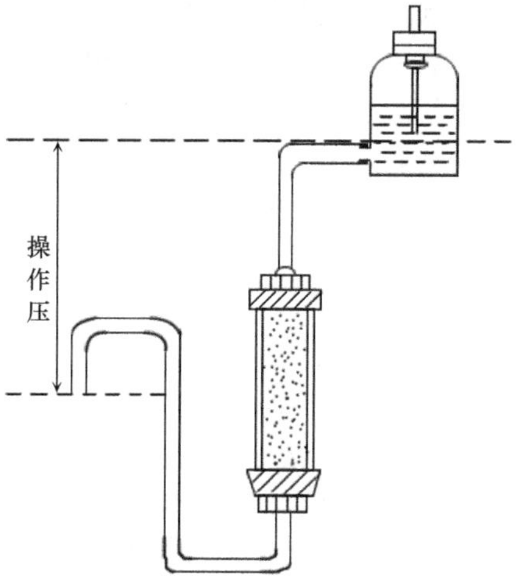

图 3-26　操作压示意图

3.6.6　凝胶色谱操作

1. 样品上样

由于凝胶色谱的稀释作用，似乎样品浓度应尽可能大才好，但样品浓度过大往往导致黏度增大，而使色谱分辨率下降。一般要求样品黏度小于 0.01Pa·s，这样才不至于对分离产生明显不良影响。蛋白质类样品浓度以不大于 4%为宜。如果样品浑浊，应先过滤或离心除去颗粒后上柱。

样品及柱床体积比例悬殊时，分离效果好，但过少的样品量不但会造成设备和器材的浪费，降低工作效率，还会使样品稀释严重。

样品上柱是凝胶色谱中一步关键操作。理想的样品色带应是狭窄且平直的矩形色谱带。为了做到这一点，应尽量减少加样品时样品的稀释以及样品的非平流流经色谱凝胶床体。反之会造成色谱带扩散、紊乱，严重影响分离效果。

加样时应尽量减少样品的稀释及凝胶床面的搅动。这一点在分级分离时尤为重要，须严格按一定操作顺序进行，通常有下列两种方法。

（1）直接将样品加到色谱床表面。要绝对避免搅混柱床表面。将已平衡的色谱床表面多余的洗脱液用吸管或针筒吸掉，但不必吸干，吸至色谱床表面 2cm 处为止。在平衡时床表面通常会出现凹陷现象，因此必须检查床表面是否均匀，如果不符合要求，可用细玻璃棒轻轻搅动表面层，让凝胶粒自然沉降，使表面均匀。加样时不能用一般滴管，最好用带有一根适当粗细塑料管的针筒，或用下口较大的滴管，以免滴管头所产生的压力搅混床表面。一切准备就绪后，也可将出口打开，使床表面洗脱液仅剩 1~2mm，关闭出口，轻轻加入样品至床面上 1cm 左右。再打开出口，使样液渗入凝胶床内。如此反复进行（样品体积较多时），直至样品加完后，用小体积的洗脱液洗柱床表面 1~2 次，尽可能少稀释样品。当样品将近流干时，像加样品那样仔细地加入洗脱液，待洗脱液渗入床内后，再小心引入较多量洗脱液，在床面上保持一定高度（常为 2~5cm），然后接上恒压洗脱瓶开始层析。以上所有操作步骤，都必须防止样品先从管壁缝隙向下流，以免影响分离效果。因为滤纸或玻璃丝对样品可能会产生一定的吸附作用，所以有时不能作为床表面的保护层。未了防止洗脱液对凝胶床面的直接冲击，应在床面以上保留 3cm 左右的液层高度作为缓冲层。

（2）利用两种液体密度不同而分层的原理，将高密度样品加入床表面低密度的洗脱液之中，样品就慢慢均匀地下沉于床表面，再打开出口，使样品渗于色谱床。如果样品密度不够大，由于糖不干扰色谱效果，可在样品中加入 1%的葡萄糖或蔗糖。当洗脱液流至床表面以上 1cm 左右时，关闭出口，将混有样品的滴管头插入洗脱液表层以下 2~3mm 处，慢慢滴入样品（切勿用力，以免搅混床表面），使样品和洗脱液分层，然后在上层再加适量洗脱液，并接上恒压洗脱瓶，开始层析。吸管的插入或取出都有可能带入气泡，因此在加样时必须十分注意。尤其是取出滴管时，更应特别注意，洗脱液有可能倒吸而使样品稀释。

除了人工加入样品外，也可以用微量泵控制。在使用泵前，必须检查各接头处是否有漏液现象，以防止因样品的流失而造成较大的实验误差。连接微量泵时，在离进口端尽可能短的距离处接上一个三通阀门，并用聚四氟乙烯管相连。加样品时，将通洗脱液一相关闭，使色谱床和另一相相通，然后用小型微量泵、恒压调节瓶或注射器加样品。

2. 洗脱和收集

为了防止柱床体积的变化，造成流速降低及重复性下降，整个洗脱过程中始终保持一定的操作压并不超限，是很必要的。流速不宜过快且要稳定。洗脱液的成分也不应该改变，以防凝胶颗粒的胀缩引起柱床体积变化或流速改变。在许多情况下可以用水作洗脱剂，但为了防止非特异性吸附，避免一些蛋白质在纯水中难以溶解（析出沉淀），以及蛋白质稳定性等问题的发生，常采用缓冲盐溶液进行洗脱。洗脱用盐等介质比较容易除去才好，通常氨水、乙酸、甲酸铵等易挥发的物质用得较多。对一些吸附较强的物质也可以采用水和有机溶剂（如水-甲醇、水-丙酮等）的混合物进行洗脱。

洗脱剂的流速对分离效果也有很大的影响，图 3-27 显示了同一凝胶柱在不同流速下的洗脱曲线。可见较快的流速下得到的洗脱峰宽，流速低洗脱峰窄而高。也就是说，流速较低，分辨率较高，样品稀释较轻。

洗脱时的流速与操作压有关，与凝胶的型号和粒度也有关。在同样的操作压下洗脱时，往往编号小的葡聚糖凝胶及颗粒粗的凝胶流速大；编号大、粒度细的流速慢。对于某种凝胶来说，在一定范围内流速（V）与操作压（p）成正比，与柱长（L）成反比：

$$V=K\Delta p/\mathrm{L}$$

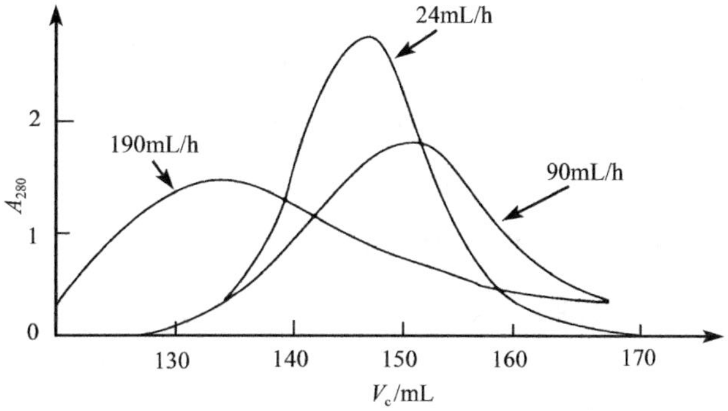

图 3-27 流速对洗脱曲线峰形的影响图

对于强度差的凝胶，符合上式的压力差要求的范围很小。进一步加大压力时，由于凝胶颗粒变形，流速反而降低。有些比较精细的分离分析工作必须在恒温条件下操作，既是为了防止温度的变化干扰分离、降低分辨率，又是为了防止蛋白质的变性失活。恒温范围一般为 4~10℃。

洗脱液的收集多采用分步收集器。分步收集器有计时和计滴两种。计滴者能很好地控制每管洗脱液的准确数量。计时者每管收集量随流速波动而变化。欲达到流速恒定的目的，可自制恒压加液装置，更可靠的是使用微量恒流泵。

3. 凝胶柱的再生

一般只要用洗脱液冲洗凝胶柱即可连续使用。若凝胶颗粒沉积压紧，流速减慢，则需倒出，清洗后重新装柱。有微量污染可用 0.9mol/L 氢氧化钠（内含 0.5mol/L 氯化钠）处理冲洗，再用水洗至中性。凝胶色泽改变，流速降低，表面有污染物等时，常用温热（50℃左右）的 0.5mol/L 氢氧化钠和 0.5mol/L 氯化钠混合液浸泡，再用水洗净。

3.6.7 凝胶色谱中的主要参数测算

色谱用凝胶柱在使用前一般都应了解其 V_0 和 V_i 的大小，对分析用柱尤其是这样。稳定的凝胶柱床，其 V_0 通常占柱床总体积的 30%左右。V_0 太大则说明柱床没有达到稳定。对于相同型号凝胶所装的凝胶柱来说，粗颗粒的 V_0 往往比细颗粒的略大。

1. V_0 及 V_i 的测算

V_0 和 V_i 的测算有以下两种方法。

1）重量法

已知：

$$V_t=V_0+V_i+V_g=\pi/4\cdot d^2h \tag{3-32}$$

$$V_i=g\cdot W_r \tag{3-33}$$

式中，g 为干胶质量；W_r 为得水率，即每千克干胶的吸液量。

所以

$$V_0=V_t-(V_i+V_g) \tag{3-34}$$

但这种算法不够准确，主要原因是 V_g 难以计算，它和凝胶的水化程度有关。一般粗略地将其估算为 $1cm^3/g$ 干胶。

2）过柱法

已知物质的洗脱体积如下：

$$V_e=V_0+K_dV_i \tag{3-35}$$

如果全渗入（K_d=1）及全排阻（K_d=0）的物质过柱，测量其洗脱体积，便可计算出该凝胶柱的 V_0 值及 V_i 值。实验室中最常用的是蓝色葡聚糖（K_d=0）、重铬酸钾（K_d=1）、氧化氚（K_d=1）等。

2. 分配系数 K_d 及 K_{av} 的测标

已知分配系数：

$$K_d=\frac{V_e-V_0}{V_i} \tag{3-36}$$

有效分配系数：

$$K_{av}=\frac{V_e-V_0}{V_t-V_0} \tag{3-37}$$

当测得某物质的 V_e，并知道该凝胶柱的柱床总体积 V_t、内水体积 V_i 及外水体积 V_0 时，根据以上公式不难算出 K_d 和 K_{av} 的值。

K_d 和 K_{av}，甚至 V_e 被认为是一种组分（物质）对于某一个凝胶柱的特征常数。在判断各组分的分离情况、测定相对分子质量以及预测放大柱床后的洗脱体积方面是很有用的。

3. 分辨率

凝胶色谱中，分辨率（R）定义为

$$R=\frac{\Delta V_e}{1/2(W_A+W_B)} \tag{3-38}$$

式中，W_A 和 W_B 分别为两物质洗脱峰宽度。也就是说，分辨率与洗脱体积的差值成正比，而与两物质洗脱峰宽度成反比（图 3-28）。

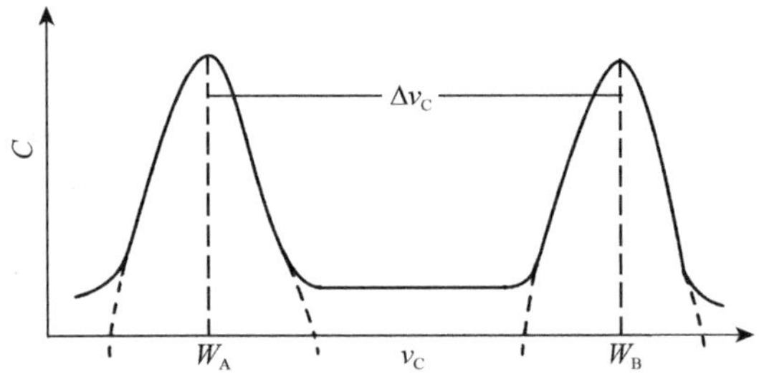

图 3-28　洗脱分辨率示意图

$R>1$ 时，两物质完全分开；$R<1$ 时则不能完全分离。提高分辨率的方法只有增大 ΔV_e 或减小两物质洗脱峰的体积。

因为

$$V_{eA}=V_0+K_{dA}V_i \tag{3-39}$$

$$V_{eB}=V_0+K_{dB}V_i \tag{3-40}$$

所以

$$\Delta V_e=V_i\,(K_{dB}-K_{dA})=\Delta K_dV_i \tag{3-41}$$

由于 ΔK_d 是常数，只有增大 V_i 才能使 ΔV_e 增加。这就是进行组分分离时要求较大柱床体积的原因。减少（W_A+W_B）的方法是浓缩样品（但黏度不能太大），选用小粒度凝胶，流速适当减慢等。

3.6.8　凝胶色谱的应用

由于凝胶色谱操作简单、分离条件十分温和、活性丢失少、产品收率近 100%，故在生物化学及分子生物学实验室中使用频率很高。又因为它的分离机制简单，所以容易规模放大。近年来出现的许多刚性或半刚性的凝胶介质（如 Superose 系、Superdex 系、Sephacryl 系），为凝胶色谱的工业规模应用创造了条件。

1. 脱盐和浓缩

脱盐用的凝胶多为大粒度、高交联度的凝胶。此时溶液中蛋白质等大分子的 $K_d=0$，盐类的 $K_d=1$。由于交联度大，凝胶颗粒的强度较好，加之凝胶粒度大，柱色谱操作比较便利，流速很高。值得注意的是：有些蛋白质脱盐后溶解度下降，造成被凝胶粒吸附甚至以沉淀状态析出。遇上这种情况就必须改为稀盐溶液洗脱，所用溶液多为易挥发盐的缓冲溶液，洗脱完成后易用真空干燥法除去。用柱色谱法脱盐时，要求样品的体积必须小于凝胶柱的内水体积 V_i。在实际操作中由于扩散作用的存在，样品体积最好不大于内水体积的 1/3，以便得到理想的脱盐效果。

除应用凝胶层析脱盐外，还可以采用包埋法与直接投入法。前者是将样品置于透析袋中埋于干胶颗粒堆中，经过相当时间后，样品的盐与水分一道为干胶所吸收。直接投入法即将一定量的干胶投入盛样品容器或直接使样品溶液从干胶柱上流下。但这类方法都只能脱去部分盐。

2. 酶解产物的预分级分离

一种普通的蛋白质如果通过一些特异酶或化学方法进行降解，则会生成相当复杂的肽混合物。为了进行结构研究，必须分离和纯化“粗”水解产物中构成多肽链的所有肽，这是件非常复杂的工作。因此，“粗”水解产物必须进行预分级分离。在现代方法中，凝胶过滤最适于此目的。

将凝胶与 4 份 0.01mol/L 氨水溶液在室温搅拌 30min，然后沉降，倾去细颗粒的上层液。沉降的葡聚糖凝胶 G-50 再与约 3 份 0.01mol/L 氨水溶液搅拌并倒入柱中。柱用 5 倍于床体积的 0.01mol/L 氨水溶液洗涤。将 200mg 被分离物质溶于 3~5mL 0.01mol/L 氨水溶液中，让样品慢慢吸入凝胶柱中，用 0.01mol/L 氨水溶液洗脱，流速 250~300mL/h，收集各管在紫外 280nm 处有吸收的洗脱液，合并，冷冻干燥。

3.7 亲 和 色 谱

3.7.1 概述

亲和色谱（affinity chromatography）是在一种特制的具有专一吸附能力的吸附剂上进行的色谱。这种色谱是利用底物、抗体和抗原等之间的特异性亲和力来选择分离的，因此该方法专一性强，分离速度快，效果好。但在 1960 年以前，配基固定化的技术没有很好地解决，使这一方法进展缓慢，1960 年以来，固定化酶领域中的固定技术有了很大发展，使亲和色谱获得迅速发展。近年来亲和色谱发展非常快，已成为分离纯化生物大分子的一种较完善的技术[10]。

3.7.2 亲和色谱的原理

生物大分子具有与其相应的专一分子可逆结合的特性，即在一定条件下某些物质只能与某一种生物大分子物质结合而不与其他生物大分子结合，当条件如溶液 pH 或离子强度改变

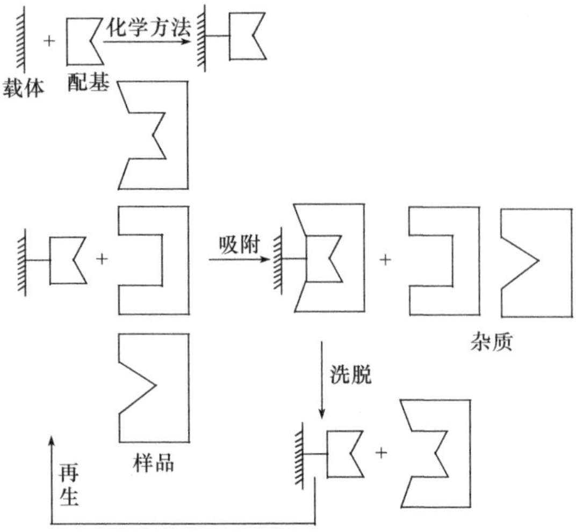

图 3-29　亲和色谱示意图

时它们又解离。酶与底物、酶与抑制剂、酶与变构效应剂、酶与辅酶、激素与细胞受体、维生素与结合蛋白、基因与核酸、抗体与抗原、外源凝集素与红细胞表面上的抗原等，都具有这种特异亲和的关系。如果用化学的方法将与分离对象能专一性地亲和的配基连接在不溶于水的载体上制成专一亲和吸附剂，再将亲和吸附剂装填在柱中或制成色谱板，在有利于分离对象与配基形成配合物的条件下，让分离对象的样品溶液通过该色谱柱，让分离对象被吸附在亲和吸附剂上，其余物质不被吸附，全部流出吸附柱。然后再用适当的缓冲液使分离对象与配基解离，从而从吸附剂上脱下来。亲和色谱全过程如图 3-29 所示。

亲和色谱具有较高的分辨率，而且用其纯化样品时，操作步骤少，活力不易丧失，但由图 3-29 可知要进行亲和色谱，要分离一种物质必须找到适宜的配体，而对生物大分子的亲和力则是选择配体和评价配体效力的重要依据。通常配体在一定条件下能和待分离的生物大分子进行专一结合生成配体复合物，在适当的条件下又可以重新解离，这个反应是可逆的，可用质量作用定律处理。用 E 表示待分离的生物大分子，L 表示配体，EL 代表配体复合物，则 EL 的解离常数 K_L 为

$$\mathrm{E+L} \rightleftharpoons \mathrm{EL}$$

$$K_{\mathrm{L}} = \frac{([\mathrm{E}_0]-[\mathrm{E}_{\mathrm{L}}])([\mathrm{L}_0]-[\mathrm{E}_{\mathrm{L}}])}{[\mathrm{E}_{\mathrm{L}}]}$$

$$[\mathrm{E}_{\mathrm{L}}] = \frac{\dfrac{[\mathrm{E}][\mathrm{L}_0]}{K_{\mathrm{L}}}}{\left(1+\dfrac{[\mathrm{E}]}{K_{\mathrm{L}}}\right)} \tag{3-42}$$

式中，$[E_0]$为初始浓度；$[L_0]$为固定化配体的初始浓度；$[E]$为游离的生物大分子的浓度；K_L为生物大分子对其配体亲和力的大小，K_L 值大，生物大分子对其配体的亲和力小，反之，则生物大分子对其配体的亲和力就大。式（3-42）显示了$[E_L]$和 $[L_0]$的函数关系。$[L_0]$的数值越大，形成的 EL 就越多。在亲和色谱中，一般都尽可能地提高固定化配体的浓度，对于亲和力较低的体系更加如此。但是在下列两种情况下，高的固定化配体是不适宜的：①体系的亲和力特别高，以至于不用强烈的洗脱条件便不能将吸附的大分子洗脱下来；②如果配体本身带有电荷，则不能用高浓度固定化配体的载体进行亲和色谱。因为固定化配体浓度高，载体单位面积上固定化配体的密度就大，和其他杂蛋白之间同时形成的离子键的数目也就多，这种离子交换作用造成的非专一性吸附也就强烈。

3.7.3　亲和吸附剂的选择

1. 配体的选择

配体的选择是决定亲和色谱成败的关键。配体可以是较小的分子，如辅酶、辅基和效应

剂；可以是生物大分子，如抑制剂、抗体、类似底物；可以是外源凝集素、染料和金属离子等其他物质。作为亲和色谱的配体须具备三个条件：

（1）在一定的条件下，与纯化的物质进行专一性结合而且具有较强的亲和力。若配体是酶的底物或抑制剂，则其和酶所形成复合物的解离常数 K_A 或抑制剂常数 K_i 可衡量配体是否适用。一般 K_A 或 K_i 越小，则配体对分离物质的亲和力越高，在亲和色谱中应用的价值就越大。配体中有一类只能与纯化对象形成饱和共价键，它可以专一地与互补蛋白活性基团生成共价化合物，如含巯基的配基可与某些蛋白的活泼巯基生成二硫键，在解吸时需要使这种共价键破裂。但是当配体与分离物质之间的亲和力太大时，对分离纯化大分子物质是有害的，因为此时要使它们解离必须用剧烈的条件，易使生物物质丧失活性。

（2）配体和生物大分子结合后，在一定的条件下又能解离，而且无损于生物大分子活性。

（3）配体具有与基质连接的化学基团。配体通过这些化学基团偶联到基质上，一般配体经固定化后不影响其亲和活力，但配体偶联到基质后，也可能由于结构改变，对大分子物质的亲和力大大降低。而且有些配体具有两个或两个以上的可用化学基团偶联到基质后，对不同物质产生不同的亲和力的能力。所以，要根据分离对象和实验的具体情况来选择。在相当多的情况下，要得到一种理想的亲和配基，仍然要做大量的实验进行筛选。

2. 基质的选择

作为亲和色谱的基质多为凝胶，理想的基质应具有下列条件：①不溶于水又具有高度的亲水性，亲和吸附剂易和水溶液中的生物大分子接近；②化学惰性，极低的非特异性吸附，如物理吸附、离子交换等；③有较好的物理和化学的稳定性，在配体固定化和进行亲和色谱时，各种因素如 pH、离子强度、温度和变性剂等变化时，基质很小甚至不受影响；④具有足够数量的化学基团，经化学方法活化后，易和配体结合；⑤具有稀松的多孔网状结构，能使大分子自由通过，其孔径大小根据分离物的性质而定，当分离物与配体亲和力弱时，选用多孔性好的基质，可提高结合容量，当分离物与配体亲和力大，或者分离物呈颗粒状或碎片时，可选用多孔性差的基质，对提高分离效果有利。

亲和色谱中使用的载体种类较多，目前较多的载体有琼脂糖凝胶、交联葡聚糖凝胶、聚丙烯酰胺凝胶和多孔玻璃珠。

琼脂糖是一种直链多糖，凝胶态的琼脂糖链呈平行螺旋状，中间由氢键维系，这些多糖链纵横交错，形成了多孔网状结构。琼脂糖凝胶结构单元为 D-半乳糖和 3, 6-脱水-L-半乳糖交替结合而成的大分子多聚糖，靠糖链之间的次级键交联成稳定网状结构的珠状凝胶，网状结构的疏密依靠改变琼脂糖浓度的方法来控制。应用最多的是瑞典 Pharmacia 公司生产的 Sepharose，依其中琼脂糖含量不同（2%、4%、6%），又分为 2B、4B、6B 等型号，基本上能符合理想基质的要求。Sepharose 4B 的各项性能适中，使用最广泛，其物理结构比 6B 疏松，吸附容量又比 2B 大。用多种反应可使琼脂糖发生交联，改善其稳定性，如用 2, 3-二溴丙醇交联的琼脂糖凝胶，其商品名称为 Sepharose CL。交联的凝胶更为坚实，且富有弹性，适用 pH 范围可达 3~12，耐热可至 100℃，但渗透性稍低。由于琼脂糖链间没有共价交联，因此它在逆境中很不稳定，使用温度一般在 0~40℃，pH 在 4~9，而且一般加抗菌剂湿态保存。

聚丙烯酰胺凝胶是由单体丙烯酰胺和交联剂 *N*, *N*-亚甲基酸丙烯酰胺聚合而成的，其商品名为 Bio-Gel P，P 后的不同数字表示排阻限度，如 Bio-Gel P-100 表示允许进入凝胶颗粒内部的球蛋白或肽的最大相对分子质量为 $100\times1000=10^5$。聚丙烯酰胺凝胶呈干粉状，加水后溶胀，其结构较紧密，孔小，有些大分子不易渗入，使用的 pH 范围是 2~10。

葡聚糖凝胶是由右旋糖苷经环氧氯丙烷交联而成的珠状凝胶，商品名为 Sephadex。它是一种小网孔型凝胶，而且与配体结合后多孔性大大降低。

纤维素是由葡萄糖残基组成的链状化合物，但商品纤维素具有不可忽略的吸附性，且结构不均一，限制了其在亲和色谱中的应用。

多孔玻璃珠是一种硼硅酸钠玻璃经高温、酸和碱处理制备的控制孔径的玻璃，常用 CPG 表示。多孔玻璃作为无机载体具有稳定性高的优点，不同 CPG 的孔径大小适用于从底物、酶和病毒直到完整的细胞，但是其表面带的电荷常会引起非专一性吸附。

3.7.4　亲和吸附剂的制备

配体与基质偶联才能成为亲和吸附剂，不同基质与配体采用不同的方法偶联，但其制备过程分两步进行：基质的活化；让配体与活化的基质进行偶联反应，形成共价键，从而使配体接到基质上。由于基质性质的不同，活化及偶联的方法有差异，常用的几种方法简要介绍如下。

1. 多糖类基质的溴化氰活化与偶联

多糖基质如琼脂糖、葡聚糖凝胶、纤维素等都会有多羟基，通过适当的化学方法活化这些羟基，在多糖载体上引入亲电基团，使其可与配体上的亲核基团反应，配体通过共价键偶联到载体上。

溴化氰活化法在多糖载体与配体的偶联中是应用较多的一种方法，它可在非常温和的条件下活化多糖基质并使其与含有伯胺基的配基相偶联，但由于小分子的配基和基质表面偶联很紧密，空间排阻效应使得生物大分子不可能充分地和配基发生相互反应，从而影响了生物大分子和配基之间的共价结合。活化与偶联的反应过程如图 3-30 所示。

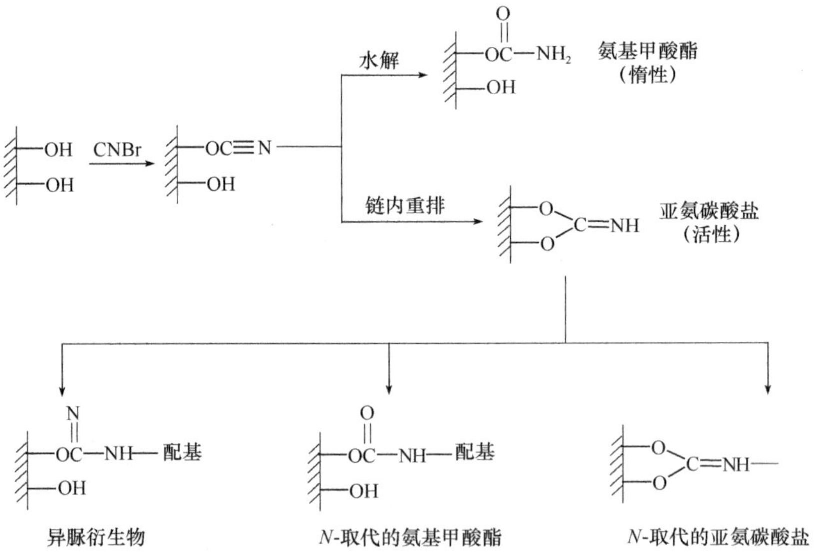

图 3-30　多糖类基质的溴化氰活化与偶联示意图

2. 环氧乙烷法活化与偶联

环氧乙烷基团（$-HC\overset{O}{\diagup\diagdown}CH_2$）是一种亲电的基团，它可与多糖基质的羟基反应，从而与配基偶联。此反应较温和，而且不会在活化过程中产生新的电荷。反应过程如图 3-31 所示。

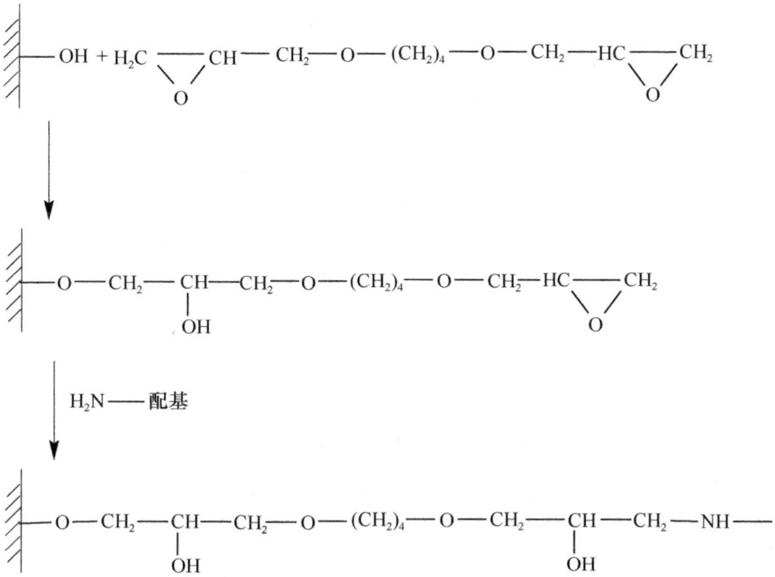

图 3-31 环氧乙烷法活化与偶联示意图

3. 聚丙烯酰胺凝胶的活化与偶联

可通过下列三种方法（图 3-32），然后再通过适当的反应偶联上合适的配基：①碱催化，产生一个羧基，在碳二亚胺作用下，与具有氨基的化合物偶联；②生成酰肼的衍生物，再经过酰化、烷化或在亚硝酸作用下生成酰基叠氮的衍生物，从而与另一个化合物偶联；③生成氨乙类的衍生物。

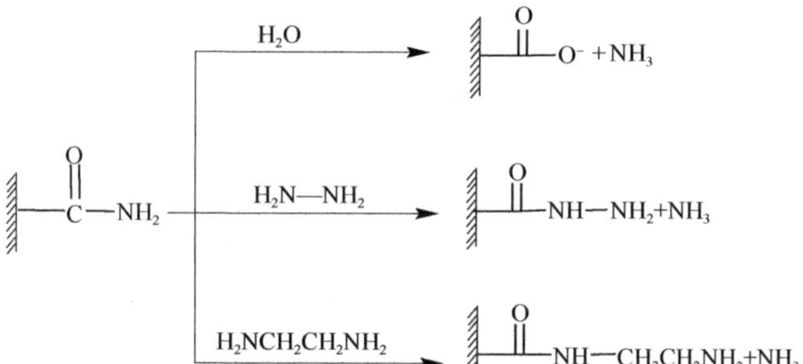

图 3-32 聚丙烯酰胺凝胶的活化与偶联示意图

4. 多孔玻璃基质的偶联

在多孔玻璃上，通常是用有机硅烷活化，这些硅烷偶联剂的一端是有机官能团，另一端是硅烷氧基团。常用的有机硅烷是三乙氧硅烷，其反应过程如图 3-33 所示。

5. 基团特异性吸附剂

对于特定的生物大分子，必须选定特定配基，这一配基对该生物大分子能进行特异性结合。因而每次分离一种生物分子都必须设计和制备一种新的吸附剂。这种类型的配基称为特异性基质（substance-spefic）。而基团特异性吸附剂所含配基只对某一类生物化学物质显示出亲和性。表 3-9 列出几种商品基团特异性吸附剂。

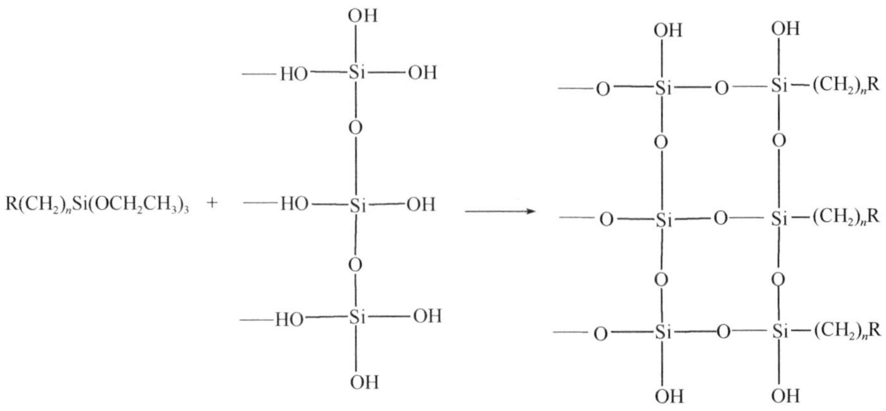

图 3-33　多孔玻璃基质的偶联示意图

表 3-9　基团特异性吸附剂

基团特异性吸附剂	基团特异性
刀豆球蛋白琼脂糖凝胶	带吡喃葡聚糖的大分子及其他糖类物质（糖蛋白和糖脂）
聚尿苷酸-琼脂糖凝胶	含有聚腺苷酸的核酸，聚尿苷酸结合的蛋白质
聚腺苷酸-琼脂糖凝胶	含有聚尿苷酸的核酸，mRNA 连接的蛋白质
亚氨基二乙酸琼脂	对重金属具有亲和力的蛋白质
Cibracron -蓝-琼脂糖凝胶	带有核苷酸辅助因子的酶、血清蛋白
蛋白质- A -琼脂糖凝胶	IgG-抗体

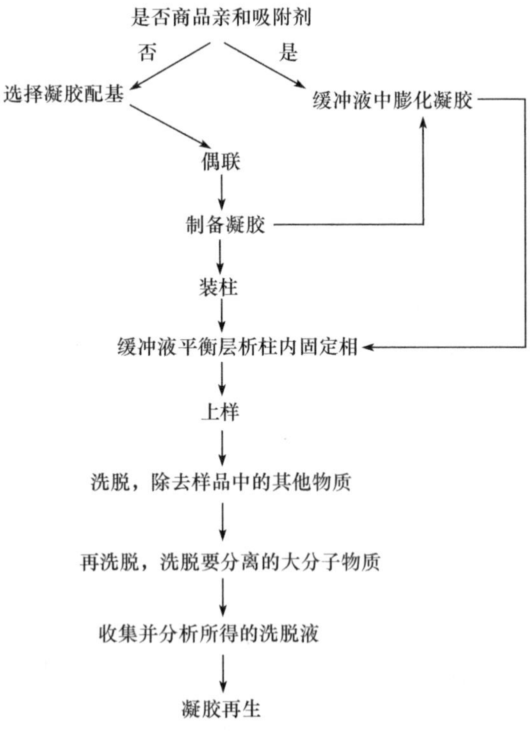

图 3-34　亲和色谱实验流程

3.7.5　亲和吸附剂中“手臂”

亲和力较大的蛋白质作配体时相对吸附力较好。但是，对相对分子质量小的配体、亲和力低的蛋白质分子和互补蛋白质的相对分子质量特别大的体系，如果它们直接与载体偶联，由于载体往往可占长配基分子表面的部分位置，从而形成空间位阻，影响配基与被亲和物的紧密结合，最终导致完全丧失亲和力。为了减少载体的立体障碍，增加配基的活动度，往往在配基与载体之间连接一个具有适当长度的“手臂”。一般采用两种方法：先将“手臂”的一端与配体连接，再将“手臂”的另一端与载体偶联；先在载体上安上“手臂”，再把配基安到“手臂”上。

3.7.6　亲和色谱的操作

亲和色谱实验流程一般遵循以下步骤（图 3-34）。

柱装好后选用合适的缓冲液平衡柱，所用缓冲液的组成、pH 和离子强度要有利于亲和复合物的形成，通常选择中性 pH 为吸附条件。样品上柱之前先用样品缓冲液平衡色谱柱内固定相或用上述缓冲液充分透析平衡，以免样品溶液上柱后使溶液的 pH 改变。样品上柱以后用平行柱床的缓冲液充分洗涤柱床，除去不被吸附的物质。接着也可以用适当的其他缓冲液进行洗涤，以除去其他非专一吸附的物质。

色谱柱中的配基与被分离物之间以氢键、离子间的相互作用或疏水效应相连接，当采用洗脱剂洗脱时，通过削弱它们之间的键力，使被分离物和配基分离，并被洗脱下来。如果待分离的物质与固定配体之间的亲和力较弱，可以连续地用大体积的平衡柱用的缓冲液洗脱。如果配基和生物分子之间的亲和力很高，改变 pH 或是离子强度，从而改变配基和生物分子的解离程度，以降低其与固定配体间的亲和力，并从色谱柱中洗脱下来。有时可采用 Chaotropic 试剂洗脱，即在缓冲液中加入较弱的变性剂，如尿素、胍-盐酸、$CCl_3—COO^-$等，变性剂可使生物大分子发生某种程度的变形，降低亲和吸附剂上所形成的大分子-配基复合物的稳定性，从而有利于大分子物质的洗脱。但是有时亲和吸附存在着较强的非专一性吸附，亲和吸附剂不仅能吸附待分离的生物大分子，同时也能吸附一定量的杂蛋白或其他杂质。欲达到纯化的目的可选择一种与配基亲和力很强的物质加到洗脱缓冲液中洗脱，该物质及被吸附的大分子物质和配基发生竞争性结合，当洗脱液内物质抢占了配基之后，原来结合在配基上的生物大分子被取代而脱离配基，这种洗脱方式称为专一性洗脱。

亲和吸附剂使用一段时间后，会发生杂蛋白的积累，引起柱子性质的改变，因此色谱洗脱之后柱子需要更加充分地洗涤，通常每次色谱之后应该用 2mol/L KCl-6mo1/L 尿素洗涤色谱柱。为了恢复亲和柱的吸附容量，通常把污染了的亲和吸附剂与非专一性的蛋白酶一起保温过夜，这种方法几乎可以完全恢复柱的吸附容量。通过这样的处理，可大大延长色谱柱的寿命。

3.8 高速逆流色谱

3.8.1 概述

高速逆流色谱（high-speed countercurrent chromatography，HSCCC）是由美国国立卫生研究院 Ito 博士研制开发的新型色谱技术，可以在短时间内实现高效分离和制备，并且可以达到几千个理论塔板数[16, 17]。与高效液相色谱（HPLC）不同的是，它不使用固相载体作固定相，克服了固相载体带来的样品吸附、损失、污染和峰形拖尾等缺点[18]。从 1966 年第一台逆流色谱仪问世至今已经历了近 50 年的历程，逆流色谱仪及其逆流色谱理论已经日趋完善和实用。它相对于传统的固液柱色谱技术，具有适用范围广、操作灵活、高效、快速、制备量大、费用低等优点。此项技术已被应用于生化、生物工程、医药、天然产物化学、有机合成、环境分析、食品、地质、材料等领域[19]。

3.8.2 高速逆流色谱的仪器结构

图 3-35 是典型的高速逆流色谱示意图，它主要由恒流泵、进样阀、主机、检测器、记录仪以及馏分收集器组成[20]。

1）恒流泵

在高速逆流色谱分离过程中，由于两相运动的特殊规律，固定相的运动方向与流动相相反。为了让流动相带着样品穿过固定相，必须克服固定相带来的阻力，高速逆流色谱使用的

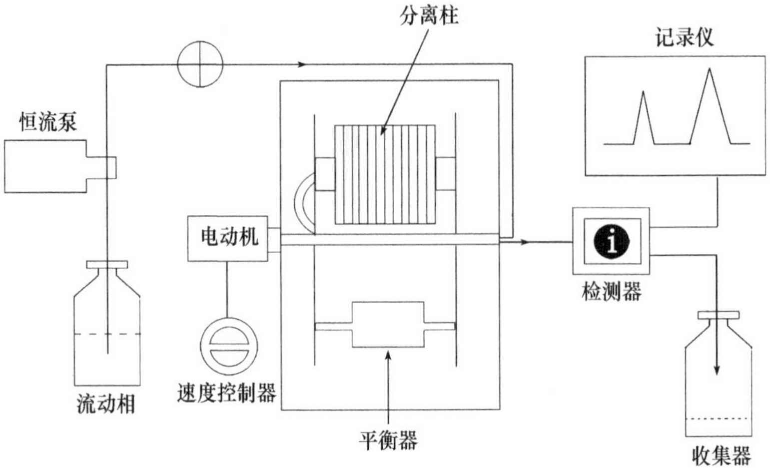

图 3-35 典型的高速逆流色谱示意图

恒流泵要求能以一定的压力方式输送液体。由于固定相的逆运动压力不是太大，而且色谱仪的聚四氟乙烯管也不耐高压，所以一般使用国产的最高压力不低于 1MPa 的恒流泵就能满足仪器的要求。

2）进样阀

进样阀一般采用六通进样阀，由于整个系统的压力低于 1MPa，所以没有必要采用耐高压的六通进样阀，使用进口的塑料进样阀就能满足仪器需求。只是该进样阀的样品环一般要几毫升，有时需要高达数十毫升。进样器通常使用一般的医用注射器。

3）主机

高速逆流色谱的主机是它的核心。主机的外壳通常是一个铝合金的金属箱，该箱的上面可以打开，供观察、配重、上润滑油以及主机的检查和修理等用。在该主机箱的内部中央有一根中空的转轴，在该转轴两边分别是分离柱与平衡器。分离柱是由长 100~200m、内径为 1.6mm 左右的聚四氟乙烯管沿具有适当内径的内轴缠绕十多层而成的分离柱，柱上绕成的线圈一般称为 Ito 多层线圈，它的管内总体积可达 300mL 左右。平衡器是一个金属制成的转轴，通过向上面增减金属配件可以调节它的质量，它的作用是保持中心轴两边质量的平衡。当仪器工作时，电动机的轴直接带动主机中心轴转动，使仪器做离心公转运动，该转速和转动方向可以通过速度控制器调节。同时主机中心轴通过齿轮传动装置又使分离柱、平衡器绕自转轴做顺时针或反时针方向的自转运动，此时分离柱、平衡器本身既在自转，同时在绕中心轴公转，公转转速可达 0~4000r/min，大多数情况下控制在 600~900r/min。从 Ito 线圈分离柱中通过中空的中心轴还同时牵引出了线圈的两端，一端供泵输入液体，一端输出液体。

4）检测器

该仪器一般都装配具有固定波长的紫外检测器。使用的灯一般是原子吸收光谱分析仪的空心阴极灯，最常见的固定波长是 254nm，如果在该灯的前面放上一个滤光片，该波长可以调整为 280nm。检测器内的吸光池是一个与入射光垂直的石英管，管直径为 3~5mm。

5）记录仪

该记录仪没有特殊要求，只需要与检测器的信号输出的毫伏数相匹配。另外，仪器的最慢走纸速度不能太快，因为一次高速逆流色谱分离实验往往需要几小时的时间。

6）馏分收集器

通常可以直接利用试管手工分步收集流出物。如果实验室条件许可，可以配馏分收集器，这样可以减少实验的劳动强度。

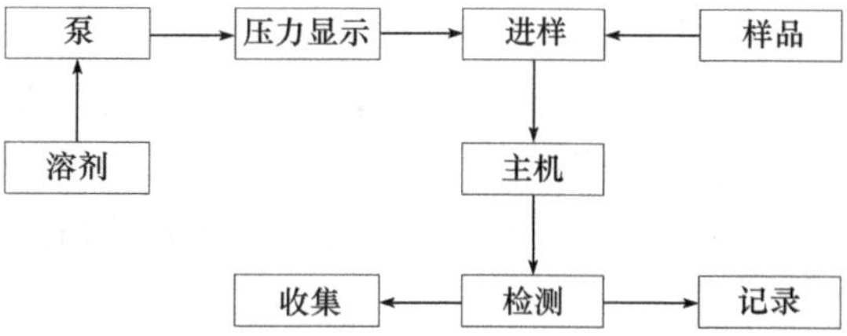

图 3-36 TBE-300A+AKTA Prime 系统工作流程

3.8.3 高速逆流色谱的基本操作

TBE-300A + AKAT Prime 高速逆流色谱系统工作流程如图 3-36 所示。

1）准备操作

按比例配制好固定相和流动相，静置若干小时。完成仪器间的电源、信号线和液体流路的连接，须保证电源、信号线连接稳固，液体管路连接不泄露，完成各种管线的连接后，详细检查至确认无误[20]。

2）操作步骤

（1）开启泵，以较大流速（15mL/min 左右）快速将已配制好的固定相从主机进柱口泵入并充满主机管路。固定相从主机出柱口流出后，停泵，将泵入口管路上的砂芯过滤器放入流动相内。

注意：固定相和流动相在使用前需静置 24h 或超声脱气半小时以上。需有足够量的固定相，以保证泵的沙芯过滤器始终浸没在固定相液体内，以防泵入空气。泵的沙芯过滤器应定期清洗。流体压力应不大于 1MPa，以防止主机爆管。泵入上相时须检查管路是否泄露。若有泄露请按如下方法处理：检查管子本身是否有破损，若管子有破损，则应更换管子；检查各管路接头处是否有泄露，泄露处需拧紧；若接头拧紧后还有泄露，检查管子的喇叭口是否磨损，若有磨损，须重新制作喇叭口。

（2）开启循环水浴电源，把水浴温度设定到所需值，当温度升高或降低到所需温度后，启动水浴的循环泵，使热导介质循环流动。

（3）接通主机电源，按动变频速度调节器控制面板上的 FWD 键，启动电机，此时主机的旋转方向为正转；缓慢调节变频速度调节器控制面板上的速度调节器旋钮，使主机的转速由低到高缓慢地提高，达到所需的转速（800r/min 左右），并保持主机在此速度下平稳旋转；若要使主机反转则按动变频速度调节器控制面板上的 REW 键启动电机，并缓慢调节变频速度调节器控制面板上的速度调节器旋钮，使主机的转速由低到高缓慢地提高，达到所需的转速，并保持主机在此速度下平稳旋转。

（4）启动泵，以预定流量（推荐流量为 2mL/min）从进柱口泵入流动相。

注意：主机旋转时，严格按低速到高速缓慢增加，停机时，严格按高速到低速缓慢降低至停止。须保证有足够的流动相，以保证泵的砂芯过滤器始终浸没在流动相液体内，以防空气进入泵。流体的压力不大于 1MPa，否则易破坏主机的管路。主机旋转前，一定要把恒温水浴循环器开启，让恒温水带走因仪器高速旋转而产生的热量。恒温水浴循环器的温度设定不能超过 45℃。

（5）待流动相从主机出柱口流出后，记下固定相流出的多少，通过进样器注入样品，同时打开色谱工作站，记录下色谱图并收集流出的各个样品组分。进样前先将手柄箭头指向 LOAD 挡，此时进样圈与分离管柱脱离，用注射器将已溶解好的样品注入进样圈内，然后将手柄箭头扳到 INJECT 挡，此时进样圈与管路连接，用泵将样品推入分离管柱中。进样时旋转进样阀手柄的速度要快，且要旋转到位，以防管路不通或暂时压力过高，胀破进样圈管路。使用本系统在平衡体系时，可按固定相与流动相体积比为 6∶4 的比例，同时开启泵系统的 A、B 泵，分别泵取固定相（B）和流动相（A）。待有溶剂流出后，停泵，再旋转仪器，以 2mL/min 的流速泵入流动相至只有流动相流出为止，体系达到平衡。这样可大大节省体系平衡时间。

（6）收集完流动相的各组分后，停止主机运转，将管路中的液体排出（用气体和液体均可），注意此时可收集固定相中的样品组分。

3）仪器清洗

每次使用后，须清洗仪器的管路，过程如下：①向吹干溶剂体系的管路内，用较大流速（15mL/min 左右）泵入约 50mL 清洗液，停泵；②断开泵与主机的连接，把主机与气源连接，把清洗液从出口处吹出；③视分离管的污染程度，可重复清洗 1~2 次；④待清洗液吹完后，继续向管路吹气，并以 300r/min 的速度反转主机 5min，以使残存在管路内的清洗液吹出或挥发干净。

注意：根据样品性质选择清洗液，可用甲醇、乙醇等。主机内溶液含有盐或缓冲液时，须先用蒸馏水冲洗。最后一次泵入的清洗液可为下次实验体系中易挥发的组分。主机体积较大时，可加大清洗液用量。清洗时，可把检测器与主机连接起来，以便同时清洗检测器的流动池。

4）注意事项

仪器管路的最大允许压力为 1MPa（一般设置压力为 0.7MPa），约每平方厘米 10kgf（1kgf=9.8N），超出此值，仪器管路可能损坏泄漏。仪器主机与危险物品和操作者间必须有一段安全距离（不小于 1m），并有人值守。

3.8.4 高速逆流色谱的分离原理

高速逆流色谱（high-speed counter current chromatography，HSCCC）是 20 世纪 80 年代发展起来的一种连续高效的液液分配色谱分离技术。它利用两相溶剂体系在高速旋转的螺旋管内建立起一种特殊的单向性流体动力学平衡，其中一相作为固定相，另一相作为流动相，在连续洗脱的过程中能保留大量固定相。由于不需要固体支撑体，物质的分离根据其在两相中分配系数的不同而实现，因而避免了不可逆吸附引起的样品损失、失活、变性等，不仅使样品能够全部回收，回收的样品更能反映其本来的特性，特别适合于天然生物活性成分的分离。而且由于被分离物质与液态固定相之间能够充分接触，样品的制备量大大提高，该技术是一种理想的制备分离手段。

高速逆流色谱的分离柱是由聚四氟乙烯管绕成的螺旋管。高速逆流色谱是建立在单向性流体动力平衡体系之上的一种逆流色谱分离方法。当螺旋管在慢速转动时，管中主要是重力作用，螺旋管中的两相都从一端分布到另一端。用某一相作移动相从一端向另一端洗脱时，另一相在螺旋管里的保留值大约是管柱容积的 50%，但这一保留量会随着移动相流速的加大而减小，使分离效率降低。当使螺旋管的转速加快时，离心力在管中的作用占主导，两相的分布发生变化。当转速达到临界范围时，两相就会沿螺旋管长度完全分开，其中一相全部占据首端的一段，称为首端相，另一相全部占据尾端的一段，称为尾端相。高速逆流色谱正是利用了两相的这种单向性分布特性，在螺旋管高速转动下，如果从尾端送入首端相，它将穿过尾端相而移向首端，同样，如果从首端送入尾端相，它会穿过首端相而移向螺旋管的尾端。分离时，在螺旋管内首先注入其中的一相（固定相），然后从适合的一端泵入移动相，让它载着样品在螺旋管中无限次地分配。仪器转速越快，固定相保留越多，分离效果越好，这极大地提高了逆流色谱的分离速度，故将此分离方法称为高速逆流色谱。

仪器工作需要互不相溶的两相液体，一相作固定相，一相作移动相。仪器工作前，先将作固定相的液体通过恒流泵压入 Ito 线圈，然后用进样器将待分离的样品进样，最后用恒流泵压入移动相，同时启动主机部分运转直到转速大于 600r/min。此时，固液两相在 Ito 线圈中具有相对运动之势。移动相就带着样品在 Ito 线圈中进行无限次的分配而使复杂样品因在两相中的分配系数不同而得到分离。当移动相经过检测器时，由于不同的样品组分会产生不同大小的信号，用记录仪记录就能得到逆流色谱图谱，同时用馏分收集器收集流出的液体就会得到复杂样品被分开的组分。

3.8.5 高速逆流色谱溶剂的选择

1. 溶剂体系的选择原则

利用 HSCCC 分离的必要条件是样品在互不相溶的两相中有合适的分配比，因此寻找合适的溶剂体系是分离的关键[20]。

选择用于高速逆流色谱的溶剂体系，需注意以下几个方面：①不造成样品的分解或变性；②有足够大的样品溶解度；③样品在溶剂系统中有合适的分配系数；④固定相有足够高的保留值。

一般而言，对于前两个要求是比较容易判断的，而后面两个需要经过实验测定。样品成分在溶剂系统中的分配系数和管柱中固定相的保留值会明显影响分离效果。一般情况下，调整固定相达到管柱总体积的 50%以上，将分配系数调整到 0.5～2，能得到较满意的分离效果。

2. 溶剂体系的选择方法

1）文献法

文献法是查阅大量文献，总结前人的工作成果，对所应用的各种溶剂体系进行分类归纳，从中得到一定的规律，直接应用于分离试验中。这种方法比较直观、省力，但是可以借鉴的文献资料有限，所以这种方法一般只用于溶剂体系的初选。

2）HPLC 法

HPLC 法是高速逆流色谱溶剂体系选择的一种有效方法。利用 HPLC 能够比较准确地计算出两相的分配系数。

分配系数定义为溶质在固定相中的浓度（C_s）与溶质在移动相中的浓度（C_m）之比，即

$$K=C_s/C_m \quad (3\text{-}43)$$

而在 HPLC 中，峰面积与各组分的浓度是成正比的，即

$$C_s/C_m=A_s/A_m \quad (3\text{-}44)$$

式中，A_s 为固定相中组分的峰面积；A_m 为移动相组分的峰面积。

在一组溶剂体系中，加入一定量的分离样品，振荡后使得样品完全溶解于两相中，然后分别取两相，经 HPLC 测定，计算各组分的峰面积，从而得到各组分在两相中的分配系数。

3）TLC 法

虽然用 HPLC 方法选择溶剂体系快速、准确，但是操作过程比较烦琐。再者，高速逆流

色谱溶剂体系的分配系数要求不是非常苛刻，只要在 0.5~2 就能得到较满意的分离效果，因此常用 TLC 法代替 HPLC 法来选择溶剂体系。操作方法：在同一块薄板上点两相的样品，展开后，观察两相中各组分斑点的大小，即可粗略估计 *K* 值的大致范围。TLC 法操作简单、快捷、成本低，该法在实际工作中应用最为广泛。

4）分析型 HSCCC 法

如果某样品在分析型 HSCCC 中能得到满意的分离效果，那么在一般情况下，该溶剂体系就可以直接用于制备型 HSCCC 分离。

3. 常用的几种溶剂

根据溶剂在螺旋管中运动时的流体力学特性，将所用的溶剂系统分为三类：

1）亲水性系统

亲水性系统由极性大的非水相与水相组成，两相极性相差不大，具有较高的黏度和较低的界面张力，如正丁醇-乙酸-水（4∶1∶5）、异丁醇-水。

2）亲油性系统

亲油性系统由低极性的非水相与水相组成，两相极性相差很大，具有较低的黏度和较高的界面张力，如正己烷-水、乙酸乙酯-水、氯仿-水。

3）中间系统

中间系统处于亲水性溶剂系统和亲油性溶剂系统之间，一般通过将甲醇或乙酸加到疏水性溶剂系统里制备得到（甲醇和乙酸的作用是调整两相的界面张力和有机相的疏水性），如正己烷-甲醇、乙酸乙酯-乙酸-水（4∶1∶4）、氯仿-乙酸-水（2∶2∶1）、正丁醇-水。对于不同的分离组分可以采用不同的溶剂系统，控制不同的条件加以分离。

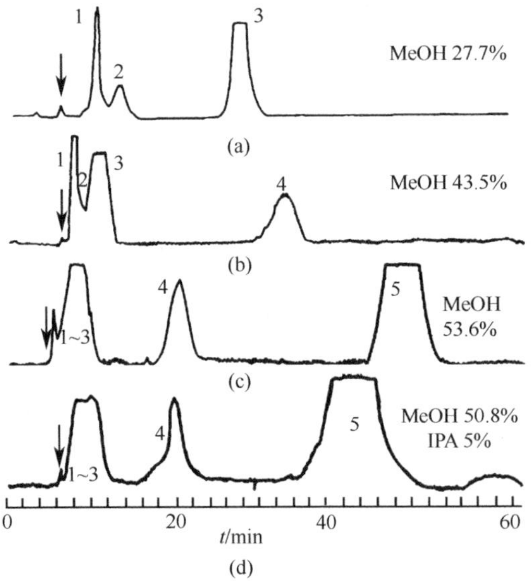

图 3-37　一个真实样品在不同组成流动相等梯度洗脱下得到的 CCC 色谱图

溶剂体系为正己烷-乙酸乙酯-甲醇-水，图（a）~（d）分别为 1.4∶0.2∶1.0∶1.0、1.4∶0.2∶2.0∶1.0、1.4∶0.2∶3.0∶1.0 和 1.4∶0.2∶3.0∶1.0 加 0.3（体积比）的异丙醇，下相为流动相

按照上述四个条件，下述两种疏水性范围很宽的体系对很多样品都比较适合：正己烷-乙酸乙酯-正丁醇-甲醇-水、氯仿-甲醇-水。对于未知样品混合物，一般先采用正己烷-乙酸乙酯-甲醇-水（1∶1∶1∶1）或氯仿-甲醇-水（10∶3∶7）尝试，再根据目标组分的分配系数调整溶剂组成。如果需要疏水性更强的体系，可以用乙醇代替甲醇；需要亲水性更强的体系，可加入盐（乙酸铵等）或酸（三氟乙酸或乙酸）。还有人提出正丁醇-乙酸乙酯-水（3∶2∶5）适于分离极性大的物质，而正庚醇-乙酸乙酯-甲醇-水（6∶1∶6∶1）适于弱极性和非极性体系。

3.8.6　高速逆流色谱的洗脱方式

CCC 与 HPLC 相同，等梯度洗脱的方式只能给出一定极性范围的组分的信息。图 3-37 所示为一个真实样品在不同组成流动相等梯度洗脱下得到的 CCC 色谱图。从图中可以清楚地看出，随着流动相对高保留物质洗脱强度的增加，先流出组分逐渐向溶剂前沿靠近，并且相互倾向于共同流出。在 HSCCC 中，可以通过梯度洗脱和双向洗脱两种方式来实现相当大极性范围内混合物的一次性分离[21]。

1. 梯度洗脱

在 HPLC 中，可以很容易地通过流动相洗脱强度的逐渐增强，使很宽极性范围内的混合组分实现一次性色谱分离，且由于其固定相不会受到流动相组分变化的影响，梯度溶剂的选择相对容易。而在 CCC 中，由于两相溶剂中任一相组分的变化都会引起另一相的变化，而且通常绝大多数的两相溶剂体系都不是二元的，是三元、四元甚至是五元的，这就使得梯度溶剂的选择更加复杂[22]。

1）三元溶剂体系

对于三元的两相溶剂体系，可以选择其中溶剂 1 和溶剂 2 为两种互溶溶剂，而溶剂 3 不与前面任何一种互溶。这样构成的两相溶剂体系，其中一相为单纯的溶剂 3，而另外一相则主要由溶剂 1 和溶剂 2 组成，可以将溶剂 1 或溶剂 2 作为梯度溶剂，进行梯度洗脱（gradient elution）。

例如由庚烷-甲醇-水构成的两相溶剂体系，无论以任何比例混合，都可以产生由单纯的庚烷形成的上相。如果一个样品在庚烷中的溶解度大于其在水中溶解度，而小于其在甲醇中溶解度，就可以用庚烷相为固定相，以水相为流动相，通过改变水相中甲醇的相对比例进行梯度洗脱。不过由于该体系中庚烷相和水相的极端极性差异，在 HSCCC 实际分离中不是非常有用。

再如由乙酸乙酯-正丁醇-水构成的两相溶剂体系，可用于糖苷混合物的分离。这类分子在水中的溶解度大于在乙酸乙酯中，而小于在正丁醇中。以水相为固定相，以乙酸乙酯相为流动相，通过增加正丁醇在流动相中比例可以实现梯度洗脱。糖苷物质随着正丁醇在乙酸乙酯流动相中的增加，逐渐从水相中洗脱出来，而不会对水相固定相带来太大影响。图 3-38 所示为用三元相图解释的梯度洗脱过程。

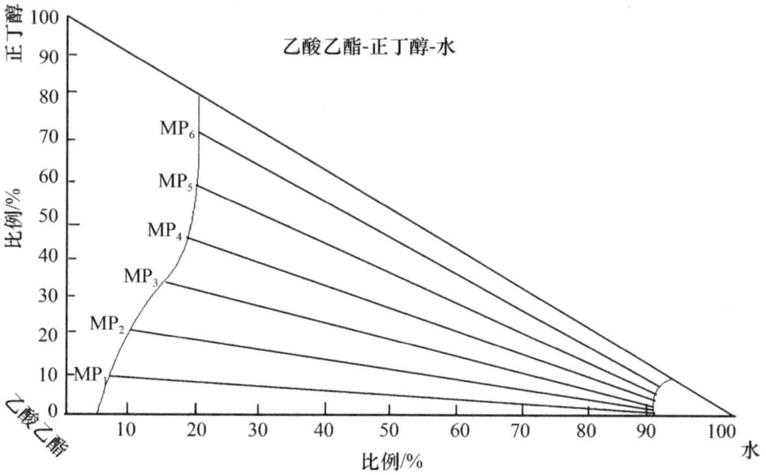

图 3-38 用三元相图解释的梯度洗脱过程

2）多元溶剂体系

多元溶剂体系如四元溶剂体系，是 HSCCC 中非常有用的溶剂体系，但是用这些体系进行梯度洗脱，情况比较复杂。例如由正庚（己）烷-乙酸乙酯-甲醇-水构成的两相溶剂体系，上相为正庚（己）烷-乙酸乙酯有机相，下相为甲醇-水。但是随着甲醇比例的增加，乙酸乙酯越来越倾向于溶解在水相中。图 3-39（a）显示了这种由甲醇的增加而带来的两相体积的变化。从中可以看出，在起始溶剂正己烷-乙酸乙酯-水（12.5∶37.5∶25）中，加入的前 10mL 甲醇主要进入下面的水相，上相没有任何变化。但是，当甲醇加入 20mL 和 30mL 以后，大部分的乙酸乙酯被萃取到下相中，上相的体积急剧上升。之后，当更多的甲醇加入以后，正己烷也溶解在下相中。图 3-39（b）为采用正己烷-氯仿-甲醇-水溶剂体系的实验结果。在这种情况下，随着甲醇在水相中的增加，氯仿越来越多地溶解在其中。由于氯仿的密度比水大，因此其可以导致相的转换。最初时，在正己烷-氯仿-水（1∶1∶1）体系中，由正己烷、氯仿构成的有机相密度比水大，当 61mL 甲醇（44.9%）加入以后，足够多的氯仿被萃取到水相中，使水相的密度高于有机相，上相变为下相。很显然，如果这种密度的变化发生在 CCC 梯度洗脱过程中，分离过程将不可能再继续进行。

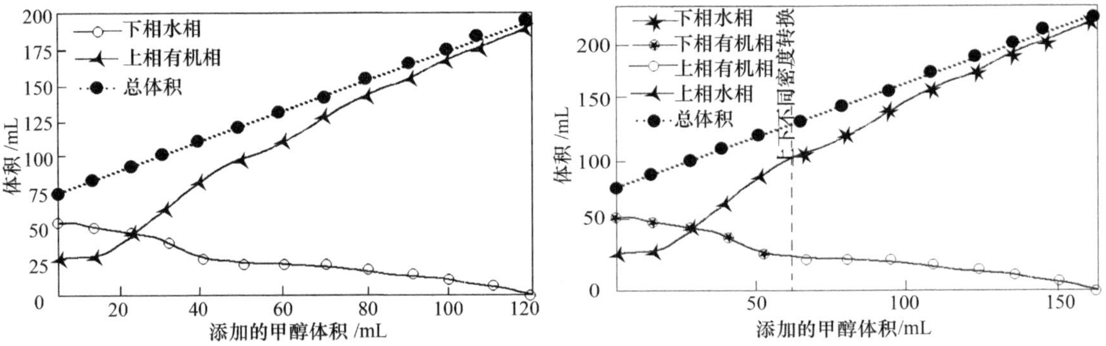

(a) (b)

图 3-39　正己烷-乙酸乙酯-甲醇-水体系（a）与正己烷-氯仿-甲醇-水体系（b）上下相体积随甲醇加入量的变化

另外，在这种复杂体系中，梯度溶剂一般总是使固定相体积减小。否则，如果固定相体积在梯度过程中逐渐增加，那么将观察到固定相不断地被从柱中推出，使得分离过程受到损害或者使流出物的连续检测不再可能。

3）线性梯度（linear gradient）和步进梯度（step-wise gradient）

在 CCC 梯度洗脱中，可以用两个泵来实现流动相组成的线性梯度变化，两个流动相都预先用它们各自的固定相配制和饱和。线性梯度已经在很多方面得到成功应用，包括从未处理的植物提取物中一步分离得到新的生物活性物质。

在 CCC 分离中，也可以采取步进梯度的方式进行洗脱。预先配制好不同的流动相，并用各自的固定相饱和。在用第一流动相洗脱预定的体积后，把泵的入口端插入第二流动相中洗脱一定的时间，如此继续下去。

2. 双向洗脱

由于 HSCCC 允许粗样直接上样分离，有时样品非常复杂，其组分所覆盖的极性范围很宽，采用等比例或梯度洗脱都很难实现一次性分离。这时，可以利用 CCC 液态固定相的特点，进行双向洗脱（dual-mode elution），如第一步采取反向洗脱，第二步采取正向洗脱，反之亦然。图 3-40 所示为双向分离过程示意图。

第一步采取反向洗脱，极性的水相作为流动相，非极性的有机相作为固定相。溶质在柱内移动的速度与它们的分配系数呈反相关，即分配系数高的溶质移动速度较慢（如溶质3和4），它们的洗脱需要相当长的时间。此时，利用液态固定相的优点，在极性流动相流过 V_{DM} 体积后，转换流动相的角色。所有分配系数小于 K_{DM} 的溶质将被洗脱出来，如图3-40中所示的溶质1和溶质2。那些分配系数 $K_D > K_{DM}$ 的溶质将仍然留在柱中，并且 K_D 越小的溶质，越靠近柱的出口端。

$$K_{DM}=(V_{DM}-V_M)/V_s \tag{3-45}$$

第二步将原来的固定相换作流动相，从相反的方向泵入柱中。这时，原来移动速度最慢的溶质4最靠近新的柱出口。溶质3和溶质4对新的流动相有较高的亲和性。溶质4将第一个离开柱体，所有其他的溶质将以与其分配系数成比例的速度移动。它们在第二步中的保留体积将为 $V_{(R)DM}$。

$$V_{(R)DM}=V_{DM}/K_D \tag{3-46}$$

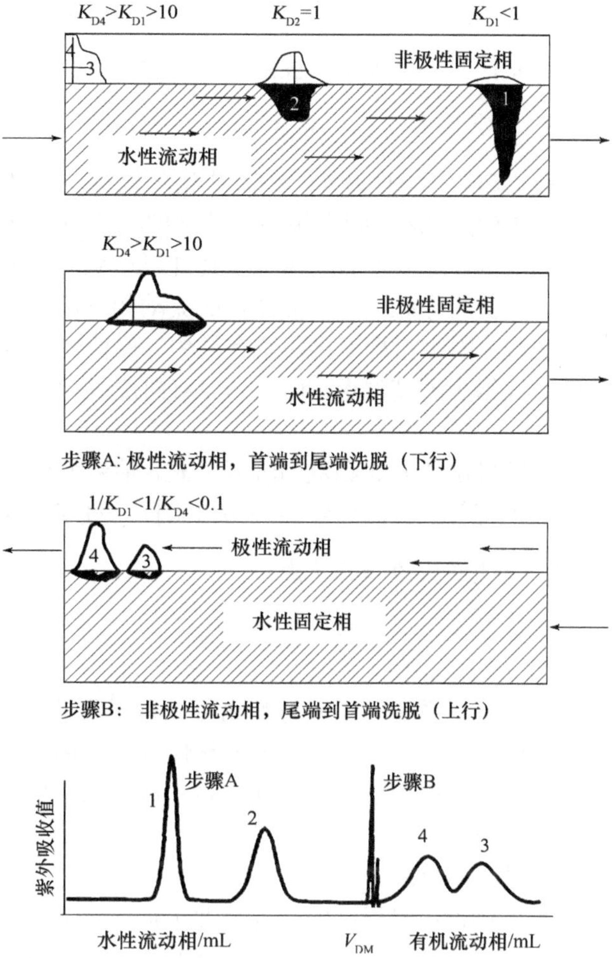

图3-40 双向分离过程示意图

如果以最大体积 V_{max} 洗脱，则柱中所有的溶质都可以被洗脱出来。不需要再泵入多余的液体，因为柱中不再保留任何未洗脱的组分。

$$V_{max}=V_{DM}/K_{DM}=V_{DM}V_s/(V_{DM}-V_M) \tag{3-47}$$

在第一步中，CCC 柱是以一种传统的方式洗脱，其色谱选择性与固定相的保留体积成正比。

$$dV_r/dK_D=S_f \tag{3-48}$$

而第二步的选择性则可以用下式表示：

$$dV_{stepB}/dK_D=-V_{DM}/K_D^2 \tag{3-49}$$

式中，V_{stepB} 为B步骤中固定相的保留体积。式（3-49）表明，随着 V_{DM} 的增加，有越来越多的物质在第一步洗脱方式中被洗脱出来，物质之间的选择性增加，即峰之间的距离拉宽。但是，随着分配系数 K_D 的增加，其选择性呈二次方下降。

另外，由式（3-47）可知，如果 V_{DM} 逐渐增加，$V_{DM}/(V_{DM}-V_M)$ 将变为一个总是大于1的数，那么 V_{max} 将会稍稍大于 V_s。以 V_{max} 的体积洗脱，柱中所有残留的物质将被洗脱出来，但是具有很高分配系数的物质间的选择性将会降低，从而分离度也会降低。

虽然 CCC 双向洗脱方式得到的选择性并不十分令人满意，但是由此获得的被分离物质全部回收、无不可逆吸附以及有可能分离极性范围非常宽的样品组分，柱子可以重复使用而不需补充任何溶剂等独特优点，是其他方式所无法比拟的。

3. 清空柱子

在 CCC 中还有另外一种方式也可以实现样品中宽极性范围成分的分离。这种方法同样是利用 CCC 的液态固定相的特性，即将保留在柱中对固定相有极强亲和力，也就是分配系数高的成分，用多余的液体推出柱外以达到回收的目的。这种操作非常简单，某种程度上类似于双向洗脱方式。当一定体积的流动相洗脱完后，使仪器停止转动，这时再用多的流动相继续洗脱，固定相将不再保留在柱中，保留在固定相中的组分也将随之被推出柱外，并且组分带之间很少再度混合。但是，与双向洗脱相同，具有很高分配系数的物质之间的分离度会很差。

比较推出的方式和双向洗脱方式，前者操作起来更加容易，但是由于两相溶剂同时被推出，其中有关组分的连续检测不再可能，柱子需重新注入溶剂和再度平衡后方可使用。

3.8.7　高速逆流色谱的优点

高速逆流色谱具有如下优点[23]：

1）应用范围广

由于溶剂系统的组成与配比可以是无限多的，因而从理论上讲，HSCCC 适用于任何极性范围的样品的分离，在分离天然化合物方面具有其独到之处。另外，不需固体载体，可以消除气液色谱中由于使用载体而带来的吸附现象，特别适用于分离极性物质和其他具有生物活性的物质。

2）操作简便

分离过程中对样品的前处理要求低，仅需一般的粗提物即可进行 HSCCC 的制备分离或分析。同时又可直接与质谱等仪器联用，进行高纯度的分离，具有较强的适用选择性。

3）回收率高

由于没有固体载体，不存在吸附、降解和污染，理论上样品的回收率可达 100%。在实验过程中，调整好分离的各项条件，一般都取得很高的回收率。

4）重现性好

如果样品不具有较强的表面活性作用，酸碱性也不强，那么多次进样都会保持很好的分离稳定性，峰的保留相对标准偏差也小于 2%，重现性相当好。

5）分离效率高

由于该色谱与一般色谱的分离方式不同，能实现梯度操作和反相操作，也能进行重复进样，其特别适用于制备性分离，产品纯度高。研究结果表明：一台普通的高速逆流色谱仪一次进样可达几十毫升，一次可分离近 10g 的样品，分离量大。

最初的高速逆流色谱仪只有一个分离柱，用配重平衡离心体系。最近的仪器在设计上有较大突破，采用多个分离柱，不用配重，性能和实用能力大大提高。目前高速逆流色谱仪有分析型、半制备和制备型三大系列，较大的制备型 HSCCC 柱容积可达 1000mL，一次最多进样可达 20g 粗品。不但适用于非极性化合物的分离，也适用于极性化合物的分离，对检测器的灵敏度要求不高。在制备分离方面，可用于天然产物中各组分的分离，也可进一步精制，甚至直接从粗提物一步纯化到纯品。

3.8.8 高速逆流色谱的应用

高速逆流色谱使用的溶剂体系的组成是千变万化的，各溶剂的性质也各不相同，因而具有很强的适应性，此外，鉴于HSCCC的显著特点，此项技术已被应用于生化、生物工程、医药、天然产物化学、有机合成、环境分析、食品、地质、材料等领域。

1. 天然产物

HSCCC可采用不同物化特性的溶剂体系和多样性的操作条件，具有较强的适应性，为从复杂的天然产物粗制品中提取不同特性（如不同极性）的有效成分提供了有利条件。因此在20世纪80年代后期，在世界范围内的"回归大自然"浪潮的席卷之下，HSCCC被大量用于天然产物化学成分的分析和制备分离[24]，目前也有较多的报道。

例如，用正己烷-乙酸乙酯-甲醇-水（3∶7∶5∶5）分离粉防己干根粗提物[18]；正己烷-乙酸乙酯-乙醇-水（6∶3∶2∶5）或正己烷-乙酸乙酯-甲醇-水（1∶1∶1∶1）体系分离红豆杉粗提物；分离紫杉醇混合物采用石油醚（40~60℃）-乙酸乙酯-甲醇-水（50∶70∶80∶65）体系比较合适；采用正己烷-乙酸乙酯-甲醇-水（3∶7∶5∶5）有效分离肉桂酸、阿魏酸、咖啡酸混合物；采用正己烷-乙酸乙酯-甲醇-乙醇-水（5∶7∶5∶1∶1.5）五元体系分离紫杉醇caphalomannine[25]；氯仿-0.07 mol/L 磷酸钠、0.04 mol/L 柠檬酸缓冲液体系（pH =5.08）分离制备马钱子碱[26]；用氯仿-甲醇-丙酮-水（5∶6∶1∶4）分离挪威云杉针叶粗提物[27]；用正庚烷-乙酸乙酯-甲醇-水（3∶10∶10∶7）分离杂交番茄枝种子的粗提物[28]等，一般均采用下相作流动相。

还有用正己烷-乙酸乙酯-甲醇-水两步分离紫杉醇的同系物三尖杉宁碱和7-表-10-去乙酰基紫杉醇[29]，第一步采用1∶1∶1∶1，第二步采用3∶3∶2∶3或4∶4∶3∶4并实现制备分离，发现甲醇含量对分离效果影响较大；还有采用氯仿-甲醇-水（4∶3∶2）体系，利用多维高速逆流色谱（multidimensional HSCCC）连续分离制备4，5，7-三羟基黄酮醇、槲皮苷[30]。总之，HSCCC分离制备天然产物是很适合的，不但适用于极性化合物，同样适用于非极性化合物；既可用于天然产物粗提物的去杂，也可用于最后产物的精制，甚至可一步得到纯品。当分析型的HSCCC的仪器转速达到2000r/min以上，溶剂体系合适的情况下，分离速度可与HPLC相媲美。

2. 在抗生素的提取和分离中的应用

HSCCC用于抗生素同系物的分离，效果十分理想。进样量大、无吸附、分离度和样品回收率高等特点，决定了此技术在抗生素单组分标准品制备和多组分同系物的分离纯化领域中将得到越来越广泛的应用。方东升等[31]用HSCCC分离纯化环孢菌素，选择石油醚-丙酮-水（3∶3∶2）溶剂系统，上相为固定相，下相为流动相，一次色谱过程可将环孢菌素粗品分离纯化，得到纯度98.5%以上的单组分环孢菌素A、B、C、D，收率均在85%以上。以正己烷-乙酸乙酯-甲醇-水（5∶5∶5∶5）为两相溶剂系统，从红霉素中分离制得红霉素A和红霉素B，纯度分别为98.18%和99.05%[32]。

3. 在蛋白质和肽类提取分离中的应用

采用HSCCC提取和分离蛋白质和肽类物质是近年才建立起来的方法，多用亲水性溶液体系的溶剂系统，也有采用疏水性溶液体系的报道。郅文波等[33]利用高速逆流双水相色谱法优选了 pH 9.2 的 15.0%PEG-17.0%磷酸钾盐溶剂体系，成功分离了细胞色素 c、溶菌酶和肌红蛋白的混合物；进一步优选 pH 9.2 的 16.0%PEG-17.0%磷酸钾盐溶剂体系，从鸡蛋清样品中成功分离了卵白蛋白，收率为 95%。曹学丽等[34]将高速逆流色谱法应用于微生物发酵液提取物中辅酶 Q_{10} 的分离纯化，建立了可用于其制备分离的逆流色谱溶剂体系正庚烷-乙腈-二氯甲烷（12∶7∶3.5），结果得到纯度 98%以上的辅酶 Q_{10}。该方法较传统的硅胶柱层析和结晶相结合的纯化方法在产物纯度、回收率等方面都有一定的优势。高速逆流色谱设备具有较高的分辨率和稳定性，为生物大分子的高效分离开辟了新途径。

4. 在生物碱分离中的应用

唐古特山莨菪主要含生物碱类，有解痉止痛的功效。用氯仿-磷酸盐（1∶1）为溶剂系统，采用 HSCCC 法从唐古特山莨菪粗提物中分离得到山莨菪碱、樟柳碱等 4 种生物碱。

5. 萜类成分的分离

分离萜类物质一般使用的溶剂系统为氯仿-甲醇-水和正己烷-乙酸乙酯-乙醇-水。周玉杰等[35]选用庚烷-乙腈-乙酸乙酯（5∶5∶1）作为溶剂系统，对混合甾醇进行纯化，分离得到β-谷甾醇和菜油甾醇，其纯度分别为 97%和 91%。余佳红等以氯仿-甲醇-水（4∶3∶2）为溶剂系统，从银杏叶中分离出白果内酯。Du 等[36]以正己烷-乙酸乙酯-乙醇-水（1∶4∶2.5∶2.5）为溶剂系统，从穿心莲中分离得到穿心莲内酯和新穿心莲内酯。

6. 食品

HSCCC 应用于食品分离的最大优势是粗品或复杂样品可直接进样，一般用于食品除毒去杂或制备生物活性物质。例如，用 HSCCC 检测食品中的毒素含量，分离 SEA（导致食品污染的常见毒素）[37]；用正己烷-乙腈-叔丁基甲基醚（10∶10∶1）作为溶剂从香芹菜中分离 falcarind 和 falcarindiel，采用下相作流动相[38]；糖和 PNP 衍生物用 HSCCC 正交螺旋管行星式离心分离，溶剂体系是正丁醇-乙酸-水（4∶1∶5）或正丁醇-甲醇-水（4∶1∶4），分离体系用其他分离方法可能造成乳化，通过衍生可以增加分子的疏水性，从而用 HSCCC 实现分离[39]。

7. 无机物

HSCCC 在分离无机物方面的应用主要集中于稀有元素或重金属元素。例如，用混溶的 0.5mol/L DEPHA（二乙基己基磷酸盐）和十二烷作固定相，盐酸作流动相，富集稀有元素[40]；用盐酸和氯仿（溶有 0.15mol/L DEPHA）（1∶1）溶剂体系分离镧系元素 Sm、Gd、Tb、Dy、Er、Yb，效果良好[41]；用 EHPA（乙基己基磷酸盐）和单-2-乙基己基醚的甲苯溶液体系作固定相[42]，含有镧系元素如钬和铒的溶液（相当于流动相）从上洗脱，在固定相中金属元素富集，并发现了稀有元素的复合物的保留值与流动相的 pH 有较大关系，pH 升高，保留体积提高，但是理论塔板数下降，另外在流动相中加入铵盐并不影响固定相保留值。根据上述方法，HSCCC 可用于环境分析检测或控制污染。虽然该法灵敏度较低，但是固定相能够富集干扰的金属离子[43]。

8. 其他成分的分离

HSCCC 除了前面主要用途之外，随着技术的发展，应用范围逐步拓展。已经有人提出用 HSCCC 分离外消旋对映体手性化合物[44]，例如，溶剂采用正己烷-乙酸乙酯-甲醇-水，在固定相加入手性选择体 *N*-十二烷酰-L-脯氨酸-3, 5-二甲基苯胺，用系列 *N*-(3, 5-dintrobenzoyl)-D, L-氨基酸作检测样品，实现良好分离[45]。有人用 HSCCC 分离紫胶染料，溶剂体系是叔丁基甲基醚-正丁醇-乙腈-水（2∶2∶1∶5），下相作流动相，分离得到的物质纯度在 95 % 左右[46]。

3.8.9 高速逆流色谱的一些新进展

1. 与其他检测器的联用

目前 HSCCC 多采用紫外检测器进行在线检测，但 HSCCC 选用的有机溶剂及所分离的组分有很多不适合用紫外检测，因而大家把目光投向了各种检测器与 HSCCC 联用技术。分流器技术的使用解决了 HSCCC 与各种检测器联用的接口问题，目前已有 HSCCC 与质谱（MS）、红外（FTIR）、蒸发光散射（ELSD）联用的应用，从而为 HSCCC 的应用提供了一种新型多维分离分析方法。Rinehart 等报道了 HSCCC 与电喷雾质谱（ESIMS）联用技术，并评价了色谱分离和质谱分析的表现，认为制备型逆流色谱更适合于天然产物的分离分析。总之，各种检测器与 HSCCC 技术良好地结合为逆流色谱技术的应用开创了一个广阔的局面。

2. 双向逆流色谱

双向逆流色谱（dual-mode countercurrent chromatography，DuCCC）即两相分别从螺旋管两端同时流入，又从相对应的端口同时流出，两相形成真正的逆向对流。与常规的 HSCCC 相比，DuCCC 分离速度更快，分离效率更高，不必预测溶质的保留时间和分配系数，减少了溶剂选择的烦琐。

3. pH 区带逆流色谱

pH 区带逆流色谱（pH-zone-refining countercurrent chromatography）是一种制备规模的纯化技术。在高速逆流色谱的固定相和流动相中加入一对试剂（如在有机固定相中加入三氟乙酸，流动相中加入氨水），三氟乙酸为保留剂，流动相以一定的流速穿过固定相，由于酸碱反应，最后达到平衡。以有机酸在固定相和流动相的浓度比标度分配系数（保留剂的分配系数）。溶质（分离物）的系数与标度值的差异决定了出峰时间，从而实现分离。

4. 利用 HSCCC 建立中药指纹图谱

中药质量控制是中药现代化的一个重要内容，中药以及复方因其复杂的成分和未明的作用机理，阻碍着中药现代化的进程。中药指纹图谱技术已成为研究中药有效成分及作用机理，控制中药质量，推动中药业走向世界的关键技术。鉴于高速逆流色谱具有很好的分辨率和重现性，不存在固体载体吸附，对样品的前处理要求不高或不用前处理，不存在分离过程丢失成分和成分变性的问题，因而可用于中药有效成分的定性或半定量分析，并整理出中药材的特征峰和指纹谱，制定标准图谱，用于中药的质量控制和测定。在高速逆流色谱指纹图谱研究方面，目前已对大黄、沙棘、何首乌等一些中药进行了研究。

参 考 文 献

[1] 洪筱坤，王智华，曾一译. 层析理论与应用. 上海：上海科学技术出版社，1981.

[2] Love B，Goodmann M. Chem Ind，1967，12：2026.
[3] 王慧春，张成总. 青海大学学报（自然科学版），2006，24：59.
[4] 王宇辉，曾庆楠. 华西药学杂志，1991，6：178.
[5] 马育，杨晓兰，黄维，等. 第三军医大学学报，2006，7：872.
[6] Leopold E J. J Org Chem，1982，47：4952.
[7] Still W C，Kahn M，Mitra A. J Org Chem，1978，43：2923.
[8] 利群，赵晨，张滂.大学化学，1986，1：41.
[9] 何丽一. 平面色谱方法及应用. 北京：化学工业出版社，2005.
[10] 张文清. 分离分析化学. 上海：华东理工大学出版社，2007.
[11] 于海涛，林进，蔡文生，等. 化学分离提纯技术. 北京：化学工业出版社，2012.
[12] Nyiredy S. TrAc-Trends Anal，2001，20：91.
[13] 吴梧桐. 生物制药工艺学. 北京：中国医药科技出版社，2008.
[14] 周春山，符斌. 分析化学简明手册. 北京：化学工业出版社，2010.
[15] Ito Y. J Chromatogr，1981，214：122.
[16] Ito Y. J Chromatogr，1981，207：161.
[17] 张天佑. 逆流色谱技术. 北京：北京科学技术出版社，1991.
[18] 袁黎明，傅若农，张天佑. 药物分析杂志，1998，18：60.
[19] 弓爱君，弓文秀. 高等色谱. 北京：化学工业出版社，2009.
[20] 阿有梅，汤宁. 药学实验与指导（下册）.郑州：郑州大学出版社，2006.
[21] 宋航. 药学色谱技术. 北京：化学工业出版社，2007.
[22] 曹学丽. 高速逆流色谱分离技术及应用. 北京：化学工业出版社，2005.
[23] 卢艳花. 中药有效成分提取分离技术. 2 版. 北京：化学工业出版社，2008.
[24] 姚新生，胡柯. 化学进展，1999，11：192.
[25] Chiou F Y，Kan P，Chu I M，et al. J Liq Chrom Rel Technol，1997，20：57.
[26] Miao P，Cai D-C，Xiang B-R，et al. J Liq Chrom Rel Technol，1998，21：163.
[27] Rune S，Andrew M，Kurt H. J Chromatogr A，1996，719：438.
[28] Duret P，Weachter A I，Margraff R，et al. J Liq Chrom Rel Technol，1998，21：163.
[29] Cao X-L，Tian Y，Zhang T-Y，et al. Prep Biochem Biotechnol，1998，28：79.
[30] Yang F-Q，Zhang T-Y，Ito Y. J Chromatogr A，1998，803：298.
[31] 方东升，谢阳，陈勇. 中国抗生素杂志，2005，30：48.
[32] 傅强. 现代药物分离与分析技术. 西安：西安交通大学出版社，2011.
[33] 郅文波，邓秋云，宋江楠，等. 色谱，2005，23：12.
[34] 曹学丽，徐亚涛，章光明，等. 2006 年中国化妆品学术研讨会论文集. 上海：中国香料香精化妆品工业协会，2006.
[35] 周玉杰，戴玲妹，陈福明，等. 精细化工，2002，19：183.
[36] Du Q，Lab H，Ito Y，et a1. J Chromatogr A，2002，923：27l.
[37] Rasooly A，Ito Y. J Liq Chrom Rel Technol，1998，21：93.
[38] Nitz S. J Agric Food Chem，1990，38：1445.
[39] Shinomiya K，Kabasawa Y，Ito Y. J Liq Chrom Rel Technol，1998，21：111.
[40] Pukhovskaya V M，Maryutina T A，Grebnera O N，et al. Spectro Chimca Acta，Part B，1993，48：1365.
[41] Ma Z M，Zhang L Z，Han S J. J Chromatogr A，1997，766：282.
[42] Kenichi A. J Liq Chrom Rel Technol，1998，20：1995.
[43] Berthod A，Talabardon K. Quim Anal，1997，16：197.
[44] Ma Y，Ito Y. Anal Chem，1995，67：3069.
[45] Ma Y，Ito Y. PCT Int Appl，1996，20：25.
[46] Oka H，Ito Y，Yamada A，et al. J Chromatogr A，1997，813：71.

第4章 沉淀分离

4.1 概　　述

沉淀分离法（separation by precipitation）是依据沉淀反应的原理，选用合适的沉淀剂选择性地沉淀某些离子，使某一成分以一定组成的固相析出，经过过滤、洗涤等操作与其他组分分离的方法。该方法作为一种古老经典的化学分离方法，其原理简单，无需特殊实验装置，目前仍然广泛应用于实验室以及工业生产中。

4.2 沉淀的生成

在含有金属离子 M^{m+}的溶液中，加入含有沉淀剂 X^{n-}的另一溶液时，在溶液中会存在以下平衡：

$$nM^{m+}+mX^{n-} \rightleftharpoons M_nX_m\downarrow \tag{4-1}$$

体系达到平衡时的平衡常数称为溶度积，用 K_{sp} 表示

$$K_{sp}=[M^{m+}]^n\,[X^{n-}]^m \tag{4-2}$$

式中，$[M^{m+}]$和$[X^{n-}]$分别为留在溶液中的 M^{m+}和 X^{n-}离子浓度。K_{sp} 在一定温度下的饱和溶液中是一个常数，它与$[M^{m+}]^n\,[X^{n-}]^m$ 存在下列三种关系：

（1）当溶液中$[M^{m+}]^n\,[X^{n-}]^m=K_{sp}$时，形成的为饱和溶液，无沉淀析出，达到动态平衡。

（2）当溶液中$[M^{m+}]^n\,[X^{n-}]^m<K_{sp}$时，形成的为不饱和溶液，无沉淀析出，若体系中有固体存在，反应向沉淀溶解的方向进行，直至饱和。

（3）当溶液中$[M^{m+}]^n\,[X^{n-}]^m>K_{sp}$时，形成的为过饱和溶液，上述沉淀溶解平衡向生成沉淀的方向移动。

以上规则称为溶度积规则，据此可以判断沉淀的生成与溶解。

4.2.1 沉淀生成种类

沉淀根据其物理性质不同，可以粗略地分为晶形沉淀、无定形沉淀和凝乳状沉淀。它们之间的主要差别在于沉淀颗粒的大小不同。晶形沉淀颗粒最大，其直径为 0.1~1μm，可分为细晶形和粗晶形沉淀，如 $BaSO_4$ 沉淀为典型的细晶形沉淀，$MgNH_4PO_4$ 为粗晶形沉淀。无定形沉淀又称非晶形沉淀或胶体沉淀，颗粒最小，其直径在 0.02μm 以下，如 $Fe(OH)_3$ 和 $Al(OH)_3$，也常写成 $Fe_2O_3\cdot nH_2O$ 和 $Al_2O_3\cdot nH_2O$。凝乳状沉淀颗粒大小在上述二者之间，其直径为 0.02~1μm，因此其性质也介于两者之间，如 AgCl。

从沉淀的外观形貌来看，晶形沉淀由较大的沉淀颗粒组成，内部结构排列较为规则、紧密。整个沉淀所占的体积小，易于沉淀于容器底部。而不定形沉淀相反，它由疏松聚集在一起的许多微小沉淀颗粒组成，排列杂乱无章，在结构中一般包含不定数目的水分子，看上去为絮状，整个沉淀体积庞大，不易沉淀于容器底部。通过控制沉淀条件，改善沉淀的物理性质，获得所需沉淀类型。

4.2.2　沉淀形成过程

沉淀的形成过程包括两个步骤，晶核的形成和晶体的成长，即首先是构晶离子在过饱和溶液中形成晶核，然后进一步成长为按一定晶格排列的晶形沉淀。具体来说，将沉淀剂加入到溶液中，当$[M^{m+}]^n[X^{n-}]^m > K_{sp}$，离子通过相互碰撞聚集成微小的晶核，溶液中的构晶离子向晶核表面扩散，并沉积在晶核上，晶核就逐渐长大形成沉淀微粒。以$BaSO_4$晶形沉淀的形成过程为例，其形成示意图如图 4-1 所示。

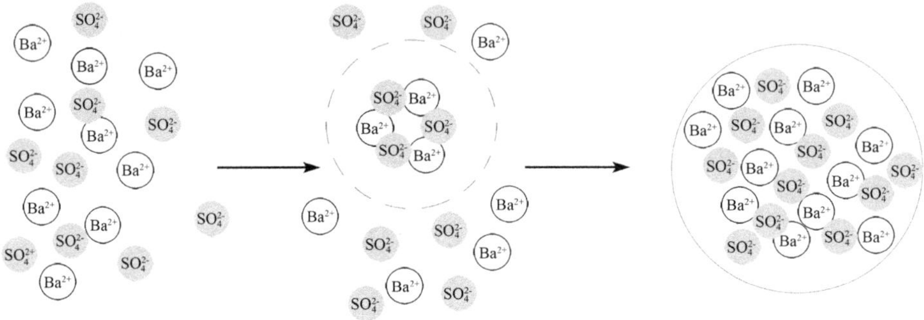

图 4-1　$BaSO_4$晶形沉淀的形成示意图

1. 晶核形成过程

晶核的形成有两种情况：一种是均相成核作用，一种是异相成核作用。均相成核作用指构晶离子在过饱和溶液中，通过离子的缔合作用，自发地形成晶核。异相成核作用指溶液中混有固体微粒，在沉淀过程中，这些微粒起着晶种的作用，诱导沉淀的形成[1]。

均相成核一般是在过饱和溶液中进行的。例如，$BaSO_4$的均相成核是在过饱和溶液中，Ba^{2+}和SO_4^{2-}在静电作用下缔合为离子对，离子对进一步结合Ba^{2+}或SO_4^{2-}，从而形成一簇簇离子群，当其成长到一定大小时，就成为了晶核。实验证明，不同的沉淀组成晶核的离子数目是不一样的，例如，$BaSO_4$的晶核由 8 个构晶离子组成，Ag_2CrO_4由 6 个构晶离子组成，CaF_2由 9 个构晶离子组成。

然而，一般情况下，由于溶液中不可避免地混有不同数量的固体微粒，它们会诱导沉淀的形成，起着晶种的作用。例如，使用常规方法洗涤的烧杯沉淀$BaSO_4$，每毫升溶液中约有 200 万个沉淀微粒，即使采用蒸气处理的烧杯，相同体积的同种溶液也会有 10 万个沉淀微粒。此外，试剂、溶剂或空气中带入的灰尘都会引入极少量的杂质，即使使用纯度为分析纯的试剂，也会有 0.1mg/L 的微溶性杂质，这些微粒起着晶种的作用。

由此可见，在进行沉淀反应时，异相成核作用总是存在的。当溶液的相对过饱和度达到一定程度时，构晶离子本身也可以形成晶核，这时既有异相成核作用，又有均相成核作用。如果继续加入沉淀剂，就会有新的晶核形成，将会得到数目多、颗粒小的沉淀晶粒。

不同的沉淀形成均相成核作用时所需的相对过饱和程度不一样。溶液的相对过饱和度越大，越易引起均相成核作用，这与物质的本性有关。图 4-2 给出了$BaSO_4$沉淀的形成过程中，晶核数目与溶液浓度的关系曲线。由图可知，溶液中$BaSO_4$的瞬时浓度低于10^{-2}mol/L 时，溶液中含有大量的不溶微粒，沉淀主要以异相成核作用形成，晶核的数量基本不会发生改变。

当$BaSO_4$的瞬时浓度继续增大，当高于10^{-2}mol/L 时，晶核数目急剧增加，这主要是均相成核作用引起的。曲线上的转折点代表着沉淀反应体系由单一的异相成核作用转变为两种成核作用并存。由图可知，转折点处的c_Q/S，即临界c_Q/S值，在该图中约为$10^{-2}/10^{-5}=1000$。

一种沉淀的临界 c_Q/S 值越大，则表明该沉淀越难均相成核，说明只有在较高的相对过饱和度的情况下，才可以出现均相成核作用。临界 c_Q/S 值的大小仅取决于沉淀的性质，不同的沉淀，其临界 c_Q/S 值也不一样。表4-1给出了不同沉淀的临界 c_Q/S 值和临界晶核半径。根据临界值的大小，也可初步判断沉淀的类型。例如，AgCl 和 $BaSO_4$ 的溶解度很接近，但前者一般生成晶核数目多且颗粒小的凝乳状沉淀，而后者则生成晶形沉淀。这是因为 AgCl 的 c_Q/S 值仅为5.5，而 $BaSO_4$ 的为1000，因此 AgCl 的均相成核作用比较显著，故生成的沉淀为凝乳状。控制相对过饱和度在临界值以下，沉淀将以异相成核为主，常能得到大颗粒沉淀；若超过临界值后，则以均相成核为主，生成大量的细小微晶。

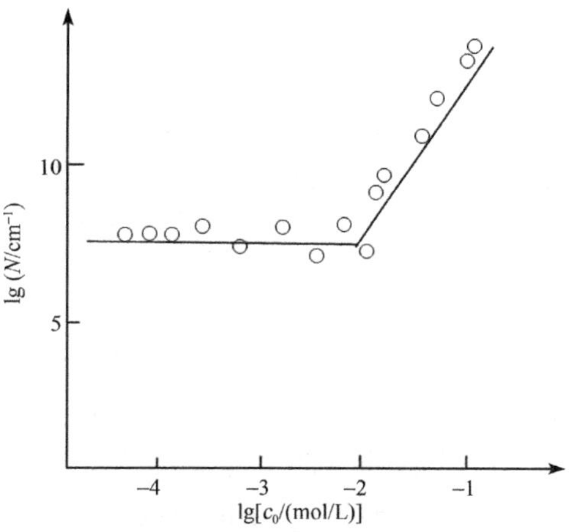

图4-2 沉淀 $BaSO_4$ 时，溶液浓度（mol/L）与晶核数目（N）的关系

表4-1 几种微溶化合物的临界 c_Q/S 和临界晶核半径

微溶化合物	c_Q/S	晶核半径/nm
$BaSO_4$	1000	0.43
$CaC_2O_4 \cdot H_2O$	31	0.58
AgCl	5.5	0.54
$SrSO_4$	39	0.51
$PbSO_4$	28	0.53
$PbCO_3$	106	0.45
$SrCO_3$	30	0.5
CaF_2	21	0.43

2. 晶形沉淀和无定形沉淀的形成过程

晶核形成之后，溶液中的其他构晶离子会向晶核表面扩散，并沉积在晶核上，使之逐渐长大，当其长大到一定程度时，形成沉淀微粒。沉淀形成的大致过程可以用图4-3表示。

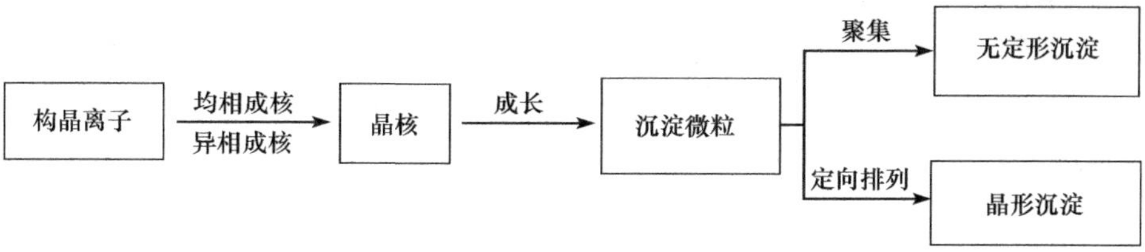

图4-3 沉淀的形成过程图

这种沉淀微粒有聚集为更大的聚集体的倾向，同时，构晶离子又具有一定的晶格排列而形成大晶粒的倾向。若聚集的速率大于定向排列的速率，则形成无定形沉淀，相反，则形成晶形沉淀。聚集速率主要与溶液的相对过饱和度有关，相对过饱和度越大，聚集速率也就越快。定向速率主要与物质的性质有关，一般极性较强的盐类，如 $BaSO_4$、$MgNH_4PO_4$ 等具有较大的定向速率。而氢氧化物只有较小的定向速率，因此沉淀一般为非晶形的。特别是高价

金属离子的氢氧化物，由于溶解度很小、沉淀时溶液的相对过饱和度较大，均相成核作用比较显著，生成的沉淀颗粒很小，聚集速度很快，所以一般得到的是无定形沉淀。二价金属离子（如 Mg^{2+}、Zn^{2+}、Cd^{2+}等离子）的氢氧化物含 OH^-较少，如果条件适当，可能形成晶形沉淀。金属离子的硫化物一般都比氢氧化物溶解度小，因此硫化物聚集速率很大，定向速率很小，即使二价金属离子的硫化物，大多数也是非晶形或胶状沉淀。

3. 沉淀条件的选择

在常量组分分离中，为了获得定量的分离，要求沉淀完全纯净，易于过滤和洗涤，并尽可能地减少沉淀的溶解损失。因此，应该根据沉淀的类型选择合理的沉淀条件[2]。

1）晶形沉淀的沉淀条件

（1）在适当稀的溶液中进行沉淀。稀溶液的相对过饱和度较小，均相成核作用不显著，容易得到大颗粒的晶形沉淀。同时溶液较稀，杂质的浓度也会较低，共沉淀现象也会相应减少，有利于得到纯净的沉淀。然而，对于溶解度较大的沉淀，溶液不宜过分稀释。

（2）在不断地搅拌下缓慢地加入沉淀剂。通常，当沉淀剂加入到溶液中时，由于扩散浓度差较大，会使两种溶液相混合位置的沉淀剂的浓度比溶液中其他位置的浓度高，引起局部过浓，使得部分溶液的相对过饱和度变大，导致均相成核，易获得颗粒较小、纯度差的沉淀。在不断搅拌的条件下，缓慢地加入沉淀剂，可以减小局部浓度的差异，使生成沉淀更为纯净，颗粒更为粗大。

（3）在热溶液中进行沉淀。温度升高，可增大沉淀的溶解度，降低溶液的相对过饱和度，以便获得大的晶粒，同时，还能减少沉淀对杂质的吸附量。此外，升高温度，可以增加构晶离子的扩散速度，加快晶体的成长。但是对于溶解度较大的沉淀，在热溶液中析出沉淀，宜冷却至室温后再过滤，以减小沉淀溶解的损失。

（4）陈化。沉淀完全后，让初生成的沉淀与母液在一起放置一段时间的过程称为陈化。因为在同样条件下，小晶粒的溶解度比大晶粒的大。在同一溶液中，大晶粒为饱和溶液时，小晶粒则为未饱和，那么小晶粒就会溶解。这样，溶液中的构晶离子就会在大晶粒表面上沉积，沉积到一定程度后，溶液对大晶粒为饱和溶液时，对小晶粒又为未饱和，小晶粒又要溶解。如此反复进行，小颗粒逐渐消失，大晶粒不断长大。

此外，陈化还可以使不完整的晶粒转化为较完整的晶粒，亚稳态的沉淀转化为稳态的沉淀。根据具体情况，采取加热和搅拌的方式来缩短陈化时间。此外，也能使沉淀变得更加纯净。这是因为晶粒变大后，比表面减小，吸附杂质量降低；同时，由于小晶粒溶解，原来吸附、吸留或包夹的杂质也将重新进入溶液中，因而提高了沉淀的纯度。但是，陈化作用对伴随有混晶共沉淀的沉淀，不一定能提高纯度；对伴随有继沉淀的沉淀，不仅不能提高纯度，有时反而会降低纯度。

2）无定形沉淀的沉淀条件

无定形沉淀溶解度一般都很小，如 $Fe_2O_3 \cdot H_2O$ 和 $Al_2O_3 \cdot H_2O$ 等，所以很难通过降低溶液的相对过饱和度来改变沉淀的物理性质。这种类型沉淀的结构疏松，比表面大，吸附杂质多，又容易胶溶，而且含水量大，不易过滤和洗涤。因此，对于无定形沉淀，主要是防止胶溶，加速沉淀微粒的凝聚，使之便于过滤，减少杂质吸附，其沉淀条件如下：

（1）在较浓的溶液中进行沉淀。在该条件下，可以减小离子的水化程度，得到的沉淀含水量少，体积较小，结构较紧密。同时，沉淀微粒也容易凝聚。但是在浓溶液中，杂质的浓度也相应提高，增大了杂质被吸附的可能性。因此，在沉淀反应完毕后，需要加热水适当稀释，充分搅拌，使大部分吸附在沉淀表面上的杂质脱离沉淀表面进入到溶液中去。

（2）在热溶液中进行沉淀。热溶液可以减小离子的水化程度，有利于得到含水少、结构紧密的沉淀，还可以促进沉淀微粒的凝聚，防止形成胶体溶液，还可以减少杂质在沉淀表面的吸附。

（3）沉淀时加入大量电解质或某些能引起沉淀微粒凝聚的胶体。电解质能中和胶体微粒的电荷，降低其水化程度，有利于胶体微粒的凝聚。胶体可使被测组分沉淀完全。例如，测定 SiO_2 时，通常是在强酸性介质中析出硅胶沉淀。但由于硅胶能形成带负电荷的胶体所以沉淀不完全，若向溶液中加入带正电荷的动物胶，凝聚作用可使硅胶沉淀较完全。此外，为了防止洗涤沉淀时发生胶溶现象，也会向洗涤液中加入适量的电解质，通常采用易挥发的铵盐或稀的强酸等作为洗涤液。

（4）不必陈化。沉淀完毕后，趁热立即过滤，无需陈化。因无定形沉淀放置后，将逐渐失去水分而凝聚得更为紧密，使已吸附的杂质难以洗去。

此外，沉淀时不断搅拌，对无定形沉淀也是有利的。

4.3　无机沉淀剂沉淀分离法

无机沉淀剂是沉淀分离法中最早使用的沉淀剂，目前主要用于金属离子的分离。无机沉淀剂种类很多，形成沉淀的类型也很多。经常采用的方法有氢氧化物沉淀法、硫化物沉淀法、氯化物沉淀法、磷酸盐沉淀法、硫酸盐沉淀法和氟化物沉淀法等。其中硫酸盐沉淀法主要用于碱土金属（Ca^{2+}、Sr^{2+}、Ba^{2+}、Ra^{2+}）和 Pb^{2+}与其他金属离子的分离；氟化物沉淀法主要用于 Ca^{2+}、Sr^{2+}、Mg^{2+}、Th^{4+}、稀土元素与其他金属离子的分离；磷酸盐沉淀法可沉淀的离子较多，尤其适用于在强酸性介质中沉淀 Zr（Ⅳ）和 Hf（Ⅳ）。但是利用形成氢氧化物和硫化物沉淀进行分离的比较多，因此本节着重讨论氢氧化物沉淀分离法和硫化物沉淀分离法。

4.3.1　氢氧化物沉淀分离

由于元素周期表中的大多数金属离子都能生成氢氧化物沉淀，各种氢氧化物沉淀的溶度积又相差很大，因此，可以通过调节氢离子浓度到一定值，使某些金属定量沉淀，而使另一些留在溶液中达到分离的目的。根据溶度积常数，可以初步计算出各种氢氧化物开始沉淀完全时的 pH[3]，见表 4-2。

表 4-2　部分金属离子沉淀、溶解时所需 pH

氢氧化物	溶度积	开始沉淀时的 pH（10^{-2}mol/L）	沉淀完全时的 pH（10^{-6}mol/L）	沉淀开始溶解的 pH
$Zn(OH)_2$	1.2×10^{-17}	6.7	8.6	10.5
$Fe(OH)_3$	4×10^{-38}	2.2	3.5	14
$Fe(OH)_2$	8×10^{-16}	7.5	9.5	13.5
$Co(OH)_2$	2×10^{-15}	7.7	9.7	14.1
$Mn(OH)_2$	1.9×10^{-13}	8.6	10.6	14
$Pb(OH)_2$	1.2×10^{-15}	7.6	9.6	10
$Al(OH)_3$	1.3×10^{-33}	3.7	5	7.8
$Sr(OH)_4$	1×10^{-56}	0.5	1.5	13
$Sr(OH)_2$	1.4×10^{-28}	1.1	3.1	10

根据氢氧化物的溶度积，可以大致计算出各种金属离子开始析出沉淀时的 pH 和沉淀生成较为完全的 pH。例如，$Zn(OH)_2$ 的 $K_{sp}=1.2\times10^{-17}$，如果已知$[Zn^{2+}]$为 0.01mol/L，则 $Zn(OH)_2$ 开始沉淀的 pH 可按下式计算：

$$[Zn^{2+}][OH^-]^2\geqslant1.2\times10^{-17}$$

$$[OH^-]\geqslant\sqrt{\frac{1.2\times10^{-17}}{0.01}}，得[OH^-]\geqslant3.46\times10^{-8}$$

$$pOH\leqslant7.46，pH\geqslant6.54$$

当沉淀作用进行到溶液中残留的$[Zn^{2+}]=10^{-6}$mol/L 时，即已经沉淀的 Zn^{2+}达到了 99.99%，沉淀作用可以认为已经进行完全，这时溶液的 pH 计算如下：

$$[Zn^{2+}][OH^-]^2\geqslant1.2\times10^{-17}$$

$$[OH^-]\geqslant\sqrt{\frac{1.2\times10^{-17}}{10^{-6}}}，得[OH^-]\geqslant3.46\times10^{-6}$$

$$pOH\leqslant5.46，pH\geqslant8.54$$

按该方法可以计算出各种氢氧化物开始沉淀和沉淀完全的 pH，见表 4-3。可以清楚地看出，不同价态的金属离子从开始形成沉淀到沉淀基本完全所经历的 pH 单位是不同的。一价金属离子需要经历 4 个 pH 单位，二价 2 个，三价 1.33 个，四价 1 个，五价需要经历 0.8 个 pH 单位。各种不同的氢氧化物沉淀时的 pH 不同，有的在较低的 pH 时能沉淀完全，有的却只能在较高 pH 时开始沉淀，因而控制溶液的 pH 就能达到分离的目的。

但应该注意到，考虑到实际进行氢氧化物沉淀分离时要受到溶液离子存在的实际状态及环境的影响，采用 K_{sp} 计算得到的 pH，与实际值会存在一定的差距，主要有以下原因：

（1）沉淀的溶解度与析出的沉淀的形态、颗粒大小等条件有关，也随陈化时间的不同而改变。因此实际获得的沉淀的溶度积数值与文献上记载的 K_{sp} 值往往有一定的差距。

（2）计算 pH 时，假定金属离子是以单纯的阳离子形式存在于溶液中，实际上它们在溶液中可能与 OH^-结合生成各种羟基络离子，又可能会与溶液中的阴离子结合生成各种络离子。例如，Fe^{3+}在 HCl 溶液中存在 $Fe(OH)^{2+}$、$FeCl^{2+}$、$FeCl_6^{3-}$等，实际的溶解度比根据 K_{sp} 计算的大得多。

一般形成氢氧化物沉淀常加入的沉淀剂有氢氧化钠和氨水缓冲溶液。

1. 氢氧化钠溶液

氢氧化钠溶液可使两性的氢氧化物溶解而与其他氢氧化物沉淀分离，分离情况见表 4-3。

表 4-3 用 NaOH 溶液进行沉淀分离的情况

定量沉淀的离子	部分沉淀的离子	留于溶液中的离子
Mg^{2+}、Cu^{2+}、Ag^+、Au^+、Cd^{2+}、Hg^{2+}、Ti^{4+}、Zr^{4+}、Hf^{4+}、Th^{4+}、Bi^{3+}、Fe^{3+}、Co^{2+}、Ni^{2+}、Mn^{4+}、稀土等	Ca^{2+}、Sr^{2+}、Ba^{2+}、Nb（V）、Ta（V）	AlO_2^-、CrO_2^-、ZnO_2^{2-}、PbO_2^{2-}、SnO_2^{2-}、GeO_3^{2-}、GaO_2^-、BeO_2^{2-}、SiO_3^{2-}、WO_4^{2-}、MoO_4^{2-}、VO_3^-等

由于 NaOH 溶液易吸收 CO_2 而含有微量 CO_3^{2-}，因此当 Ca^{2+}、Sr^{2+}、Ba^{2+}共存于溶液中时，它们可能形成碳酸盐沉淀而析出。

形成 $Ca(OH)_2$ 沉淀时，若溶液中存在 WO_4^{2-}、AsO_4^{3-}和 PO_4^{3-}，则会生成难溶的 $CaWO_4$、$Ca_3(AsO_4)_2$、$Ca_3(PO_4)_2$ 沉淀，使分离不完全。

CrO_2^-易水解，当溶液加热时易生成 $Cr(OH)_3$ 沉淀。如果同时加入氧化剂 H_2O_2 或 Br_2，则 CrO_2^- 氧化为 CrO_4^{2-} 而留在溶液中。

2. 氨水加铵盐的缓冲体系

由氨水和铵盐组成的缓冲溶液可调节溶液的 pH 为 8~10，使高价离子形成沉淀，而与一、二价的金属离子分离；此外，Ag^+、Cu^{2+}、Co^{2+}、Ni^{2+}等离子可以形成氨络离子而留于溶液中，分离情况见表 4-4。

表 4-4　用氨水-铵盐溶液进行沉淀分离的情况

定量沉淀的离子	部分沉淀的离子	留于溶液中的离子
Hg^{2+}、Be^{2+}、Fe^{3+}、Al^{3+}、Cr^{3+}、Bi^{3+}、Sb^{3+}、Sn^{4+}、Ti^{4+}、Zr^{4+}、Hf^{4+}、Th^{4+}、Ga^{3+}、In^{3+}、Tl^{3+}、Mn^{4+}、Nb(Ⅴ)、Ta(Ⅴ)、U(Ⅵ)及稀土等	Mn^{2+}、Fe^{2+}、Pb^{2+}	$Ag(NH_3)_2^+$、$Cu(NH_3)_4^{2+}$、$Cd(NH_3)_4^{2+}$、$Co(NH_3)_4^{2+}$、$Ni(NH_3)_4^{2+}$、$Zn(NH_3)_4^{2+}$、Ca^{2+}、Sr^{2+}、Ba^{2+}、Mg^{2+}等

4.3.2　硫化物沉淀分离

除碱金属和碱土金属的硫化物能溶于水外，能与硫离子形成难溶硫化物沉淀的金属离子有 40 余种，因此在某些情况下，利用硫化物进行沉淀分离也是一种行之有效的方法[4]。表 4-5 给出了硫化物沉淀分离法的分离情况。

表 4-5　硫化物沉淀分离法的分离情况

溶液条件	定量沉淀的离子	部分沉淀的离子
0.3mol/L HCl	Ag^+、Cu^{2+}（7.0）、Be^{3+}（2.5）、Cd^{2+}（0.7）、Pb^{2+}（0.35）、Hg^{2+}（7.5）、Pd^{2+}、Rh^{3+}、As^{3+}（12）、Sb^{3+}（3.7）、Sn^{4+}（2.3）、Ge^{4+}、Au^{3+}、Ir^{4+}、Pt^{4+}、Se（Ⅳ）、Te（Ⅳ）	Ga^{3+}、In^{3+}、Tl^{3+}、Mo（Ⅳ）（胶体溶液）、W（Ⅳ）（被还原成钨蓝）、V（Ⅴ）[被还原成 V（Ⅳ）后部分沉淀]
$NH_3 \cdot H_2O$-NH_4Cl	Zn^{2+}（0.02）、Co^{2+}（0.001）、Ni^{2+}（0.001）、Fe（III，II）（0.0001）、Mn^{2+}（0.00008）、In^{3+}、Tl^{3+}、Al^{3+}、Cr^{3+}、Be^{2+}、Ti^{4+}、Zr^{4+}、Hf^{4+}、Th^{4+}、稀土	Ga^{3+}

注：①括号内为完全沉淀的 HCl 浓度（mol/L）；②Se（Ⅳ）、Te（Ⅳ）被还原以单质形式沉淀；③Fe^{3+}被还原后以 FeS 形式沉淀；④Al^{3+}、Cr^{3+}、Be^{2+}、Ti^{4+}、Zr^{4+}、Hf^{4+}、Th^{4+}、稀土以氢氧化物形式沉淀。

硫化物沉淀分离法所用的主要沉淀剂是 H_2S，H_2S 是二元弱酸，在溶液中存在下列平衡：

$$H_2S \underset{K_1}{\overset{-H^+}{\rightleftharpoons}} HS^- \underset{K_2}{\overset{-H^+}{\rightleftharpoons}} S^{2-} \tag{4-3}$$

式中，$K_1=5.7\times10^{-8}$；$K_2=1.2\times10^{-15}$。可见溶液中的$[S^{2-}]$与溶液的酸度有关，随着酸度的增加，$[S^{2-}]$迅速降低。因此，控制溶液的 pH 即可控制$[S^{2-}]$，从而使得不同溶解度的硫化物得以分离。

$[S^{2-}]$与 pH 的关系可通过酸效应系数α来表示：

$$[S^{2-}] = \frac{[S^{2-}]_{总}}{\alpha} \tag{4-4}$$

$$\alpha = 1 + \frac{[H^+]}{K_2} + \frac{[H^+]}{K_1 K_2} \tag{4-5}$$

$$[S^{2-}]_{总}=[S^{2-}]+[HS^-]+[H_2S] \tag{4-6}$$

根据上式可计算出α与$[H^+]$之间的关系。对应每一个 pH，都有对应的α，从而计算出溶液中的$[S^{2-}]$。再根据溶度积 K_{sp} 计算出各种不同硫化物沉淀完全时溶液应控制的酸度。

用控制溶液酸度对硫化物分别沉淀的方法，只能在 HCl 溶液中进行。不能用 HNO_3 或 H_2SO_4，因为 HNO_3 会氧化 S^{2-}，H_2SO_4 会使 $BaSO_4$ 和 $SrSO_4$ 等混入沉淀。

同氢氧化物沉淀法相似，硫化物沉淀分离的离子种类很多，但分离方法的选择性不高；而且硫化物沉淀大都是胶状沉淀，共沉淀现象和后沉淀现象较为严重，因此分离效果不理想。如果用硫代乙酰胺代替 H_2S 作沉淀剂，则分离效果会得到改善。硫代乙酰胺在酸性溶液加热时，发生水解而产生 H_2S，在碱性溶液中加热产生 S^{2-}：

$$CH_3CSNH_2+2H_2O+H^+ = CH_3COOH+H_2S+NH_4^+ \tag{4-7}$$

$$CH_3CSNH_2+3OH^- = CH_3COO^-+S^{2-}+NH_3+H_2O \tag{4-8}$$

由于 H_2S 和 S^{2-}是缓慢析出，沉淀作用属于均相沉淀，又在热溶液中进行沉淀，故可得到性能较好的硫化物沉淀。且沉淀易于过滤和洗净，减小了共沉淀现象，因而分离效果比直接用 H_2S 或$(NH_4)_2S$ 要好。

4.3.3　其他无机沉淀剂分离

1. 硫酸盐沉淀

某些金属离子如 Ca^{2+}、Sr^{2+}、Ba^{2+}、Ra^{2+}、Pb^{2+}等可以与 H_2SO_4 生成硫酸盐沉淀，据此可与其他元素分离。其中 $CaSO_4$ 溶解度较大，但若向其中加入乙醇，则可显著降低其溶解度。

分离矿石中铅时，用盐酸-硝酸的混合酸分解试样后，加入硫酸至冒白烟并使铅生成难溶的硫酸铅沉淀，可与大部分干扰元素分离。再利用 $PbSO_4$ 能溶于 NH_4Ac 形成 $Pb(Ac)_2$ 络合物的原理，实现与其他硫酸盐沉淀的进一步分离。若试样中钡含量较高，钡与铅在过量硫酸中会生成 $PbBa(SO_4)_2$ 复盐，因为此复盐不易为 NH_4Ac 溶解，所以欲解决含钡矿石中铅的测定，溶矿时需加入氯化钠，以防铅与硫酸钡共沉淀。

2. 沉淀为氟化物

能与氟化物作用形成难溶氟化物的金属离子有 Th^{4+}、RE^{3+}、U^{4+}、碱土金属以及有大量钾、钠离子时才能形成氟化物沉淀的 Al^{3+}、Ti^{4+}和 Zr^{4+}。在沉淀分离上有实际意义的有 ThF_4、REF_3 和 Na_3AlF_6 沉淀。

稀土元素氟化物的溶解度极小，不溶于过量氟化钾或氟化钠，也不溶于稀酸，但可溶于 1∶1 的热盐酸、硝酸或硫酸中。

Th^{4+}和 RE^{3+}在 1%~4%的盐酸酸性溶液中可以被 F^-定量沉淀为 ThF_4 和 REF_3，而 Nb^{5+}、Ta^{5+}、Ti^{4+}、Zr^{4+}、Fe^{3+}、Al^{3+}等则与 F^-形成可溶性络合物。因此，可使 Th^{4+}、RE^{3+}与这些离子分离。钪的氟化物可溶于过量沉淀剂，形成 ScF_4^-或 ScF_6^{3-}，利用此性质可使钪与其他稀土元素分离。

用氟化物沉淀法分离稀土元素，比草酸盐法损失少，能从大量铁、铝中分离稀土元素，尤其因为稀土元素常与钛、铌、钽共生，所以氟化物沉淀法尤其适用于含钛、铌、钽的试样中稀土元素的分离和富集。

3. 沉淀为氯化物

除 Ag^+、Tl^+、Hg_2^{2+}、Pb^{2+}外，其他的氯化物都可溶于水，利用这一性质，可使上述离子与其他金属离子分离。$PbCl_2$ 和 TlCl 沉淀均难溶于冷水，易溶于热水。AgCl、$PbCl_2$ 在高浓度的氯化钠中形成 $AgCl_2^-$和 $PbCl_4^{2-}$络离子而更易溶解。

4. 沉淀为磷酸盐

磷酸氢盐和正磷酸盐中除钠盐、钾盐和铵盐外，一般均不溶于水。同一阳离子的各式磷酸盐中，以正磷酸盐溶解度最小。一、二价金属离子与磷酸作用，大多形成晶形沉淀，而三、四价金属离子则往往形成胶状沉淀。

利用 $AlPO_4$ 不溶于热的稀乙酸，而 $Fe_3(PO_4)_2$ 能溶于乙酸的性质，可使 Al^{3+}和 Fe^{3+}分离。在氨性溶液中，PO_4^{3-}与 Mg^{2+}形成 $MgNH_4PO_4$ 沉淀，可用于 Mg^{2+}或 PO_4^{3-}的分离和测定。在强酸性溶液中，一些高价金属离子如 Zr（Ⅳ）、Hf（Ⅳ）、Ti（Ⅳ）、Nb（Ⅴ）、Ta（Ⅴ）、Th^{4+}、Sn^{4+}、Bi^{3+}等均能生成溶解度很小的磷酸盐沉淀，若控制一定条件，可进行金属离子的定量分离。

除此之外，磷钼酸铵等杂多酸盐在强酸介质中溶解度很小，常应用于常量或微量磷的分离和测定。常见的沉淀分离示例见表 4-6。

表 4-6 其他常见无机沉淀剂及能沉淀的离子

沉淀剂	沉淀介质	沉淀的离子
稀 HCl	稀 HNO_3	Ag^+、Hg^{2+}、Tl^+、Pb^{2+}（$PbCl_2$ 溶解度较大）
稀 H_2SO_4	稀 HNO_3	Pb^{2+}、Ba^{2+}、Sr^{2+}、Ca^{2+}（Ca^{2+}浓度较大时才沉淀）
NH_4F	弱酸性介质	Th^{4+}、稀土、Ca^{2+}、Sr^{2+}
NaH_2PO_4 或 Na_2HPO_4	酸性介质	Zr（Ⅳ）、Hf（Ⅳ）、Bi^{3+}
	弱酸性介质	Fe^{3+}、Al^{3+}、Cr^{3+}
	氨性介质	Cu^{2+}等过渡金属及碱土金属离子

4.4 有机沉淀剂沉淀分离法

无机沉淀剂存在选择性差、灵敏度不够高等缺点。有机合成试剂的发展促进了分离和分析方法的不断简化，提高了沉淀分离的选择性和分离效率。

与无机沉淀剂相比，有机沉淀剂具有如下特点[5]：

（1）试剂种类多，性质各不相同，根据不同的分析要求，选择不同试剂，可大大提高沉淀的选择性，应用范围广。

（2）沉淀的溶解度一般很小，有利于被测物质沉淀完全，有机沉淀剂摩尔质量大，减少称量误差。

（3）选择性好，干扰组分少，沉淀对无机杂质吸附能力小，一般沉淀不必灼烧，只需低温烘干即可，易获得纯净的沉淀。

（4）有机沉淀物组成恒定，经烘干后就可称量，既简化了质量分析的操作，缩短分析时间，又可以得到摩尔质量大的称量形式，有利于提高分析的准确度。

有机沉淀剂的缺点是试剂在水中的溶解度较小；有些沉淀的组成不恒定，仍需灼烧为无机物称量；有些沉淀容易黏附在杯壁或漂浮于溶液表面上，带来操作上的困难。

虽然用于重量分析中的有机沉淀剂并不多，但由于它的优点，在分析化学中也得到广泛的应用。

根据形成沉淀反应机理的不同，一般可将有机沉淀剂分为螯合物沉淀剂、离子缔合物沉淀剂、三元配合物沉淀剂及有机碱沉淀剂等[6]。

4.4.1 螯合物沉淀剂

能形成螯合物的沉淀剂至少有两个基团，一个是酸性基团，另一个是碱性基团。前者如—OH、—COOH、—SH、—SO_3H 等，这些基团中的 H^+可被金属离子置换。后者如—NH_2、—NH、>N—、>C=O、>C=S 等，这些基团中的 N、O、S 原子具有未配对电子，可与金属离子配位。当金属离子与有机螯合沉淀剂反应时，通过酸性和碱性基团共同作用，生成微溶螯合物沉淀[7]。例如，8-羟基喹啉与 Mg^{2+}的反应为

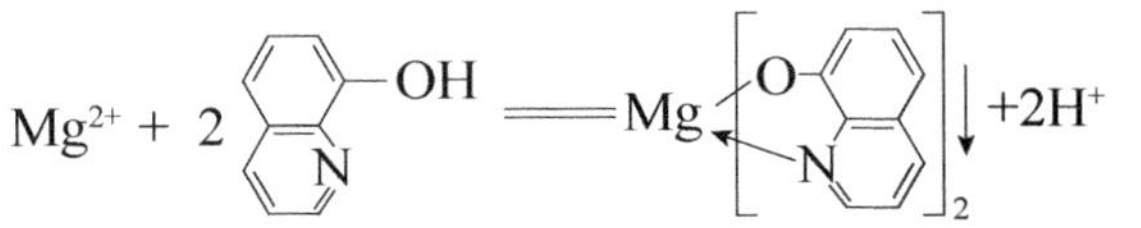

(4-9)

由于此螯合物不带电荷，又有相对分子质量大的疏水基团——萘基，所以疏水性大，沉淀的溶解度小。但 8-羟基喹啉的选择性不高，能与 Al^{3+}、Zn^{2+}等多种金属离子生成沉淀。目前已合成了一些选择性较好的 8-羟基喹啉衍生物，可使沉淀的选择性提高。又如，用苦杏仁酸沉淀 Zr（Ⅳ）的反应：

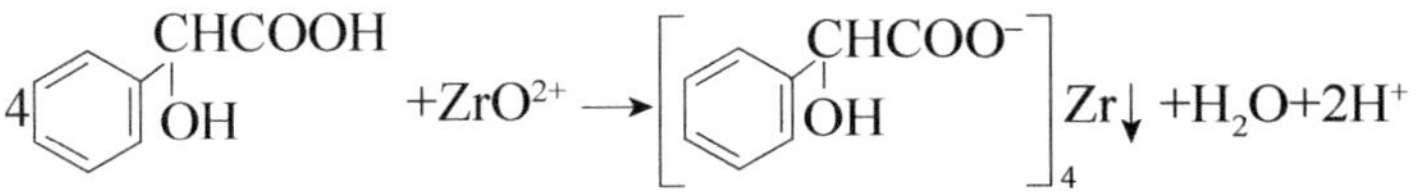

(4-10)

此反应在 2mol/L HCl 介质中进行，很多金属离子不干扰，选择性高，是 Zr（Ⅳ）的良好沉淀剂，沉淀可直接称量。

能与金属离子生成沉淀的有机螯合剂很多，这方面的应用例子不胜枚举（多用于溶剂萃取分离法中），具体应用时可参阅有关资料。

丁二酮肟[$(CH_3)_2(CN)_2(OH)_2$]与Ni^{2+}在氨性溶液中生成鲜红色螯合物沉淀，此反应选择性好（虽 Fe^{3+}、Al^{3+}、Cr^{3+}等在氨性下可生成氢氧化物沉淀，干扰测定，但可用柠檬酸或酒石酸掩蔽），而且沉淀组成恒定，经烘干后，可直接称量，故常用于 Ni^{2+}的重量分析中。

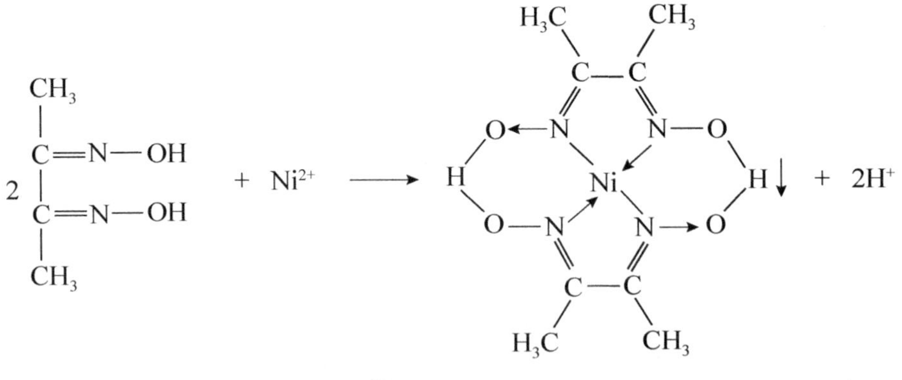

(4-11)

研究发现含二肟结构的试剂与 Ni^{2+}都能生成螯合物，这种使有机试剂对金属离子起选择性作用的特殊结构称为分析功能团。对某种离子来说，可能有多种分析功能团，但具有不同结构的分析功能团的试剂表现出的灵敏度、专属性等分析特性有所不同。此外，某种分析功能团也并不是只能与某一种离子反应，而是能与性质相似的多种离子发生反应。例如，丁二酮肟与 Fe^{2+}、Co^{2+}、Cu^{2+}分别生成深红色、棕色、紫色的可溶性螯合物[8]。凡符合以下通式

的化合物，在适当条件下均可与 Sn（Ⅳ）反应生成难溶化合物。因此，—AsO_3H 可认为是 Sn（Ⅳ）的分析功能团。

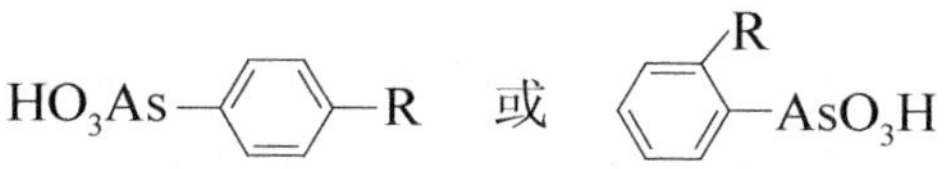

常见有机螯合物沉淀剂及沉淀的金属离子见表 4-7。

表 4-7 常见有机螯合物沉淀剂及沉淀的金属离子

沉淀剂	沉淀的离子
铜试剂（二乙胺基二硫代甲酸钠，简称 DDTC）	Ag^+、Pb^{2+}、Cu^{2+}、Cd^{2+}、Bi^{3+}、Fe^{3+}、Co^{2+}、Ni^{2+}、Zn^{2+}、Sn（Ⅳ）、Sb（Ⅲ）、Tl（Ⅲ）
铜铁试剂（*N*-亚硝基苯胺铵盐）	Cu^{2+}、Fe^{3+}、Ti（Ⅳ）、Nb（Ⅳ）、Ta（Ⅳ）、Ce^{4+}、Sn（Ⅳ）、Zr（Ⅳ）、V（Ⅴ）
丁二铜肟	氨性溶液中，与 Ni^{2+}、Bi^{3+}、Pt^{2+}、Pb^{2+}形成沉淀，与 Fe^{3+}、Co^{2+}、Cu^{2+}形成可溶性配合物
8-羟基喹啉	与大多数离子形成沉淀，但每种离子开始形成沉淀和沉淀完全的 pH 不同
苯砷酸及衍生物	与 Zr^{3+}、Hf^{4+}、Th^{4+}、Sn^{4+}形成沉淀
苯并三唑	Ag^+、Cu^{2+}、Fe^{2+}、Co^{2+}、Ni^{2+}、Zn^{2+}，对 Ag^+有高效选择性
邻氨基苯甲酸	Ag^+、Pb^{2+}、Cu^{2+}、Cd^{2+}、Co^{2+}、Ni^{2+}、Zn^{2+}、Hg^{2+}、Fe^{3+}、Mn^{2+}

4.4.2 离子缔合物沉淀剂

阳离子和阴离子以静电引力结合而形成的电中性化合物称为离子缔合物。某些有机沉淀剂在水中由于解离作用产生体积大的阴离子或阳离子，它们与带相反电荷的离子反应后，生成微溶的离子缔合物沉淀（也称正盐沉淀）。如四苯硼酸钠[$NaB(C_6H_5)_4$]与 K^+的反应为

$$B(C_6H_5)_4^- + K^+ = KB(C_6H_5)_4 \downarrow \tag{4-12}$$

$KB(C_6H_5)_4$ 的溶解度小，组成恒定，烘干后即可直接称量，故 $NaB(C_6H_5)_4$ 是测定 K^+的良好沉淀剂。

氯化四苯基砷[$(C_6H_5)_4AsCl$]在水溶液中以$(C_6H_5)_4As^+$阳离子及 Cl^-形式存在，当溶液中含有某些含氧酸根或金属离子的络阴离子时，便可与体积庞大的$(C_6H_5)_4As^+$结合，析出离子缔合物沉淀：

$$(C_6H_5)_4As^+ + MnO_4^- = (C_6H_5)_4As \cdot MnO_4 \downarrow \tag{4-13}$$

$$2(C_6H_5)_4As^+ + HgCl_4^{2-} = [(C_6H_5)_4As]_2 \cdot HgCl_4 \downarrow \tag{4-14}$$

有机沉淀剂与金属离子所生成的沉淀的溶解度与试剂中所含的疏水基团和亲水基团有关，含疏水基团多，沉淀在水中的溶解度小；含亲水基团多，溶解度就大。常见的疏水基团有苯基、烷基、萘基、卤代烃基等；常见的亲水基团有—SO_3H、—OH、—COOH、—NH_2、—NH 等。要使沉淀在水中的溶解度减少，应增加有机试剂的疏水基团或减少其亲水基团，但在试剂中引入疏水基团后，它本身在水中的溶解度也会减少，应用上受到限制，这是在合成新的有机沉淀剂时值得考虑的问题。

此外，许多有机沉淀剂能与多种金属离子络合，为了提高这些有机沉淀剂的选择性，往往可以通过调整溶液的 pH，或改变沉淀剂的结构，或采用适当的掩蔽剂，从而达到便于分离的目的。例如，8-羟基喹啉在弱酸性或弱碱性溶液中（pH=3~9），能与多种金属离子发生沉淀反应，它与 Al^{3+}的反应为

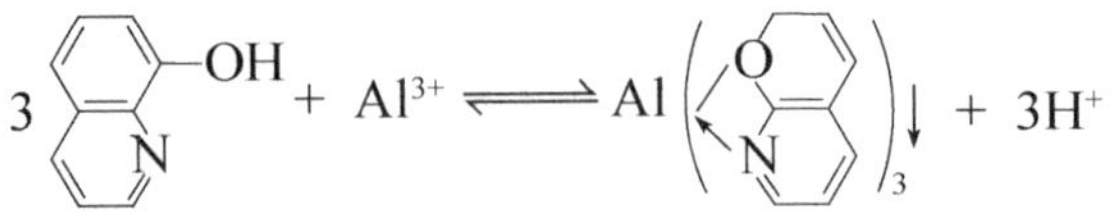
(4-15)

生成的沉淀恒定，可在烘干后直接称量。但 8-羟基喹啉的最大缺点是选择性较差。为了提高其选择性，目前已研究合成一些选择性较好的 8-羟基喹啉衍生物，如 2-甲基-8-羟基喹啉在 pH=5.5 时沉淀 Zn^{2+}，在 pH=9 时沉淀 Mg^{2+}；Al^{3+}不发生干扰。

4.4.3　三元配合物沉淀剂

三元配合物沉淀是指被沉淀的组分与两个不同的配位体或两种金属离子和一个配位体所形成的化合物。例如，在 SCN^-存在的情况下，吡啶可与 Cd^{2+}、Co^{2+}、Mn^{2+}、Cu^{2+}、Ni^{2+}和 Zn^{2+}等生成三元配合物沉淀[9]。此反应可表示如下：

$$2C_6H_5N^- + Cu^{2+} = Cu(C_6H_5N)_2^{2+} \qquad (4\text{-}16)$$

$$Cu(C_6H_5N)_2^{2+} + 2SCN^- = Cu(C_6H_5N)_2(SCN)_2\downarrow \qquad (4\text{-}17)$$

又如，1, 10-邻菲罗啉在 Cl^-存在情况下与 Pd^{2+}生成三元配合物沉淀：

$$Pd^{2+} + C_{12}H_8N_2 = Pd(C_{12}H_8N_2)^{2+} \qquad (4\text{-}18)$$

$$Pd(C_{12}H_8N_2)^{2+} + 2Cl^- = Pd(C_{12}H_8N_2)Cl_2\downarrow \qquad (4\text{-}19)$$

这种三元配合物的沉淀剂不仅选择性好、灵敏度高，而且生成的沉淀组成稳定，因而近年来发展较快，不仅用于沉淀分离，更多地应用于萃取分离及分光光度分析等。

4.4.4　有机碱沉淀剂

某些有机碱如六次甲基四胺、吡啶、苯胺、苯肼等，可与其共轭酸组成缓冲溶液，其 pH 为 5~6，能使某些金属离子析出氧氧化物沉淀，常用来分离 Fe^{3+}、Al^{3+}、Cr^{3+}、Th^{4+}与 Mn^{2+}、Co^{2+}、Ni^{2+}、Cu^{2+}、Zn^{2+}、Cd^{2+}等。前者氢氧化物溶解度小，形成氢氧化物沉淀，而后者留在溶液中继续分离。这几种有机沉淀剂中以六次甲基四胺应用较多[10]。

沉淀分离法主要用于试样中待测组分是常量组分的分离，若待测组分是微量或痕量组分，要使微量组分与常量干扰组分分离，有两种处理方法：一是用沉淀法除去常量组分（干扰组分或基体元素）；二是用共沉淀法将微量组分富集。

4.5　共沉淀分离法

当难溶化合物（常量物质）的沉淀从溶液中析出时，共存于溶液中的某些可溶的（离子浓度未超过溶度积或处于过饱和亚稳态）微痕量物质被一起带入沉淀中的现象称为共沉淀。在重量分析中，共沉淀现象是一种不利因素，因为它使得沉淀混有杂质，给测定结果带来误差，因而总是要设法消除。但在分离方法中，共沉淀被作为有利因素来使用，即想方设法让常量沉淀物质能定量地共沉淀某些微痕量组分，以达到分离和富集微痕量组分的目的。例如，水中痕量的 Pb^{2+}，由于浓度太低，不能采用一般的方法直接将其测定。如果使用浓缩的方法，虽然可以将 Pb^{2+}浓度提高，但是水中其他组分的含量也相应提高，势必影响 Pb^{2+}的测定。如果在水中加 Na_2CO_3，使水中的 Ca^{2+}以 $CaCO_3$ 的形式沉淀下来，利用共沉淀作用将使 Pb^{2+}也全部沉淀下来。所得沉淀溶于尽可能少的酸中，Pb^{2+}的浓度将大为提高，从而使痕量的 Pb^{2+}富集，并与其他元素分离。这里所用的主体沉淀 $CaCO_3$ 称为共沉淀剂，或称搜集剂（捕集剂）、载体，因此该法又称载体沉淀法和共沉淀捕集法。

作为共沉淀的载体必须具备的条件是：①对某微痕量组分的共沉淀既具选择性，又是定量的；②载体本身不干扰微痕量组分的测定，或易被除去，或易被掩蔽；③有较高的共沉淀效率，以便取得较高的富集倍数。

根据所使用的载体不同，共沉淀分离法可分为三种形式：吸附共沉淀、混晶共沉淀和形成晶核共沉淀。

4.5.1 吸附共沉淀

吸附沉淀分离法依据其沉淀的形式不同可以分为夹带沉淀和后沉淀两种沉淀方式。

1. 夹带沉淀

这种方法基于物理化学效应，是在沉淀表面未达到平衡时，机械吸附溶液中的异电荷离子，从而将痕量组分夹带下来的分离方法。例如，欲从金属铜中分离微量铝时，在溶液中加入过量的氨水，铜生成铜氨络离子，由于铝离子含量太少难以生成氢氧化铝沉淀或沉淀不完全，也被留在溶液中，若先在溶液中加入三价铁离子，则加入氨后，三价的铁离子生成氢氧化铁沉淀，此时由于氨过量，溶液中存在大量的氢氧根离子。氢氧化铁沉淀的表面因吸附了一层氢氧根离子而带负电荷，从而进一步吸附三价的铝离子，使微量的铝离子全部产生共沉淀。

$Fe(OH)_3$、$Al(OH)_3$和$MnO(OH)_2$等非晶形沉淀都是常用的无机共沉淀剂。非晶形沉淀表面积很大，与溶液中微量元素接触机会多，吸附量也大，有利于微量元素的共沉淀。另外，非晶形沉淀聚集速率很快，吸留在沉淀表面的微量元素来不及离开沉淀表面就被新生的沉淀包藏起来，提高了富集的效率。一些氢氧化物和硫酸盐作为共沉淀剂的例子见表4-8。

硫化物沉淀除了具有非晶形沉淀性质外，还易发生后沉淀，也有利于微量元素的富集，如PbS、CdS、SnS_2等可以富集微量Cu^{2+}（用PbS更好）。In在乙酸介质中能被Pb、Cu、Hg、Bi、Cd的硫化物强烈吸附，而在酸度为0.6mol/L时前三种硫化物更有效。陈化对于在CuS、CdS上富集In更为有利。SnS_2也可以富集微量In，且Sn可以$SnBr_4$形式在加热时挥发除去。

2. 后沉淀

后沉淀又称继沉淀，是指溶液中某些组分沉淀之后，另一种本来难以沉淀的组分在该沉淀表面上继续析出沉淀的现象。后沉淀的特征为富集物质的量是随沉淀在溶液中放置时间的增长而增多，而其他的共沉淀受放置时间影响较小。显然如果是将沉淀分离应用于重量分析，则它是不利因素，如果将其应用于富集则是有利因素。因此富集要使沉淀和溶液放置在一起的时间尽可能长，而重量分析则要尽可能短。

无论后沉淀的物质是在沉淀之前就在溶液中还是形成沉淀后再加入，其沉淀的量基本一致，这一特点有助于研究沉淀过程是发生共沉淀还是继沉淀。后沉淀与共沉淀相比，后沉淀吸附其他物质的量比共沉淀吸附其他物质的量要多，因而从富集的角度，能够使用后沉淀方法就不用共沉淀方法；从重量分析的角度考虑，不发生后沉淀现象为好。

4.5.2 混晶共沉淀

当两种物质的晶形相同，离子大小相差不超过 5%时，常会生成混晶，即结晶点位上

表 4-8　一些氢氧化物和硫酸盐共沉淀剂

无机共沉淀剂	沉淀条件	可富集的元素
$Fe(OH)_3$	pH=5.8~8.0	微量 Al
	pH=8~9	定量富集微量 As
	pH=7.9~9.5	完全回收微量 Co
	pH=4~6，30~80℃	定量富集 Se、Te（形成硒酸铁和碲酸铁沉淀）
	pH＞3.2，5mol/L NH_4NO_3	定量回收毫摩尔级的 Ti
	pH=2.0~2.8	从 Sc 中定量分离 Ti
	1mol/L KNO_3，80~90℃	
	pH=7~9	UO_2^{2+}
$Zr(OH)_4$	pH=7~7.5	微量 Al（与 Mg 和碱土金属分离）
	pH=8~13，KNO_3、$NaClO_4$	定量富集微量 Co
	pH=9.0（氨性溶液）	定量富集微克量的 Pb、Cu
	pH=4~9	Ga（与 In、T1 分离）
$Al(OH)_3$	pH=8	定量富集微量 Be
	pH=8.2	微量 Bi
	pH=5.9	Co（毫克量 Ni、Cu、Pb、Mn、Cr 存在下）
	pH=5~12	Zn、Ru
	pH=7	微量 Ga
$Mg(OH)_2$		痕量 Mn（从海水和 NaOH 中）
$Sn(OH)_4$	pH=4~8	微克量 Fe、Co、Cu、Zn、Cd
$MnO(OH)_2$	$[H^+]$=1.5mol/L	定量富集 Sb（且与 Cu 完全分离）
（水合 MnO_2）	[H+]=0.008mol/L，有 Pb^{2+}存在	富集 Sb、Sn
$BaSO_4$	pH=7~7.5，有 Ba^{2+}存在	富集 0.0025μg P
$SrSO_4$	pH=3.3~3.7，有 Pb^{2+}	富集 0.0025μg P
$PbSO_4$	pH=1~3（H_2SO_4）	分离微克级 Se

的原子或离子被相似的另一原子或离子所取代，它是固溶体的一种。有时取代者并不占据正常的点位，而是位于晶格的空隙中，这种混晶称为异型混晶[11]。一般情况下二者常不予区分，统称为混晶。例如 $BaSO_4$ 和 $RaSO_4$ 的晶格相同，当大量 Ba^{2+}和痕量 Ra^{2+}共存时，与 SO_4^{2-}生成混晶同时析出，借此可以分离和富集 Ra^{2+}。又如 $PbSO_4$ 和 $SrSO_4$ 的晶格相同，因此痕量的 Pb^{2+}能与大量的 Sr^{2+}形成混晶而富集。再如钢中的铍，可以利用它与 $BaSO_4$ 形成混晶而富集；海水中十亿分之一（ppb 级）的镉，可以利用它与 $SrCO_3$ 形成混晶而富集；钢中的稀土元素可以与 MgF_2 形成混晶而富集；Cs^+可以利用与二苦胺钾生成混晶而富集等。

值得注意的是，其他离子的存在对混晶作用往往有很大的影响，如 1mol/L KCl 溶液中可有 82%的铅能和锶生成硫酸盐混晶析出；若在 2.5mol/L KCl 溶液中，则只有 30%的铅能生成混晶析出。这是由于大量 KCl 的存在下，Pb^{2+}形成 $PbCl_4^{2-}$络离子，以致不能进入 $SrSO_4$ 的结晶中。

由于晶格的限制，这种共沉淀分离方法的选择性较好。例如，用于与 $SrSO_4$ 生成混晶以富集食物中的痕量 Pb^{2+}时，中等数量的 Fe^{3+}、Cd^{2+}、Co^{2+}、Cu^{2+}、Mn^{2+}、Hg^{2+}、Ni^{2+}等离子都不干扰。

4.5.3 形成晶核共沉淀

有些痕量组分由于含量实在太少，即使转化为难溶物质也无法沉淀出来，但可把它作为晶核使另一种物质聚集在其上，使晶核长大形成沉淀而一起沉淀下来。例如，在含有痕量 Ag、Au、Hg、Pd 或 Pt 的离子溶液中，加入少量的亚碲酸钠和 $SnCl_2$，在贵金属离子还原为金属微粒的同时，亚碲酸钠还原为游离碲，此时是以贵金属微粒为晶核，游离的碲聚集在其表面，使晶核长大后一起沉淀析出，从而与 Zn^{2+}、Ni^{2+}、Fe^{2+}和 Co^{2+}分离[12]。

用无机共沉淀剂分离的元素和离子见表 4-9。

表 4-9 元素和离子的共沉淀分离法（用无机共沉淀剂）

被共沉淀的离子	共沉淀剂	共沉淀条件	备注
Ag^+	Te	2mol/L HCl，$SnCl_2$	与 Fe^{3+}、Ni^{2+}、Co^{2+}、As^{3+}、Pb^{2+}等分离，用于测定植物灰、硅酸盐等试样中的 Ag
	Hg	氨性溶液	与 Cu^{2+}、Fe^{3+}分离
	$Fe(OH)_3$	莫尔盐 pH 8~8.5	测黄铜中 Ag
Al^{3+}	$Fe(OH)_3$ 或 $Zr(OH)_4$	pH 7~7.5	与 Mg^{2+}、碱土族元素分离
As^{3+}，As^{5+}	$MnO_2·H_2O$	$MnSO_4$+$KMnO_4$，加热	
Au^{3+}	Te	HCl，$SnCl_2$（或 SO_2）	从 Fe^{3+}、Cu^{2+}、Pb^{2+}等分离痕量 Au^{3+}；铂族元素、Ag^+、Hg^{2+}一起共沉淀
Au^{3+}，Pt^{4+}	As（As_2O_3+次亚磷酸钠）	6mol/L HCl，$CuSO_4$（催化）	富集和分离矿石中微量 Au、Pt、Pd
Pd^{2+}，Ba^{2+}	$PbSO_4$	介质中有乙酸铵存在共沉淀效果更好	成共晶
Be^{2+}	$AlPO_4$ 或 $FePO_4$,$Ca_3(PO_4)_2$	pH 4.4（酚红酸性）或 pH 8，EDTA	适于与 Ca^{2+}、Mg^{2+}分离；分析生物材料中的 Be
	$Ti_3(PO_4)_3$ 或 $Mn_3(PO_4)_3$	EDTA 存在下	
	$Fe(OH)_3$	pH 6~7 或 pH 11 和 EDTA	
Bi^{3+}	$Al(OH)_3$ 或 $Fe(OH)_3$	最适 pH 8.2	Bi^{3+}的含量在（2~0.5）×10^{-5}
	CuS	（0.1~0.3）mol/L 酸度	
	HgS	pH 2~3	Cd^{2+}和 Pb^{2+}一起沉淀
	NiS	pH 10（氨性）	
Cd^{2+}	HgS	pH 3~4	测铜和镍中少量 Cd
		pH 2~4 酒石酸（掩蔽）	测钨镍合金中的 Cd
Co^{2+}	CuS	pH 3，柠檬酸钠	测湿法灰化后的有机物中的 Cd
	ZnS	pH 2.5	
	$Al(OH)_3$	pH 7.4~9.0	
Cr^{3+}	$Al(OH)_3$	$NH_2OH·HCl$，氨水	Cr^{3+}与 Fe^{3+}、Mn^{2+}分离
Fe^{3+}	CdS	适于含柠檬酸盐、酒石酸盐、焦磷酸盐的介质	
Ga^{3+}	$Al(OH)_3$ 或 $Fe(OH)_3$	氨性溶液	从海水中富集 Ga^{3+}
	HgS，CuS 或 CdS	酸性溶液	共沉淀不完全
	$Ca_3(PO_4)_2$	pH 6~9，0.05mol/L NH_4NO_3 或 pH 5~7.5，5mol/L NH_4NO_3	与 Zn^{2+}一起沉淀
		pH 7.5，5mol/L NH_4NO_3	Zn^{2+}不沉淀
Ge^{4+}	$Fe(OH)_3$ 或 $Al(OH)_3$	氨性溶液（Fe^{3+}：Ce^{4+}=25：1）	
Hg^{2+}	CuS、CdS 或 As_2S_5	用 H_2S 析出 HgS	CdS：2.5μg/L Hg（回收 98%）
			CuS：0.02μg/L Hg

续表

被共沉淀的离子	共沉淀剂	共沉淀条件	备注
In^{3+}	CuS、CdS 或 HgS	0.6mol/L 酸度	
	CoS	pH 7~8，酒石酸	测金属 Ga 中 In
	$Fe(OH)_3$	氨性溶液	
	ZnO 悬浮体	弱碱性	回收锌合金中（1~10）μg In
MoO_4^{2-}	$MnO_2·H_2O$ 或 MnO_2	NaCl 存在，pH＜4	与 Cu^{2+} 分离
	$Fe(OH)_3$	pH 3.5~4	Mo 和 Re 分离
	Sb_2S_5	酒石酸介质	从 W 中分离 Mo
Ni^{2+}	FeS	$Fe^{2+}+(NH_4)_2S$	富集海水中痕量 Ni
Nb^{5+}和 Ta^{5+}	Tl^{4+}	6mol/L HCl，次磷酸钠	许多元素中分离 Nb、Zr、Th
	亚硒酸	酒石酸存在	从 Zr 分离 Nb
	硅酸	pH 8，草酸和 EDTA 存在	测定矿石中微量 Nb、Ta
	Ti^{4+}	$n_{Nb}:n_{Ta}>1:3$	
	Sn^{2+}或 Sn^{4+}	$n_{Nb}:n_{Ta}=1:30$	沉淀 Nb
	MnO_2	H_2SO_4 介质、$MnSO_4$、过氧二硫酸铵	从含 Ti、W、Mo、Cr 矿中分离
pb^{2+}	$BaCrO_4$	pH 7，NH_4ClO_4	富集 Ni^{2+}、Mg^{2+}、Zn^{2+}、Ag^{+}等及纯金属中痕量 Pb

总之，无机共沉淀剂有强烈的吸附性，但选择性不高，而且无机共沉淀剂除极少数（如汞化合物）可以经灼烧挥发除去外，在大多数情况下还需增加载体元素与痕量元素之间的进一步分离步骤。因此有时选择有机共沉淀剂富集元素更为优越。

4.6 均相沉淀分离法

在溶液中通过缓慢的化学反应，逐步而均匀地在溶液中产生沉淀剂，使沉淀在整个溶液中均匀、缓慢地形成，因而生成颗粒较大的沉淀，该法称为均相沉淀法。例如，在含有 Ba^{2+} 的试液中加入硫酸甲酯，利用酯水解产生的 SO_4^{2-}均匀缓慢地生成 $BaSO_4$ 沉淀。

$$(CH_3)_2SO_4+2H_2O \xlongequal{} 2CH_3OH+SO_4^{2-}+2H^+ \tag{4-20}$$

此外，还可利用其他有机化合物的水解、配合物的分解、氧化还原反应等来缓慢产生所需的沉淀剂。

4.6.1 均相沉淀剂

利用均相沉淀法甚至可以得到具有晶形性质的氢氧化铁和氢氧化铝沉淀，Willard 和唐宁康在 1937 年曾用几天时间慢慢地把 0.002mol/L 氨溶液加到含有 100mg 铝离子的溶液中，获得特别致密的氢氧化铝沉淀。接着他们又提出水解尿素产生氢氧根离子以沉淀铝离子，也得到了同样的结果。

这种不是把沉淀剂加入到溶液中去，而是借助于化学反应在溶液中缓慢而又均匀地产生沉淀剂进行沉淀的方法，称为均相沉淀法。均相沉淀法的晶形颗粒大，非晶形结构紧密、体积小、共沉淀杂质少、纯度高且不必陈化。

除尿素以外，还可以水解盐类和酯类产生所需的阴离子，如磷酸三甲酯、草酸二甲酯、高碘酸盐和乙酸-β-羟基乙酯、氨基磺酸、碘和氯酸盐、硫酸二甲酯、三氯乙酸盐等。

磷酸三甲酯水解：$(CH_3)_3PO_4+3H_2O = 3CH_3OH+H_3PO_4$ （4-21）

草酸二甲酯水解：$(CH_3)_2C_2O_4+2H_2O = 2CH_3OH+H_2C_2O_4$ （4-22）

乙酸-β-羟基乙酯水解：$HO(CH_2)_2OOCCH_3+H_2O = HO(CH_2)_2OH+CH_3COOH$ （4-23）

高碘酸盐水解：$HO(CH_2)_2OH+IO_4^- = IO_3^-+2HCHO+H_2O$ （4-24）

这类反应不仅可以水解，而且可以发生氧化还原得到所需阴离子。

4.6.2 均相沉淀法的沉淀途径

均相沉淀法沉淀的途径可以分为四类。

（1）可以通过改变溶液的 pH 使欲沉淀物质的溶解度慢慢降低，令沉淀析出。制备氢氧化物沉淀、磷酸盐沉淀和碱式盐沉淀时，通常采用加尿素作沉淀剂，通过尿素在溶液中的分解来调节溶液的 pH，达到均相沉淀的目的。例如纳米级β-$Ni(OH)_2$的制备，以尿素作沉淀剂，将尿素加入 $NiSO_4$ 溶液中并加热溶液。随着水溶液温度逐渐升高，到达 70℃附近尿素会发生分解，并缓慢释放出 $NH_3 \cdot H_2O$。$NH_3 \cdot H_2O$ 即成为沉淀剂在 $NiSO_4$ 的溶液中均匀分布，$Ni(OH)_2$ 沉淀均匀生成和缓慢生长。

尿素的分解温度受加热温度和尿素浓度的控制，均相沉淀法是指沉淀剂不是直接加入溶液中，而是通过溶液中发生的化学反应，缓慢而均匀地在溶液中产生沉淀剂，从而使沉淀在整个溶液中均匀地、缓缓地析出。因此可以通过调控尿素的分解速度来控制 $Ni(OH)_2$ 的生长。合成的 $Ni(OH)_2$ 被放置到 80~90℃的水浴中，经陈化、淬冷、分离和去离子水洗涤后，将沉淀物重新分散在去离子水中超声、分离和去离子水洗涤后，再将沉淀物重新分散在去离子水中超声波振荡清洗、烘干即制得纳米级β-$Ni(OH)_2$。

反应步骤：

$$(NH_2)_2CO+3H_2O \longrightarrow 2NH_4OH+CO_2\uparrow \quad (4\text{-}25)$$

$$2NH_4OH+NiSO_4 \longrightarrow Ni(OH)_2\downarrow + (NH_4)_2SO_4 \quad (4\text{-}26)$$

（2）利用适当的反应在溶液中缓缓地产生沉淀剂。如镍离子与丁二酮肟反应，产生的沉淀体积大，沉淀结构疏松，改用丁二酮肟在过量的氨存在下，不断搅拌，加盐酸羟胺调 pH 为 7.5 左右使之缓慢而均匀地产生丁二酮肟，从而使镍离子以均相沉淀方式析出。

还可以利用氧化还原反应产生均相沉淀。

$$2AsO_3^{3-}+3ZrO^{2+}+2NO_3^- = (ZrO)_3(AsO_4)_2\downarrow+2NO_2^- \quad (4\text{-}27)$$

此法可以定量沉淀锆，是在亚砷酸的硫酸溶液中加入硝酸，将亚砷酸氧化为砷酸后使之产生均相沉淀。

（3）逐渐除去溶剂。将试液与有机沉淀剂在某种与水混合的溶剂中混合，然后慢慢蒸发除去溶剂。如用 8-羟基喹啉沉淀铝，在铝离子试液中加入乙酸铵缓冲液以及 8-羟基喹啉丙酮液，在 70~80℃加热使丙酮蒸发逸去，15min 后有晶形沉淀析出。

（4）破坏可溶性络合物。用加热的方法破坏络合物或用一种离子从络合物中置换出被测离子，以破坏被测离子的络合物从而进行均相沉淀。如测定合金钢中的钨，用浓硝酸（必要时加些高氯酸）溶解试样后，加双氧水和硝酸，钨形成过氧钨酸保留在溶液中，加热到 60℃并保持温度 90min 后，过氧化钨逐渐被破坏后析出钨酸沉淀。如钡离子与 EDTA 络合，其稳定常数是 $10^{7.76}$，如果要使其产生沉淀，可以控制此溶液 pH 8~9 加入镁离子，此时镁离子与 EDTA 络合，其稳定常数为 $10^{8.69}$，置换出钡离子，如果在溶液中加入能释放出硫酸根离子的试剂——硫酸二甲酯，此时钡离子就会形成硫酸钡沉淀，反应如下：

$$(CH_3)_2SO_4+2H_2O \xlongequal{\quad} 2CH_3OH+SO_4^{2-}+2H^+ \tag{4-28}$$

$$Ba^{2+}+SO_4^{2-} \xlongequal{\quad} BaSO_4\downarrow \tag{4-29}$$

均相沉淀不但可以改变沉淀的形态，而且可以用于发展和改善重量分析的方法；还可以作为主要成分的分离方法，分离性质极为相似的物质，如稀土元素；还可以用于研究共沉淀现象。但应该指出的是，用均相沉淀法仍不能避免后沉淀和混晶共沉淀现象。

4.7 新型沉淀分离法及其应用

随着人们生活水平的提高，沉淀分离这一单元操作已不局限于湿法冶金、分析鉴定、重量分析、富集微量元素中的应用，如今在食品工业、生物制品以及环境工业中都得到了广泛的应用，并有所创新，如盐析沉淀法、等电点沉淀法、絮凝沉淀法等。

沉淀分离在分析中的应用已不再是分离干扰或者富集组分，继而测定，而更多的是与仪器联用，使分析更灵敏、更快捷。例如，氢氧化钇共沉淀分离电感耦合等离子体质谱法测定锌精矿中 10 种杂质元素，类似的还有共沉淀分离或富集与等离子发射光谱、原子吸收等相结合，使这些即使用检出极限量很低的仪器也无法检出的物质得以检出，更大地提高了检出灵敏度。

4.7.1 盐析沉淀法

向溶液中加入某一盐类物质，使溶质在原溶剂中的溶解度大大降低，从而从溶液中沉淀出来的方法称为盐析。例如，在蛋白质溶液中加入大量的盐类，特别是加入重金属盐，蛋白质就从溶液中沉淀出来。在蛋白质的测定过程中，常用氢氧化铜或碱性乙酸铅将蛋白质从水溶液中沉淀下来，将沉淀硝化并测定其中的氮量，据此以断定样品中纯蛋白质的含量。

盐析法应用最广的还是在蛋白质领域，已有八十多年的历史，其突出的优点是：①成本低，不需要特别昂贵的设备；②操作简单、安全；③对许多生物活性物质具有稳定作用。

在进行盐析工作时，应注意溶液中所要加入的物质不破坏溶液中所要析出的物质，否则达不到盐析提取的目的。此外，要注意选择适当的盐析条件，如溶液的 pH、温度等。

4.7.2 等电点沉淀法

利用两性电解质分子在电中性时溶解度最低，而不同的两性电解质分子具有不同的等电点而进行分离的方法称为等电点沉淀法。氨基酸、核苷酸和许多同时具有酸性和碱性基团的生物小分子以及蛋白质、核酸等生物大分子都是一些两性电解质，在处于等电点的 pH 时加上其他沉淀因素则很容易析出沉淀。因在许多等电点十分接近的蛋白质分离时单独运用盐析法分离分辨率较差，故等电点法常与盐析法、有机溶剂和其他沉淀剂法一起作用，以提高其分离能力。

1. 基本原理

蛋白质、核苷酸、氨基酸等两性电解质的溶解度常随它们所带电荷的多少而发生变化。一般不管酸性环境还是碱性环境，只要偏离两性电解质的等电点，它们的分子净电荷要么为正，要么为负，这种情况下分子自身之间反而有排斥作用，只有当它们所带净电荷为零时，其分子之间的吸引力增加，分子互相吸引聚集，溶解度降低。处于等电点状态的蛋白质互相吸引，其作用可能是通过分子的疏水区域，也可能还有偶极或离子的作用。因此调节溶液的

pH 至溶质的等电点，则把该溶质从溶液中沉淀出来。由于这些两性电解质，如蛋白质分子表面往往分布了许多极性基团，结合了大量的水分子形成水化层，仅调节到等电状态，并不能使大多数蛋白质类物质发生必然沉淀，只有那些水化层薄的分子才可能出现沉淀，如典型的酪蛋白。几种酶和蛋白质的等电点见表 4-10。

表 4-10 几种酶和蛋白质的等电点

种类	胃蛋白酶	乳球蛋白	胰凝乳蛋白酶	血清蛋白	血红蛋白
等电点	1.00	5.2	9.5	4.9	6.3
种类	溶菌酶	γ-球蛋白	细胞色素	卵清蛋白	肌红蛋白
等电点	11.00	6.6	10.65	4.6	7

2. 沉淀影响因素

等电点沉淀蛋白质（酶）时，影响因素有许多，但主要有杂质、离子强度、溶质表面极性的影响。

1）杂质种类的影响

一般如果混合液中存在许多等电点相近的两性电解质，单独使用等电点沉淀法的效果不理想，分辨率较差，可和其他方法结合使用。

2）离子强度的影响

由于蛋白质类物质有盐溶和盐析的两面性，而且等电点的数值也会随溶液中中性盐离子的种类和浓度变化而变化，所以离子强度对等电点的沉淀作用影响较大。一般单独利用此法沉淀的操作，需在低离子强度下调整 pH 至等电点，或在等电点的 pH 下利用透析等方法降低离子强度，使蛋白质类溶质沉淀。

3）溶质表面极性的影响

等电点沉淀法一般适合于疏水性较大的蛋白质（如酪蛋白），因为这类蛋白质的分子表面的亲水性相对弱而水化层较薄。而对于亲水性很强的蛋白质（如明胶），它们在水中的溶解度较大，水化层较厚，胶体稳定性较好，在等电点的 pH 下不易产生沉淀[13]。这种情况常需要结合其他方法一起应用。

与盐析法相比，等电点沉淀的优点是无需后继的脱盐操作，但沉淀操作的 pH 要考虑不能在所要沉淀物质的稳定 pH 范围外。

4.7.3 非离子多聚物沉淀法

非离子多聚物最早在 20 世纪 60 年代被用来沉淀分离血纤维蛋白原和免疫球蛋白，从此高相对分子质量非离子聚合物沉淀蛋白质的方法被广泛使用。许多高相对分子质量非离子聚合物，如聚乙二醇（PEG）、聚乙烯吡咯烷酮（PVP）和葡聚糖等都可用于沉淀蛋白质，其中最常用的 PEG，相对分子质量从 200 至 20000 的不同聚合程度的产品都是有效的。PEG 具有螺旋状的结构，亲水性强，有很大范围的相对分子质量，其结构式为

$$(OH)CH_2—(CH_2—CH_2—O)_n—CH_2(OH)$$

用非离子多聚物分离生物大分子和微粒，一般有两种方法，一种是选用两种水溶性非离子多聚物组成的液液两相系统，使生物大分子或微粒在两相系统中不等量分配，而造成分离。这种方法实际是一种萃取方法。另一种是选用一种水溶性非离子多聚物，使生物大分子或微

粒在单一液相中，由于 PEG 空间排斥作用相互凝集而沉淀析出。

参 考 文 献

[1] 石影，訾言勤. 定量化学分离方法. 徐州：中国矿业大学出版社，2001.
[2] 王拥军，石香玉. 分离富集. 郑州：河南大学出版社，2008.
[3] 方宾，阚显文. 近代分离方法导论. 合肥：安徽人民出版社，2006.
[4] 周宛平. 化学分离法. 北京：北京大学出版社，2008.
[5] 杨铁金. 分析样品预处理及分离技术. 北京：化学工业出版社，2007.
[6] 张书圣，万均，牛淑妍. 工业分析与分离. 北京：科学出版社，2011.
[7] 容庆新，陈淑群. 分析化学. 广州：中山大学出版社，1997.
[8] 董维宪. 化学分析法基础（上册）. 北京：高等教育出版社，1982.
[9] 陶德祥. 基础定量化学分析. 上海：华东师范大学出版社，1990.
[10] 徐盘明，赵祥大. 实用金属材料分析方法. 合肥：中国科学技术大学出版社，1990.
[11] 杭州大学化学系分析化学教研室. 分析化学手册（第二分册）. 2 版. 北京：化学工业出版社，1997.
[12] 张锡瑜，等. 化学分析原理. 北京：科学出版社，1991.
[13] 王旻. 生物制药技术. 北京：化学工业出版社，2003.

第5章 膜 分 离

5.1 概 述

5.1.1 膜与膜分离技术

通常认为膜是两相之间的分界，充当着选择性屏障，调节两相之间的物质分离[1]。膜分离是指借助膜的选择透过性能，在压力、浓度和电势差等驱动下，使混合物中的一种或多种组分透过膜，从而实现对混合物的分离，对产品的提取、纯化或富集。膜分离技术就是利用不同类型的膜和不同的膜过程进行分离的一门科学[2]。膜科学与技术从实验室研究到第一次工业应用（20 世纪 60 年代）经历了漫长的发展过程，但随着近 50 年来的迅速发展，目前以膜为基础的分离技术已经实现了很多工业应用，如海水淡化和蛋白质提纯等，为改善人类生活带来了极大的好处。

5.1.2 膜分离技术的特点

膜分离过程是一种速度控制的分离过程，与其他（生物）化学工程单元操作相比，具有很多优点[3]：

（1）以压力差、浓度差或电势差为驱动力，分离简便，可连续化操作。

（2）是纯物理过程，被分离的物质组分一般不发生相变，能耗低，安全环保。

（3）通过改变分离膜类型或结构可以选择性分离特定组分，灵活性强。

（4）可以常温操作，能分离蛋白质、食品、药品或其他热敏性化学品，能分离共沸物或沸点相近的体系。

（5）装置集约，占地少，可以集成到其他工艺当中。

基于以上诸多优点，膜分离技术的应用空间十分广阔，可应用于发酵、制药、植物提取、化工、水处理工艺过程及环保等行业中。对于不同组成的待处理样品，根据拟分离物质的性质和实际情况，可以通过选择不同的膜、合适的膜工艺，从而达到最好的膜通量和截留率，进而提高生产收率、减少投资规模和运行成本。

5.1.3 膜与膜过程

1. 分离膜的种类

膜分离技术中使用的膜种类繁多，为清晰直观，可以根据以下三个方面进行分类[3]：

1）膜材料

根据不同的成膜材料，可以分为由有机聚合物制备的高分子膜、由无机材料（氧化物、陶瓷、金属等）制备的无机膜和复合材料制备的复合膜。

选择膜材料时应考虑以下几点：对所处理的料液体系具有化学稳定性；具有机械稳定性和热稳定性；制备出的膜应具有高通量和高选择性，并且操作稳定[4]。

2）膜结构

根据膜结构中是否存在孔隙，可将膜分为无孔膜和多孔膜。多孔膜可以根据膜断面结构进一步分为对称膜和非对称膜。非对称膜结构包括选择层和支撑层，选择层一般是50nm~2μm 的微孔结构，支撑层一般为 100~300mm，只提供机械稳定性。具有非对称结构的膜，由于其势垒层的电阻最小，从而保证了较高的膜水通量。超滤膜、纳滤膜、反渗透膜和气体分离膜一般为非对称膜，而微滤膜一般为对称指状孔结构[5]。

3）膜形态

根据外观形态可以将膜分为平板膜、中空纤维膜和管状膜。

结构和功能完全不同的两类膜，能够体现出膜的最基本差异。图 5-1 是膜的一个基本分类图。

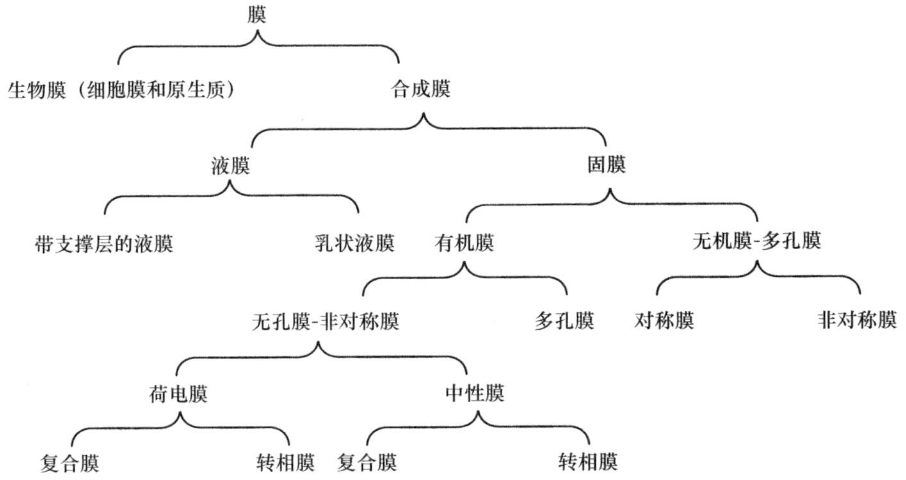

图 5-1　膜基本分类示意图

2. 膜过程分类

根据传质交换驱动力的不同、分离原理的不同、分离物质性质的不同和应用条件的不同，可以将膜过程分为很多种。表 5-1 分类列出了膜过程的种类和基本特性[6]。

表 5-1　已工业应用膜过程的分类及其基本特征

过程	分离目的	透过组分	截留组分	透过组分在料液中含量	推动力	传递机理	膜类型	进料和透过物的物态
微滤（MF）	溶液脱粒子、气体脱粒子	溶液、气体	0.02~10μm 粒子	大量溶剂及少量小分子溶质和大分子溶质	压力差约 100kPa	筛分	多孔膜	液体或气体
超滤（UF）	溶液脱大分子、大分子溶液脱小分子、大分子物质的分级	小分子溶液	1~20nm 大分子溶质	大量溶剂、少量小分子溶质	压力差 100~1000kPa	筛分	非对称膜	液体
纳滤（NF）	溶剂脱有机组分、脱高价离子、软化、脱色、浓缩、分离	溶剂、低价小分子溶质	1nm 以上溶质	大量溶剂、低价小分子溶质	压力差 500~1500kPa	溶解扩散、道南效应	非对称膜或复合膜	液体
反渗透（RO）	溶剂脱溶质、含小分子溶质溶液浓缩	溶剂、可被电渗析截留组分	0.1~1nm 小分子溶质	大量溶剂	压力差 1000~10000kPa	优先吸附、毛细管流动、溶解扩散	非对称膜或复合膜	液体

续表

过程	分离目的	透过组分	截留组分	透过组分在料液中含量	推动力	传递机理	膜类型	进料和透过物的物态
渗析（D）	大分子溶质溶液脱小分子、小分子溶质溶液脱大分子	小分子溶质或较小的溶质	>0.02μm 截留、血液透析中>0.005μm 截留	较小组分或溶剂	浓度差	筛分、微孔膜内的受阻扩散	非对称膜或离子交换膜	液体
电渗析（ED）	溶液脱小离子、小离子溶质的浓缩、小离子的分级	小离子组分	同性离子、大离子和水	少量离子组分、少量水	电化学势、电渗透	反离子经离子交换膜的迁移	离子交换膜	液体
气体分离（GS）	气体混合物分离、富集或特殊组分脱除	气体、较小组分或膜中易溶组分	较大组分（除非膜中溶解度高）	气体混合物中需要的和不需要的成分都有	压力差 1000~10000kPa，浓度差（分压差）	溶解-扩散、分子筛分、克努森扩散	均质膜、复合膜、非对称膜、多孔膜	气体
渗透汽化（PVAP）	挥发性液体混合物分离	膜中易溶组分或易挥发组分	不易溶解组分或较大、较难挥发物	少量组分	分压差，浓度差	溶解-扩散	均质膜、复合膜、非对称膜	料液为液体，透过物为气态
乳化液膜（ELM）（促进传递，FT）	液体混合物或气体混合物分离、富集、特殊分子脱除	在液膜相中有高溶解度的组分或能反应的组分	在液膜中难溶解组分	少量组分在有机混合物中，也可以是大量的组分	浓度差、pH	促进传递和溶解扩散传递	液膜	通常为液体，也可为气体

根据所使用的进料液的情况和拟达到目的的不同可以选择不同的膜过程进行分离：

（1）从大量进料液中除去少量的杂质，最终产生大量的纯化产物，可以通过反渗透过程分离去除小组分，如海水脱盐；或者可以通过渗透汽化膜过程选择性渗透小组分，如溶剂的脱水或共沸物分离。

（2）将大量进料液浓缩成一小部分，可以选用超滤过程，利用超滤膜将溶液渗透过去，将大分子截留，如蛋白质浓缩。

（3）在少量或者中量的溶液中分离两个或多个组分，可以通过超滤、纳滤、渗析或电渗析过程进行选择性分离，使小分子溶液通过或将多个组分保留，如生物分子的分离[3]。

5.1.4 我国膜工业发展现状及特点

我国膜产业起步较晚，直到改革开放后期，中国工业进入到高速发展期，伴随出现了水资源高度紧缺、环境污染加剧等问题，在市场的推动下，我国的膜研究开始蓬勃发展。“十二五”期间，国家对膜产业项目的总投资达到了数十亿元。我国环境保护部膜技术中心的最新数据显示，2011 年，中国膜材料市场规模 108 亿元，约占全世界市场份额的六分之一；运用膜技术进行污水处理的市场，约占全世界市场份额的三分之一。预计到 2015 年，中国膜材料市场规模将达到 270 亿元，污水处理膜工艺市场达到 1400 亿元。

通过多年研究开发，在市场需求的推动下，国家全力支持的中国膜科学技术产业取得了令世界震惊的成就，但就膜产业总体水平来看，我国还只是一个膜技术推广应用大国，而不是一个膜开发强国。一是目前我国开发生产出来的膜产品大部分属于中低端级别，产品性能、品质与国外知名品牌产品还存在着差距，高性能的高端产品仍然被少数发达国家掌握和控制。正是由于存在这些差异，国产产品推广使用难度增大，也使得尽管我国某些产品性能已经达到国外同等水平，许多企业决策者仍然选用国外产品。中国膜工业协会秘书长尤金德认为，解决这个问题的根本途径是：对于高端高性能膜技术，国家要加大加快攻关力量，对于对国家有深远影响的前沿膜技术，要从基础理论研究入手，持续不断地集中力量攻关，争取不久的将来有所突破；对于目前已有相当基础，但距世界先进水平仍有差距的膜技术，要有再扶一下的精神，鼓励科学界与生产企业相结合，限期攻关解决，实现规模化应用；对于前沿的技术成熟、性能优秀的膜产品，要支持国家的创新政策，打破迷信，鼓励大家应用国产先进产品。二是要加强膜应用的研究，特别是国民经济发展急需的各类特种膜的研发。目前，由于水资源紧缺，水处理膜的集中攻关是必要的，但不能把膜应用看成只是对水处理膜产品的应用，要重视适用于新能源的开发、老传统工艺变革改造的膜应用开发研究。三是必须加强规范膜行业市场，在膜产量和质量的提高上下工夫。众所周知，膜行业是近几年突飞猛进发展起来的，多数生产企业规模小，另外由于是新兴产业，质量标准的管理没有统一归口，国家海洋局、水利部、住房和城乡建设部、环境保护部等部门都有行业的膜装备标准，直至2010 年才成立全国膜标准委员会。2013 年 8 月，中国膜工业协会确立天津海水淡化研究所为膜行业质量检测中心，因为该所具有国家质量管理中心和国家检测中心授权的膜产品二次检测资质，准备实施部分产品的检测工作。膜产品涉及人民生活安全，在水处理、食品、医药等领域膜技术的应用将越来越广泛，所以加强膜产品的质量监管已是迫在眉睫，中国膜工业协会正在与工业和信息化部协商，加强膜产品销售管理制度的建立，从而保证膜产品质量。

5.2　反渗透膜分离技术

5.2.1　概述

1748 年，Abble Nollet 发现水能够自然地扩散到装有酒精溶液的猪膀胱内，首次揭示了膜分离现象。20 世纪初，van't Hoff 和 Gibbs 建立了完整的稀溶液理论，揭示了渗透压与其他热力学性能参数之间的关系，从而为渗透现象的研究工作奠定了坚实的理论依据。但是，反渗透膜分离过程作为一项高新技术，从实验室的产品发展成为工业上大规模应用的高效节能分离工程，则是 20 世纪中叶的事情[7]。

反渗透作为一项新型的膜分离技术，是以最早在 1953 年由美国 Reid 教授在佛罗里达大学首先发现醋酸纤维素类具有良好的半透性为标志的。同年，反渗透研究在 Reid 教授的建议下被列入美国国家计划。1960 年，美国加利福尼亚大学的 Yuster 教授提出从膜表面撇出所吸附的纯水作为脱盐过程的可能性。与此同时，Loeb 和 Sourirajan 等学者对膜材料进行了广泛的筛选工作，采用氯酸镁水溶液作为添加剂，经过反复研究和试验，终于在 1960 年首次制成了世界上具有历史意义的高脱盐率（98.6%）、高通量[10.1MPa 下透过速度为 $0.3\times10^{-3}cm^3/(cm^2\cdot s)$，合 $259L/(d\cdot m^2)$]、膜厚约 100μm 的非对称醋酸纤维反渗透半透膜，使反渗透过程迅速从实验室走向工业应用，大大地促进了膜科技的发展。

我国对反渗透技术的研究始于 1965 年，1967~1969 年国家科学技术部和国家海洋局组织的海水淡化会战为醋酸纤维素不对称膜的开发打下了良好的基础。20 世纪 70 年代开始进行中空纤维和卷式反渗透元件的研究，并于 80 年代实现了初步的工业化。20 世纪 70 年代，曾对复合膜进行过广泛的研究，但其后一度停了下来，80 年代中期又重新开始复合膜的研究开发。在“七五”、“八五”等科技攻关的推动下，我国反渗透技术开始从实验室研究走向工业规模应用，主要应用在苦咸水淡化、水溶液脱水浓缩和废水再利用等方面。陆续建立了反渗透装置在电子工业超纯水、医药用纯水、海岛地下苦咸水以及小型海水淡化等领域的示范工程[8]。

目前，反渗透膜分离技术已成为海水和苦咸水淡化最经济、应用最多的技术，是制备超纯水和纯水的优选技术。另外，反渗透膜分离技术还在各种料液的分离、纯化和浓缩、锅炉水的软化、废液的再生回收利用以及对微生物、细菌和病毒进行分离控制等方面发挥着重要的作用。

2012 年，我国反渗透膜市场销售规模 20 亿元左右，行业保持了 20%复合增长。反渗透膜技术难度较超滤高一个层次，国内能够生产超滤膜的企业众多，但反渗透膜长期依靠进口，陶氏、海德能、东丽、世韩、GE 等进口品牌产品长期占据我国市场。近年来，民族品牌的技术不断进步，尤以我国南方汇通控股子公司时代沃顿为代表，该公司的反渗透膜技术具有完全自主知识产权，是继美国陶氏化学后全球第二家实现干式膜元件规模化生产的企业，并且拥有抗污染膜和抗氧化膜技术。相比湿式膜，干式膜能够降低膜污染，成本更低，运输方便。目前在国内反渗透膜领域陶氏膜市场占有率最高，时代沃顿凭借技术实力，近几年市场占有率正在逐步提升。

5.2.2 反渗透的原理及特点

1. 反渗透原理

在相同的外压下，当溶液与纯溶剂被半透膜隔开时，纯溶剂会通过半透膜使溶液变淡的现象称为渗透。这时，溶剂分子在单位时间内进入溶液内的数目要比溶液内的溶剂分子在同一时间内通过半透膜进入纯溶剂内的数目多，表面上看，溶剂通过半透膜渗透到溶液中，使得溶液体积增大，浓度变稀。随着渗透的不断进行，当单位时间内溶剂分子从两个相反的方向穿过半透膜的数目彼此相等时，即达到了渗透平衡。渗透必须通过一种膜来进行，这种膜只能允许溶剂分子通过，而不允许溶质的分子通过，因此称之为半透膜。

当用半透膜隔开溶液与纯溶剂时，加在原溶液上使其恰好能阻止纯溶剂进入溶液的额外压力称为渗透压，通常溶液越浓，溶液的渗透压越大。如果加在溶液上的压力超过了渗透压，则会使溶液中的溶剂向纯溶剂方向流动，这个过程称为反渗透。反渗透膜分离技术就是利用反渗透原理进行分离的方法。反渗透原理如图 5-2 所示。

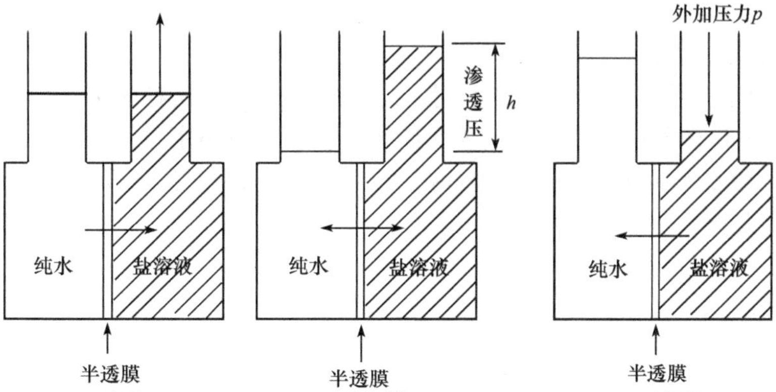

(a) 渗透 (b) 渗透平衡 (c) 反渗透

图 5-2 反渗透原理

2. 反渗透膜分离技术的特点

（1）可以在常温不发生相变化的条件下对溶质和水进行分离，适用于对热敏性物质的分离、浓缩，与有相变化的分离方法相比，能耗较低。

（2）杂质去除范围广，不仅可以去除溶解的无机盐类，而且可以去除各类有机物杂质。

（3）具有较高的除盐率和水的回用率，可截留粒径几个纳米以上的溶质。

（4）由于只利用压力作为膜分离的推动力，因此分离装置简单，容易操作、自控和维修。

（5）由于反渗透装置需要在高压下运转，因此必须配备高压泵和耐高压的管路。

（6）反渗透装置要求进水要达到一定的指标才能正常运行，因此源水在进入反渗透膜器之前要采取一定的预处理措施。为了延长膜的使用寿命，还要定期对膜进行清洗，清除污垢。

5.2.3 反渗透膜的分离机理及分离规律

1. 分离机理

反渗透膜大体可以分为非荷电膜和荷电膜两大类，它们的分离机理各不相同，下面分别对其进行介绍。

1）非荷电膜

非荷电膜是指膜的固定电荷密度小到几乎可以忽略不计程度的膜，醋酸纤维膜和芳香聚酰胺膜等反渗透膜大部分都属于这一类，其分离机理主要有毛细管流、溶解-扩散和孔隙开闭等理论。

（1）毛细管流机理。

氢键理论：也称孔穴式与有序式扩散理论，是针对醋酸纤维膜提出的模型。该模型认为当水进入醋酸纤维膜的非结晶部分以后，可以和羧基的氧原子发生氢键作用而形成结合水。这种结合水的结合强度取决于膜内的孔径，孔径越小结合越牢固。由于牢固的结合水将孔占满，不能与醋酸纤维膜的氢键进行结合的溶质就不能扩散透过，而与膜能进行氢键结合的离子和分子（如水、酸等）却能穿过结合水层而有序地扩散通过膜。

筛网效应：反渗透和普通的过滤一样，主要是靠筛网效应对盐溶液进行分离的，也就是说，由于膜内孔径比水分子大而比水合后的离子小，盐被排除从而得以分离。

选择吸附-毛细孔流机制：水溶液与具有微孔的薄膜直接接触，膜的化学性质使它对水溶液中的溶质具有一定的排斥作用，使得靠近膜表面的溶质浓度梯度急剧下降，结果在溶液-膜的界面上将形成一层被膜吸附的纯水层，反渗透就是在压力存在下使纯水不断透过膜上的毛细孔渗出的。

（2）溶解-扩散模型。

溶解-扩散模型与毛细管流的机制不同，此模型是把半透膜看成是一种完全致密的中性界面，水合溶质通过薄膜的过程可分为两个阶段。第一阶段是水合溶质被吸附溶解到半透膜表面上，第二阶段是水合溶质在膜中进行扩散传递，最后通过膜。所以，溶解-扩散模型不要求膜本身必须是有孔的。

（3）孔隙开闭机理。

孔隙开闭机理认为，在膜内没有固定的连续孔道，渗透性只是指由于聚合物的分子链经常振动而在不同时间和空间内渗透的平均值。该机理认为，聚合物的分子链在未受压力时只是做无序的布朗运动，一旦受压就会产生振动。这是由于通过膜的流动所损失的一部分机械能转化为聚合物链的热运动，从而变成有序的振动。随着压力的增大，吸收的能量变大，聚合物链的振动次数就会增加。由于振动次数的增加，聚合物链之间的距离缩小，离子不能或难以通过，从而达到与水分离的目的。

2）荷电膜

荷电膜不像非荷电膜那样为人们所熟知，不过有些文献中提到了一些具有优良性能的荷电膜。动态膜几乎一贯被看作荷电膜，荷电膜的排盐机理主要是基于库仑斥力，这种斥力相较于其他的相互作用力，其影响要大得多。

安田氏建立的一种模型是，在孔壁部分存在着因库仑斥力使盐分完全排除而只有水流的层，至于在孔的中心部分溶液仍是原样流动着。从而在理论上导出下式：

$$K_1 = K_0 \exp(-B_1 R_0) \tag{5-1}$$

式中，B_1 为常数；K_0 为常量，$cm^2/(s\cdot Pa)$；K_1 为水的透过系数，$cm^2/(s\cdot Pa)$；R_0 为盐的排除率，%。

综上所述，对于荷电膜的分离机理，比较一致的看法是膜带电后会产生道南效应。此外，膜对溶质的分离机制还要根据所处理的对象是无机盐类还是有机溶质来决定，因为它们的作用是不相同的。

总之，反渗透膜的选择透过性与组分在膜中的溶解、吸附和扩散有关，因此除与膜孔的大小、结构有关外，还与膜的化学、物理性质有密切关系，即与组分和膜之间的相互作用密切相关。所以，在反渗透分离过程中化学因素（膜及其表面特性）起主导作用。

2. 分离规律

醋酸纤维素反渗透膜的性能具有以下规律性[9]：

对于无机离子，其分离率随离子价数的增高而增高；价数相同时，分离率随离子半径的变化而变化：

$$Li^+ > Na^+ > K^+ < Rb^+ < Cs^+$$

$$Mg^{2+} > Ca^{2+} > Sr^{2+} < Ba^{2+}$$

对于多原子单价阴离子的分离规律是：

$$IO_3^- > BrO_3^- > ClO_3^-$$

对极性有机物的分离率：

醛＞醇＞胺＞酸

叔胺＞仲胺＞伯胺

柠檬酸＞酒石酸＞苹果酸＞乳酸＞乙酸等

对异构体：

叔（*tert-*）＞异（*iso-*）＞伯（*sec-*）＞原（*pri-*）

对同一族系：相对分子质量越大，分离性能越好。

有机物的钠盐分离性能较好，而苯酚和苯酚的衍生物则表现出了负分离。当极性或非极性、解离或非解离的有机溶质的水溶液进行膜分离时，膜的选择透过性取决于溶质、溶剂和膜间的相互作用力（静电力、氢键结合力、疏水性和电子转移）。

一般溶质对膜的物理性质或传质性能的影响都不大，只有酚和某些低相对分子质量有机化合物会使醋酸纤维素在水溶液中溶胀，这些组分的存在一般会使膜的水通量下降，有时还会下降得很多。

脱除率随离子电荷的增加而增加，绝大多数含二价离子的盐能被经 80℃以上温度热处理的非对称醋酸纤维膜完全脱除。

对碱式卤化物的脱除率，随周期表次序下降，对无机酸则呈相反趋势。

对硝酸盐、高氯酸盐、氰化物、硫代氰酸盐的脱除效果不如氯化物好，对铵盐的脱除效果不如钠盐。

对许多低相对分子质量的非电解质的脱除效果不理想，其中包括某些气体溶液（如氨、氯、二氧化碳和硫化氢）以及硼酸类的弱酸和有机分子。

对相对分子质量大于150的大多数组分，不管是电解质还是非电解质，都能很好地脱除。

当处理液浓度一定时，溶质的分离率受溶液pH的影响。溶液的pH不同，溶质的解离度也不同，而解离度受溶液pH、溶质取代基的性质以及水结构形式的影响。例如，苯甲酸在低pH下不发生解离，分离率仅有50%；当pH=7时，解离效果显著，分离率可达90%。此外，对芳香烃、环烷烃、烷烃及氯化钠等的分离顺序是不同的。

在实际工作中，在理论指导的前提下，考虑到许多因素之间的相互制约性，还必须通过实验验证，掌握物质的特性和规律，从而达到正确合理运用膜分离技术的目的。

5.2.4 反渗透膜的主要性能参数和测试方法

1. 反渗透膜的基本性能参数

反渗透膜的基本性能参数一般包括纯水渗透系数、脱盐率和抗压密性等，下面分别介绍[10]。

1）纯水渗透系数（L_p）

L_p为单位时间、单位面积和单位压力下纯水的渗透量

$$L_p = (J_V / \Delta p)_{\Delta\pi=0} \tag{5-2}$$

式中，Δp为跨膜的压差；$\Delta\pi$为跨膜的渗透压差；J_V为体积流，$cm^3/(cm^2 \cdot s)$。

2）反射系数（σ）

反射系数表示膜对溶质的截留情况，它是膜完美程度的标志之一

$$\sigma = -\frac{L_{Dp}}{L_p} = (\Delta p / \Delta\pi)_{J_V=0} \tag{5-3}$$

式中，L_p和L_{Dp}为两个独立的唯象系数。

3）溶质渗透系数（ω）

溶质渗透系数表示膜两侧无流动时溶质的渗透性

$$\omega = (J_s / \Delta\pi)_{J_V=0} = (L_D L_p - L_{Dp}^2)(c_s)_m / L_p \tag{5-4}$$

式中，$(c_s)_m$为膜两侧溶液浓度的平均值。

4）纯水渗透常数（PWP）

纯水渗透常数是指操作压差为p、有效膜面积为S时每小时的纯水透过量，它表明膜对纯水的透过性，与L_p相近。

5）溶质传质参数[D_{SM}（KL）]

溶质传质参数反映溶质透膜的特性，其值小，表示溶质透过膜的速率小，膜对溶质的分离效率高。

6）溶质分离率（截留率）或脱盐率

膜的真实溶质截留率或脱盐率为

$$R = (1 - \frac{c_p}{c_w}) \times 100\% \tag{5-5}$$

通常测得的是表观截留率或脱盐率，为

$$R = (1 - \frac{c_p}{c_b}) \times 100\% \tag{5-6}$$

式中，c_b、c_W、c_p 分别为被分离主体液浓度、在高压侧膜与溶液的界面浓度和膜的透过液浓度。

7）溶剂通量（透水速度、水透过速度）（J_W）

对特定的膜而言，J_W 为膜的物理性质（厚度、化学成分、孔隙率）和系统的条件（如温度、膜两侧的压力差、接触膜的溶液的盐浓度及料液平行通过膜表面的速度）的函数。J_W 可表示为

$$J_W = \frac{V_W}{St} \tag{5-7}$$

式中，V_W 为透过液的容积或质量；S 为膜的有效面积；t 为运转时间。

对于一定的系统，由于膜和溶液的性质都相对恒定，故 J_W 也可写为

$$J_W = A(\Delta p - \Delta\pi) \tag{5-8}$$

式中，A 为膜的溶剂透过系数（体积），表示特定膜中溶剂的渗透能力，m/(s·Pa)；Δp 为膜两侧的压力差，Pa；$\Delta\pi$ 为膜两侧溶液的渗透压差，Pa 。

8）溶质透过速率（J_s）

溶质透过速率指溶质（盐）通过膜的速率。溶质透过速率（透盐率）可表示为

$$J_s = B(c_{s1} - c_{s2}) \tag{5-9}$$

式中，B 为膜的溶质透过速率系数；c_{s1} 和 c_{s2} 分别为膜高压侧界面上水溶液的溶质浓度和膜低压侧水溶液的溶质浓度，它与压力几乎无关。一般而言，J_s 值越小越好，膜的溶质脱除率就越高。

9）膜的压密系数（m'）

由于操作压力与温度的变化促使膜材质发生物理变化并引起压密（实）作用，造成溶剂透过率的不断下降，其经验公式为

$$J_{Wt} = J_{W1} t^{m'} \tag{5-10}$$

式中，J_{W1}、J_{Wt} 分别为 1h 和 t 时的溶剂（纯水）透过率；t 为操作时间，h；m'值一般采用专门装置用纯水进行测定，m' 值越小越好。对普通的反渗透膜而言，m'值应以不大于 0.03 为宜。

10）膜的流量衰减系数（m）

膜的流量衰减系数指膜因压密和浓差极化而引起的膜透过浓度随时间衰减的程度。

要注意流量衰减系数 m 与膜压密系数 m'的区别。虽然它们表示的符号与计算方程相同，但前者包含了膜的压密和浓差极化双重效应，而后者仅是膜的压密效应，它是用纯水进行测试，显然前者的数值应大于后者。

11）回收率（ϕ）

回收率可表示为

$$\phi = \frac{[PR]}{V_f} \tag{5-11}$$

式中，[PR]为操作压差为 p、有效膜面积为 S 时每小时的产液透过量，kg/h，它表明膜对产液的透过性；V_f 指进料的流量。

12）其他

其他还有产品流量的温度系数和压力系数等。上面 4）~12）是反渗透工艺设计中常用的量，也称为工艺变量。

2. 测试方法

在实验室中测试膜的性能通常用小面积的膜来进行，所用的膜分离装置包括评价池及给

流体提供压力和流量的装置。典型的反渗透评价池有几种形式，应用比较广泛的是连续式泵型，这种评价装置的特点是料液在膜表面具有很高的流速，浓度分布均匀。在实际测定中常将多个评价池串联使用，这样可以同时进行多张膜片的评价。参数 L_p、σ和ω称为反渗透膜的内在性能参数，其测定装置如图 5-3 所示。

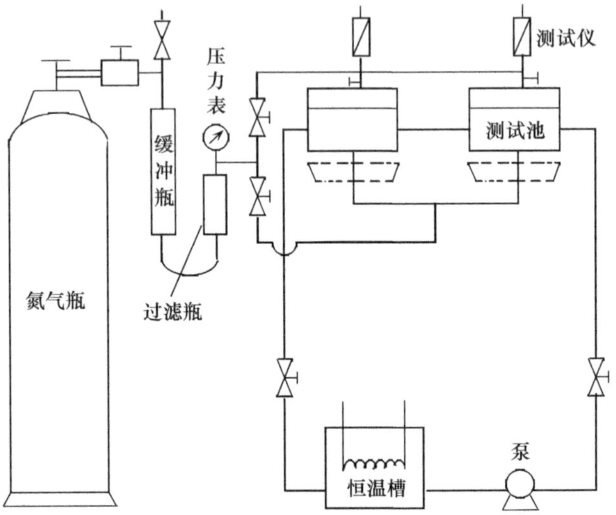

图 5-3　膜参数测试装置示意图

在工业规模生产或要求较高产率的实验中，膜分离单元称为膜组件，膜组件是将各种形态的反渗透膜制成一定构型的元件，然后将元件放置在压力容器中，并提供给水、浓水及产品水的通道。对于一个膜组件，要求膜的装填密度要大，同时要求给水在通过膜面上时能均匀分布并有良好的流动状态，以使膜的截留率和透水量得到充分利用，目前膜的构型多为螺旋卷式和中空纤维式。卷式膜元件是将反渗透膜、产水流道材料和给水流道材料按一定顺序排列黏合并围绕一多孔中心管卷制而成。将一个或几个膜元件置于压力容器中，即构成组件（又称膜组器）。所有膜组件可构成某种形式的三端头膜组件，三个端口分别为给水进口、产水和浓水出口。给水泵入膜组件后沿给水流道的隔网层前进，并借助其压力使一部分水通过反渗透膜渗透到产水的导流层内，再顺着导流层水道流进中心管排孔，经中心管流出，其余的给水部分（称为浓水）从隔网层的另一端排出。这种组件对进水水质的要求相对宽容，并且可以在较高的压力下运行。中空纤维组件是将数以万计的中空纤维在两端黏接在一起，装入耐压壳体，分出给水、产水、浓水水道，即为中空纤维组件。中空纤维组件的主要特点是：由于具有膜自支撑，单位壳体体积内的膜面积非常大，因此产水量较大。但由于膜面污垢去除难，因此对给水水质要求较为严格，需要对给水进行预处理。膜组件的开发和优化是膜分离技术中的一项重要课题。

应当注意的是，膜及其组件的性能与测试条件密切相关，其中包括进水水质指标、操作压力、水温、水的回收率等，严格控制测试条件才能得到真实的结果。

5.2.5　典型的反渗透膜

1. 醋酸纤维膜

醋酸纤维素（CA）是一种由纤维素与乙酸酐（约 40%）乙酰化而制得的适于反渗透用的膜材料，是目前研究最多的反渗透膜材料。由醋酸纤维素制得的膜具有透水率高、有中等耐氯性、对大多数水溶性组分渗透率相当低、成膜性能很好及膜较牢固等特点。除醋酸纤维外，三醋酸纤维（CTA）、醋酸丙酸纤维（CAP）、醋酸丁酸纤维（CAB）等都是很有前途的纤维素类膜材料。这些纤维酯是在纤维素分子中引入不同酯基后得到的具有不同亲水性和反应官能团的纤维素衍生物。

2. 芳香聚酰胺膜

在 20 世纪 70 年代以前，研究的聚酰胺膜主要为脂肪族聚酰胺，如尼龙 66、环氧乙烷接枝尼龙等，这些聚酰胺膜由于透水性能较差应用较少。目前在反渗透过程中广泛采用的是芳香族聚酰胺膜，它具有良好的透水性，较高的脱盐率，优良的机械强度和高温稳定性，耐压实，蠕变很小，能在 pH 3~11 范围内应用，但对氯较为敏感。

5.2.6 反渗透膜的制备

1. 反渗透膜材料的选择方法

反渗透过程特殊的传质机理决定了膜材料的性质对反渗透膜来说尤为重要。狭义的膜材料是指最终形成分离膜的有机或无机材料。但是，除了膜材料的化学构成之外，其分子聚集态对膜的性能也有很大的影响，这又与构成制膜液的溶剂、添加剂等以及成膜工艺条件等许多因素相关。因此，广义的膜材料应包括构成制膜液的全部组成，即有机高分子材料或无机材料、溶剂、添加剂等。下面以反渗透膜中应用较多的高分子有机材料作为对象进行讨论。

首先，应针对具体的应用情况选择合适的高分子膜材料，再依次确定相应的溶剂、添加剂。对高分子膜材料的要求是：①不能和被分离液中的任何组分发生化学反应；②根据分离溶液的 pH、温度、是否有余氯等选择膜材料；③充分考虑膜材料和被分离溶液中各组分间的相互作用。

对渗透组分和成膜高分子材料之间物理化学作用的深刻理解是选好膜材料的前提。膜与被分离组分间的亲和性应保持亲/疏适度，即使是优先透水膜，也并不是膜的亲水性越强越好，因为亲水性太强，也有可能造成渗透通量的下降，因此，适当的亲/疏平衡是实现最佳的渗透性和选择性的保证。反渗透膜也一样，高分子膜材料需要适当的亲/疏平衡。这可以通过溶解度参数方法和$\varDelta_{AM}/\varDelta_{BM}$相对指数法来确定。

1）溶解度参数方法

溶解度参数法是应用溶解度参数（δ）来描述材料间相互作用的一种方法，目前应用最多的是 Hansen 溶解度参数，Hansen 溶解度参数是物质本身的一个基础物理化学参数，Hansen 溶解度参数理论可以用来理论预测物质的基础性质及不同物质之间的相互作用强度，并将这种定性的理论预测进行定量的分析。在 Hansen 溶解度参数中，δ 溶解度分为三部分，即色散部分 δ_d、极性部分 δ_p 和氢键部分 δ_h。

$$\delta^2 = \delta_d^2 + \delta_p^2 + \delta_h^2 \tag{5-12}$$

根据 Hansen 溶解度参数理论，两个物质间的 Hansen 溶解度参数越接近，二者之间的相互作用强度就越强。相互作用强度程度可以通过溶解度半径 R_a 来进行定量描述，R_a 值越小，相互作用强度就越大。

$$R_a^2 = 4\left(\delta_{d1} - \delta_{d2}\right)^2 + \left(\delta_{p1} - \delta_{p2}\right)^2 + \left(\delta_{h1} - \delta_{h2}\right)^2 \tag{5-13}$$

2）$\varDelta_{AM}/\varDelta_{BM}$ 相对指数法

$\varDelta_{AM}/\varDelta_{BM}$ 相对指数法的基础是溶解度参数，但比 δ 溶解度法更精确些。如果想截留物质 A，透过物质 B，则选$\varDelta_{AM}/\varDelta_{BM}$ 最大值的膜材料 M，即$\varDelta_{AM}$ 值的最大化或$\varDelta_{BM}$ 值的最小化，也就是说，选择的目标应与 B 有较强的亲和力而与 A 的较弱。但如果$\varDelta_{BM}$ 小到极限，$\varDelta_{BM}$ 近似于 0，此时膜的强度会大大下降，并失去选择性。

2. L-S 相转化法制膜工艺

1963 年，Loeb 和 Sourirajan 首先发明了 L-S 相转化法并将其用于反渗透膜的制作[11]，直到现在，L-S 相转化法一直是制备非对称分离膜的重要方法之一。相转化法就是配置一定比例组成的均相聚合物溶液，通过一定的物理方法改变溶液的热力学状态，使其从均相的聚合物溶液发生相分离，最终转变成一个三维大分子网络式的凝胶结构。根据改变热力学状态的物理方法不同，可以将相转化法制膜方法分为以下几种：溶剂蒸发相转化法、热诱导相转化法、气相沉淀相转化法和浸没沉淀相转化法。目前大部分的工业用膜是采用浸没沉淀相转化法制备的，下面就浸没沉淀相转化法的制膜工艺、成膜机理和影响因素分别作以介绍。

1）制膜工艺

制膜时，先将均匀的聚合物溶液涂布于支撑材料表面，然后将其浸入聚合物的非溶剂中，随着膜内的溶剂（或不良溶剂）和凝固浴中的非溶剂相互扩散的不断进行，聚合物溶液体系将发生液-液相分离，分相体系经聚合物的相转化固化，最终形成不同结构形态和性能的膜。有时，可以向聚合物溶液中加入沸点较低的不良溶剂，通过控制浸入凝固浴前在空气中挥发时间的长短来调整膜表面聚合物的浓度，从而影响热力学液-液分相过程，以达到改变膜结构的目的，制膜过程如图 5-4 所示[12]。

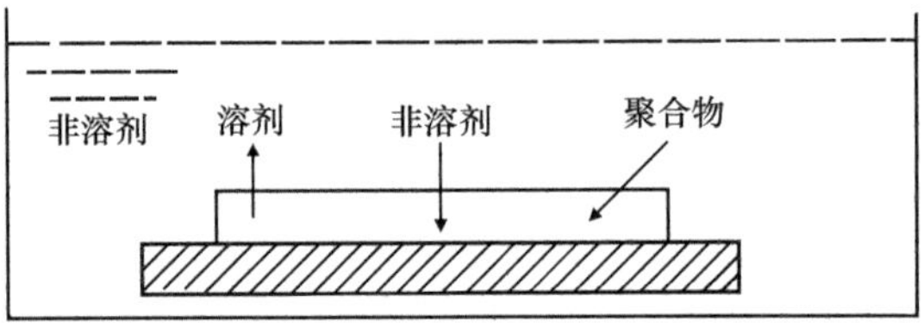

图 5-4　浸没相转化制膜示意图

2）成膜机理

在浸没沉淀相转化法制膜过程中，聚合物溶液体系是否以及发生何种液-液分相过程主要由溶液的热力学因素所决定，而实际浸入凝胶分相制膜则为一动力学过程，通常制膜过程的动力学因素决定了膜的具体结构形态。当铸膜液浸入凝固浴之后，薄膜内溶剂将向凝固浴中扩散，而凝固浴中的非溶剂也将向薄膜内扩散，浸入凝胶成膜是一个动力学双扩散过程，随着双扩散过程的不断进行，体系将发生热力学液-液分相，根据体系发生液-液分相的快慢，通常存在两种不同形式的液-液分相行为[13]，即瞬时液-液分相和延时液-液分相。瞬时液-液分相是指铸膜液浸入凝固浴后迅速分相成膜；延时液-液分相是指铸膜液浸入凝固浴中一定时间后才分相成膜。

对于瞬时液-液分相，铸膜液浸入凝固浴后，在非常短的时间内，初生态膜与凝胶介质相接触即刻发生相分离，在此期间，溶剂的流出量与非溶剂的流入量之比并不显著，所形成的膜表面非常薄而疏松，疏松的表层对下层传质阻碍作用较小，所以支撑层中形成的指状孔长度增加，同时溶剂的大量存在又为稀相核的生长提供了条件，使其不断长大而相互合并，因而指状孔之间的连通性增强，从而形成多孔的支持层。这样，膜的最终结构由两层组成：一层是非常薄、疏松的表层，但存在缺陷；另一层是厚的支撑层，含有大量的指状孔。

对于延时液-液分相，当铸膜液浸入凝固浴后，初生态膜中的溶剂大量流入凝固介质，而非溶剂进入初生态膜的量较小，这样在界面处就形成了一个非常陡的聚合物浓度梯度，且高浓度的表层厚度与间隔时间的平方根成正比，随着相分离时间的延长，表面致密层不断增厚，这样最终得到的膜结构由三层组成：上面薄的致密层；中间致密、分散着细小的海绵状孔的过渡层；下面较厚的支持层，存在相互连接的孔。

综上所述，两种不同的液-液分相行为原则上形成了两种不同的膜结构形态[14]：瞬时液-液分相得到相对多孔的膜表层，形成多孔膜（如微滤和超滤膜）；延时液-液分相通常得到致密的膜表层，形成具有致密表层和多孔底层的聚合物膜（如气体分离膜和渗透汽化膜）。在上述两种不同的膜结构形态中，膜表层的厚度则取决于制膜过程的所有制膜参数。

3）影响成膜的工艺因素

（1）制膜液组成。聚合物浓度一般为 10%~45%，溶液太稀时膜强度较差，太浓时聚合物溶解状态不佳。

溶剂含量一般为 60%~90%，对溶剂的要求是能溶解聚合物，可与水混溶，在蒸发阶段它能较快蒸发，从而能在膜表面处形成一致密层；与其他组分不发生化学反应，常温下制膜时，溶剂最好为低沸点的极性溶剂。另外，还要考虑到溶剂的极性、密度、酸碱性、毒性等，根据具体情况进行选择。

添加剂一般含量在 0~30%，用于改变溶剂的溶解能力，即调节聚合物分子在溶液中的状态，在挥发阶段可以降低制膜液中溶剂的蒸气压并控制蒸发速率；在凝胶阶段，扩散速度较慢，以调节膜的孔结构和含水量。添加剂同样要与制膜液中各组分相混溶，又要溶于水，最好是高沸点的极性物质。

（2）蒸发阶段。主要是指溶剂蒸发，高聚物在表层浓缩甚至沉淀，下层的溶剂向表层扩散，从而形成膜横断面的浓度梯度。溶剂蒸发速度与制膜液的组成及环境条件有关。

（3）凝胶阶段。在凝胶阶段，膜浸入凝固浴中，溶剂和添加剂从膜中被漂洗出来，聚合物沉淀出来形成固态膜。在选择凝胶介质时，必须注意下列因素：一是凝胶介质对采用的制膜高聚物不起溶解作用；二是与选用的溶剂、添加剂相混溶。通常用水作凝胶介质，既经济又方便。

（4）热处理。膜的热处理是指将凝胶后所成的膜置于一定温度的热介质中，通常在水或水溶液中加热一段时间，使膜收缩，孔径也相应减小，对反渗透来说，就具有了选择性，这相当于第二级凝胶过程。Sourirajan 等对膜的热处理进行了深入研究，并进行了热力学解释。

5.2.7 反渗透膜的污染及其改善措施

反渗透膜的污染可分为两大类。一类是可逆膜污染——浓差极化，它可以通过流体力学条件的优化及回收率的控制来减轻和改善。另一类为不可逆膜污染，即通常所说的膜污染，它可由膜表面的电性及吸附引起或由膜表面孔隙的机械堵塞而引起。这一类污染目前尚无有效的措施加以改善，只能依靠对水质进行预处理或通过抗污染膜的研制及使用来延缓其污染速度。

1. 浓差极化现象

在反渗透过程中，由于膜具有选择透过性，溶剂从高压侧透过膜到低压侧，大部分溶质则被阻拦积累在膜高压侧表面上。溶质的“聚集浓缩作用”造成由膜表面到主体溶液之间形成浓度梯度，它将引起溶质从膜表面通过界层向主体溶液扩散。在稳态情况下，当溶剂向膜面流动时，引起的溶质的流动速度与浓度梯度导致溶质从膜表面向主体溶液扩散速度达到平衡时，将在膜面附近形成一个稳定的浓度区——浓差极化边界层，这种现象即浓差极化。浓差极化现象的存在，可能引起很多不良影响：①膜表面渗透压的升高将导致溶剂（水）通量的下降；②通过膜的溶质通量上升；③溶质在膜表面的浓度超过其溶度积而形成沉淀并堵塞膜孔，降低溶剂（水）通量，严重时会导致膜分离性能的改变；④膜污染的出现，特别是膜污染严重时，几乎是在膜表面又形成了一层二次薄膜，势必导致反渗透膜透水性能的大幅度下降，甚至完全消失。

2. 不可逆膜污染

反渗透膜污染是指料液中的溶质分子由于与膜存在物理化学相互作用或机械作用而引起的在膜表面或膜孔内的吸附、沉积，造成膜孔径变小及堵塞，从而引起膜分离特性不可逆变化的现象，它可以分为以下两大类。

1）膜表面的电性及吸附引起的污染

用反渗透膜处理溶液时，当溶液中的溶质分子碰撞到膜表面时，膜与溶质之间或产生范德华力或形成表面化学键，相应产生物理吸附或化学吸附，这两种吸附作用使得膜吸附了溶质，造成膜表面上的溶液浓度高于主体溶液的浓度，这就是吸附现象引起的不可逆污染，它会使膜的纯水渗透性不可逆地下降。

2）膜表面孔隙的机械堵塞引起的污染

当溶液的浊度较高或污染指数较大时，料液中会有一定量的悬浮颗粒或大分子的胶体。这些物质在压力的作用下，在纯水透过膜后会沉积在膜面上，膜面沉积物随着处理量的增加而增多，导致沉积物厚度增加，膜孔被堵塞。随着膜孔堵塞的情况越来越严重，纯水的透过量也会越来越低，这就是由膜表面孔隙的机械堵塞引起的不可逆污染。

上述两种污染，虽然机理不尽相同，但同属于不可逆污染，因而没有较好方法能有效地减轻这两类污染，只能通过对进水水质的预处理、控制浊度、控制污染指数 SDI 值和控制 pH、研制抗污染膜等方法，来尽量减少进水中的杂质和胶体物质，或使污染来得慢一些，从而延长膜的寿命。

3. 预处理的方法

通常通过以下方法对进水进行预处理，以期延长膜的使用寿命[15]。

（1）一般采用絮凝、沉淀、过滤或生物处理法去除料液中的悬浮固体，降低浊度。

（2）用氯、紫外线或臭氧杀菌，以防止微生物、细菌的侵蚀。

（3）加六偏磷酸钠或酸，防止钙、镁离子结垢。

（4）严格控制 pH 和余氯，以防止膜水解。

（5）控制水温。

（6）注意控制进料流速和进水的电导率。

5.2.8 反渗透的应用

反渗透技术是 20 世纪 50 年代为海水淡化而提出的，现已成为海水淡化最经济的方法[16, 17]。从 20 世纪 60 年代起，美国和日本先后建立海水淡化试验场，用于促进海水淡化的产业化。目前，反渗透装置已成功地应用于海水脱盐，并达到饮用级的质量。从海水一级脱盐制备饮用水时，膜组件除应具有高脱盐率（大于 99%）外，还要求具有承受高压（5.5~8.0MPa）的能力和较高的水通量。用反渗透进行海水淡化时，因其含盐量较高，除特殊高脱盐率膜以外，一般均需采用二级反渗透淡化。一般的海水大中型淡化装置都装有能量回收透平机，可回收 30%的能量。世界上最大的反渗透淡化工厂是 Du Pont 公司在 Al Jubail 建造的 $0.2\times10^6 m^3/d$ 的淡化工厂，能源消耗为 $9.5kW\cdot h/m^3$ 淡水。但由于海水脱盐成本较高，目前主要用于特别缺水的中东产油国。

反渗透技术的大规模应用主要是苦咸水和海水淡化，此外也应用于纯水制备及生活用水处理，以及难以用其他方法分离的混合物，如合成或天然聚合物。反渗透过程适用于制造受热容易分解的产品以及化学性质不稳定的产品，如生物制品、药品以及食品等。在这些制品的生产中，如果采用传统的净化与分离方法，常常会导致产品的损失或味道的破坏。随着反渗透膜的高度功能化和反渗透应用技术的不断开发，反渗透已从海水淡化逐渐渗透到食品、医药、化工等领域的分离、精制及浓缩操作等方面。

5.3 纳滤膜分离技术

5.3.1 概述

纳滤（nanofiltration，NF）是20世纪70年代中后期开发的一种新型膜分离过程。由于其具有操作压力较低（1.0~2.0MPa），对一、二价离子有不同的选择性，对小分子有机物有较高的截留率，并且节能等特点，在20世纪90年代之后迅速发展，可以说是近20年来发展起来的一种新型膜分离技术。

纳滤是近年来国际上膜分离技术领域研究的热点。美国、日本等国的科研机构和企业界对纳滤膜的研究开发十分重视。纳滤的研究最早可追溯到20世纪70年代中后期Cadotte对NS-300膜的研究。1977年，Cadotte用哌嗪与均苯三甲酰氯和间苯二酰氯通过界面聚合得到了NS-300膜。之后，一些犹太科学家相继研制出了一系列化学性能异常稳定的纳滤膜，并且在当时命名为选择性反渗透。此后，纳滤技术得到了迅速发展，20世纪80年代初期，美国Film Tec的科学家研制出了一类薄层复合膜（NF-40、NF-50、NF-70），由于膜表面孔径处于纳米级，能去除尺寸约1nm的粒子，因此简称纳滤膜。到了20世纪90年代，纳滤膜得到了飞速发展，针对不同的应用领域相继开发出了一批分离性能独特的纳滤膜，并且实现了商品化，如NTR-729HF、NTR-7250、NTR-7400、NF-90、SU-600等[11]。在国外，商品化的纳滤膜已经用于水处理，如美国Film Tec公司生产的NF-50膜可除去Florida表层水中颜色和TOC。美国海德公司将纳滤膜应用于食品方面也取得了较好的效果，如对果汁、菜汁的浓缩，将葡萄汁浓缩制成葡萄酒，去除无脂奶粉的异味等[18]。

我国从20世纪90年代才开始纳滤的研究，初期把纳滤膜称为疏松型反渗透或紧密型超滤膜。直到1993年，高从堦院士在兴城会议上首次提出了纳滤膜的概念，从此纳滤膜技术才开始受到国内膜分离和水处理领域的科技工作者的广泛关注。国内主要的纳滤膜研究及开发机构有杭州水处理技术研究开发中心、中国科学院大连化学物理研究所和中国科学院上海原子核研究所等[12]。开发的纳滤膜主要有以下几种：CA类非对称膜、S-PES涂层复合膜、PA类界面缩聚复合膜和SPES-6合金纳滤膜。

目前，国外商品纳滤膜市场尚未规范，而国内纳滤研究又处于起步阶段。我国生产的纳滤膜品种很少，已有的商品纳滤膜与国外相比性能相差很大[19]。对新品种膜的开发以及对由传统膜材料所制备的纳滤膜性能的提高都是纳滤膜研究急需解决的重点。另外，对于纳滤膜的制备，国际学术界目前尚无成熟的理论指导，新品种膜的开发大多依靠大量实验的筛选和经验的积累，因此纳滤膜的制备研究仍将是未来十年膜领域研究的热点[20]。

5.3.2 纳滤的特点、分离机理与分离规律

1. 纳滤的特点

纳滤膜具有两个显著特征：一是其所截留的物质的相对分子质量介于反渗透和超滤膜之

间，为 200~1000；另一个是由于一些纳滤膜的表面分离层由聚电解质所构成，对不同价态的离子存在道南效应，因此它对无机电解质具有一定的截留率。根据其第一个特征，推测纳滤膜可能拥有纳米级别的微孔结构，故称为纳滤。纳滤是以压力为推动力的膜分离技术。以压力为推动力的膜分离技术除纳滤外，还有超滤、微滤、反渗透。图 5-5 是各种以压力为推动力的膜分离技术分离特性示意图。

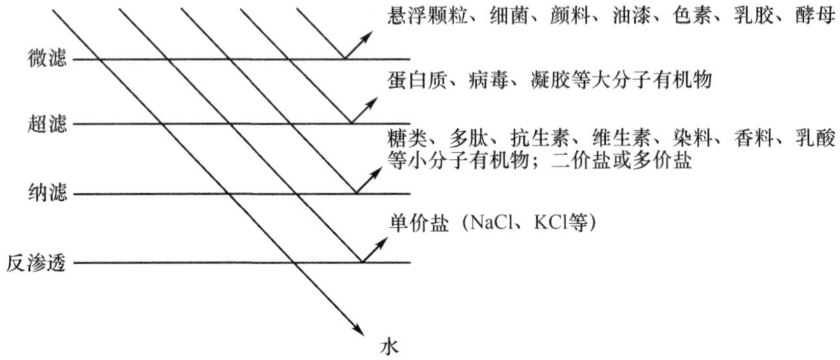

图 5-5　膜分离性能示意图

2. 纳滤的分离机理

通常认为纳滤膜传质机理为溶解-扩散方式。大多数纳滤膜是具有三维交联结构的复合膜，与反渗透膜相比，由于具有尺寸更大的孔结构，因而纳滤膜三维交联结构更为疏松，即网络具有更大的立体空间。不少纳滤膜表面荷负电，对不同电荷和不同价态的离子存在不同的道南效应，纳滤膜的这些孔结构和表面特征决定了其独特的分离性能，即纳滤膜对无机盐的分离行为不仅与化学势梯度有关，同时也受电势梯度的影响，即纳滤膜的分离行为与其荷电性能以及溶质荷电状态和相互作用都有关系。

3. 纳滤的分离规律

纳滤膜分离具有以下规律性：

（1）对于阴离子，截留率按下列顺序递增：NO_3^-、Cl^-、OH^-、SO_4^{2-}、CO_3^{2-}；多价的阴离子，由于膜的负电荷而被排斥在膜外，只有在很高浓度的情况下，膜电荷受到很强的屏蔽，才会导致这些离子进入膜中并且发生渗透。

（2）对于阳离子，截留率递增的顺序为 H^+、Na^+、K^+、Ca^{2+}、Mg^{2+}、Cu^{2+}。

（3）一价离子渗透，多价阴离子滞留（高截留率）。

（4）截留相对分子质量为 200~1000，适于分子大小为 1nm 的溶解组分的分离。

（5）一般随着浓度的增加，膜的截留率下降。这一方面可以由进料流体和膜流体之间的道南平衡来解释，另一方面也可以由增强了固定离子的屏蔽作用来解释。

5.3.3　典型纳滤膜材料

纳滤膜材料基本上和反渗透膜材料相同，主要有纤维素和聚酰胺两大类。纤维素类包括二醋酸纤维素（CA）和三醋酸纤维素（CTA）、CA-CTA 混合纳滤膜材料等，而聚酰胺类主要是芳香族聚酰胺（PA）。此外，用于纳滤膜材料的还有聚砜类，包括聚砜（PSF）、聚醚砜（PES）、磺化聚砜（SPS）以及在此基础上发展起来的磺化聚醚砜（SPES）、聚哌嗪酰胺（PIP）

类、聚芳酯类以及无机纳滤膜材料（如陶瓷）等。醋酸纤维素和芳香族聚酰胺相关内容可参考 5.2.5。

1. 聚砜

聚砜具有刚性大、强度高、抗蠕变、尺寸稳定、耐热（上限温度达 75℃）、耐酸碱、耐氯性好（50mg/L 游离氯中可长期储存，200mg/L 游离氯可短期消毒）及抗氧化等优点，因而被广泛使用。另外，可以将其制成各种构型（半板、管状和中空纤维）和宽范围孔径（1~20nm）的膜，因此聚砜是目前制作纳滤膜应用较多的材料。聚砜的缺点是耐候性、耐紫外线较差，耐有机溶剂也不太好，不宜在沸水中长期使用。为扩大其应用范围，近年来许多研究人员在将其与其他材料配合制作复合膜方面进行了广泛研究，例如，将聚氯乙烯、聚砜共混（PVC 和 PSF 的体积比为 4∶1），水通量可达 138.3L/（$m^2 \cdot h$）[21]。再如，可对聚砜进行丙烯酸化学改性，可同时达到提高膜透水量、增加截留率和改进抗污染性三方面效果，对其进行紫外辐照改性可增加通量和膜亲水性[22]。

2. 聚醚砜

聚醚砜性质与聚砜性质大体相同，因其结构单元中没有脂肪烃基团，故热稳定性比聚砜更好，可在 180~200℃下长期使用，耐老化性能也优异，高温下抗蠕变性能极好，所以以聚醚砜为基本制膜材料制作纳滤膜和超滤膜是近年来的研究热点之一。不过在目前多数情况下，这种聚合物仍被作为基膜制膜材料的主要成分。

3. 磺化聚醚砜

在聚醚砜中引入 SO_3^{2-} 基团可得磺化聚醚砜，借此可以改善材料的亲水性。

4. 聚芳酯类

聚芳酯类树脂强度高，尺寸稳定性好，耐热、耐溶剂和化学品的性能优良。聚芳酯可由二元酚和二元酸双酰氯合成。另外，聚酯无纺布是反渗透、纳滤、气体分离、渗透汽化、超滤和微滤等卷式膜组件的最主要的支撑底材。

5. 聚哌嗪酰胺

这种聚合物具有强碱性的哌嗪环，因此大分子主链相当牢固，具有良好的耐热性和亲水性，容易成型，这些性质取决于两个羧基的性质和哌嗪环的取代度。

6. 无机纳滤膜材料

相对于有机聚合物材料而言，无机膜材料通常具有很好的化学和热稳定性、寿命长、便于清洗，对无机膜可任选清洗剂。尽管如此，真正用于制备纳滤膜的无机材料非常有限，最常用的要数多孔陶瓷膜。

常用的多孔陶瓷膜有 Al_2O_3、SiO_2、ZrO_2、TiO_2 膜等。陶瓷膜材料有两大优点：一是耐高温，除玻璃膜外，大多数陶瓷膜可以在 1000~1300℃高温下使用；二是耐化学和生物腐蚀，陶瓷膜一般比金属膜更耐酸腐蚀，而且与金属膜的单一均匀结构也不同。

多孔陶瓷膜根据孔径的不同，可有多层、超薄表层的不对称复合结构。此外，陶瓷还具有硬且脆、E-模数很高的特点。

5.3.4 纳滤膜的制备方法

目前，主要有以下几种制备纳滤膜的方法[23, 24]。

1）L-S 相转化法

L-S 相转化法参见 5.2.6。

2）转化法

转化法制备纳滤膜的原理是利用纳滤膜的孔径介于反渗透和超滤膜之间这个特点，通过调节反渗透和超滤膜的孔径大小而制成纳滤膜。具体方法是，将反渗透膜制膜工艺进行调整，使其表层疏松化以得到纳滤膜，或者将制得的超滤膜进行表层致密化处理，其方法是在超滤膜表层进行复合而得到超薄致密层，如将超滤膜浸渍在酸性介质中孔径会缩小 10%~15%[25]。

3）共混法

中国科学院上海原子核研究所的 SPES-6 纳滤膜就是利用共混法制备的[26]。该方法是将两种或多种高聚物在液相进行共混，形成多组分系统。当相转化成膜时，由于共混界面之间以及它们与铸膜液中溶剂与添加剂的相容性的差异，将影响膜表层的网络孔、胶束聚集孔以及相分离孔的孔径大小及其分布。该方法的关键是通过研究工艺条件对相容性的影响来合理调节铸膜液中各组分的相容性差异，从而制作出具有纳米级表层孔径的合金纳滤膜。

4）荷电化法

荷电化法是制备纳滤膜的重要方法[24, 27-29]。通过荷电化可以提高膜的耐压密性、耐酸碱性及抗污染性，还可以调节膜表面的疏松程度，同时利用道南效应可分离不同价数的离子，荷电化还能大大提高膜材料的亲水性，制得高水通量的纳滤膜。

5）复合法

复合法是目前用得最多也是很有效的制备纳滤膜的方法，该方法就是在微孔基膜上复合一层具有纳米级孔径的超薄表层[23, 30-32]。复合膜制备包括基膜的制备和超薄表层的制备及复合。

5.3.5 纳滤的操作模式

纳滤膜由于通量大、易污染，所以在实际应用中需严格控制膜的通量。纳滤过程分为渗透背压式、增压泵式和循环式三种形式[33]，如图 5-6 所示。

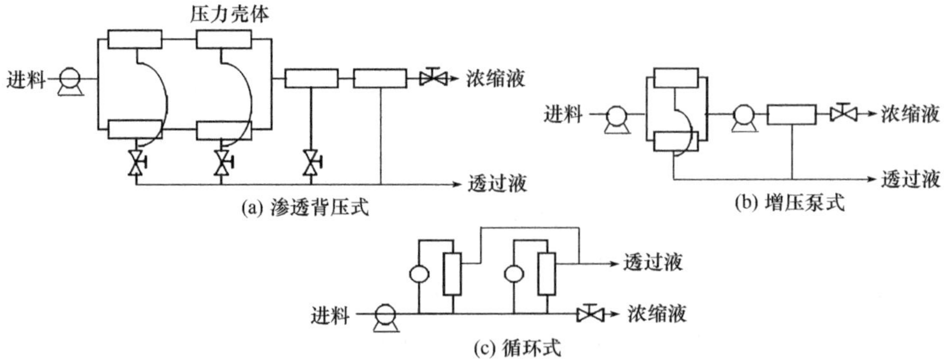

图 5-6　纳滤操作模式

5.3.6 纳滤的主要用途

纳滤技术具有很好的工业应用前景，目前已在食品工业、生物化工、制药工业、染料工业、石化工业和废水处理等方面得到了较为广泛的应用。

1. 在食品工业中的应用

在食品工业中，纳滤膜分离技术主要用来对料液进行脱盐、脱色、脱除杂质和浓缩。如在植物油加工过程中，可以用纳滤膜将固含量为20%的大豆油浓缩到45%，同时可将溶剂正己烷回收循环利用，并将部分酸脱除，此法较用正己烷直接蒸发法能节能50%[34]。

2. 在生物化学和制药工业中的应用

1）抗生素的回收和纯化

抗生素原料一般在料液中含量较小，用传统的方法进行回收存在回收率低，真空浓缩时会造成抗生素损失，且能耗高等问题。用纳滤膜可通过两种途径回收和纯化抗生素：一种是先用溶剂萃取抗生素，再用纳滤膜浓缩透过该膜的有机溶剂，萃取剂可循环使用降低成本；另一种是先用纳滤膜浓缩，再用溶剂萃取，这种方法可以提高萃取设备的生产能力，降低溶剂用量。

2）纯化和浓缩氨基酸和多肽

氨基酸和多肽的相对分子质量一般介于 100~1000。在制药工业中，常常采用色谱柱或层析法分离、纯化多肽化合物。氨基酸、多肽具有两性性质，即具有电中性和带电荷的双重性，而纳滤膜活性层本身也带有静电荷，因此，荷电的氨基酸、多肽离子与荷电的纳滤膜之间存在道南效应。当氨基酸或多肽处于等电点时，它们与膜面间的相互作用为最小，可以通过调节料液的 pH 而相应改变料液中氨基酸或多肽的荷电性，利用纳滤分离、纯化、浓缩氨基酸和多肽。Tsuru 等已经做过这方面的实验，即通过改变原料液的 pH，让原料液中的氨基酸和多肽带上不同的电荷，最终成功地完成了纳滤膜分离混合氨基酸的实验[35]。

3. 在石化工业中的应用

在石化生产中，许多加工过程都有催化剂参与，反应过程中有相当一部分催化剂未消耗掉或根本未消耗，其中有些催化剂的价格是很昂贵的，为降低成本，可用纳滤膜将该类催化剂从有机溶剂中浓缩出来并加以循环使用，同时可将已分离出催化剂的有机溶剂直接送入反应器中循环使用。这类技术早已应用在烯烃加氢甲酰化的 Co、Pa 复合催化剂的生产过程中。此外纳滤还可以用于润滑油的精炼和从脱沥青原油中提取轻质油。

4. 在污水处理方面的应用

工业废水成分复杂，处理起来比较困难，传统的污水处理方法一般是采用化学淤浆法和生化降解法，但其效果并不是特别理想。如果把膜分离技术同污水处理结合起来，则不失为一种能耗低、效果好的方法。目前已有人采用了纳滤分离和其他技术结合的办法对污水进行处理。此外，纳滤还可用在含重金属离子废水的处理和对苯二甲酸的回收等方面。对含有镉、汞、镍、钛等重金属高价离子的废水可以采用纳滤膜在较低压力下高效地将它们脱除，费用较反渗透等其他方法要低得多[36]。纳滤同络合工艺结合可用于从含大量钠盐的溶液中回收铯和锶，所用的络合剂是各种各样的水溶性含间苯二酚芳香类基团[37]。

5. 在其他方面的应用

纳滤分离技术同超临界 CO_2 萃取相结合可用来纯化低相对分子质量化合物（最高达1500g/mol）。CEA（Commissariat à l' Energie Atomique）已制作出这种耐临界条件的纳滤膜，可以对从鱼油中提取的甘油三酯进行分级分离，浓缩一些引发心血管疾病的脂肪酸，也可以从胡萝卜油或胡萝卜种子中提纯β-胡萝卜素[21]。

5.4 超滤膜分离技术

5.4.1 概述

超滤技术是膜分离技术中应用最广泛的技术，也是近二十年来发展最快的膜分离技术[38]。超滤属于压力驱动型膜分离技术，主要用于液相物质中大分子化合物、胶体分散液和乳液等物质的分离，不能截留无机离子。超滤操作静压差一般为 0.1~0.5MPa，膜孔径为 10^{-3}~10^{-1}μm，截留相对分子质量范围为 500~10^6[39]。

最早使用的超滤膜是动物脏器薄膜。1861 年，Schmidt 首次公开了应用牛心胞膜截留可溶性阿拉伯胶的实验结果。1867 年，第一张人工膜合成，是 Traube 在多孔瓷板上凝胶沉淀铁氰化铜得到的。1907 年 Bechhold 比较系统地研究了超滤膜，并首次采用了“超滤”这一术语。后来虽然 Asheshor、Elford 等科学家对超滤进行了更为深入的研究，而且初步探索出了不同分离性能超滤膜的制备技术，为超滤的发展作出了积极贡献，但终因膜的透水能力低而影响了它进一步推广应用和大规模工业化生产。直到 1960 年，Loeb 和 Sourirajan 研制出了具有较高水通量的不对称醋酸纤维素反渗透膜，才促使超滤技术发生了突破性的进展。1963 年 Michaels 开发了不同孔径的不对称醋酸纤维素超滤膜并创建了 Amicon 公司，专门生产和销售各种截留相对分子质量的超滤膜。在这之后的短短几年时间内，各种结构形式的超滤装置也相继出现。1965 年以后，又有多家公司和生产厂家推出了各种聚合物超滤膜，使超滤技术步入了快速发展的阶段[40]。

我国对超滤技术的开发比国外晚 10 余年的时间，从 70 年代起步，首先研制出了管式超滤膜及组器。80 年代进入快速发展的阶段，先后研制成功了中空纤维、卷式和板式超滤膜及其装置。90 年代这些不同结构形式的超滤膜及其装置都获得了广泛应用并取得了显著的社会、经济和环境效益。

近二十年以来，国家对膜分离技术的开发非常重视，将包括超滤在内的膜分离技术列入国家“七五”、“八五”重点科技攻关项目，投入大量的资金和人力，开展专项科技攻关，使我国的超滤水平得到了迅速提高。目前，超滤膜已有聚砜、聚丙烯腈（PAN）、聚砜亚胺（PSA）和聚偏氟乙烯（PVDF）等十余个品种，形成了截留相对分子质量从 1000~100000 的系列化的产品，一批耐高温、耐腐蚀和抗污染能力强的膜也相继问世，超滤装置有板式、管式、卷式和中空纤维式四种结构类型，门类齐全。同时，在荷电膜、成膜机理、膜污染机理及对策的研究等方面也取得了很大进展。

5.4.2 超滤的基本原理及特点

1. 超滤基本原理

一般认为超滤是一种筛孔分离过程，如图 5-7 所示，在静压差推动力的作用下，原料液中的溶剂和小粒子溶质从高压的料液侧透过膜流到低压侧，一般称之为滤出液或透过液，而大分子组分被膜所阻拦，使它们在剩滤液中浓度增大。按照这样的分离机理，超滤膜具有选择性的主要因素是形成了具有一定大小和形状的孔的表层，聚合物的化学性质对膜的分离特性有一定影响。

在超滤过程中，大分子溶质之所以不能像小分子溶质那样容易通过膜，主要有以下几种原因[41]：

（1）被吸附在过滤膜的表面上和孔中（基本吸附）。

（2）被保留在孔内或者从孔内被排出（堵塞）。

（3）机械地被截留在过滤膜的表面上（筛分）。

从溶液被浓缩的角度来讲，第三种原因起主要作用。

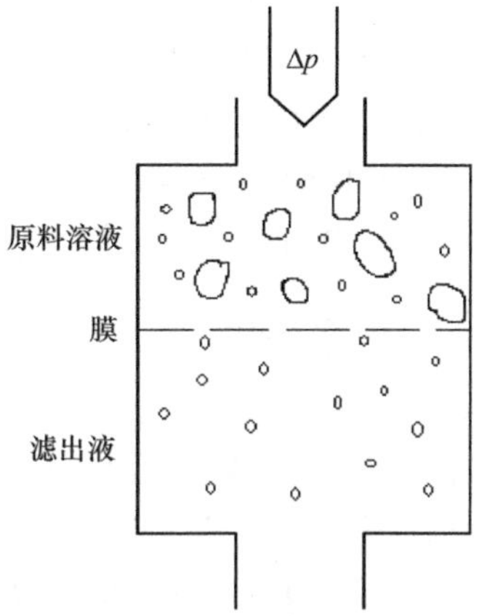

图 5-7 超滤过程原理示意图

2. 超滤特点

超滤过程具有以下优点[42]：①无相变，在常温和低压下进行分离，能耗低，约为蒸发法或冷冻法能耗的 1/5~1/2；②设备体积小，结构简单，投资费用低；③超滤分离过程只是简单地加压输送流体，工艺流程简单，易于操作管理；④物质在浓缩分离过程中不发生质的变化，适合处理热敏性物质；⑤适合稀溶液中微量贵重大分子的回收和低浓度大分子物质的浓缩；⑥能将不同相对分子质量的物质进行分级分馏；⑦超滤膜是由高分子聚合物制成的均匀连续体，在使用过程中无任何杂质脱落，不会污染超滤液。

5.4.3 典型超滤膜材料

总体上可以将制备超滤膜的材料分为有机高分子材料和无机材料两大类。有机高分子材料具有品种多，柔韧性好，价格便宜等优点，而且有机高分子膜的制备工艺简单，膜的形态容易控制，可以制成各种形式的膜组件，因此有机高分子材料是超滤膜制造工业中使用最广泛的材料。无机超滤膜是 20 世纪 70 年代末才进入工业领域的，研究发展时间较短，所以无机超滤膜制膜材料种类少于有机超滤膜，有机超滤膜是目前超滤市场应用最多的膜。聚砜和聚醚砜的相关内容可参考 5.3.3，其他几种典型的有机超滤膜材料介绍如下。

1. 醋酸纤维素

由于醋酸纤维素具有资源丰富、无毒、价格便宜、亲水性好（水渗透流率高）、截留率高、制膜工艺简单和便于工业化生产等优点，所以在许多领域以其为基本制膜材料制作超滤膜仍然是人们研究的重点和热点之一。1960 年，Loeb 和 Sourirajan 发明了世界上第一张二醋酸纤维素膜。二醋酸纤维素膜在开始时研究较多，但其 pH 适应范围小、抗氧化性能差、易水解、易压密、易生物降解和不耐高温等明显缺点限制了它的应用范围。随后研究人员将精力多集中在改性方面，如使其转变为性能较好三醋酸纤维素材料（CTA）、羟烷基醋酸纤维素材料等。另外，使用共混方式如 PAN/CA、PVA/CA、PVDF/CA、CA 与磷脂聚合物共混[43]也能使其性能得到很大改善。近年来，应用醋酸纤维素与其他材料配合使用来制作复合膜以改善其他材料的亲水性及其他方面性能，得到了广泛重视。例如，邱运仁等用醋酸纤维素与聚乙烯醇共混以改善聚乙烯醇耐水性和溶胀性[44]，王湛等用共混法加入醋酸纤维素（PVDF 与 CA 的体积比为 9∶1）以增加聚偏氟乙烯亲水性[45]。

2. 聚丙烯腈

聚丙烯腈具有很好的耐水解、抗氧化性，可用于制备中空纤维膜，且由于这种聚合物容易引入不同种类和含量的第二、第三单体使其性能在很大程度得到改善，所以其重要性仅次于醋酸纤维素和聚砜。但以聚丙烯腈作为单一膜材料成分制作的膜较脆，适用性差，因此将其作为制膜材料成分之一来制作性能优良的复合材料是目前的研究重点之一。例如，范松春等就丙烯腈-乙酸乙烯二元共聚物制备超滤膜进行了研究，实验表明，共聚物 P(AN-Vac)具有一定的化学稳定性和抗菌性能，其抗酸性能优于 P(AN-MMA)超滤膜材料。另外，还可通过与 PS、PVDF、AC 等材料共混来改善单一制膜材料的脆性[46, 47]。

3. 壳聚糖

壳聚糖是由甲壳素（1, 4-二乙氨基-2-脱氧-β-D-葡聚糖）在 3%~40% NaOH 溶液中浸泡后，经加热、脱脂处理后制得。壳聚糖资源丰富，易于化学修饰和成膜，壳聚糖膜抗拉强度大，韧性好，具有较强的耐碱性和耐有机溶剂性，交联后的壳聚糖膜还具有耐酸性，因此，以其为基料成分制作超滤膜也是近年来的研究热点之一。例如，沈峰等采用壳聚糖-聚醚共混乙酸溶液，制得了截留相对分子质量为 60000 左右的超滤膜[48]。

4. 聚偏氟乙烯

聚偏氟乙烯的结构式为

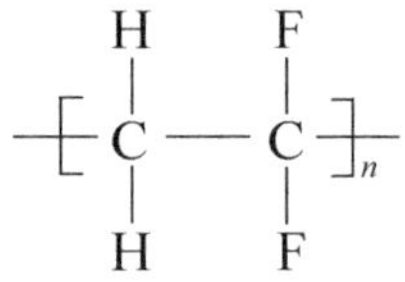

聚偏氟乙烯（polyvinylidene fluoride，PVDF）是 1944 年由 Ford 等制得的一种白色粉末状结晶高分子。1960 年正式投产，美国 Du Pont 公司和日本吴羽化学公司将其工业化，商品牌号为 PVF_2，世界年总产量达数万吨，有上百个品种，约占含氟塑料的 14%。

PVDF 分子上的 F 原子电负性很大，在分子链间易发生氢键效应，因此 PVDF 的分子结构比较规整，分子链排列紧密。PVDF 树脂的拉伸强度、压缩强度及冲击韧性等均较大，它的拉伸强度在几种常用的氟树脂中最高，比 PTFE 大 2 倍，压缩强度则比 PTFE 大 6 倍。PVDF 耐磨性能好，机械力学性能很好，有很好的耐候和耐辐射性能，PVDF 薄膜在室外久置也不会老化，在紫外灯照射一年后 PVDF 材料的性能基本保持不变。PVDF 的热分解温度大于 316℃，长期使用温度为 150℃。PVDF 的化学性能很好，耐化学药品，耐腐蚀性能良好，室温下不会被酸、碱和强氧化剂所腐蚀，脂肪烃、芳烃、醇和醛等有机溶剂对它也无影响。PVDF 的缺点是不耐强酸（如发烟硫酸）和强有机碱（如伯胺），在酮类和乙酸乙酯等少数几种溶剂中发生溶胀或溶解。

PVDF 膜多用于空气过滤、工业气体过滤、有机溶剂精制和膜蒸馏等领域。最早的商业化产品是由美国 Millipore 公司于 20 世纪 70 年代末推出的过滤和检测用膜。目前用 PVDF 制备的中空纤维膜，由于其具有机械强度高、使用寿命长等特点，已经广泛应用于超纯水、纯净水制备中反渗透的预处理以及药物的浓缩与分离，如日本旭化成公司生产的 microza。在管式超滤膜方面，由 PVDF 材质制备的膜占领大部分市场，产品主要由日本旭化成、西门子、日本东丽、欧美环境等品牌所主导。

5.4.4 超滤膜污染及研制抗污染膜的主要方法

一般料液中的某些组分会在膜表面或膜孔中沉积而导致膜渗透通量和流速下降，因此一旦膜与料液接触，就会不可避免地产生膜污染[49]。目前浓差极化和膜污染造成的膜渗透通量下降是膜技术广泛应用受到限制的最主要的原因[50]。

1. 超滤过程的浓差极化

在 5.2 节中介绍过反渗透过程中浓差极化形成的基本原理。与其相似，在超滤过程中，滤液将溶质带到膜表面，使其部分或全部被截留，从而导致膜表面浓度上升，形成膜表面溶质浓度 c_m 到主体溶液浓度 c_b 的浓度梯度边界层，即浓差极化。由于 c_m 大于 c_b，在浓度梯度形成的同时也出现了溶质由膜表面向主体溶液方向的反向扩散，如图 5-8 所示。

图中，$J{\cdot}c$ 为透过通量与溶质的乘积，即向膜表面迁移的溶质通量；$D{\cdot}\mathrm{d}c/\mathrm{d}x$ 为反向扩散的溶质通量（D 为溶质的扩散系数，$\mathrm{d}c/\mathrm{d}x$ 为反向溶质的浓度扩散速度）；x 为离开膜表面的距离；c_p 为透过液的溶质浓度；J_s 为透过膜的溶质通量；δ 为浓度边界层厚度。

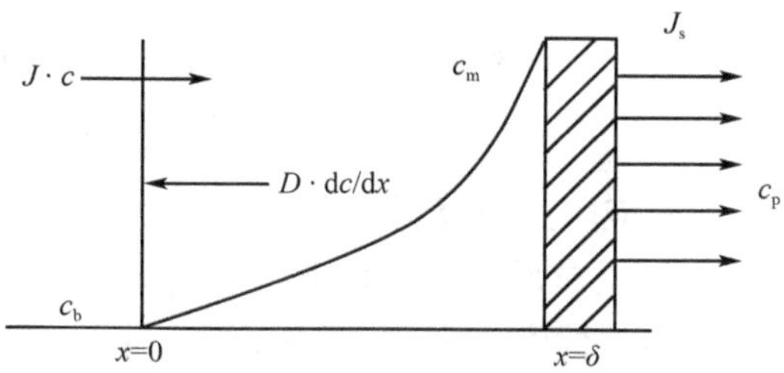

图 5-8 超滤过程的浓差极化

2. 超滤膜的污染

超滤膜的污染是指料液中的颗粒、胶体或溶质大分子通过物理吸附、化学作用或机械作用被截留在膜表面或吸附、沉积在膜孔内造成膜孔堵塞，使膜通量和分离特性发生明显变化的现象。在超滤膜分离过程中，膜污染不仅可以直接造成膜通量的下降，影响分离效率，而且在一些特定的情况下，长时间的污染还会造成膜分离特性的劣化，导致膜的使用寿命缩短。

膜污染分为可逆膜污染和不可逆膜污染两种。由浓差极化引起的通量下降是可逆的，可以通过改变过程参数或用水冲洗的方法使膜通量恢复。但由凝胶层引起的通量下降是不可逆的，需要化学清洗。由污染物引起的污染是不可逆的，由膜孔堵塞引起的污染部分是可逆的，这和堵塞的程度、阻塞机理有关。常见的典型超滤膜污染有 6 种类型，如图 5-9 所示。

3. 膜污染机理研究现状

膜污染是一个复杂的过程，膜污染的程度与膜的微观结构、超滤过程的操作条件以及膜与污染物之间固有的相互作用强弱都有关系。其中主要原因是膜与污染物之间的相互作用，从最基本的分子间作用力角度来研究膜污染问题有利于新型抗污染膜材料及分离膜的设计研发。

目前，对高分子材料吸附蛋白质的分子间作用力这个问题的认识较混乱。一些学者认为材料吸附蛋白质时可以分为物理吸附与化学吸附两类，其中物理吸附包括弱的 van der Waals 力、疏水力等，化学吸附则与各种化学反应有关[51]；有些研究者认为不易吸附蛋白质的材料应该是“电中性的、亲水的、氢键受体而不是氢键给予体的[51]”；有些研究者则认为决定蛋白质与材料间的相互作用力主要是 van der Waals 力、静电力、氢键力、疏水力等[52, 53]。尽管有些工作采用了原子力显微镜（AFM）来直接测定蛋白质与材料之间的作用力，但总的说来直接测定分子间作用力还是十分困难的，所以一些理论计算方法（如 DLVO 理论、双电层理论

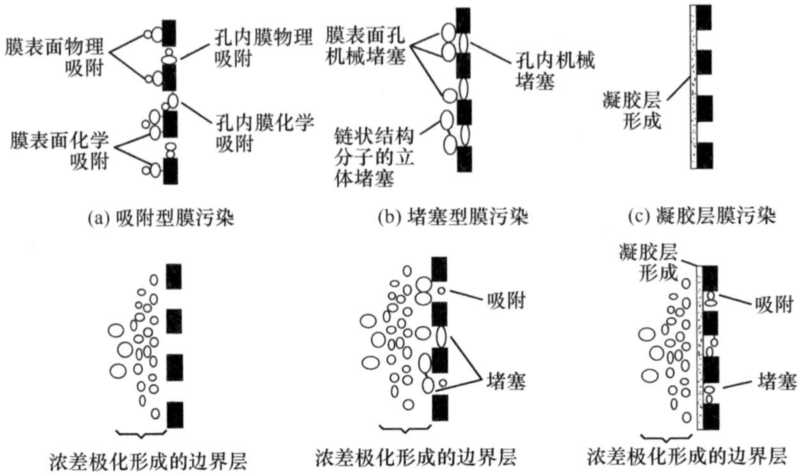

(a) 吸附型膜污染　(b) 堵塞型膜污染　(c) 凝胶层膜污染

(d) 浓差极化形成边界层膜污染　(e) 凝胶层形成前的综合性污染　(f) 综合性污染

图 5-9　6 种典型的膜污染示意图

等）就被应用到解释材料对蛋白质的吸附作用中来[51-56]。与人们对分子间作用力所作的研究相比，对蛋白质构象变化-吸附作用的研究也进行得十分困难，主要原因也是缺少有效、可信的实验手段[54]。总之，目前对材料吸附蛋白质机理的认识还比较模糊。

发展一种基础、有效的并且比较简单的分子间作用力理论来描述、揭示高分子材料与蛋白质之间的作用机理是十分必要的。传统的分子间作用力理论采用的基本概念是静电力、色散力、诱导力、van der Waals 力等[56]。对于不同的体系，分子间起主要作用的力的类型会有一定的差别。当采用这些概念时，氢键通常独立于这些作用力之外，所以很多理论中还包括氢键力，而基于润湿理论所产生的亲水、疏水等概念则普遍被认为不属于描述基本分子间作用力的范畴[51]。总之，在揭示机理这个问题时存在较大的混乱，所以利用其他较新的理论方法来研究膜材料吸附蛋白质的机理是一个十分重要的课题，目前表面张力组成理论值得重视。

1962 年，Fowkes 在 JACS 上发表了一篇简短的论文，提出了表面张力组成理论。根据 Girifalco 和 Good 的“烷烃-水”的界面张力数据，Fowkes 认为 20℃时液体水的表面张力的非极性部分（他假设非极性部分等于 London-van der Waals 或者色散力）是 21.8mJ/m^2，表面张力的极性部分是 51.0mJ/m^2（因为水的总表面张力是 72.8mJ/m^2）。这篇论文体现了 Fowkes 将表面张力划分为“非极性”与“极性”两部分的思想。通常分子间的作用可以用表面张力组成理论来分析，即范德华作用和酸碱作用。

有许多方法可以用来测定材料的表面性质，如反相气相色谱（IGC）[57]、接触角（CA）[58]等。通常接触角的方法适用于表面光滑的材料，在粉末、表面为非平面或材料表面粗糙的情况下，接触角方法不能直接使用。相比之下，反相气相色谱法则是一种更为可取的技术，可以用于测定多孔或颗粒状固体的表面性质，并且这种方法已经被广泛地应用在催化剂和无机材料表面性质的测定当中[59, 60]。利用 IGC 技术测定的材料表面性质可以计算分子间的作用力。

4. 研制抗污染膜的主要方法

抗污染超滤膜的研制一般是对膜进行改性。通常从两方面进行考虑：一是在制膜前采用接枝、共聚、共混等方法对膜材料进行改性；二是在成膜之后再对膜表面进行改性。表面改性主要有等离子体改性、辐照接枝、表面化学反应、表面活性剂改性等。

1）等离子体改性

等离子体是由光子、电子、高能离子和中性粒子组成的部分电离气体，可以通过低压辉光放电获得。赵春田等利用空气等离子体对聚丙烯微孔膜处理后使膜表面带有了氧元素[61]；Mariana 等通过 Ar 等离子体对 PVDF 膜进行表面改性，结果表明：等离子体处理可以脱去 PVDF 中的 HF，并使 O 原子渗入到膜表面使膜表面的亲水性大大提高[62]；邢丹敏等利用低温等离子体照射，也有效改善了 PVC 超滤膜的表面亲水性[63]。

2）辐照接枝改性

辐照接枝改性中所用辐射源可以是射线，也可以是紫外光。最初，大家将注意力集中在高能辐射接枝（射线辐射接枝）技术上[64, 65]，直到 20 世纪 80 年代初，表面光接枝方法才引起材料科学家的重视。Nystron 采用 UV 放射线对聚砜膜进行了改性，因膜表面与 BSA 电性相斥使膜污染大大降低。Ulbicht 曾采用光照接枝的方法，分别将丙烯酸、2-羟基-乙基-甲基丙烯酸和聚乙二醇甲基丙烯酸单体接枝到 PAN 超滤膜上，用改性后的膜去分离蛋白质，发现膜污染状况得以明显改善[66, 67]。陆晓峰等用 Co-60 辐射对 PVDF 超滤膜进行接枝改性，先用 Co-60 γ 射线接枝苯乙烯单体，然后再在苯乙烯支链上进行磺化，用改性后的膜对 BSA 做实验发现膜的抗污染性增强，接触角也比改性前降低[68]。

3）表面化学反应改性

表面化学反应改性一般包括磺化反应和弗克反应。磺化反应是最普通的表面反应，它通过引入具有负电荷的—SO_3 基团来改变膜的亲水性，如磺化聚砜、磺化聚醚砜、磺化聚苯醚等。弗克反应是指，用乙烷氯甲基乙醚等溶液，通过弗克催化剂，使芳香环上的氢原子发生亲电取代，反应引入亲水化基团 CH_3Cl。Shoichet 采用聚环氧乙烷（PEO）对 PAN/VC 超滤膜进行了表面化学改性，结果表明改性后的膜对蛋白质的吸附污染情况得到了改善[69]。

4）表面活性剂改性

为了预防膜污染，在膜使用之前，人们可以通过表面活性剂法对其进行预处理。表面活性剂由具有至少两种或两种以上极性显著不同的官能团的物质构成，由于官能团的作用，在溶液与其相接的界面上形成选择性定向吸附，从而使界面的状态或性质发生显著变化，但普遍认为应用该法处理的膜亲水层容易脱落[70]。

5）共混改性

共混制膜是在现有的材料基础上取长补短改善膜性能的一种简便方法。将一种聚合物与其他聚合物共混，可以综合均衡各聚合物组分的性能，消除或减少各单一聚合物组分性能上的弱点，从而获得综合性能较为理想的聚合物材料，还可以赋予该聚合物所没有的新性能。通过共混还能改善聚合物的加工性能。对于某些性能卓越但价格昂贵的工程塑料，可以在不影响使用要求的前提下通过共混来降低原材料成本。同时，共混可以有效扩大制膜材料的选择范围，是制备高性能超滤膜的有效方法之一。共混材料的选择一般集中在常用的高性能聚合物制膜材料上，如聚砜[71]、聚丙烯腈[72]、聚偏氟乙烯[73]、醋酸纤维素[74]等。

5.4.5　超滤的主要用途

1. 废水处理

工业废水处理是目前超滤应用的主要领域，用超滤进行废水处理既可以回收其中的有用物质，又可以使水循环使用。由超滤膜组件和生物反应器的有机结合而组成的膜生物反应器

（MBR）是一种新型的废水处理系统。目前，MBR 在生活污水、工业废水等处理领域中的应用已取得初步成功，表现出良好的发展前景。

超滤技术在废水处理领域的主要应用如下[75, 76]。

1）电镀废水

电镀废水的水量很大，其中的氰化物和六价铬、镍、铜、锌、镉等重金属离子具有很强的毒性，直接排放会对人、动物和农作物等造成严重的危害。采用超滤膜和反渗透膜连用可以使镀镍废水中的电导率、镍、硝酸盐和总有机碳的去除率分别达到 97%、99.8%、95%和87%，通过超滤膜的预处理，可使反渗透膜的污染明显减少，并且反渗透膜的通量能提高30%~50%。

2）造纸废水的处理

造纸废水处理中碱的回收应用最多的是燃烧法碱回收，此方法不但不经济，而且没有对有用物质进行回收。将超滤应用于造纸废水处理中，主要是对某些成分进行浓缩并回收，而透过的水又重新返回到工艺中进行使用，主要回收的物质是磺化木质素，它可以返回纸浆中被再利用，这样可以创造较大的环境效益和经济效益。

2. 食品、饮料工业中的应用

在乳制品工业中，目前在国外超滤已经广泛用于牛奶加工过程，主要应用在把牛奶和乳清中的蛋白与低相对分子质量的乳糖和水分离。

在饮料工业中，超滤主要用于果汁、酒饮料的消毒和澄清。用超滤使果汁澄清与其他方法相比有许多优点，它可以使果汁保持原有的色、香、味，产品清澈，而且装置操作方便，费用低。用超滤对各种饮料用水进行杀菌消毒与澄清，经济可靠，已广泛应用，成为比较典型的加工方法。用发酵法制得的酒中含有少量蛋白、多糖以及其他胶体杂质，通常用膨润土等化学沉淀方法进行净化，这种方法会影响酒的质量，而使用超滤既可以除去这些杂质，又对酒进行了消毒，损失小。

3. 在医药、生化工业中的应用

在医药、生化工业领域常常要处理热敏性物质，超滤等膜分离技术在这类工业中应用有其突出的优势。生物活性物质，如酶、病毒、核酸、特殊蛋白质等很适合用超滤来分离浓缩。这类物质的传统分离方法包括溶剂萃取、渗析、沉淀以及色谱（层析）等，过程复杂，费用高，而且产品损失大，收率低，利用超滤可以一步完成，大大节约生产成本。从植物或动物中提取药物（如生物碱、荷尔蒙等），提取液常含有大分子或固体杂质，在很多情况下这些杂质可以通过超滤进行分离，得到高质量产品。

此外，用超滤进行血液过滤，脱出其中的有害成分或进行血浆与血清的分离，在医学上也已经获得有效应用。

5.5 微滤膜分离技术

5.5.1 概述

微滤（MF）是世界上开发应用最早的膜技术，因其制备方便、价格便宜，故应用范围较广。以天然或人工合成的高分子聚合物制成微滤膜的现代微滤技术始于 19 世纪中叶，但对微滤膜分离技术的系统研究则始于 20 世纪。1907 年 Bechhold 制得系列化多孔火棉胶膜并发表了第一篇系统研究微滤膜性质的报告，首先提出了用气泡法测定膜孔径。1918 年 Zsigmondy 等提出规模生产硝酸纤维素滤膜的方法，并于 1921 年获得专利。1925 年在德国 Gottingen 成立了世界上第一个微滤膜公司——Sartorius GmbH，专门生产和经销微滤膜。第二次世界大战后，美、英等国得到德国微滤膜公司的资料，于 1947 年相继成立了工业生产机构，开始生产硝酸纤维素滤膜，用于水质和化学武器的检验。1960 年 Sourirajan 和 Loeb 公布了著名的 L-S 膜制备工艺。从 20 世纪 60 年代开始，随着聚合物材料的不断开发、成膜机理的深入研究和制膜技术的进步，微滤膜进入了一个飞跃发展的阶段[7]，其品种扩大到醋酸纤维素、硝酸纤维素及其混合物、聚酰胺、聚偏氟乙烯、聚丙烯腈、聚碳酸酯或磷脂酰胆碱、聚醚砜、聚苯乙烯、聚丙烯、聚乙烯或磷脂酰乙醇胺和聚四氟乙烯、聚酯和无机膜陶瓷材料（氧化锆和氧化铝）等。此外，还探索了利用玻璃、铝、不锈钢和增强的碳纤维等来作为膜材料。制膜工艺从完全挥发相转化扩大到凝胶相转化、控制拉伸致孔、核辐射刻蚀致孔等；孔径范围从 0.1μm 到 75μm 系列化；组器形式从单一的膜片滤器到折叠筒式、板式、中空纤维式和卷式等；应用范围也从实验室的微生物检测急剧发展到制药、医疗、生物工程、饮料、超纯水、饮用水、石化、环保、废水处理和分析检测等广阔的领域。

在国际市场上影响最大的是美国的 Millipore 公司，它拥有 17 家分公司，其次是德国的 Sartorius 公司，它拥有 6 家分公司，分布在世界各地，从事滤膜和滤器的生产、研发和销售等工作。在世界微滤产品总销售额中，美国 Millipore 公司、Pall 公司和 Gelmen 公司的年销售量排在前列。

微滤技术在我国的研究开发较晚，20 世纪五六十年代，一些科研部门对微滤膜进行了小规模的试制和应用，但没有形成工业规模的生产能力。我国微滤技术真正起步是在 20 世纪 70 年代末期 80 年代初期，上海医药工业研究院等单位对微滤膜进行了较为系统的研究。目前，国内已有混合纤维素等商品化的微滤膜[77]，由于国产微滤产品性能稳定，价格低廉，占据着国内大部分市场份额。与国外相比，我国应用相转化法生产的微滤膜的性能和国外同类产品性能基本一致，折叠筒式滤芯已在许多场合下代替了进口产品，得到了广泛应用；控制拉伸法生产的聚乙烯、聚丙烯等微滤膜，以其价廉、耐溶剂等优点也在不断拓宽市场。我国生产的微滤膜不仅在常规情况下广泛使用，而且在酸、碱、高温等要求苛刻的场合也得到了一定的应用。目前，微滤技术已在饮料、食品、电子、石油化工、医药、分析检测和环保等领域获得广泛应用，取得了很好的经济、社会和环境效益。

今后微滤技术发展的重要方向是研制特殊性能的膜，开发更加便宜、不易污染、能耗低的膜过程。

5.5.2 微滤的过程及特点

1. 微滤过程

微滤是以静压差为推动力，利用膜的筛分作用来进行分离的压力驱动型膜过程。微滤膜具有比较整齐、均匀的多孔结构，在静压差的作用下，小于膜孔的粒子通过滤膜，大于膜孔的粒子则被阻拦在滤膜面上，从而使大小不同的组分得以分离，其作用相当于过滤。由于每平方厘米滤膜中包含 1000 万至 1 亿个小孔，孔隙率占总体积的 70%~80%，故阻力很小，过滤速度较快。

微滤主要用来从气相和液相物质中截留微米及亚微米级的细小悬浮物、微生物、细菌、微粒、酵母、红细胞和污染物等以达到净化、分离和浓缩的目的。微滤的操作压差为0.01~0.2MPa，被分离粒子的直径范围为0.08~10μm。

2. 微滤特点

与深层过滤介质如硅藻土、沙、无纺布相比，微滤膜有以下几个特点：

（1）属于绝对过滤介质。微滤膜主要是以筛分截留作用来实现分离目的，使所有比膜孔绝对值大的粒子全部截留，而深层介质过滤时则不能到达绝对的要求，因此微滤膜属于绝对过滤材料。

（2）孔径均匀，过滤精度高。微滤膜的孔径比较均匀，其最大孔径与平均孔径之比一般为3~4，孔径基本呈正态分布，过滤精度高，可靠性强，因此经常被用作起保证作用的手段。

（3）通量大。由于微滤膜的孔隙率高，因此在同等过滤精度下，流体的过滤速度比常规过滤介质要高十几倍。

（4）厚度小，吸附量小。微滤膜的厚度一般为10~200μm，过滤时对过滤对象的吸附量较小，损失小，尤其适合贵重物料的过滤。

（5）无介质脱落，不产生二次污染。微滤膜为连续的整体结构，可以避免一般深层过滤介质可能产生卸载和滤材脱落的不足。

（6）颗粒容纳量小，易堵塞。微滤膜内部的比表面积较小，颗粒容纳量小，容易被物料中与膜孔大小相近的微粒堵塞。

基于上述特点，微孔膜主要用于从气相或液相流体中截留细菌、固体微粒、有机胶体等杂质，以达到净化、分离和浓缩的目的。

5.5.3 微滤的分离机理

1. 悬浮液中液固分离

一般认为微滤的分离机理是筛分机理，膜的物理结构起决定性作用。此外，吸附和电性能等因素对物质的截留也有一定的影响。

叶凌碧等通过电镜观察认为，微滤膜的截留作用机理因其结构上的不同可大体分为两大类，膜表面层截留和膜内部截留[78]。

1）膜表面层截留

（1）机械截留作用。膜具有能够截留比它的孔径大或与其孔径相当的杂质微粒的作用，这称为筛分作用。

（2）物理作用或吸附截留作用。如果过分强调筛分作用就会得出不符合实际的结论，Pusch等认为，除了要考虑孔径因素之外，还要考虑其他因素的影响，其中包括物理吸附和电性能的影响。

（3）架桥作用。通过电镜可以观察到，在膜表面有些孔的入口处，微粒会因为架桥作用而被截留。

（4）静电截留。某些情况下，为了分离悬浮液中的带电颗粒，可以采用相反电荷的微滤膜，这样就可以用孔径比要分离的颗粒尺寸大许多的微滤膜来操作，既达到了分离效果，又可以增加通量。一般情况下，很多颗粒带有负电荷，因此相应的膜通常带正电荷。

2）内部截留

膜的网络内部截留作用是指将微粒截留在膜内部而不是膜的表面。对于表面层截留（表面型）而言，其过程接近于绝对过滤，易清洗，但杂质捕捉量相对于膜内部截留（深度型）较少；对于膜内部截留而言，其过程接近于公称值过滤，杂质捕捉量较多，但不易清洗，多属于用毕弃型。

2. 气体与悬浮颗粒的膜分离

利用微滤膜对气体中的悬浮颗粒进行分离的机理有直接截留、惯性沉积、扩散沉积和拦集作用。

（1）直接截留。与悬浮液中液固分离的筛分机理一样，所有大于微滤膜孔径的颗粒被截留在膜的表面。

（2）惯性沉积。小于膜孔径的颗粒随气体直线运动，在膜孔处这种流线将发生改变，对于质量较大的颗粒，由于惯性作用仍力图沿原方向运动，这些颗粒就可能撞击在膜孔边缘或膜孔的入口附近的孔壁上面而被截留，这种情况称为惯性沉积。由此可知，微滤膜的孔径越小，颗粒就越容易发生惯性沉积截留。同样，气体流速越大，颗粒也越容易发生惯性沉积截留。

（3）扩散沉积。非常小的颗粒由于惯性小，不易通过惯性沉积被截留，但是，由于其具有强烈的布朗运动倾向，当这样的小颗粒通过膜孔时，在孔道中很容易因布朗运动而与孔壁相碰撞从而被截留。微孔膜的孔径越小，微小颗粒与膜壁碰撞的概率就越大，颗粒就越容易被截留。气体流速越小，颗粒在孔道中的停留时间越长，颗粒就越容易被截留。对于干燥的气体，静电的存在也有助于这些微小颗粒的截留。

（4）拦集作用。颗粒的惯性较小时，其将随气流进入膜孔，若膜孔壁附近的气体以层流方式运动，由于流速小，颗粒将由于重力作用而沉积下来。

5.5.4 典型微滤膜材料

商品化的有机微滤膜材料主要有硝酸纤维素（CN）、醋酸纤维素（CA）及硝酸纤维素与醋酸纤维素的混合物、聚氯乙烯（PVC）、聚酰胺（Nylon）、聚丙烯（PP）、聚四氟乙烯（PTFE）和聚碳酸酯（PC）等。其中，聚砜和聚砜酰胺因热稳定性和化学稳定性好，目前正得到广泛的研究。除有机材料外，无机陶瓷材料（氧化铝、氧化锆）、玻璃、铝、不锈钢也可以用来制备微滤膜。

有关再生纤维素类、聚砜类、聚乙烯类和聚酰胺类膜材料可参见5.2、5.3，下面具体介绍一下另外几种典型的微滤膜材料。

1. 氟化合物类

氟树脂是分子结构中含有氟原子的一类热塑性树脂，主要包括聚四氟乙烯、聚偏氟乙烯（PVDF、PVF_2）、聚三氟乙烯（PCTFE、F_3）和聚氟乙烯（PVF），其中比较重要的是聚四氟乙烯和聚偏氟乙烯（PVDF、PVF_2）[79]。

聚四氟乙烯[80]的密度为（2.1~2.3）$\times10^3$kg/m^3，平均为2.2$\times10^3$kg/m^3（固体），分为粒状、粉状两种。PTFE为蜡状物，外观似聚乙烯（PE），但相对密度比PE高约一倍，是塑料中相对密度最大者。PTFE最突出的特点是耐化学腐蚀性极强，除熔融金属钠和液氟外，能耐其他一切化学药品，在煮沸的王水和氢氟酸中也不起变化，其他如强酸、强碱、油脂、有机溶剂等对它均无作用，因此被称为塑料王。PTFE耐气候性能优良，耐热性好，可在260℃高温下长期使用，–268℃低温下短期使用。

用PTFE作为材料的膜，憎水性强，耐高温，化学稳定性极好，可耐强酸、强碱和各种溶剂，适用面广，可过滤蒸气及各种腐蚀性液体。

2. 聚烯烃类（除聚氯乙烯外）

聚烯烃类主要包括聚乙烯、聚丙烯、聚苯乙烯和聚丁烯，其中比较重要的是聚乙烯和聚丙烯。产量最大的是聚乙烯，但在膜研究领域，应用较多的还是聚丙烯。

聚丙烯为白色蜡状结晶聚合物，结晶度在70%以上，相对分子质量一般为10万~20万，外观与聚乙烯相近，但密度比聚乙烯小，透明度大，软化点在165℃左右，脆点在–20~ –10℃，具有优异的介电性能，溶解性能与聚乙烯相近，是发展最快的塑料品种，其产量仅次于聚乙烯。缺点是易老化，低温脆性大。其力学强度不仅与相对分子质量有关，而且与结晶结构有关，大的球晶使硬度提高而柔性下降。聚丙烯的分子结构，根据其侧链甲基的空间排列有三种不同的形式：等规、无规、间规[81]。

由于软化温度较高，化学稳定性好且力学性能优良，因此聚丙烯是拉伸法制模的优选材料。聚丙烯商品膜多为拉伸式和中空纤维式，孔径 0.1~70μm，但孔径不太均匀。经亲水处理的膜也可以用来过滤水溶液，这种膜对气体、蒸气有很高的渗透能力，经溶胀后对液体也有很好的渗透性。

3. 聚碳酸酯[82-84]

聚碳酸酯呈透明黄色，刚硬而脆，具有良好的尺寸稳定性、耐蠕变性、耐热性和电绝缘性。PC 不耐碱、胺、酯及芳烃，可溶于二氯甲烷、甲酚、二噁烷等溶剂中，耐臭氧、空气老化性能好，是紫外线的吸收剂，但高温易水解，耐溶剂、耐磨性和耐疲劳性较低。PC 对湿度含量较为敏感。

由于 PC 具有对湿度含量较为敏感的特点，在制模时要特别注意物系体系及环境的含水量。这类膜材料通常制成核径迹膜，孔径特别均匀，膜一般较厚，为 1~5μm，但孔隙率低，一般为百分之十几，膜的通量与其他材质的膜相当，但是膜的价格较高。

4. 无机材料类

无机材料类主要包括陶瓷、氧化铝、氧化锆（ZrO_2）、氧化钛（TiO_2）和氧化硅等，还有玻璃、碳、金属（不锈钢、钯、钨、银）等，应用最多的是氧化铝和氧化锆。

Al_2O_3 具有突出的物理性质，硬度是所有氧化物中最高的，熔点高达 2050℃。最广泛使用的是刚玉六角结构的 α-Al_2O_3，是 1200℃以上唯一可用作结构材料的电子材料的稳定形式。γ-Al_2O_3 一般只用于催化作用。

氧化锆具有熔点和沸点高、硬度大，常温下为绝缘体而高温下则具有导电性等优良性质。氧化锆是一种弱酸性氧化物，对碱溶液及许多酸性溶液（热浓 H_2SO_4、HF、H_3PO_4 除外）都具有足够的稳定性。用 ZrO_2 来增韧 Al_2O_3 材料，效果最好。

5.5.5 微滤膜的制备方法

本节将对可用于制备微滤膜的几种主要方法给予简要的介绍。这些方法包括烧结法、拉伸法、径迹蚀刻法、相转化法和溶胶-凝胶法等。

1. 烧结法

烧结法是制备无机和有机多孔膜最简单的方法，特别适用于难以找到合适溶剂进行溶解的材料[85, 86]。在高温条件下进行烧结，使颗粒间界面消失并豁结形成多孔材料。烧结温度的设定需要根据材料的熔点和性质来决定，所选温度要使粉末表面熔融但又不能全熔化[85, 86]。利用该方法制备的多孔膜孔径一般为 0.1~10μm，并具有良好的化学稳定性、机械强度和耐热性。

目前，两步烧结法被认为是一种低成本且高效的制备多孔膜方法。两步烧结法可以明显降低烧结温度。第一步将样品预热到较高的温度，第二步迅速冷却至一个中间温度，保持恒定并持续一段时间[87]。其机理是抑制在高温下发生的晶界迁移，同时在相对低的温度下发生晶界扩散[88]。两步烧结法制备的致密陶瓷膜具有良好的微观结构。

需要提及的是，烧结法只能用于制备微滤膜。采用这种方法所制得的膜的孔径为 0.1~10μm，且由此制得的膜的孔隙率一般较低，多在 10%~20%。

2. 拉伸法

拉伸法制备薄膜的方式是将聚合物膜片在与挤压方向的垂直方向进行机械拉伸。在拉伸力作用下，薄片内部会产生细小裂纹，最终制备出具有多孔结构的薄膜。拉伸法制备薄膜法只适用于结晶和半结晶材料，并且制备出的薄膜孔径比较大[89, 90]。

最典型的是 Celanese 公司开发的 Celgard 聚丙烯微滤膜，此膜孔长 0.2~0.4μm，宽 0.02~0.04μm。制造方法是在相对低的熔融温度和高应力下挤出薄膜或纤维（卷绕速度大于挤出速度），这时 PP 分子沿拉伸方向排列成微区，成核，形成垂直于拉伸方向的链折叠微晶片。冷却后在略低于熔点温度下进行第二次拉伸，在机械应力的作用下，结晶区域会发生小的断纹，从而得到多孔结构。

3. 径迹蚀刻法

径迹蚀刻法是在薄片垂直上方利用高能辐射、高能颗粒进行撞击，在聚合物表面和内部形成径迹，然后利用酸性或者碱性溶液腐蚀径迹处的聚合物材料，从而制备出具有均匀孔径分布的圆柱形孔隙[91]。膜孔径的大小由辐射时间和腐蚀时间共同决定，一般为 0.02~10μm。该方法制备出的膜孔隙率较低，为 10%左右。

4. 相转化法

相转化是指液态聚合物或者聚合物溶液通过可控制的方式转变为固态的过程。诱导相转化发生的方式有很多种，继而将相转化制备方法细分为溶剂蒸发相转化法、热致相转化法、气相沉积相转化法和浸没-沉淀相转化法[92]。其中，热致相转化法和浸没-沉淀相转化法是制备非对称膜的主要方法。

相转化法制膜的方法可以分为三个阶段[92]：

（1）溶解过程：选择合适的溶剂溶解聚合物，配成均相稳定的铸膜液。

（2）分相过程：体系由稳定状态向不稳定状态转变，对聚合物的溶解能力变差，然后发生分相，分相过程能够直接影响膜孔结构的形成。

（3）相转化过程：在这个过程中会发生两相间的相互转变，聚合物富相沉积；然后，对于无定形聚合物发生玻璃化转变，对于结晶性聚合物发生结晶固化。

5. 溶胶-凝胶法

20 世纪 80 年代初发展起来的溶胶-凝胶（sol-gel）过程是无机膜制备上的一大突破。该过程可与制备不对称聚合物膜的 Loeb-Sourirajan（S-L）过程相媲美。通常以金属醇盐为原料，经有机溶剂溶解后在水中通过快速搅拌进行水解，水解混合物经脱醇后，在 90~100℃以适量的酸（pH＜1.1）沉淀溶胶，溶胶经低温干燥后形成凝胶，控制一定的温度与湿度继续干燥制成膜。凝胶膜再经高温焙烧制成具有陶瓷特性的氧化物膜。常用的醇盐有 $Al(OC_3H_7)_3$、$Ti(i\text{-}OC_3H_7)_4$、$Zr(i\text{-}OC_3H_7)_4$、$Si(i\text{-}OC_3H_5)_4$、$Si(OCH_3)_4$。严格控制醇盐的水解温度，溶胶和凝胶的干燥温度和湿度，以及凝胶的焙烧温度和升温速率，可得到窄孔径分布和大孔隙率的膜。

6. 阳极氧化法

阳极氧化法是将高纯的金属薄片（如铝箔）于室温下在酸性介质中进行阳极氧化，再用强酸提取，除去未被氧化部分，从而制得孔径分布均匀且为直孔的金属微孔膜。孔的大小和结构可以通过改变电压来控制，这种膜的孔径一般在 0.02~2.0μm。

5.5.6 微滤膜性能的评价及测试方法

在实际应用中，人们关心膜的各种性能：耐热性能，对酸、碱、氧化剂及有机溶剂的化学稳定性，但更为关心的是膜的分离特性，包括能截留多大的微粒、能否除去细菌以及在一定操作条件下流体的通量怎样。对微孔滤膜来讲重要的性能有孔结构、孔径及其分布、孔隙率、透气率、耐热性能、耐腐蚀性能等。

1. 微孔结构

由于微孔滤膜主要是通过筛分原理来分离介质的，因此膜的微孔结构涉及膜的分离效率和分离水平。烧结膜的结构主要取决于粉末的堆积结构，核径迹刻蚀的膜为圆管状贯穿结构，拉伸膜的结构是被拉开的片晶之间的贯穿空隙，而相转化膜结构取决于相分离时形成的网络形态及非对称性。微孔膜结构主要是通过扫描电镜法直接观察来获得膜的表面、底面和截面的形态特征。简单的扫描电镜的解像度极限在 10nm 以内，而微滤膜的孔径一般在 0.1~10μm。一般有机高分子膜都比较柔软，在制样时容易使膜孔发生变形而失去它的真实结构，所以在观察膜截面的形态时可采用树脂包埋切片技术。高分子材料的电导率较低，观察前要对试样进行喷金，在真空环境里观察必须保持干燥，而不正确的干燥方法往往会导致膜结构的不可逆变形。观察湿膜样品时，要进行脱水、蒸镀等预处理。因此，膜试样的正确处理是获得正确、清晰图像的先决条件。

2. 孔径及其分布

微孔膜孔径的大小及其分布决定了它的筛分性能。至今关于孔径的测定已有许多方法，如泡点法、压汞法、滤速法、气体渗透法、吸附法、利用含已知粒径微粒溶液法、扫描电镜法等。商品膜在标出孔径的同时，一般都会告知孔径的测试方法。膜孔径的测试方法较多，归纳起来大体可分为直接法和间接法两种。

1）直接法

直接法包括扫描电子显微镜（SEM）、透射电子显微镜（TEM）和原子力显微镜（AFM）观测和图像分析以测定微滤膜的孔径，其特点是直观明了。前两者应用较多，使用时需要注意样品的制备，正确的处理方法是保证膜结构真实性的前提。

原子力显微镜法是一种表征微滤膜和超滤膜的新方法[93, 94]，当用直径小于 1×10^{-8} 的非常尖的探针以恒定的力扫过被测表面时，探针顶部的原子和样品之间会发生 London-van der Waals 相互作用，通过检测这些力就可以得到样品表面的扫描结构。运用微尺度的悬臂，可以实现在小于 1×10^{-9}N 的相互作用力下进行检测，因此，使用这种方法可以检测膜的表面。原子力显微镜法的优点是膜表面可在空气中扫描而无需特别处理，得到的扫描曲线不但能表现出可能存在的孔的位置和尺寸，而且能清晰地表征出表面粗糙程度及膜的三维图像。如果将该方法与 SEM 等方法结合起来对膜进行测试，可以取得更好的效果。

2）间接法

间接法是依据多孔体所呈现的某种物理性质，并按照有关公式换算来计算孔径的方法，所以对同一微孔膜测试所得的孔径也不尽相同，但它们之间存在一定的关系，间接方法主要有气压法、压汞法、干湿膜空气滤速法、已知颗粒通过法和泡点法-干湿膜空气滤速法等，其中最重要的是气压法和压汞法。

（1）气压法（泡点法）。

该方法是一种利用毛细管现象进行测量的方法。在 20 世纪初，Bechold 就曾使用过这种方法。实验装置如图 5-10 所示。气压法大体步骤如下：将大小合适的膜浸润后，装入测试池中；再在膜上注入一薄层液体（如水），从下面通入氮气，使压力缓缓上升，当压力升高到一定程度后，水面上出现第一个泡并连续不断出泡时，此刻的压力可用来计算最大孔径。原理是由于膜上覆盖的液体润湿了膜，当空气泡半径与孔半径相等时，气泡就会穿过孔，此时接触角为 0°，气泡将在先通过最大的孔的地方产生。压力和孔半径可由 Laplace 方程确定：

$$r_{\mathrm{p}}=\frac{2\sigma\cos\theta}{p}$$

式中，r_{p} 为毛细管半径，m；σ 为液体/空气表面张力，N/m。

气压法简单易行，广泛用于产品质量的控制和使用量的检查，但是由于通过气压法计算得到的只是最大孔径，此值常较产品规格指标大数倍。该方法使用的设备简单，受润湿机理不同的影响，液体可不用水，由于醇类的表面张力比水要小，可使测量压力降低，一般采用异丙醇。此方法不仅可以测量最大孔径，也能通过分段升压的方法来测定孔径分布，但是要注意升压速率、液体和膜材料的亲和性等因素的影响。

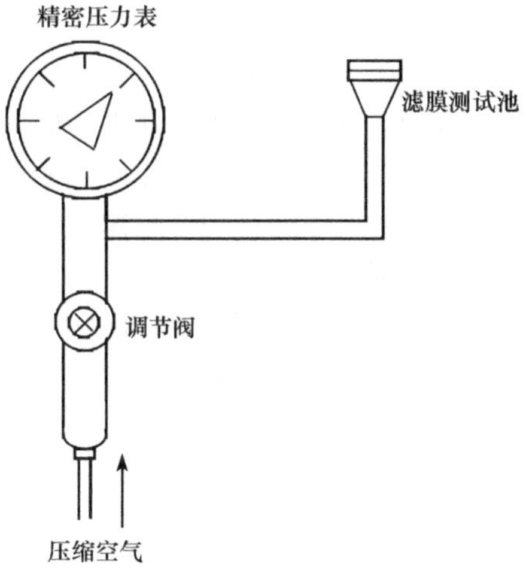

图 5-10 气压法实验装置示意图

（2）压汞法。

该法是泡点法的变种。该方法是将汞注入干膜中，并在不同压力下测定汞的体积、在各压力下汞进入膜样品的累积体积，可得孔径-孔百分比的累积曲线，微分后可得孔径分布曲线。

采用压汞法可测定平均孔径和孔径分布，但由于汞属重金属，对人体有害且价格较高，需要耐高压设备，汞同试样的实际接触角不可能总是 140°，实际细孔的形态不总是笔直圆形的孔等，这些状况都可能给测量带来误差。总的来看，压汞法的缺点较多，因此实际应用并不多，但不失为一种可行的测量方法。压汞法实验装置如图 5-11 所示。

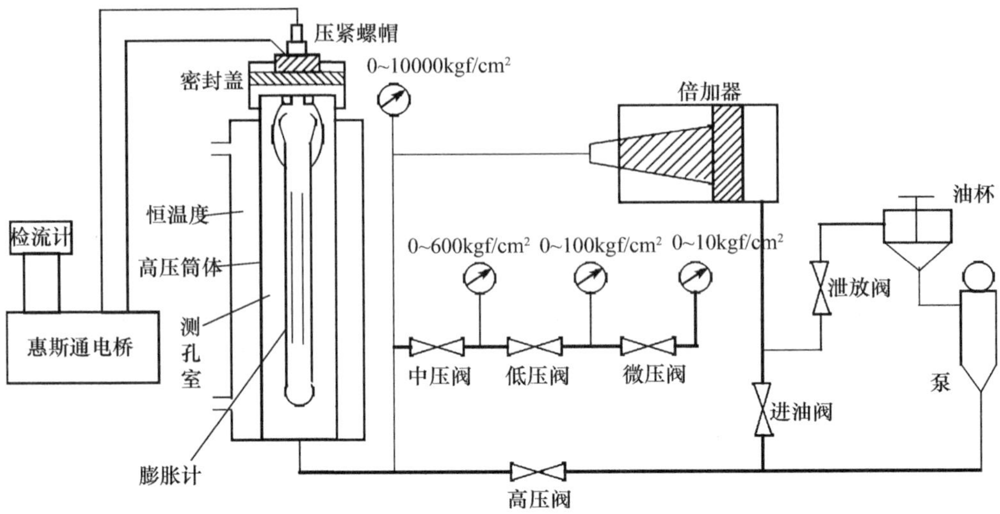

图 5-11　压汞法实验装置示意图

$1kgf/cm^2=9.80665\times 10^4Pa$

需要指出的是，在上述方法中扫描电镜是根据几何投影原理，把非圆形的孔取其长轴作为孔的几何直径，由这种方法得到的孔径属微孔膜的几何孔径。与扫描电镜法不同，泡点法、压汞法等方法是利用了微孔膜的某一物理效应，由测定的相应的物理量，根据相应的公式换算出孔径，是间接的测定方法，因此它们都应称为物理孔径。不同的物理方法，由于依据的物理效应不同，所测的孔径数据也不完全相同，但各种测定方法所得的孔径数据之间存在着相互一致的联系[95]。

5.5.7　微滤的主要用途

1. 在实验室的应用

在实验室中，微孔滤膜是检测有形微细杂质的重要工具。主要用于：①微生物检测，例如对水中大肠菌群、游泳池水中假单胞族菌、软饮料中酵母、啤酒中酵母和细菌、医药制品中细菌的检测和空气中微生物的检测等；②微粒子检测，例如注射剂中不溶性异物、石棉粉尘、航空燃料中的微粒子、锅炉用水中铁分的分析、水中悬浮物和排气中粉尘的检测、放射性尘埃的采样等。

微滤膜可以根据孔径大小的不同来收集各种不同大小的粒子，可在细胞和细胞器的研究工作中实现绝对过滤，在生物化学方面的应用具有方法简单、使用方便、重复性好和快速等优点，因此，广泛用于绝对过滤收集沉淀，溶液的澄清，酶活性的测定，细菌生长过程中培养基的更换、转移研究，受体结合研究。除此之外，还在液闪测定、放射性示踪物的超净、电泳和微量化学分析等方面得到应用。

2. 在工业上的应用

（1）微滤技术在制药工业中的应用。主要涉及无菌空气的制备、活性炭脱色液残留物的清除、药品原液及其制剂的除菌除杂、制药生产废水的综合治理以及中药提取液的微细絮状物的过滤澄清分离等。

（2）电子工业高纯水的制备。在电子元件的生产中，纯水主要用于清洗和配制各种溶液，因而纯水的质量对于半导体器件、显像管及集成电路（SI）的成品率和产品质量有极大的影响。微滤膜在纯水制备中主要有两个用途：一是在反渗透或电渗析前用作安保过滤器，用以清除细小的悬浮物质，一般用孔径为3~20μm的卷绕式微孔滤芯；二是在阳、阴离子或混合交换柱后，作为最后一级终端过滤手段，用它滤除树脂碎片或细菌等杂质。此外，一般应用孔径为0.2~0.5μm的滤膜时，对膜材料强度的要求十分严格，而且纯水经过膜后不得被再次污染、电阻率不得下降、微粒和有机物不得增加。

微滤膜的应用范围见表5-2。

表5-2　微滤膜的应用范围

孔径/μm	用途
12	微生物学研究中分离细菌液中的悬浮物
3~8	食糖精制，澄清过滤，工业尘埃重量测定、内燃机和油泵中颗粒杂质的测定，有机液体中分离水滴（憎水膜），细胞学研究，脑脊髓液诊断，酵母及霉菌显微镜监测，粉尘重量分析
1~2	组织移植，细胞学研究，脑脊髓液诊断，酵母及霉菌显微镜监测，粉尘重量分析
0.6~0.8	气体除菌过滤，大剂量注射液澄清过滤，放射性气溶胶定量分析，细胞学研究，饮料冷法稳定消毒，油类澄清过滤，贵金属槽液质量控制，光致抗蚀剂及喷漆溶剂的澄清过滤（用耐溶剂滤膜），油及颜料油中杂质的重量分析，牛奶中大肠杆菌的检测，液体中的残渣测定
0.45	抗生素及其他注射液的无菌试验，水、饮料、食品中大肠杆菌检测，饮用水中磷酸根的测定，培养基除菌过滤，航空用油及其他油料的质量控制，血球计数用电解质溶液的净化，白糖的色泽鉴定，去离子水的超净化，胰岛素放射免疫测定，液体闪烁测定，液体中微生物的部分滤除，锅炉用水中氢氧化铁含量测定，反渗透进水水质控制，鉴别微生物
0.2	药液、生物制剂和热敏性液体的除菌过滤，液体中细菌计数，泌尿液镜检用水的除菌，空气中病毒的定量测定，电子工业中用于超净化
0.1	超净试剂及其他液体的生产，胶悬体分析，沉淀物分离，生理膜模型
0.01~0.03	噬菌体及较大病毒（100~250nm）的分离，较粗金溶胶的分离

5.6　渗透汽化膜分离技术

5.6.1　概述

渗透汽化（或称渗透蒸发，pervaporation，PV）是指被分离物透过膜时，在膜两侧组分的蒸汽分压差的作用下，液体混合物部分蒸发，从而达到分离目的的一种膜分离方法[96]。

目前，人们普遍认为渗透汽化的概念最早是由Kober于1917年在研究水通过火棉胶器壁从蛋白质/甲苯溶液中选择渗透时提出的[97]；之后，1935年，Farber提出了用渗透汽化过程浓缩蛋白质[98]；1956年，Heisler等完成了以渗透汽化法进行乙醇脱水的实验研究[99]。

20世纪50年代末期，美国石油公司（Amoco）Binning等利用纤维素膜和聚乙烯膜对通过渗透汽化过程分离碳氢化合物和醇/水混合物进行了系统的研究，建立了规模为0.929m^{2}膜面积的间歇性渗透汽化装置，大大促进了渗透汽化技术的发展[100-104]。与此同时，Sanders和Choo等通过渗透汽化过程对乙醇、异丙醇、甲基乙基酮、乙腈和甲醛等水溶液的浓缩，以及正庚烷/异辛烷、混合二甲苯等混合物的分离也进行了深入的研究[105, 106]。Carter和Jagan-nadhaswamy研究了用聚乙烯和赛璐玢膜从苯、四氯化碳和水中选择分离各种醇的渗透汽化工程[107]。Sweeney和Rose应用聚乙烯、聚丙烯、聚氯乙烯、醋酸纤维素和赛璐玢等渗透汽化膜，对单组分和乙醇/丙酮、丙酮/正庚烷、乙醇/正庚烷等二组分有机混合物进行了分离研究[108]。在法国，Aptel等用含*N*-二烷基丙烯酰胺等合成的功能性聚合物或共聚物，成功地制备了对乙醇/水、四氢呋喃/水等恒沸物体系具有很高选择性的均质渗透汽化膜[108-111]。

20世纪70年代中期，德国的GFT公司率先开发出优先透水聚乙烯醇/聚丙烯腈复合膜（GFT 膜），在欧洲完成中试试验后，于 1982 年在巴西建立了乙醇脱水制备无水乙醇的小型工业生产装置，成品乙醇的生产能力为 1300L/d，从而奠定了渗透汽化膜技术工业应用的基础，在渗透汽化技术研究和应用过程中具有里程碑的意义。1984~1996 年，GFT 公司在世界范围内共建造了 63 个渗透汽化装置。到 2000 年，Sulzer Chemtech 公司及以前的 GFT 公司已经共同建造安装了超过 100 套的渗透汽化和蒸汽渗透工业装置，极大地推动了渗透汽化技术的工业应用。

我国对渗透汽化技术的研究始于 20 世纪 80 年代初，主要工作集中在优先透水膜的研制和醇中少量水的脱除两方面[112]。近年来开展了优先透有机物膜、水中有机物的脱除、有机混合物的分离及渗透汽化与其他过程集成的研究。在工业应用方面，1995 年浙江大学与衢化公司合作进行了年产无水乙醇 80t 的中试试验。同年，中国科学院化学研究所进行了日处理工业酒精 260L 的渗透汽化脱水试验。1999 年，清华大学化工系和北京燕山石化集团公司联合进行的应用渗透汽化技术脱除苯中微量水的中试试验获得了成功[113]，这是世界上第一套运用渗透汽化技术脱除苯中微量水的装置。2000 年，清华大学和北京燕山石化集团公司合作完成了渗透汽化技术脱除 C_6 溶剂油中微量水的中试试验。2002~2003 年，在广州相继成立了处理量为 2000t/a 和 6000t/a 的异丙醇脱水工业装置，大大促进了具有自主创新知识产权的渗透汽化技术在中国的推广应用。

5.6.2　渗透汽化膜的分离原理及传质过程机理

1. 分离原理

渗透汽化膜的分离原理如图 5-12 所示。具有致密皮层的渗透汽化膜将料液和渗透物分离为两股独立的物流，料液侧（膜上游侧或膜前侧）一般维持常压，渗透物侧（膜下游侧或膜后侧）则通过抽真空或载气吹扫的方式维持较低的组分分压。在膜两侧组分分压差的推动下，料液中各组分扩散通过膜，并在膜下游侧汽化为渗透物蒸汽。由于料液中的各组分物理化学性质不同，它们在膜中的热力学性质（溶解度）和动力学性质（扩散速度）也不同，因而随着料液中各组分渗透通过的量增加，难渗透组分在料液中的浓度得以提高[114, 115]。

为提高渗透汽化效率，就要使渗透组分快速在膜下游侧汽化，因而降低组分在膜下游侧的蒸汽分压是必要的。为降低组分在膜下游侧的蒸汽分压，可以采取以下几种方法[116, 117]：

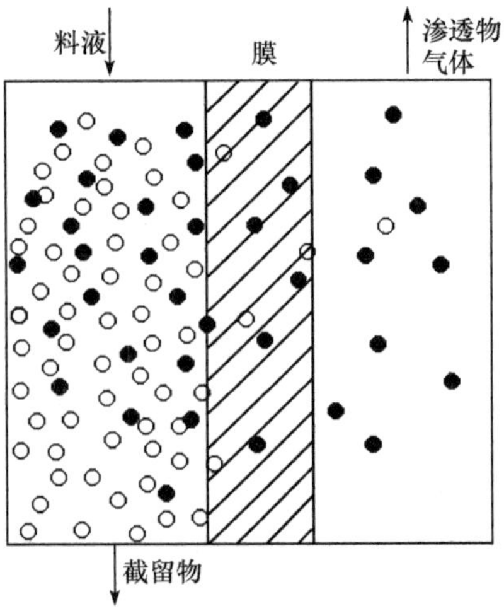

图 5-12　渗透汽化膜分离机理

（1）抽真空法。在膜下游侧放置真空泵，将渗透过膜的渗透物蒸汽抽出系统，从而达到降低膜后侧蒸汽分压的目的。但该方法不能回收有价值的渗透物，对需要回收和检测渗透物的情形不适用。

（2）载气吹扫法。当惰性载气流经膜面时，渗透物蒸汽离开膜面进入主体气流，从而达到降低膜下游侧组分蒸汽分压的目的。实验室常采取这种方法，如图 5-13 所示。

（3）连续冷凝法。采用冷凝器连续冷凝的方式，使部分蒸汽凝结为液体，从而达到降低膜后侧蒸汽分压的目的，工业上常采取该方法。

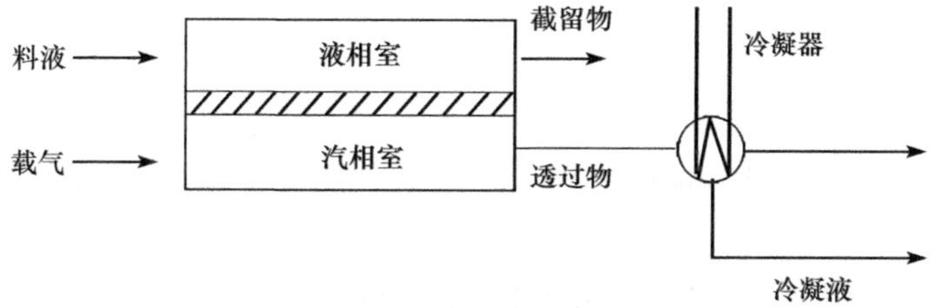

图 5-13 渗透汽化载气吹扫示意图

2. 膜传质过程机理

对于膜传质过程机理的研究，很多学者提出了不同的理论模型和数学模型，如液体的水力学透过理论、孔隙开闭学说、空传递模型、筛分理论、优先吸附-毛细管流动机理和溶解-扩散模型等。其中对渗透汽化传质过程的描述以溶解-扩散模型应用较为普遍。根据溶解-扩散模型，渗透汽化的传质过程可分成三步[114-117]，如图 5-14 所示。

（1）小分子渗透物在膜表面被选择性吸附（溶解），此步骤与分离组分和膜材料的热力学性质有关，属于热力学过程。

（2）溶解于膜内的小分子在化学位梯度的作用下从料液侧穿过膜扩散到膜的透过侧，这涉及速率问题，属动力学过程。

（3）小分子渗透物在透过侧膜表面解吸（汽化），属于相变过程。由于高真空度，传质阻力可以忽略。

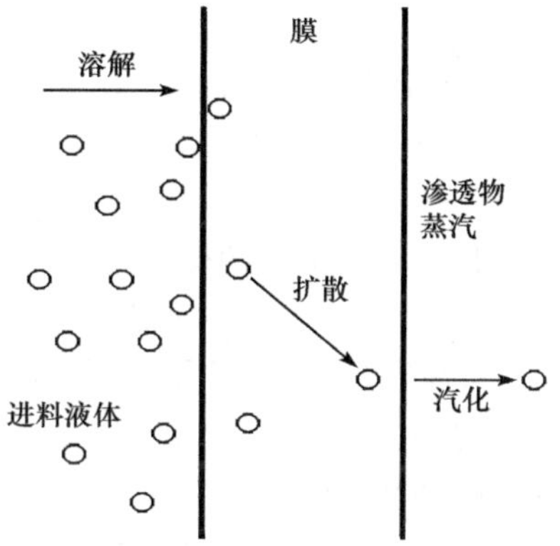

图 5-14 溶解-扩散模型示意图

因此，渗透汽化的分离过程主要是通过前两步实现的。膜的传递性能可用渗透系数（P）来表征，渗透系数表示如下：

$$P = SD \tag{5-14}$$

式中，P 为渗透系数；S 为溶解系数；D 为扩散系数。

5.6.3 渗透汽化膜的性能指标及影响因素

1. 性能指标

膜是渗透汽化过程的主要作用元件，评价渗透汽化膜的性能主要有两个指标，即膜的渗透通量和选择性[115]。

1）渗透通量

渗透通量是指在单位面积、单位时间内渗透过膜的物质量，其定义式如下：

$$J = W/(t \times A) \tag{5-15}$$

式中，W 为透过膜的组分的渗透量，g；A 为膜面积，m^2；t 为操作时间，h；J 为渗透通量，$g/(m^2 \cdot h)$。

2）选择性

膜的选择性是指渗透汽化膜对不同组分分离效率的高低，一般用分离系数 α 表示。

$$\alpha = (Y_A / Y_B) / (X_A / X_B) \tag{5-16}$$

式中，Y_A 为在渗透物中 A 组分的摩尔分数；Y_B 为在渗透物中 B 组分的摩尔分数；X_A 为料液中 A 组分的摩尔分数；X_B 为料液中 B 组分的摩尔分数。

2. 影响因素

渗透汽化过程中涉及多种梯度的变化（如浓度、压力、温度），影响因素较多，主要有以下几点[116, 117]。

1）膜材料及其结构以及被分离组分的物理化学性质

这是影响渗透汽化过程的最重要的因素，它影响到组分在膜中的溶解性和扩散性，即直接影响到膜的分离效果。膜材料和结构还决定着膜的稳定性、寿命、抗化学腐蚀及耐污染性的好坏，以及膜的成本；而被分离组分相对分子质量的大小、化学结构及立体结构将直接影响到它的溶解能力和扩散行为，组分之间存在的伴生效应也将影响最终的分离结果。

2）温度的影响

温度对分离系数的影响较为复杂，没有一定的规律可循。多数情况下，分离系数随温度的上升而有所下降，即随温度的上升非优先渗透组分的渗透速率相对于优先渗透组分上升较快。

3）液体浓度的影响

随着进料液中优先渗透组分浓度的提高，通量也将提高，但它们的定量关系只能由实验确定。

4）上、下游压力的影响

渗透汽化受上游侧压力的影响不大，只有当上游侧压力超过 1MPa 时才有明显的影响，所以，上游侧通常维持常压，下游侧压力的变化对分离过程有明显的影响，通常随着下游侧压力的增加膜的渗透率降低。

5）膜厚度的影响

通常情况下随着膜厚度的增加，传质阻力加大，渗透率将降低。

5.6.4　渗透汽化的优点及主要用途

1. 渗透汽化的优点

渗透汽化膜分离技术有以下优点：①分离效率高，即使是对于混合体系中某些微量组分的脱除，渗透汽化也具有非常高的分离效率；②透过率稳定，不引入其他试剂，无二次污染；③设备简单，操作方便，能耗较低；④选择性高，对于那些用常规方法分离有困难或费用高的体系如近沸、恒沸体系，渗透汽化可以发挥它独特的优势。

2. 渗透汽化的主要用途

基于以上优点，渗透汽化膜分离技术在很多领域中显示了其独有的优势。例如，化学和物理性质相似的共沸、近沸化合物的混合物的分离，如烯烃和烷烃、环烷烃和芳烃的混合物分离；同分异构体、手性化合物的混合物分离；热敏性化合物的混合物分离等[118-120]。

到目前为止，渗透汽化过程已经有部分成功应用于工业化生产，包括乙醇、异丙醇、乙二醇等有机溶剂的脱水等[121-125]。

（1）无水乙醇和燃料乙醇的生产。对恒沸物的分离是渗透汽化最能发挥优势的领域。其中无水乙醇的生产是渗透汽化脱水的典型。世界上第一套工业试验装置和第一个最大的生产装置都是用于无水乙醇的生产。尽管已经有多种膜材料用来分离乙醇/水溶液，但目前最成熟、应用最广泛的是聚乙烯醇/聚丙烯腈复合膜。用渗透汽化法从工业乙醇制取无水乙醇的典型工艺流程如图 5-15 所示。

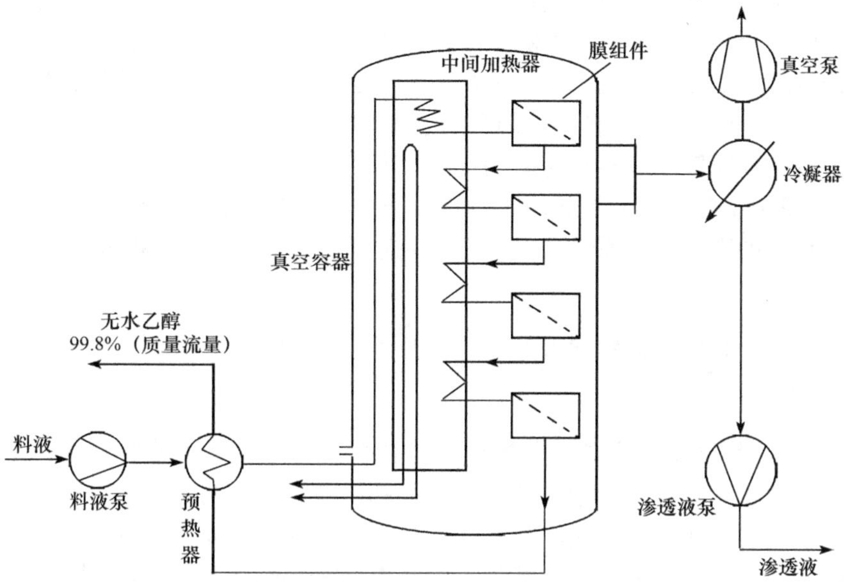

图 5-15　工业乙醇制备无水乙醇工艺流程

（2）异丙醇脱水。异丙醇是常用的有机溶剂和化工原料。目前，异丙醇脱水是除乙醇脱水外渗透汽化工程最主要的应用。渗透汽化法用于异丙醇脱水也有明显的经济上和技术上的优势。一般情况下，用于乙醇脱水的膜也可以用于异丙醇脱水，而且由于异丙醇的相对分子质量更大，膜的分离系数将更高，所用膜面积可能会更小。

（3）果汁的浓缩。渗透汽化过程还可以用于食品和饮料工业中果汁的浓缩。渗透汽化法浓缩果汁的优点是可以避免芳香物质的损失，但目前所研究的膜的通量还不大，从而限制了其应用。

（4）酒类饮料中除去乙醇。从酒类饮料中去除乙醇是渗透汽化技术在食品工业中最早的应用。使用优先透有机物膜使乙醇优先透过，既可以降低啤酒或果酒中的乙醇含量，同时也能得到乙醇浓度较高的乙醇/水溶液。

（5）芳香烃、脂肪烃混合物的分离。由于汽油中的芳香烃对公众健康有潜在影响，近年来，降低燃料汽油中芳香烃含量的要求越来越迫切，因此芳香烃、脂肪烃混合物的分离可能将会成为渗透汽化过程在石油化工领域最重要的应用。

5.7　膜萃取技术

5.7.1　概述

由于膜过程相对比较简单，一般在膜过程中没有相变，可节约能源，而且对稀溶液、热敏物质和一些难分离物质具有独特的分离优势，所以将膜过程与常规分离过程交叉组合，是膜过程发展的一个重要动向，膜萃取过程就是其中一个典型的代表。膜萃取又称固定膜界面萃取，它是膜过程和液-液萃取过程相结合的新型的分离技术。

1984 年，Kiani 等和 Kim 相继提出了膜萃取的方法。Kiani 等利用了这一方法在槽式膜萃取器中对二甲苯-HAc-H_2O 和 MIBK-HAc-H_2O 体系进行了实验研究，求取了基于有机相的总传质系数，讨论了膜萃取的特点。Kim 则以 LiX64-$CuSO_4$-H_2O 为体系，利用中空纤维膜器研究了膜萃取的分离效果。他们的研究结果表明，应用膜萃取的方法可以减少溶剂的夹带损失，中空纤维膜器的使用为这一新的分离方法的应用开拓了希望的前景。1985 年 Cooney 和 Jin 又使用中空纤维膜器对含酚废水进行了膜萃取的实验尝试。1986 年，Cussler 等又进一步研究了膜的浸润性对膜萃取传质速率的影响[116]。

1986 年，我国学者戴猷元等选用了有工业背景的体系对膜萃取过程进行了大量研究，探索并取得了相关的系列传质系数公式，研究并提出了利用膜萃取实现同级萃取反萃取过程的优势。

5.7.2 膜萃取过程、特点及其研究方向

1. 膜萃取过程

与通常的液-液萃取过程不同，膜萃取过程中萃取剂和料液分别在膜两侧流动，其传质过程是在分隔萃取相和料液相的膜微孔表面进行的。在有机相与水相间置以疏水性微孔膜，有机相将优先浸润膜，并进入膜孔，当水相的压力等于或大于有机相的压力时，在膜孔的水相侧形成有机相与水相的界面，该相界面是固定的，溶质通过这一固定的相界面从一相传递到另一相，然后扩散进入接受相的主体，完成膜萃取过程。当采用亲水性微孔膜时，水相将优先浸润膜，并进入膜孔；若采用一侧亲水，另一侧疏水的复合膜，则亲水-疏水复合膜的界面处就是水和有机相的界面，如图 5-16 所示[126]。从膜萃取的传质过程可以看出，该过程不存在通常萃取过程中的液滴的分离和聚合现象。膜萃取的实验研究工作一般是在槽式膜萃取器和中空纤维膜萃取器中进行的。因为中空纤维膜器具有较大的比表面积，所以应用更为广泛。

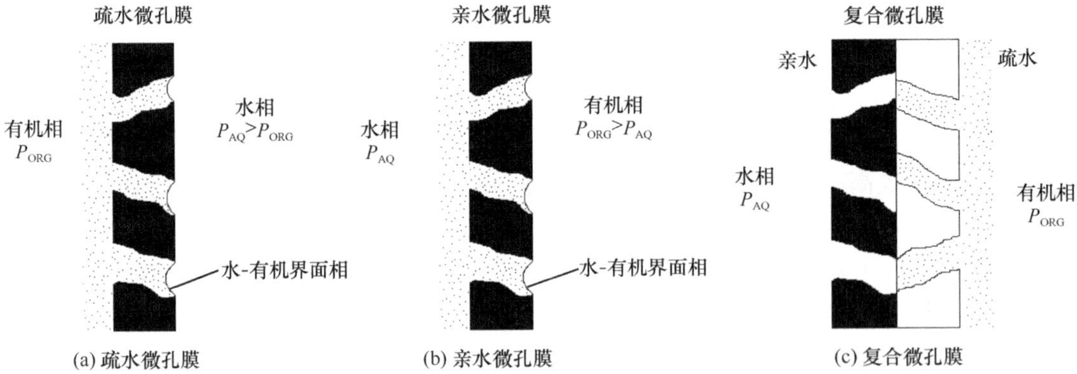

图 5-16 膜萃取的水相-有机相界面

2. 膜萃取优点

作为一种新型分离技术，膜萃取过程有其特殊的优势，主要表现在以下几个方面[127]：

（1）通常的萃取过程往往是一相在另外一相内分散为液滴，实现分散相和连续相间的传质，然后分散相液滴重新聚集分相。细小液滴的形成可以创造较大的传质比表面积，有利于传质的进行，但是过细的液滴又容易造成夹带，使溶剂损失或影响分离效果。而膜萃取由于没有相的分离和聚结过程，可以减少萃取剂在料液相中的夹带损失。

（2）连续逆流萃取是一般萃取过程中常采用的流程。为了完成液-液直接接触中的两相逆流流动，在选择萃取剂时，除了要考虑其对分离物质的溶解度和选择性之外，还必须考虑其他的物性（如密度、黏度、界面张力等）。在膜萃取中，料液相和溶剂相分别在膜两侧流动，并不形成直接接触的液-液两相流动，因此，在选择萃取剂时可以对其物性的要求大大放宽，使一些高浓度的高效萃取剂得以使用。

（3）在一般柱式萃取设备中，由于连续相与分离相液滴群的逆流流动，柱内轴向混合的影响十分严重。据报道，一些柱式设备中60%~70%的柱高是为了克服轴向混合影响，同时，萃取设备的生产能力也会受到液泛总流速等条件的限制。在膜萃取过程中，两相各自在膜的两侧做单相流动，则萃取过程可免受返混和液泛条件的影响。

（4）料液相与溶剂相在膜两侧同时存在，可以避免在与其相似的支撑液膜操作中膜内溶剂的流失问题。

（5）膜萃取过程可以较好地发挥化工单元操作中的某些优势，提高过程的传质效率，如实现同级萃取反萃过程，采用萃合物载体促进迁移等。

（6）与固体膜相比，具有较高的通量；与传统的萃取技术相比，可使用较小的萃取剂用量；由于不需要相变，所以能耗较低。

以上这些特点使膜萃取在一些特殊的分离过程中显示出其独特的优越性。

3. 膜萃取缺点

膜萃取也有一些不利之处[128]：

（1）膜的使用引入了膜阻这项新的传质阻力，在实际应用过程中，可以通过恰当地选择膜器来使膜阻最小化。

（2）由于中空纤维可以提供相当大的接触面积，所以目前用于膜萃取的主要是中空纤维膜萃取器，它的问题是容易形成管间沟流。

（3）膜易污染，但污染要远低于浓差推动膜过程。

（4）膜寿命有限，所以使用膜萃取器要考虑膜的更换及其成本。

（5）部分萃取剂对封装膜器头的胶有腐蚀作用。

4. 膜萃取研究方向

目前，膜萃取的研究工作主要围绕以下几个方面进行[129-131]：

（1）膜萃取过程中的两相渗透问题。

（2）膜萃取过程中膜孔溶胀问题及对传质速率的影响。

（3）膜萃取过程的传质机理和数学模型，如何提高膜萃取过程的体积传质系数等。

（4）膜材料的浸润性能及其对传质的影响。

（5）膜萃取中使用的膜器结构的放大问题和操作条件优化等。

（6）膜萃取过程付诸应用的可能性。

5.7.3 膜萃取的传质特性

1. 膜萃取的传质过程

膜萃取是膜过程和液-液萃取过程集合形成的一种分离技术，其传质过程是在分隔料液相和萃取相的微孔膜表面上进行的。应用于膜萃取过程的微孔膜材料可分为疏水性微孔膜、亲水性微孔膜和疏水-亲水复合膜。对于水相和有机相间的萃取，当采用疏水膜作萃取膜时，有机相将优先浸润膜表面，并进入膜微孔。当水相的压力等于或略大于有机相压力时，在膜的水相侧形成一固定界面，在该界面上溶质从水相传递到有机相，进而通过膜微孔扩散进入有机相，完成溶质传质过程。当采用亲水膜作为萃取膜时，则优先浸润膜表面的将是物料水相，此时水相通过膜微孔，并在膜有机萃取相侧形成一固定界面，溶质通过该固定界面从水相进入萃取相，实现膜萃取过程。若为疏水-亲水复合膜，则有机相和水相分别浸润疏水膜表面和亲水膜表面，并在复合膜疏-亲水膜复合界面处形成一固定界面，在此完成膜萃取溶质传递过程。膜萃取除用于水相-有机相体系以外，也可用于非极性有机溶剂-极性有机溶剂体系和双水相溶液体系，此时通常使用疏水性微孔膜，并保持一相压力稍高于另一相。

2. 膜萃取中亲/疏水膜的选择

膜萃取中一个最基本的问题是膜材料的选择。通常，应用疏水膜组件进行膜萃取适用于下列情况[131]：

（1）溶质分配系数大于 1 的体系，可以得到较高传质系数。

（2）要求适用范围大或化学稳定性好的体系。

（3）要求减少细胞污染的体系。

（4）要求膜孔较大，以避免对分子组分的扩散形成障碍的体系。

（5）便于灭菌的体系。

对于下列情况可考虑使用亲水膜：

（1）溶质分配系数小于 1 的体系，可得到较高的传质系数。

（2）大多数用于溶剂萃取的亲水膜孔径较小，所以适用于在溶剂萃取中大分子组分不需透过膜的体系。

膜的选用除考虑上述原则之外，还应考虑体系的具体特点。如在高 pH 下用水从乙酸异丙酯中萃取药物组分时，虽然溶质分配系数小于 1，但却需要使用疏水膜，这是因为亲水膜孔容易被水相中的不稳定沉淀堵塞。

5.7.4　膜萃取过程的影响因素

1. 两相压差 Δp 的影响

研究结果表明，保持一定的压差条件（0.01~0.05MPa），可以避免膜萃取两相间的相的夹带。两相压差的作用仅在于防止两相间的渗透，对传质系数的影响较小。

2. 两相流量的影响

两相流量对总的传质系数的影响主要取决于在分离体系的传质过程中水相边界层阻力或有机相边界层阻力在总传质阻力中所占的比例。当有机相流量保持不变时，总传质系数基本上不随水相流量的改变而发生变化；当水相流量保持不变时，总传质系数值则随着有机相流量的增大而呈上升趋势。这是由于水相边界阻力在总传质阻力中所占比例较大，有机相边界层阻力的影响不容忽视。当有机相边界阻力在总传质阻力中所占比例较大，则相反，水相流量对总的传质系数的影响较大。

3. 相平衡分配系数（m）与膜材料浸润性能的影响

对于一些能够提供很大的萃取相平衡分配系数 m 值（$m>1$）的体系，若采用疏水性膜，膜萃取过程的总传质系数会相对加大。对于 $m<1$ 的体系，则更适合选用亲水膜，可以得到大的总传质系数。

随着体系两相流量的增大，水相及有机相边界层阻力减小，膜阻就成为影响萃取过程传质速率的决定因素，此时，若只利用 m 值的大小作为选择膜器材质浸润性的判据，已不可能产生明显的效果，还要考虑溶质在水相或有机相中扩散系数的大小。

4. 体系界面张力和渗透压的影响

体系界面张力是影响传质特性的重要参数，但是，在膜萃取过程中不存在通常萃取过程中的液滴分散和聚结现象，所以体系界面张力对于体积总传质系数不产生直接的影响。

渗透压一般与体系及界面张力 γ、膜微孔半径 r_p 和接触角 θ_c 都有直接关系。如果假设膜的微孔道为平行的均匀的圆柱形孔道，则微孔膜的渗透压 Δp_{cr} 可以表述为

$$\Delta p_{cr} = \frac{2\gamma \cos\theta_c}{r_p} \tag{5-17}$$

5.7.5 膜萃取的应用

由于膜萃取技术特殊的优势，几乎所有的常规分散相溶剂萃取都可以用膜基溶剂萃取代替，有些已在工业上得到应用，并蓬勃开展起来。目前膜萃取主要用于以下几个方面：有机污染物萃取[132-135]、金属萃取[136-138]、药物萃取[139-141]、发酵产物萃取和萃取生化反应等。

在有机污染物萃取方面，研究者选取了很多有工业背景的体系进行研究，证明了膜萃取在有机污染物萃取方面具有高效性和高选择性。利用膜萃取去除水中的有机物不仅效率高，而且不会造成二次污染。Cooney 等利用中空纤维膜以甲基异丁基酮等多种溶剂为萃取剂进行了苯酚稀溶液的分离研究，实验中壳程充满静止的有机溶剂相，管程通过苯酚稀溶液，结果表明，溶剂的种类、料液的流速和体系的 pH 都对分离效果有比较明显的影响。戴猷元等分别选择 100%TBP-对硝基酚-水、50%TBP（煤油）-苯酚-水和 100%煤油-苯酚-水为体系，系统研究了中空纤维膜萃取过程的传质特性和分离效果[142, 143]。Sirkar 等利用中空纤维膜萃取器研究了用膜萃取方法从有机废水中去除苯酚、氯酚等污染物的传质过程，结果表明有机物去除率良好，证明了膜萃取应用于废水处理过程相比于传统技术更容易实现，其出口萃取液中的溶剂含量远小于溶剂在水中的溶解度[144]。Bocquet 等利用中空纤维膜萃取器，以正己烷为液相萃取剂对水中的芳香类化合物进行了分离，得到了很高的分离效率[145]。Souchon 等以正己烷为萃取剂，利用聚丙烯中空纤维膜对食品工业中三种常见的芳香族化合物进行了分离回收，发现膜萃取的通量远远高于渗透汽化的通量，回收率可达到 90%~99%[146]。

Xu 等利用膜萃取技术从酸溶液中分离铜离子，发现两相流量对总的传质系数影响很大，并且膜污染后使萃取效率大为降低[147]。Fouad 等将乳状液膜技术与膜萃取技术联用对锌离子进行萃取，并与传统的萃取技术进行了比较，得到了更高的萃取效率，为重金属离子的萃取提供了广阔的空间[148]。

5.8 其他膜分离技术简介

5.8.1 电渗析

电渗析（dialysis，D）技术的研究始于 20 世纪初的德国。1952 年，美国 Ionics 公司制

成了世界上第一台电渗析装置，用于苦咸水的淡化。近年来，离子交换膜的研究、生产和应用已达到很高的水平，在电渗析技术方面，领先的是美国和日本，生产离子交换膜和电渗析器最多的是日本。目前，电渗析装置已由小型化向大型化发展，以发展高温电渗析来提高电导，减少电耗，另外，在膜的改性和特殊用途膜（如耐高温、耐酸碱及抗有机污染膜等）的研制方面也取得了显著进展。

电渗析是在外加直流电场作用下，利用阴、阳离子交换膜对水中离子的选择透过性，使一部分溶液中的离子定向迁移到另一部分溶液中去，达到浓缩、纯化、分离的一种膜分离技术[116, 126, 129]。电渗析器是在正负两电极间交替地平行地放置阳离子交换膜（简称阳膜）和阴离子交换膜（简称阴膜），并依次构成浓缩室和淡化室。离子交换膜是电渗析器的主要部件，有电渗析器的心脏之称，它是一种由高分子材料制成的具有离子交换基团的网状立体结构的高分子膜，离子可以选择性地透过膜。在这里离子交换膜的作用并不是起离子交换的作用，而是起离子选择透过的作用，所以更确切地说，应称之为离子选择性透过膜。阳膜由带负电荷的酸性活性基团（如磺酸基）的阳离子交换树脂构成，它能选择性地使阳离子透过，阴离子不能透过；阴膜由带正电荷的碱性活性基团（如氨基）的阴离子交换树脂构成，它能选择性地透过阴离子，而阳离子不能透过。

在淡化室中通入含盐水，接上电源。溶液中带正电荷的阳离子在电场作用下，向阴极方向移动到阳膜，受到膜上带负电荷的基团的异性相吸作用而穿过膜，进入浓缩室；带负电荷的阴离子，向阳极方向移动到阴膜，受到膜上带正电荷的基团的相吸作用而穿过膜，进入浓缩室。这样，盐水中的盐就被除去而得到淡水。在浓缩室中，阴离子向阳极移动，碰到阳膜，由于受到膜上带负电荷基团的同性相斥作用，受阻而不能通过膜；阳离子向阴极移动，碰到阴膜，受到膜上带正电荷基团的相斥作用，受阻而不能通过膜，而浓缩室两侧室中的正负离子则可分别通过阳膜和阴膜而进入浓缩室，在浓缩室中浓集。

常见的电渗析过程包括倒极电渗析、填充电渗析、离子隔膜电解、高温电渗析、液膜电渗析和双极性膜电渗析等。电渗析水处理具有很多优点，包括能量消耗少；药剂消耗量少，环境污染少；设备简单，操作方便；设备规模和脱盐浓度范围的适应性大；以电为动力，运行成本较低等。

由于电渗析所需能量与处理水的污染物浓度成正比，因此它不太适合处理高浓度废水。苦咸水脱盐是电渗析最重要的应用领域，将苦咸水脱至饮用水被认为是最经济的技术方案，以工程投资和过程能耗总计制水成本来看，可与反渗透技术竞争，并将在今后相当长的一段时期内在苦咸水脱盐领域发挥显著的作用。海水淡化曾是电渗析的重要应用领域，但随着反渗透海水淡化技术的发展兴起，尤其是带有能量回收装置的反渗透海水淡化技术的应用，使得电渗析在海水淡化中所占的份额逐渐降低。在化工、轻工、冶金和原子能等工业部门，电渗析技术主要用于处理排放污水、造纸废水、电镀废水、印刷制版废水等，有的还可以从排放废液中回收有用物质，回用再生水，实现闭路循环。在纯水制备过程中，电渗析可以作为离子交换制取纯水的预处理，通过处理使离子交换柱的生产能力提高，延长交换周期，并节省再生剂的用量。

5.8.2　膜蒸馏

膜蒸馏（membrane distillation，MD）是 20 世纪 80 年代以后发展起来的一种新型膜分离技术，是膜技术与蒸发过程相结合的新型分离过程。利用高分子膜的某些结构特征，以微孔疏水膜将两种不同温度的水溶液分开，由于表面张力作用，膜两侧水溶液均不能透过膜孔进入另一侧，但由膜两侧温度差形成的蒸气压差，可使易挥发组分（水）的蒸气分子通过膜孔从高温侧向低温侧扩散，从而实现对物质的分离。膜蒸馏对膜的要求是强疏水性，膜材料表面能低，孔径小（＜0.2μm），孔径分布均匀，孔密度大，孔隙率高（70%~80%），膜也应尽量薄（10~100μm），这基本上是在微孔膜的范围内。膜蒸馏的应用范围很广，如纯水生产，特点是产水纯度高，产水量受进料浓度影响小；从水中除去挥发性有机化合物（VOC），如氯化烃、芳烃等；溶液浓缩，包括果汁、酸、碱和盐的溶液的浓缩等；除去挥发性生物产品，如发酵制乙醇、丁醇、丙酮和一些芳香物质的废水处理。膜蒸馏具有可在常压下操作，设备简单，大多数设备材质为塑料，可避免腐蚀，操作容易，操作温度低（60~90℃），可利用低品位热源（如太阳能、地热、废热），截留率高及可处理高浓度水溶液等优点。但是膜蒸馏过程进行中必伴有相变，所以热量的消耗不可避免。由于过程传质推动力小，传质速率低，处理量受到一定限制；并且膜费用高，膜有受浸润而损坏的危险[116, 129, 149]。

近年来膜蒸馏技术用于废水处理的研究报道较多，可用于处理染料污染的纺织废水、被牛磺酸污染的制药废水、含重金属的工业废水及含有机污染物和低量放射性元素的化学废水等。如采用中空纤维膜蒸馏技术对含苯酚废水进行研究，结果是浓度高达 5000μg/mL 的苯酚经处理可降至 50μg/mL，去除率高达 95%以上。采用减压膜蒸馏技术处理丙烯腈废水，废水中丙烯腈的去除率在 98%以上，出水浓度低于 5mg/L，达到排放要求。实验结果表明，真空膜蒸馏在挥发性有机污染物的处理方面将起到重要的作用。

5.8.3 膜生物反应器

膜反应器是膜和化学反应或生物化学反应相结合的系统或设备。常见的膜反应器包括膜生物反应器、酶膜反应器、多相膜反应器、萃取膜反应器和催化膜反应器等，下面主要介绍应用较多、技术较为成熟的用于水处理的膜生物反应器（membrane bioreactor，MBR）。

20 世纪 60 年代中后期，研究者开始了膜生物反应器在废水处理方面的研究。1966 年，美国 Door-Oliver 公司在美国化学会议上公开了将膜生物反应器应用于废水研究的成果。1969 年，该公司将超滤工艺和活性污泥法结合起来处理城市污水，这标志着膜生物反应器水处理技术的诞生。1971 年，Staverger 对膜生物反应器在城市污水处理方面的优势进行了详细的论证。到 20 世纪 90 年代中后期，膜生物反应器技术在国外进入大规模实际应用阶段，美国、日本、德国、荷兰、法国和加拿大等国的水处理应用不断增多，处理规模不断增大，处理对象也从对生活污水和工业废水扩展到填埋场渗滤液、食品工业废水、制药废水、造纸废水、纺织废水、染料废水及石油化工废水等领域。我国对膜生物反应器技术的应用研究始于 20 世纪 90 年代，近年来，膜生物反应器技术已被列为国家“863”和“九五”重点推广的 21 世纪水处理新技术之一，正逐步从实验室研究阶段过渡到实际的工程应用阶段，膜生物反应器有了一些成功的应用实例。

污水处理中的膜生物反应器是指将膜分离技术中的超滤、微滤膜组件与污水生物处理工程中的生物反应器相互结合成的一个新系统[126]，由曝气系统、膜组件和反冲洗系统三部分组成。曝气系统为微生物提供好氧条件，降解污水中的有机物、悬浮物及部分凝胶物质。超滤、微滤膜组件作为泥水分离单元，取代了传统工艺中的二次沉淀池，被超滤、微滤膜截留下来的活性污泥混合液中的微生物絮体和较大相对分子质量的有机物，又重新回流至生物反应器内，使生物反应器内获得高浓度的生物量并延长细胞的平均停留时间，极大地提高了生物对有机物污染物的氧化率，同时，该系统还具有较高的抗冲击负荷能力。反冲洗系统则用于膜组件的定期冲洗，以保障系统的正常运行。这种膜生物反应器综合了膜分离技术与生物处理技术的优点，出水质量很高，甚至可达到深度处理出水的要求，同时系统几乎不排出剩余淤泥。

膜生物反应器包括膜分离生物反应器、膜-曝气生物反应器、萃取膜生物反应器及其他类型的膜生物反应器，其中应用最多的是膜分离生物反应器。膜分离生物反应器通常简称为膜生物反应器，其中的膜组件相当于传统生物处理系统中的二沉池，进行固液分离，截留的浓缩液回流到生物反应器中，使生物反应器具有较高的微生物浓度和很长的污泥停留时间，因而使膜生物反应器具有很高的出水水质，而透过水向外排出。根据生物反应器和膜组件结合的方式可将膜生物反应器分为分置式（外置式）和一体式（内置式），如图 5-17 所示。分置式膜分离生物反应器通过料液循环错流运行，其特点是，运行稳定可靠，操作管理容易，易于膜的清洗、更换以及增设，但为了减少污染物在膜表面的沉积，由循环泵提供的料液流速很高，因此动力消耗较高，膜单元多采用管式膜。一体式膜分离生物反应器是将膜单元浸在生物反应器中，曝气器就放在膜组件下面，通过真空泵抽吸，得到过滤液，其最大特点是运行费用低，但在运行稳定性、操作管理方面和膜的清洗更换上不如分置式，膜单元多采用中空纤维膜和板式膜。

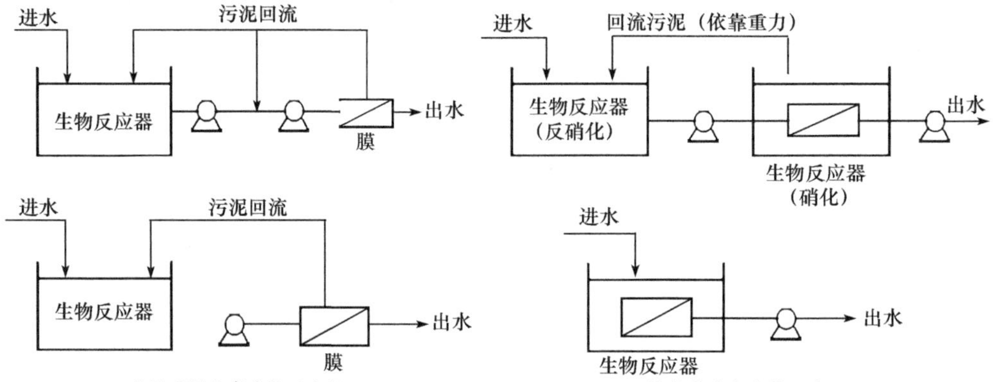

(a) 分置式膜分离生物反应器　(b) 一体式膜分离生物反应器

图 5-17　膜分离生物反应器

与传统污（废）水处理技术相比，膜生物反应器技术在污（废）水处理时具有以下技术优势：①可防止各种微生物菌群的流失，有利于生长速度缓慢的细菌（如硝化细菌）的繁殖生长，使系统中各种代谢过程顺利进行，系统硝化能力得以提高；②可实现水力停留时间和污泥停留时间的彻底分离，消除了传统活性污泥工艺中的污泥膨胀问题；③能维持较低的污泥负荷，可减少或甚至不排出剩余污泥；④能高效地进行固液分离，出水质量高，可直接回用于非饮用水；⑤整套装置占地小，能耗低，基建投资少，结构紧凑；⑥操作运行简便，易于自动控制。

虽然膜生物反应器有着无可比拟的优点，但是并没有迅速地完全地取代传统水处理技术在水处理中的市场地位，这是因为它还存在着一些突出的问题，如在长期运行中，膜生物反应器内的微生物的生物活性降低和反应器内不可降解性物质的积累，氧的传质效率低，剩余污泥难以处置，化学清洗的废液会造成二次污染，水处理能耗和设备费用过高，膜材料和膜组件没有实现标准化，膜污染、膜的物理化学稳定性、工业化可行性和造价问题有待解决。

存在这些问题的原因，首先是技术问题不过关，膜技术的发展水平决定了膜的性能和价格，需要研究与开发抗污染性强、通量大、强度高、耐酸碱与微生物腐蚀、耐污染、使用寿命长、价格低的膜材料，另外，由能耗造成的运行费用较高也是制约膜生物反应器废水处理工艺进一步发展的因素之一。其次是膜污染造成的失效问题，膜污染在膜生物反应器的使用过程中会越来越严重甚至最终导致系统瘫痪。膜污染严重时，膜的分离功能被破坏，不得不依靠更换膜组件来恢复反应器的运行，使处理成本增加，因此，在保证出水水质的前提下，膜通量应尽可能大，这样可减少膜的使用面积，降低基建费用与运行费用。

参 考 文 献

[1] 杨座国. 膜科学技术过程与原理. 上海：华东理工大学出版社，2009.
[2] 孙海燕. 硕士论文. 武汉：武汉工业学院，2011.
[3] Ulbricht M. Poly，2006，47：2217.
[4] Fane A G，Wang R，Jia Y. Membrane Technology：Past，Present and Future. New York：Humana Press，2008.
[5] Wienk I M，Smolders C A. J Appl Polym Sci，1994，53：1011.
[6] 王湛. 膜分离技术基础. 北京：化学工业出版社，2006.
[7] 高从堦. 液体分离膜进展//第二届全国膜和膜过程学术报告会论文集，杭州，1996.
[8] 马成良. 膜科学与技术，1998，6：62.
[9] 朱长乐，刘茉娥. 膜科学技术. 杭州：浙江大学出版社，1992.
[10] 黄维菊，魏星. 膜分离技术概论. 北京：国防工业出版社，2008.
[11] 汪锰，王湛，李政雄. 膜材料及其制备. 北京：化学工业出版社，2003.
[12] 梁雪梅，路晓峰，王彬芳，等. 功能高分子学报，1999，12：105.
[13] 俞三传，高从堦. 膜科学与技术，2000，20：38.
[14] 陆茵. 膜科学与技术，1999，19：40.
[15] 杨惠琳. 膜科学与技术，1990，10：49.
[16] 韩乐. 硕士论文. 重庆：重庆大学，2012.
[17] 张玉忠，郑领英，高从堦. 液体分离膜技术与应用. 北京：化学工业出版社，2004.
[18] 宋玉军，刘福安，杨勇，等. 化工科技，1999，7：1.
[19] 王建黎，计建炳，徐又一. 膜科学与技术，2003，23：65.
[20] 范为. 硕士论文. 杭州：浙江大学，2007.
[21] Sarrade J S，Rios M G，Carles M. Sep Purif Technol，1998，14：19.
[22] 徐又一，徐志康. 高分子膜材料. 北京：化学工业出版社，2005.
[23] 高以烜，叶凌碧. 膜分离技术基础. 北京：科学出版社，1989.
[24] 宋玉军，孙本惠. 化工新型材料，1996，24：23.
[25] 王霖. 硕士论文. 天津：天津大学，2004.
[26] 陆晓峰，毛伟钢，梁国明. 水处理技术，1993，19：253.
[27] 夏冰，董声华，金秀龙. 水处理技术，1992，18：75.
[28] 杨少华，董声华. 水处理技术，1993，19：138.
[29] Ikeda K，Nakano T，Ito H，et al. Desalination，1988，68：109.
[30] 刘茉娥，陈欢林. 新型分离技术基础. 杭州：浙江大学出版社，1993.
[31] Nunes P S. J Membr Sci，1995，106：49.
[32] Sforca L M，Nunes P S，Pememann V K. J Membr Sci，1997，135：179.
[33] 俞三传，高从堦，张建飞. 水处理技术，1997，3：139.
[34] 王薇，杜启云. 工业水处理，2004，24：6.

[35] Tsuru T，Shutou T，Nakao S. Sep Sci Technol，1994，29：971.
[36] 李文俊，薛培华. 净水技术，2004，23：31.
[37] Nicod L，Chitry F，Gaubert E. J Inclusion Phenom Mol Recognit Chem，1999，34：141.
[38] 黄加乐，董声雄. 福建化工，2000，3：3.
[39] 王学松，郑领英. 膜技术. 2 版. 北京：化学工业出版社，2013.
[40] 王学松. 膜分离技术及其应用. 北京：科学出版社，1994.
[41] 祝生杰. 膜科学与技术，1997，7：1.
[42] 时钧，袁权，等. 膜技术手册. 北京：化学工业出版社，2001.
[43] 罗黎敏，殷宁. 中国林业，2004，5：35.
[44] 邱运仁，张启修. 现代化工，2001，10：28.
[45] 王湛，吕亚文，王淑梅，等. 膜科学与技术，2002，22：4.
[46] 王保国，孙洪亮，蒋维钧. 水处理技术，1996，22：85.
[47] 尹秀丽，宋艳秋. 应用化学，1997，14：112.
[48] 沈锋，杨丽芳，成国祥，等. 天津大学学报，2000，33：404.
[49] 许振良. 膜法水处理技术. 北京：化学工业出版社，2000.
[50] 刘茉娥. 膜分离技术. 北京：化学工业出版社，1998.
[51] Dalsin J L，Messersmith P B M. Mater Today，2005，8：38.
[52] 张辉，钟博，邓玉福. 生命单元表面行为的物理表征. 北京：科学出版社，2006.
[53] Chan R，Chen V. J Membr Sci，2004，242：169.
[54] Gray J J. Curr Opin Struct Biol，2004，14：110.
[55] Salgın S，Takaç S，Özdamar T H. J Membr Sci，2006，278：251.
[56] 张福田. 分子界面化学基础. 上海：上海科学技术文献出版社，2006.
[57] Sun C H，Berg J C. Adv Colloid Interface Sci，2003，105：151.
[58] Emil C，Rafael P C. Adv Colloid Interface Sci，2002，98：245.
[59] Eva D，Salvador O，Aurelio V，et al. Microporous Mesoporous Mater，2004，70：109.
[60] Eva D，Beatriz R，Rubén L F，et al. J Chromatogr A，2006，1116：230.
[61] 赵春田，礼巍，张贤，等. 功能高分子学报，1996，9：337.
[62] Duca M D，Plosceanua C L，Popb T. Polym Degrad Stab，1998，61：65.
[63] 邢丹敏，武冠英，胡家俊. 膜科学与技术，1996，16：49.
[64] Harris J A，Arthur J C. J Appl Polym Sci，1970，14：3113.
[65] Ratner B D，Weathersby P K，Hoffman A S，et al. J Appl Polym Sci，1978，22：643.
[66] Ulbricht M，Matuschewski H，Oechel A，et al. J Membr Sci，1996，115：31.
[67] Thom V，Jankova K，Ulbricht M，et al. Macromol Chem Phys，1998，199：2723.
[68] 陆晓峰，汪赓华，梁国明，等. 膜科学与技术，1998，18：54.
[69] Shoichet M S，Winn S R，Athavale S，et al. Biotechnol Bioeng，1994，43：563.
[70] 陆晓峰，陈仕意，李存珍. 膜科学与技术，1997，17：36.
[71] 尹秀丽，邓桦，杨溥臣. 水处理技术，1997，23：131.
[72] 程洪斌，尹秀丽. 天津纺织工学院学报，1998，17：54.
[73] Moussaif，N，Jérome R. Macromol Symp，1999，139：125.
[74] Gashi S T，Daci N M，Selimi T J，et al. Environ Prot Eng，2002，26：29.
[75] 王静，张雨山. 工业水处理，2001，21：4.
[76] 续曙光，李锁定，刘忠洲. 环境科学进展，1997，5：72.
[77] 马成良. 膜科学与技术，1998，5：58.
[78] 叶凌碧，马延令. 净水技术，1984，2：6.
[79] 黄丽，陈晓红，宋怀河. 聚合物复合材料. 北京：中国轻工业出版社，2001.
[80] 李克友，张菊华，向福如. 高分子合成原理及工艺学. 北京：科学出版社，1999.

[81] 安卫东. 硕士论文. 长春：吉林大学，2004.
[82] 徐徜徉. 硕士论文. 大连：中国科学院大连化学物理研究所，2005.
[83] 肖长发. 膜分离材料应用基础. 北京：化学工业出版社，2014.
[84] 陈观文. 分离膜应用与工程案例. 北京：国防工业出版社，2007.
[85] He Z，Pinnau I，Morisato A. Desalination，2002，146：11.
[86] Arthanareeswaran G，Sriyamuna Devi T K，Raajenthiren M. Sep Purif Technol，2008，64：38.
[87] Wang S，Zhang L，Yang Z，et al. J Power Sources，2012，215：221.
[88] Wang S，Zhang L，Yang Z，et al. Electrochim Acta，2013，87：194.
[89] Reddy A V R，Mohan D J，Bhattacharya A，et al. J Membr Sci，2003，214：211.
[90] 张正华. 硕士论文. 杭州：浙江大学，2011.
[91] Kim J，van der Bruggen B. Environ Pollut，2010，158：2335.
[92] Khayet M，Matsuura T. Membrane Distillation. Amsterdam：Elsevier，2011.
[93] 彭跃莲. 膜技术前沿及工程应用. 北京：中国纺织出版社，2009.
[94] 贾志谦. 膜科学与技术基础. 北京：化学工业出版社，2012.
[95] 叶凌碧，刘大真，宇恒. 膜分离科学与技术，1983，3：54.
[96] 陈翠仙，韩宾冰. 渗透蒸发和蒸气渗透. 北京：化学工业出版社，2004.
[97] Kober P A. J Amer Chem Soc，1917，39：944.
[98] Farber L. Science，1935，82：158.
[99] Heisler E G，Hunter A S，Scilliano J，et al. Science，1956，124：77.
[100] Binning R C. USP 2956070，1960.
[101] Binning R C. USP 2981680，1961.
[102] Binning R C，James F E. Oil Gas J，1958，56：104.
[103] Binning R C，Jennings J F，Martin E C. USP 2985588，1961.
[104] Binning R C，Johnson W F. USP 2970106，1961.
[105] Sanders B H，Choo C Y. Petrol Refiner，1960，6：133.
[106] Choo C Y. Adv Petroleum Chem，1962，6：73.
[107] Carter J W，Jagannadhaswamy B. Brit Chem Eng，1964，9：523.
[108] Sweeney R F，Rose A. Ind Eng Chem Proc Des Dev，1956，4：248.
[109] Aptel P，Cuny J，Morel G，et al. J Appl Polym Sci，1972，16：1061.
[110] Aptel P，Cuny J，Jozefonv J，et al. J Appl Polym Sci，1974，18：351.
[111] Aptel P，Cuny J，Jozefonv J，et al. J Appl Polym Sci，1974，18：365.
[112] 刘琨. 博士论文. 南宁：广西大学，1995.
[113] Li J，Chen C，Han B，et al. J Membr Sci，2002，203：127.
[114] 彭平. 硕士论文. 哈尔滨：东北林业大学，2011.
[115] 赵巍. 硕士论文. 哈尔滨：东北林业大学，2009.
[116] 王学松. 现代膜技术及其应用指南. 北京：化学工业出版社，2005.
[117] Baker R W. Membrane Technology and Applications. 2nd ed. California：John Wiley & Sons Ltd，2004.
[118] Sun Y M，Wu C H，Lin A. Polym，2006，47：602.
[119] Paris J，Molina-Jouve C，Nuel D，et al. J Membr Sci，2004，237：9.
[120] Hoof V V，Abeele L V，Buekenhoudt A，et al. Sep Purif Technol，2004，37：33.
[121] Wei Y M，Xu Z L，Qusay F A，et al. J Appl Polym Sci，2005，98：247.
[122] Tsai H A，Chen H C，Chou W L，et al. J Appl Polym Sci，2004，94：1562.
[123] Svang-Ariyaskul A，Huang R Y M，Douglas P L，et al. J Membr Sci，2006，280：815.
[124] Shah D，Kissick K，Ghorpade A，et al. J Membr Sci，2000，179：185.
[125] Chen X S，Lin X，Chen P，et al. Desalination，2008，234：286.
[126] 朱长乐. 膜科学技术. 北京：高等教育出版社，2003.

[127] 丁忠浩. 有机废水处理技术及其应用. 北京：化学工业出版社，2002.
[128] 夏伟. 硕士论文. 大连：大连理工大学，2007.
[129] 张品，硕士论文. 广州：华南理工大学，2012.
[130] 戴猷元，张瑾. 有机废水萃取处理技术. 北京：化学工业出版社，2002.
[131] 李旭祥. 分离膜制备与应用. 北京：化学工业出版社，2003.
[132] 张玉璠，刘菲，孙玉梅，等. 理化检验——化学分册，2008，44：127.
[133] Souchon I，Pierre F X，Samblat S，et al. Desalination，2002，148：87.
[134] Basheer C，Balasubramanian R，Lee H K. J Chromatogr A，2003，1016：11.
[135] Basheer C，Suresh V，Renu R，Lee H K. J Chromatogr A，2004，1033：213.
[136] Juang R S，Huang H L. J Membr Sci，2002，208：31.
[137] Yang C F，Cussler E L. J Membr Sci，2000，166：229.
[138] Juang R S，Kao H C. Sep Purif Technol，2005，42：65.
[139] Lazarova Z，Syska B，Schugerl K. J Membr Sci，2002，202：151.
[140] Yang C F，Cussler E L. Biotechnol Bioeng，2000，69：66.
[141] Prasad R，Sirkar K K. J Membr Sci，1989，47：235.
[142] 戴猷元，王秀丽，汪家鼎. 高校化学工程学报，1991，5：87.
[143] 戴猷元，王秀丽，杨义燕. 膜科学与技术，1992，12：37.
[144] Kosaraju P B，Sirkar K K. J Membr Sci，2007，288：51.
[145] Bocquet S，Viladomat F G，Nova C M. J Membr Sci，2006，281：358.
[146] Pierre F X，Souchon I，Marin M. J Membr Sci，2001，187：239.
[147] Zuo D Y，Zhu B K，Wang S H. Polym Adv Technol，2005，16：738.
[148] Fouad E A，Bart H J. J Membr Sci，2008，307：156.
[149] 任建新. 膜科学技术及其应用. 北京：化学工业出版社，2003.

第6章　电泳分离

6.1　概　　述

电泳（electrophoresis）是带电粒子在电场作用下发生迁移的过程。利用电泳现象对某些化学或生物化学物质进行分离分析的技术称为电泳技术或电泳法[1]。许多重要的生物分子，如氨基酸、多肽、蛋白质、核酸、核苷酸等都带有可电离的基团，它们在某个特定的pH下可以带上正或负电荷，在电场作用下，这些带电分子会向着与其所带电荷相反的电极方向移动，试样中各种分子带电性质以及分子本身大小、形状等性质差异，使其产生不同的迁移速度，从而实现对试样的分离、鉴定或提纯。可以说作为一门分离技术，电泳法与离心法和色谱法一起成为生物高聚物分离中最有效和最广泛应用的三大方法，在生物化学发展进程中起到了重要作用。电泳分离法可以分为纸电泳、薄层电泳、薄膜电泳、凝胶电泳和等电聚胶电泳等。

6.2　电泳分离的基本原理

带电荷的物质（如蛋白质、核酸等）处于惰性支持介质（固态或液态）中，在电场的作用下，向其相反电极方向泳动的现象称为电泳。带电物质在电场作用下，因其电荷性质、电荷数量及相对分子质量大小的不同而产生的泳动方向、泳动速度的不同，最终使混合物组分得以分离的操作单元称为电泳分离。

电泳是在电场作用下，电解质溶液中的带电粒子向两极做定向移动的一种电迁移现象。电泳仪的基本构成就是电源（阴极和阳极）和电泳槽。电泳法分离的依据是带电粒子在迁移率（单位电场强度下粒子的运动速度）上的差别。与电迁移不同的是，电泳通常需要一种多孔材料作为电解质的支持体，以消除电解质的非定向运动所引起的电泳带的变宽，便于取样测定和获得分离后的组分。正是由于这种支持体的种类丰富多彩，电泳分离技术有很多种类。

在电场强度为E的电场作用下，带电荷Q的粒子的迁移率μ可写成

$$\mu=\frac{v}{E}=\frac{Q}{6\pi\eta r} \tag{6-1}$$

式中，v为带电粒子的运动速度；η为介质的黏度；r为带电粒子的半径。因此，在一定实验条件下，各种带电粒子的μ值是一个定值。

另外，根据离子迁移率的定义，也可写成

$$\mu=\frac{V}{E}=\frac{s/t}{V/L}=\frac{sL}{Vt} \tag{6-2}$$

式中，V为外加电压；L为两电极间的距离；t为电泳的时间；s为带电质点在此时间内迁移的距离。

设A、B两种带电粒子的迁移率分别为μ_A和μ_B，在电场的作用下，经过时间t后，它们的迁移距离为

$$s_{\mathrm{A}}=\mu_{\mathrm{A}}t\frac{V}{L} \tag{6-3}$$

$$s_{\mathrm{B}}=\mu_{\mathrm{B}}t\frac{V}{L} \tag{6-4}$$

两种粒子迁移的距离差为

$$\Delta s=s_{\mathrm{A}}-s_{\mathrm{B}}=(\mu_{\mathrm{A}}-\mu_{\mathrm{B}})t\frac{V}{L}=\Delta\mu t\frac{V}{L} \tag{6-5}$$

可见，$\mu_{\mathrm{A}}-\mu_{\mathrm{B}}$、$t$、$V/L$ 三者的值越大，Δs 越大，A、B 两个粒子之间分离越完全。带电粒子的迁移速率取决于带电粒子的自身状态，即与粒子半径、所带电荷及介质黏度有关。除自身状态的因素外，电泳体系中其他因素也能影响质点的电泳迁移速率。

1. 带电粒子的迁移率

在一定电场和介质条件下，带电粒子的迁移率与其所带电荷成正比，而与其离子半径成反比。因此，可根据不同粒子所带净电荷的种类和大小以及粒子体积的差异而产生不同的电泳速度，从而达到分离的目的。一般阳离子与阴离子最容易分离，因为它们的迁移方向相反，当其他条件相同时，二价离子的迁移率为一价离子的 2 倍；迁移率与离子的半径成反比，溶液中共存的两种离子，其所带电荷及半径相差越大，越容易用电泳法分离。

2. 电解质溶液的组成

因为电泳是在一定电解质溶液中进行的，其组成不同，则溶液黏度不同，从而导致离子迁移率的不同。电解质组成不同，有时会改变测定物的电荷及半径，有可能将中心分子转变为离子，也可能改变离子的电荷符号。金属离子可以与像氯离子那样的阴离子配位体形成配合物，特别是当氯离子浓度较高时，溶液中配阴离子占优势。溶液中的两种金属离子，由于加入配位试剂，可能形成带不同电荷的粒子而使其容易分离。某些性质非常相似的元素，如稀土元素，与一些氨基羧酸（如 EDTA）或羟基酸（如 α-羟基异丁酸）形成配合物的稳定常数有比较明显的差别，因此能用电泳法进行分离。

此外，溶液 pH 及离子强度对电泳也有较强的影响。溶液 pH 会影响待分离物质的解离程度，从而对其带电性质产生影响。为了保持电泳过程中待分离物质的电荷以及溶液 pH 的稳定性，通常要使用缓冲溶液，并保持其离子强度为 0.02~0.2mol/L。

3. 外加电压梯度

电压梯度是指每厘米的平均电压降，即 V/L，也是影响电泳分离的重要因素。当 L 一定时，加在两电极间的电压越高，分离所需的时间越短，分离也越完全。但增大电压会引起通过介质的电流强度增大，导致电泳分离过程中产生焦耳热增大，进而引起介质温度升高，这会造成很多不良影响，如试样和缓冲离子扩散速度增加，引起分离带的增宽等问题。所以电泳实验中要选择适当的外加电位，既保证分离时间又能达到满意的分离效果。对于分离性质极为相似的元素，多半使用高压电泳，其电压梯度达 100V/cm 以上。

4. 电泳时间

通常情况下，电泳时间越长，离子迁移距离越大，对分离是有利的。但是，电泳时间延长将引起待分离物质产生扩散效应，进而增大了离子迁移的距离，电泳带的宽度也会增加，对分离却是不利的。因此，分离性质相似的元素，单靠增加电泳时间，对提高分散效果影响不大。

6.3 电泳分离法的分类

电泳分离法的种类很多，至今仍无统一的分类方法，通常按分离原理和有无载体分类[2]。按分离原理可以分为等电聚焦电泳、双向电泳、蛋白质印迹电泳、毛细管电泳等。按有无固体支持体（载体）可以分为自由电泳和区带电泳。自由电泳是无固体支持体的溶液自由进行的电泳，等速电泳和等电聚焦电泳就属此类。区带电泳是以各种固体材料作支持体的电泳，它是将样品加在固体支持体上，在外加电场作用下不同组分以不同的迁移率或迁移方向迁移。同时，样品中各组分与载体之间的相互作用的差异也对分离起辅助作用。区带电泳按固体支持体的种类又可细分为多种，如以滤纸为支持体的纸电泳，以离子交换薄膜、醋酸纤维素薄膜等为支持体的薄膜电泳，以聚丙烯酰胺凝胶、交联淀粉凝胶等为支持体的凝胶电泳，以毛细管为分离通道的毛细管电泳等。区带电泳比自由电泳更有实用价值。按电泳装置形式可以分为平板电泳、垂直板电泳、垂直柱形电泳、连续液流电泳。下面简要介绍几种常用的电泳技术。

6.3.1 等速电泳

等速电泳最早称为离子电泳，是完全基于离子电荷的差异实现分离的，而且仅仅适合带同种电荷的离子的分离。等速电泳是一种不连续介质的自由电泳，需要使用两种不同的电解质溶液，一种是具有一定 pH 缓冲能力的前导电解质溶液，它所含有的前导离子 L 的迁移率比样品中所有待分离离子都快；另一种是终末（末端）电解质溶液，它所含有的终末离子 T^+的迁移率比样品中所有待分离离子都慢。以阳离子分离为例，如图 6-1 所示，当刚施加外电场时，分离按移动界面电泳进行，即前导离子 L^+首先越过初始区带界面，样品阳离子紧随其后，最后是终末离子 T^+。经过一定时间后，各种样品阳离子因迁移率不同，向负极泳动的速度也不同，逐渐分离成各个阳离子的区带。电泳池内的电解质溶液在电泳过程中形成从正极到负极逐渐增加的离子浓度梯度，因为电位梯度与电导率成反比，所以低离子浓度区电压梯度高，即从正极向负极电压梯度（电场强度）降低。由于高迁移率离子位于低电压梯度区域，而低迁移率离子位于高电压梯度区域，即达到一定的电压梯度时，高迁移离子区带会减速，低迁移率离子区带会加速，最终各离子区带会维持相同的迁移速度。这时，在每个离子的区带内电压梯度是常数，而在相邻离子区带的界面处电压梯度是逐级变化的。因此，可以根据任何一条区带中的电场强度来确定某种离子的存在，根据区带的宽度来确定某种离子的相对含量。所以，等速电泳既可用于离子性物质的制备，也可用于离子的定性和定量分析。

等速电泳不仅可以用于无机离子、小分子有机离子的分离，也可用于蛋白质、氨基酸、核酸和肽类等生物大分子的分离。因为等速电泳分离效率高、速度快、选择性好、易于自动化，一些复杂样品甚至可以不经前处理直接进行分离分析，因此在生物医学等领域有很好的应用前景。

等速电泳是利用离子迁移率的差异，以及通过溶液 pH 改变离子有效淌度来实现离子分离的。电解质溶液的选择应使待分离的有效离子迁移率差异尽可能大。电解质溶液中除了包

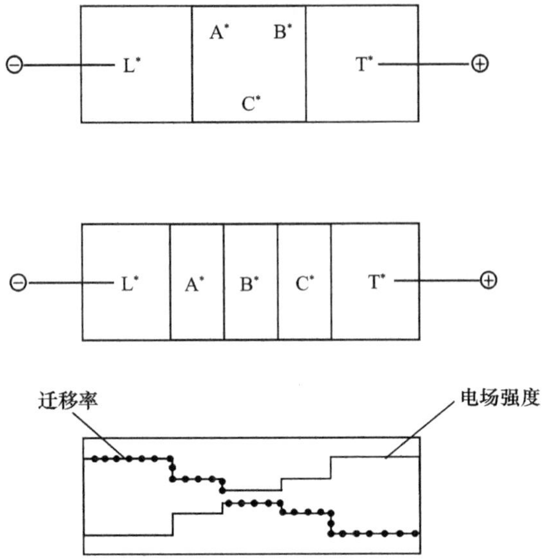

图 6-1　等速电泳原理示意图

括迁移率大的前导离子和迁移率低的终末离子外，根据样品的性质和基体状况，往往还要考虑电解质 pH、与目标离子带相反电荷的缓冲配对离子、溶剂、其他添加剂等。电解质溶液体系主要还是根据经验和实验来选择。等速电泳通常在内径为 0.5mm 左右、长度为 200～600mm 的细径玻璃管（其他不导电材质也可）内进行，其原理和装置与高效毛细管电泳中的毛细管等速电泳类似，只不过毛细管等速电泳中使用的毛细管内径通常小很多，如数十微米。

6.3.2　等电聚焦电泳

等电聚焦（isoelectric focusing，IEF）是一种利用电场和 pH 梯度的共同作用来实现两性物质分离的电泳技术。由于其分辨率可达 0.01pH 单位，因此特别适合分离相对分子质量相近而等电点不同的蛋白质组分[3]。

在 IEF 的电泳中，具有 pH 梯度的介质的分布是从阳极到阴极，pH 逐渐增大。蛋白质分子具有两性解离及等电点的特征，这样在碱性区域蛋白质分子带负电荷向阳极移动，直至某一 pH 位点时，失去电荷而停止移动，此处介质的 pH 恰好等于聚焦蛋白质分子的等电点（pI）。同理，位于酸性区域的蛋白质分子带正电荷向阴极移动，直到其等电点。可见在该方法中，等电点是蛋白质组分的特性量度，将等电点不同的蛋白质混合物加入有 pH 梯度的凝胶介质中，在电场内经过一定时间后，各组分将分别聚焦在各自等电点相应的 pH 位置上，形成分离的蛋白质区带。

pH 梯度的组成方式有两种，一种是人工 pH 梯度，由于其不稳定，重复性差，现已不再使用。另一种是天然 pH 梯度。天然 pH 梯度的建立是在水平板或电泳管正负极间引入等电点彼此接近的一系列两性电解质的混合物，在正极端吸入酸液，如硫酸、磷酸或乙酸等，在负极端引入碱液，如氢氧化钠、氨水等。电泳开始前两性电解质的混合物 pH 为一均值，即各段介质中的 pH 相等。电泳开始后，混合物中 pH 最低的分子，带负电荷最多，其等电点为 pI_1，稍高的第二种两性电解质，其等电点为 pI_2，也移向正极，由于 $pI_2 > pI_1$，因此定位于第一种两性电解质之后，经过一定时间，具有不同等电点的两性电解质按各自的等电点依次排列，形成了从正极到负极等电点递增，由低到高的线性 pH 梯度。

不同的蛋白质具有不同的等电点（pI），当溶液 pH=pI 时，蛋白质呈中性；当 pH＜pI 时，蛋白质带正电荷；当 pH＞pI 时，蛋白质带负电荷。如图 6-2 所示，如果将蛋白质混合样品置于一个连续跨接的外加 pH 梯度下，并施加外电场，若从正极到负极 pH 是增加的，在起始 pH 位置带负电的蛋白质就会向正极迁移，在其迁移方向上 pH 逐渐降低，当到达与其 pI 相等的 pH 位置时，该蛋白质就会变成中性分子，它在电场中将不再迁移。类似地，其他蛋白质也将从起始 pH 位置迁移至与其 pI 相等的 pH 位置而停止。于是，蛋白质混合物将依 pI 的顺序依次分开。

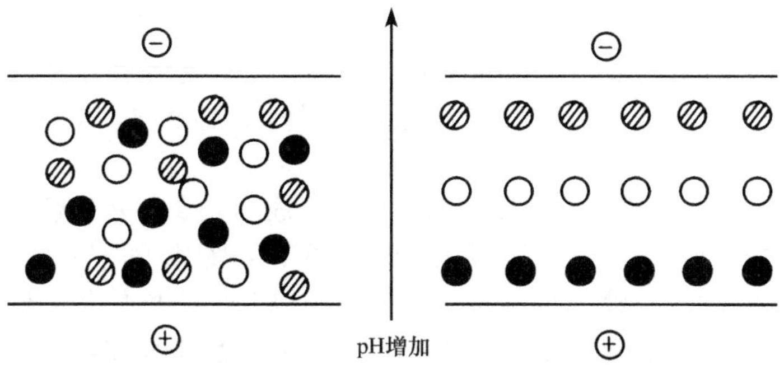

图 6-2 等电聚焦原理示意图

等电聚焦电泳技术的关键是在分离装置中建立一个 pH 梯度场，通常是选择一种等电点在所要求的 pH 范围内的合成两性高分子电解质混合物溶液，当施加电场后，各两性高分子电解质移动至各自的等电点上，形成一个稳定的 pH 梯度。体系中加入凝胶和一种缓冲液，就可以构建一个合适的电泳背景电解质溶液。

常用的 pH 梯度支持介质有聚丙烯酰胺、琼脂糖凝胶、葡聚糖凝胶等，其中聚丙烯酰胺凝胶最常用。等电聚焦的分辨率很高，可以将等电点相差仅 0.01pH 单位的蛋白质分开。等电聚焦可以抵消扩散作用使区带变得很窄，不管样品最初加在什么位置，最终都会聚焦到其等电点上。等电聚焦的缺陷是在电泳溶液或其等电点位置发生沉淀或变性。

6.3.3 凝胶电泳

凝胶电泳（gel electrophoresis）是以凝胶状高分子聚合物作为支持体的电泳方法，最常用的是聚丙烯酰胺凝胶电泳和琼脂糖凝胶电泳。前者孔径大小与蛋白质分子处于同一数量级，被认为是分子筛凝胶，是蛋白质分离与分析中最常使用的电泳方法；后者的孔径较大，被认为是非分子筛凝胶。凝胶不仅作为支持体，而且凝胶的网孔产生的分子筛效应对分离起重要作用，即物质的分离程度取决于各物质电荷和尺寸两方面性质差异的大小。

聚丙烯酰胺是以丙烯酰胺为单体，以 *N*，*N*-亚甲基双丙烯酰胺为交联剂或共聚单体交联聚合形成的具有三维网状结构的凝胶状高分子聚合物。其表面布满大小不一、形状各异的孔道。通过控制凝胶浓度等反应条件可以获得期望的凝胶孔径。当待分离物质的分子大小与聚丙烯酰胺凝胶的孔径比较接近时，孔道会对物质分子的迁移产生明显的阻滞作用（分子筛效应），不同体积的分子受到的阻滞作用大小不同。也就是说，以聚丙烯酰胺凝胶为支持体时，即使是净电荷非常相近的带电物质（分子或离子），只要它们的分子大小有差异，它们在电场作用下的迁移率也不同，相互之间也能完全分离。

聚丙烯酰胺凝胶电泳已广泛用于生物和医药学样品中蛋白质、多肽、核酸、病毒、胰岛素、植物药等的分离。该方法的主要优点有：①可以根据待分离物质的分子大小，通过控制凝胶制备条件得到具有合适孔径的凝胶，使该技术的应用范围大大拓宽；②分离过程中同时包含了电泳和凝胶孔筛分效应两种分离机理，进一步提高了分离效率；③凝胶高聚物分子结构中没有带电的活性基团，为化学惰性材料，材料表面不会因双电层的形成而产生电渗作用；④使用样品量小，在纳克至微克级；⑤仪器设备简单、分析速度快、分离效率高。

如果在聚丙烯酰胺凝胶中加入了表面活性剂十二烷基硫酸钠（SDS），则蛋白质能与一定比例的 SDS 结合，使蛋白质分子带有比其原有电荷多得多的负电荷，以至于所有蛋白质的电荷差异变得很小，这时蛋白质很难依靠电荷差异分离，控制分离的主要因素变成了凝胶的分子筛效应，即蛋白质因体积的差异而分离。这就是通常所说的SDS-聚丙烯酰胺凝胶电泳，它不仅广泛用于分离体积差异明显的蛋白质混合物，也用于测定蛋白质的相对分子质量。

琼脂糖凝胶是以琼脂二糖和新琼脂二糖为单体形成的共聚高分子凝胶。琼脂糖凝胶与普通琼脂凝胶性质基本相同，在热溶液中都易融，常温下又凝固，即使在很低浓度，凝胶也质地均匀。但普通琼脂凝胶含极性杂质较多，在电泳过程中产生严重的电渗现象，导致实际迁移率与理论计算值相差较大。琼脂糖凝胶的孔径大小可以通过琼脂糖的浓度来改变，浓度越高，孔径越小。不过通常使用的琼脂糖凝胶中琼脂糖的浓度都较低（如 2%），所以孔径比较大，物质在凝胶中的弥散作用会更明显，即分子筛效应会比较弱，其适合分离的物质的体积通常比聚丙烯酰胺凝胶大。因为凝胶中含水量非常高（如98%），所以一些分子在其中的电泳非常接近自由电泳。琼脂糖凝胶电泳在蛋白质、DNA、肝素钠等生物医药大分子的分离中有广泛应用。

凝胶电泳按凝胶形状可分为平板电泳和圆盘电泳。平板电泳使用平板凝胶作支持体，可在相同条件下，一次同时分离包括标准品或对照品在内的多个（如 20～30 个）样品，便于直接比较，也方便进行后续光密度测定，因此以分析为目的的凝胶电泳通常采用平板电泳。平板电泳还可进一步分为垂直平板电泳和水平平板电泳两种方式。

图 6-3 是垂直式平板电泳装置示意图。用专门的制胶模具制备的凝胶板夹在两块平板玻璃之间置于垂直电泳槽内。垂直平板电泳有上下两个电泳槽，中间经垂直平板相连，凝胶夹在两块垂直的平行玻璃或塑料板之间，凝胶厚度一般为 0.75～3mm。样品加在凝胶上部的加样孔内，电泳时向下泳动。平板胶的优点在于能在一块胶内同时跑多个样，因此均一、可靠，并易于对比电泳图谱，减少样品混淆的风险。平板胶的凝胶薄，表面积大，易于冷却，于是可使用较高的电压，因此分辨率高，电泳速度快；而且薄胶的染色效果好，又便于保存。垂直平板电泳也采用直接液体接触方式。现在它是 PAGE、SDS-PAGE 和蛋白质印迹的主要电泳方式。

水平平板电泳（图 6-4）由分置于两侧的缓冲液槽和中间的水平冷却板上的凝胶组成，缓冲液与凝胶之间通过滤纸桥或凝胶条搭接，即采用半干技术电泳，样品加在凝胶上部，既可以加在样品孔内，又可以直接滴在凝胶表面。水平电泳的电极由固定型转变成可移动型。水平电泳系统的特别优势就在于其电极缓冲液用量很少。缓冲液凝胶条使用很方便，特别是当分析标记蛋白质时可大量减少放射性污染。水平电泳的另一特别优势在于良好的冷却系统，从而可采用高电压，既提高了分辨率，又缩短了电泳时间。水平电泳现在主要用于 PAGE、SDS-PAGE、蛋白质印迹、等电聚焦、双向电泳和免疫电泳。

分离后的蛋白质要经过染色后方可检测。考马斯亮蓝染色法最为常用，此外，还有银染色法和荧光染色法。考马斯亮蓝主要有 R-250 和 G-250 两种。R-250 为红蓝色，常用于蛋白质染色，经固定-染色-脱色 3 步完成；G-250 为蓝绿色，主要对小分子肽染色，经固定和染色-脱色两步完成。固定的目的是防止分离后的蛋白扩散。

银染色法的原理是蛋白带上的 $AgNO_3$ 被还原成金属银而沉积在蛋白带上。显色方法主要有化学显色和光显色两种，前者还原靠化学试剂，后者靠光的作用使银离子还原。荧光染色分电泳前预标记和电泳后再标记两种方法，其使用的荧光染料可以是染料本身发荧光或本身不发射荧光但结合蛋白后发荧光。预标记最常用的染料是荧光胺，它本身及其水解物无荧光，

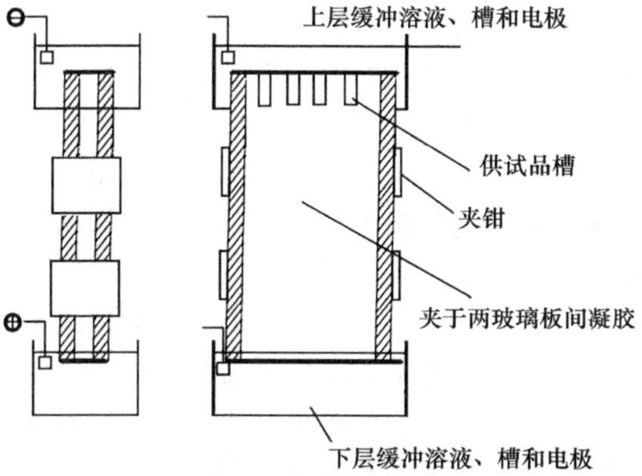

图 6-3 垂直式平板电泳装置示意图

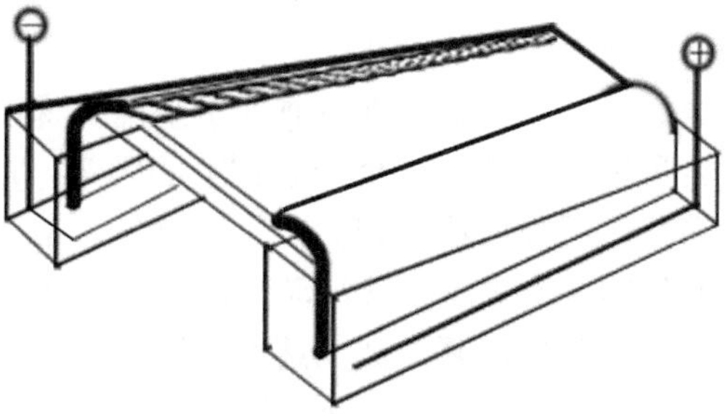

图 6-4 水平平板电泳

但其蛋白标记物发荧光，因此可以较好地检测出蛋白带。

圆盘电泳的支持体为凝胶柱，其优点是样品容量大，易于分段切割，适合物质制备。根据凝胶或缓冲液组成是否均一又可分为连续凝胶电泳和不连续凝胶电泳。在连续凝胶电泳体系中，凝胶是均一的，样品、凝胶和电极各部分的缓冲液组成和 pH 是恒定的。在不连续凝胶电泳体系中，凝胶不均一，样品、凝胶和电极各部分的缓冲液组成和 pH 也可能不同。图 6-5 是不连续凝胶电泳的分离示意图。

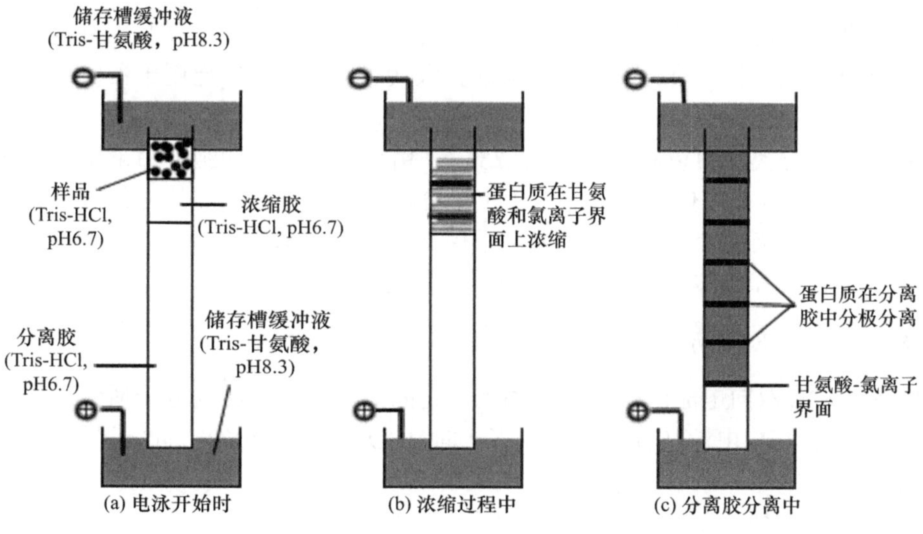

图 6-5 不连续凝胶电泳分离示意图

以圆盘电泳为例，在 10cm 玻璃管内制备 3 种不同浓度的凝胶，底层为 6～7cm 高的分离胶，在 pH=8.9 的 Tris-HCl 缓冲液中聚合，这层凝胶浓度最高，是适合样品分离的较小孔径凝胶；中层是 1cm 左右高的浓缩胶，在 pH=6.7 的 Tris-HCl 缓冲液中聚合，此层凝胶浓度较低，是适合样品富集的大孔径凝胶；上层是小于 1cm 高的样品胶，是将待分离样品与少量浓缩胶单体混合后聚合而成。上下电泳槽中都是 pH=8.3 的 Tris-甘氨酸缓冲液。3 种胶层的缓冲离子都是氯离子，样品和浓缩胶的 pH 均为 6.7，而分离胶的 pH 是 8.9。甘氨酸（pI=5.97）在样品和浓缩胶层很少解离，迁移率很低，而此时氯离子迁移率很高，蛋白质则介于二者之间。当施加电压时，氯离子比甘氨酸阴离子向阳极泳动得快，在二者之间产生一条导电性较低的区带，在此区带形成较高的电位梯度，加速甘氨酸的泳动，于是就会形成一个甘氨酸和氯离子的电位梯度和迁移率的乘积相等的稳定状态，使二者以相同的速度泳动。在甘氨酸和氯离子之间具有明显的界面。当此界面通过样品胶层进入浓缩胶层时，在移动的界面前有一低电位梯度，后有一高电位梯度，由于蛋白质的泳动速度较氯离子低，氯离子迅速超越蛋白质样品带，界面后的蛋白质处于高电位梯度下，其泳动速度会快于甘氨酸。于是，移动的界面将蛋白质样品推移至一条狭窄的区带，甘氨酸紧随其后。而且浓缩胶孔径大，蛋白质不会因筛分作用降低泳速和导致区带展宽。当到达分离胶界面时，由于缓冲液 pH 突然增加到 8.9，甘氨酸的解离大增，其泳动速度加快，超过蛋白质而紧随氯离子。因为分离胶孔径小，蛋白质会因筛分作用降低泳动速度，并且会因各种蛋白质所带电荷多少和体积大小的差异而实现相互分离。显然，这种不连续凝胶电泳非常适合大体积和稀溶液样品的分离。

6.3.4 薄膜电泳

薄膜电泳是以聚合物薄膜作为支持体的电泳技术。虽然离子交换薄膜也可以使用，但广泛使用的薄膜是醋酸纤维素薄膜。醋酸纤维素是将纤维素分子中葡萄糖单体上的两个羟基乙酰化成二醋酸纤维素，然后溶解在溶剂（如丙酮与水的混合物）中涂成均匀的薄膜，最后将溶剂挥发除去。膜的厚度通常为 0.1～0.2mm，具有均匀的泡沫状结构，可以驻留少量溶液；薄膜具有较强的渗透性，对样品溶质的迁移无阻碍；膜湿润后具有较好的柔韧性和较大的抗拉能力。

与纸电泳相比，薄膜电泳分离速度快、电泳时间短、分辨率高、样品用量少、不会引起蛋白质等生物样品的变性。薄膜电泳已经大部分取代了纸电泳，广泛用于蛋白质等生物样品的分离和分析。

样品在薄膜上分离后可以将分开的区带剪下，用溶剂洗脱待测组分后采用分光光度法进行后续定量分析，不过更方便和高效的后续定量分析方法是将分离后的样品区带进行染色处理，然后用光度计直接进行扫描。为了便于采用光度扫描技术进行后续的定量分析，薄膜制备工艺中还需用乙醇和乙酸混合溶液对膜进行透明化处理[4]。

6.3.5 IEF/SDS-PAGE 双向电泳

IEF/SDS-PAGE 双向电泳法是根据不同组分之间的等电点差异与分子质量差异建立起来的分离技术。其中 IEF 电泳（管柱状）为第一向，SDS-PAGE 为第二向（平板）。在进行第一向 IEF 电泳时，电泳体系中应加入高浓度尿素、适量非离子型去污剂 NP-40。蛋白质样品中除含有这两种物质外，还应有二硫苏糖醇已促使蛋白质变性和肽链舒展。

IEF 电泳结束后，将圆柱形凝胶在 SDS-PAGE 所应用的样品处理液（内含 SDS、B-巯基乙醇）中振荡平衡，然后包埋在 SDS-PAGE 的凝胶板上端，即可进行第二向电泳。

IEF/SDS-PAGE 双向电泳对蛋白质（包括核糖体蛋白、组蛋白等）的分离是极为精细的，因此特别适合于分离细菌或细胞中复杂的蛋白质组分。

1. 二维电泳技术的基本原理

目前所应用的二维电泳的分离原理是根据蛋白质的两个一级属性，即等电点和相对分子质量的特异性，将蛋白质混合物在电荷（采用等电聚焦方式）和相对分子质量（采用 SDS-PAGE 方式）两个方向上进行分离。

蛋白质混合物在第一维方向上的分离是利用蛋白质等电点的不同在大孔凝胶中将蛋白质分离开，这一过程称为等电聚焦。蛋白质是两性分子，根据环境pH的不同分别带正电、负电或零电荷，在pH高于其等电点的位置时，蛋白质带负电，反之带正电。在电场作用下，蛋白质分子会分别向正极或负极漂移，当达到与其等电点相同的pH位置时，蛋白质不带电，就不再发生漂移。根据此原理，在凝胶中预先由小分子载体两性电解质形成pH梯度。载体两性电解质是一些可溶性的两性小分子，它们在其pI附近有很高的缓冲能力。当电压加在载体两性电解质混合物之间时，最高pI的分子（带正电荷最多的分子）移向阴极，最低pI的分子（带负电荷最多的分子）移向阳极，其余分子将根据其pI在两个极值之间分散，形成一个连续的pH梯度。当蛋白质迁移至与其等电点相同的pH位置时，带电状态达到平衡，不再迁移，结果等电点不同的蛋白质分子得到分离。蛋白质带电状态取决于其二级结构，因此没有完全去除二级结构的蛋白质，就可能会产生连续分布的带电状态各异的同一蛋白质的各种构象，从而在2-DE胶上产生条纹现象而降低分辨率。因此，要达到最好的分辨率，蛋白质必须充分变性，如在9mol/L尿素（urea）和70mmol/L二硫苏糖醇（DTT）条件下变性。

蛋白质混合物在第二维方向上的分离是按照蛋白质的相对分子质量的大小进行分离。蛋白质是带电的生物大分子，在第二维方向按其分子质量分离时，为了消除电荷的干扰，需要采用SDS对蛋白质进行变性处理。在2-DE谱上所看到的是不完整的蛋白质亚基分子，而SDS是一种强离子去污剂，作为变性剂与助溶性试剂，可以断裂分子内与分子间的氢键或其他非共价键，使分子变性，破坏蛋白质分子的二级结构与三级结构；同时，强还原试剂巯基乙醇和二硫苏糖醇能使半胱氨酸残基之间的二硫键断裂。在样品和凝胶中加入SDS和还原剂后，蛋白质分子被解聚成它的多肽链。解聚后的氨基酸侧链与SDS充分结合形成带负电荷的蛋白质-SDS胶束，所带的电荷大大超过了蛋白质分子原有的电荷，这就消除了不同分子之间原有的电荷差异。因此，这种胶束在SDS-PAGE中的电泳迁移率不受蛋白质原有电荷的影响，而主要取决于蛋白质或基团的大小。

2. 分离胶的染色

二维电泳分离后的蛋白质点经显色后才能被鉴定[5]。二维电泳中的显色是一个重要的步骤，常用的非放射性染色方法中最灵敏的为银染法，其灵敏度可达到1ng甚至更低；其次是荧光染色以及铜染、锌-咪唑负性染色、考马斯亮蓝染色等，后者染色灵敏度为50～100ng。由于银染凝胶的质谱鉴定较难，附着在凝胶基质上的肽片段胶内提取效率较低，因此大多实验室用银染寻找差异蛋白质点，再加大上样量，进行考马斯亮蓝染色，结合胶内酶切提取鉴定蛋白质。

3. 分离胶的图像分析

图像分析也是2-DE研究的重要方面。获得蛋白质二维凝胶电泳图像后，要对凝胶图像进行备份保存，以数字化图像的形式将其存储下来，而且要尽量完整地保留其定性和定量信息，以利于进一步的分析。通过对批量二维凝胶图谱的分析，应该获得的信息包括每一块凝胶中分离得到的总蛋白质点数、凝胶之间的批次重现性、蛋白质点的缺失和出现以及多块胶之间蛋白质点的表达丰度的定量变化。这些工作仅仅依靠眼睛的分辨能力来完成是不现实的。要对上千个蛋白质点进行分析，只有依赖于凝胶图像分析软件。目前已有数种商业化的图像处理软件包，可以方便地处理二维凝胶电泳图谱。

4. 二维电泳技术的局限性

大规模基因组测序技术的问世使人类基因组计划的最终目标得以提前实现。目前所面临的技术挑战是如何分析基因组计划已获得的大量序列信息并加以运用。基因的生物学功能研究不能只通过对核酸的序列检测来实现，而需要通过对其表达产物——蛋白质的结构与功能的研究来进行判定。2-DE 的优势是它可以更直观地提供这些表达产物的相对分子质量、等电点、表达丰度的相对量等信息，但它又不可能完全呈现出所要关注的蛋白质，一些问题依然是该技术所无法克服的，如低丰度蛋白质点的检测，极酸性和极碱性区蛋白质的分离，高分子质量区蛋白质的分离，疏水性膜蛋白的分离提取。另外，还有 2-DE 的自动化操作也是一个期待解决的难点。虽然目前已经有能够同时运行 10 块与 20 块胶的垂直电泳槽问世，但 2-DE 仍是一个高强度、难以自动化的蛋白质组分分离技术。

5. 二维电泳技术的改进

双向电泳和质谱技术的飞速发展，使得蛋白质分析从传统的单个蛋白质分离分析很快转向复杂样品中的大量蛋白质的同时分离和鉴定，加快了高通量蛋白质的分析进程。

针对二维电泳技术的一些缺陷和飞速发展的蛋白质组研究对分离技术的需求，近年来开发出许多基于传统二维电泳技术的改进方法，包括从样本制备、分离到染色各个方面。正是这些方法的开发，保证了二维电泳技术能继续在蛋白质组分离中得到更加广泛的应用。

6.3.6 毛细管电泳

1. 毛细管电泳简介

毛细管电泳（CE）又称高效毛细管电泳（HPCE），是 20 世纪 80 年代初将细径毛细管用于电泳而产生的一种新型分离分析技术。CE 是指离子或带电粒子以毛细管为分离室，以高压直流电场为驱动力，依据样品中各组分之间淌度和分配行为上的差异而实现分离的液相分离分析技术[6]。毛细管通常为内径 20~100μm、长 500~1000mm 的弹性熔融石英管。为了增加分离的调控因素，管内壁可以修饰各种性质的功能涂层，也可在管内填充各种色谱固定相。由于毛细管内径小，表面积和体积的比值大，易于散热，因此毛细管电泳可以避免焦耳热的产生，这是 CE 和传统电泳技术的根本区别。CE 按毛细管中填充物质的性状、毛细管壁的性质、谱图的特征分为毛细管等速电泳、毛细管区带电泳、毛细管凝胶电泳、毛细管等电聚焦电泳等。

2. 毛细管电泳基本原理

1）双电层

双电层是指两相之间的分离表面由相对固定和游离的两部分离子组成。

双电层是与表面异号的离子层，凡是浸没在液体中的界面都会产生双电层。在毛细管电泳中，无论是带电粒子的表面还是毛细管管壁的表面都有双电层。

2）ζ电势

电介质溶液中，任何带电粒子都可看成是一个双电层系统的一部分，离子自身的电荷被异号的带电离子中和，这些异号离子中有一些被不可逆地吸附到离子上，而另一些则游离在附近，并扩散到电介质中进行离子交换。“固定”离子有一个切平面，它和离得最近的离子之间的电势则称为离子的ζ电势。

石英材质的毛细管是毛细管电泳中最常使用的毛细管，管子内表面在 pH＞3 的情况下带负电，管子与溶液的界面上形成大小相等符号相反的电荷层，即为双电层。当管子内表面与溶液接触时，会形成紧贴内表面的和游离的两部分离子，其中第一部分又称为 stern 层，第二层为扩散层。扩散层中游离离子的电荷密度随着和表面距离的增大而急剧减小。在 stern 层和扩散层起点的边界层之间的电势称为管壁的ζ电势。典型值大体为 0~100mV，ζ电势的值随距离增大按指数衰减，使其衰减一个指数单位所需的距离称为双电层的厚度（δ）。熔硅表面的ζ电势与它表面上的电荷数及双电层厚度有关，而这些又受到离子的性质、缓冲溶液 pH、缓冲溶液中阳离子和熔硅表面间的平衡等因素的影响。

3）淌度

带电粒子在直流电场作用下于一定介质（溶剂）中所发生的定向运动称为电泳。单位电场下的电泳速度称为淌度。在无限稀释溶液中（稀溶液数据外推）测得的淌度称为绝对淌度。

电场中带电离子运动除了受到电场力的作用外，还会受到溶剂阻力的作用。一定时间后，两种力的作用就会达到平衡，此时离子做匀速运动，电泳进入稳态。实际溶液的活度不同，特别是酸碱度不同，所以样品分子的解离度不同，电荷也将发生变化，这时的淌度可称为有效电泳淌度。一般离子所带电荷越多、解离度越大、体积越小，电泳速度就越快。

4）电渗

电渗是推动样品迁移的另一种重要动力。电渗是指毛细管中的溶剂因轴向直流电场作用而发生的定向流动。电渗是由定域电荷引起。定域电荷是指牢固结合在管壁上、在电场作用下不能迁移的离子或带电基团。在定域电荷吸引溶液中的反号离子并与其构成双电层，致使溶剂在电场作用（以及碰撞作用）下整体定向移动而形成电渗流（毛细管中的电渗流为平头塞状）。

毛细管区在电泳条件下，电渗流从阳极流向阴极。电渗流大小受到ζ电势、双电层厚度和介质黏度的影响，一般ζ电势越大，双电层越薄，黏度越小，电渗流值越大[7]。

在毛细管电泳中，样品分子的迁移是有效电泳淌度和电渗流淌度的综合表现，这时的淌度称为表观淌度。在多数水溶液中，石英（或玻璃）毛细管表面因硅羟基解离会产生负的定域电荷，产生指向负极的电渗流。在毛细管中电渗速度可比电泳速度大一个数量级，所以能实现样品组分同向泳动。正离子的运动方向和电渗与电泳一致，因此它应最先流出。中性分子与电渗流同速，随电渗而行。负离子因其运动方向和电渗相反，在中性粒子之后流出。电渗流与 pH 的关系十分密切。电渗受ζ电势的影响，ζ电势由毛细管壁表面的电荷决定，而电荷又受到缓冲溶液的 pH 影响，所以电渗流的值是缓冲溶液的 pH 的函数，一般随 pH 的增大而增大，到中性或碱性时，其值会变得很大。此外，任何影响管壁上解离的因素，如毛细管洗涤过程、电泳缓冲液组成、黏度、温度等都会影响或改变电渗流。电磁场以及许多能与毛细管表面作用的物质如表面活性剂、蛋白质等，都可以对电渗流产生很大影响。

电渗在电泳分离中扮演着重要角色，是伴随电泳产生的一种电动现象。多数情况下，电渗流速度是电泳速度的 5~7 倍。因此，在 CE 中利用电渗流可将正、负离子和中性分子一起朝一个方向产生差速迁移，在一次 CE 操作中同时完成正、负离子的分离测定。电渗流由于其大小和方向可以影响 CE 分离的效率、选择性和分离度，所以成为优化分离条件的重要参数。电渗流的细小变化将严重影响 CE 分离的重现性（迁移时间和峰面积）。所以，电渗流的控制是 CE 中的一项重要任务。用来控制电渗流的方法主要有改变缓冲溶液的成分和浓度，改变缓冲溶液的 pH，加入添加剂，毛细管内壁改性-物理或化学方法涂层及动态去活，外加径向电场，改变温度等。

中性物质可以用作测定电渗的标记物。例如，二甲基甲酰胺（DMF）、二甲基亚砜（DMSO）、β-萘酚、丙酮、甲醇和乙醇等，均可作为电渗标记物。

3. 毛细管电泳的分类

1）按分离模式

毛细管电泳根据分离模式不同可以归结出多种不同类型的毛细管电泳，见表 6-1。毛细管电泳的多种分离模式，给样品分离提供了不同的选择机会，这对复杂样品的分离分析是非常重要的。

表 6-1　毛细管电泳类型

名称	缩写	管内填充物	说明
毛细管区带电泳	CZE	pH 缓冲的自由电解质溶液，可含有一定功能的添加成分	属自由溶液电泳型，但可通过加添加剂引入色谱机理
电动空管色谱	EOTC	管内壁键合固定相，填充 CZE 载体	属 CZE 扩展的色谱型，管内径＜10μm，最佳内径＜2μm
毛细管电动色谱	CEKC	CZE 载体+带电荷的胶数（准固定相）	属 CZE 载体扩展的色谱型
毛细管离子交换电动色谱	CIEEKC	CZE 载体+带电高分子准固定相	略同于 CEKC，但更有利于分析同分异构体
毛细管等电聚焦	CIEF	pH 梯度载体，常用溶液，也可用凝胶	按等电点分离，属电泳型，要求完全抑制电渗流动
毛细管等速电泳	CITP	前导电解质溶液	属不连续介质电泳，即需要前导和终末两种载体
毛细管凝胶电泳	CGE	各种电泳凝胶，可有添加剂	属非自由溶液电泳，可含有分子筛效应
毛细管电色谱	CEC	CZE 载体+液相色谱固定相	属非自由溶液色谱型，CZE 载体可用其他色谱淋洗液代替

2）按操作方式

毛细管电泳可以按操作方式分为手动、半自动及全自动型毛细管电泳。

3）按分离通道形状

毛细管电泳按分离通道形状分为圆形、扁形、方形毛细管电泳等。

4）按缓冲液的介质

根据配制缓冲液的介质的不同，可以把 CE 分为水相毛细管电泳和非水毛细管电泳（NACE）。NACE 是利用以有机溶剂作介质的电泳缓冲液代替以水为介质的缓冲溶液，增加了疏水性物质的溶解度，特别适用于在水溶液中难溶而不能用 CE 分离的物质或在水溶液中性质相似难以分离的同系物，拓宽了 CE 的分析领域[8]。

4. 毛细管电泳的装置

图 6-6 是毛细管电泳装置示意图。在毛细管柱两端施加 20～30kV 的高电压；样品溶液通过加压、虹吸或电动进样技术导入；检测器以柱上紫外检测器居多。

毛细管电泳通常都是在水溶液介质（电解质缓冲液）中进行的，不过近年来随着药物成分，特别是天然药物成分等疏水性有机物的分析需求加大，一种使用大比例溶剂甚至纯溶剂介质的毛细管电泳越来越受到人们的关注，这就是非水毛细管电泳（NACE）。在 NACE 中，有机溶剂的性质对电渗流有较大影响，通过溶剂的选择可以改变电渗流的大小和方向，从改变目标混合物的迁移顺序和改善分离度。选择溶剂时主要考虑其黏度、挥发性、介电常数、

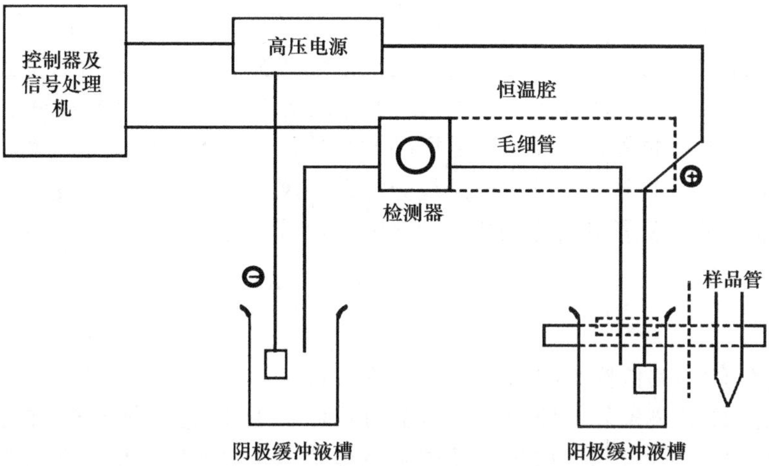

图 6-6 毛细管电泳装置示意图

质子给予或接受能力、偶极矩等性质。常用的溶剂有甲醇、乙腈、异丙醇、二甲亚砜、甲酰胺、*N*-甲基甲酰胺等。NACE 适合所有疏水性有机物的分析，应用范围非常广泛。

毛细管电泳通常使用内径为 25~100μm 的弹性（聚酰亚胺）涂层熔融石英管。标准毛细管的外径为 375μm，有些管的外径为 160μm。毛细管的特点是：容积小（一根 100cm×75μm 管子的容积仅 4.4μL）；侧面/截面积比大，因而散热快、可承受高电场（100~1000V/cm）；可使用自由溶液、凝胶等为支持介质；在溶液介质下能产生平面形状的电渗流。

5. 毛细管电泳的特征

毛细管电泳具备以下优点：

（1）高效塔板数目为 10^5~10^6 片/m，当采用 CGE 时，塔板数目可达 10^7 片/m 以上。

（2）快速，一般在十几分钟内完成分离。

（3）微量，进样所需的样品体积为纳升级。

（4）多模式，可根据需要选用不同的分离模式且仅需一台仪器。

（5）经济，实验消耗不过几毫升缓冲溶液，维持费用很低。

（6）自动，CE 是目前自动化程度较高的分离方法。

毛细管电泳的缺点是：

（1）由于进样量少，因此制备能力差。

（2）由于毛细管直径小，使光路太短，用一些检测方法（如紫外吸收光谱法）时，灵敏度较低。

（3）电渗会因样品组成而变化，进而影响分离重现性。

6.4 电泳分离的影响因素

6.4.1 缓冲液

缓冲试剂的选择主要由所需的 pH 决定，在相同的 pH 下，不同缓冲试剂的分离效果不尽相同，有的可能相差很远。CE 中常用的缓冲试剂有：磷酸盐、硼砂或硼酸、乙酸盐等。

缓冲盐的浓度直接影响到电泳介质的离子强度，从而影响ζ电势，而ζ电势的变化又会影响到电渗流。缓冲液浓度升高，离子强度增加，双电层厚度减小，ζ电势降低，电渗流减小，样品在毛细管中停留时间变长，有利于迁移时间短的组分的分离，分析效率提高。同时，随着电解液浓度的提高，电解液的电导将大大高于样品溶液的电导而使样品在毛细管柱上产生堆积的效果，增强样品的富集现象，增加样品的容量，从而提高分析灵敏度。但是，电解液浓度太高，电流增大，由于热效应使样品组分峰形扩展，分离效果反而变差。此外，离子还可以通过与管壁作用以及影响溶液的黏度、介电常数等来影响电渗，离子强度过高或过低都对提高分离效率不利。

6.4.2 pH

缓冲体系 pH 的选择依样品的性质和分离效率而定，是决定分离成败的一大关键。不同样品需要不同的 pH 分离条件，控制缓冲体系的 pH，一般只能改变电渗流的大小。pH 能影响样品的解离能力，样品在极性强的介质中解离度增大，电泳速度也随之增大，从而影响分离选择性和分离灵敏度。pH 还会影响毛细管内壁硅醇基的质子化程度和溶质的化学稳定性，pH 为 4~10，硅醇基的解离度随 pH 的升高而升高，电渗流也随之升高。因此，pH 为分离条件优化时不可忽视的因素。

6.4.3 分离电压

在 CE 中，分离电压也是控制电渗的一个重要参数[9]。高电压是实现 CE 快速、高效的前提，电压升高，样品的迁移加大，分析时间缩短，但毛细管中焦耳热增大，基线稳定性降低，灵敏度降低；分离电压越低，分离效果越好，分析时间延长，峰形变宽，导致分离效率降低。因此，相对较高的分离电压会提高分离度和缩短分析时间，但电压过高又会使谱带变宽而降低分离效率。电解质浓度相同时，非水介质中的电流值和焦耳热均比水相介质中的小得多，因而在非水介质中允许使用更高的分离电压。

6.4.4 温度

温度影响分离重现性和分离效率，控制温度可以调控电渗流的大小。温度升高，缓冲液黏度降低，管壁硅羟基解离能力增强，电渗速度变大，分析时间减短，分析效率提高。但温度过高，会引起毛细管柱内径向温差增大，焦耳热效应增强，柱效降低，分离效率也会降低。

6.4.5 添加剂

在电解质溶液中加入添加剂，如中性盐、两性离子、表面活性剂以及有机溶剂等，会引起电渗流的显著变化。表面活性剂常用作电渗流的改性剂，通过改变浓度来控制电渗流的大小和方向，但当表面活性剂的浓度高于临界胶束浓度时，将形成胶束。加入有机溶剂会降低离子强度，ζ电势增大，溶液黏度降低，改变管壁内表面电荷分布，使电渗流降低。在电泳分析中，缓冲液一般用水配制，但用水-有机混合溶剂通常能有效改善分离度或分离选择性。

6.4.6 进样

CE 的常规进样方式有两种：流体力学和电迁移进样。电迁移进样是在电场作用下，依靠样品离子的电迁移和（或）电渗流将样品注入，故会产生电歧视现象，会降低分析的准确性和可靠性，但此法尤其适用于黏度大的缓冲液和 CGE 情况。流体力学进样是普通方法，可以通过虹吸、在进样端加压或检测器端抽空等方法来实现，但选择性差，样品及其背景同时被引入毛细管，对后续分离可能产生影响。通过进样时间也可以改善分离效果，进样时间过短，峰面积太小，分析误差大。进样时间过大，样品超载，进样区带扩散，会引起峰之间的重叠，与提高分离电压一样，分离效果变差。

另外，毛细管电泳技术的高分离性能以及消耗试剂少等特点使其分析领域得到了广泛的应用，但是其常规分析的灵敏度不能适应痕量分析的要求，限制了它的应用和推广。样品前处理技术可以提高样品通量或将痕量分析物进行预富集，去除样品基质，将其与毛细管电泳技术联用不仅可以提高分析的灵敏度，同时也消除了大部分可能的基质干扰，是一种比较理想的富集分离检测技术。常用的有 CE-流动注射联用技术、固相萃取-CE 联用技术、固相微萃取-CE 联用技术、液相微萃取-CE 联用技术、微透析-CE 联用技术和膜萃取-CE 联用技术[10]。

6.5 电泳分离的应用

6.5.1 以纸为支持体分离金属离子

以纸为支持体的电泳法在分离中有着广泛应用，表 6-2 列出了部分应用实例。

表 6-2 以纸为支持体的部分电泳分离实例

支持体	背景电解质	所加电压或电位梯度	电泳时间	被分离的物质
滤纸片（35cm×1cm）	0.1mol/L KCl	220V	15min	La（Ⅲ）与 Sm（Ⅲ）、Ho（Ⅲ）分离；Pr（Ⅲ）与 Dy（Ⅲ）分离
	0.1mol/L HCl	220V	15min	Cu（Ⅰ）与 Cu（Ⅱ）分离；Ce（Ⅲ）与 Ce（Ⅳ）分离
whatman-1 色谱纸（20cm×2cm）	0.1mol/L 甲酸钠	2.2V/cm	3h	Cu（Ⅱ）与 Ni（Ⅱ）分离
1 号色谱滤纸（30cm×7cm）	0.05mol/L 柠檬酸	2000V	0.4h	Gd（Ⅲ）、Y（Ⅲ）、Lu（Ⅲ）分离
中华 1 号滤纸（25.5cm×1.5cm）	0.05mol/L 硼酸-NaOH 缓冲液（pH10）	1000V	2.5h	肌苷、乌苷、黄苷彼此分离

例如，把 whatman-1 色谱纸切成 46cm×2cm 的纸片，浸入 0.025mol/L 五氯化锑的 4mol/L HCl 溶液中，取出，在室温下干燥 15min，然后浸入 0.025mol/L 硫酸铈铵溶液中，取出用滤纸吸干，用去离子水洗涤，除去过量硫酸铈铵溶液，在室温下干燥。以 0.1mol/L HCl 或 0.1mol/L HCl+0.1mol/L NH_4Cl（1∶1）作背景电解质，滴入待分离试样溶液后，在 150V 电压下，电泳 4h，使 Pd（Ⅱ）与 Bi（Ⅲ）、Cu（Ⅱ）、Cd（Ⅱ）、Co（Ⅱ）、Ni（Ⅱ）、Au（Ⅲ）等分离。取出纸片，干燥，切出圆点面积，用 10%HCl 溶液（2×20mL）溶解，Pd（Ⅱ）被洗脱，以亚硝基二甲基苯胺作显色剂，用分光光度法测定钯。

6.5.2 以毛细管为支持体分离金属离子

以长 40mm、内径 1.0mm 的聚四氟乙烯管为预分离柱，长 150mm、内径 0.5mm 的氟化乙烯-丙烯共聚物管为主分离柱，把主分离柱接到预分离柱上，以含有 45%（体积分数）丙酮的 10mmol/L HCl 作前导电解质，5mmol/L EDTA 作终端电解质，在 75μA 恒定电流下进行电泳。13 个镧系元素与 EDTA 形成配阴离子的迁移顺序是：镥＞镱＞铥＞铒＞钬＞镝＞铽＞钆＞铕＞钐＞镨＞铈＞镧，电泳一段时间后，这 13 个元素被分离开。

把 pH=3.7 的 0.38mmol/L 硫酸奎宁-0.29mmol/L H_2SO_4 缓冲溶液注入长 82.3cm、内径 18μm 的毛细管中，在 10kV 电压下，把含有 K^+、Na^+、Li^+、Ca^{2+}、Mg^{2+}的样品溶液注入含缓冲液的毛细管中，在 40kV 电压下电泳 18min，这几个离子即可分离开，它们的迁移顺序是：K^+、Ca^{2+}、Na^+、Mg^{2+}、Li^+。

毛细管电泳在电泳中应用最广，研究最活跃。它的应用包括从氨基酸、肽、蛋白质、核酸及其片段、糖，直到手性分子、有机小分子和无机离子等许多方面。表 6-3 列出毛细管电泳的一些应用实例。

表 6-3　毛细管电泳的一些应用实例

支持体	支持电解质	所加电压	被分离的物质
60mm×1mm 的聚四氯乙烯管为预分离柱，100mm×0.5mm 的氟化乙烯-丙烯管为主分离柱	5mmol/L HCl-3mmol/L 氨基丙酸-45%丙酮水溶液作前导电解质；5mmol/L 柠檬酸作终端电解质	驱动电流（预 200μA，主 50μA）	Fe（Ⅲ）、Co（Ⅱ）、In（Ⅲ）、Bi（Ⅲ）、Al（Ⅲ）、Cr（Ⅲ）、Ga（Ⅲ）彼此分离
长 60cm、内径 75μm 的石英毛细管	5mmol/L 试钛灵+2mmol/L 环糊精	25kV	Cl^- 与 I^- 分离
长 60cm、内径 50μm 的石英毛细管	pH 8 铬酸钠溶液	20kV	尿样中 Cl^-、Br^-、SO_4^{2-}、NO_3^-、F^- 彼此分离
长 47cm、内径 50μm 的石英毛细管 V	0.075mol/L 硼砂缓冲液	16.5kV	工业生产中乙二醇、山梨醇、甘露醇的分离
长 45cm、内径 50μm 的石英毛细管	0.02mol/L KH_2PO_4-0.05mol/L $Na_2B_3O_7$-0.05 mol/L 十二烷基硫酸钠	12.4kV	水溶性维生素中维生素 B_3、维生素 B_4、维生素 B_{22}、维生素 B_2、维生素 B_1、维生素 C 的分离
长 45cm、内径 75μm 的未涂层熔融石英毛细管	5mmol/L NaOH-8mmol/L 柠檬酸-10mmol/L β-CD（pH 4.5）	12.5kV	手性药物对映体——外消旋心得安的分离
长 60cm、内径 50μm 的石英毛细管	4.5mmol/L Tris-4.5mmol/L 硼酸- 0.1mmol/L EDTA（pH 8.4）	24kV	大肠杆菌和金黄色葡萄球菌
毛细微片分离长度 74mm，隧道宽 50μm	15mmol/L 硼酸缓冲溶液（pH 9.5，10%甲醇）	2kV	绿原酸、龙胆酸、阿魏酸和香草酸
长 50cm、内径 75μm 熔融硅毛细管	乙腈-2-丙醇（3∶2）+0.3%乙酸+60mmol/L 乙酸铵	30kV	植物种子中的胆碱磷脂、胆胺磷脂、甘油磷脂、纤维醇磷脂、磷脂酸

参 考 文 献

[1] 丁明玉. 现代分离方法与技术. 2 版. 北京：化学工业出版社，2012.
[2] 刘志广. 分析化学. 北京：高等教育出版社，2008.
[3] Wang H，Wang H M，Jin Q H，et al. Electrophoresis，2008，29：1932.
[4] 刘涛，郭明，孟梁，等. 分析化学，2010，38：994.
[5] 郭怀忠，姜文月，杜智昊，等. 色谱，2011，29：254.
[6] Li Z，Dou X，Ni Y，et al. J Chromatogr A，2012，1229：274.
[7] Wang R，Jia Z P，Dong Y L，et al. Acta Chim Sinica，2010，68：269.
[8] 盛筱，丁晨旭，刘凌君，等. 分析化学，2008：3：63.
[9] 苏立强. 色谱分析法. 北京：清华大学出版社，2009.
[10] Zhou D，Yang L P，Yang R M，et al. Electrophoresis，2008，29：4637.

第 7 章　蒸　　馏

蒸馏分离技术是利用混合物中各组分沸点不同而对液体混合物进行分离、提纯的一种实验技术，实验室常用的蒸馏方法有常压蒸馏、减压蒸馏、水蒸气蒸馏、共沸蒸馏、分馏和分子蒸馏等。为了更好地理解蒸馏原理，下面将对两组分气液相平衡理论进行简要介绍。

7.1　气液相平衡理论

7.1.1　理想溶液

理想溶液是指液体中不同组分的分子间作用力和相同组分分子间作用力完全相等的溶液，即理想溶液中各组分的挥发度不受其他组分存在的影响，如苯-甲苯、甲醇-乙醇、烃类同系物等都可以视为理想溶液。理想溶液遵循拉乌尔定律，但大部分有机溶液只是具有近似理想溶液的性质。拉乌尔定律的内容为：当理想溶液气液两相达到平衡时，溶质气体的平衡压力等于在同一温度下该物质的饱和蒸气压与它在溶液中的摩尔分数的乘积。

假如有 A 和 B 两种物质组成的理想溶液，由拉乌尔定律可知

$$p_{\mathrm{A}} = p_{\mathrm{A}}^0 x_{\mathrm{A}} \tag{7-1}$$

$$p_{\mathrm{B}} = p_{\mathrm{B}}^0 x_{\mathrm{B}} = p_{\mathrm{B}}^0 (1 - x_{\mathrm{A}}) \tag{7-2}$$

式中，p_{A}、p_{B} 分别为溶液上方 A、B 两组分的平衡分压；p_{A}^0、p_{B}^0 为纯组分 A、B 的饱和蒸气压；x_{A}、x_{B} 为溶液中 A、B 两组分的摩尔分数。

当溶液沸腾时，溶液上方的总压 p 等于 A、B 两组分平衡分压之和，即

$$p = p_{\mathrm{A}} + p_{\mathrm{B}} \tag{7-3}$$

根据道尔顿分压定律，气相中每一组分的蒸气压与总压之比等于该组分在气相中的摩尔分数：

$$y_{\mathrm{A}} = \frac{p_{\mathrm{A}}}{p} = \frac{p_{\mathrm{A}}}{p_{\mathrm{A}} + p_{\mathrm{B}}} \tag{7-4}$$

$$y_{\mathrm{B}} = \frac{p_{\mathrm{B}}}{p} = \frac{p_{\mathrm{B}}}{p_{\mathrm{A}} + p_{\mathrm{B}}} \tag{7-5}$$

式中，y_{A}、y_{B} 分别为气相中组分 A 和 B 的摩尔分数。

由式（7-1）~式（7-5）可知

$$\frac{y_{\mathrm{A}}}{y_{\mathrm{B}}} = \frac{p_{\mathrm{A}}}{p_{\mathrm{B}}} = \frac{p_{\mathrm{A}}^0 x_{\mathrm{A}}}{p_{\mathrm{B}}^0 x_{\mathrm{B}}} \tag{7-6}$$

由式（7-6）可知，气相中 A、B 两组分的组成会受到液相组成的影响。

图 7-1 为两组分理想溶液的气液平衡相图，它是根据一定压力条件下，溶液的气、液相组成与温度间的关系绘制而成的。图 7-1 中处于下方的曲线为饱和液体线，也称为泡点线，表示液相组成与泡点温度（加热溶液至第一个气泡产生时的温度）的关系；处于上方的曲线为饱和蒸气线，也称为露点线，表示气相组成与露点温度（气体冷却至形成

第一个液滴时的温度）的关系，两条曲线分别表示气、液相组成与平衡温度间的关系。在相图中，由饱和液体线和饱和蒸气线分出三个区域，其中饱和液体线下方的区域为液体尚未沸腾的液相区；饱和蒸气线上方的区域构成的是液体已全部气化并形成过热蒸气的过热蒸气区；两条曲线之间则为气、液两相平衡并共存的区域，蒸馏及分馏过程就是在这个区域进行的。

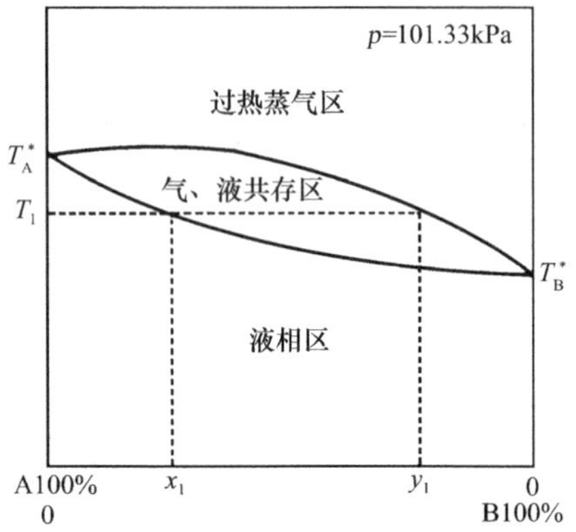

图 7-1　两组分理想溶液的气液平衡相图

从图 7-1 中可以看出，在同一温度下，气相组成中易挥发组分的含量总是高于液相组成中该组分的含量。T_A^*、T_B^* 分别为 A、B 两组分纯物质的沸点。利用相对挥发度α可以判断出混合物中某组分能否用蒸馏的方法进行有效分离及分离的难易程度，相对挥发度α的数值可以由实验测得。对于两组分的理想溶液来说，在一定温度下组分间的相对挥发度α等于该温度下两组分饱和蒸气压之比，即

$$\alpha = \frac{p_A^0}{p_B^0} \tag{7-7}$$

由于各组分的饱和蒸气压随温度变化的趋势基本相同，因此一般可将α视为常数，计算时取其平均值即可。若由式（7-7）计算得到的$\alpha>1$，说明组分 A 比组分 B 易挥发，α值越大，混合物分离越容易；若α值为 1，说明 A、B 两组分的挥发性相同，则在气相中 A、B 两组分的组成与液相中的组成相同，用一般的蒸馏方法不能实现混合物的分离。

7.1.2　非理想溶液

虽然多数均相液体的性质接近理想溶液，但实际上大多数的溶液都是非理想溶液。非理想溶液是指溶液不同分子间的相互作用不同，因此与拉乌尔定律存在一定的偏差。如果非理想溶液的蒸气压用拉乌尔定律来表示，需引入活度系数γ

$$p_A = \gamma_A p_A^0 x_A \tag{7-8}$$

$$p_B = \gamma_B p_B^0 x_B \tag{7-9}$$

式中，γ_A、γ_B 分别为组分 A 和 B 的活度系数，若该值大于 1，则称为对拉乌尔定律具有正偏差；小于 1，称为负偏差。在正偏差的情况下，不同物质分子间的引力小于同种分子间的引力，混合液体的蒸气压比单一易挥发组分的蒸气压大，因此形成了最低恒沸混合物，在最低恒沸点处，气相组成为一定值；在负偏差的情况下，不同物质分子间的引力大于同种分子间的引力，混合物的蒸气压比单一难挥发组分的蒸气压小，形成了最高恒沸混合物，在最高恒沸点，气相组成一定。

7.2　常压蒸馏

7.2.1　常压蒸馏的原理

常压蒸馏是分离和提纯液态有机化合物常用的方法之一，当液体混合物各组分的沸点相

差 30℃以上时，利用常压蒸馏可以得到较好的分离效果。液体混合物之所以能够用蒸馏的方法加以分离，是因为组成混合液的各组分具有不同的挥发度。例如，在常压下由苯和甲苯组成的混合液，苯的沸点为 80.1℃，甲苯的沸点为 110.6℃，当对蒸馏瓶中的混合液加热至沸腾时，在形成的蒸气中，易挥发组分苯的含量大于液相中苯的含量，将蒸气导出并冷凝，收集到的冷凝液中低沸点组分苯的含量比蒸馏瓶内残留液中苯的含量高，从而达到分离和提纯的目的。因此，混合物中各组分的挥发度相差越大，常压蒸馏的效果就越好，但注意不是完全分离。因此常压蒸馏就是在常压下将液体混合物加热至沸腾，使部分液体气化，然后将这部分气化了的蒸气冷凝成液体，从体系中分离出来，达到分离、提纯的目的。

7.2.2 常压蒸馏的装置

常压蒸馏装置主要由气化、冷凝、接收三部分组成，如图 7-2 所示。

1. 气化部分

气化部分一般由蒸馏瓶、蒸馏头和温度计组成。安装仪器时，正确的安装顺序是先下后上，先左后右，仪器组装的标准是整齐端正，无论从正面或侧面看，各仪器中心轴线都应在同一条直线上，铁架台应一律整齐地放置在仪器背后。应首先根据热源的位置确定仪器的高度，电热套的下面应放置垫板或升降台，方便在操作过程中能够及时撤走热源。用铁夹将烧瓶固定在铁架台上，放置在电热套中间，蒸馏瓶可以使用单口圆底烧瓶，为加料方便也可以使用二口或三口圆底烧瓶。蒸馏瓶的容量根据所蒸馏的液体体积决定，通常使原料液体的体积占蒸馏瓶容量的 1/3~2/3。若烧瓶中液体体积过多，当液体沸腾时，液体可能冲出烧瓶，或者液体飞沫迸溅过高，被蒸气带出，降低分离效果；若烧瓶内液体量太少，则在烧瓶内液体上方会容纳较多的蒸气，在蒸馏结束时，冷却后残留在烧瓶中，造成产品损失较多。当需要蒸馏的液体体积很大时，可以采用如图 7-3 所示的装置，边蒸馏边补加溶液，避免使用过大的蒸馏瓶，减少产品损失。

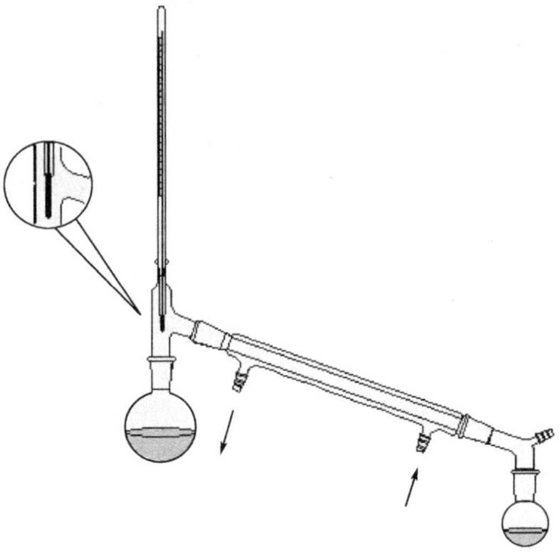

图 7-2　常压蒸馏装置图

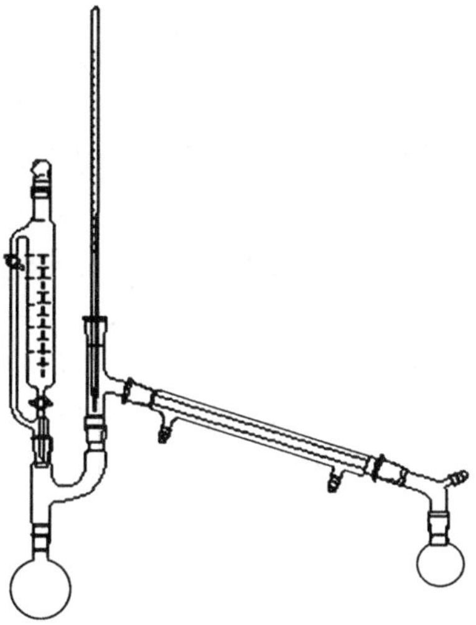

图 7-3　滴液反应蒸馏装置

在蒸馏头上口，利用温度计套管，插入温度计。温度计的量程应根据被蒸馏液体的沸点来选择，一般高于混合物组分最高沸点 10~20℃即可，因为温度计量程越大，其精度一般也越差。为了保证温度计测量的准确性，温度计水银球的位置应如图 7-2 所示，即温度计水银球的上沿与蒸馏头支管的下沿在同一水平线上，使水银球在蒸馏过程中能够被蒸气完全包围，若安装过低，温度计的读数可能会偏高，反之，读数偏低。

2. 冷凝部分

冷凝部分使用冷凝管实现操作目的。蒸馏过程使用最普遍的是直型冷凝管和空气冷凝管。当馏分沸点低于 140℃时，应选用直型冷凝管。当馏分沸点较低时，蒸气不易冷凝，应选择冷却面积比较大（长一些，内径相应粗一些）的冷凝管；当馏分沸点较高时，可以使用冷却面积较小（短一些，内径相应细一些）的冷凝管。为了保证冷凝效果，冷却水的温度和流速也很重要，当蒸馏沸点低于 70℃的液体时，冷却水的流速要快，如果待蒸馏液体的沸点接近室温，则需要将冷却水先用冰水冷却，并将接收瓶用冰水浴冷却，以避免冷凝液挥发损失。当馏分的沸点较高时，应使冷却水的流速减缓，否则可能使冷凝管由于受热不均，内层管壁温差过大而导致炸裂。当馏分的沸点超过 140℃时，应将冷凝管更换为空气冷凝管。

用铁夹将冷凝管固定在另一个铁架台上，并使冷凝管的中心线与蒸馏头支管的中心线呈一条直线，把蒸馏头的支管和冷凝管严密地连接起来。冷凝水的走向为下进上出。

3. 接收部分

接收部分由接液管和接收瓶组成，使用接液管将冷凝液导入接收瓶中。常压蒸馏装置不能形成密封体系，因此应使用带支管的接液管，与外界大气相通。如果接液管不带支管，在组装仪器时，接液管和接收瓶之间不能严密连接，否则整个蒸馏系统将成为封闭系统，在蒸馏过程中，体系内压力过大将导致爆炸事故的发生。

7.2.3 常压蒸馏的操作方法

1. 加料

一般情况下，在实验过程中都应先组装仪器，后加原料。加液体原料时，取下温度计和温度计套管，在蒸馏头上口放一个长颈漏斗（注意长颈漏斗下口斜面应超过蒸馏头支管，避免料液顺蒸馏头支管流出），慢慢将液体倒入蒸馏瓶中。如果是使用蒸馏装置作为有机合成的反应装置，固体样品则是用样品勺或纸筒送入反应瓶中，尽量避免将药品加到瓶壁上。加料顺序如果没有特殊要求，一般为先加固体，后加液体。如果使用二口或三口烧瓶，则可方便地从烧瓶的侧口加料。蒸馏过程中，为避免液体过热现象和暴沸现象的发生，应在蒸馏前，向烧瓶中加入止暴剂，引入气化中心，保证沸腾能够顺利地开始，并且平稳地进行。止暴剂通常为表面疏松多孔的物质，如碎瓷片、沸石等。在使用沸石时，需注意的是，如果加热中断，在重新加热前，由于原来沸石上的小孔在停止沸腾时已被液体充满，不能再起到气化中心的作用，所以应重新加入沸石。如果在加热时忘了提前加入止暴剂，则必须停止加热，并使液体的温度降至沸点以下才能补加止暴剂，在任何情况下都不能将止暴剂加入到已经受热并接近沸腾的液体中。

2. 加热

加料结束后，再仔细检查一遍装置是否安装正确，各仪器之间的连接是否紧密，沸石是否加好，然后通入冷凝水，使冷凝部分温度下降，一切无误后开始加热。用电热套加热时，烧瓶内的液体沸腾前可以将电压调得略高些，随着加热的进行，蒸馏瓶内的混合液体不断气化，当液体的饱和蒸气压与施加给液体表面的外压相等时，液体开始沸腾。但当蒸气尚未达到温度计水银球位置时，温度计的读数并不会发生明显改变，一旦水银球部位有液滴出现，说明此时体系已处于气、液平衡状态，温度计内的水银柱将急剧上升，直至接近易挥发组分的沸点，随后温度计示数的上升趋势变缓，蒸气从蒸馏头支管进入冷凝管，受到夹层冷凝水的冷却作用冷凝成液体，沿冷凝管流下，经接液管导入接收瓶中。由于这部分液体的沸点低于要收集组分的沸点，这部分流出液称为前馏分（或馏头），应作为杂质弃掉。有时被蒸馏液体几乎没有馏头，也应将蒸馏出来的前 1~2 滴液体作为冲洗仪器的馏头去掉，以免影响产品质量。

馏头蒸出后，温度稳定在沸程内，沸程越小，组分纯度越高，此时流出来的液体称为馏分，是需要收集的产品。当进行多组分蒸馏时，温度超过第一组分的沸程时，停止接收第一组分。继续加热，温度继续上升，在第一组分与第二组分间流出的液体，既是第一组分的馏尾，又是第二组分的馏头，当温度稳定在第二组分的沸程内时，即可接收第二组分，依次类推，将混合液中的各组分都收集完成后，停止加热。如果蒸馏瓶中的液体已经很少，温度计的读数会突然下降，此时应停止蒸馏。即使混合液中的杂质很少，也不能将蒸馏瓶蒸干，蒸馏瓶中至少应留有 1mL 以上的液体，以防蒸馏瓶破裂或发生其他意外事故。蒸馏过程中，应控制加热速度，使流出液的滴速为 1~2 滴/s，并且使温度计水银球上始终有液滴存在。如果温度计上没有液滴，可能是两种原因，一是体系温度低于沸点，未达到气液平衡，应将电压调高；二是温度过高，出现过热现象，此时蒸气温度超过沸点，应将电压调低。在实际操作中，应根据具体情况进行调整。

3. 收集馏分

一般馏分都是要收集的产品，因此应严格控制沸程，保证产品质量。沸程越小，蒸出的物质纯度越高（恒沸物除外）。接收馏分的容器应为经过称重的、干燥的锥形瓶或圆底烧瓶等。若蒸馏过程中，温度变化较大，须多准备几个接收瓶，分别收集温度上升及恒定时的馏分，记录下每个接收瓶内馏分的收集温度范围，在蒸馏结束后再作取舍。

4. 停止蒸馏

当收集完所有的馏分后，应先停止加热，将调压器调至零点，关上电源开关并取下电热套。稍冷却待馏出物不再流出时，取下接收瓶并盖好玻璃塞，保存好产品。关掉冷凝水，再按照安装时的相反方向，由右至左，由上至下拆除仪器，并将所用的仪器清洗干净。

7.2.4　常压蒸馏的注意事项

（1）蒸馏前，应对被蒸馏物的性质尽可能多地了解，如沸点范围、有无爆炸因素等，有助于对仪器的正确选择及在蒸馏过程中采取适宜的安全预防措施。例如，了解各组分的沸点范围，有利于对热源及冷凝管等的选择。如果被蒸馏物质存在爆炸隐患，如乙醚、四氢呋喃等物质，在空气中长时间放置可能形成过氧化物，对这类物质在蒸馏时，必须事先进行检查，如果有过氧化物存在，应先将过氧化物除去再开始蒸馏，防止在蒸馏过程中因过氧化物受热而引发爆炸事故。

（2）在加热开始后发现没有加沸石，应立即停止加热，待溶液稍冷再加入沸石。禁止向沸腾或接近沸腾的溶液中加入沸石，否则会引起液体暴沸而发生安全事故。

（3）在蒸馏操作中，不能将蒸馏瓶中的液体蒸干，以防蒸馏瓶过热炸裂或过氧化物受热引起爆炸。

（4）常压蒸馏装置不能完全密闭，避免压力过高，引起爆炸事故。

7.3 简 单 分 馏

7.3.1 简单分馏的原理

简单分馏主要用于沸点相近的液体混合物的分离。工业上将这种操作方法称为精馏，工业上最精密的分馏设备已经能够将沸点相差 1℃的混合液分离开。普通的蒸馏方法只能使沸点相近的液体混合物实现粗略分离，要获得高纯度的产品，从理论上讲，只要对蒸馏的馏出液进行反复多次的普通蒸馏，就可以达到分离的目的，但这样操作既烦琐、费时又浪费极大。利用分馏柱就可以实现上述目的，在工业上，常使用精馏塔进行分馏操作。下面利用工业精馏塔对简单分馏的过程与分离原理进行简要介绍。

工业上所用的精馏塔内部有许多塔板，精馏过程可以用图 7-4 来表示。在精馏塔底部是加热区，温度较高，越往上，温度越低，塔顶的温度最低。当加热到一定温度时，组成为 x 的原料从塔的中部加入，设为 O 点，此时为气液两相平衡，气液两相组成分别用 y_3 和 x_3 表示。组成为 y_3 的气相上升到上一层塔板，温度由 T_3 下降为 T_2，此时部分高沸点的物质被冷凝成液体，使气相中低沸点组分增多，这时气、液两相的组成分别用 y_2 和 x_2 表示。气相继续上升，则含低沸点物质越来越多，温度也相应下降，直到塔顶，气相中几乎由纯组分 B 组成，经过冷凝收集，可获得纯的 B 组分。处于 x_3 处的液相组分经塔板上的孔下降到下一层塔板，温度也由 T_3 升至 T_4，部分低沸点物质气化后上升，使液相组成变为 x_4，在 x_4 的组分中含有的高沸点物质 A 增多。液相继续下降，则随着温度继续上升，液相中高沸点组分越来越多，最后获得纯的 A 组分。也就是说在精馏过程中，在精馏塔的每一层塔板上都相当于进行了一次简单蒸馏。精馏塔所需的理论塔板数可以通过计算得到，组分纯度要求越高，所需的理论塔板数就越多。

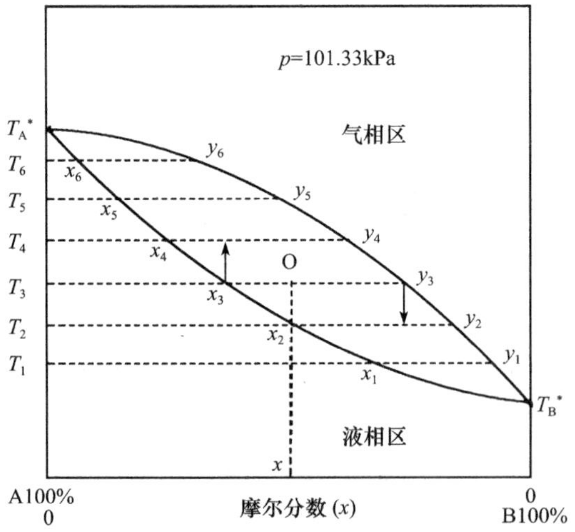

图 7-4 分馏过程的沸点-组成图

实验室里常用的分馏柱就相当于简化了的精馏塔，其原理和过程与精馏塔类似。当液体混合物在蒸馏瓶中被加热至沸腾后，混合蒸气从分馏柱的底部进入分馏柱。分馏柱中有很多的刺形玻璃柱或填料，每一个平面上的玻璃刺或填料就相当于一层塔板，当蒸气沿着柱身上升的过程中，蒸气与回流的液体间在分馏柱内反复进行冷凝-气化-再冷凝-再气化过程，使达到柱顶的蒸气为纯的易挥发组分，而蒸馏瓶中的液体为难挥发的组分，从而实现了高效率的分离[1]。在分馏过程中，气液两相沿分馏柱柱身保持着动态的平衡，不同的高度段存在着温度梯度和浓度梯度，因此分馏过程是一个热和质的传递过程。

7.3.2　简单分馏的装置

简单分馏装置如图 7-5 所示，其与蒸馏装置的不同之处仅在于蒸馏瓶与蒸馏头之间多了一根分馏柱。分馏柱的种类很多，实验室常用的是刺形分馏柱，又称为韦氏分馏柱，它是一根带有数组向心刺的玻璃管，每组有三根刺，各组呈螺旋状排列。刺形分馏柱的优点是不需要填料，而且在分馏过程中滞留液很少，缺点是分离效率不高。除刺形分馏柱外，在微量实验中通常使用的是填料柱，填料一般为玻璃、陶瓷或耐腐蚀的金属材料等惰性材料，这些填料可制成螺旋形、马鞍形和环形等。

7.3.3　简单分馏的操作

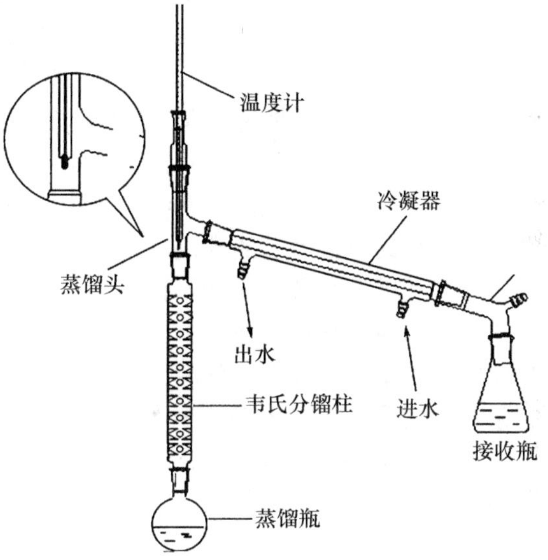

图 7-5　简单分馏装置

分馏装置的安装方法及安装顺序与蒸馏装置基本相同，安装时应注意使烧瓶与分馏柱的中心轴线上下对齐，接口应严密。将分馏柱用石棉绳、玻璃布或其他保温材料缠绕进行保温，以减少柱内热量的散失。按常压蒸馏的方法加入被分馏的混合物，沸石要在分馏柱安装前加入到蒸馏瓶中，以免卡在分馏柱内。分馏装置安装好后，开始加热，待液体沸腾后，调节电热套电压，控制好加热速度。为提高分馏柱的分离效率，应先使柱内人为地造成“预液泛”。操作方法为：先将电压调得稍高些，待液体沸腾后，将电压调小，当蒸气冲到柱顶未达到温度计水银球位置时，及时控制好电压，使蒸气在柱顶实现全回流，这样维持 5min，再将电压调至合适的位置，控制好柱顶温度，使馏出液以 2~3 滴/s 的速度平稳流出。“预液泛”的目的是使柱身及填料或玻璃刺表面能够完全被液体浸润，使液体均匀地分布在玻璃刺或填料表面，充分发挥玻璃刺或填料的效率。

对于分馏来说，在柱内保持一定的温度梯度是极为重要的。理想状态为柱底温度与蒸馏瓶内液体温度接近，分馏柱自下而上温度不断下降，柱顶温度下降至接近易挥发组分的沸点。柱内温度梯度的保持一般是通过控制馏出液的滴速来实现的，如果加热速度太快，馏出液的滴速也快，此时柱内温度梯度会变小，影响分离效果；如果加热速度太慢，则馏出液的滴速也慢，此时柱身被流下来的冷凝液阻塞，这种现象称为“液泛”。“液泛”会减少液体和蒸气的接触面积，或者使上升的蒸气将液体冲入冷凝管中，因此应避免“液泛”现象的发生。具体的操作方法为，一是在分馏柱外面包一定厚度的保温材料，保证柱内具有一定的温度梯度，防止蒸气在分馏柱内冷凝太快。当使用填料型分馏柱时，若填料装填得太紧，会造成柱内液体的聚集，应重新装柱；二是通过控制回流比来实现。回流比是指冷凝液流回蒸馏瓶的速度与柱顶蒸气馏出速度的比值。回流比越大，分离效果越好。回流比的大小根据物系和操作情况而定，一般回流比控制在 4∶1 较好。

7.4 减压蒸馏

一些常压下沸点较高的有机物在常压蒸馏时，易在高温下发生分解、氧化、聚合等反应，对这类热敏性化合物需要采用减压蒸馏的方法进行提纯和分离。

7.4.1 减压蒸馏的原理

液体的沸点是指当液体的蒸气压与液体上方的外界气压相等时的温度，当液体上方的气压降低时，液体的沸点也会随之下降。减压蒸馏正是利用这一点，用真空泵使蒸馏装置内的体系压力降低，从而使蒸馏瓶中的液体有机物可以在低于常压下的沸点时沸腾，实现分离。有机物的沸点与压力之间的关系可以用下面的经验式表示：

$$\lg p = A + \frac{B}{T} \tag{7-10}$$

式中，p 为液体表面的蒸气压；T 为溶液沸腾时的热力学温度；A、B 为常数。

由式（7-10）可知，以 $\lg p$ 为纵坐标，$1/T$ 为横坐标，可近似得到一条直线。利用这个经验公式，可以由已知的二元组分的压力和温度，计算出 A 和 B 的数值，再利用这个公式求出液体在其他压力下的沸点。

除了利用经验公式预测不同压力下物质的沸点外，还可以利用液体的沸点-压力近似关系图来估计液体有机物在某一压力下的沸点，如图 7-6 所示。图 7-6 的使用方法如下：分别在图中的任意两条线上找到两个已知点，用一把尺子将两点连成一条直线，该直线与图中第三条线的交点即为预测值。例如，水在 760mmHg（$1\text{mmHg}=1.33322\times10^2\text{Pa}$）时的沸点是 100℃，当实验装置体系内的实际压力为 20mmHg 时，预测水的沸点。先在图中常压下的沸点 B 线上找到 100℃，再在压力 C 线上找到 20mmHg，将两点连接成一条直线后，反向延长，与减压沸点 A 线相交，交点即为水在 20mmHg 时的沸点。利用图 7-6 还可以估计常压下的沸点及某物质在减压操作中要求沸点降到某个温度时，体系需达到的压力。

物质的沸点随压力下降的关系还遵循下列规律：当体系压力从常压下降至 3.332kPa（25mmHg）时，高沸点物质（250~300℃）沸点下降 100~125℃；体系内压力降至 1.333~3.332kPa（10~25mmHg）时，压力每降低 0.133kPa（1mmHg），沸点下降约 1℃。

7.4.2 减压蒸馏的装置

减压蒸馏装置是由蒸馏、抽气、测压和保护四部分组成，如图 7-7 和图 7-8 所示。

蒸馏部分是由蒸馏瓶、克氏蒸馏头、直型冷凝管、真空接液管和接收瓶等组成。减压蒸馏使用克氏蒸馏头的目的是在蒸馏瓶中插入毛细管，因为在减压条件下，沸石不能起到气化中心的作用，所以利用克氏蒸馏头的直口插一根毛细管到距离蒸馏瓶底部 1~2cm 处，毛细管在抽真空时将微量气体引入蒸馏瓶的液体中，起到搅拌和气化中心的作用，防止液体暴沸。在进行微量和半微量减压蒸馏时，可以用磁力搅拌器通过搅动液体起到防止暴沸的作用。克氏蒸馏头的侧直口插入温度计，温度计水银球的位置与蒸馏装置的要求相同，支口与直型冷凝管相连，再依次连接真空接液管、接收瓶。减压蒸馏装置中的仪器都必须是耐压的，如接收瓶不能用锥形瓶或平底烧瓶，而应选择圆底烧瓶、梨形烧瓶或抽滤瓶。

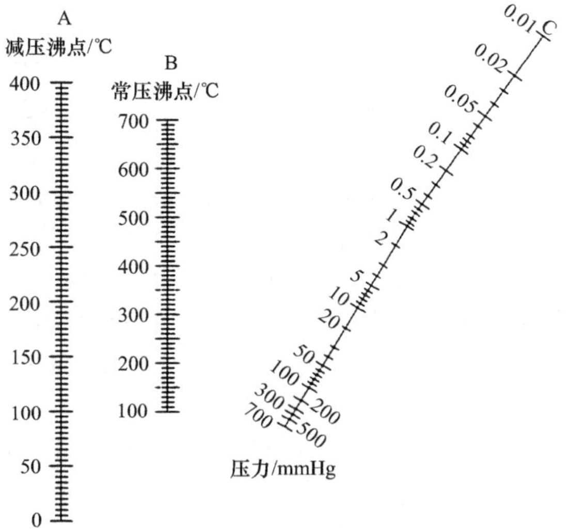

图 7-6 液体沸点-压力近似关系图

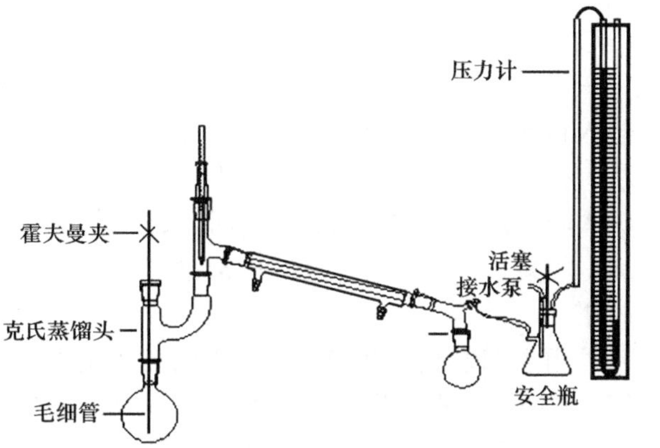

图 7-7 使用水泵的减压蒸馏装置

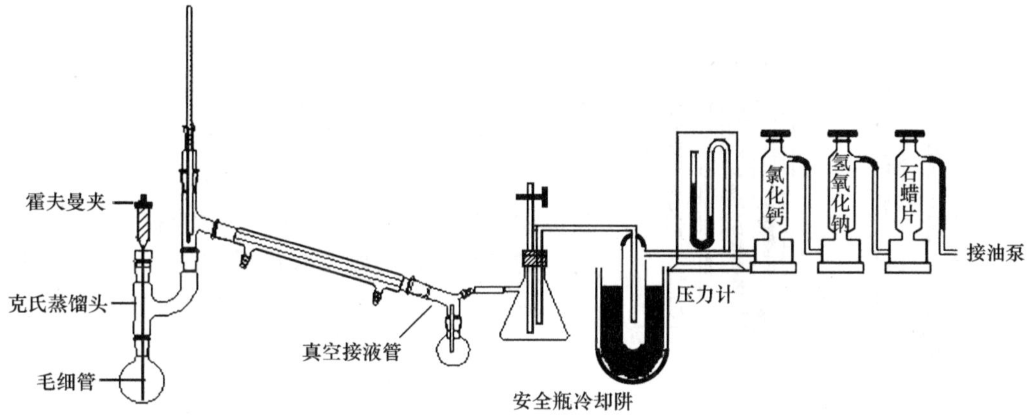

图 7-8 使用油泵的减压蒸馏装置

真空接液管的支口与安全瓶连接，安全瓶的作用一方面是用来调节减压操作系统内的压力，并在停止减压操作时解除真空；另一方面能够防止油泵中的泵油或水泵中的水倒吸入接收瓶中，污染产品，起到缓冲瓶的作用；第三方面的作用是防止物料被抽入真空泵内，使泵受到损坏。安全瓶再与压力计和真空泵相连。

在化学实验室中经常使用的真空泵是循环水泵和油泵，循环水泵能够使减压蒸馏系统内的压力降低到 1067~3333Pa（8~25mmHg），水泵的工作效率所能达到的最低值为使用温度下泵内水的饱和蒸气压。例如，水温在 20℃时的饱和蒸气压为 2400Pa（18mmHg）。普通油泵能使系统压力降低到 133.3~13.3Pa（1~0.1mmHg），高效油泵最低能达到 0.133Pa。减压蒸馏在选择真空泵时，并不是要使用尽可能高的真空，减压蒸馏选择的工作条件通常是使液体在 50~100℃沸腾，这个温度范围对热源要求不高，蒸气的冷凝也不困难。在使用油泵时，需注意的是，如果水蒸气、酸性气体和有机蒸气被带进油泵，会污染泵油，腐蚀油泵的零件，降低油泵所能达到的真空度。如有机蒸气会溶解在泵油中，水蒸气会凝结在泵里使泵油乳化，这两种物质都会使泵油的蒸气压升高，导致泵的真空度下降。酸性气体会腐蚀泵的机件，破坏泵的气密性。因此，在使用油泵作为真空泵时，应在减压蒸馏装置与油泵之间放置起到保护作用的冷却阱和吸收塔，对抽到油泵中的空气进行除杂。利用冷却阱，可以将沸点很低，在冷凝管中未能冷凝下来的蒸气进一步冷却液化，冷却剂的选择根据需要而定，常用的冷却剂有液氮（–210~–195℃）、干冰+丙酮（–80~–70℃）、结晶氯化钙+碎冰（–54.9℃，143g $CaCl_2 \cdot 3H_2O$+100g 碎冰）、食盐+碎冰（–21.3℃，33g 氯化钠+100g 碎冰）。吸收塔一般设三个，第一个吸收塔内装入无水氯化钙或硅胶，用来对空气进行干燥，除去水蒸气；第二个吸收塔装入粒状的氢氧化钠，用来除去酸性气体；第三个吸收塔内装入石蜡片，用来吸收烃类等有机气体；在吸收塔的后面，一般再放置一个缓冲瓶与油泵相连，防止因误操作而导致泵油倒吸入吸收塔中。在使用吸收塔时，要注意及时更换吸收剂，避免因吸收剂失效而使泵受到损坏。如果是使用水泵进行减压蒸馏，可以直接将水泵连接在安全瓶的后面，不用冷却阱和吸收塔。

用来测定减压蒸馏系统压力的真空压力计有水银压力计、莫氏真空规和真空压力表，如图 7-9 所示。在使用水银压力计时，应注意在停止蒸馏时，打开安全瓶上的活塞不能太快，应使压力计中的水银柱慢慢恢复原状，否则水银柱可能冲出压力计的 U 形管，造成汞污染。

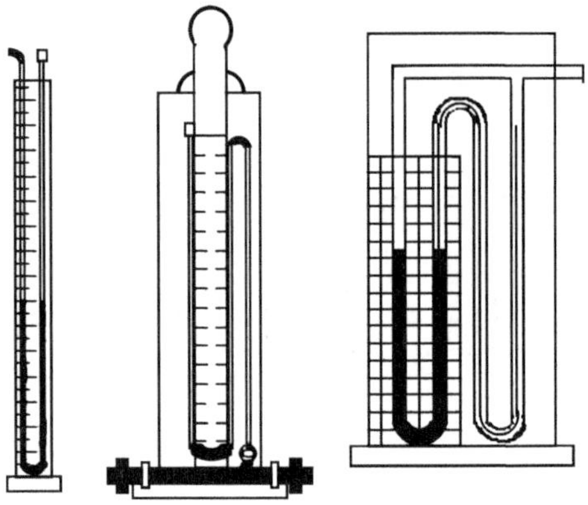

图 7-9　真空压力计

7.4.3　减压蒸馏的操作

按照图 7-7 或图 7-8 从下至上，从左至右将减压蒸馏装置组装好，为保证系统的密封性，各仪器磨口连接处应涂上一薄层真空脂并旋转至透明，起到密封和润滑的作用，蒸馏瓶的选择以所加液体不超过蒸馏瓶体积 1/2 为宜。连接仪器时使用的胶管必须是厚壁、耐压的橡胶管，否则在减压操作时，胶管会被抽瘪。

装置组装好以后，先检查系统的密闭性是否达到要求，具体操作步骤为：旋紧毛细管上的螺旋夹，打开安全瓶上的活塞，打开真空泵使其开始工作，缓缓关闭安全瓶上的活塞，待压力平稳后，观察真空表上的读数是否达到预期的真空度，如果没有，说明系统漏气，应对装置进行检查。检查方法为，先将真空接液管与安全瓶连接处的橡胶管折起来捏紧，观察真空表示数的变化，如果真空度上升，说明装置内存在漏气点，逐个旋动各磨口接头处，观察对压力计读数有无影响，直至找到漏气位置。如果是仪器间的磨口连接处漏气，通常是由于接口处有固体微粒或者是仪器对接不同轴，还可能是真空脂没有密封好，只要将磨口处擦净，重新涂好真空脂，并调整好对接角度即可。如果夹紧接液管后的橡皮管仍不能达到所需的真空度，则说明漏气的位置在保护及测压部分，应逐步向后检查，找到漏气点并进行密封。密封操作都应该是在解除真空度后再进行，漏气点排除后，重新开泵检漏，直至系统压力稳定并达到所要求的真空度，就可以进行减压蒸馏操作了。

与蒸馏操作类似，向减压蒸馏装置中加料时，可以把毛细管从克氏蒸馏头上取下，从上口使用长颈漏斗加料，注意液体体积不要超过蒸馏瓶容积的 1/2，如果使用二口或三口瓶作蒸馏瓶，可以从侧口加料。加完料后，重新装好毛细管，旋紧毛细管上的螺旋夹，打开安全瓶上的二通旋塞，启动油泵，确定油泵工作正常后，慢慢关闭安全瓶上的旋塞，调整毛细管上的螺旋夹，使毛细管末端有连续、稳定的小气泡冒出，再调节安全瓶上的二通旋塞，使压力计的示数稳定在所要求的真空度上。通冷凝水，开始加热，因为在减压蒸馏条件下，一般液体在较低的温度下就可以被蒸出，所以加热速度不能太快，当馏头被蒸出后，开始收集馏分，控制馏分流出的速度为 1~2 滴/s，如果化合物纯度较好，沸程应控制在 1~2℃。蒸馏结束时，先停止加热并撤走热源，慢慢打开毛细管上的螺旋夹，待烧瓶中的液体稍冷后，再缓缓打开安全瓶上的旋塞，解除体系的真空度，使压力计的示数恢复到零，然后关闭真空泵，关掉冷凝水，取下接收瓶，再按照安装的反顺序拆除减压蒸馏装置。

操作注意事项如下：

（1）在减压蒸馏前，应将待蒸馏物质先利用常压蒸馏除去低沸点组分。

（2）如果待分离的物质容易氧化，应经毛细管通入氮气进行保护或使用磁力搅拌器代替毛细管。

（3）开始减压蒸馏操作时，务必使体系压力达到所要求的真空度并稳定后再开始加热，避免因为体系压力不稳而导致爆炸事故发生。

7.4.4　旋转蒸发仪的使用方法

实验室常用旋转蒸发仪进行减压蒸馏用以回收溶剂或浓缩溶液，它是由蒸发器、冷凝管、接收瓶、电动设备、加热设备组成，如图 7-10 所示。蒸发器是一个带有标准磨口接口的梨形或圆底烧瓶，通过一个回流蛇形冷凝管与减压泵相连，回流冷凝管的另一个开口与带有磨口的接收烧瓶相连，用于接收被蒸发的有机溶剂。在冷凝管与水泵之间有一个三通活塞，当体系与大气相通时，可以将蒸馏瓶、接液烧瓶取下，转移溶剂；当体系与减压泵相通时，体系处于减压状态。作为蒸馏的热源，常配有相应的恒温水槽。其工作原理是利用电机带动蒸发器旋转，通过变速器来调节旋转速度，经过加热器使液体气化后进入冷凝器中再冷凝为液体。此装置可在常压或减压下使用，可一次进料，也可分批进料。由于蒸发器在不断旋转，可免加沸石。同时，随着不断旋转，液体附于蒸发器壁上加大了蒸发面积，使蒸馏速度加快。

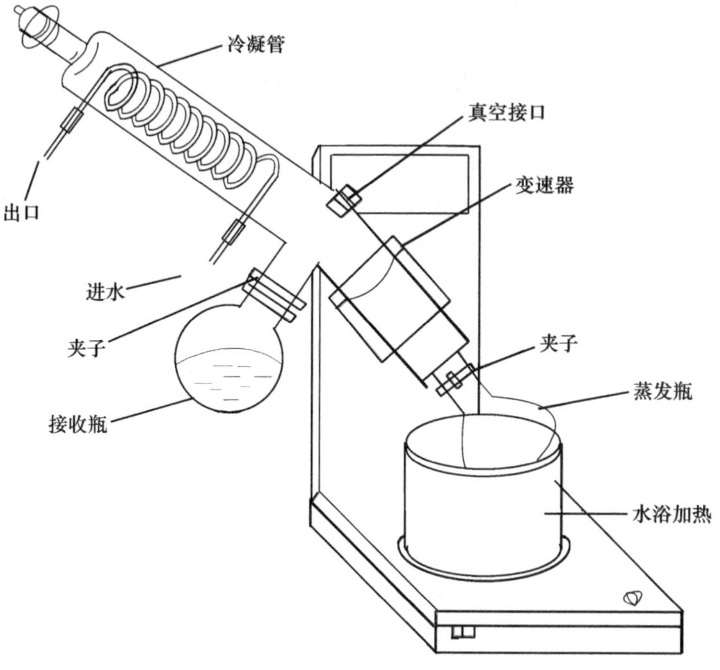

图 7-10　旋转蒸发仪的构造

操作注意事项：

（1）蒸馏瓶内的液体体积不应超过蒸馏瓶体积的二分之一，如果被蒸馏物的量较大，可分批处理。

（2）当操作温度高、真空度高或旋转速度较快时，尤其是当瓶中出现固体时，瓶内的液体可能会暴沸，此时应及时转动三通开关，通入适量冷空气降低真空度，并适当放慢旋转速度，使蒸馏平稳进行。

（3）开始蒸馏时，一定要先减压，并用夹子固定蒸馏瓶，达到一定真空度后再旋转蒸馏瓶，防止蒸馏瓶在转动中脱落。

（4）停止蒸馏时，应先停止加热，再停止旋转烧瓶，系统通入大气后，停止抽真空，以避免蒸馏瓶滑落及防止倒吸现象发生。若烧瓶取不下来，可趁热用木槌轻轻敲打，取下烧瓶。

7.5 水蒸气蒸馏

向难溶或不溶于水的有机物中通入水蒸气或与水一起共热，使有机物随水蒸气一起蒸馏出来，这种操作称为水蒸气蒸馏。利用水蒸气蒸馏分离和提纯有机化合物时，要求被提纯的物质应满足下列条件：①不溶或难溶于水；②与水一起沸腾时不发生化学变化；③在 100℃左右时，蒸气压不低于 1333Pa。水蒸气蒸馏常用于在常压蒸馏时易发生分解的高沸点有机化合物的分离，以及混合物中如果有大量固体或树脂状杂质存在，若采用普通蒸馏可能引起强烈暴沸的情况，此时采用水蒸气蒸馏的分离效果要好于常压蒸馏或重结晶。因此，在对天然植物中的有机物进行提取时，经常采用水蒸气蒸馏的方法。

7.5.1 水蒸气蒸馏的原理

当对一个互不混溶的挥发性混合物进行蒸馏时，在一定温度下，混合物中各组分显示各自的蒸气压，不受其他组分的影响，各组分的分压只与各自纯物质的饱和蒸气压有关，而与混合物的组成无关，混合蒸气的总压为各分压之和，即

$$p_{总}=p_A+p_B+p_C+\cdots=p_A^0+p_B^0+p_C^0+\cdots \tag{7-11}$$

当 $p_{总}$等于大气压时，混合物开始沸腾，此时各组分分压均小于大气压，显然此时混合物的沸点低于任何一个组分的沸点。如果将水作为一个组分，则在常压下进行蒸馏时，可以在低于 100℃时，将沸点高的组分与水一起蒸出来。例如，对水（沸点 100℃）和溴代苯（沸点 156℃）两个互不相溶的混合物进行蒸馏，当混合物沸点为 95℃时，水的蒸气压为 85.3kPa，溴苯为 16.0kPa，混合物的总蒸气压就等于大气压，此时混合物沸腾，即在 95℃时，水和溴代苯就被蒸馏出来，而此时混合物的沸点低于水和溴代苯的沸点。因此，要在 100℃或者更低的温度下蒸馏化合物，特别是用来纯化那些热稳定性较差和高温下会发生分解的化合物，水蒸气蒸馏是一种有效的方法。

在馏出液中，有机物的含量可以利用下式计算：

$$\frac{W_{有}}{W_{H_2O}}=\frac{p_{有}M_{有}}{p_{H_2O}M_{H_2O}} \tag{7-12}$$

以苯胺和水的混合物进行水蒸气蒸馏为例，苯胺的沸点为 184.4℃，水与苯胺组成的混合物沸点为 98.4℃，在此沸点下，苯胺的饱和蒸气压为 5.6kPa，水的饱和蒸气压为 95.7kPa，按照式（7-12），计算馏出液中苯胺与水的质量比应为

$$\frac{W_{苯胺}}{W_{水}}=\frac{M_{苯胺}p_{苯胺}}{M_{水}p_{水}}=\frac{93\times5.6}{18\times95.7}=0.30$$

则馏出液中苯胺的质量分数为

$$\frac{0.30}{1+0.30}\times100\%=23.1\%$$

但是在实际操作中，完全与水不互溶的有机物很少，因此蒸出的水量要比计算值多一些。

如果有机物的蒸气压在 100℃时低于 1333Pa，仅为 133.3~666.6Pa，则在馏出液中有机物的质量分数仅为 1%左右，甚至更低，为了提高馏出液中高沸点组分的含量，可以使用过热蒸气。例如，在肉桂醛的合成实验中，反应结束后需要将过量的苯甲醛除去，如果直接向反应体系中加入一定量的水进行水蒸气蒸馏，混合物沸腾的温度为 97.9℃，此时水的饱和蒸气压为 93.7kPa，苯甲醛的饱和蒸气压为 7.5kPa，按照式（7-12）计算，得出馏出液中苯甲醛的含量为 32.1%。如果导入过热水蒸气，如导入 133℃的过热水蒸气，则当混合物沸腾时，苯甲醛的蒸气压可以达到 29.3kPa，水的蒸气压为 71.9kPa，此时馏出液中苯甲醛的质量分数为

$$\frac{W_{苯甲醛}}{W_{水}}=\frac{29.3\times106}{71.9\times18}=\frac{3105.8}{1294.2}=\frac{2.4}{1}$$

$$\frac{2.4}{1+2.4}\times100\%=70.59\%$$

由上例可以看出，利用过热蒸气进行蒸馏，可以使水蒸气蒸馏的效率提高近 1 倍。在使用过热蒸气蒸馏时，为了防止过热蒸气导入蒸馏瓶后大量冷凝，降低分离效率，可以将盛有蒸馏物的烧瓶置于油浴中，保持和蒸气相同的温度。

7.5.2　水蒸气蒸馏的装置

水蒸气蒸馏装置是由水蒸气发生器和简单蒸馏装置组合而成，图 7-11 为实验室常用的水蒸气蒸馏装置。

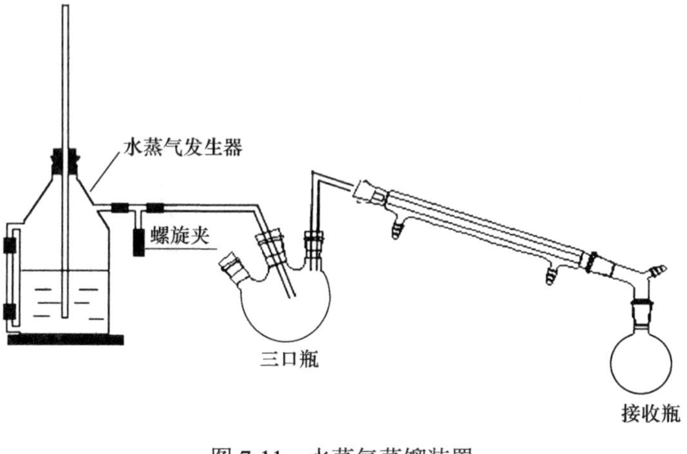

图 7-11　水蒸气蒸馏装置

水蒸气发生器有两种，一种是由铜或铁板制成，如图 7-12（a）所示，为了便于观察发生器内的水位，在侧面安装一个水位计，一般情况下，发生器内的水位最高不要超过 2/3，最低不要低于 1/3。在发生器的上口安装一根长约 60cm 的玻璃管，玻璃管的下端插入发生器底部，距离底部 1~2cm。这根长玻璃管称为安全管，可用来调节体系内部的压力并可防止

系统在发生堵塞时出现危险。在操作过程中，如果蒸气导出不畅，容器内的压力会越来越高，可以观察到安全管内的水柱明显升高甚至冒出，此时应该及时打开 T 形管上的止水夹，排除故障。一般导致蒸气导出不顺畅的原因主要有两种，一种是蒸气在导出过程中，在导气管中冷凝，冷凝水滞留在导气管内，造成系统堵塞；另一个原因是如果被蒸馏物中有固体时，导气管末端在蒸馏过程中可能被固体物质堵塞，造成气流导出不畅。查明原因后，疏通导管，再继续进行蒸馏。蒸气出口管与冷阱连接，冷阱是一个玻璃制的 T 形管，它一端与发生器连接，一端与蒸馏瓶连接，下口连接一小段软的橡皮管，用螺旋夹夹住，用于调节蒸气量。另一种发生器是由 500mL 或 1000mL 的蒸馏瓶组装而成的简易蒸气发生器，如图 7-12（b）所示。水蒸气发生器与蒸馏瓶间连接的管路越短越好，避免水蒸气在蒸气导出管路中大量冷凝，否则既会降低蒸馏瓶中的温度，还会造成管路的严重堵塞。

在蒸馏部分为防止飞溅的液体泡沫被蒸气带入冷凝管中，影响产品纯度，被蒸馏液体的加入量不超过烧瓶容积的 1/3，并且将烧瓶的位置向发生器方向倾斜 45º（图 7-11）。如果使用磨口仪器，常用的装置如图 7-13 所示，Y 形管或克氏蒸馏头的作用是防止烧瓶中的液体迸溅进入冷凝管内。

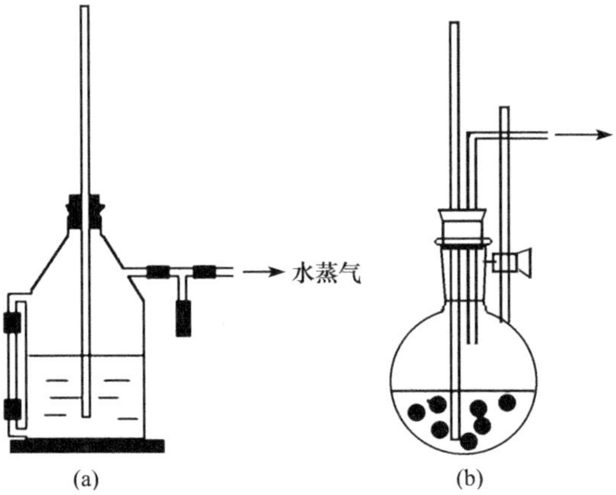

图 7-12　水蒸气发生器

如果混合物只需少量水蒸气就可以实现分离，也可以采用将适量水与有机物混合，直接用简单蒸馏装置进行水蒸气蒸馏的方法，如图 7-14 所示，当蒸馏瓶内的水不足时，可通过滴液漏斗补加水。由于克氏蒸馏头的弯管段较长，蒸气易冷凝，可在蒸馏过程中，利用玻璃棉等绝热材料缠绕，起到保温作用，提高蒸馏效率。

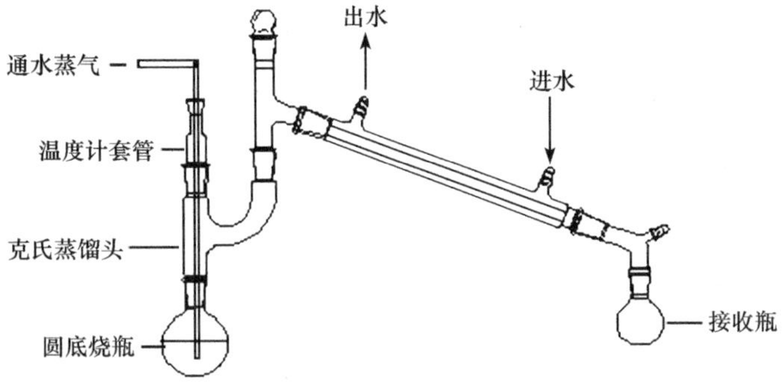

图 7-13　磨口仪器水蒸气蒸馏装置

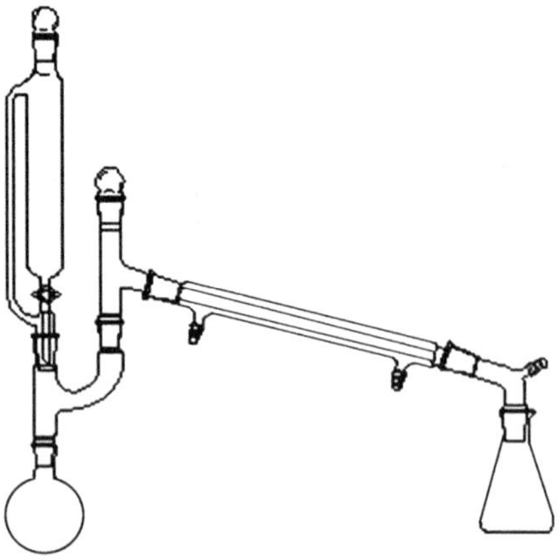

图 7-14　简易水蒸气蒸馏装置

7.5.3　水蒸气蒸馏的操作

在水蒸气发生器中加入约 2/3 高度的水，放入 2~3 粒沸石，安装好安全管，利用冷阱将水蒸气发生器与蒸馏装置连接好，注意将导气管插入蒸馏瓶底部。打开冷阱上的螺旋夹，向蒸馏瓶中加入需要分离的混合物，搭好蒸馏装置并检查无误后，开始加热水蒸气发生器，当水沸腾后，蒸气从冷阱下口喷出，待蒸汽生成量稳定后，将止水夹夹紧，使蒸汽进入蒸馏系统中，此时观察到蒸馏瓶中的液体受到蒸汽的搅动，如同沸腾一样，水蒸气蒸馏开始。当有机物与水的混合蒸气进入冷凝管后，注意调整进气量，使馏分能够在冷凝管内完全冷凝，形成的乳浊液经过接液管进入接收器中，控制馏出液流出的速度为 2~3 滴/s。在蒸馏过程中，如果室温较低，造成部分蒸气在蒸馏瓶中冷凝，使蒸馏瓶中的液体增多，此时应在蒸馏瓶的下方放置电热套进行加热，使蒸馏瓶中的液体体积在蒸馏过程中基本保持不变。如果随水蒸气一起蒸出的有机物具有较高的熔点，则在冷凝后馏出液易析出固体，对这类物质进行水蒸气蒸馏时，应调小冷凝水的流速，使有机物在冷凝后依然能够保持液态，流入接收器；如果在冷凝管内观察到固体析出，则应暂时关闭冷凝水，甚至将冷凝水暂时放掉，使凝固成固体的有机物熔融后随水流入接收器中，再重新打开冷凝水，但注意开冷凝水的速度要慢，避免冷凝管因骤冷骤热而导致炸裂。当流出液不再浑浊时，用表面皿取少量流出液，在明亮处观察是否有油状物，如果没有，说明有机物已经被蒸出，但为保证分离效果，仍需继续蒸出 10~20mL 的馏分再停止蒸馏。在停止蒸馏时，应先打开冷阱上的止水夹，再撤走蒸气发生器的热源，否则在停止加热后，蒸气发生器内的压力会因温度下降而降低，导致蒸馏瓶中的液体倒吸入导气管，甚至倒吸入发生器内。待稍冷却后，拔出导气管，将水蒸气发生器与蒸馏装置断开，收集产品（产品可能是馏分也可能是蒸馏瓶中的残液），按照安装的反顺序拆除仪器。

7.5.4 水蒸气蒸馏操作注意事项

（1）在蒸馏过程中，要注意观察蒸馏瓶和水蒸气发生器的情况，应及时放掉积聚在冷阱中的冷凝水，如果安全管内水柱突然升高甚至喷出，应立刻打开螺旋夹，移走热源，停止蒸馏，待故障排除后再继续蒸馏。

（2）如果蒸馏过程中，水蒸气发生器中的水快蒸完了，应暂停蒸馏，及时加水。

（3）当需要中断蒸馏时，一定先打开连接在水蒸气发生器和蒸馏装置间的 T 形管上的螺旋夹，使体系通大气，然后再停止加热。当要重新蒸馏时，也要待 T 形管开口处有蒸气冲出再把螺旋夹拧紧，重新开始蒸馏。

（4）如果在蒸馏过程中因蒸气冷凝而使蒸馏瓶中的液体明显增多，应及时对蒸馏瓶内的液体进行加热，避免蒸馏瓶中的液体积聚过多，迸溅过于剧烈，冲入冷凝管中。

7.6 恒沸蒸馏

7.6.1 恒沸蒸馏的原理

恒沸蒸馏又称共沸蒸馏，主要用于恒沸物的分离。恒沸物是指在一定压力下，两组分或多组分的液体混合物具有固定的组成和固定的沸点，如 95.5%的乙醇与 4.5%的水组成沸点是 78.15℃的恒沸物。恒沸物的沸点不同于其组分的沸点，一般比各组分的沸点都低（称为最低共沸点）或者都高（称为最高共沸点）。为使恒沸物分离，需向恒沸混合物中加入第三组分，该组分可与原恒沸物中的一种或两种形成沸点更低的新的恒沸物，从而使原恒沸混合物中组分间的相对挥发度增大，进而利用蒸馏的方法分离，这种方法称为恒沸蒸馏，加入的第三种组分称为恒沸剂或夹带剂。

常用的夹带剂有苯、甲苯、二甲苯、三氯甲烷和四氯化碳等。例如，工业上生产无水乙醇，就是利用苯作为夹带剂，通过对乙醇与水的恒沸混合物进行恒沸蒸馏获得。

7.6.2　恒沸蒸馏的装置

实验室常用的恒沸蒸馏装置如图 7-15 所示，与普通的回流装置相比，在蒸馏瓶和回流冷凝管之间增加了一个分水器。利用恒沸蒸馏的方法可以在反应中及时除去生成的水，促进一些平衡反应向着正反应方向移动，提高产物的收率，这是恒沸蒸馏最典型的应用。例如，正丁醚的制备实验，利用分水器，使反应既能在回流条件下进行反应，又能使生成的水及时从反应体系中被移走，促进反应平衡向右移动。除了在平衡反应中使用恒沸蒸馏外，对于一些难蒸发的高沸点溶剂，如 DMF、DMSO 等，也可以采用加入苯或甲苯作为夹带剂，蒸出这些高沸点溶剂。

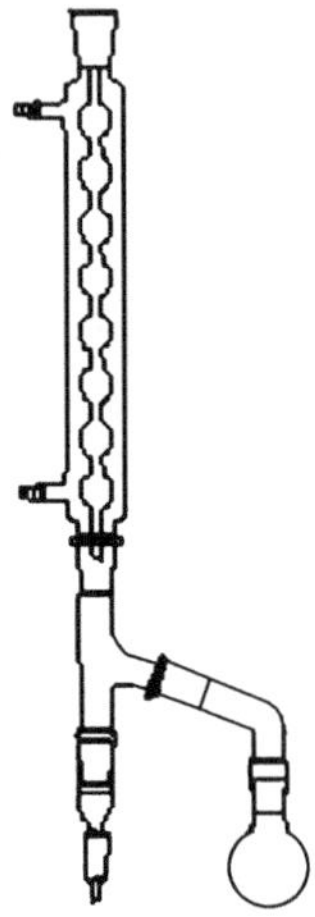

图 7-15　恒沸蒸馏装置

7.7　分 子 蒸 馏

分子蒸馏技术是一种特殊的液-液分离技术，其蒸馏过程在低氧惰性条件下进行，具有蒸馏温度低，物料受热时间短，操作压力低，分离程度及产率高，产品质量好，且分离后的成分在蒸馏前后不会有太大变化，分离后的产品中避免使用有机溶剂等优点[2]，特别适用于高沸点、热敏性及易氧化物质的分离与纯化，因此该技术已被广泛应用于石油化工、食品香料等领域。

简单地说，分子蒸馏过程是一个不可逆的并且在远离物质常压沸点下进行的蒸馏过程，更确切地说，它是一个分子蒸发的过程。

7.7.1　分子蒸馏的原理

1. 分子平均自由程

分子自由程是指分子在连续两次碰撞之间所走过的路程，根据分子热力学原理，任何分子在其运动过程中的自由程都是变化的，因此只能在某个时间间隔内取其自由程的平均值来予以描述，称为分子平均自由程，其数学表达式为

$$\bar{\lambda}=\frac{\bar{v}}{f} \tag{7-13}$$

式中，$\bar{\lambda}$ 为分子平均自由程；$\bar{v}$ 为分子的平均速度；f 为碰撞频率。

从式（7-13）可知，分子平均自由程与分子的平均速度成正比，而与碰撞频率成反比。碰撞频率高，分子平均自由程较小，碰撞频率低，分子平均自由程较大。碰撞频率的计算式为

$$f=\frac{\sqrt{2}v\cdot\pi d^2 p}{kT} \tag{7-14}$$

式中，d 为分子有效直径；p 为分子所处空间的压力；k 为玻耳兹曼常量；T 为分子所处环境的温度。则

$$\bar{\lambda}=\frac{kT}{\sqrt{2}\pi d^2 p} \tag{7-15}$$

由式（7-15）可知，压力、温度和分子有效直径是影响分子运动平均自由程的三个主要因素。当压力一定时，物质的分子平均自由程随温度增加而增大；当温度一定时，

平均自由程 $\bar{\lambda}$ 与压力成反比，真空度越高，$\bar{\lambda}$ 越大，分子之间碰撞概率越小；对于不同物质，由于分子有效直径不同，即使物系压力和温度都相同，其分子平均自由程也会存在差异。

2. 分子蒸馏的基本原理

分子蒸馏是利用分子平均自由程的差异来实现分离的，其分离原理如图 7-16 所示。当液体混合物沿加热器表面自上而下流动时，物质因被加热而使分子热运动加剧，部分分子获得足够能量而逸出液面成为气相分子。物系中轻分子的平均自由程大，重分子平均自由程小，若在距离蒸发面小于轻分子的平均自由程而大于重分子平均自由程的位置设置一个冷凝面，就可以使轻分子达到冷凝面并被冷凝收集，从而破坏了轻分子的动态平衡，使混合液中的轻分子不断逸出并不断从液相向气相扩散而被捕集。与之相反，重分子在未到达冷凝面之前，已与下一个分子发生碰撞而返回蒸发面，并很快与液相中的重分子趋于动态平衡，因此其动态平衡不受冷凝面的影响，表观上似乎重分子不再从液相逸出，这样液体混合物便在这个装置中实现了轻重物的分离。由于在加热面逸出的分子直接飞射到冷凝面上，理论上没有返回加热面的可能性，因此分子蒸馏是一个不可逆的过程。

根据分子蒸馏的基本原理，可将分子蒸馏的过程概括为以下五个步骤：①物料在加热面上形成液膜；②分子在液膜表面上自由蒸发；③分子从加热面向冷凝面运动；④分子在冷凝面上捕获；⑤馏出物和残留物收集。

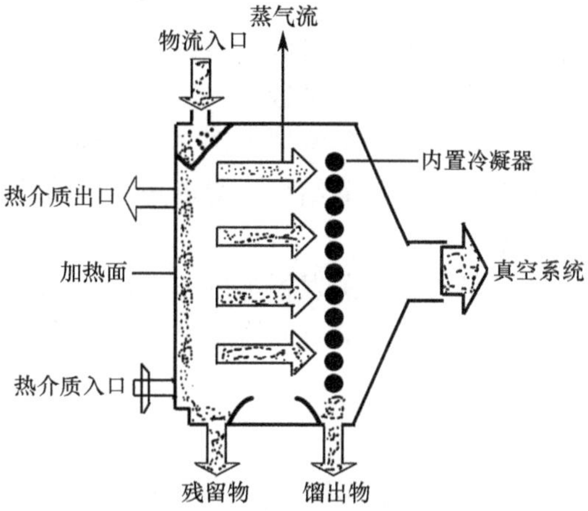

图 7-16　分子蒸馏分离原理示意图

与常规蒸馏比较，分子蒸馏具有以下特点：①操作温度低。与常规蒸馏依靠沸点差异进行分离不同，分子蒸馏是靠不同物质的分子运动平均自由程的差异进行分离，蒸气分子一旦从液相逸出，就可以实现分离，而不需要液体混合物处于沸腾状态。因此分子蒸馏是在远低于沸点下进行操作的，适于处理高沸点及热敏性物料，并且可以利用分子蒸馏分离常规蒸馏难以分离的恒沸混合物。②蒸馏压强低。由分子运动平均自由程公式可知，要获得足够大的平均自由程，必须降低蒸馏压强，一般常规真空蒸馏其真空度最高能达到 5kPa 左右，而分子蒸馏装置因其独特的结构形式，其内部可获得 0.1~100Pa 的高真空度。因此，分子蒸馏的实际操作温度可比常规真空蒸馏低得多。③受热时间短。由于在分子蒸馏装置中加热面与冷凝面的间距要小于轻分子的平均自由程，其间距很小，由液面逸出的轻分子几乎未发生碰撞即已达到冷凝面，因此受热时间很短。常规的真空蒸馏受热时间为几十分钟，而分子蒸馏的受热时间仅为几秒或几十秒。④分离程度高。以二组分混合物为例，常规蒸馏的相对挥发度为

$$\alpha = \frac{p_1}{p_2} \tag{7-16}$$

分子蒸馏的相对挥发度为

$$\alpha_{\mathrm{m}} = \frac{p_1}{p_2}\sqrt{\frac{M_2}{M_1}} \tag{7-17}$$

式中，M_1、M_2 分别为轻组分和重组分的相对分子质量；p_1、p_2 分别为轻组分和重组分的饱和蒸气压。由于 $M_2>M_1$，$\alpha_m>\alpha$，因此分子蒸馏比常规蒸馏的分离能力高。轻重分子间质量差异越大，分离程度越高，而且往往用常规蒸馏不易分开的物质，用分子蒸馏可以分开，如恒沸混合物。⑤无鼓泡现象。由于分子蒸馏是在液膜表面自由蒸发，在极低的压力下，液体中无溶解空气，蒸馏过程中液体不沸腾，因此无鼓泡现象。

7.7.2　分子蒸馏的装置

分子蒸馏装置主要由蒸发系统、物料输入输出系统、加热系统、冷凝系统、真空系统和控制系统组成，其核心部件为分子蒸发器，根据分子蒸发器的结构形式和操作特点，可将分子蒸发器分为降膜式、刮膜式和离心式三种类型。

在进行分子蒸馏前，混合液体首先需要进行脱水、脱溶剂和脱氧气处理。因为分子蒸馏处理量较少，若不提前脱除水和有机溶剂，会给蒸馏造成过大的负担，并且有机溶剂还会腐蚀分子蒸馏装置中的一些设备部件；另一方面，由于水和有机溶剂均较易挥发，如果带入缸体中会导致真空度大幅度下降，极不利于蒸馏。进行脱氧处理是因为在蒸馏时，虽然体系内处于真空度较高的状态，但如果混合液携带氧气进入缸体中，则在高温下即使有少量氧气存在也很容易使某些易氧化的成分发生氧化，会大大影响产品质量。此外，对氧气及易挥发组分提前进行处理，可以避免这些物质进入分子蒸馏器内，由于高真空而导致物料发生暴沸，保证蒸馏过程顺利进行。

降膜式分子蒸发器如图 7-17 所示，该装置是采取重力使蒸发面上的物料变为液膜降下，为早期设计的装置结构，特点是结构简单，但在蒸发面上形成的液膜较厚，效率差，现在已很少采用。

刮膜式分子蒸发器如图 7-18 所示，该装置也是采取重力使蒸发面上的物料变为液膜降下，但为了使蒸发面上的液膜厚度小并且分布均匀，在刮膜式釜中设置了一块转动刮板来强化物料的传热和传质过程，使液体均匀覆盖于蒸发表面，又使下流的液层获得充分搅拌，还可以加快蒸发面液层的更新。该装置形成的液膜薄，分离效率高，但装置的结构比降膜式的复杂，现在的实验室和工业生产中大部分都采用该装置。

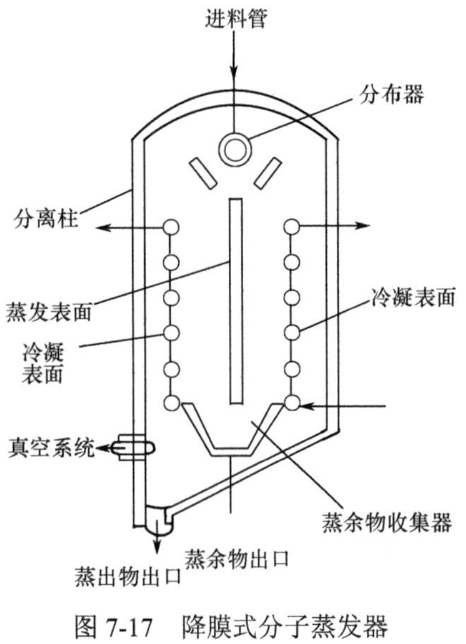

图 7-17　降膜式分子蒸发器

离心式分子蒸发器是将物料送到高速旋转的转盘中央，使蒸发器具有旋转的蒸发表面，液膜非常薄且分布更均匀，蒸发效率高，分离效果好，是目前较为理想的分子蒸馏装置，但结构复杂，设备成本高[3]。

7.7.3　分子蒸馏的应用

分子蒸馏技术作为一种温和、清洁、高效的新型分离技术，可以解决常规蒸馏无法解决的分离问题，下面列举一些分子蒸馏的应用实例：①在香精、香料工业中，需对合成及天然的香精、香料进行脱臭、脱色及纯化，这类物

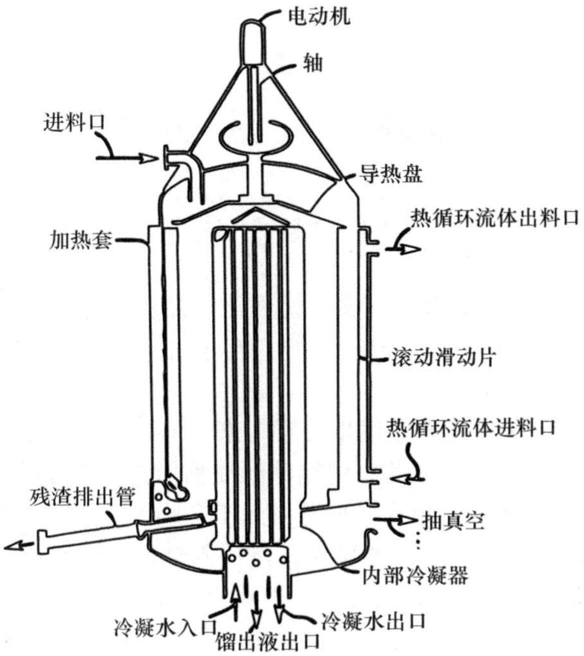

图 7-18　刮膜式分子蒸发器

质沸点低、挥发性强、热敏性高。例如，对玫瑰油的精制，可采用三级分子蒸馏的方法获得颜色、气味良好的产品。②在食品及医药工业中，从动植物体提取的天然产物，在精制过程中如果受热温度高、受热时间长，会使天然产物发生歧化或缩合等副反应，导致产品品质下降。例如，在精制鱼油时，采用分子蒸馏的方法，经脱腥、提纯和脱色，可以获得有效成分含量较高的产品。③在石油化工中，很多化工产品在常温下呈固态或为黏度高的液态物质，利用分子蒸馏技术可以实现碳氢化合物的分离、表面活性剂的提纯及化工中间体的精制等，如高碳醇及烷基多苷、乙烯基吡咯烷酮等的纯化，羊毛酸酯等的制取。

参考文献

[1] 阴金香. 基础有机化学实验. 北京：清华大学出版社，2010.
[2] 周宛平，曾兰萍. 化学分离法. 北京：北京大学出版社，2008.
[3] 杨村，于宏奇，冯武文. 分子蒸馏技术. 北京：化学工业出版社，2003.

第8章 浮选分离

8.1 概　　述

浮选是利用矿物表面疏水-亲水这一表面物理化学性质差异分选矿物的科学技术。这是一种应用最广的选矿方法，原则上能分选各种矿物。据估计，全世界每年经浮选加工的各种矿石达数十亿吨。

工业规模的浮选法在 19 世纪末才逐步发展起来。但是，人们在古代的金、银淘洗中，就已知道利用金粉的天然疏水及亲油性，用鹅毛蘸油粘捕浮在水面的金粉，使其与尘土等亲水性杂质分离。明代著名学者宋应星在其所著《天工开物》一书中，曾描述朱砂的分选加工过程："取来时，人巨铁碾槽中，轧碎如微尘，然后入缸，经清水澄浸过三日夜，跌取其上浮者，倾入别缸，名曰二朱。其下沉结者，晒干即为头朱也。"这就是表层浮选法。该书又描述了从废旧物中选金的方法："刮削火化，其金仍藏灰内，滴清油数点，伴落聚底，淘洗入炉，毫厘无恙。"这与近代的全油浮选法相似[1]。

在西方，1860 年英国人提出最早的硫化矿浮选专利。1898 年，这种全油浮选法开始用于工业生产。1902 年提出使用皂类及少量油料处理硫化矿的团粒浮选法；1907 年表层浮选法获得工业应用；20 世纪初泡沫浮选法首先在澳大利亚用于处理铅锌硫化矿的重选尾矿，从此泡沫浮选成为处理矿石的主要浮选工艺。在泡沫浮选的发展过程中，1909 年使用可溶性起泡剂，1924 年脂肪酸皂用于浮选非硫化矿，1925 年应用黄药捕收剂，1922~1929 年陆续使用氰化物及酸、碱作为调整剂以及使用各类浮选机械，对扩大浮选技术的应用，提高工艺指标具有重要意义。

浮选是一种效率高的分离过程。近半个世纪以来，向矿物加工以外的领域发展，大致可分为以下几个方面：

（1）冶金工业产品浮选，如铜镍硫、冶炼炉渣、阳极泥等的浮选。

（2）在化学工业中应用，如回收油脂、蛋白质、染料及化工晶体药物等。

（3）在造纸工业中应用，如用于从纸浆废液中回收纤维素、废纸再生时脱除油墨等。

（4）在农产品及食品工业中应用，如从黑麦中分出角麦、牛奶中分出乳酪等。

（5）在医药微生物方面的应用，如从水中脱除寄生虫卵、分选细菌等。

（6）工业废水及废渣的处理。

国民经济的快速发展催生了对矿产资源不断增长的需求，新中国成立以来，我国矿物资源加工业得到长足的发展，其中浮选技术及科学在浮选理论、浮选工艺、浮选药剂及浮选设备等方面均取得了可观的成绩，在一些方面已跃居世界领先地位。

8.2 浮选分离的基本原理

矿物颗粒自身表面具有疏水性或经浮选药剂作用产生或增强疏水性。疏水就是亲油和亲气体，可在液、气或水-油的界面发生聚集。经过一系列工艺处理后的金矿粒虽然密度大却能与气泡和浮选剂亲和而被浮于浮选机的矿液表面，作为泡沫产品回收。

当入选矿粒小于 10μm 时需要采用特殊的浮选法[2]。常用的有用絮凝剂使细粒金或含金矿物絮凝成较大颗粒，脱出脉石细泥后再浮去粗粒脉石，这是絮凝-浮选。荷载体浮选是用粒度适于浮选的矿粒作荷载体，使微细粒金黏附于荷载体表面并随上浮而成金精矿。还有用油类使细矿粒团聚进行浮选的油团聚浮选和乳化浮选。利用高温化学反应使矿石中金属矿物转化为金属后再浮选的离析浮选对金矿石不常采用。对于使用泡沫浮选法回收金泥，我国将其用于工业领域。

为了使煤泥浮选达到优质、高产、高效、低耗的目标，必须了解煤泥浮选的基本原理。本章主要介绍煤和矸石颗粒分选的依据、分选的基本原理以及煤泥性质对浮选的影响等。

8.2.1 浮选分离的依据

煤泥的浮选是依据精煤与矸石颗粒表面性质的差异实现分选的选煤方法。为说明这一点，先做一个实验。取石蜡和玻璃各一片，将它们的平面擦净，然后分别把一滴水轻轻滴在石蜡和玻璃的平面上。2～3min 后，可以看出石蜡平面上的水滴几乎呈球状，水滴和石蜡的接触面积较小。滴在玻璃平面上的水滴则很快展开，水滴与玻璃面具有较大的接触面积（图 8-1）。

如果把水滴在煤的表面，情形就类似于石蜡，把水滴在矸石表面，情形就类似于玻璃。由以上实验可以看出，水滴在玻璃和矸石的表面上能迅速展开，而滴在石蜡和煤的表面上不能展开。这种水滴在物质表面上展开与不展开的现象称为被水润湿与不润湿现象。为水润湿的表面称为亲水性表面，不为水润湿的表面称为疏水性表面。各种矿物被水润湿的程度存在差异。就以上四种矿物来说，煤与石蜡是表面不易被水润湿的矿物，称为疏水性矿物；矸石和玻璃是表面易被水润湿的矿物，称为亲水性矿物。

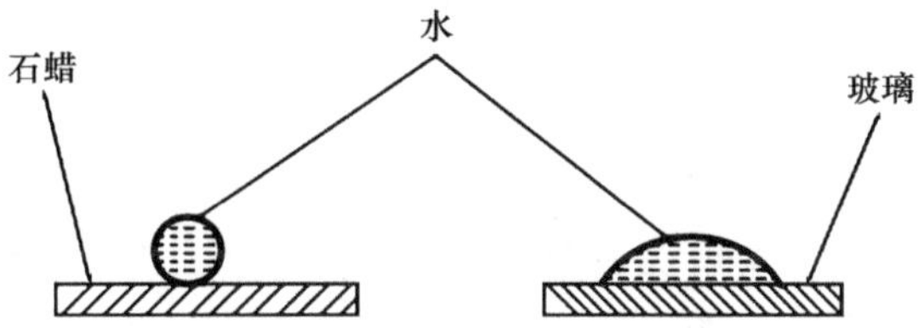

图 8-1　几种物质的润湿现象

如果将石蜡和玻璃、煤和矸石悬置于水中，用带有弯曲针头的注射器向它们的下表面分别送上一个气泡，就会发现：当气泡与疏水性的石蜡或煤的表面接触时，气泡能很快黏附在它们的表面上。原来的固、液相界面被固、气相界面代替而形成固、液、气三相周边（图 8-2）。气泡与亲水性的玻璃或矸石表面接触时，气泡很难黏附到它们的表面上，即便黏附也呈球状而不能展开，很难形成三相周边（图 8-2）。

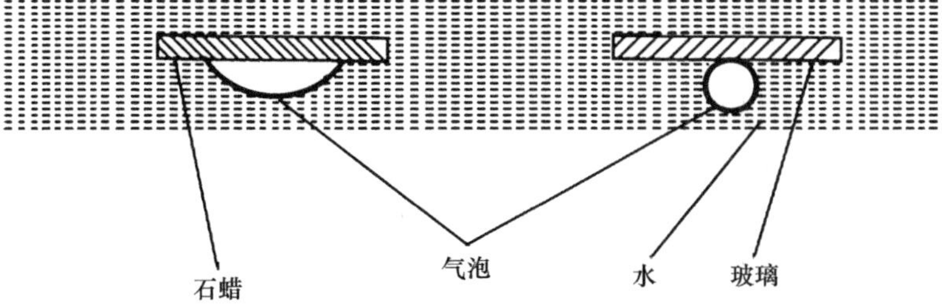

图 8-2　矿物对气泡的吸附情况

各种矿物表面对水和气泡存在着亲疏程度的差异，即不同矿物的表面润滑性有差异。浮选就是利用煤和矸石表面性质（润湿性）的差异来实现分选的。煤和矸石表面的润湿性差异取决于相关物质的成分和分子结构。

8.2.2 浮选分离新工艺

在常规浮选工艺的基础上，为适应复杂多变的资源回收要求，并拓展浮选工艺的应用领域，人们经过长期的生产实践及科学研究，已开发出众多新型的浮选工艺及特种浮选技术。

研究应用较多的浮选新工艺包括分支浮选工艺、硫化矿电化学浮选工艺以及载体浮选、闪速浮选、选择性絮凝浮选、生物浮选、重力浮选、磁浮选、泡沫分离浮选等。特种浮选技术是指由固-固分离扩大到固-液、液-液以及溶质组分间的分离，是由处理数百微米至数十微米的宏观粒级物料向分子、离子、分子团、胶粒等数埃至数微米的微观粒级发展的一种浮选技术。它主要包括离子浮选、沉淀浮选和吸附浮选等。其应用领域除冶金外，还包括化工、食品加工、轻工、水处理等部门。

1. 分支浮选工艺

对于原矿品位较低的矿石，采用分支浮选工艺可以提高原矿品位；矿浆中的难选、细粒部分可以前一支的浮选产品（泡沫）作为载体而被背负；也可以借助于前一支泡沫产品中剩余药剂而降低药耗，这些优点都被认为是有利于提高选矿指标的良好措施，已成功应用于一些有色金属选矿厂[3]。

2. 分支粗选

分支粗选如图 8-3 所示，将原矿浆分为两支或多支，前一支粗选的泡沫与下一支的原矿浆合并粗选。前一支没有精选作业，最后一支可以有精选。若是现场有两个系列，则可将第一系列的粗选泡沫并入第二系列粗选。这样可提高入选原矿品位，节省浮选药剂并改善矿浆粒子组成、矿物组成及泡沫结构，有利于目的矿物的浮选。

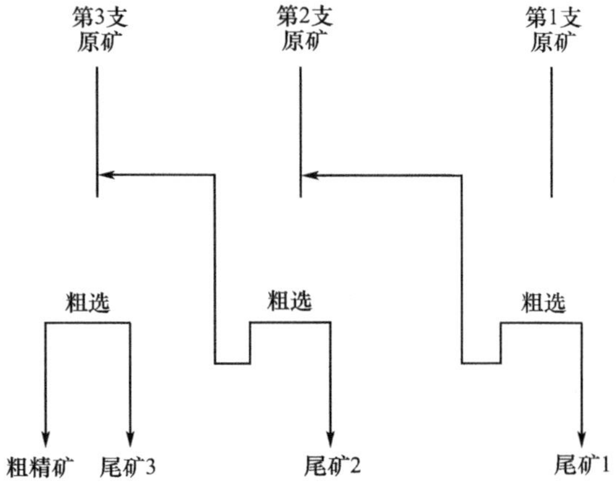

图 8-3 分支粗选流程示意图

3. 分支串流浮选

分支串流浮选是将两个平行浮选系列的部分泡沫产品进行合理串流的浮选流程，如图 8-4 所示。将第一支浮选系列的粗选泡沫送至第二支浮选系列的原矿浆搅拌槽，将第二支浮选系列的第一次扫选泡沫返入第一支浮选系列的原矿浆搅拌槽，减去了第一支浮选系列的精选作业。由于第一支粗选泡沫并入第二支，提高了第二支的入选品位。同时，从第一支泡沫中带过来的过剩药剂又可以在第二支起作用，大大减少了第二支的加药量。第二支的一次扫选泡沫返至第一支原矿搅拌槽，又可起到提高第一支入选品位和充分利用剩余药剂的作用。分支串流浮选流程适用于具有两个以上浮选系列的选矿厂，对于只有一个系列的选矿厂则无法实施。

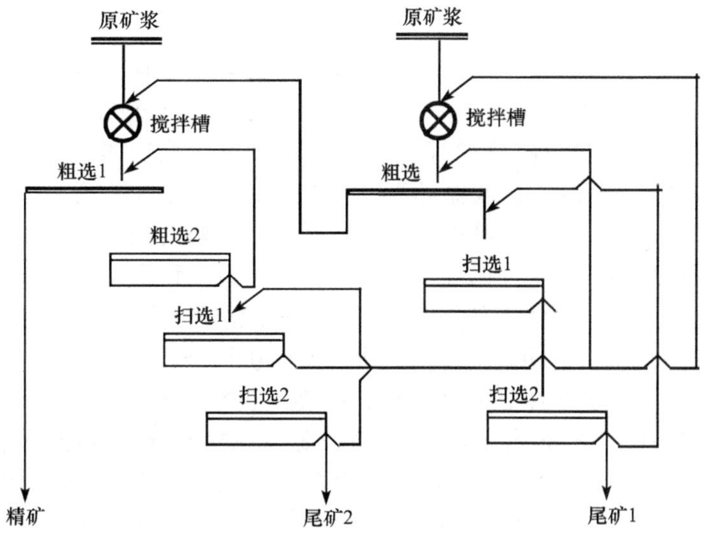

图 8-4　分支串流浮选流程图

8.3　浮选分离技术

8.3.1　闪速浮选

闪速浮选是指在磨矿分级回路中用闪速浮选机及时回收水力旋流器沉砂中粗粒有用矿物的浮选方法，如图 8-5 所示。

通常矿石经磨矿后，粗粒级中常有相当数量的单体解离有用矿物颗粒不能通过分级设备进入浮选，而返回磨矿机再磨，这会导致因过磨而造成的矿泥损失。采用闪速浮选回收磨矿回路中的粗粒单体解离有用矿物颗粒，可以提高回收率，还可减少常规浮选回路的浮选机容积[4]。由于精矿平均粒度增大，可降低精矿滤饼水分；同时，闪速浮选还起均化器作用，有助于稳定常规浮选的给矿品位，使之易于控制。闪速浮选的回收率通常占总网收率的 30%～60%。

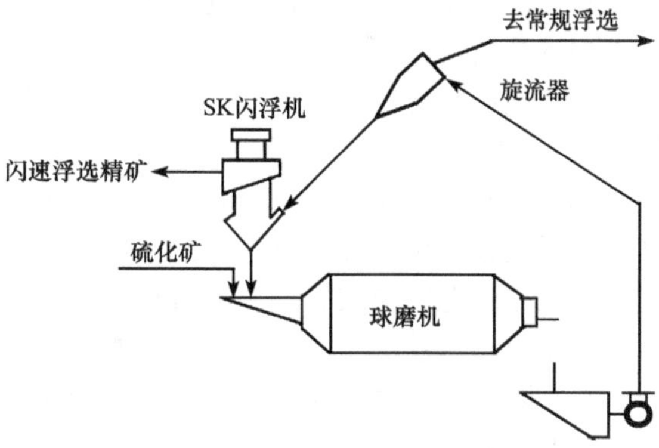

图 8-5　闪速浮选工艺流程示意图

闪速浮选一般采用专用的闪速浮选机，如芬兰研制的斯基姆-爱尔（Skim-Air）单槽浮选机。单槽浮选机是在高矿浆浓度下浮选粗粒矿物的独立浮选槽。闪速浮选所得精矿一般为最终精矿，其尾矿返回磨矿机再磨并经旋流器分级后进入常规浮选系统分选。闪速浮选于 20 世纪 80 年代初开始在芬兰投入工业生产，用于处理铜金、铜镍和铜黄铁矿矿石以及铜冶炼炉渣等。在我国，闪速浮选用于处理嵌布粒度不均匀的含贵金属的有色金属硫化矿获得成功。湖南湘西金矿沃溪选厂对金在球磨一分级回路中的分布进行了分析研究，发现金在回路中的富集和过粉碎现象明显。为此，进行了球磨一分级回路中加入单槽浮选机的闪速浮选。试验结果表明，其选别效果显著，可提高金的选矿回收率 2.3%左右。鸡笼山金矿利用引进的一台 SK-15 闪速浮选机进行工业试验，试验结果表明用闪速浮选，在铜回收率相当的情况下，金回收率提高 5.13%。

国内研制成功的 YX 型预选浮选机在工业试验中也取得了比较理想的指标。YX 型预选浮选机是专门用于磨矿分级回路中的单槽浮选设备，在磨矿分级回路中处理螺旋分级机或旋流器返砂，提前获得部分已单体解离的粗粒有价矿物或有价连生体，直接获得最终精矿或粗精矿。该机叶轮、定子下部装有矿浆循环筒，其作用主要是促进叶轮下部矿浆循环，以利于矿粒悬浮，使可浮矿物能反复进入叶轮区，与新鲜空气和药剂混合作用，增加入选概率。叶轮上部也设有上循环通道，产生上循环，一是增加搅拌力度和均匀性，二是使选矿药剂与矿物颗粒在搅拌中充分接触。槽体下部为圆锥形，以消除沉槽死角，避免堵塞和起浓密作用。尾矿通过下锥体浓密、积聚、均匀地排出，进入磨矿机再磨。YX-2 型浮选机在德兴铜矿泗洲选厂应用表明：该机能实现在高浓度、粗颗粒状态下的浮选，底流浓度可达 70%～75%。筛分结果表明，精矿+0.074mm 占 68.89%，而常规浮选精矿+0.074mm 仅占 27.79%，该机浮选精矿中含金 8.348g/t，而原全厂最终精矿含金为 7.0g/t，该机作业回收率达 14.096%。YX-8 型浮选机在安徽狮子山铜矿的应用表明：采用该机后，精矿金银品位分别提高 5.96g/t 和 14.25g/t，回收率分别提高 13.22%和 6.26%，系统生产能力提高 3.84%，而且还有利于脱水等后续作业。

8.3.2 泡沫分离浮选

泡沫分离浮选是一种分选粗粒矿物的浮选方法。从泡沫层上部给入经过药剂处理的矿浆。疏水性矿粒富集于泡沫层中，亲水性矿粒穿过泡沫层从浮选机底部排出。矿浆通过泡沫层过滤，保证了疏水性矿粒于气泡间的必要接触时间，有利于气泡矿化和分离；泡沫层无湍流脉动，减少了矿粒从气泡上的脱落，为粗粒浮选创造了有利条件[5]。

泡沫分离浮选于 20 世纪 60 年代初由苏联研制成功，已在分选钾盐、磷钙土、硫化矿物和黑色金属矿物等的工业生产中得到应用。泡沫分离浮选机无矿浆搅拌装置，采用带孔橡胶管充气，管内压力一般不超过 0.147MPa。这种浮选机的结构在 12 个国家申请了专利，其中包括英国、比利时、法国、美国和德国等国家。以后，芬兰矿山公司和芬兰国家技术部也对泡沫分离浮选在矿山工业的应用进行了研究。应用实验室型和半工业型泡沫分离浮选设备对来自不同工业资源的磷灰石、方解石和硅酸盐矿物进行了浮选试验。在实验室中也对金刚石进行浮选试验。结果发现，上述所有矿物在粒度为 3mm 以下时均能用泡沫分离浮选技术成功地浮选。它既可以用来处理磨矿分级回路中的粗矿粒，也可以从常规浮选尾矿中回收粗粒矿物。

与常规浮选方法相比，泡沫分离浮选的给矿粒度可增大 5～10 倍，如磷酸盐、硫化矿和锰矿物的浮选粒度的上限可分别达到 2mm、0.5～1mm 和 1mm；浮选速度提高一个数量级；浮选矿浆浓度可从固液比 1∶1 直到 1∶100。应用泡沫分离浮选技术可以提高特定矿物的总回收率和降低运行成本；也可以降低磨矿回路的能耗，节省浮选药剂。尽管泡沫分离浮选有许多显著的优点，但它的应用也受到很多局限。主要是对分选过程的具体特征和泡沫分离浮选设备的结构还缺乏充分的研究和深刻的、完整的认识。

8.3.3 重力浮选

重力浮选是利用矿物颗粒表面物理化学性质和密度的不同，在摇床等重选设备上同时进行浮选和重选的复合力场分选方法。重力浮选能浮起比泡沫浮选粒度粗的矿粒，主要用于分选有用矿物密度差较小、可浮性差异较大的重选混合精矿；由于给矿不需要细磨，可减少过磨引起的损失，简化工艺流程，有效地综合回收有用资源。

在我国，多用摇床和溜槽作重力浮选的设备，前者称为台浮，后者称为粒浮。台浮所用的设备是经过改造后的摇床。主要改造内容为床面结构和在床面上加设充气管。床面结构的改造方式，是在普通摇床床面上方增加一个小型辅助床面并在辅助床面上方位置加设充气管。

在重力浮选过程中，重选混合精矿先在调浆器中、在较高浓度下加浮选药剂搅拌，然后给到摇床等重选设备上，根据实践，矿物粒度越粗，所用的调浆浓度越大。对于3～1mm粒级，浓度可达85%；对于1～0.2mm粒级，浓度为65%～70%。最常用的调浆设备是立式搅拌槽。重力浮选所用浮选药剂和药剂添加顺序与泡沫浮选并无不同，只是添加量要大一些。给到摇床等重选设备上的物料，表面吸附捕收剂的疏水性矿粒与气泡形成团粒，浮于液面随水流漂走而被回收，未吸附捕收剂的矿粒由精矿端排出[6]。

重力浮选主要用于从钨、锡等重选混合精矿中脱除硫化矿物和白钨矿等。此外，重力浮选在蛭石精选、黄绿石粗精矿精选、锆石、独居石粗精矿精选以及白钨矿、绿柱石粗精矿精选时都有成功的应用实例。

8.3.4 磁浮选

磁浮选也是一种复合力场分选方法。它是将磁选和浮选同时在一个装置中完成的过程。磁浮选可在非磁性矿物浮选时，防止磁性矿物进入泡沫产品中。用该法可以处理磁铁矿矿石和镍矿石。

在用磁浮选法处理含磁黄铁矿的镍矿石时，通过外加磁场将泡沫产品中的磁性磁黄铁矿留在浮选槽中，从而降低浮选精矿中磁黄铁矿的含量。

所用的磁浮选试验装置如图8-6所示。该装置主要由浮选槽、主磁铁、副磁铁、泡沫刮板和返回管组成。浮选槽中进行常规浮选，它通过机械搅拌和槽底供给压缩空气产生气泡。与常规浮选槽不同的是，浮选槽顶部密封起来，泡沫被迫通过窄的回流通道。旋转的主磁铁捕获泡沫中的磁性颗粒，将它们吸到返回管中，最终返回到浮选槽里。其目的是使可能夹带到磁产品中的镍黄铁矿能再次回收。借助副磁铁使磁性产品脱离主磁铁。主磁铁装在由非铁磁性材料制成的空圆筒中，借助可变速电动机，主磁铁可转动，在主磁铁影响下，副磁铁转动，不需要另设电动机。主磁铁是由钕铁硼制成的圆柱形稀土磁铁。表面磁感应强度为0.012T。

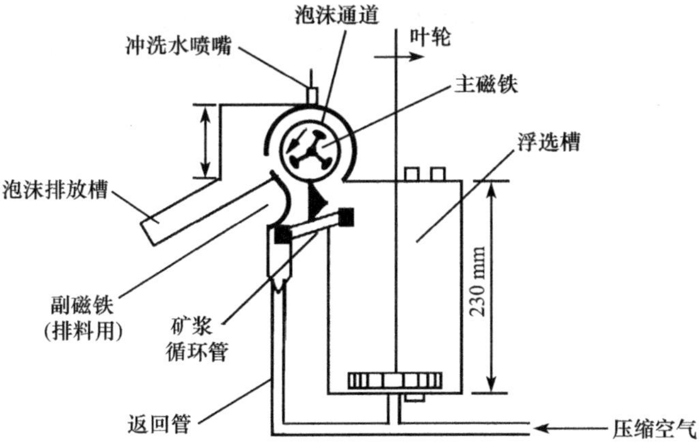

图8-6 磁浮选试验装置

研究结果表明，磁浮选用于处理含有大量磁性磁黄铁矿的镍矿石是有效的。所得的选矿指标比常规浮选法要好得多。磁浮选的主要优点是将两个分选过程合并到一个过程中，可减少中间物料处理次数、简化工艺流程。应用磁浮选时只需优化一个过程，所以优化工作简单而有效。

还有一种磁浮选装置，主要用于强磁性矿物与非磁性脉石矿物的分离。该装置采用脉冲交变的电磁磁场，磁场脉冲时间和磁场强度在一定范围内任意可调。随着磁场强度的变化，磁性颗粒形成“分散-团聚-分散”的状态，并不断地交替变化，这样使得磁性絮凝物在脉冲磁场作用下受到强烈破坏，非磁性和弱磁性颗粒在浮力、重力以及上升水冲洗力的作用下与磁性颗粒分离，最终使脉石矿物脱离磁链，并被泡沫捕获后上升到溢流槽，作为尾矿排出，而磁性颗粒在磁力和重力作用下，从装置底部的排矿口排出。脉冲交变的磁场能够很好地解决磁选过程中发生的磁团聚问题，保证了精矿的品位。还需要做大量工作完善磁浮选工艺及设备，才能在工业中推广应用。

8.3.5　生物浮选

不同于生物浸出，生物浮选是利用微生物作选矿药剂的浮选方法。目前，微生物浸出低品位金属硫化矿的应用已经工业化，利用微生物去除化工和矿业废水中重金属离子的应用也已接近工业化。而国外近十年才开始进行微生物作为选矿药剂的应用研究。正在进行研究的项目包括微生物絮凝剂、浮选捕收剂和浮选调整剂等，已取得不少令人鼓舞的实验室研究成果。国内也在微生物浮选调整剂方面进行了较多的实验室研究。

微生物作为选矿药剂应用的基础，在自然界分布极广，土壤、空气、水、物体表面、生物体表面及内部均有微生物的分布。

微生物生命活动的基本特征就是吸附生长。土壤中的微生物绝大部分吸附生长在矿物质或有机质表面。微生物在物体表面的吸附生长，必然会以其本身或代谢产物性质影响和改变被吸附物体的表面性质的氧化还原性、溶解沉降性、电性及润湿性等。微生物吸附改变物体表面性质的特点使人们尝试用微生物在矿物表面的吸附来影响和改变矿物表面性质。

一般微生物表面都是带电的，但不同的微生物表面带电量及电性不同，通常革兰氏阳性菌的等电点为 pH=2～3，革兰氏阴性菌的等电点为 pH=4～5。微生物表面不但带电，还具有不同程度的润湿性。微生物表面的润湿性主要取决于微生物表面脂肪酸基等疏水基团所占面积与表面亲水区面积之比。表 8-1 示出了某些微生物的电性和润湿性数值。

表 8-1　某些微生物的电性和润湿性数据

微生物	电泳迁移率/[μm/（S·V·cm）]	接触角/（°）
大肠杆菌 NCTC9002	–0.42	15.7±1.2
假单孢菌属特种菌株 52	–2.67	19.0±1.0
荧光假单孢菌	–2.36	21.2±1.5
硫杆菌类 *Versutus*	–2.97	26.8±0.8
土壤细菌类单体	–1.08	37.0±0.9
恶臭假单孢菌	–1.60	38.5±1.0
土壤杆菌放射细菌	–1.48	44.1±0.5
藤黄色微球菌	–1.62	44.7±0.9
棒状杆菌特种菌株 125	–3.07	70.0±3.0
草分枝杆菌	–3.09	70.0±5.0

从表 8-1 可知，不同的微生物，其表面的电性和润湿性都是不同的，有的甚至相差很大。按照电性原则，如果无特性吸附存在，只要微生物表面的电性和矿物表面的电性有助于微生物在矿物表面吸附，微生物必定能吸附于矿物表面，并以它自身的性质调整和改变矿物的润湿性。如果微生物能在矿物表面吸附，不但可减少矿物表面净电荷，还可通过矿物表面净电荷的减少，调节矿物的抑制、活化、分散和絮凝等状态，这种微生物就可用作矿物浮选调整剂。如果吸附于矿物表面的微生物，自身具有疏水性，则在改变矿物表面电性的同时，改变矿物表面疏水性，这种微生物就可作为矿物浮选捕收剂使用。疏水微生物在微细粒矿物表面吸附还可导致微细粒矿物形成疏水聚团。

综上所述，微生物在物体表面吸附生长并以自身特有的性质影响和改变被吸附物体表面性质的作用，与选矿药剂在矿物表面吸附调整和改变矿物表面性质的作用是十分类似的。

8.3.6　离子浮选

离子浮选是利用表面活性剂易在液-气界面上吸附富集的特性，以溶质分子或离子为对象的浮选过程[7]。以泡沫状态回收目的物的称为泡沫离子浮选，以浮渣状态回收目的物的称为浮渣离子浮选。如从溶液中回收的是分子则称为分子浮选。

离子浮选的概念是南非的 Sebba 首次提出的。离子浮选的基础是表面活性剂在液-气界面吸附和目的物与表面活性剂之间发生作用。作为捕收剂的表面活性剂与目的物之间的作用形式大体上分为以下三种（图 8-7）。

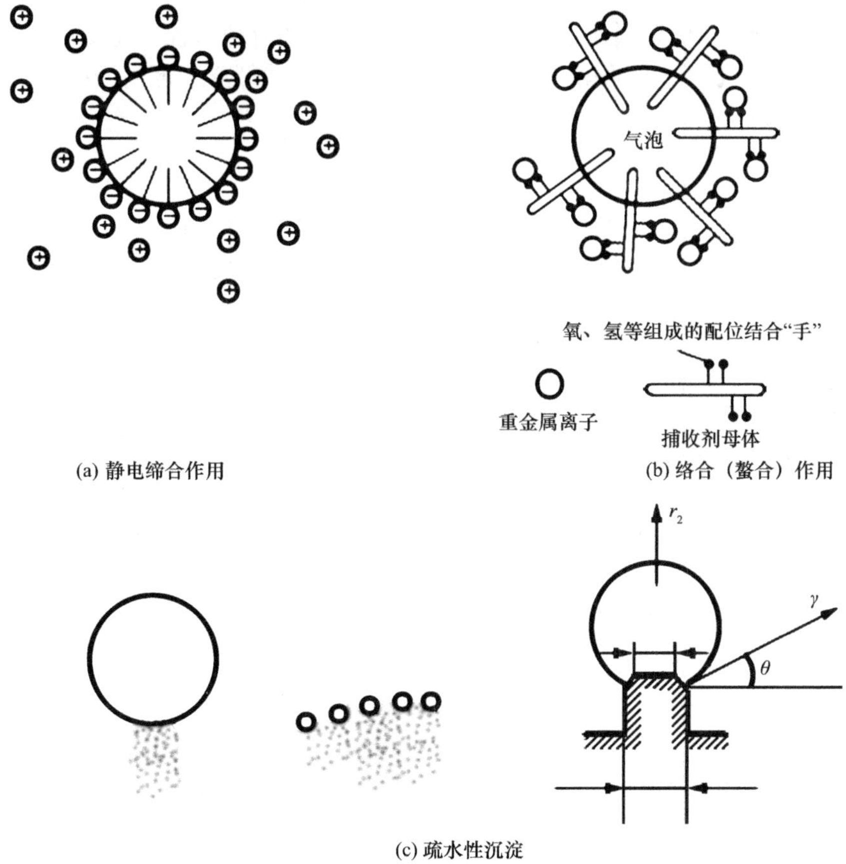

(a) 静电缔合作用　　(b) 络合（螯合）作用

(c) 疏水性沉淀

图 8-7　离子浮选机理示意图

1. 静电缔合作用

离子型表面活性剂可在液-气界面吸附形成双电层，电荷符号相反的目的离子靠静电引力聚集在此双电层的紧密层和扩散层中，并随气泡进入泡沫层形成两相泡沫[图 8-7(a)]。当这种离子浮选溶液中有其他反电离子存在时，将与目的离子发生竞争，干扰目的离子的分选。例如，用烷基苯磺酸钠可实现 Sr^{2+}的离子浮选，但当体系中 Na^{+}含量过高（$Na^{+}/Sr^{2+}>10^{3}$）时，Sr^{2+}的离子浮选无法进行。由此可见这种靠静电力的捕收作用选择性很差，易受与目的离子同类电荷的离子的干扰。

靠氢键力及其他分子间缔合力被表面活性剂带入泡沫层的离子浮选选择性也很差。

2. 络合或螯合作用

捕收剂与重金属离子形成的络合物（或螯合物），无论为水可溶性或水不溶性沉淀，由于非极性基朝向气相，极性基及其所结合的金属离子朝向水相，因而具有疏水性，易在泡沫上吸附或黏附，形成液-气二相泡沫或亚晶物或沉淀物与水、气相构成的三相泡沫或浮膜[图 8-7 (b)]。

3. 疏水性沉淀

烷基黄药、烷基和芳基氨磺酸盐、烷基硫醇、双苯硫醇、丁二肟、试铜灵、α-呋喃基二肟、苯基-α-吡啶基酮肟、α-亚硝基-β-萘酚、β-亚硝基-α-萘酚、8-羟基喹啉、苯酰丙酮等与大多数有色金属、稀有金属、贵金属离子生成沉淀，这种沉淀物有疏水性，直接向泡沫富集[图 8-7 (c)]。这就是有别于沉淀浮选的第Ⅱ类沉淀浮选，如用镍试剂浮选镍离子：

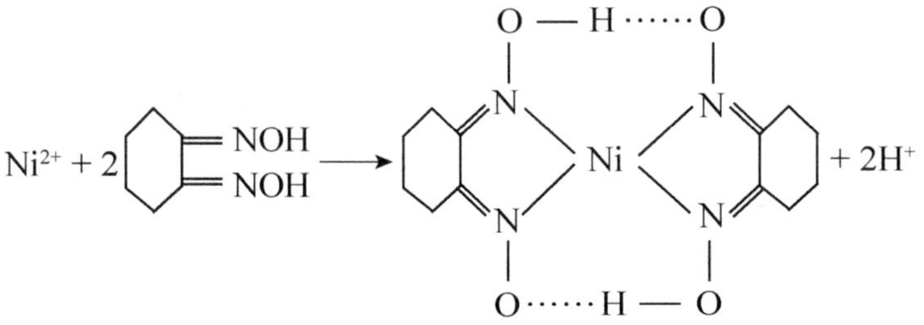

这种靠络合螯合或疏水性沉淀的分选过程具有较好的选择性。

离子浮选最重要的工艺因素是浮选药剂的选用。当有多种离子共存时，所选用的药剂须能有选择性地与目的物发生相互作用。

离子浮选主要用于废水处理和从冶金、化工企业的稀溶液中回收有价金属离子[8]。日本宫古工厂曾在工业上采用离子浮选，以黄药为捕收剂，回收排水中的镉离子，先用低级黄药选出 Cu^{2+}和 Pb^{2+}，再用高级黄药选出 Cd^{2+}。苏联巴尔哈什矿山-冶金联合企业用离子浮选法，以胺类阳离子捕收剂回收排水中的钼离子。

离子浮选的问题主要是捕收剂用量较大。为了进一步扩大其应用范围，需解决捕收剂的回收和循环使用问题。

8.3.7 沉淀浮选

沉淀浮选是向体系中按化学计量加入所需的沉淀剂，使体系中的目的组分生成沉淀后再加入捕收剂或不加捕收剂进行浮选。与离子浮选的主要区别是：所用沉淀剂通常是不具捕收作用的无机物，生成的沉淀称为第Ⅰ类沉淀。

20世纪30年代开始使用的浸出-沉淀浮选法，则是先通过硫酸浸出，使氧化铜矿中的铜溶解成铜离子，再用沉淀浮选法回收的另一种沉淀浮选法。也有人先用胶体[$Fe(OH)_3$或$Al(OH)_3$等]吸附溶液中的离子或分子，再加入捕收剂进行回收的胶体吸附浮选，归为沉淀浮选。

沉淀浮选能否成功，关键在于目的物向沉淀转化的程度和沉淀物的浮选行为。去除或回收水溶液中金属离子时，大多数使其形成氢氧化物或硫化物沉淀，有时也采用碳酸盐或磷酸盐沉淀形式[9]。

沉淀浮选在许多方面都与矿物浮选相类似，它不需要加入化学式量的表面活性剂。浮选非硫化矿的捕收剂也可用于氢氧化物、碳酸盐、磷酸盐沉淀浮选；硫化矿捕收剂可用于硫化物沉淀浮选。捕收剂在沉淀物表面上的吸附与在矿物表面吸附一样，有物理吸附、化学吸附等方式。

但是由于沉淀物的性质与矿物颗粒有所差别，因此与矿物浮选不尽相同。沉淀物颗粒的集合体呈松散絮团状，集合体的含水量达99%~99.9%。对沉淀物表面要求疏水性比矿物浮选低，通常每升只需数毫克捕收剂，而絮凝剂的添加却显得更为重要。每个单独的未经聚合的沉淀物粒子尺寸在微米或毫米级，且呈活泼状态，难于浮选。一旦形成了絮团状沉淀，有时不加捕收剂也可浮选，因为天然水中通常每升含有数毫克有机物，其所造成的疏水性有时足可使絮状体上浮。

颗粒与气泡之间的附着机理也不完全相同。矿物浮选时，矿粒与气泡之间的附着主要是碰撞黏附，其次是气泡在矿物表面析出。固体颗粒与气泡之间的黏附力随固体表面疏水性增加，即随接触角θ的增大而增大，疏水性大小是影响黏附概率的主要因素。

沉淀浮选时，气泡在沉淀物上的析出是主要形式，而且在沉淀生成过程中，包含夹带的气体，为气泡的析出创造了有利条件。与絮状沉淀结构有关的机械黏附、过滤夹带（絮团状沉淀物在沉降过程中与上浮的气泡相遇，絮团的网状结构把气泡机械夹带阻留在絮团内部）作用也增加了颗粒与气泡的黏附概率。因而沉淀浮选时，气泡与颗粒之间的附着率不仅取决于表面疏水性，絮状结构也有一定作用。

沉淀浮选主要用于处理废水和从溶液中回收金属离子。尽管沉淀浮选在废水处理方面效果较好，但生产应用不够广泛。为扩大应用，需解决捕收剂的回收及循环利用，还要解决多种离子沉淀浮选时选择性提高的问题。

8.4 浮选分离的特点

各种浮选工艺的理论基础大体相同，即矿粒因自身表面的疏水特性或经浮选药剂作用后获得的疏水（亲气或油）特性，可在液-气或水-油界面发生聚集。目前应用最广泛的是泡沫浮选法。矿石经破碎与磨碎使各种矿物解离成单体颗粒，并使颗粒大小符合浮选工艺要求。向磨矿后的矿浆中加入各种浮选药剂并搅拌调和，与矿物颗粒作用，以扩大不同矿物颗粒间的可浮性差别。调好的矿浆送入浮选槽，搅拌充气。矿浆中的矿粒与气泡接触、碰撞，可浮性好的矿粒选择性地黏附于气泡并被携带上升成为气-液-固三相组成的矿化泡沫层，经机械刮取或从矿浆面溢出，再脱水、干燥成精矿产品[10]。不能浮起的脉石等矿物颗粒，随矿浆从浮选槽底部作为尾矿产品排出，有时将无用矿物颗粒浮出，有用矿物颗粒留在矿浆中，称为反浮选，如从铁矿石中浮出石英等。

泡沫浮选适于选别 5μm~0.5mm 的矿粒，具体的粒限视矿种而定。当入选的粒度小于 5μm 时需采用特殊的浮选方法。例如，絮凝-浮选是用絮凝剂使细粒的有用矿物絮凝成较大颗粒，脱出脉石细泥后再浮去粗粒脉石。载体浮选是用粒度适于浮选的矿粒作载体，使微细矿粒黏附于载体表面并随之上浮分选。还有用油类使细矿粒团聚进行浮选的油团聚浮选和乳化浮选；以及利用高温化学反应使矿石中金属矿物转化为金属后再浮选的离析浮选等。用泡沫浮选回收水溶液中的金属离子时，先用化学方法将其沉淀或用离子交换树脂吸附，然后再浮选沉淀物或树脂颗粒。

8.5　浮选分离的影响因素

浮选剂浮选时使用各种药剂来调节入选矿物和浮选介质的物理化学性质，从而扩大金矿物或含金矿物与脉石间亲疏水性的差异，使之更好地分选，达到提高金回收率的目的。常用的浮选剂分三大类：捕收剂、起泡剂、调整剂。

8.5.1　捕收剂

自然界中除煤、石墨、硫黄、滑石和辉钼矿等矿物颗粒表面疏水、具有天然的可浮性外，大多数矿物均是亲水的，金矿物也是如此。加一种药剂能改变矿物颗粒的亲水性而产生疏水性使之可浮，这种药剂通常称为捕收剂。捕收剂通常是极性捕收剂和非极性捕收剂。极性捕收剂由能与矿物颗粒表面发生作用的极性基团和起疏水作用的非极性基团两部分组成。当这类捕收剂吸附于矿粒表面时，其分子或离子呈定向排列，极性基团朝向矿物颗粒表面，非极性基团朝外形成疏水膜，从而使矿位具有可浮性。

与铜、铅、锌、铁等硫化矿物伴生的金，在浮选时常用有机硫代化合物作捕收剂。例如，烷基（乙、丙、丁、戊基等）二硫代碳酸钠（钾），又称黄原酸盐，俗称黄药。如 $NaS_2C{\cdot}OCH_2{\cdot}CH_3$，在含金多金属矿石浮选时，多采用乙基黄药和丁基黄药。又如烷基二硫代磷酸或其盐类，如 $(RO)_2PSSH$，式中 R 为烷基，俗称黑药[11]。

烷基二硫代氨基甲酸盐和黄原酸盐的酯类衍生物等也是硫化矿物常用的捕收剂。也是浮选含金多金属硫化矿的常用捕收剂，常与黄药类同时使用。

非离子型极性捕收剂的分子不解离，如含硫酯类，非极性捕收剂为烃油（中性油），如煤油、柴油等。

8.5.2　起泡剂

具有亲水基团和疏水基团的表面活性分子，定向吸附于水-空气界面，降低水溶液的表面张力，使充入水中的空气易于弥散成气泡和稳定气泡。起泡剂和捕收剂联合在一起吸附于矿物颗粒表面，使矿粒上浮。常用的起泡剂有松树油（俗称二号油），酚酸混合脂肪醇，异构己醇或辛醇、醚醇类以及各种酯类等。

8.5.3　调整剂

调整剂可分为五类[12]：①pH 调整剂。用它来调节矿浆的酸碱度，用以控制矿物表面特性、矿浆化学组成以及其他各种药剂的作用条件，从而改善浮选效果。在氰化过程中也同样要调节矿浆 pH。常用的有石灰、碳酸钠、氢氧化钠和硫酸等。在选金时，最常用的调节剂是石灰和硫酸。②活化剂。能增强矿物同捕收剂的作用能力，使难浮矿物受到活化而浮起。使用硫化钠活化含金的铅铜氧化矿，然后用黄药等捕收剂浮选。③抑制剂。提高矿物的亲水性和阻止矿物同捕收剂作用，使其可浮性受到抑制。如在优先浮选过程中使用石灰抑制黄铁矿，用硫酸锌和氰化物抑制闪锌矿，用水玻璃抑制硅酸盐脉石矿物等，利用淀粉、拷胶（单宁）等有机物作抑制剂达到多金属分离浮选的目的。④絮凝剂。使矿物细颗粒聚集成大颗粒，以加快其在水中的沉降速度；利用选择性絮凝进行絮凝-脱泥及絮凝-浮选。常用的絮凝剂有聚丙烯酰胺和淀粉等。⑤分散剂。阻止细矿粒聚集，处于单体状态，其作用与絮凝剂恰恰相反，常用的有水玻璃、磷酸盐等。

浮选剂的种类和用量随矿石性质和浮选条件及流程特点而各异，可用试验单位提供药方（或称药剂制度），在生产实践过程中也可根据上述各种条件的变化而加以改变。

8.6 浮选分离的仪器装置

8.6.1 浮选机性能

浮选设备主要是浮选机以及为实现浮选工艺的其他设备。矿浆经过搅拌充气，在各种浮选剂的作用下矿粒与气泡黏附，气泡上升，形成矿化泡沫层，被刮板刮出或溢出，这一系列浮选过程均是在浮选机中完成的。浮选机多由多槽串联而成。

浮选机是实现浮选过程的重要设备。浮选时，矿浆与浮选药剂调和后送入浮选机，在其中经搅拌和充气，使欲浮目的矿物附着于气泡上形成矿化气泡，浮到矿浆表面形成矿化泡沫层，泡沫用刮板刮出，或以自溢的方式溢出，即得泡沫产品，而非泡沫产品则自槽底排出。浮选技术经济指标的好坏，与所用浮选机的性能密切相关。

根据浮选工业实践经验、气泡矿化理论以及浮选机流体动力学特性研究的结果，对浮选机性能提出如下基本要求。

1. 良好的充气作用

在泡沫浮选过程中，气泡既是矿物选择性分离的分选界面，又是欲浮疏水性矿物的运载工具。为了增加矿粒与气泡接触碰撞机会，造成有利的附着条件，并能将疏水性矿粒及时运载到矿浆表面，在浮选机内必须具有足够大的气泡表面积，且气泡应有适宜的浮升速度。为此，浮选机必须保证能向矿浆中压入（或吸入）足量的空气，并使这些空气在矿浆中充分弥散，以便形成大量大小适中的气泡，同时这些弥散的气泡，又能均匀地在浮选槽中分布。

不同的矿石及不同的浮选作业（粗选、精选及扫选）各有其合适的充气量，因此浮选机的充气量要便于调节。

2. 搅拌作用

矿粒在浮选机内的悬浮效率，是影响矿粒向气泡附着的另一个重要方面。为了使矿粒与气泡充分接触，应该使全部矿粒都处于悬浮状态。搅拌作用除了造成矿粒悬浮外，还能使矿粒在浮选槽内均匀分布，从而创造矿粒与气泡充分接触和碰撞的良好条件。此外，搅拌时间还可促进某些难溶性药剂的溶解和分散。

3. 能形成比较平稳的泡沫区

在矿浆表面应保证能够形成比较平稳的泡沫区，以使矿化气泡形成一定厚度的矿化泡沫层，在泡沫区中，矿化泡沫层既能滞留目的矿物，又能使一部分夹杂的脉石从泡沫中脱落，以利进行“二次富集”作用。

4. 能连续工作及便于调节

工业上使用的浮选机，应能连续给矿和排矿，以适应矿浆流在整个浮选生产过程中连续性的特点。为此，浮选机上应有相应的受矿、刮泡和排矿机构。为了调节矿浆水平面、泡沫层厚度以及矿浆流动速度，也应有相应的调节机构，且便于调节和控制。

此外，为适应选矿厂自动化的要求，浮选机应工作可靠，零部件使用寿命长；浮选机要便于操作、控制，其操纵装置必须有程序模拟和远距离控制的能力。

8.6.2 浮选机分类

浮选机的种类较多，按充气和搅拌方式不同，工业上常见的浮选机可分为机械搅拌式浮选机、充气搅拌式浮选机、充气式浮选机和气体析出式浮选机等四种基本类型。其中，机械搅拌式和充气搅拌式两种浮选机较为通用。

1. 机械搅拌式浮选机

这类浮选机的共同特点是，矿浆的充气和搅拌都是靠机械搅拌器（转子和定子组）来实现的，故称为机械搅拌式浮选机。由于机械搅拌器结构不同，如离心式叶轮、棒型轮、笼形转子、星形轮等，故这类浮选机的型号也比较多。

机械搅拌式浮选机属于外气自吸式的浮选机。生产中应用的是上部气体吸入式，即在浮选槽下部的机械搅拌器附近吸入空气，如国产的 XJK 型浮选机、棒型浮选机等即属此类。

在国内外的浮选生产实践中，机械搅拌式浮选机的使用最为广泛。机械搅拌式浮选机按其转子一定子组结构形式的不同，分为几种类型。比较常见的有法连瓦尔德型、棒型和维姆科三种。我国普遍使用的 XJK 型属于法连瓦尔德型。

1）XJK 型浮选机

XJK 型浮选机属于一种带辐射叶轮的空气自吸式机械搅拌浮选机，俗称 A 型。XJK 型浮选机结构简图如图 8-8 所示。该型浮选机的规格有 $0.13m^3$、$0.23m^3$、$0.35m^3$、$0.62m^3$、$11m^3$、$28m^3$、$58m^3$（相应俗称为 1A、2A、3A、4A、5A、6A、7A）。

这种浮选机由两个槽子构成一个机组，第一槽装有进浆管，称为吸入槽，第二槽无进浆管，称为直流槽。各机组之间均设有中间室和控制闸门，形成“隔槽式”的槽体连接方式，如图 8-8 所示。这种槽体组合方式，可借助中间室的闸门调节各机组矿液面的高低和泡沫层的厚度。叶轮安装在主轴的下端，主槽上端有皮带轮，通过电机带动旋转。空气由进气管吸入。叶轮上方装有盖板和空气筒，空气筒上开有孔，可以安装进浆管、中矿返回管或作矿浆循环用，孔的大小可通过拉杆进行调节。

XJK 浮选机工作时，矿浆由进浆管给到盖板的中心处，并经叶轮高速旋转产生的离心力甩出，同时在叶轮与盖板之间形成一定的负压，外界的空气便自动经由进气管而被吸入。在叶轮的强烈搅拌作用下矿浆与空气得到充分接触和混合，同时吸入的空气流也被分割成细小气泡。此外，在叶轮叶片的后方从矿浆中也可析出一些气泡。矿粒与气泡接触碰撞成矿化气泡，矿化后的气泡升浮至泡沫区经刮板刮出即得泡沫产品。

2）棒型浮选机

这种浮选机的搅拌充气器是由若干根倾斜圆棒组成，故称为棒型浮选机。其结构如图 8-9 所示。

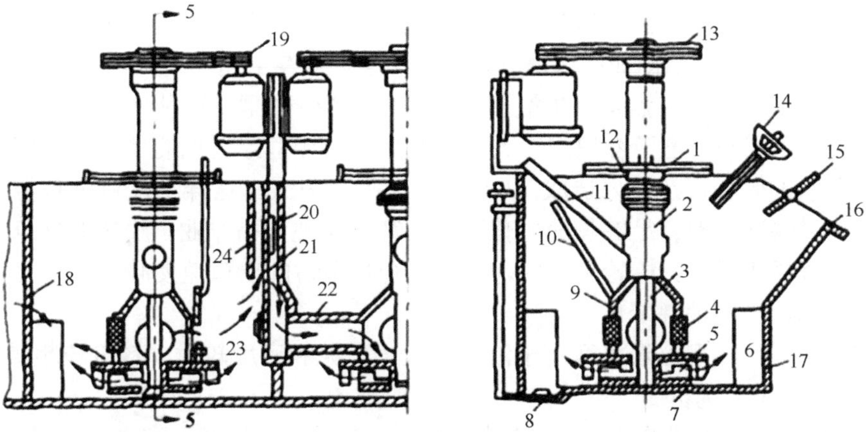

图 8-8 XJK 型浮选机结构简图

1. 座板；2. 空气筒；3. 主轴；4. 矿浆循环孔塞；5. 叶轮，粗砂闸门调节丝杆；6. 稳流板；7. 盖板；8. 事故放砂闸门；9. 连接管；10. 粗砂闸门调节杆；11. 进气管；12. 轴承套；13. 主轴皮带轮；14. 中间室溢流闸板调节手轮及丝杆；15. 刮板；16. 泡沫溢流唇；17. 槽体；18. 直液槽进浆口；19. 电动机皮带轮；20. 溢流堰闸门；21. 溢流堰；22. 吸浆管；23. 粗砂闸门；24. 中间室隔板

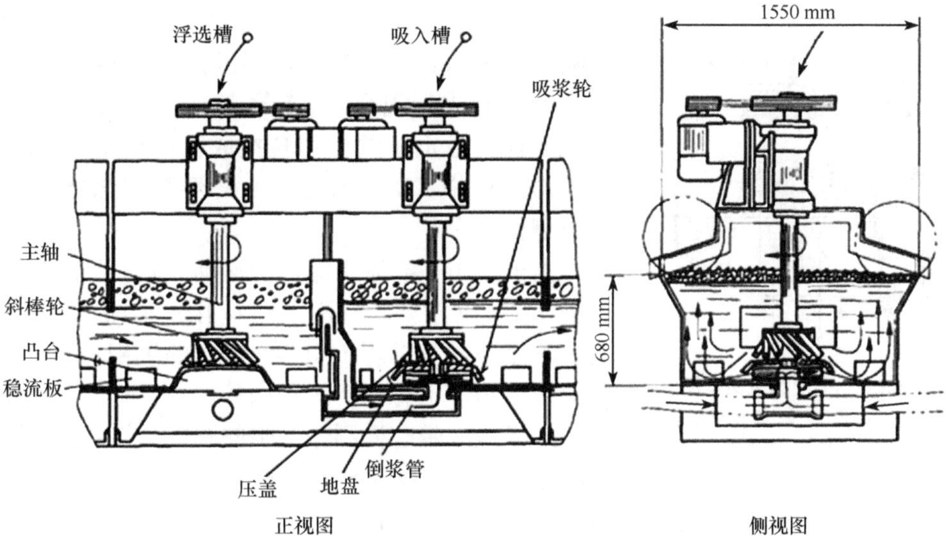

图 8-9 棒型浮选机结构示意图

棒型浮选机的槽在结构上分为直流槽和抽吸槽两种。在直流槽内安装有中空轴（主轴）、棒型轮、凸台和弧形稳流板等主要部件。直流槽不能从底部抽吸矿浆，只起浮选作用，所以又称浮选槽。吸入槽与直流槽的主要区别是，在棒型轮的下部装有一个吸浆轮，吸浆轮具有离心泵的作用，能从底部吸入矿浆。在粗选、精选和扫选等各作业的进浆点，均需要装吸入槽，以保证流程的自流连接。

浮选槽（直流槽）工作时，借助于中空轴下方斜棒轮的旋转，使矿浆沿一定锥角强烈地向槽底四周冲射，因而在斜棒轮的下部形成负压，外界空气即经由中空轴而被吸入。在斜棒轮的作用下，矿浆与空气得到了充分混合。同时，气流被分割弥散成细小的气泡。凸台起导向作用，使浆气混合物连续不断地迅速冲向槽底，在撞击槽底时消耗了部分能量，再经弧形稳流板的稳流作用，使浆气混合物向槽体边缘运动，并在槽内均匀分布，同时使旋转的混合流变成趋于径向放射状运动的混合流。经稳流的矿浆分别在槽底各部位折向液面徐徐上升。矿化气泡升浮至泡沫区，刮出即得泡沫产品。吸入槽除具有上述作用外，还具有吸浆的作用。

棒型浮选机最突出的特点是用扩散型的斜棒轮作为搅拌器，这种形式的搅拌器由于能防止槽底沉砂，死角很小，槽子容积能得到有效利用，故棒型浮选机的单位生产能力较大。棒型浮选机扩散状的叶轮可在槽内造成 W 形的矿浆运动方式。这样不仅可以获得较平稳的矿液面，而且可以保证气泡有足够长的矿化路程，容易实现浅槽作业。浅槽的优点较多，如棒轮所受的矿浆静压力较小，棒轮旋转时，浆气混合物甩射的出口速度较大，因此浮选机的吸气能力随之提高，电能消耗降低。

生产实践表明，棒型浮选机适用于浓度较大的矿浆和密度较大、粒度较粗矿物的浮选。

3）Wemco 1+1 浮选机

Dorr-oliver Emico 公司的 Wemco 是世界上最大的浮选机生产厂家之一。最近几年制造了 400 多套容积为 130 E113 的浮选机，160 1113 的浮选机已在南美洲投入使用。其代表性的产品是 Wemco 1+1 浮选机，这种浮选机的结构如图 8-10 所示。它是由星形转子、定子、锥形罩盖、导管、竖管、假底、空气进入管及槽体等组成。

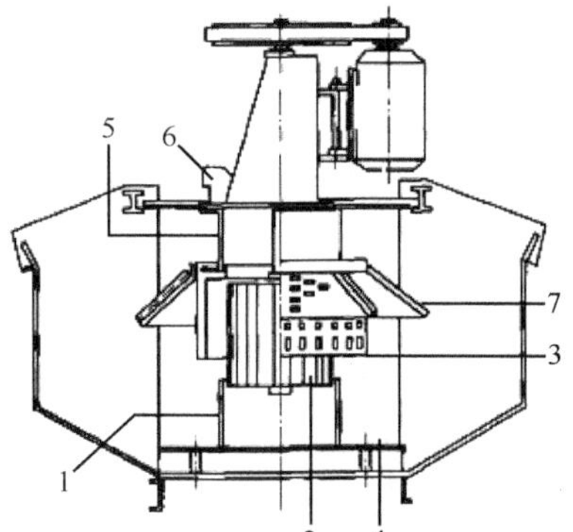

图 8-10 Wemco 1+1 浮选机结构简图

1. 导管；2. 转子；3. 定子；4. 假底；5. 竖管；6. 空气进入管；7. 锥形罩

当星形转子旋转时，便在竖管和导管内产生涡流，此涡流形成负压，空气从槽子表面的空气进入管吸入。被吸入的空气，在转子与定子区内和由转子下面经导管吸进的矿浆进行混合。由转子造成的切线方向运动的浆气混合流，经定子的作用转换成径向运动，并均匀地抛甩于浮选槽中。矿化气泡向上升浮至泡沫层，自流溢出即为泡沫产品。

由于采用了矿浆下循环的流动方式，没有激烈浆流冲入槽体上部（主要是气泡上升），因此矿浆液面比较平稳，同时下循环还可以防止物料在槽底的沉积。槽体下部设计成梯形断面，也有利于这种循环。

定子做成带有椭圆形孔眼的圆筒。在定子内侧分布着半圆柱的肋条，以起导向和提高负压的作用。转子和定子间的间隙较大（如 No.120 型为 180mm），可消除转子和定子间的涡流。据此设计，因转子向外，浆气混合流不是以切线而是呈径向抛甩于槽中，能使浆气混合流沿着槽子容积均匀分布，并形成较为稳定的矿化气泡。

槽内装设的假底不紧贴槽壁，以保证矿浆通过假底和槽底之间，并通过导管进行循环。由于装设带有循环导管的假底，因此其星形转子浸水深度较浅。由此可使充气量增大，动力消耗降低。

在竖管上设有的带孔的锥形罩作为稳定器，可稳定矿浆，防止其对泡沫层产生的骚动，并可使转子产生的涡流远离泡沫区，使矿液面平稳。

2. 充气机械搅拌式浮选机

利用机械搅拌，同时又以外部鼓风机强制吹入空气的一类浮选机，称为充气机械搅拌式浮选机。这类浮选机使用较多，且有很多型号，如美国的阿基太尔（Agitair）型、丹佛 D-R（Denver D-R）型，瑞典的沙拉（Sala）型和波兰顿型以及芬兰的奥托昆普（OK）型等。我国设计和制造此类浮选机始于 20 世纪 70~80 年代，主要有与丹佛 D-R 相类似的 CHF-X 型和 XJC 型以及结合丹佛 D-R 型和奥托昆普型的特点制成的 BS-K 型以及 KYF 系列等。

1）CHF-X 型浮选机

这种浮选机的主要部件是主轴、叶轮、盖板、中心筒、循环筒、钟形物和总风筒等。整个竖轴部件安装在总风筒（兼作横梁）上，如图 8-11 所示。

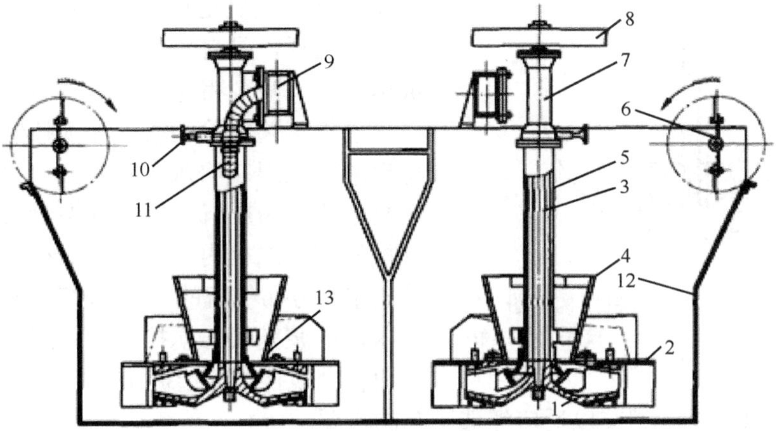

图 8-11　CHF-X 充气机械搅拌式浮选机结构图

1. 叶轮；2. 盖板；3. 主轴；4. 循环筒；5. 中心筒；6. 刮泡装置；7. 轴承座；8. 皮带轮；9. 总气筒；10. 调节阀；11. 充气管；12. 槽体；13. 钟形物

叶轮为带有 8 个径向叶片的圆盘。盖板是由 4 块径向叶片组装而成的圆盘，在其周边均布有 24 块径向叶片。叶轮与盖板的轴向间隙为 15~20mm，径向间隙为 20~40mm。

中心筒上部的给气管与总风筒相连，中心筒下部与循环筒相连。钟形物安装在中心筒下端。盖板与循环筒相连，循环筒与钟形物之间的环形空间供循环矿浆用，钟形物具有导流作用。由上可见，该机除具有与一般叶轮式机械搅拌型浮选机相似的结构外，还设有矿浆垂直循环筒。

该机与 A 型浮选机相比可使药剂和动力消耗明显降低，生产指标有所提高，已被国内的铜矿、铅锌矿、金矿和石墨矿等一些矿山采用。CHF-X 型浮选机最大槽容已达 $16m^3$。

该浮选机需要配备离心式鼓风机和中矿返回的泡沫泵等辅助设备，作业机组要求阶梯配置，以使矿浆借重力自流通过。作业间的高差一般为 300mm。若中矿返回不使用泵，可将各个作业的头一槽改成吸入槽，但吸入槽内叶轮转速需要增大，因而功率消耗随之增加，充气量下降。

2）KYF 型浮选机

由国内设计生产的 KYF 型浮选机结构如图 8-12 所示。它与芬兰奥托昆普 OK 型浮选机相似，同时吸收其他浮选机的优点并有所创新。

该机是一种深槽充气机械搅拌式浮选机。它采用 U 形槽体和空心轴充气，具有独创的高比转数后倾叶片，倒锥台状叶轮，在叶轮腔中设计了多孔圆筒气体分配器，使空气能预先均匀地分散在叶轮叶片的大部分区域内。该机还安装有较小的悬空式定子和中心活动推板等。该机通过多年的应用与完善，显示出效率高、节能显著、结构简单、安装方便、液面稳定、停车不需放矿、运转平稳可靠等优点。

采用 XCF/KYF 联合机组，使用鼓风机供气，用 XCF 浮选机作吸浆槽，KYF 浮选机作直流

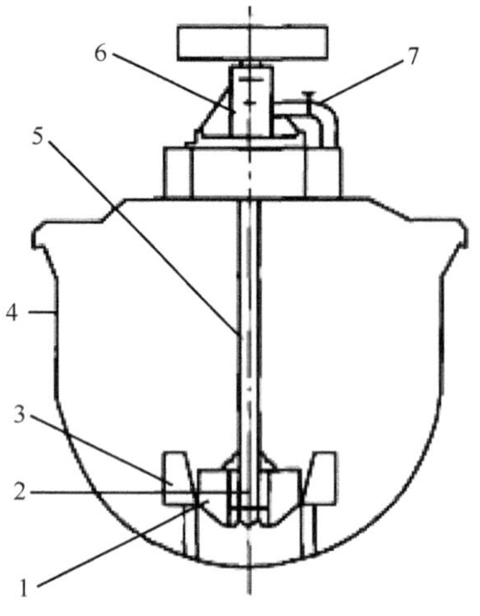

图 8-12　KYF-16 型浮选机结构简图

1. 叶轮；2. 空气分配器；3. 定子；4. 槽体；5. 主轴；6. 轴承体；7. 空气调节阀

槽，可实现浮选工艺回路给矿和中矿的自吸，浮选作业设备全部水平配置，取消了中矿返回用的泡沫泵，改变了充气式浮选机阶梯配置的传统方式。

KYF 型浮选机以单槽容积算，有 1~200m^3 共 15 种规格，已在有色金属选矿厂推广使用。KYF-200 浮选机是目前我国容积最大的浮选机，槽体为圆形，具有内外双泡沫槽，矿化气泡可以快速回收，减少粗粒脱落的概率。

这类浮选机除装有机械搅拌器外，还从外部特设的风机强制吹入空气，故称为充气搅拌式浮选机，或称为压气机械搅拌混合式浮选机。在充气搅拌式浮选机内，由于机械搅拌器一般只起搅拌矿浆和分布气流的作用，空气主要是靠外部风机压入，矿浆充气与搅拌分开，因此这类浮选机与一般机械搅拌式浮选机比较，具有以下一些特点：

（1）充气量易于单独调节以适应浮选工艺的需要。

（2）机械搅拌器磨损小。这类浮选机，叶轮不用吸气，所以转速较低，磨损较小，故使用期限较长，维修管理费用较低。

（3）选别指标较好。由于叶轮转速较低，机械搅拌器的搅拌作用不太强烈，对脆性矿物的浮选不易产生泥化现象；同时，因充气量便于调节，矿浆液面比较平稳，易形成稳定的泡沫层。这样便有利于提高选别指标。

（4）功率消耗低。由于叶轮转速低、空气低压吹入、槽体浅等，故其单位处理矿量的电力消耗较低。

这类浮选机的不足之处为，流程中中间产品的返回需要砂泵扬送，需要专门的送风设备，给生产管理带来一定麻烦。

3. 充气式浮选机

从外部压入空气来实现矿浆充气和搅拌的浮选机，又称压气式浮选机。其结构特点是没有机械搅拌器。根据压入空气方式的不同，充气式浮选机可分为两类：一类是压缩空气经过导管由喷嘴喷入槽体内的气升式浮选机；另一类是压缩空气透过多孔介质充气器喷入槽体内的浮选柱。我国浮选厂多使用浮选柱。

1）气升式浮选机

气升式浮选机按槽体的深度可细分为浅槽型、深槽型和半深槽型三个小类。应用较多的是浅槽型气升式浮选机。

浅槽型气升式浮选机的结构及工作原理如图 8-13 所示。该机的槽体是一个呈 V 形断面的木质长槽，槽体长度视处理矿量而定，长的可达 20~50mm。整个槽体用横隔板分隔成若干个区段；长槽的一端设有给矿箱，另一端设有排矿箱。沿长槽上部水平铺设有空气输入总管，每隔 90~100mm 与一根长端带有喷嘴的垂直进气导管连通。分选时，经药剂调和后的矿浆由长槽一端给入；空气由输入总管、进气导管经喷嘴喷出。含有大量空气的浆-气混合物因密度较周围的矿浆小，在两块倾斜的纵向隔板之间形成上升浆-气流（构成浮选机的气升器部分），使气泡开始矿化，上升流动的浆气混合物撞击折流板后向两侧折回，运动方向如图中箭头所示。其中矿化气泡翻过纵向直立的转折板升浮至槽体上部两侧的平静区，聚集成矿化泡沫层并溢出成为泡沫产品，最后经泡沫溜槽排出；未黏附在气泡上的矿粒经转折板变向下沉，循环进入气升区或由给矿端逐区段往后流动经受再次分选，浮选的尾矿由长槽末端排矿箱经溢流闸门排出。

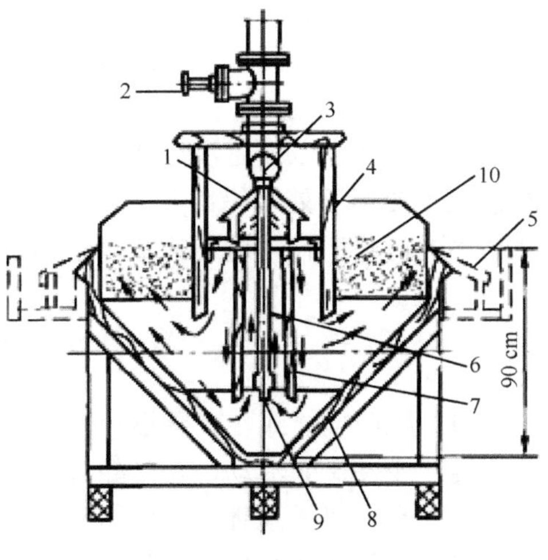

图 8-13 浅槽型气升式浮选机结构及工作原理示意图

1. 折流板；2. 空气阀门；3. 空气输入总管；4. 转折板；5. 泡沫槽；6. 进气导管；7. 隔板；8. V形槽体；9. 喷嘴；10. 平静区

气升式浮选机结构简单，动力消耗低，操作维修方便。生产指标不稳定并略低于机械搅拌式浮选机；处理粒度较粗和密度较大的矿石时，在槽体内易产生沉积和堵塞现象；因搅拌作用很弱，浮选药剂特别是难溶性的油质药剂消耗量较大。该机适用于处理组成简单的易选矿石或密度较小、粒度较细的矿物。

2）浮选柱

浮选柱属于单纯型充气浮选设备，其特点是结构简单。它是一个柱体，柱内无机械搅拌装置，柱底部设有透气性好的充气器，柱外部的压缩空气经充气器向柱内弥散充气。此外尚有给矿器、泡沫槽以及管网等。

充气器的工作性能直接影响充气量和气泡的弥散程度以及浮选柱工作效率。充气器的结构形式有竖管式、炉条式、床石式、旋流式和水气喷射式等。竖管式充气器是由微孔材料做成的短管，按一定距离均匀地竖立排列在浮选柱体底部的断面上，并通过风包与空压机连通。这种型号的充气器，充气平稳均匀，不易堵塞，充气面积可调（改变充气竖管长度），故效果较好。

充气器用的多孔材料试用过帆布管、橡胶管、尼龙管、微孔陶瓷管、微孔塑料管、塑料瓶等，其中以微孔塑料管较好。对于由石灰造成的高碱度矿浆，采用丁腈胶管较为适宜。

4. 气体析出式浮选机

这是一类能从溶液中析出大量微泡为特征的浮选机，称为气体析出式浮选机。属于这类的浮选机有真空浮选机和一些喷射、旋流式浮选机。例如，我国的XPM型喷射旋流式浮选机、澳大利亚的达夫克拉（Davcra）喷射式浮选机以及德国的维达格（Wedag）旋流式浮选机。下面以达夫克拉喷射式浮选机为例说明它的结构和工作原理。

达夫克拉喷射式浮选机主要由一个带有旋流喷嘴的槽体构成。工作时，加压矿浆被扬送至旋流喷嘴，沿切线方向进入并沿旋流喷嘴内壁旋转，最后由喷嘴出口喷入槽体内；压缩空气通过安装在旋流喷嘴中心线上的空气导管压入，并形成一股中心空气束。空气导管的出口稍后于旋流喷嘴的出口，导致流动较快的空气束与流动较慢的旋转矿浆流喷出后相互裹卷，使中心空气束被旋转矿浆流切割成小气泡而逐渐变细，同时又使矿浆和气体得以充分接触和混合。浆-气混合物经旋流喷嘴喷入槽体后，由于压力的突然降低，矿浆中所溶解的空气即呈过饱和状态并以微泡形式析出；同时浆-气混合物又射向槽体内的直立挡板，此挡板距喷嘴出口有足够的距离，可保证中心窄气束完全被弥散，直至最后消失；浆-气混合物在撞击挡板后消耗了大部分喷射能量，并沿着喷入流束的周围旋转折回，这样既使空气得到充分弥散，又使水平喷射流变成垂直流，有利于矿化气泡的平稳升浮。矿化气泡在槽体上部聚集成泡沫层，由泡沫溢流槽排出；未黏附在气泡上的矿物，越过挡板后由尾矿管排出。槽内矿液面的高低，可通过尾矿排出管进行调节控制。

该机的特点主要是浮选速度快，处理量大；缺点是旋流喷嘴易磨损，材质要求高。这种浮选机主要用于处理铅锌矿，比较适合用作单槽浮选，在磨矿-分级回路中及时浮出已经单体解离的可浮矿粒，避免或减少过磨现象，有利于提高浮选技术指标。

8.7　浮选分离操作方式

（1）机械搅拌式。有离心叶轮，也有星形转子和棒形转子等类型。搅拌器在浮选槽内高速旋转，驱使矿浆流动，在叶轮腔内产生负压而吸入空气。

（2）充气机械搅拌式。除机械搅拌外，再补充向浮选槽内充入低压空气。

（3）充气式。靠压入空气进行搅拌并产生气泡，如浮选柱和泡沫分离装置等。

（4）气体析出式。用降低压力法或先加压后降至常压的方法，使矿浆中溶解的空气析出，形成微泡。

（5）压力溶气式。利用高压将充入的空气预溶于水，然后在常压下在浮选槽内析出，形成大量微泡。

目前，我国金选矿厂最常用的浮选机是国产的机械搅拌式浮选机。

参 考 文 献

[1] 张泾生. 现代选矿技术手册——浮选与化学选矿. 北京：冶金工业出版社，2011.
[2] 吴永亮. 浮选. 北京：煤炭工业出版社，1993.
[3] 赵宏，王维清，张杰，等. 非金属矿，2014，37：51.
[4] 喻福涛，高惠民，史文涛，等. 金属矿山，2013，1：86.
[5] Zhou L C，Zhang Y M. Trans Nonferrous Met Soc China，2011，21：1388.
[6] 李爱民. 金属矿山，2012，4：74.
[7] 程强，任瑞晨，李彩霞，等. 硅酸盐通报，2013，32：398.
[8] Zhu Y G，Zhang G F，Feng Q M，et al. Trans Nonferrous Met Soc China，2011，21：1149.
[9] 杨帆，杨耀辉，刘红尾，等. 中国有色金属学报，2012，22：1448.
[10] Paiva P R P，Monte M B M，Simao R A，et al. Miner Engineer，2011，24：387.
[11] 王毓华，陈兴华，胡业民，等. 中南大学学报：自然科学版，2007，38：238.
[12] Saravani A J，Mehrshad N，Massinaei M. Chem Engineer Commun，2014，201：896.

第9章　重结晶分离

9.1　概　　述

从有机合成反应分离出来的固体粗产物往往含有未反应的原料、副产物及杂质，必须加以分离纯化，重结晶是分离提纯固体化合物的一种重要的、常用的分离方法。

重结晶是将晶体溶于溶剂或熔融以后，又重新从溶液或熔体中结晶的过程。重结晶可以使不纯净的物质获得纯化，或使混合在一起的盐类彼此分离。重结晶提纯法适用于产品与杂质性质差别较大、产品中杂质含量小于5%的体系。

重结晶的过程其实就是结晶的过程，可以降温析晶，也可以溶剂选择性析晶，结果都是让物质以晶体的形式析出。重结晶和结晶的区别在于结晶是一种自发过程，它一般指物质从液体或者溶液当中形成晶体的变化。但是重结晶特指通过结晶手段来进行分离纯化的过程[1]。

9.2　重结晶的基本原理

重结晶提纯法的原理是利用混合物中各组分在某种溶剂中溶解度不同或在同一溶剂中不同温度时的溶解度不同而使它们相互分离。

固体有机物在溶剂中的溶解度随温度的变化易改变，通常温度升高，溶解度增大；反之，溶解度降低。选择适当的溶剂，加热将固体溶解制成饱和溶液，然后使其冷却，析出晶体[2]。该方法是利用溶剂对被提纯化合物及杂质的溶解度的不同，以达到分离纯化的目的。

9.3　重结晶提纯法的一般过程

重结晶的一般过程包括溶剂选择、固体溶解、活性炭脱色、趁热过滤、晶体的析出、晶体的收集与洗涤和晶体的干燥等步骤。

9.3.1　溶剂选择

在进行重结晶时，选择理想的溶剂是一个关键，理想的溶剂必须具备下列条件：

（1）不与被提纯物质起化学反应。

（2）在较高温度时能溶解多量的被提纯物质；而在室温或更低温度时，只能溶解很少量的该种物质。

（3）对杂质溶解非常大或者非常小。选择的溶剂对欲纯化的物质中可能存在的杂质或是溶解度很大，在欲纯化的物质结晶和重结晶时留在母液中，在结晶和重结晶时不随晶体一同析出；或是溶解度很小，在欲纯化的物质加热溶解时，很少在热溶剂中溶解，在热过滤时被除去。

（4）沸点较低，易挥发，易与被提纯物分离。选择的溶剂沸点不宜太高，以免该溶剂在结晶和重结晶时附着在晶体表面不容易除尽。

（5）能给出较好的晶型。

（6）无毒或毒性很小，便于操作。

（7）价廉易得。

（8）安全。

（9）尽可能选择单一溶剂，这样在大生产时也可以较好地解决母液回收套用问题，降低成本。

用于结晶和重结晶的常用溶剂有水、甲醇、乙醇、异丙醇、丙酮、乙酸乙酯、氯仿、冰醋酸、二氧六环、四氯化碳、苯、石油醚等，此外，甲苯、硝基甲烷、乙醚、二甲基甲酰胺、二甲亚砜等也常使用。二甲基甲酰胺和二甲基亚砜的溶解能力大，当找不到其他适用的溶剂时，可以试用，但其缺点是往往不易从溶剂中析出结晶，且沸点较高，晶体上吸附的溶剂不易除去。乙醚虽是常用的溶剂，但是若有其他适用的溶剂时，最好不用乙醚，因为一方面乙醚易燃、易爆，使用时危险性比较大，应特别小心；另一方面乙醚易沿壁爬行挥发而使欲纯化的物质在瓶壁上析出，以致影响结晶的纯度。

在选择溶剂时必须了解欲纯化的物质的结构，因为溶质往往易溶于与其结构相近的溶剂中——相似相溶原理。极性物质易溶于极性溶剂，而难溶于非极性溶剂中；相反，非极性物质易溶于非极性溶剂，而难溶于极性溶剂中。这个溶解度的规律对实验工作有一定的指导作用。如欲纯化的物质是个非极性化合物，实验中已知其在异丙醇中的溶解度太小，异丙醇不宜作其结晶和重结晶的溶剂，这时一般不必再试验极性更强的溶剂，如甲醇、水等，应试验极性较小的溶剂，如丙酮、二氧六环、苯、石油醚等。适用溶剂的最终选择，只能用试验的方法来决定。表 9-1 可供选择溶剂时参考。

表 9-1　重结晶溶剂选择参考表

物质的类别	溶解度大的溶剂
烃（疏水性）	烃、醚、卤代烃
卤代烷	醚、醇、烃
酯	酯
酮	醇、二氧环己烷、冰醋酸
酚	乙醇、乙醚等有机溶剂
酰胺	醇、水
低级醇	水
高级醇	有机溶剂
盐（亲水性）	水

实验中经常采用以下试验方法选择合适的溶剂：取约 0.1g 粗产物置于一小试管中，滴入约 1mL 某溶剂，不断振摇，观察是否溶解，若很快全溶，表明此溶剂不适用；若不溶，可加热并观察现象，如仍不溶，可逐步滴加溶剂，每次约加 0.5mL，至 3~4mL，若沸腾下仍不溶解，说明此溶剂不适用。总之，应能使粗产品溶于 1~4mL 沸腾的溶剂中，室温下或冷却能析出较多的结晶的溶剂才适用。若未能找到某一合适溶剂，可考虑选用混合溶剂。混合溶剂一般是由两种可以以任何比例互溶的溶剂组成，其中一种溶剂较易溶解欲纯化的物质，另一种溶剂较难溶解欲纯化的物质。一般常用的混合溶剂有：乙醇和水、乙醇和乙醚、乙醇和丙酮、乙醇和氯仿、二氧六环和水、乙醚和石油醚、氯仿和石油醚等，最佳复合溶剂的选

择必须通过预试验来确定。

重结晶的效果与溶剂选择大有关系，最好选择对主要化合物是可溶性的，对杂质是微溶或不溶的溶剂，滤去杂质后，将溶液浓缩、冷却，即得纯物质。混合在一起的两种盐类，如果它们在一种溶剂中的溶解度随温度的变化差别很大，如硝酸钾和氯化钠的混合物，硝酸钾的溶解度随温度上升而急剧增加，而温度升高对氯化钠溶解度影响很小，则可在较高温度下将混合物溶液蒸发、浓缩，首先析出的是氯化钠晶体，除去氯化钠以后的母液再浓缩和冷却后，可得纯硝酸钾。当利用两相溶剂重结晶时，要使待纯化物质溶于两相中易挥发的溶剂中，而不溶于或微溶于不易挥发的溶剂中，放在室温下，让它慢慢挥发以得到纯物质，但一般析晶时间较长，需严格控制两种溶剂的比例，尤其是易溶溶剂的量，尽量使所用溶解度较大的溶剂的量最少。重结晶往往需要进行多次，才能获得较好的纯化效果。

当重结晶法用于药物分离提纯时，由于药物的特殊性，在研发和生产过程中应注意以下几个问题：第一，由于有机溶剂的选用是合成工艺中比较重要的一点，建议在工艺研究初期即开始进行替代研究，这样有利于将由于溶剂替换而对后续的结构确证、质量研究、稳定性考察的影响降至最低；第二，因为溶剂的改变可能导致产品物理化学性质以及质量的改变，所以如发生溶剂的替代，则需要进行溶剂改变前后的产品物理化学性质、质量的对比研究，必要时还需要进行结构对比确证，以说明产品的结构是否发生变化；第三，如果工艺中不可避免地使用了已知可以致癌并被强烈怀疑对人和环境有害的溶剂，则需要严格控制残留量，任何步骤使用，均需进行残留量检测。

9.3.2　固体物质的溶解

原则上为减少目标物遗留在母液中而造成的损失，在溶剂的沸腾温度下溶解混合物，并使之饱和。溶解固体常用锥形瓶或圆底烧瓶作容器。溶剂量的多少，应同时考虑两个因素：溶剂少则回收率高，但可能给热过滤带来麻烦，并可能造成更大的损失；溶剂多，显然会影响回收率，故两者应综合考虑。可先加入比计算量略少的溶剂，加热至沸腾，若固体未全溶解，再分批添加溶剂至恰好溶解，最后再多加 20%~100%的溶剂将溶液稀释，否则趁热过滤时容易析出晶体。若用量为未知数，可先加入少量溶剂，煮沸仍未全溶，渐渐加至恰好溶解，每次加入均要煮沸后作出判断。

在溶解过程中需要注意以下几点：①不要因为重结晶的物质中含有不溶解的杂质而加入过量的溶剂，如果在预试验中已确定有不溶的杂质存在，就不能期望加入过多的溶剂以得到透明的溶液；②为避免热过滤时晶体在漏斗上或漏斗颈中析出造成损失，溶剂可稍过量，一般控制在已加入量的 20%左右；③为在遇到问题时用来引发结晶，常在溶样前留取极少量的粗品以备作晶种使用；④若用混合溶剂重结晶，首先将样品溶解在沸腾的易溶解的溶剂中（这时温度不应高于样品的熔点），再缓慢地分次加入另一种溶剂，并进行振摇或搅拌直至沸腾的溶液中出现浑浊，最后再补加少量第一种溶剂使溶液刚好澄清。倘若加入的第二种溶剂的沸点比第一种溶剂的沸点低，就应让溶液冷却到第二种溶剂沸点的温度之下，方可加入第二种溶剂。

9.3.3　活性炭脱色

当固体物质全部溶解后，即可趁热过滤。若溶液中含有有色杂质，则要加活性炭脱色，这时应移去火源，使溶液稍冷，然后加入活性炭，继续煮沸 5~10min，再趁热过滤。活性炭可吸附有色杂质、树脂状物质以及均匀分散的物质。活性炭的用量一般为干燥粗产物量的1%~5%。

9.3.4　趁热过滤

溶液如有不溶性物质时，应趁热过滤。为使过滤操作进行较快，一般选用预先烘热好的无颈漏斗或热水漏斗和折叠滤纸进行过滤。

需要注意的是，尽管减压抽滤的速度较快，但用在这里并不好，原因在于减压下热溶剂易于蒸发，溶液易浓缩并冷却，以致晶体过早析出，使杂质易夹裹在晶体中，影响重结晶效果。

9.3.5　晶体的析出

将收集的热滤液在室温下静置缓缓冷却（一般要几小时后才能完全），使其慢慢析出结晶，不要急冷滤液，因为这样形成的结晶会很细、表面积大、吸附的杂质多。如果结晶在过滤时很快析出，为得到较好的晶形，可将滤液重新加热溶解，让其在室温慢慢冷却。溶液性质、溶液饱和程度、升温降温速率、搅拌速率等都对结晶有很大影响[3, 4]。

在结晶过程中，需要注意以下事项：

（1）如滤液冷却后不结晶，通常可加入少许事先留下的样品细晶粒于溶液中，诱发结晶，另一种方法是用玻璃棒摩擦液面附近的容器壁来引发结晶。若还是不析出结晶，则需加热蒸发浓缩滤液，促其析出结晶。加晶种的时机：晶种加得过早，晶种溶解或产生的晶型一般较细；加得晚，则溶液里可能已经产生了晶核，造成结晶可能包裹杂质。

（2）结晶过程中，有时从溶液中只分出油状物而不析出晶体，这种析出方式选择性差，其中所含的杂质较多。形成油状物大致可分为两种类型：第一种类型是滤液完全冷却后，只有油状物分出而不见有晶体生成，常用的补救方法是用玻璃棒将母液中的油状物沿液面的容器壁摩擦以引发结晶，如果此法无效，还可往滤液中加入晶种，静置片刻，如果还是不行，就只有把油状物从母液中分出，改用其他溶剂重结晶；第二种类型是对于有些化合物，只要热的浓溶液一冷却就出现油状物，温度再降低油状物就固化成结实的硬块，这时如果温度更低一些，还会从溶液中析出相当纯的晶体，遇此情况，可先分出纯晶体后重新加热混合物至沸，添加适量溶剂后再行冷却，这样可减少油状物生成的量，余下的混合物可重复此项操作处理。

（3）为了提高收率，常将滤液用冰水冷却，但当溶剂是苯、冰醋酸、1, 4-二氧六环（12℃）或 DMSO（18℃）时，则不宜用冰水冷却，以免溶剂本身结晶析出。

（4）不同物质的结晶速度有时相差很大，一般需要数小时才能结晶完全，在某些情况下，需要几周甚至几个月才会结晶。

（5）一般都是低温冷却析晶，其实有时还需要高温保温，这主要需摸清其溶解度的关系再确定结晶温度。

（6）有时需要在搅拌下结晶，以便得到某一粒径和晶型的晶体。

9.3.6　晶体的收集和洗涤

把结晶从母液中分离出来，通常用减压抽滤的方法。减压抽滤装置如图 9-1 所示。

减压过滤步骤如下：剪裁符合规格的滤纸放入漏斗中→用少量溶剂润湿滤纸→开启水泵并关闭安全瓶上的活塞，将滤纸吸紧→打开安全瓶上的活塞，再关闭水泵→借助玻璃棒，将

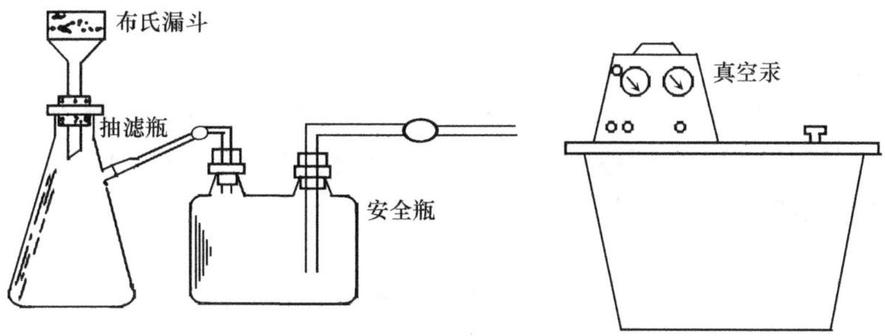

图 9-1　重结晶减压抽滤装置

待分离物分批倒入漏斗中，并用少量滤液洗出黏附在容器上的晶体，一并倒入漏斗中→再次开启水泵并关闭安全瓶上的活塞进行减压过滤直至漏斗颈口无液滴为止→打开安全瓶上的活塞，再关闭水泵→用少量溶剂润湿晶体→再次开启水泵并关闭安全瓶上的活塞进行减压过滤直至漏斗颈口无液滴为止。需要注意的是所用的滤纸应比布氏漏斗底部的直径略小；布氏漏斗的尖端远离抽滤瓶的侧管；过滤前应先用溶剂润湿滤纸，轻轻抽气，使滤纸与漏斗底部贴紧；抽滤时应把母液尽量抽干，用刮刀或真空塞将结晶压干，然后打开安全瓶活塞停止减压，进行洗涤；洗涤时把少量溶剂均匀地洒在晶体上，使全部结晶能充分润湿为宜，并用玻璃棒或刮刀将结晶轻轻搅动，然后再抽干以增加洗涤效果，一般洗涤一至三次。

如重结晶溶剂沸点较高，在用原溶剂至少洗涤一次后，可用低沸点的溶剂洗涤，使最后的结晶产物易于干燥（要注意该溶剂必须是能和第一种溶剂互溶而对晶体不溶或微溶）。抽滤所得母液若有用，可移至其他容器内，再作回收溶剂及纯度较低的产物。

9.3.7　晶体的干燥

用重结晶法纯化后的晶体，其表面还吸附有少量溶剂，在测定熔点前，晶体必须充分干燥，否则测定的熔点会偏低，应根据所用溶剂及结晶的性质选用合适的方法进行干燥。

（1）空气中晾干（不吸潮的低熔点物质在空气中干燥是最简单的干燥方法）。

（2）烘干（对空气和温度稳定的物质可在烘箱中干燥，烘箱温度应比被干燥物质的熔点低 15~20℃）。

（3）用滤纸吸干（此方法易将滤纸纤维污染到晶体上）。

（4）置于干燥器中干燥。

9.4　重结晶的应用

9.4.1　反溶剂重结晶方法

反溶剂重结晶法是制备药物晶体的一种重要方法，在反溶剂重结晶方法中采用不同溶剂是获得不同晶型样品及晶型转化的最主要方法，目前对药物的重结晶一般采用单一溶剂反溶剂法，也有共溶剂反溶剂重结晶法。季华等[5]采用反溶剂重结晶法制备了多晶型比卡鲁胺，通过改变重结晶过程中所使用的溶剂，对比了单一溶剂和共溶剂对所制得的晶体晶型和颗粒形貌的差别，研究发现，在反溶剂重结晶过程中采用共溶剂制备比卡鲁胺晶体时，共溶剂（二甲基亚砜+乙醇）以及（丙酮+乙醇）可制备比卡鲁胺晶型Ⅰ，并通过调节共溶剂中乙醇的用量可得到粒度均一、分散性好的Ⅰ型比卡鲁胺。

9.4.2 反向重结晶

对于一些难溶性药物，主药既难溶于极性溶剂（包括质子性和非质子性），又难溶于非极性溶剂，可考虑用反向精制方法除去杂质，从而达到提纯的目的。例如，一些生物碱类、重金属盐类、有机酸类，可用此法进行提纯。

参考文献

[1] 曾昭琼. 有机化学实验. 北京：高等教育出版社，1987.
[2] 张克从. 晶体生长科学与技术. 北京：科学出版社，1993.
[3] Sato K. J Phys D：Appl Phys，1993，26：77.
[4] Kitamura M. Cryst Growth Design，2004，4：1153.
[5] 季华，乐园，沈志刚，等. 北京化工大学学报，2008，35：14.

第10章　离心分离

10.1　概　　述

离心分离是指借助于惯性离心力，使沉降系数或浮力密度不同的物质进行分离、浓缩或提炼的方法。由于离心机等设备可产生相当高的角速度，使离心力远大于重力，而密度不同的物质所受到的离心力不同，从而沉降速度不同，因此能够使密度不同的物质达到分离。离心分离生物分子是最常用的生化分离方法，因为不同的生物分子有不同的体积和密度，可在不同离心力的作用下沉降分离。随着生命科学技术的发展，离心分离技术已成为生物化学与分子生物学中不可缺少的分离技术。

离心分离对那些固体颗粒很小或液体黏度很大，过滤速度很慢，甚至难以过滤的悬浮液十分有效，对忌用助滤剂或助滤剂使用无效的悬浮液的分离，也能得到满意的结果。离心分离不但可用于悬浮液体或固体的直接回收，而且可用于两种互不相溶液体的分离，如液-液萃取，不同密度固体或乳浊液的分离和制备超离心技术等，因此广泛应用于生物学、医学、农学、化学、化工等领域[1]。离心分离的缺点是离心结果得到的是浆状物而不是干的滤饼，而且离心设备复杂、价格昂贵。

10.2　离心分离的基本原理

当非均相体系围绕一中心轴做旋转运动时，运动物体会受到离心力的作用，旋转速率越高，运动物体所受到的离心力越大。在相同的转速下，容器中不同密度的物质会以不同的速率沉降。如果颗粒密度大于液体密度，则颗粒将沿离心力的方向而逐渐远离中心轴。经过一段时间的离心操作，就可以实现密度不同的物质的有效分离。

10.3　离心分离方法介绍

离心分离实验室常用的方法主要有差速离心、速率区带密度梯度离心（简称速率区带离心）、平衡等密度梯度离心、区带离心、连续流离心和离心淘洗等方法[2]。图 10-1 是几种离心方法示意图。

10.3.1　差速离心

差速离心是指分步改变离心转速或高速与低速离心交替进行，选用大小不同的离心力使具有不同沉降系数、不同质量的微小颗粒（粒子或大分子）从混合的悬浮液中分批沉降而进行分离的一种方法。该方法适用于悬浮液中的样品颗粒之间质量存在较大差别，更准确地说是沉降系数 s 的差别从一个到几个数量级的混合样品的分离。质量或 s 值的差别越大，分离的效果越好。对于差别较小的颗粒，差速离心法就很难得到满意的分离效果。这种离心方法是通过得到沉淀或得到除去大的颗粒后的上清液来进行分离、提取，该方法也称差速沉淀法。

差速沉淀离心一般采用角转子。在离心开始时，所有颗粒都均匀地分布在整个离心管中，

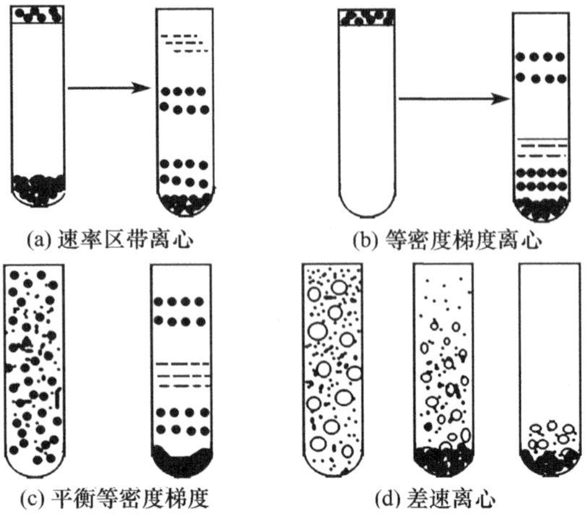

图 10-1　几种离心方法示意图

离心过程中各种颗粒以不同速度向管底沉降，经过一定时间，最重的或 s 值最大的颗粒全部沉降到管底，得到不含这种颗粒的上清液。将上清液进一步以更高转速离心一定时间，又可得到次轻的颗粒，逐渐增加离心转速可以分步得到不同质量、不同 s 值的颗粒样品，以达到分离的目的。

需要指出的是，每次得到的沉淀并不均一，这是由于各种大小和密度的颗粒在离心管中均匀分布，经一定时间离心后全部最重的颗粒达到管底时，离心开始时离管底较近处的较轻颗粒也沉到管底而混于该重颗粒之中，所以还要将沉淀再悬浮，以原来的转速再次离心，使获得的沉淀更加纯一些，这样反复几次就可以得到基本上大小均一的纯样品。这个过程称为纯沉淀。将每次洗过的上清液合并起来以更高转速离心，从上清液或沉淀中得到分离提纯的另一组分。

差速离心常用来分离各种亚细胞及粗提核酸、蛋白质，如组织匀浆可根据它们的 s 值大小将其与其他组分分开。这种方法将最初的沉淀反复地悬浮和离心 2~3 次就能得到一个相对纯的亚细胞组分，但得到的组分也不是绝对均一，可以进一步用一种连续的液体密度梯度代替均匀的悬浮介质，从而更好地分离。

10.3.2　密度梯度离心

密度梯度离心法是指使用密度梯度介质来对样品颗粒进行离心分离、提取、纯化的方法，也称区带离心。自从 20 世纪瑞典科学家 Svedberg 建立了超速离心技术以来，20 世纪中叶密度梯度离心得到了很大发展。1932 年 Horvey 在亚细胞分离中使用了密度梯度法，1951 年 Brake 建立了速率区带离心法，1958 年 Thomson 和 Klipfe 使用速率区带法分离线粒体和溶酶体，1959 年 Mequillen 分析了聚核糖体的大小分布，1960 年 Nomura 分析了 RNA 的大小分布，1957 年 Meselson、1959 年 de Duve 等建立了等密度梯度分离技术使得密度梯度离心技术得到成熟、完善和发展，并在实验室使用中得到广泛推广，成为生物大分子、有机大分子、亚细胞、病毒、蛋白质、核酸等生物研究技术中不可缺少的有力工具。

密度梯度离心比差速离心的分辨率要高。一般差速离心只能分离样品颗粒 s 值的差别在 10 倍以上的颗粒，而密度梯度离心不仅可以依据样品颗粒质量的大小和 s 值的差别进行分离，还可以利用样品颗粒的密度、颗粒的形状进行分离沉降系数相差 10%~20%的颗粒或者颗粒密度差小于 0.01mg 的组分，也可以同时把混合样品中沉降系数相差 10%~20%的几个组分分开，得到纯度较高的产品。根据梯度介质的浓度和颗粒在其中的沉降行为，密度梯度离心法又分为速率区带密度梯度离心与等密度梯度离心。

1. 速率区带密度梯度离心法

速率区带离心是把样品置于预先铺置好的、密度变化较为平缓的介质梯度上进行离心。该梯度的最大密度低于混合物样品颗粒的最小颗粒密度。样品颗粒在离心中依据各自不同的沉降速率沉降，经过一定时间的离心后不同大小的颗粒沉降在不同的层次区域上从而互相分离。这种方法对分离密度相差不大，但对质量和大小有较大区别的样品颗粒十分有利。该方法中梯度介质的主要作用是稳定分离液柱，防止产生对流，常在甩开转子、区带转子等转子中使用。在离心过程中最重的颗粒跑得最快，在最低层，次之的跟随其后，轻的颗粒在最上层。为了使颗粒不会跑到离心管底形成沉淀，在运行一段时间后就需要停机。一般速率区带离心时间较短。为防止大的颗粒沉到管底，可以预先在管底加一层高密度衬垫。速率区带梯度介质一般使用蔗糖、甘油等，梯度密度范围在5%~30%。

2. 等密度梯度离心法

在等密度梯度离心方法中，样品被置于一个较陡峭的密度梯度中进行沉降。该梯度的最大密度大于样品混合物颗粒的最大密度，最小密度低于混合物颗粒的最小密度。当其中各种样品颗粒沿梯度运动达到与各自颗粒浮力密度相同的密度处时就停止移动，从而形成按浮力密度不同而分布的样品区带。由于这种离心方法是将样品颗粒沉降到梯度介质中与其浮力密度相等的密度梯度区，故称为等密度离心。

10.3.3 分析离心

分析离心是使用装有紫外吸收光系统、干涉光系统、Schlieren 光系统的超速离心机，通过照相、光电扫描记录、计算机软件分析离心的大分子物理化学特性的方法。

它需要使用专门的分析转子，并配有透光分析离心杯（离心池）。在离心运转过程中直接观察、记录样品颗粒的沉降和扩散情况，还可以对样品进行定性定量分析。常用沉降速度法、沉降平衡法、沉降扩散法等方法测定生物颗粒和大分子高聚化合物的沉降系数 s 值、扩散系数 D 值、相对分子质量 M，测定样品的浮力密度、相对分子质量分布，对样品的组成、结构进行定性或定量的分析，研究它们的大小、形态、缔合解离和降解等，依据它们的提纯过程鉴定样品的均一程度、组成和浓度，发现研究异常组成与成分。分析离心是研究生物大分子必备的重要手段之一。

10.3.4 区带离心

区带离心是使用区带转子的离心方法。典型的区带转子是一个中空的钵体或圆柱体，分为上、下两部分，可以方便地打开清洗、保养，它省去了使用离心管，大大增加了使用体积。转子中心是轴心组与隔板，隔板把转子内腔体分成几个区域，可减少涡流，稳定梯度液。通过轴心组与隔板可以把梯度介质液泵入转子。区带转子又分为连续流转子、非定向、重定向等。连续流区带转子是在离心机转动中通过转动同轴旋转封密器向转子内加入样品或介质，经过离心分离同样在离心机运转中通过旋转封密器连续泵入介质替换出分离的区带，取样品时同样通过监测仪检测部分收集经过分离得到的样品。重定向转子是区带转子中装入的梯度介质与样品在离心加速过程中转为径向，降速过程中按重力重新定向，停机后用泵从上部或底部收集经过离心分离的梯度区带，通过监测仪检测样品分布位置，收集分布样品。

10.3.5 沉淀离心

沉淀离心是一般实验室从溶液中分开悬浮物使用的最多的一种分离方法。这种离心方法主要用于澄清溶液、清除悬浮的杂质或通过离心沉淀来收集悬浮于溶液中的颗粒。这种离心是在一定转速（离心力）下离心一定时间，以沉淀溶液中悬浮的物质。除非溶液浓度比较低、颗粒较少，一般情况下使用的离心转速较低、离心力场值较小、离心时间也不长。沉淀离心中离心机的转速、离心力场的大小是最主要的因素。

对于不同的待分离样品，可以根据实际情况参考图 10-2 选择合适的分离方法。

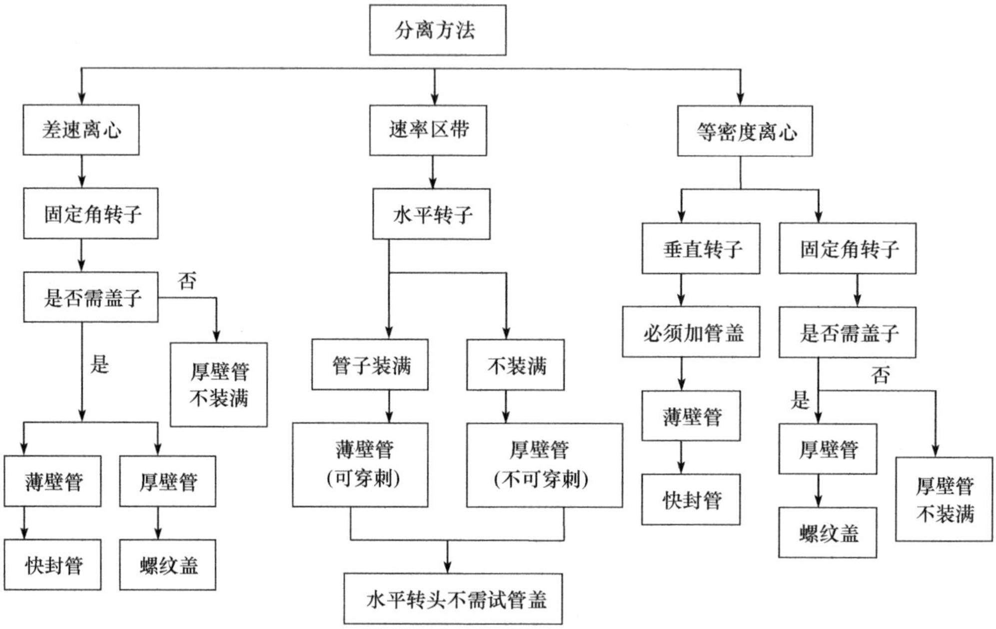

图 10-2　离心分离方法选择图

10.4　离心机的选用

对于非机械专业的工程师，不具有设计和制造离心机的能力，在生产和科研中需用的离心机性能好坏往往只能以选用为主。在这种情况下，经验方法可帮助有效地选择最佳离心机。离心机的操作性能是选择离心机的主要因素，见表 10-1，此外离心机的选择通常取决于进料中粒子的直径和浓度，如图 10-3 和图 10-4 所示[1]。

表 10-1　各种离心机的操作性能比较

离心机操作性能	过滤式离心机			沉降式离心机					
	网孔转鼓	振动式	活塞推料	圆筒形转鼓	人工卸渣型碟式	活塞排渣型碟式	喷嘴排渣型碟式	连续沉降式螺旋卸料	连续沉降-过滤式螺旋卸料
澄清	2	1	1	2	3	3	3	3	3
增稠	0	0	0	1	0	1	3	3	0
脱水	3	3	3	1	1	0	1	3	3
洗涤	3	0	3	0	0	0	0	1	3
分级	0	0	0	1	3	3	3	3	0
3 相分离（液-液-固）	0	0	0	1	3	3	3	3	0

注：0-差，1-中，2-好，3-很好。

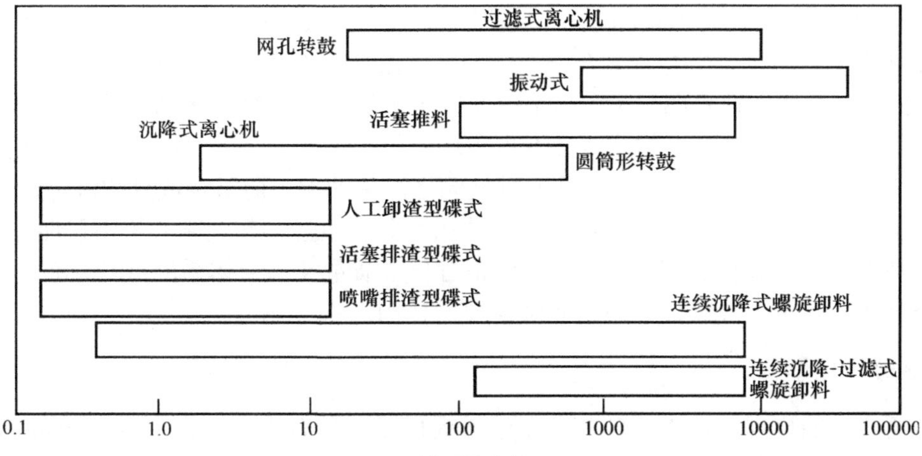

图 10-3　各种离心机所适用的进料颗粒直径范围

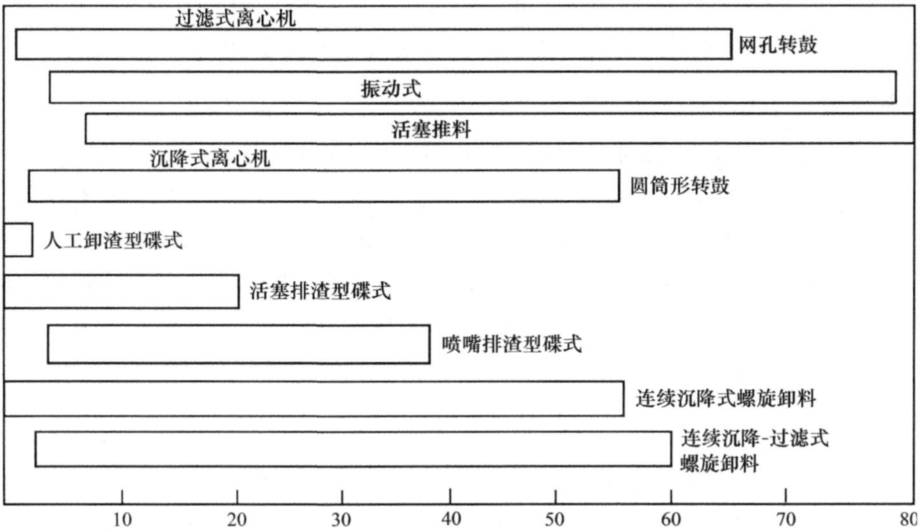

图 10-4　各种离心机所适用的进料颗粒的浓度

根据表 10-1 和图 10-3、图 10-4，就能针对各种物料的处理选择相应的离心机。例如，想从浓集的粗粒子盐水悬浮液中回收氯化钠晶体，要求洗涤该晶体，使其与盐水分离，并且降低晶体残余适度至 20%以下，然后送入干燥器进行干燥，虽然可选用具有洗涤功能的连续沉降式螺旋式离心机，但过滤式离心机更加有效，其中的活塞推料离心机不但具有洗涤能力，而且能从滤液中分离洗涤液。

10.5　离心分离的应用

10.5.1　胶体化学

1924 年瑞典的丁·斯韦德贝里设计了超速离心机，这是一种以极高的角速度运转的离心机，1940 年获得的离心加速度是重力加速度的 30 万倍，它和 30 年代多层吸附理论的建立，以及 40 年代疏液胶体稳定理论的建立，是近半个世纪中胶体化学领域的三大成就。超速离心机的分离原理是，当一个含有聚合物或巨分子的溶液，在离心力是重力的 25 万倍时，分子相互分离，纯溶剂留在界面以上，这个界面以一定的速度向容器底部移动。若溶质的相对分子质量不均匀，这个界面上的浓度梯度也不均匀，那些相对分子质量低的会落在大分子之后。用光学仪器可观察出这个界面，从而精确测定沉降速率，而每种成分的沉降速率又与其相对分子质量有关，因而可以计算出各成分的相对分子质量。超速离心机不仅能分离胶粒，更重要的是它能测定胶粒的沉降速率、平均相对分子质量及混合体系的重量分布，因而在胶体化学研究（尤其是亲液胶体）中起到很重要的作用。

10.5.2 高分子化学

超速离心机的出现为深入了解高分子溶液提供了一种有力的研究手段。1940 年斯韦德贝里使用超速离心法测定了高分子聚合物的相对分子质量及其分布，可直接测定几万至几百万的相对分子质量。高分子化合物相对分子质量测定方法的出现，极大地推动了高分子化学的发展，许多天然高分子属于单一分散体系（所有分子都持同一相对分子质量），对这种系统，超速离心法是最好的相对分子质量测定方法，比渗透压、光散射和黏度等测定方法更好。

10.5.3 生物化学

超速离心机的出现同样为生物化学的研究提供了一种强有力的手段。斯韦德贝里应用超速离心法测量了蛋白质分子在水中的沉降速率，从而计算出了蛋白质的相对分子质量。其中一些测定结果如下：牛胰岛素，46000；人红细胞，63000；人血清蛋白球，153000；烟草花叶病毒，31400000。另外，超速离心法还经常用于蛋白质的降解、分离、精制以及相对分子质量分布测定。细胞研究中常用一种分带或区域离心机，用一个大容量旋转室，根据密度梯度离心分离原理来分离细胞。

10.5.4 环境保护

环境保护中常用的几种离心方法如下：①离心过滤，借助离心作用从浆料中排除液体，浆料被引入一快速旋转的网篮中，固体留在多孔的网上，液体则受离心作用从滤饼中挤出，或利用旋转器中的离心力使轻重物质分开，重物质以稠泥浆的形式通过喷嘴流走。常用设备为离心过滤机。②离心沉降，悬浮固体在离心力作用下移向或离开旋转中心，这样就可聚集在一个区域内而被移出，可以使颗粒的沉淀时间从几小时减至几分钟。常用设备为离心沉降器。③离心捕集，用于从煤烟、空气流中分离出 0.1~1000μm 的小颗粒物质，是治理空气污染的有效手段之一。常用设备为离心捕集器，也称微粒收集器、旋风除尘器。

10.5.5 其他应用

工业中常用离心除渣器净化纸浆浆料，以使浆料高速回转或产生回转旋涡作用，把尘粒分离出来。还常用离心干燥机，或称离心脱水机，依靠离心力将水分脱去。

展望离心分离法与其他方法相结合，可以产生新的更为有效的分离方法，这是离心分离法的现代发展方向。在这方面，离心分离法与色谱法结合而产生的场流分级法（或称外力场流动分馏法）就是一个典型例子。1966 年吉丁斯提出一类新的无固定相的色谱分离法，即场流分级法，或称单相色谱。这种方法的最初构思，是以离心力压迫分子于柱壁而代替固定相的保留作用，这样产生的分离方法称为离心色谱法，也称沉积场流分级法。后来依据这一基本思想，以电场、磁场、热梯度等代替离心力场，得到不同的场流分级法，从而建立了一类分离方法体系。场流分级法不但对大分子和胶体有很强的分离能力，而且能分离相对分子质量大于 10^3 的物质和小于 30μm 的远远超出胶体范围的固体颗粒，这样宽的连续分离范围是之前达不到的。

近年来出现的离心制备薄层色谱法是离心分离法渗透于色谱领域而产生的又一种高效分离法。层析薄板为圆形，样品注射于圆心四周，从垂直于圆心的方向连续地加入展开剂，薄板旋转，各不同组分即沿径向迅速展开。在紫外灯照射下可观察到谱带的移动，由于板面设置是倾斜的，可沿斜向直接接收各分开的组分。该法已用于天然产物、合成产物及异构体等的快速分离提纯，分离效果优于制备薄层色谱和柱层色谱法，在一定程度上与制备型高压液相色谱法相似，但在节省时间和溶剂等方面优于后者。

参 考 文 献

[1] 严希康. 生化分离工程. 北京：化学工业出版社，2001.
[2] 金绿松，林元喜. 离心分离. 北京：化学工业出版社，2008.